普通高等教育电子通信类特色专业系列教材

信号与系统

（第二版）

马金龙　胡建萍
王宛苹　胡晓萍　编著

科学出版社
北京

内 容 简 介

本书共分8章。内容包括：信号概述，系统概述，LTI系统的时域分析，连续时间信号和连续时间系统的频域分析，连续时间系统的复频域分析，离散时间系统的z域分析，状态变量分析法，MATLAB在信号与系统中的应用。

本书可作为高等学校电子工程、通信工程、计算机、自动化等专业学生信号与系统课程的教材，也可作为相关专业、相关领域的研究人员参考书，同时也是一本考研的辅导书。

图书在版编目(CIP)数据

信号与系统/马金龙等编著.—2版.—北京：科学出版社，2010.4
(普通高等教育电子通信类特色专业系列教材)
ISBN 978-7-03-026963-8

Ⅰ.①信… Ⅱ.①马… Ⅲ.①信号系统-高等学校-教材 Ⅳ.①TN911.6

中国版本图书馆CIP数据核字(2010)第040396号

责任编辑：潘斯斯／责任校对：刘小梅
责任印制：张　伟／封面设计：耕者设计工作室

科学出版社 出版
北京东黄城根北街16号
邮政编码：100717
http://www.sciencep.com

中煤(北京)印务有限公司印刷
科学出版社发行　各地新华书店经销

*

2006年1月第　一　版　开本：787×1092　1/16
2010年4月第　二　版　印张：25
2025年8月第十五次印刷　字数：593 000

定价：79.00元

(如有印装质量问题，我社负责调换)

第二版前言

本书第一版于2006年在科学出版社出版，经过5年的使用，广泛征求和听取各方意见，第二版作了大幅修订，目的是使教材的体系和内容编排更合理、更适合教与学。

第二版共8章：第1章信号概述，第2章系统概述，第3章LTI系统的时域分析，第4章连续时间信号和连续时间系统的频域分析，第5章连续时间系统的复频域分析，第6章离散时间系统的 z 域分析，第7章状态变量分析法，第8章MATLAB在信号与系统中的应用。

此次修订再版，把第一版的第一章中有关信号的内容、第三章中信号的算子表示和第四章中信号的卷积合并成第二版的第1章，把第一版的第一章和第三章中有关系统的内容合并成第2章，把第一版的第五章和第八章合并成第二版的第3章，把第一版的第二章和第六章合并成第4章，第一版的第七章变为第二版的第5章，第一版的第九章变为第二版的第6章，第一版中的第十章变为第二版的第7章；在第二版的第1章中增加了信号的相关概念，在第7章中增加了系统的可控性和可观性，增加了第8章MATLAB在信号与系统中的应用。

本书按64学时编写，前7章是必学内容，增加第8章的目的是介绍MATLAB软件在信号与系统中的应用，可作为实验内容，附有习题程序。对于48学时的“信号与系统”课，可以适当选学前7章内容。

本书由马金龙担任主编，他负责拟定大纲和统稿，编写第1章、第2章、第5章、第6章和全部的习题，编写了第3章、第4章、第7章和第8章的部分内容，并用CORELDRAW绘制了书上的所有图形。胡建萍编写第7章的部分内容，王宛苹编写第3章和第4章的部分内容，胡晓萍编写第8章的部分内容。

衷心感谢官伯然、刘敬彪、周巧娣、宋强、杜铁钧、钱志华、刘芳、吕幼华等老师，他们认真审查书稿并提出了宝贵意见。

由于作者水平有限，时间较紧，书中难免会有一些缺点和疏漏，恳请广大读者和各位专家予以指正。

马金龙

2010年1月于杭州电子科技大学

第一版前言

“信号与系统”课程是电子电气工程、通信工程、计算机工程、自动化工程等专业的一门主干专业基础课，也是相关专业研究生入学考试课程之一。这门课程的主要任务是研究确定信号通过线性时不变系统进行传输、处理的基本理论和分析方法。主要内容是研究信号的时域和频域特性，研究系统的五种分析方法，即时域分析法（包括卷积分析法）、傅里叶变换分析法、拉普拉斯变换分析法、z 变换分析法和状态变量分析法。其课程特点是原理多、性质多、公式多、理解难、解题要技巧。

杭州电子科技大学“信号与系统”是2004年浙江省级精品课程，编写高质量的易教易学的教材是我们的主要任务之一。本书以本科学生为授课对象，以培养应用型、适当兼顾研究型人才为目标，既便于教师授课，又便于学生自学。

全书共分十章：第一章信号与系统的基本概念，第二章连续时间信号的频域分析，第三章 LTI 系统方程的建立与系统模拟，第四章卷积的计算，第五章连续时间系统的时域分析，第六章连续时间系统的频域分析，第七章连续时间系统的复频域分析，第八章 离散时间系统的时域分析，第九章离散时间系统的 z 域分析，第十章状态变量分析法。内容符合教育部本科“信号与系统”课程要求。

本书系统全面地介绍了信号与系统的基本理论和分析方法。从信号到系统，从连续系统到离散系统，从输入输出方程到状态变量方程，以统一的观点阐明基本原理、概念和方法。其主要特点是：重在基本概念、基本原理和基本方法的讲解，从易到难，难易结合；编写上通俗易懂、易教易学、重在原理，压缩烦琐的理论推导；在保证教材结构体系完整的前提下，注重基本概念的讲解，其过程简明、清晰和准确；对于连续的和离散的，采用并行叙述的方法；例题占较大的篇幅，例题、习题紧扣基本原理和基本概念，避免偏和怪；书中叙述了很多既实用又易接受的求解方法和解题技巧。所以，本书也是很好的考研辅导书。

本书以“实用、适用”为基本原则。“实用”是对本课程涉及的基本原理、基本性质和方法阐述全面透彻，概念准确清晰。“适用”是适用于我们的授课对象——应用型适当兼顾研究型人才。

本书由杭州电子科技大学马金龙担任主编，负责拟定大纲和统稿，并编写第一至四章，第六、八、九章和全部的习题。胡建萍编写第十章，王宛苹编写第五、七章。

很荣幸也特别感谢毛培法教授和陈显萼教授担任本书的主审。毛培法教授是我国信号与系统领域的元老之一，曾翻译出版了郑钧著的《线性系统分析》（科学出版社）和帕普里斯著的《信号分析》（人民邮电出版社）等国外优秀教材，在信号与系统领域有很深的造诣。陈显萼教授从事了很多国家级攻关项目，发表了众多高水平的论文，是位德高望重的长辈。两位教授认真审阅了全文并提出了许多宝贵的修改意见。特别感谢教研室的张蜀章教授、周巧娣副教授和吕幼华副教授，他们仔细审核了书稿，提出了许多有价值的意见。特别感谢胡晓萍老师为本书做了大量的工作。可以说，这是我们集体智慧的结晶，是我们二十年教学经验的概括和总结。

非常感谢浙江省教育厅的大力支持，非常感谢杭州电子科技大学和电子信息学院各级领导的大力支持和帮助，衷心感谢所有关心、支持和提供帮助的各位领导和同事。

由于作者水平有限，时间较紧，书中会有一些缺点和疏漏，恳请广大读者和专家予以指正。

马金龙
于杭州电子科技大学
2005 年 11 月 20 日

目　录

第1章 信号概述

几乎所有的信息类学科如电子电气工程、通信工程、计算机工程、自动化工程及其他的工程学科都需要用到信号(signal)与系统(system)的概念和原理,因此信号与系统是信息类学科的基础学科。本章信号概述及第2章系统概述是整个信号与系统的基础。

本章介绍信号的定义和分类、典型连续时间信号、典型离散时间信号、信号的基本运算、因果信号的算子表示、信号的卷积计算和信号的分解。

1.1 信号的定义和分类

人们在日常生活和工作中离不开各种信息,需要对各种信息进行获取、存储、传输和处理。现实世界中存在各种信号,很多信号对我们至关重要。如马路上的交通信号是行人安全的保障;有了手机信号我们可以进行无线通信;有了电视信号我们可以了解世界丰富生活;人体会发出各种不健康的信号,医生抢救病人时需要多种医疗仪器观察病人的生命体征及时作出反应;股市在每次暴涨暴跌前都会发出一定的信号;每次地球发生大的灾难如地震海啸前也会发出各种信号,等等。

由于信号与系统是电专业的基础学科,所以电信号是我们的描述对象。

1.1.1 信号的定义

人们常常把来自外界的各种报道统称为消息(message),把消息中有意义的内容称为信息(information)。为了有效地传播和利用信息,常常要把信息转换成便于传输和处理的信号,所以信号是信息的载体,通过信号传递信息。

人类对自然界的认识和改造过程都离不开对自然界中信息的获取。所谓信息,是指存在于客观世界的一种事物形象,是关于事物运动规律的知识。一般泛指消息、情报、指令、数据、信号等有关周围环境的知识。消息是指用来表达信息的某种客观对象。

信号的定义:信号是带有信息的某种物理量,是变量的函数或序列。变量可以是时间或空间距离等,变量的个数可以是一个或多个,本书研究的变量是时间且一个的信号。

信息的传送一般都不是直接的,而必须借助于一定形式的信号才能便于传输和进行各种处理。由于信号是带有信息的某种物理量,这些物理量的变化包含着信息。

信号有多种形式,如电信号、光信号、声音信号等。电信号是常用的信号,所谓电信号是随时间变化的某个电的物理量,常用的有电压信号和电流信号,此外也把电容的电荷及电感的磁链作为电信号。

研究信号是为了对信号进行处理和分析,所谓信号处理是对信号进行某种加工或变换,目的是提取有用的部分,去掉多余的内容,滤除各种干扰和噪声,或将信号进行转化,便于分析和识别。

信号的特性可以从时间特性和频率特性两方面进行描述。

信号可用函数解析式表示(有时域的、频域的及变换域的),也可用波形或频谱表示。

1.1.2 信号的分类

从不同的角度,大体可把信号分成以下几类:确定信号(determinate signal)和随机信号(random signal)、连续时间信号(continuous-time signal)和离散时间信号(discrete-time signal)、周期信号(periodic signal)和非周期信号(aperiodic signal)、能量信号(energy signal)和功率信号(power signal)、时限信号(time-finite signal)和无时限信号等。此外,还有偶信号(even signal)和奇信号(odd signal)、实信号(real signal)和复信号(complex signal)、普通信号(normal signal)和奇异信号(singular signal)等之分。

1. 确定信号和随机信号

确定信号是一个可以用明确数学关系式表达的信号,预先可以知道其变化规律,是时间的确定函数,如正弦信号 $2\sin(3t)$。本书研究的是确定信号。

随机信号与之相反,是在任意给定时刻其值不确定的信号,不能预知其变化规律,不是时间的确定函数,如通信中的各种干扰。但随机信号具有统计特性,可以通过统计方法来表征。

2. 连续时间信号和离散时间信号

按时间取值的连续性,信号有连续时间信号和离散时间信号之分。连续时间信号简称为连续信号,离散时间信号简称为离散信号。本书中用 $f(t)$表示连续信号,用 $x(n)$表示离散信号。

如果变量 t 是连续的,对应的信号就是连续信号。连续信号是指在讨论的时间内,除若干个间断外,对于任意时刻都可以确定其函数值,连续信号的幅度可以是连续的(称为模拟信号,analog signal),也可以是离散的(只取某些规定值),如图 1.1-1 所示。

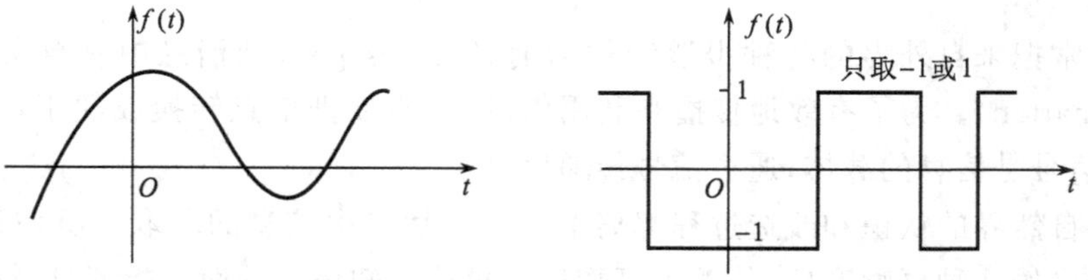

图 1.1-1 连续时间信号

离散信号在讨论的时间范围内,只有某些时刻才有数值,而其他时刻没有给定函数值。离散信号的间隔时间是相等的,用 T 表示。图 1.1-2 所示为离散信号,变量为 n(n 是整数)。

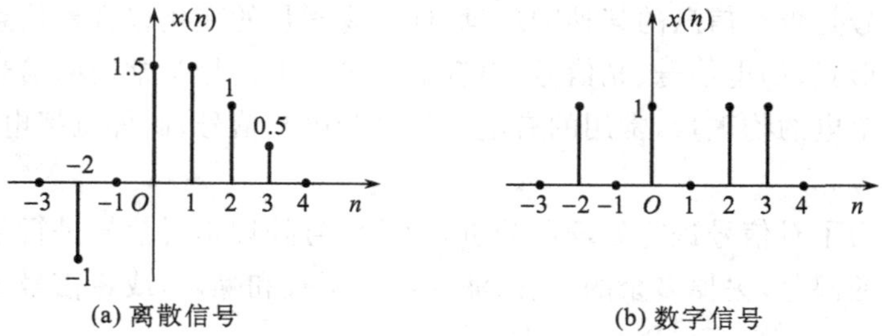

图 1.1-2 离散时间信号

在离散信号中，如信号的幅值限定在某些数值，这种信号称为数字信号(digital signal)，典型的数值只取“0”和“1”二者之一，图 1.1-2(b)是数字信号。

3. 周期信号和非周期信号

既然信号可用函数表示，函数有周期函数和非周期函数之分，故信号分为周期信号和非周期信号。

一个连续时间信号 $f(t)$，如果存在非零的正数 T，对于任意整数 m 和所有 t，满足

$$f(t+mT)=f(t) \tag{1.1-1}$$

则称 $f(t)$是周期为 T 的周期信号。满足式(1.1-1)的最小正数称为 $f(t)$的基本周期 T_0。

对于离散信号 $x(n)$，如存在正整数 N，对任意整数 m 和任意 n，有

$$x(n+mN)=x(n) \tag{1.1-2}$$

则称 $x(n)$是周期为 N 的周期信号。其中 $x(n)$的基本周期 N_0 是满足式(1.1-2)的最小正整数。

从波形上看，周期信号函数有一个基本波形，而其余的是基本波形经平移 T_0(或 N_0)的整数倍后的重复复制。

例 1.1-1 确定下面的信号是否是周期信号？如果是，求基本周期。

(1) $f(t)=\sin\left(\frac{\pi}{3}t\right)+\cos\left(\frac{\pi}{4}t\right)+2$； (2) $f(t)=\sin t+\cos(\pi t)$；

(3) $x(n)=\begin{cases}1, & n=\text{偶数}\\ -1, & n=\text{奇数}\end{cases}$。

解 (1) $$f(t)=\sin\left(\frac{\pi}{3}t\right)+\cos\left(\frac{\pi}{4}t\right)+2=f_1(t)+f_2(t)+f_3(t)$$

其中：

$f_1(t)=\sin\left(\frac{\pi}{3}t\right)$是周期信号，基本周期 $T_1=\frac{2\pi}{\omega_1}=6$；

$f_2(t)=\cos\left(\frac{\pi}{4}t\right)$也是周期信号，基本周期 $T_2=\frac{2\pi}{\omega_2}=8$；

$f_3(t)=2$ 是直流信号，可以看成是任何周期的周期信号。

因为 $\frac{T_1}{T_2}=\frac{6}{8}=\frac{3}{4}$是有理数，则 $f(t)$是周期信号。基本周期 $T_0=4T_1=3T_2=24$。

(2) $$f(t)=\sin t+\cos(\pi t)=f_1(t)+f_2(t)$$

其中：

$f_1(t)=\sin t$ 是周期信号，基本周期 $T_1=2\pi$；

$f_2(t)=\cos(\pi t)$也是周期信号，基本周期 $T_2=2$。

因为$\frac{T_1}{T_2}=\pi$ 是无理数，所以 $f(t)$是非周期信号。可见两个周期信号相加不一定是周期信号。

(3) $x(n)$的波形如图 1.1-3 所示，显然 $x(n)$是周期信号。基本周期 $N_0=2$

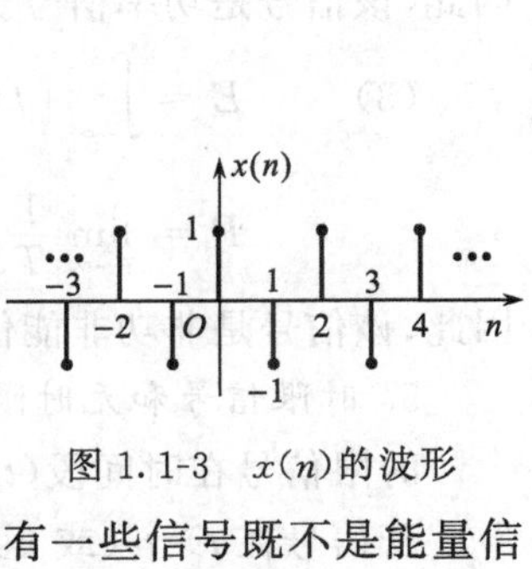

图 1.1-3 $x(n)$的波形

4. 能量信号和功率信号

从信号的能量和功率角度，信号分为能量信号和功率信号，还有一些信号既不是能量信号也不是功率信号。

连续信号 $f(t)$ 的能量 E 和平均功率 P 定义为

$$E = \int_{-\infty}^{\infty} |f(t)|^2 \mathrm{d}t \tag{1.1-3}$$

$$P = \frac{1}{T}\int_{-\frac{T}{2}}^{\frac{T}{2}} |f(t)|^2 \mathrm{d}t \tag{1.1-4}$$

如 $f(t)$ 为非周期信号，取 $T\to\infty$ 的极限。

离散信号 $x(n)$ 的能量 E 和平均功率 P 定义为

$$E = \sum_{n=-\infty}^{\infty} |x(n)|^2 \tag{1.1-5}$$

$$P = \frac{1}{2N+1}\sum_{n=-N}^{N} |x(n)|^2 \tag{1.1-6}$$

如 $x(n)$ 为非周期信号，取 $N\to\infty$ 的极限。

式中的 $|f(t)|$ 和 $|x(n)|$ 是 $f(t)$ 和 $x(n)$ 的模。式(1.1-4)和式(1.1-6)表明，信号的平均功率是信号能量的平均值。

如果：

(1) 信号的能量 E 有界而平均功率 $P=0$（即 $0<E<\infty, P=0$），该信号是能量有限信号，简称为能量信号。

(2) 信号的平均功率 P 有界而能量 $E\to\infty$（即 $0<P<\infty, E\to\infty$），该信号是功率有限信号，简称为功率信号。

(3) 信号的能量 $E\to\infty$，平均功率 $P\to\infty$，该信号既不是能量信号也不是功率信号，简称为非功非能信号。

由于周期信号的能量 $E\to\infty$ 而平均功率 P 有界，所以一般的周期信号是功率信号。

例 1.1-2 判断下列信号是能量信号、功率信号还是非功非能信号。

(1) $f(t)=\begin{cases} e^{-2t}, & t\geqslant 0 \\ 0, & t<0 \end{cases}$； (2) $x(n)=\begin{cases} 2, & n\geqslant 0 \\ 0, & n<0 \end{cases}$； (3) $f(t)=\begin{cases} t, & t\geqslant 0 \\ 0, & t<0 \end{cases}$。

解 (1) $$E = \int_{-\infty}^{\infty} |f(t)|^2 \mathrm{d}t = \int_0^{\infty} e^{-4t}\mathrm{d}t = \frac{1}{4} \quad (\text{有界})$$

因此，该信号是能量信号。

(2) $$P = \lim_{N\to\infty}\frac{1}{2N+1}\sum_{n=-N}^{N}|x(n)|^2 = \lim_{N\to\infty}\frac{1}{2N+1}\sum_{n=0}^{N}2^2 = \lim_{N\to\infty}\frac{4(N+1)}{2N+1} = 2 \quad (\text{有界})$$

因此，该信号是功率信号。

(3) $$E = \int_{-\infty}^{\infty} |f(t)|^2 \mathrm{d}t = \int_0^{\infty} t^2 \mathrm{d}t = \infty$$

$$P = \lim_{T\to\infty}\frac{1}{T}\int_{\frac{-T}{2}}^{\frac{T}{2}} |f(t)|^2 \mathrm{d}t = \lim_{T\to\infty}\frac{1}{T}\int_0^{\frac{T}{2}} t^2 \mathrm{d}t = \lim_{T\to\infty}\frac{1}{3T}\left(\frac{T}{2}\right)^3 = \infty$$

因此，该信号是非功非能信号。

5. 时限信号和无时限信号

时限信号在时间段($t_1<t<t_2, n_1\leqslant n\leqslant n_2$)以外的值为零；否则称为无时限信号，如 $\sin t$。

若信号在 $t>t_0$（或 $n\geqslant n_0$）不等于零，在 $t<t_0$（或 $n<n_0$）为零，称为有始信号（又称右边信号）。如果 $t_0=0$（或 $n_0=0$），则称为因果信号，因果信号常以 $f(t)=g(t)u(t)$ 或 $x(n)=$

$v(n)u(n)$形式出现，其中 $u(t)$ 和 $u(n)$ 是单位阶跃信号。

若信号在 $t<t_0$(或 $n<n_0$)不等于零，在 $t>t_0$(或 $n\geqslant n_0$)为零称为有终信号(又称左边信号)。如果 $t_0=0$(或 $n_0=0$)，则称为反因果信号，反因果信号以 $f(t)=g(t)u(-t)$ 或 $x(n)=v(n)u(-n-1)$形式出现。

例 1.1-1 中的信号都是无时限信号，例 1.1-2 中的信号都是因果信号。

如果表示信号的函数是奇函数，则该信号是奇信号；如果表示信号的函数是偶函数，则该信号是偶信号；如果表示信号的函数有不连续点(间断点)或其导数函数或其积分函数有不连续点，则该信号是奇异连续信号。

1.2 典型连续时间信号

本节中介绍几种典型的连续时间信号，这些信号在信号与系统中经常用到。

1. 直流信号(DC signal)

直流信号的函数公式为

$$f(t)=E \tag{1.2-1}$$

式中的 E 是实数。

2. 指数信号(exponential signal)

指数信号分实指数信号(real exponential signal)和复指数信号(complex exponential signal)两种。

1) 实指数信号

实指数信号简称为指数信号，函数公式为

$$f(t)=K\mathrm{e}^{at} \tag{1.2-2}$$

式中 K 和 a 都是实数。

实指数信号中的两个重要参数，a 决定函数值随 t 变化的速率，K 决定函数在 $t=0$ 时的值，波形如图 1.2-1(a)所示。

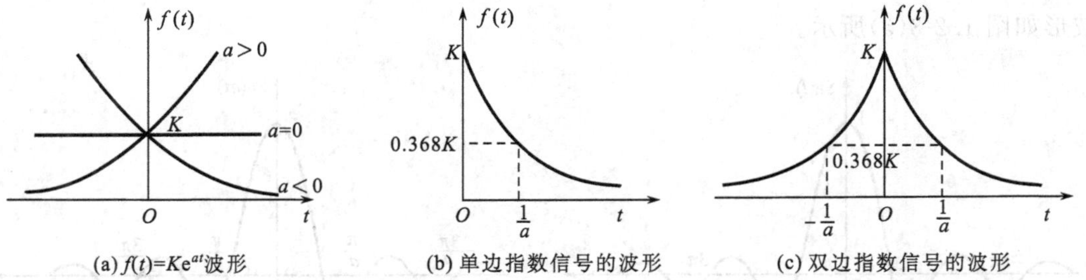

(a) $f(t)=K\mathrm{e}^{at}$波形 (b) 单边指数信号的波形 (c) 双边指数信号的波形

图 1.2-1 实指数信号

常用的是 $a<0$ 的衰减指数信号，如一阶 RC 放电电路中，电容的端电压 $u_C(t)=U_0\mathrm{e}^{-\frac{t}{RC}}$ $(t>0)$。在电路分析中定义 $\tau=RC$ 为一阶 RC 电路的时间常数，在此也定义 $\tau=\frac{1}{|a|}$ 为实指数信号的时间常数。

在衰减的实指数信号中，常用的有单边和双边指数信号，分别定义为

$$f(t) = \begin{cases} Ke^{-at}, & t \geqslant 0 \\ 0, & t < 0 \end{cases} \tag{1.2-3}$$

$$f(t) = Ke^{-a|t|} \tag{1.2-4}$$

式中 $a>0$。波形如图 1.2-1(b)和(c)所示。

2) 复指数信号

复指数信号表示为 $f(t) = Ke^{st}$，式中的 K 或 s 是复数。如 $f(t)=2e^{(-1+j2)t}$，其中 $s=-1+j2$为复数。可将复数指数信号表示为

$$f(t) = 2e^{(-1+j2)t} = 2e^{-t}e^{j2t} = 2e^{-t}\cos(2t) + j2e^{-t}\sin(2t)$$

即表示为模和相角或实部和虚部形式。

3. 正弦信号(sinusoidal signal)

正弦信号的函数公式为

$$\left.\begin{aligned} f(t) &= K\sin(\omega t + \theta) \\ f(t) &= K\cos(\omega t + \varphi) \end{aligned}\right\} \tag{1.2-5}$$

一般 K 是实常数(称为幅度)，此时正弦信号是周期信号，基本周期 $T_0=\dfrac{2\pi}{\omega}$。

我们经常使用衰减的正弦信号，即其幅度随时间而衰减，如 $f(t)=e^{-0.1t}\sin\left(\dfrac{\pi}{4}t\right)$，衰减的正弦信号是非周期信号。图 1.2-2 所示为 $f(t)=e^{-0.1t}\sin\left(\dfrac{\pi}{4}t\right)(t\geqslant 0)$的波形。

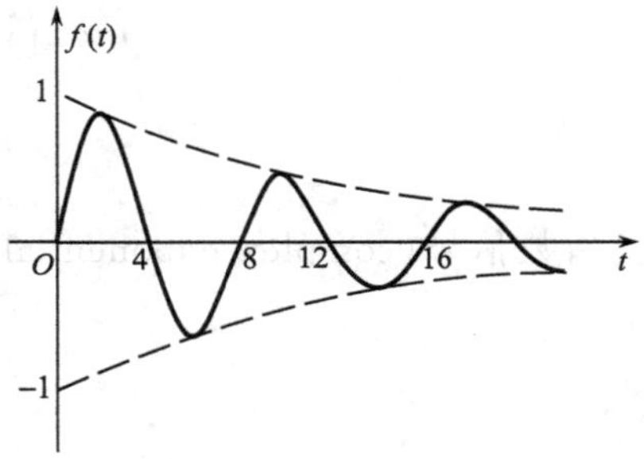

图 1.2-2 衰减正弦信号

4. 抽样信号 (sampling function)

抽样信号 Sa(t)定义为

$$\mathrm{Sa}(t) = \frac{\sin t}{t} \tag{1.2-6}$$

波形如图 1.2-3(a)所示。

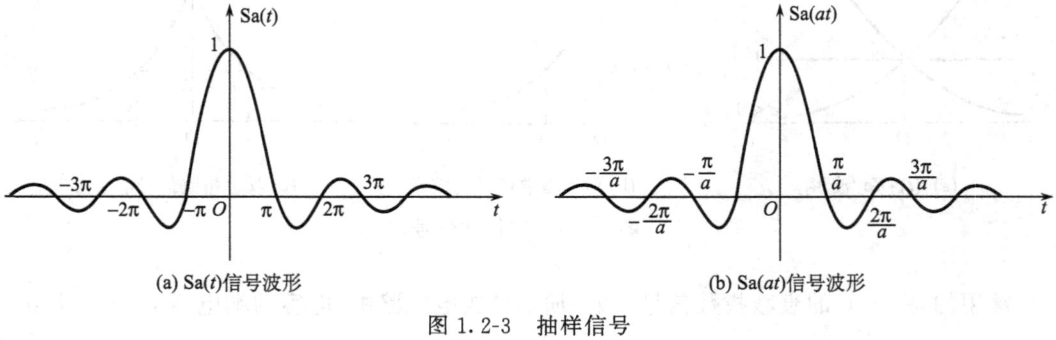

图 1.2-3 抽样信号

抽样信号是一个偶函数，即 $\mathrm{Sa}(-t)=\mathrm{Sa}(t)$，以及在 $t=n\pi(n=\pm1,\pm2,\cdots)$过零点，且 $\int_0^\infty \mathrm{Sa}(t)\mathrm{d}t = \dfrac{\pi}{2}$ 或 $\int_{-\infty}^\infty \mathrm{Sa}(t)\mathrm{d}t = \pi$。

常用的是 Sa(at)信号，波形如图 1.2-3(b)所示。典型的是辛格信号 sinc(t)，有

$$\mathrm{sinc}(t) = \mathrm{Sa}(\pi t), \quad \mathrm{Sa}(t) = \mathrm{sinc}\left(\frac{t}{\pi}\right)$$

5. 单位阶跃信号(unit step signal)

单位阶跃信号 $u(t)$定义为

$$u(t) = \begin{cases} 1, & t > 0 \\ 0, & t < 0 \end{cases} \tag{1.2-7}$$

波形如图 1.2-4 所示，单位阶跃信号 $u(t)$在 $t=0$ 时函数值从 0 跳变到 1。

无时限信号 $f(t)$与单位阶跃信号 $u(t)$相乘，即 $f(t)u(t)$，变成一个因果信号。

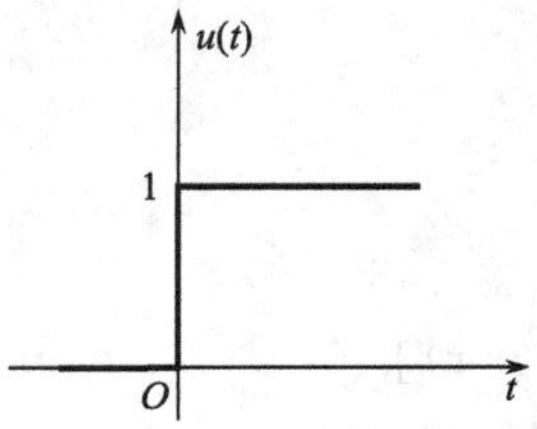

图 1.2-4　单位阶跃信号

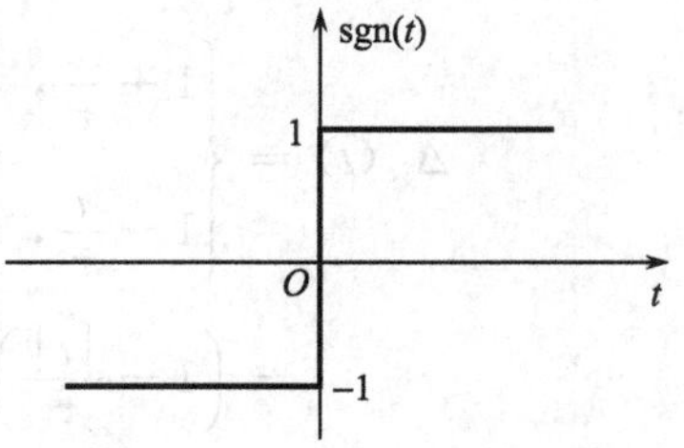

图 1.2-5　符号函数信号

6. 符号函数信号(sign function)

定义符号函数信号 sgn(t)为

$$\mathrm{sgn}(t) = \begin{cases} 1, & t > 0 \\ -1, & t < 0 \end{cases} \tag{1.2-8}$$

波形如图 1.2-5 所示。显然有

$$\mathrm{sgn}(t) = 2u(t) - 1 \tag{1.2-9}$$

7. 单位斜坡信号(unit ramp signal)

图 1.2-6 所示为单位斜坡信号 $R(t)$的波形，函数表示为

$$R(t) = tu(t) \tag{1.2-10}$$

单位斜坡信号与单位阶跃信号有如下关系

$$\left.\begin{aligned} &\frac{\mathrm{d}}{\mathrm{d}t}R(t) = u(t) \\ &\int_{-\infty}^{t} u(\tau)\mathrm{d}\tau = R(t) \end{aligned}\right\} \tag{1.2-11}$$

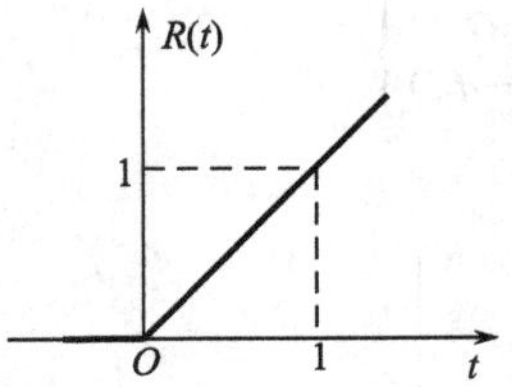

图 1.2-6　单位斜坡信号

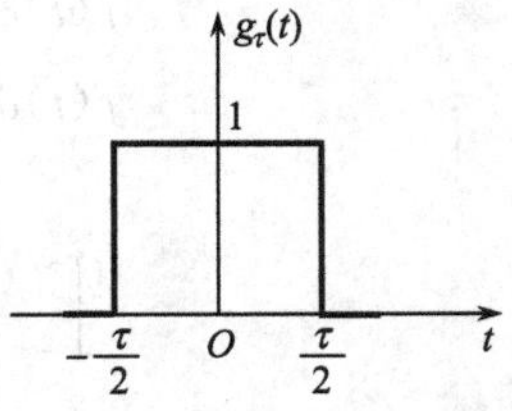

图 1.2-7　门函数信号

8. 门函数信号(unit gate function)

门函数信号 $g_\tau(t)$是个两边对称的单脉冲,高度为 1,宽度为 τ,如图 1.2-7 所示,公式表示为

$$g_\tau(t)=\begin{cases}1, & -\frac{\tau}{2}<t<\frac{\tau}{2}\\ 0, & \text{其余}\end{cases}$$
$$=u\left(t+\frac{\tau}{2}\right)-u\left(t-\frac{\tau}{2}\right) \tag{1.2-12}$$

9. 三角脉冲信号(triangular pulse signal)

图 1.2-8 所示为三角脉冲信号 $\Delta_{2\tau}(t)$波形,函数公式表示为

$$\Delta_{2\tau}(t)=\begin{cases}1+\frac{t}{\tau}, & -\tau\leqslant t\leqslant 0\\ 1-\frac{t}{\tau}, & 0\leqslant t\leqslant \tau\end{cases}$$
$$=\left(1-\frac{|t|}{\tau}\right)[u(t+\tau)-u(t-\tau)] \tag{1.2-13}$$

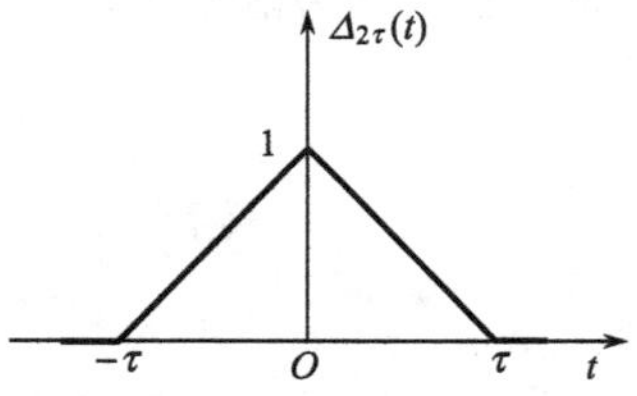

图 1.2-8 三角脉冲信号

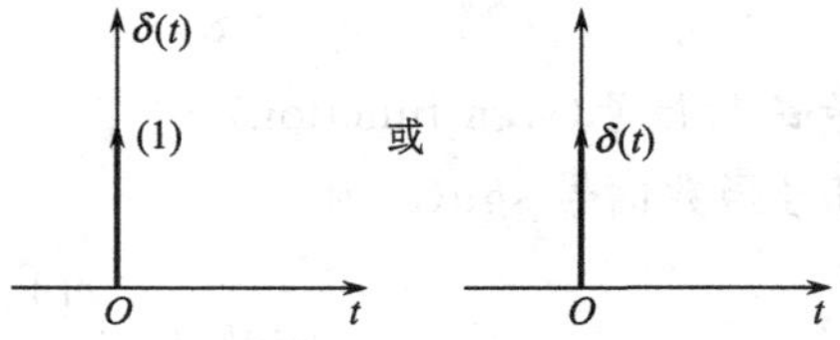

图 1.2-9 单位冲激信号

10. 单位冲激信号(unit impulse signal)

单位冲激信号 $\delta(t)$定义为

$$\begin{cases}\delta(t)=\begin{cases}\infty, & t=0\\ 0, & t\neq 0\end{cases}\\ \int_{-\infty}^{\infty}\delta(t)\mathrm{d}t=1\end{cases} \tag{1.2-14}$$

单位冲激信号 $\delta(t)$的图形如图 1.2-9 所示。

$\delta(t)$有如下性质:

(1) 抽样性。如函数 $f(t)$在 $t=0$ 及 $t=t_0$ 处连续,则

$$\left.\begin{aligned}f(t)\delta(t)&=f(0)\delta(t)\\ f(t)\delta(t-t_0)&=f(t_0)\delta(t-t_0)\end{aligned}\right\} \tag{1.2-15}$$

$$\left.\begin{aligned}\int_{-\infty}^{\infty}f(t)\delta(t)\mathrm{d}t&=f(0)\\ \int_{-\infty}^{\infty}f(t)\delta(t-t_0)\mathrm{d}t&=f(t_0)\end{aligned}\right\} \tag{1.2-16}$$

(2) 如函数 $f(t)$是普通函数,且 $f(t)=0$ 有 n 个单实根 $t_1, t_2, \cdots, t_n$,则有

$$\delta[f(t)] = \sum_{i=1}^{n} \frac{1}{|f'(t_i)|}\delta(t - t_i) \tag{1.2-17}$$

当 $f(t)=at$ 时,有

$$\delta(at) = \frac{1}{|a|}\delta(t) \tag{1.2-18}$$

(3) $\delta(t)$是偶函数,即

$$\delta(-t) = \delta(t) \tag{1.2-19}$$

单位阶跃信号 $u(t)$与单位冲激信号 $\delta(t)$的关系为

$$\left.\begin{aligned} \frac{\mathrm{d}}{\mathrm{d}t}u(t) &= \delta(t) \\ \frac{\mathrm{d}}{\mathrm{d}t}u(t-t_0) &= \delta(t-t_0) \end{aligned}\right\} \tag{1.2-20}$$

$$\left.\begin{aligned} \int_{-\infty}^{t}\delta(\tau)\mathrm{d}\tau &= u(t) \\ \int_{-\infty}^{t}\delta(\tau-t_0)\mathrm{d}\tau &= u(t-t_0) \end{aligned}\right\} \tag{1.2-21}$$

要注意函数 $f(t)$的导数为 $\delta(t)$,并不一定 $\delta(t)$的积分为 $f(t)$,因为求导数与求积分的物理意义是不一样的。如 $f(t)=2+u(t)$,求得$\frac{\mathrm{d}}{\mathrm{d}t}f(t)=\delta(t)$,但$\int_{-\infty}^{t}\delta(\tau)\mathrm{d}\tau = u(t) \neq f(t)$。$\frac{\mathrm{d}}{\mathrm{d}t}f(t) = \delta(t)$ 只说明函数 $f(t)$在 $t=0$ 处的值有向上一个单位的跳变,且 $f(0_+)-f(0_-)=1$。

事实上,$\delta(t)$可以看成是一个面积为 1 的偶函数,当横轴上宽度趋于 0,而高度(函数值)趋于∞的极限函数,常用的有以下 4 种。

(1) 双边指数信号的极限,即

$$\delta(t) = \lim_{a\to\infty}\left[\frac{a}{2}\mathrm{e}^{-a|t|}\right] \tag{1.2-22}$$

(2) 抽样信号的极限,即

$$\delta(t) = \lim_{a\to\infty}\left[\frac{a}{\pi}\mathrm{Sa}(at)\right] \tag{1.2-23}$$

(3) 门函数信号的极限,即

$$\delta(t) = \lim_{\tau\to 0}\left\{\frac{1}{\tau}\left[u\left(t+\frac{\tau}{2}\right)-u\left(t-\frac{\tau}{2}\right)\right]\right\} \tag{1.2-24}$$

(4) 三角脉冲信号的极限,即

$$\delta(t) = \lim_{\tau\to 0}\left\{\frac{1}{\tau}\left(1-\frac{|t|}{\tau}\right)[u(t+\tau)-u(t-\tau)]\right\} \tag{1.2-25}$$

11. 冲激偶信号(unit doublet signal)

单位冲激信号 $\delta(t)$求一次导数为冲激偶信号 $\delta'(t)$,即

$$\delta'(t) = \frac{\mathrm{d}}{\mathrm{d}t}\delta(t) \tag{1.2-26}$$

图 1.2-10 所示为冲激偶信号的图形表示。

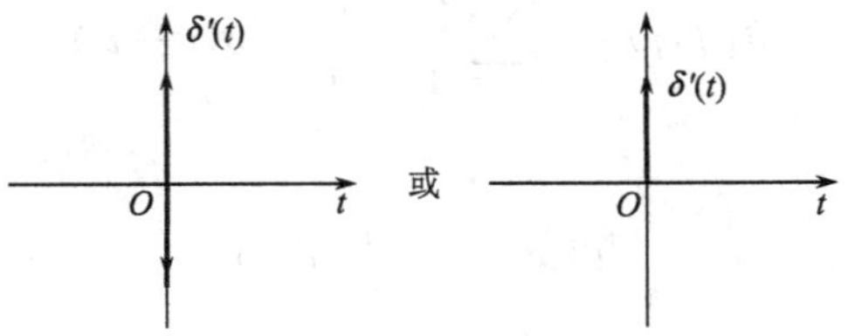

图 1.2-10 冲激偶信号

$\delta'(t)$有如下性质(函数 $f(t)$及导数 $f'(t)$、$f''(t)$在 $t=0$ 及 $t=t_0$ 处连续):

(1)
$$f(t)\delta'(t)=f(0)\delta'(t)-f'(0)\delta(t) \tag{1.2-27}$$

由$[f(t)\delta(t)]'=f'(t)\delta(t)+f(t)\delta'(t)$,得

$$f(t)\delta'(t)=[f(t)\delta(t)]'-f'(t)\delta(t)=[f(0)\delta(t)]'-f'(0)\delta(t)=f(0)\delta'(t)-f'(0)\delta(t)$$

以及

$$\left.\begin{aligned}f(t)\delta'(t-t_0)&=f(t_0)\delta'(t-t_0)-f'(t_0)\delta(t-t_0)\\ f(t)\delta''(t)&=f(0)\delta''(t)-2f'(0)\delta'(t)+f''(0)\delta(t)\end{aligned}\right\} \tag{1.2-28}$$

(2)
$$\int_{-\infty}^{\infty}f(t)\delta'(t)\mathrm{d}t=-f'(0) \tag{1.2-29}$$

将式(1.2-27)代入,而

$$\int_{-\infty}^{\infty}f(0)\delta'(t)\mathrm{d}t=f(0)\delta(t)\mid_{-\infty}^{\infty}=0,\quad \int_{-\infty}^{\infty}f'(0)\delta(t)\mathrm{d}t=f'(0)$$

同样有

$$\int_{-\infty}^{\infty}f(t)\delta'(t-t_0)\mathrm{d}t=-f'(t_0) \tag{1.2-30}$$

令 $f(t)=1$,有

$$\left.\begin{aligned}\int_{-\infty}^{\infty}\delta'(t)\mathrm{d}t&=0\\ \int_{-\infty}^{\infty}\delta'(t-t_0)\mathrm{d}t&=0\end{aligned}\right\} \tag{1.2-31}$$

(3)
$$\begin{cases}\delta'(at)=\dfrac{1}{a}[\delta(at)]'=\dfrac{1}{a}\cdot\left[\dfrac{1}{|a|}\delta(t)\right]'=\dfrac{1}{a|a|}\delta'(t)\\ \delta^{(k)}(at)=\dfrac{1}{a^k}[\delta(at)]^{(k)}=\dfrac{1}{a^k}\cdot\left[\dfrac{1}{|a|}\delta(t)\right]^{(k)}=\dfrac{1}{a^k|a|}\delta^{(k)}(t)\end{cases} \tag{1.2-32}$$

当 $a=-1$ 时,有

$$\delta'(-t)=-\delta'(t) \tag{1.2-33}$$

例 1.2-1 计算(1)$\int_{-\infty}^{t}\tau^2\delta(\tau-2)\mathrm{d}\tau$;(2)$\int_{t}^{\infty}\tau^2\delta(\tau-2)\mathrm{d}\tau$。

解 由 $f(t)\delta(t-t_0)=f(t_0)\delta(t-t_0)$ 得 $f(\tau)\delta(\tau-\tau_0)=f(\tau_0)\delta(\tau-\tau_0)$,所以 $\tau^2\delta(\tau-2)=4\delta(\tau-2)$。

(1)
$$\int_{-\infty}^{t}\tau^2\delta(\tau-2)\mathrm{d}\tau=\int_{-\infty}^{t}4\delta(\tau-2)\mathrm{d}\tau=\begin{cases}0, & t<2\\ 4, & t>2\end{cases}=4u(t-2)$$

(2)　$\int_t^{\infty}\tau^2\delta(\tau-2)\mathrm{d}\tau=\int_t^{\infty}4\delta(\tau-2)\mathrm{d}\tau=\begin{cases}4, & t<2\\0, & t>2\end{cases}=4u(-t+2)$

例 1.2-2　计算 $\int_{-\infty}^{\infty}t^2\delta'(t^2-t-2)\mathrm{d}t$ 。

解　由于 $[\delta(t^2-t-2)]'=(t^2-t-2)'\delta'(t^2-t-2)=(2t-1)\delta'(t^2-t-2)$，得

$$t^2\delta'(t^2-t-2)=\frac{t^2}{2t-1}[\delta(t^2-t-2)]'$$

由式(1.2-17)，得

$$\delta(t^2-t-2)=\frac{1}{|2t-1|_{t=-1}}\delta(t+1)+\frac{1}{|2t-1|_{t=2}}\delta(t-2)=\frac{1}{3}\delta(t+1)+\frac{1}{3}\delta(t-2)$$

所以

$$t^2\delta'(t^2-t-2)=\frac{t^2}{3(2t-1)}\delta'(t+1)+\frac{t^2}{3(2t-1)}\delta'(t-2)$$

由式(1.2-28)，得

$$\frac{t^2}{3(2t-1)}\delta'(t+1)=\frac{t^2}{3(2t-1)}\bigg|_{t=-1}\delta'(t+1)-\left[\frac{t^2}{3(2t-1)}\right]'\bigg|_{t=-1}\delta(t+1)$$

$$=-\frac{1}{9}\delta'(t+1)-\frac{4}{27}\delta(t+1)$$

$$\frac{t^2}{3(2t-1)}\delta'(t-2)=\frac{t^2}{3(2t-1)}\bigg|_{t=2}\delta'(t-2)-\left[\frac{t^2}{3(2t-1)}\right]'\bigg|_{t=2}\delta(t-2)$$

$$=\frac{4}{9}\delta'(t-2)-\frac{4}{27}\delta(t-2)$$

所以

$$\int_{-\infty}^{\infty}t^2\delta'(t^2-t-2)\mathrm{d}t=-\frac{1}{9}\int_{-\infty}^{\infty}\delta'(t+1)\mathrm{d}t-\frac{4}{27}\int_{-\infty}^{\infty}\delta(t+1)\mathrm{d}t$$

$$+\frac{4}{9}\int_{-\infty}^{\infty}\delta'(t-2)\mathrm{d}t-\frac{4}{27}\int_{-\infty}^{\infty}\delta(t-2)\mathrm{d}t$$

$$=0-\frac{4}{27}+0-\frac{4}{27}=-\frac{8}{27}$$

1.3　典型离散时间信号

离散时间信号的波形是用一条条竖线表示的，称为序列(sequence)，其变量 n 为整数($n=0,\pm1,\pm2,\cdots$)。以下是常用的离散序列。

1. 单位阶跃序列(unit step sequence)

单位阶跃序列 $u(n)$ 定义为

$$u(n)=\begin{cases}1, & n\geqslant0\\0, & n<0\end{cases}\tag{1.3-1}$$

此序列变量从 0 开始，数值始终是 1，如图 1.3-1 所示。

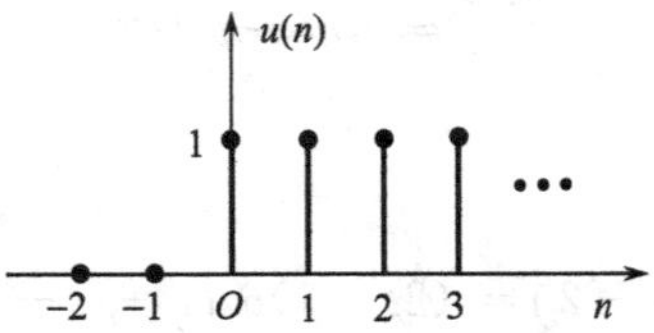

图 1.3-1 单位阶跃序列

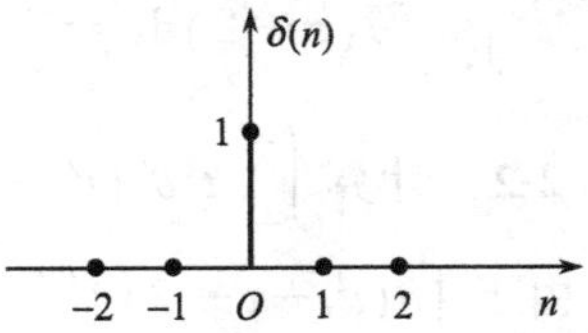

图 1.3-2 单位冲激序列

2. 单位冲激序列(unit impulse sequence)

单位冲激序列 $\delta(n)$ 定义为

$$\delta(n)=\begin{cases}1, & n=0\\ 0, & n\neq 0\end{cases} \tag{1.3-2}$$

此序列只有在变量 $n=0$ 时数值为 1,如图 1.3-2 所示。

显然有

$$\left.\begin{aligned}x(n)\delta(n)&=x(0)\delta(n)\\ x(n)\delta(n-n_0)&=x(n_0)\delta(n-n_0)\end{aligned}\right\} \tag{1.3-3}$$

3. 矩形序列(rectangular sequence)

矩形序列 $R_N(n)$ 定义为

$$R_N(n)=\begin{cases}1, & 0\leqslant n\leqslant N-1\\ 0, & \text{其余}\end{cases} \tag{1.3-4}$$

波形如图 1.3-3 所示,此序列变量 n 从 0 开始有 N 条数值为 1 的竖线。

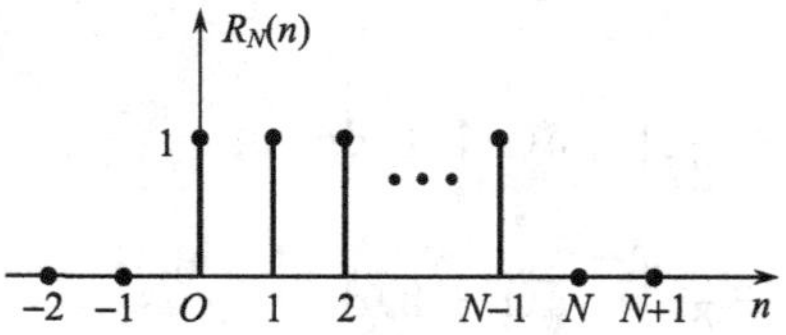

图 1.3-3 矩形序列

以上 3 种序列有以下关系

$$\left.\begin{aligned}u(n)&=\sum_{m=0}^{\infty}\delta(n-m)\\ \delta(n)&=u(n)-u(n-1)\\ R_N(n)&=\sum_{m=0}^{N-1}\delta(n-m)=u(n)-u(n-N)\end{aligned}\right\} \tag{1.3-5}$$

4. 实指数序列(real exponential sequence)

$$x(n)=a^n u(n) \tag{1.3-6}$$

式中 a 是实数。根据 a 的正与负,数值大于 1 与小于 1,分 4 种情况,如图 1.3-4 所示。

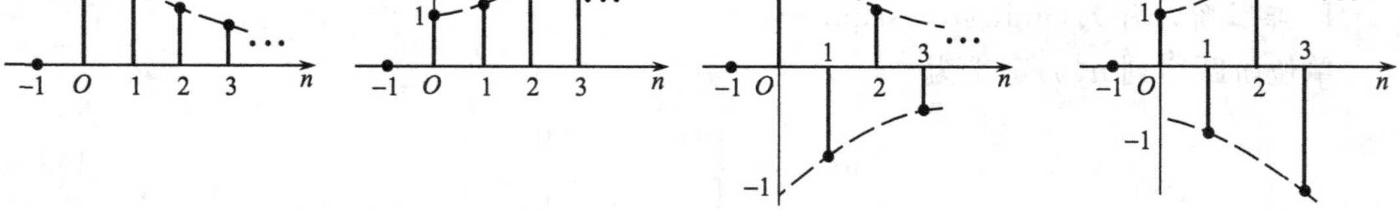

图 1.3-4 实指数序列

5. 单位斜变序列(unit ramp sequence)

$$x(n) = nu(n) \tag{1.3-7}$$

波形如图 1.3-5 所示。

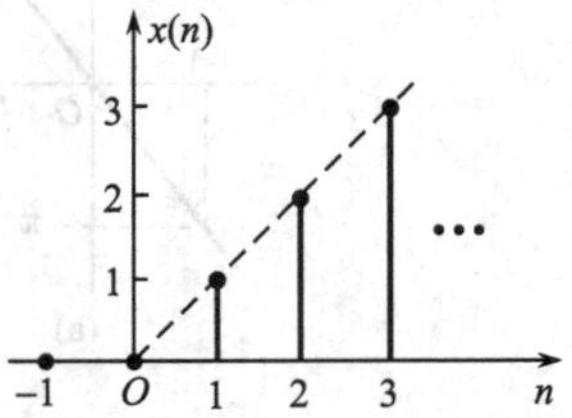

图 1.3-5　单位斜变序列

6. 正弦序列(sinusoidal sequence)

$$\left.\begin{aligned} x(n) &= K\sin(\Omega n + \theta) \\ x(n) &= K\cos(\Omega n + \varphi) \end{aligned}\right\} \tag{1.3-8}$$

式中 Ω 是正弦序列的数字角频率,单位是弧度。

正弦序列不一定是周期信号,只有当 $\frac{2\pi}{\Omega}$ 是有理数时,才是周期信号。若 $\frac{2\pi}{\Omega}$ 是整数,则周期 $N_0=\frac{2\pi}{\Omega}$,若 $\frac{2\pi}{\Omega}$ 不是整数,周期为大于 $\frac{2\pi}{\Omega}$ 的整数。图 1.3-6(a)所示为 $x(n)=\sin\left(\frac{\pi}{6}n\right)$ 的波形,图 1.3-6(b)所示为 $x(n)=\sin\left(\frac{\pi}{6}n-\frac{\pi}{3}\right)$ 的波形。

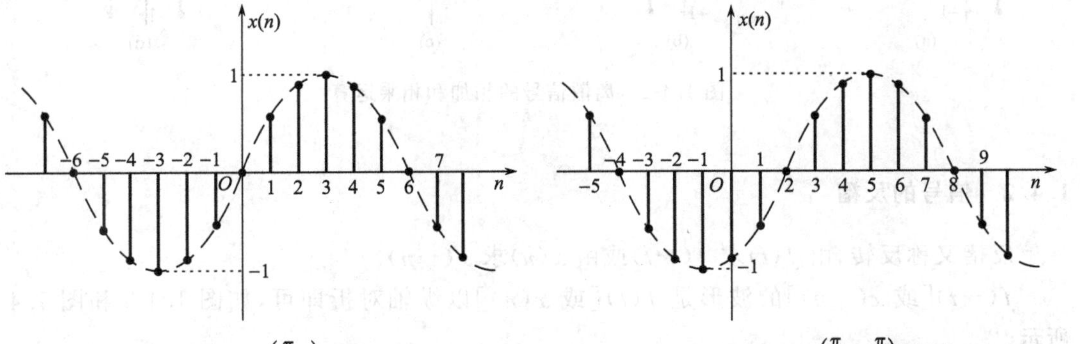

(a) $x(n)=\sin\left(\frac{\pi}{6}n\right)$的波形　　(b) $x(n)=\sin\left(\frac{\pi}{6}n-\frac{\pi}{3}\right)$的波形

图 1.3-6　正弦序列的波形

7. 复指数序列(complex exponential sequence)

$$x(n) = e^{(\sigma+j\Omega)n} \tag{1.3-9}$$

用欧拉公式代入,有 $x(n) = e^{(\sigma+j\Omega)n} = e^{\sigma n}\cos(\Omega n) + je^{\sigma n}\sin(\Omega n)$ 。

1.4　信号的基本运算

信号的基本运算包括信号的加减和相乘运算、信号的反褶、信号的尺度变换、信号的移位、连续信号的微积分运算及离散信号的差分和累加运算。

1.4.1　信号的加减和相乘运算

信号间可进行加减和相乘运算。图 1.4-1 所示为 $f(t)=\pi t\mathrm{sgn}(t)$ 的波形产生过程,图 1.4-2 所示为 $x_1(n)+x_2(n)$ 和 $x_1(n)\cdot x_2(n)$ 的波形。

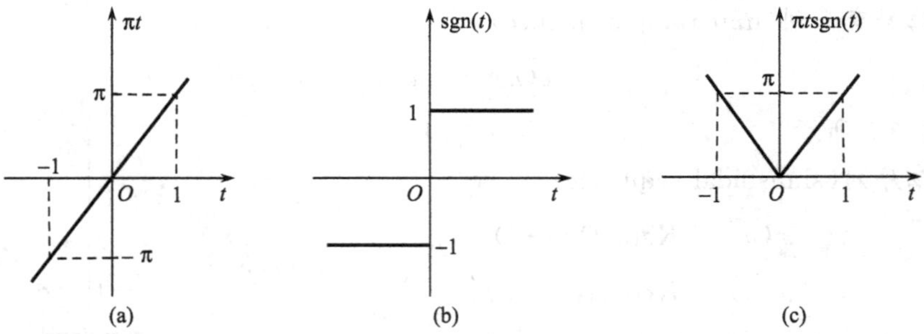

图 1.4-1 $f(t)=\pi t\mathrm{sgn}(t)$的波形产生过程

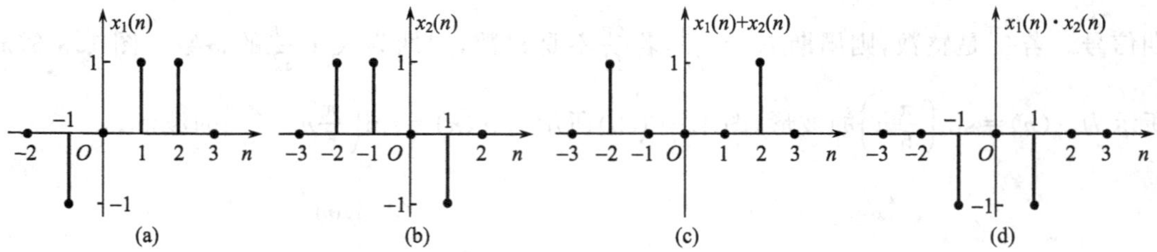

图 1.4-2 离散信号的相加和相乘运算

1.4.2 信号的反褶

反褶又称反转，由 $f(t)$求 $f(-t)$或由 $x(n)$求 $x(-n)$。

$f(-t)$[或 $x(-n)$]的波形是 $f(t)$[或 $x(n)$]以纵轴对折即可，如图 1.4-3 和图 1.4-4 所示。

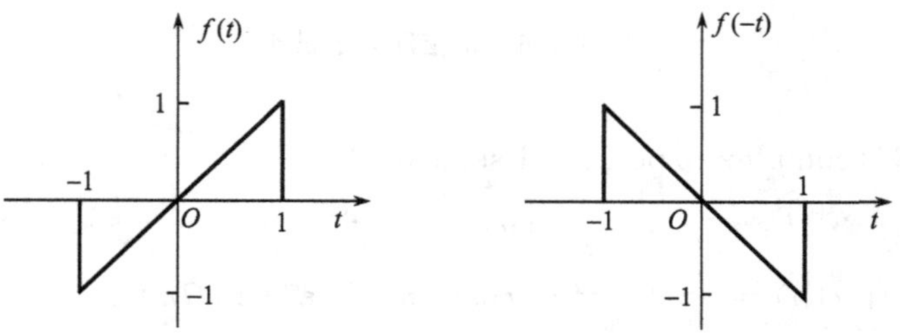

图 1.4-3 连续信号的反褶运算

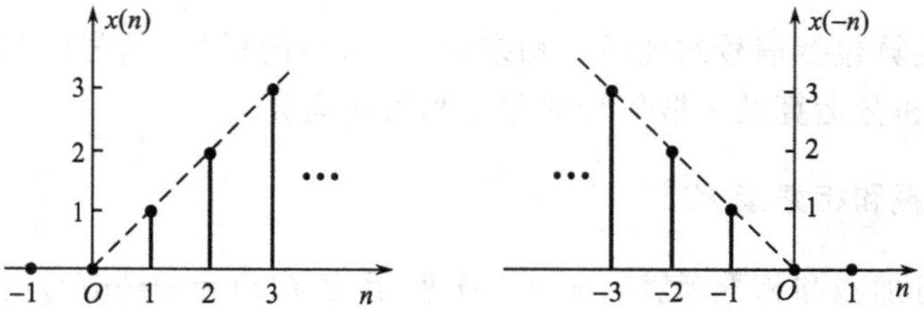

图 1.4-4 离散信号的反褶运算

1.4.3　信号的尺度变换

连续信号的尺度变换是将原函数中的 t 用 at 代替，即由 $f(t)$ 求 $f(at)(a\neq0)$。由 a 的值正、负、数值大于 1、小于 1 分为四种情况，如图 1.4-5 所示。事实上，图(b)和(d)在横向压缩一半，图(c)和(e)拉伸了一倍。

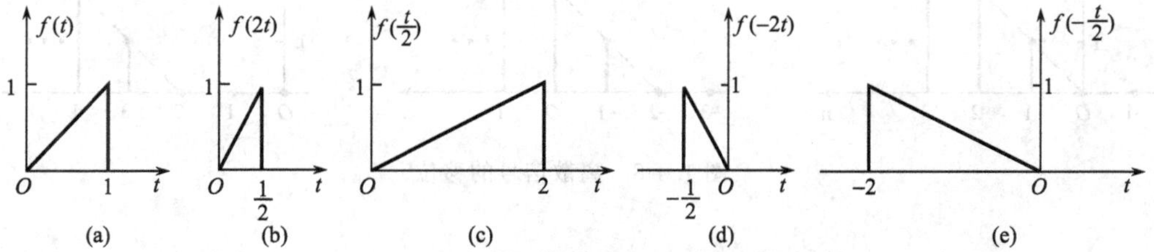

图 1.4-5　连续信号的尺度变换

离散信号的尺度变换是由 $x(n)$ 求 $x(an)(a\neq0)$。图 1.4-6 所示为 $x(n)=nu(n)$ 变成 $x(2n)$ 和 $x\left(\frac{1}{2}n\right)$。

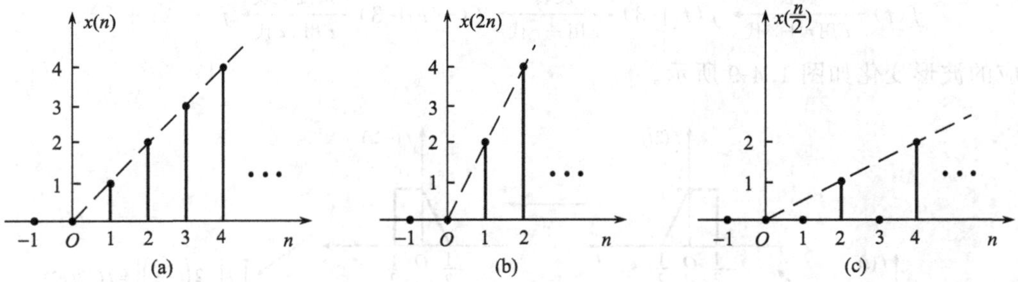

图 1.4-6　离散信号的尺度变换

图 1.4-6(b)中只取图(a)中变量 n 为偶数的点，波形压缩，图 1.4-6(c)中当 n 为奇数时的数值在图(a)中未定义，应补入零值，因而波形扩展。

1.4.4　信号的移位

连续信号的移位是将原函数中的 t 用 $t+b$ 代替，即将 $f(t)$ 变成 $f(t+b)$。$b>0$ 图形左移，$b<0$ 则右移，如图 1.4-7 所示。

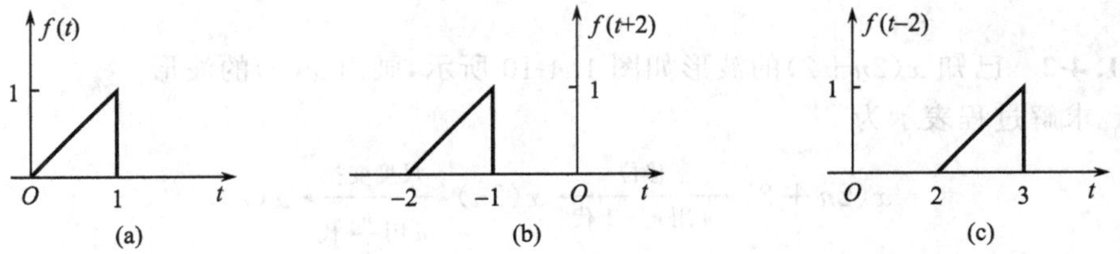

图 1.4-7　连续信号的移位

离散信号的移位是由 $x(n)$ 求 $x(n+m)$，由于离散信号的变量只能是整数，故 m 是整数。$m>0$ 图形左移，$m<0$ 图形右移。图 1.4-8 所示为离散信号的位移。

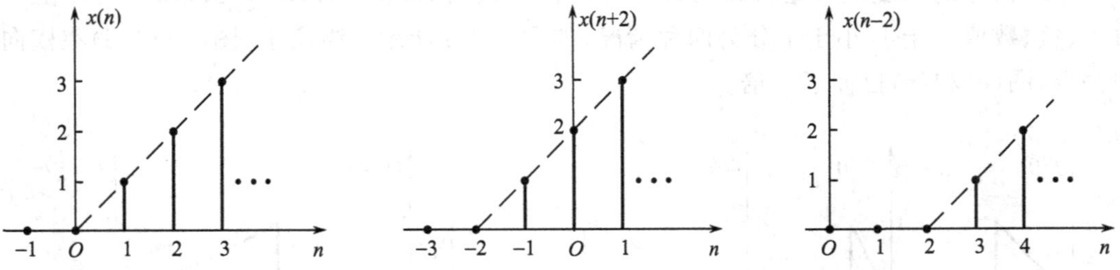

图 1.4-8　离散信号的移位

例 1.4-1　已知 $f(t)$ 的波形如图 1.4-9 所示，画出 $f(-2t+3)$ 的波形。

解　求解过程表示为

$$f(t)\xrightarrow[t\text{用}2t\text{代}]{\text{尺度变换}}f(2t)\xrightarrow[t\text{用}-t\text{代}]{\text{反转}}f(-2t)\xrightarrow[t\text{用}t-\frac{3}{2}\text{代}]{\text{移位}}f\left[-2\left(t-\frac{3}{2}\right)\right]=f(-2t+3)$$

或

$$f(t)\xrightarrow[t\text{用}t+3\text{代}]{\text{移位}}f(t+3)\xrightarrow[t\text{用}-t\text{代}]{\text{反转}}f(-t+3)\xrightarrow[t\text{用}2t\text{代}]{\text{尺度变换}}f(-2t+3)$$

对应的波形变化如图 1.4-9 所示。

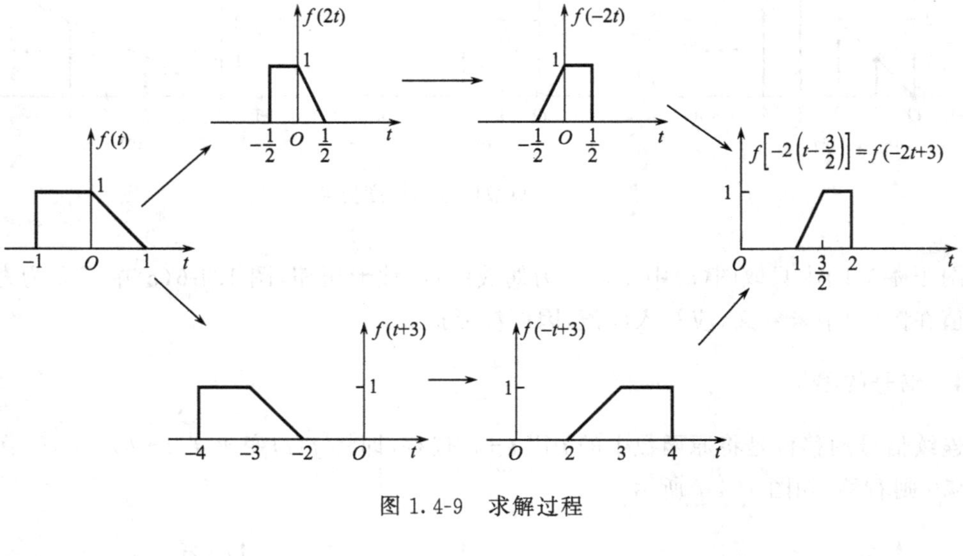

图 1.4-9　求解过程

例 1.4-2　已知 $x(2n+2)$ 的波形如图 1.4-10 所示，画出 $x(n)$ 的波形。

解　求解过程表示为

$$x(2n+2)\xrightarrow[n\text{用}n-1\text{代}]{\text{移位}}x(2n)\xrightarrow[n\text{用}\frac{n}{2}\text{代}]{\text{尺度变换}}x(n)$$

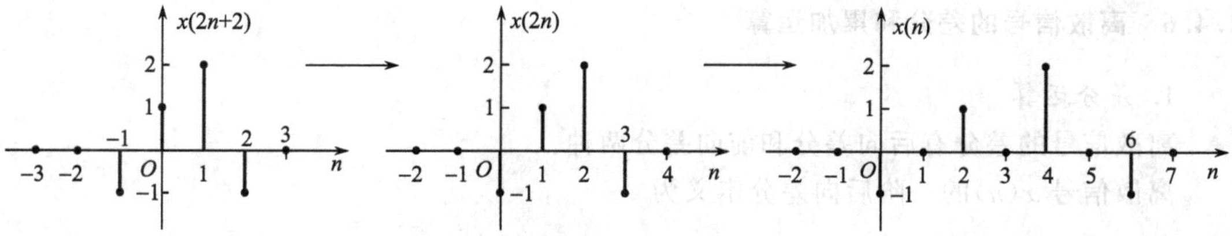

图 1.4-10　求解过程

1.4.5　连续信号的微积分运算

只有连续信号可以进行微积分运算。

1. $f(t)$的微分运算

即 $f'(t)=\dfrac{\mathrm{d}}{\mathrm{d}t}f(t)$，$f''(t)=\dfrac{\mathrm{d}^2}{\mathrm{d}t^2}f(t)$，…。$f(t)$的导数 $f'(t)$是 $f(t)$各点的变化率，若 $f(t)$在 t_0 处间断，则 $f'(t)$在 t_0 处产生一个 $[f(t_{0+})-f(t_{0-})]\delta(t-t_0)$ 的冲激函数。图 1.4-11 所示为 $f(t)$及 $f'(t)$和 $f''(t)$的波形。

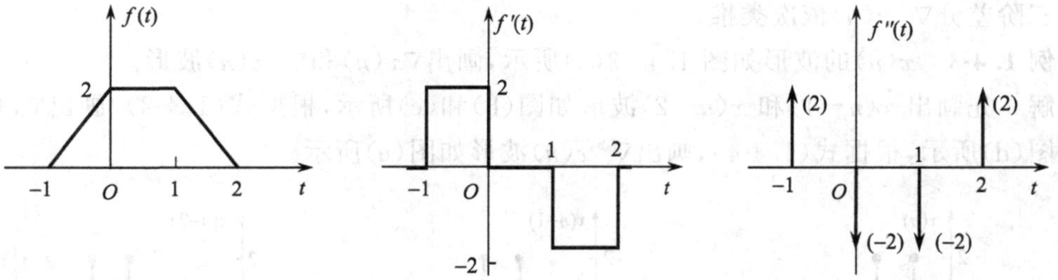

图 1.4-11　$f(t)$及一次、二次导数波形

2. $f(t)$的积分运算

$f^{(-1)}(t)$ 表示 $f(t)$的一次积分运算，定义为

$$f^{(-1)}(t)=\int_{-\infty}^{t}f(\tau)\mathrm{d}\tau \tag{1.4-1}$$

$f^{(-2)}(t)$ 表示 $f(t)$的二次积分运算，即对 $f^{(-1)}(t)$再进行一次积分运算，以此类推。

积分具有连续性的，可分段积分。图 1.4-12 所示为 $f(t)$及 $f^{(-1)}(t)$的波形。

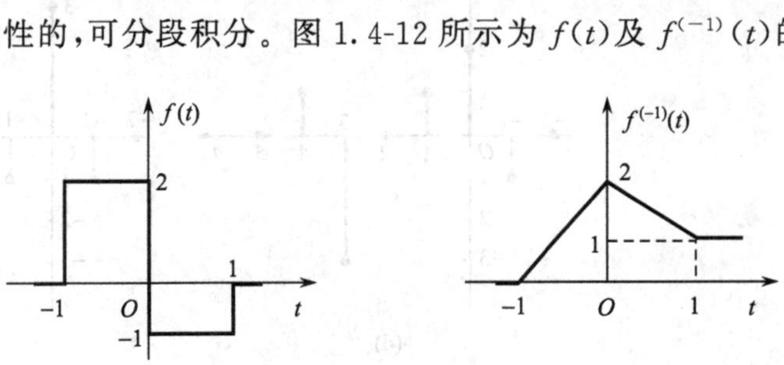

图 1.4-12　$f(t)$及 $f^{(-1)}(t)$的波形

1.4.6 离散信号的差分和累加运算

1. *差分运算*

离散信号的差分有后向差分和前向差分两种。

离散信号 $x(n)$ 的一阶后向差分定义为

$$\nabla x(n) = x(n) - x(n-1) \tag{1.4-2}$$

$x(n)$ 的一阶前向差分定义为

$$\Delta x(n) = x(n+1) - x(n) \tag{1.4-3}$$

$x(n)$ 的二阶后向差分 $\nabla^2 x(n)$ 为

$$\begin{aligned}\nabla^2 x(n) &= \nabla[\nabla x(n)] = \nabla[x(n) - x(n-1)] \\ &= [x(n) - x(n-1)] - [x(n-1) - x(n-2)] \\ &= x(n) - 2x(n-1) + x(n-2)\end{aligned}$$

即

$$\nabla^2 x(n) = x(n) - 2x(n-1) + x(n-2) \tag{1.4-4}$$

三阶差分 $\nabla^3 x(n)$ 依次类推。

例 1.4-3 $x(n)$ 的波形如图 1.4-13(a)所示，画出 $\nabla x(n)$ 和 $\nabla^2 x(n)$ 波形。

解 先画出 $x(n-1)$ 和 $x(n-2)$ 波形如图(b)和(c)所示，根据式(1.4-2)，画出 $\nabla x(n)$ 波形如图(d)所示，根据式(1.4-4)，画出 $\nabla^2 x(n)$ 波形如图(e)所示。

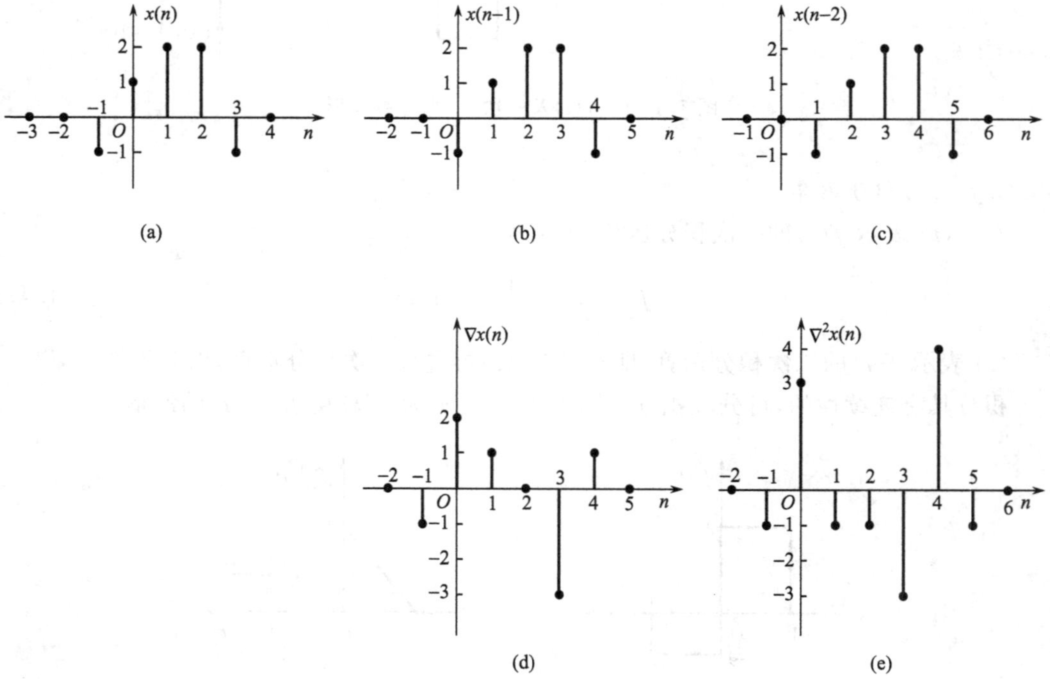

图 1.4-13 求解过程

2. 累加运算

离散时间信号的一次累加运算定义为

$$y(n)=\sum_{k=-\infty}^{n}x(k) \tag{1.4-5}$$

此式表明,一次累加后的序列 $y(n)$在 n 时刻的值等于原序列在该时刻及以前所有时刻的序列值之和。

图 1.4-13(a)所示 $x(n)$的一次累加 $y(n)$如图 1.4-14 所示。

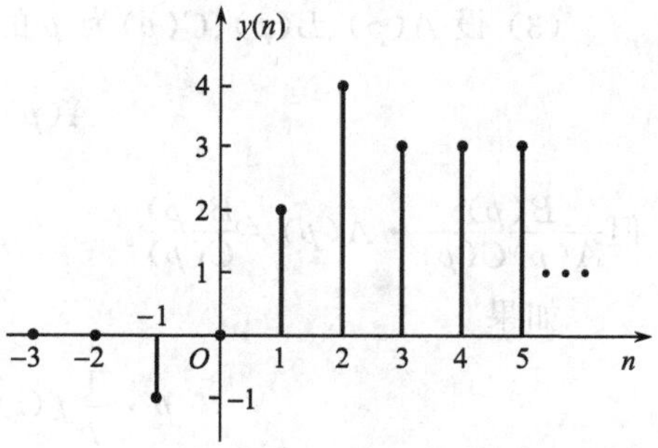

图 1.4-14　一次累加

1.5　因果信号的算子表示

算子(operator)是一种符号,代表了一种运算关系。

算子在信号与系统中有很重要的应用,使用算子能表示信号及系统、能方便信号的运算及系统的求解。本节中介绍算子的定义、算子的性质及信号的算子表示。

1.5.1　连续算子和离散算子

1. 连续算子的定义

连续算子有微分算子和积分算子两种。

微分算子

$$\left.\begin{aligned}p&=\frac{\mathrm{d}}{\mathrm{d}t}\\ p^n&=\frac{\mathrm{d}^n}{\mathrm{d}t^n}\end{aligned}\right\} \tag{1.5-1}$$

如 $pf(t)=\frac{\mathrm{d}}{\mathrm{d}t}f(t)=f'(t)$,$p^nf(t)=\frac{\mathrm{d}^n}{\mathrm{d}t^n}f(t)=f^{(n)}(t)$ 。

积分算子

$$\frac{1}{p}=\int_{-\infty}^{t}(\cdot)\mathrm{d}\tau \tag{1.5-2}$$

如 $\frac{1}{p}f(t)=\int_{-\infty}^{t}f(\tau)\mathrm{d}\tau=f^{(-1)}(t)$,$\frac{1}{p^2}f(t)=\int_{-\infty}^{t}\left[\int_{-\infty}^{\tau}f(\lambda)\mathrm{d}\lambda\right]\mathrm{d}\tau=f^{(-2)}(t)$ 。

2. 连续算子的有关性质

掌握算子的性质以便能正确进行算子的有关运算。

(1) p 的正幂多项式可进行类似代数运算的因式分解。即

$$(p+a)(p+b)f(t)=[p^2+(a+b)p+ab]f(t) \tag{1.5-3}$$

如 $(p+1)(p+2)f(t)=(p^2+3p+2)f(t)$,$(p^2-1)f(t)=(p+1)(p-1)f(t)$ 。

(2) 设 $A(p)$和 $B(p)$是 p 的正幂多项式,有

$$A(p)B(p)f(t)=B(p)A(p)f(t) \tag{1.5-4}$$

如 $(p+1)(p+2)f(t)=(p+2)(p+1)f(t)$ 。

(3) 设 $A(p)$、$B(p)$、$C(p)$ 为 p 的正幂多项式，则

$$A(p)\cdot\frac{B(p)}{A(p)C(p)}=\frac{B(p)}{C(p)} \tag{1.5-5}$$

但$\frac{B(p)}{A(p)C(p)}\cdot A(p)\neq\frac{B(p)}{C(p)}$。

如果

$$p\cdot\frac{1}{p}f(t)=\frac{\mathrm{d}}{\mathrm{d}t}\left[\int_{-\infty}^{t}f(\tau)\mathrm{d}\tau\right]=f(t)$$

$$\frac{1}{p}\cdot pf(t)=\int_{-\infty}^{t}f'(\tau)\mathrm{d}\tau=f(\tau)\Big|_{-\infty}^{t}=f(t)-f(-\infty)\neq f(t)$$

3. 离散算子的定义

迟后算子$\frac{1}{E}$

$$\left.\begin{aligned}\frac{1}{E}x(n)&=x(n-1)\\ \frac{1}{E^N}x(n)&=x(n-N)\end{aligned}\right\} \tag{1.5-6}$$

超前算子 E

$$\left.\begin{aligned}Ex(n)&=x(n+1)\\ E^Nx(n)&=x(n+N)\end{aligned}\right\} \tag{1.5-7}$$

$x(n)$和 $x(n-1)$的关系，可表示为 $x(n)=Ex(n-1)$或 $x(n-1)=\frac{1}{E}x(n)$。

1.5.2 因果连续信号的算子表示

可用冲激信号 $\delta(t)$和连续算子来表示因果信号 $f(t)$，即

$$f(t)=F(p)\delta(t) \tag{1.5-8}$$

不同的 $F(p)$对应不同的 $f(t)$，列于表 1-1 中，举其中两个加以说明。

(1) $F(p)=\frac{1}{p}$，则

$$f(t)=\frac{1}{p}\delta(t)=u(t)$$

因为

$$f(t)=\frac{1}{p}\delta(t)=\int_{-\infty}^{t}\delta(\tau)\mathrm{d}\tau=u(t)$$

(2) $F(p)=\frac{1}{p+a}$，则

$$f(t)=\frac{1}{p+a}\delta(t)=\mathrm{e}^{-at}u(t)$$

$F(p)=\frac{1}{p+a}$，即$\frac{\mathrm{d}}{\mathrm{d}t}f(t)+af(t)=\delta(t)$，用 $f(t)=\mathrm{e}^{-at}u(t)$代入即得证。

表 1-1 $F(p)$对应的因果信号 $f(t)$

序号	$F(p)$	$f(t)$	序号	$F(p)$	$f(t)$
1	A	$A\delta(t)$	10	$\frac{1}{(p+a)^2}$	$te^{-at}u(t)$
2	p	$\delta'(t)$	11	$\frac{p}{(p+a)^2}$	$(1-at)e^{-at}u(t)$
3	p^2	$\delta''(t)$	12	$\frac{n!}{(p+a)^{n+1}}$	$t^n e^{-at}u(t)$
4	p^n	$\delta^{(n)}(t)$	13	$\frac{\omega}{p^2+\omega^2}$	$\sin(\omega t)u(t)$
5	$\frac{1}{p}$	$u(t)$	14	$\frac{p}{p^2+\omega^2}$	$\cos(\omega t)u(t)$
6	$\frac{1}{p^2}$	$tu(t)$	15	$\frac{\omega}{(p+a)^2+\omega^2}$	$e^{-at}\sin(\omega t)u(t)$
7	$\frac{n!}{p^{n+1}}$	$t^n u(t)$	16	$\frac{p+a}{(p+a)^2+\omega^2}$	$e^{-at}\cos(\omega t)u(t)$
8	$\frac{1}{p+a}$	$e^{-at}u(t)$	17	$\frac{2\omega p}{(p^2+\omega^2)^2}$	$t\sin(\omega t)u(t)$
9	$\frac{1}{(p+a)(p+b)}$	$\frac{1}{a-b}(e^{-bt}-e^{-at})u(t)$	18	$\frac{p^2-\omega^2}{(p^2+\omega^2)^2}$	$t\cos(\omega t)u(t)$

例 1.5-1 求信号 $f(t)=\delta'(t)+e^{-t}\sin(2t)u(t)$的算子表示。

解 查表有 $\delta'(t)=p\delta(t)$，$e^{-t}\sin(2t)u(t)=\frac{2}{(p+1)^2+4}\delta(t)$，所以

$$f(t)=p\delta(t)+\frac{2}{(p+1)^2+4}\delta(t)=\left[p+\frac{2}{(p+1)^2+4}\right]\delta(t)$$

$$=\frac{p^3+2p^2+5p+2}{p^2+2p+5}\delta(t)$$

例 1.5-2 因果信号的算子表示为 $f(t)=\frac{p^2+4p}{p^2+3p+2}\delta(t)$，求 $f(t)$的函数表示。

解 将 $F(p)$用部分分式展开(partial fraction expansion)成

$$F(p)=1+\frac{-3}{p+1}+\frac{4}{p+2}$$

所以

$$f(t)=F(p)\delta(t)=\delta(t)-3\frac{1}{p+1}\delta(t)+4\frac{1}{p+2}\delta(t)=\delta(t)-3e^{-t}u(t)+4e^{-2t}u(t)$$

部分分式展开在信号与系统中有很重要的应用，请参看附录 A。

例 1.5-3 已知因果信号的 $F(p)=\frac{2p^3+14p^2+23p+16}{(p+2)^2(p^2+2p+5)}$，求 $f(t)$。

解 将 $F(p)$用部分分式展开成

$$F(p)=\frac{2}{(p+2)^2}-\frac{1}{p+2}+\frac{3p+4}{(p+1)^2+2^2}$$

$$=\frac{2}{(p+2)^2}-\frac{1}{p+2}+\frac{3(p+1)+\frac{1}{2}\times 2}{(p+1)^2+2^2}$$

得到

$$f(t)=F(p)\delta(t)=\frac{2}{(p+2)^2}\delta(t)-\frac{1}{p+2}\delta(t)+\frac{3(p+1)}{(p+1)^2+2^2}\delta(t)+\frac{\frac{1}{2}\times 2}{(p+1)^2+2^2}\delta(t)$$

$$=2te^{-2t}u(t)-e^{-2t}u(t)+3e^{-t}\cos(2t)u(t)+\frac{1}{2}e^{-t}\sin(2t)u(t)$$

1.5.3 离散时间信号的算子表示

借助于单位冲激序列 $\delta(n)$ 和离散算子可表示有始离散信号，即

$$x(n)=X(E)\delta(n) \tag{1.5-9}$$

不同的 $X(E)$ 代表不同的有始信号 $x(n)$，列于表 1-2 中，仅举一个说明。

$X(E)=\frac{E}{E-a}(a\neq 0)$，则 $x(n)=a^n u(n)$。

因为 $Ex(n)-ax(n)=E\delta(n)$，即 $x(n+1)-ax(n)=\delta(n+1)$。将 $x(n)=a^n u(n)$ 代入，有

$$a^{n+1}u(n+1)-a^{n+1}u(n)=a^{n+1}[u(n)+\delta(n+1)]-a^{n+1}u(n)$$

$$=a^{n+1}\delta(n+1)=a^{-1+1}\delta(n+1)=\delta(n+1)$$

表 1-2　$X(E)$ 对应的 $x(n)$

序号	$X(E)$	$x(n)$	序号	$X(E)$	$x(n)$
1	A	$A\delta(n)$	6	$\frac{E}{E-a}$	$a^n u(n)\quad(a\neq 0)$
2	E	$\delta(n+1)$	7	$\frac{E}{E-1}$	$u(n)$
3	E^N	$\delta(n+N)$	8	$\frac{1}{E-a}$	$a^{n-1}u(n-1)\ (a\neq 0)$
4	$\frac{1}{E}$	$\delta(n-1)$	9	$\frac{E}{(E-a)^2}$	$na^{n-1}u(n)\ (a\neq 0)$
5	$\frac{1}{E^N}$	$\delta(n-N)$	10	$\frac{E}{(E-a)^{K+1}}$	$\frac{1}{K!}n(n-1)(n-2)\cdots(n-K+1)a^{n-K}u(n)(a\neq 0)$

例 1.5-4　计算 $x(n)=\frac{E^2}{E^2+3E+2}\delta(n)$。

解　因果离散信号对应的 $X(E)$ 的基本形式是 $\frac{E}{E-a}$，在将 $X(E)$ 部分分式展开时，先对 $\frac{X(E)}{E}$ 进行部分分式展开，然后两边同乘 E 得到 $X(E)$ 部分分式展开。

将 $\frac{X(E)}{E}$ 用部分分式展开成

$$\frac{X(E)}{E}=\frac{E}{E^2+3E+2}=\frac{E}{(E+1)(E+2)}=\frac{-1}{E+1}+\frac{2}{E+2}$$

所以

$$X(E)=\frac{E^2}{E^2+3E+2}=\frac{-E}{E+1}+\frac{2E}{E+2}$$

得到

$$x(n)=X(E)\delta(n)=-\frac{E}{E+1}\delta(n)+2\frac{E}{E+2}\delta(n)$$
$$=-(-1)^n u(n)+2(-2)^n u(n)=[(-1)^{n+1}-(-2)^{n+1}]u(n)$$

例 1.5-5 求 $x(n)=a^n\cos(\beta n+\theta)u(n)$ 的 $X(E)$。

解 利用欧拉公式将 $\cos(\beta n+\theta)$ 变成指数形式，有

$$x(n)=a^n\cos(\beta n+\theta)u(n)=\frac{a^n}{2}[\mathrm{e}^{\mathrm{j}(\beta n+\theta)}+\mathrm{e}^{-\mathrm{j}(\beta n+\theta)}]u(n)$$
$$=\frac{a^n}{2}(\mathrm{e}^{\mathrm{j}\theta}\cdot\mathrm{e}^{\mathrm{j}\beta n}+\mathrm{e}^{-\mathrm{j}\theta}\cdot\mathrm{e}^{-\mathrm{j}\beta n})u(n)$$
$$=\frac{1}{2}[\mathrm{e}^{\mathrm{j}\theta}(a\mathrm{e}^{\mathrm{j}\beta})^n+\mathrm{e}^{-\mathrm{j}\theta}(a\mathrm{e}^{-\mathrm{j}\beta})^n]u(n)$$
$$=\left[\frac{1}{2}\mathrm{e}^{\mathrm{j}\theta}\frac{E}{E-a\mathrm{e}^{\mathrm{j}\beta}}+\frac{1}{2}\mathrm{e}^{-\mathrm{j}\theta}\frac{E}{E-a\mathrm{e}^{-\mathrm{j}\beta}}\right]\delta(n)$$

所以

$$X(E)=\frac{1}{2}\mathrm{e}^{\mathrm{j}\theta}\frac{E}{E-a\mathrm{e}^{\mathrm{j}\beta}}+\frac{1}{2}\mathrm{e}^{-\mathrm{j}\theta}\frac{E}{E-a\mathrm{e}^{-\mathrm{j}\beta}}=\frac{E^2\cos\theta-aE\cos(\theta-\beta)}{E^2-2aE\cos\beta+a^2}$$

1.6 信号的卷积运算

卷积(convolution)方法在信号与系统中占有重要地位，卷积不仅是一种重要的数学工具，而且是联系时域分析与频域分析的一条纽带。本节介绍卷积的定义、性质和计算方法，至于卷积在信号与系统中的应用在以后相关章节中叙述。

1.6.1 卷积的定义和图形解释

1. 卷积的定义

1)卷积积分的定义

两个连续时间信号 $f_1(t)$ 和 $f_2(t)$ 卷积后还是连续时间信号，定义为

$$f(t)=f_1(t)*f_2(t)=\int_{-\infty}^{\infty}f_1(\tau)f_2(t-\tau)\mathrm{d}\tau \tag{1.6-1}$$

式中的 $f_1(t)*f_2(t)$ 是两个信号进行卷积运算的符号，连续信号的卷积又称为卷积积分(convolution integral)。

两个连续信号的卷积是其中一个函数的变量换成新变量 τ，另一个函数变量换成 $t-\tau$，对 τ 在整个区间进行积分。τ 是积分变量，t 是观察变量。

2)卷积和的定义

两个离散信号 $x_1(n)$ 和 $x_2(n)$ 的卷积定义为

$$x(n)=x_1(n)*x_2(n)=\sum_{m=-\infty}^{\infty}x_1(m)x_2(n-m) \tag{1.6-2}$$

由于离散信号中的变量是整数(0,±1,±2,…),故 n,m 只能是整数。离散信号的卷积又称为卷积和(convolution sum)。

两个离散信号的卷积是其中一个函数的变量换成新变量 m,另一个函数变量换成 $n-m$,求 m 在整个区间的乘积函数的和。

2. 卷积的图形解释

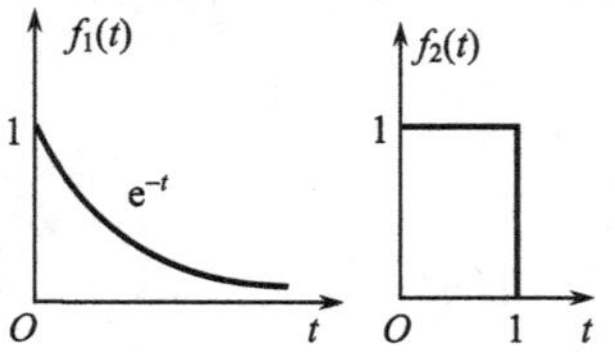

图 1.6-1 $f_1(t)$和 $f_2(t)$波形

从定义可见连续信号的卷积积分是一种反褶、移位、相乘、求积分的过程,离散信号的卷积和是一种反褶、移位、相乘、求和的过程。

举例来说明用图解法求卷积的计算过程。

例 1.6-1 $f_1(t)$和 $f_2(t)$如图 1.6-1 所示,求 $f_1(t)*f_2(t)$。

解 根据定义式(1.6-1),计算 $f_1(t)*f_2(t)$,按以下步骤进行:

(1) 将函数中的变量 t 换为 τ,得到 $f_1(\tau)$和 $f_2(\tau)$波形,如图 1.6-2(a)、(b)所示。

(2) 将 $f_2(\tau)$波形反褶,得到 $f_2(-\tau)$的波形,如图 1.6-2(c)所示。

(3) 给定 t 值,将 $f_2(-\tau)$沿 τ 正轴平移 t,得到 $f_2(t-\tau)$的波形,如图 1.6-2(d)所示。

(4) 将 $f_1(\tau)$和 $f_2(t-\tau)$相乘,得到 $f_1(\tau)f_2(t-\tau)$。

(5) 计算 $\int_{-\infty}^{\infty} f_1(\tau)f_2(t-\tau)\mathrm{d}\tau$,即计算乘积函数 $f_1(\tau)f_2(t-\tau)$的波形与 τ 轴之间的面积。

(6) 在$(-\infty,+\infty)$区间内改变 t 值,重复以上过程。

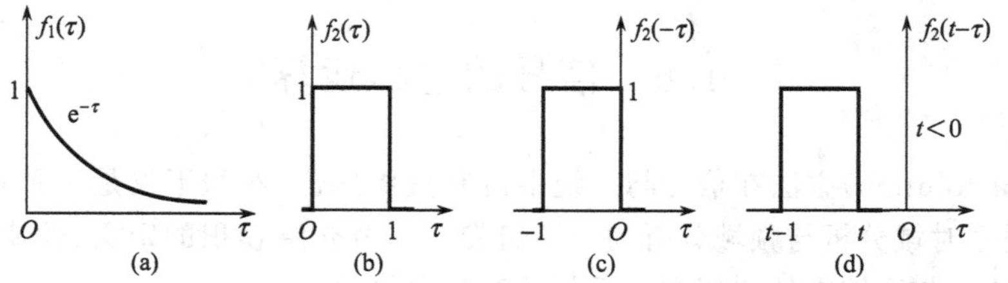

图 1.6-2 卷积的图形解释

按以上步骤完成的卷积结果如下:

(1) $t<0$,如图 1.6-3(a)所示,此时 $f_1(\tau)$和 $f_2(t-\tau)$无相交部分,面积为 0,即

$$f(t)=f_1(t)*f_2(t)=0$$

(2) $0\leqslant t\leqslant 1$,如图 1.6-3(b)所示,此时两函数在 $0\sim t$ 之间相交

$$f(t)=f_1(t)*f_2(t)=\int_0^t e^{-\tau}\mathrm{d}\tau=1-e^{-t}$$

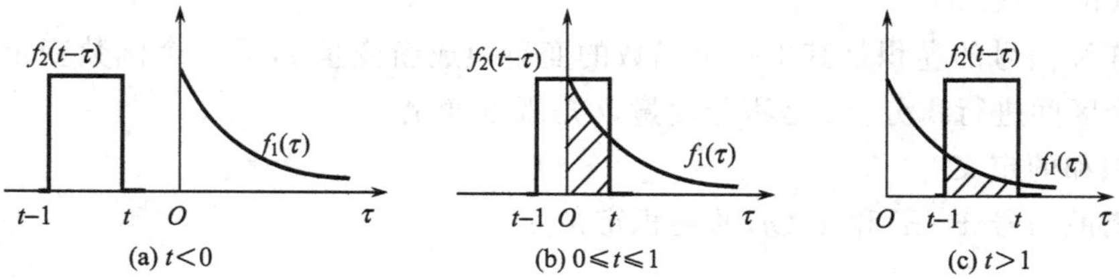

图 1.6-3 卷积的求解过程

(3) $t>1$，如图 1.6-3(c)所示，此时两函数在 $t-1\sim t$ 之间相交

$$f(t)=f_1(t)*f_2(t)=\int_{t-1}^{t}\mathrm{e}^{-\tau}\mathrm{d}\tau=\mathrm{e}^{-(t-1)}-\mathrm{e}^{-t}$$

最后，$f(t)$的公式表示为

$$\begin{aligned}f(t)&=(1-\mathrm{e}^{-t})[u(t)-u(t-1)]+[\mathrm{e}^{-(t-1)}-\mathrm{e}^{-t}]u(t-1)\\&=(1-\mathrm{e}^{-t})u(t)-[1-\mathrm{e}^{-(t-1)}]u(t-1)\end{aligned}$$

例 1.6-2　已知 $x_1(n)=0.5^n u(n)$ 和 $x_2(n)=u(n)$ 如图 1.6-4 所示，计算 $x(n)=x_1(n)*x_2(n)$。

解　计算 $x(n)=x_1(n)*x_2(n)$，需以下步骤：

(1) 将 $x_1(n)$和 $x_2(n)$中的变量 n 换成新变量 m，得到 $x_1(m)$和 $x_2(m)$，如图 1.6-4(a)(b)所示。

(2) 将 $x_2(m)$反褶成 $x_2(-m)$，如图 1.6-4(c)所示。

(3) $x_2(-m)$移位，移位量是 n，得到 $x_2(n-m)$。在 m 坐标中，$n<0$ 则图形左移，$n>0$ 则图形右移。

(4) 将 $x_1(m)$和 $x_2(n-m)$相乘，得到 $x_1(m)x_2(n-m)$，再把同一个 n 的所有乘积相加。

(5) n 在$(-\infty,\infty)$范围内，重复以上 3、4 步骤。

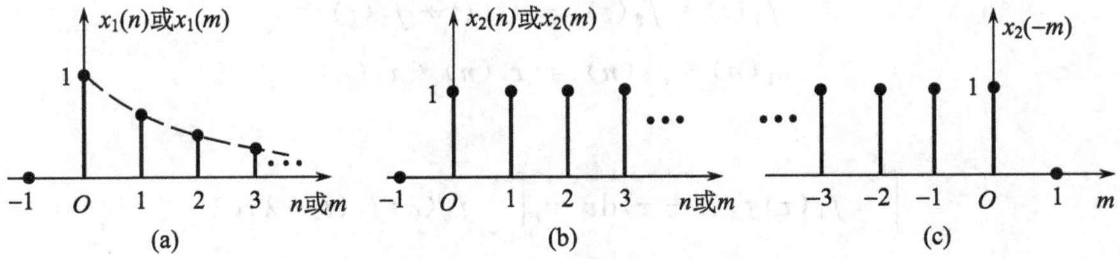

图 1.6-4　卷积和的图形解释

按以上步骤完成的卷积和的结果如下：

(1) $n<0$，如图 1.6-5 所示，由于 $x_1(m)$和 $x_2(n-m)$无重叠部分，故

$$x(n)=x_1(n)*x_2(n)=0$$

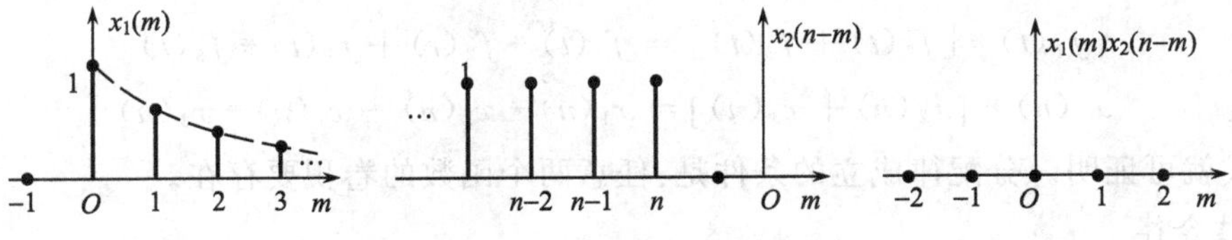

图 1.6-5　卷积和的求解过程($n<0$)

(2) $n\geqslant 0$，如图 1.6-6 所示，在 $m=0\sim n$ 处重叠，故

$$x(n)=1+0.5+0.5^2+\cdots 0.5^n=\frac{1-0.5^{n+1}}{1-0.5}=2-0.5^n$$

得到

$$x(n)=x_1(n)*x_2(n)=\begin{cases}0, & n<0\\2-0.5^n, & n\geqslant 0\end{cases}=(2-0.5^n)u(n)$$

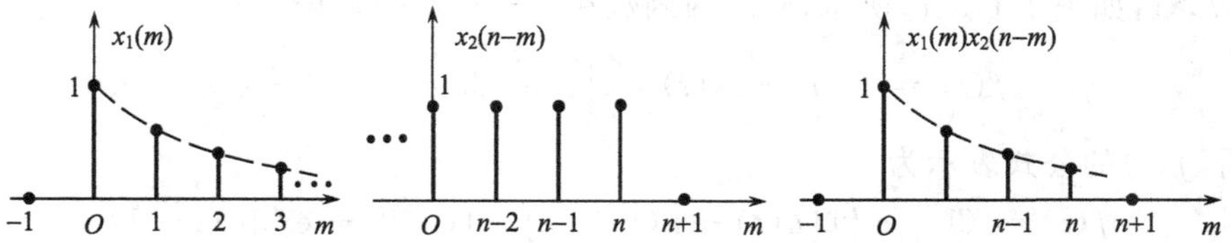

图 1.6-6 卷积和的求解过程($n\geqslant 0$)

3. 卷积的存在性

任意两个函数 $f_1(t)$和 $f_2(t)$的卷积不一定存在,如 $\cos(\omega t) * \sin(\omega t)$不存在。一般的 $f_1(t)$和 $f_2(t)$都是因果或反因果信号,则卷积积分存在。

与连续信号的卷积一样,离散信号的卷积和存在也是有条件的。两个信号都是或者至少有一个是时限信号,卷积和存在;两个信号都是因果或反因果信号,卷积和也存在。

1.6.2 卷积的性质

卷积具有特殊的性质,利用这些性质可以使卷积的计算变得简单。

1. 交换律

$$f_1(t) * f_2(t) = f_2(t) * f_1(t) \tag{1.6-3}$$

$$x_1(n) * x_2(n) = x_2(n) * x_1(n) \tag{1.6-4}$$

即

$$\int_{-\infty}^{\infty} f_1(\tau) f_2(t-\tau)\mathrm{d}\tau = \int_{-\infty}^{\infty} f_2(\lambda) f_1(t-\lambda)\mathrm{d}\lambda$$

$$\sum_{m=-\infty}^{\infty} x_1(m) x_2(n-m) = \sum_{k=-\infty}^{\infty} x_2(k) x_1(n-k)$$

只要令 $\tau=t-\lambda$ 及 $m=n-k$,代入定义式中得证。

卷积的交换律表明:二个函数的卷积是可以交换次序的,可把任意一个作为第一个函数而剩下的函数作为第二个函数。

2. 分配律

$$f_1(t) * [f_2(t) + f_3(t)] = f_1(t) * f_2(t) + f_1(t) * f_3(t) \tag{1.6-5}$$

$$x_1(n) * [x_2(n) + x_3(n)] = x_1(n) * x_2(n) + x_1(n) * x_3(n) \tag{1.6-6}$$

用定义式就可证明。分配律成立的条件是:任意两个函数的卷积要存在。

3. 结合律

$$[f_1(t) * f_2(t)] * f_3(t) = f_1(t) * [f_2(t) * f_3(t)] = f_2(t) * [f_1(t) * f_3(t)] \tag{1.6-7}$$

$$[x_1(n) * x_2(n)] * x_3(n) = x_1(n) * [x_2(n) * x_3(n)] = x_2(n) * [x_1(n) * x_3(n)] \tag{1.6-8}$$

结合律成立的条件是:任意两个函数的卷积要存在。

4. 卷积的时移性质

若 $f_1(t) * f_2(t) = f(t)$,则

$$\left.\begin{aligned} f_1(t-t_0) * f_2(t) = f_1(t) * f_2(t-t_0) = f(t-t_0) \\ f_1(t-t_1) * f_2(t-t_2) = f(t-t_1-t_2) \end{aligned}\right\} \tag{1.6-9}$$

已知 $x(n)=x_1(n)*x_2(n)$，N 为整数(可正可负)，则有

$$\left.\begin{aligned} x(n-N)&=x_1(n-N)*x_2(n)=x_1(n)*x_2(n-N)\\ x_1(n-N_1)*x_2(n-N_2)&=x(n-N_1-N_2)\end{aligned}\right\} \tag{1.6-10}$$

证明　(1) $f_1(t-t_1)*f_2(t-t_2)=\int_{-\infty}^{\infty}f_1(\tau-t_1)f_2(t-\tau-t_2)\mathrm{d}\tau$

$$\xlongequal[\text{即}\tau=\lambda+t_1]{\text{令}\tau-t_1=\lambda}\int_{-\infty}^{\infty}f_1(\lambda)f_2(t-\lambda-t_1-t_2)\mathrm{d}\lambda$$

$$=f_1(t)*f_2(t-t_1-t_2)$$

由 $f(t)=f_1(t)*f_2(t)=\int_{-\infty}^{\infty}f_1(\tau)f_2(t-\tau)\mathrm{d}\tau$ 得

$$f(t-t_1-t_2)=\int_{-\infty}^{\infty}f_1(\tau)f_2(t-t_1-t_2-\tau)\mathrm{d}\tau=f_1(t)*f_2(t-t_1-t_2)$$

式(1.6-9)得证。

(2) $x_1(n-N_1)*x_2(n-N_2)=\sum_{m=-\infty}^{\infty}x_1(m-N_1)x_2(n-m-N_2)$

$$\xlongequal[\text{即}m=k+N_1]{\text{令}m-N_1=k}\sum_{k=-\infty}^{\infty}x_1(k)x_2(n-k-N_1-N_2)$$

$$\xlongequal{\text{令}k=m}\sum_{m=-\infty}^{\infty}x_1(m)x_2(n-m-N_1-N_2)$$

由 $x(n)=x_1(n)*x_2(n)=\sum_{m=-\infty}^{\infty}x_1(m)x_2(n-m)$，得

$$x(n-N_1-N_2)=\sum_{m=-\infty}^{\infty}x_1(m)x_2(n-N_1-N_2-m)$$

式(1.6-10)得证。

利用卷积的时移性可以使时移信号的卷积计算变得大为简单。

不要很简单地在 $f(t)=f_1(t)*f_2(t)$ 或 $x(n)=x_1(n)*x_2(n)$ 中用同一个变量去替换，如 $f(t-1)\neq f_1(t-1)*f_2(t-1)$，$x(n-1)\neq x_1(n-1)*x_2(n-1)$。

5. 与冲激函数的卷积

$$\left.\begin{aligned} f(t)*\delta(t)&=f(t)\\ f(t)*\delta(t-t_0)&=f(t-t_0)\end{aligned}\right\} \tag{1.6-11}$$

$$\left.\begin{aligned} x(n)*\delta(n)&=x(n)\\ x(n)*\delta(n-n_0)&=x(n-n_0)\end{aligned}\right\} \tag{1.6-12}$$

用卷积的定义式结合 δ 函数的性质即可得证。

6. 卷积的微分

$$\frac{\mathrm{d}}{\mathrm{d}t}[f_1(t)*f_2(t)]=f_1(t)*\frac{\mathrm{d}f_2(t)}{\mathrm{d}t}=\frac{\mathrm{d}f_1(t)}{\mathrm{d}t}*f_2(t) \tag{1.6-13}$$

简写为

$$[f_1(t)*f_2(t)]'=f_1(t)*f_2'(t)=f_1'(t)*f_2(t)$$

前提是：$f_1(t)*f_2(t)$存在。

证明 由于

$$f_1(t)*f_2(t)=f_2(t)*f_1(t)=\int_{-\infty}^{\infty}f_1(\tau)f_2(t-\tau)\mathrm{d}\tau=\int_{-\infty}^{\infty}f_2(\lambda)f_1(t-\lambda)\mathrm{d}\lambda$$

故

$$\begin{aligned}\frac{\mathrm{d}}{\mathrm{d}t}[f_1(t)*f_2(t)]&=\frac{\mathrm{d}}{\mathrm{d}t}\left[\int_{-\infty}^{\infty}f_1(\tau)f_2(t-\tau)\mathrm{d}\tau\right]=\frac{\mathrm{d}}{\mathrm{d}t}\left[\int_{-\infty}^{\infty}f_2(\lambda)f_1(t-\lambda)\mathrm{d}\lambda\right]\\&=\int_{-\infty}^{\infty}f_1(\tau)\frac{\mathrm{d}}{\mathrm{d}t}[f_2(t-\tau)]\mathrm{d}\tau=\int_{-\infty}^{\infty}f_2(\lambda)\frac{\mathrm{d}}{\mathrm{d}t}[f_1(t-\lambda)]\mathrm{d}\lambda\\&=f_1(t)*\frac{\mathrm{d}f_2(t)}{\mathrm{d}t}=\frac{\mathrm{d}f_1(t)}{\mathrm{d}t}*f_2(t)。\end{aligned}$$

卷积的微分表明：两个函数卷积后的导数等于其中一个函数的导数与另一个函数的卷积。依次类推，有

$$\frac{\mathrm{d}^i}{\mathrm{d}t^i}[f_1(t)*f_2(t)]=\frac{\mathrm{d}^j}{\mathrm{d}t^j}f_1(t)*\frac{\mathrm{d}^{i-j}}{\mathrm{d}t^{i-j}}f_2(t)\quad(i、j\text{ 是正整数})\tag{1.6-14}$$

结合性质 5，有

$$\left.\begin{aligned}f(t)*\delta'(t)&=f'(t)\\f(t)*\delta^{(n)}(t)&=f^{(n)}(t)\end{aligned}\right\}\tag{1.6-15}$$

例 1.6-3 已知 $f(t)*tu(t)=(t+\mathrm{e}^{-t}-1)u(t)$，求 $f(t)$。

解 在式(1.6-14)中，令 $i=2$、$j=0$，有

$$\frac{\mathrm{d}^2}{\mathrm{d}t^2}[f(t)*tu(t)]=f(t)*\frac{\mathrm{d}^2}{\mathrm{d}t^2}[tu(t)]$$

即

$$\frac{\mathrm{d}^2}{\mathrm{d}t^2}[(t+\mathrm{e}^{-t}-1)u(t)]=f(t)*\frac{\mathrm{d}^2}{\mathrm{d}t^2}[tu(t)]$$

求得

$$\frac{\mathrm{d}^2}{\mathrm{d}t^2}[tu(t)]=\delta(t),\frac{\mathrm{d}^2}{\mathrm{d}t^2}[(t+\mathrm{e}^{-t}-1)u(t)]=\mathrm{e}^{-t}u(t)$$

即 $f(t)*\delta(t)=\mathrm{e}^{-t}u(t)$。由于 $f(t)*\delta(t)=f(t)$，所以 $f(t)=\mathrm{e}^{-t}u(t)$。

7. 卷积的积分

$$\int_{-\infty}^{t}[f_1(x)*f_2(x)]\mathrm{d}x=f_1(t)*\int_{-\infty}^{t}f_2(x)\mathrm{d}x=\int_{-\infty}^{t}f_1(x)\mathrm{d}x*f_2(t)\tag{1.6-16}$$

证明

$$\begin{aligned}\int_{-\infty}^{t}[f_1(x)*f_2(x)]\mathrm{d}x&=\int_{-\infty}^{t}\left[\int_{-\infty}^{\infty}f_1(\tau)f_2(x-\tau)\mathrm{d}\tau\right]\mathrm{d}x\\&=\int_{-\infty}^{\infty}f_1(\tau)\left[\int_{-\infty}^{t}f_2(x-\tau)\mathrm{d}x\right]\mathrm{d}\tau\\&=f_1(t)*\int_{-\infty}^{t}f_2(x)\mathrm{d}x\end{aligned}$$

8. 卷积的微积分性质

结合卷积的微分和积分性质有

$$f_1(t)*f_2(t)=\frac{\mathrm{d}f_1(t)}{\mathrm{d}t}*\int_{-\infty}^{t}f_2(\tau)\mathrm{d}\tau=\int_{-\infty}^{t}f_1(\tau)\mathrm{d}\tau*\frac{\mathrm{d}f_2(t)}{\mathrm{d}t} \tag{1.6-17}$$

简写为

$$f_1(t)*f_2(t)=f_1'(t)*f_2^{(-1)}(t)=f_1^{(-1)}(t)*f_2'(t)$$

证明 $$\frac{\mathrm{d}f_1(t)}{\mathrm{d}t}*\int_{-\infty}^{t}f_2(\tau)\mathrm{d}\tau=\frac{\mathrm{d}}{\mathrm{d}t}\left\{\int_{-\infty}^{\infty}f_1(\lambda)\left[\int_{-\infty}^{t}f_2(\tau-\lambda)\mathrm{d}\tau\right]\mathrm{d}\lambda\right\}$$
$$=\int_{-\infty}^{\infty}f_1(\lambda)\left[\frac{\mathrm{d}}{\mathrm{d}t}\int_{-\infty}^{t}f_2(\tau-\lambda)\mathrm{d}\tau\right]\mathrm{d}\lambda$$
$$=\int_{-\infty}^{\infty}f_1(\lambda)f_2(t-\lambda)\mathrm{d}\lambda$$
$$=f_1(t)*f_2(t)$$

在计算两函数的卷积时,经常使用式(1.6-17)。

该性质成立的充要条件是:$f_1(t)$和$f_2(t)$都是有始信号。

例如求 $1*\mathrm{e}^{-t}u(t)$,由定义求得 $1*\mathrm{e}^{-t}u(t)=\int_{-\infty}^{\infty}\mathrm{e}^{-\tau}u(\tau)\mathrm{d}\tau=\int_{0}^{\infty}\mathrm{e}^{-\tau}\mathrm{d}\tau=1$,如用式(1.6-17)求,$1*\mathrm{e}^{-t}u(t)=\frac{\mathrm{d}}{\mathrm{d}t}1*\int_{-\infty}^{t}\mathrm{e}^{-\tau}u(\tau)\mathrm{d}\tau=0$,显然是不对的,原因是 $f(t)=1$ 是无时限信号,而非有始信号。

例 1.6-4 函数 $f(t)$的波形如图 1.6-7(a),求 $s(t)=f(t)*f(t)$。

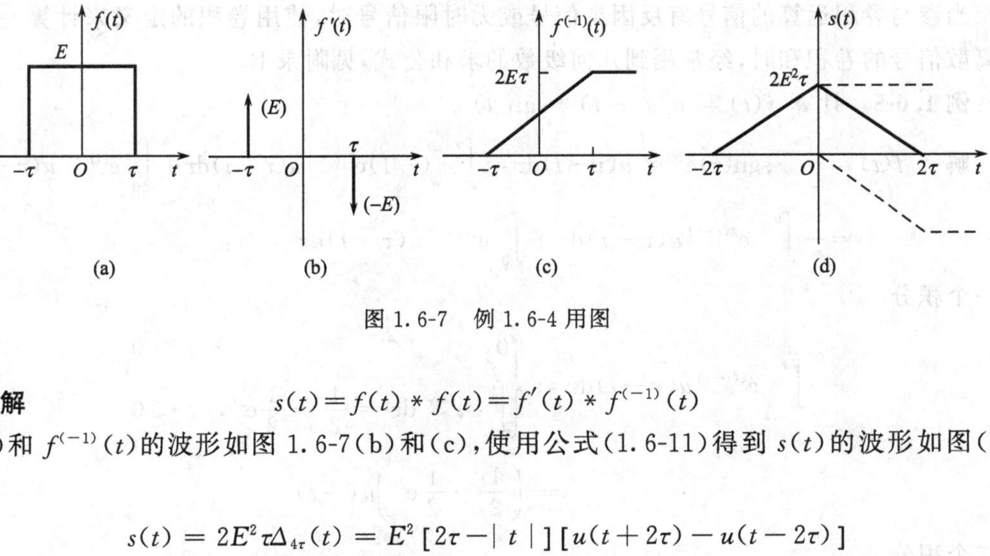

图 1.6-7 例 1.6-4 用图

解 $$s(t)=f(t)*f(t)=f'(t)*f^{(-1)}(t)$$

$f'(t)$和 $f^{(-1)}(t)$的波形如图 1.6-7(b)和(c),使用公式(1.6-11)得到 $s(t)$的波形如图(d),所以

$$s(t)=2E^2\tau\Delta_{4\tau}(t)=E^2[2\tau-|t|][u(t+2\tau)-u(t-2\tau)]$$

由上例可见,两个门函数的卷积是三角脉冲。

将卷积的主要性质列于表 1-3 中备查。

表 1-3 卷积的主要性质

序号	性质名称	表达式
1	交换律	$f_1(t)*f_2(t)=f_2(t)*f_1(t)$ $x_1(n)*x_2(n)=x_2(n)*x_1(n)$
2	分配律	$f_1(t)*[f_2(t)+f_3(t)]=f_1(t)*f_2(t)+f_1(t)*f_3(t)$ $x_1(n)*[x_2(n)+x_3(n)]=x_1(n)*x_2(n)+x_1(n)*x_3(n)$
3	结合律	$[f_1(t)*f_2(t)]*f_3(t)=f_1(t)*[f_2(t)*f_3(t)]$ $[x_1(n)*x_2(n)]*x_3(n)=x_1(n)*[x_2(n)*x_3(n)]$
4	时移	$f_1(t-t_1)*f_2(t-t_2)=f(t-t_1-t_2)$ $x(n-N)=x_1(n-N)*x_2(n)=x_1(n)*x_2(n-N)$ $x_1(n-N_1)*x_2(n-N_2)=x(n-N_1-N_2)$
5	与 δ 卷积	$f(t)*\delta(t)=f(t), f(t)*\delta^{(n)}(t)=f^{(n)}(t)$ $x(n)*\delta(n)=x(n)$
6	微分	$\frac{\mathrm{d}}{\mathrm{d}t}[f_1(t)*f_2(t)]=f_1(t)*\frac{\mathrm{d}f_2(t)}{\mathrm{d}t}=\frac{\mathrm{d}f_1(t)}{\mathrm{d}t}*f_2(t)$
7	积分	$\int_{-\infty}^{t}[f_1(x)*f_2(x)]\mathrm{d}x=f_1(t)*\int_{-\infty}^{t}f_2(x)\mathrm{d}x=\int_{-\infty}^{t}f_1(x)\mathrm{d}x*f_2(t)$
8	微积分	$f_1(t)*f_2(t)=\frac{\mathrm{d}f_1(t)}{\mathrm{d}t}*\int_{-\infty}^{t}f_2(\tau)\mathrm{d}\tau=\int_{-\infty}^{t}f_1(\tau)\mathrm{d}\tau*\frac{\mathrm{d}f_2(t)}{\mathrm{d}t}$

1.6.3 卷积的计算

常用的卷积计算方法有定义计算、用性质计算及算子法计算。

1. 用卷积的定义计算

当参与卷积运算的信号有反因果信号或无时限信号时，使用卷积的定义来计算。在计算离散信号的卷积和时，经常用到几何级数的求和公式，见附录 B。

例 1.6-5 计算 $f(t)=\mathrm{e}^{2t}u(-t)*\mathrm{sgn}(t)$。

解

$$f(t)=\int_{-\infty}^{\infty}\mathrm{sgn}(\tau)\mathrm{e}^{2(t-\tau)}u(\tau-t)\mathrm{d}\tau=\int_{-\infty}^{0}(-1)\mathrm{e}^{2(t-\tau)}u(\tau-t)\mathrm{d}\tau+\int_{0}^{\infty}\mathrm{e}^{2(t-\tau)}u(\tau-t)\mathrm{d}\tau$$

$$=-\int_{-\infty}^{0}\mathrm{e}^{2(t-\tau)}u(\tau-t)\mathrm{d}\tau+\int_{0}^{\infty}\mathrm{e}^{2(t-\tau)}u(\tau-t)\mathrm{d}\tau$$

第一个积分

$$\int_{-\infty}^{0}\mathrm{e}^{2(t-\tau)}u(\tau-t)\mathrm{d}\tau=\begin{cases}0, & t>0\\ \int_{t}^{0}\mathrm{e}^{2(t-\tau)}\mathrm{d}\tau=\frac{1}{2}-\frac{1}{2}\mathrm{e}^{2t}, & t<0\end{cases}$$

$$=\left(\frac{1}{2}-\frac{1}{2}\mathrm{e}^{2t}\right)u(-t)$$

第二个积分

$$\int_{0}^{\infty}\mathrm{e}^{2(t-\tau)}u(\tau-t)\mathrm{d}\tau=\begin{cases}\int_{t}^{\infty}\mathrm{e}^{2(t-\tau)}\mathrm{d}\tau=\frac{1}{2}, & t>0\\ \int_{0}^{\infty}\mathrm{e}^{2(t-\tau)}\mathrm{d}\tau=\frac{1}{2}\mathrm{e}^{2t}, & t<0\end{cases}$$

$$= \frac{1}{2}e^{2t}u(-t) + \frac{1}{2}u(t)$$

所以

$$\begin{aligned} f(t) &= -\left(\frac{1}{2} - \frac{1}{2}e^{2t}\right)u(-t) + \frac{1}{2}e^{2t}u(-t) + \frac{1}{2}u(t) \\ &= e^{2t}u(-t) + \frac{1}{2}\text{sgn}(t) \end{aligned}$$

例 1.6-6 已知 $x_1(n)=u(-n)$，$x_2(n)=\left(\frac{1}{2}\right)^n u(n)$，求 $x_1(n) * x_2(n)$。

解
$$\begin{aligned} x(n) &= x_1(n) * x_2(n) = \sum_{m=-\infty}^{\infty} x_1(m)x_2(n-m) = \sum_{m=-\infty}^{\infty} u(-m)\left(\frac{1}{2}\right)^{n-m} u(n-m) \\ &= \left(\frac{1}{2}\right)^n \sum_{m=-\infty}^{\infty} 2^m u(-m)u(n-m) \end{aligned}$$

由于

$$\sum_{m=-\infty}^{\infty} 2^m u(-m)u(n-m) = \begin{cases} \displaystyle\sum_{m=-\infty}^{n} 2^m \overset{令m=-k}{=} \sum_{k=-n}^{\infty} (2)^{-k} = \frac{2^n}{1-2^{-1}} = 2^{n+1}, & n \leqslant 0 \\ \displaystyle\sum_{m=-\infty}^{0} 2^m \overset{令m=-k}{=} \sum_{k=0}^{\infty} (2)^{-k} = \frac{1}{1-2^{-1}} = 2, & n \geqslant 1 \end{cases}$$

$$= 2^{n+1}u(-n) + 2u(n-1)$$

所以

$$x(n) = \left(\frac{1}{2}\right)^n \sum_{m=-\infty}^{\infty} 2^m u(-m)u(n-m) = 2u(-n) + 2\left(\frac{1}{2}\right)^n u(n-1)$$

2. 用卷积的性质计算

用卷积的性质来计算是一种比较简单的方法，尤其是使用与冲激函数的卷积性质。

例 1.6-7 计算 $f(t)=u(t) * u(t)$。

解 用微积分性质求解

$$f(t) = u(t) * u(t) = \frac{d}{dt}u(t) * \int_{-\infty}^{t} u(\tau)d\tau = \delta(t) * tu(t) = tu(t)$$

例 1.6-8 计算 $f(t)=e^{-t}u(t) * [u(t)-u(t-3)]$。

解 用分配律和时移性质求解。

令 $f_1(t) = e^{-t}u(t) * u(t)$，则

$$f(t) = e^{-t}u(t) * u(t) - e^{-t}u(t) * u(t-3) = f_1(t) - f_1(t-3)$$

用微积分性质求得

$$f_1(t) = e^{-t}u(t) * u(t) = \int_{-\infty}^{t} e^{-\tau}u(\tau)d\tau * \frac{d}{dt}u(t) = (1-e^{-t})u(t) * \delta(t) = (1-e^{-t})u(t)$$

所以

$$f(t) = (1-e^{-t})u(t) - (1-e^{3-t})u(t-3)$$

3. 用算子计算卷积

(1) 对于因果信号 $f_1(t)$和 $f_2(t)$，可用算子表示成

$$f_1(t) = F_1(p)\delta(t), f_2(t) = F_2(p)\delta(t) \tag{1.6-18}$$

其卷积为

$$f(t) = f_1(t) * f_2(t) = F_1(p)\delta(t) * F_2(p)\delta(t) = F_1(p)F_2(p)\delta(t) = F(p)\delta(t) \tag{1.6-19}$$

(2) 有始序列 $x_1(n)$ 和 $x_2(n)$ 可用算子表示，即

$$x_1(n) = X_1(E)\delta(n), \quad x_2(n) = X_2(E)\delta(n) \tag{1.6-20}$$

其卷积和为

$$\begin{aligned} x(n) &= x_1(n) * x_2(n) = X_1(E)\delta(n) * X_2(E)\delta(n) \\ &= X_1(E)X_2(E)\delta(n) = X(E)\delta(n) \end{aligned} \tag{1.6-21}$$

算子法计算卷积的步骤是：

(1) 将 $f_1(t)$、$f_2(t)$、$x_1(n)$ 和 $x_2(n)$ 用算子表示，得到式(1.6-18)和式(1.6-20)。

(2) 由式(1.6-19)和式(1.6-21)得到 $f(t)$ 和 $x(n)$ 的算子表示。

(3) $F(p)$ 和 $X(E)$ 用部分分式展开成 $F(p) = \sum\limits_i F_i(p)$ 和 $X(E) = \sum\limits_i X_i(E)$ 。

(4) 计算出 $f_i(t)$ 和 $x_i(n)$。

(5) 求得 $f(t) = \sum\limits_i f_i(t)$ 和 $x(n) = \sum\limits_i x_i(n)$ 。

例 1.6-9 计算(1) $e^{-t}u(t) * e^{-2t}u(t)$ ；(2) $e^{-t}\cos(2t)u(t) * e^{-2t}u(t)$。

解 $e^{-t}u(t) = \dfrac{1}{p+1}\delta(t), e^{-2t}u(t) = \dfrac{1}{p+2}\delta(t), e^{-t}\cos(2t)u(t) = \dfrac{p+1}{(p+1)^2+4}\delta(t)$

$$\begin{aligned} (1)\ e^{-t}u(t) * e^{-2t}u(t) &= \frac{1}{p+1}\delta(t) * \frac{1}{p+2}\delta(t) = \frac{1}{(p+1)(p+2)}\delta(t) \\ &= \left(\frac{1}{p+1} + \frac{-1}{p+2}\right)\delta(t) = (e^{-t} - e^{-2t})u(t) \end{aligned}$$

$$\begin{aligned} (2)\ e^{-t}\cos(2t)u(t) * e^{-2t}u(t) &= \frac{p+1}{(p+1)^2+4} \cdot \frac{1}{p+2}\delta(t) = \frac{-\frac{1}{5}}{p+2}\delta(t) + \frac{\frac{1}{5}p+1}{(p+1)^2+4}\delta(t) \\ &= -\frac{1}{5}\frac{1}{p+2}\delta(t) + \frac{1}{5}\frac{p+1}{(p+1)^2+4}\delta(t) + \frac{2}{5}\frac{2}{(p+1)^2+4}\delta(t) \\ &= -\frac{1}{5}e^{-2t}u(t) + \frac{1}{5}e^{-t}\cos(2t)u(t) + \frac{2}{5}e^{-t}\sin(2t)u(t) \end{aligned}$$

例 1.6-10 计算 $x(n)=3^n u(n) * u(n)$。

解 $3^n u(n) = \dfrac{E}{E-3}\delta(n)$, $u(n) = \dfrac{E}{E-1}\delta(n)$

$$\begin{aligned} x(n) = 3^n u(n) * u(n) &= \frac{E^2}{(E-3)(E-1)}\delta(n) = \left(\frac{\frac{3}{2}E}{E-3} + \frac{-\frac{1}{2}E}{E-1}\right)\delta(n) \\ &= \frac{3}{2}\frac{E}{E-3}\delta(n) - \frac{1}{2}\frac{E}{E-1}\delta(n) \\ &= \frac{3}{2}(3)^n u(n) - \frac{1}{2}u(n) = \frac{1}{2}(3^{n+1} - 1)u(n) \end{aligned}$$

例 1.6-11 计算(1) $f(t) = e^{-t}u(t-1) * e^{-t}u(t)$ ；(2) $x(n) = 3^n u(n) * 2^n u(n-2)$ 。

解 (1) 由于

$$e^{-t}u(t-1)=e^{-1}e^{-(t-1)}u(t-1)=e^{-1}e^{-t}u(t)*\delta(t-1)$$

所以

$$f(t)=e^{-1}e^{-t}u(t)*\delta(t-1)*e^{-t}u(t)=e^{-1}e^{-t}u(t)*e^{-t}u(t)*\delta(t-1)$$

而

$$e^{-t}u(t)*e^{-t}u(t)=\frac{1}{p+1}\delta(t)*\frac{1}{p+1}\delta(t)=\frac{1}{(p+1)^2}\delta(t)=te^{-t}u(t)$$

则

$$f(t)=e^{-1}te^{-t}u(t)*\delta(t-1)=e^{-1}(t-1)e^{-(t-1)}u(t-1)=(t-1)e^{-t}u(t-1)$$

(2) $3^nu(n)=\dfrac{E}{E-3}\delta(n)$

$$\begin{aligned}2^nu(n-2)&=4(2)^{n-2}u(n-2)\\&=4(2)^nu(n)*\delta(n-2)=\frac{4E}{E-2}\delta(n)*\delta(n-2)\end{aligned}$$

$$\begin{aligned}x(n)&=3^nu(n)*2^nu(n-2)=\frac{4E^2}{(E-2)(E-3)}\delta(n)*\delta(n-2)\\&=\left(\frac{12E}{E-3}-\frac{8E}{E-2}\right)\delta(n)*\delta(n-2)\\&=[12(3)^nu(n)-8(2)^nu(n)]*\delta(n-2)\\&=12(3)^{n-2}u(n-2)-8(2)^{n-2}u(n-2)\\&=[4(3)^{n-1}-2^{n+1}]u(n-2)\end{aligned}$$

例 1.6-12 已知 $3^nu(n-1)*x(n)=\left[\frac{4}{3}(3)^n-3(2)^n\right]u(n-3)$,求 $x(n)$。

解 先将两个已知信号用算子表示,再求出 $x(n)$的算子表示式,进而求得 $x(n)$。

$$\begin{aligned}3^nu(n-1)&=3(3)^{n-1}u(n-1)=3(3)^nu(n)*\delta(n-1)\\&=3\frac{E}{E-3}\delta(n)*E^{-1}\delta(n)=\frac{3}{E-3}\delta(n)\end{aligned}$$

$$\begin{aligned}\left[\frac{4}{3}(3)^n-3(2)^n\right]u(n-3)&=[36(3)^{n-3}-24(2)^{n-3}]u(n-3)\\&=[36(3)^n-24(2)^n]u(n)*\delta(n-3)\\&=\left(36\frac{E}{E-3}-24\frac{E}{E-2}\right)\delta(n)*E^{-3}\delta(n)\\&=\left(\frac{36E^{-2}}{E-3}-\frac{24E^{-2}}{E-2}\right)\delta(n)=\frac{12}{E(E-2)(E-3)}\delta(n)\end{aligned}$$

设 $x(n)=X(E)\delta(n)$,有

$$\frac{3}{E-3}X(E)\delta(n)=\frac{12}{E(E-2)(E-3)}\delta(n)$$

求得

$$X(E)=\frac{4}{E(E-2)}$$

所以

$$x(n)=\frac{4}{E(E-2)}\delta(n)=\frac{4E}{E-2}\delta(n)*E^{-2}\delta(n)$$
$$=4(2)^n u(n)*\delta(n-2)$$
$$=4(2)^{n-2}u(n-2)=2^n u(n-2)$$

4. 竖式乘法

当参与卷积和运算的二个离散信号都是有限长序列(finite length sequence)时，将离散信号用$\delta(n)$的位移加表示，再用卷积和性质来求解是比较方便的，最方便的是用竖式乘法来计算。

例 1.6-13 $x_1(n)=\delta(n)-\delta(n-2)$，$x_2(n)=\delta(n+1)+\delta(n)-2\delta(n-1)$，求$x_1(n)*x_2(n)$。

解 用卷积和的性质计算如下

$$x(n)=x_1(n)*x_2(n)=[\delta(n)-\delta(n-2)]*[\delta(n+1)+\delta(n)-2\delta(n-1)]$$
$$=\delta(n)*\delta(n+1)+\delta(n)*\delta(n)-\delta(n)*2\delta(n-1)$$
$$-\delta(n-2)*\delta(n+1)-\delta(n-2)*\delta(n)+\delta(n-2)*2\delta(n-1)$$
$$=\delta(n+1)+\delta(n)-2\delta(n-1)-\delta(n-1)-\delta(n-2)+2\delta(n-3)$$
$$=\delta(n+1)+\delta(n)-3\delta(n-1)-\delta(n-2)+2\delta(n-3)$$

可用闭合表示$x_1(n)$和$x_2(n)$为

$$\{x_1(n)\}=\{1\quad 0\quad -1\}_0$$
$$\{x_2(n)\}=\{1\quad 1\quad -2\}_{-1}$$

括号下的0代表离散信号$x_1(n)$从$n=0$开始有数值，-1代表离散信号$x_2(n)$从$n=-1$开始有数值，括号内的数字对应δ的系数，往右n依次增大。

用竖式乘法可方便地计算卷积和，方法是：先列出竖式，跟列乘法时一样，尾部对齐，分别用下一行数值乘上一行数值，注意不能进位。再把同一列乘数进行相加，同样不进位。

		1	0	−1	
		1	1	−2	
		−2	0	2	←用−2乘上一行的数
	1	0	−1		←用1乘上一行的数
1	0	−1			←用1乘上一行的数
1	1	−3	−1	2	

根据卷积和的位移性质，有

$$\{\cdots\}_a*\{\cdots\}_b=\{\cdots\}_{a+b} \tag{1.6-22}$$

所以

$$x_1(n)*x_2(n)=\{1\quad 1\quad -3\quad -1\quad 2\}_{-1}$$
$$=\delta(n+1)+\delta(n)-3\delta(n-1)-\delta(n-2)+2\delta(n-3)$$

例 1.6-14 计算$\{1\quad -6\quad 3\}_{-1}*\{2\quad 7\}_3$。

解 列竖式乘法进行计算并确定起点

	1	−6	3	
		2	7	
	7	−42	21	←用 7 乘上一行的数
2	−12	6		←用 2 乘上一行的数
2	−5	−36	21	

所以

$$\{1 \quad -6 \quad 3\}_{-1} * \{2 \quad 7\}_3 = \{2 \quad -5 \quad -36 \quad 21\}_2$$

即

$$x(n) = 2\delta(n-2) - 5\delta(n-3) - 36\delta(n-4) + 21\delta(n-5)$$

将常用函数的卷积列于表 1-4 和表 1-5 中，以备查找。

表 1-4　常用连续信号的卷积表

序号	$f_1(t)$	$f_2(t)$	$f_1(t)*f_2(t)$	序号	$f_1(t)$	$f_2(t)$	$f_1(t)*f_2(t)$
1	$f(t)$	$\delta(t)$	$f(t)$	8	$e^{-a_1t}u(t)$	$e^{-a_2t}u(t)$	$\frac{1}{a_2-a_1}(e^{-a_1t}-e^{-a_2t})u(t)$
2	$f(t)$	$\delta^{(n)}(t)$	$f^{(n)}(t)$	9	$e^{-at}u(t)$	$e^{-at}u(t)$	$te^{-at}u(t)$
3	$f(t)$	$u(t)$	$\int_{-\infty}^{t}f(\tau)d\tau$	10	$e^{-at}u(t)$	$tu(t)$	$\left(\frac{at-1}{a^2}+\frac{1}{a^2}e^{-at}\right)u(t)$
4	$u(t)$	$u(t)$	$tu(t)$	11	$e^{-at}u(t)$	$t^2u(t)$	$\frac{a^2t^2-2at+2-2e^{-at}}{a^3}u(t)$
5	$tu(t)$	$u(t)$	$\frac{1}{2}t^2u(t)$	12	$te^{-at}u(t)$	$e^{-at}u(t)$	$\frac{1}{2}t^2e^{-at}u(t)$
6	$e^{-at}u(t)$	$u(t)$	$\frac{1}{a}(1-e^{-at})u(t)$	13	$t^mu(t)$	$t^nu(t)$	$\frac{m!\,n!}{(m+n+1)!}t^{m+n+1}u(t)$
7	$e^{-at}u(t)$ $(a>0)$	E 常数	$\frac{E}{a}$	14	$af_1(t)$	$bf_2(t)$	$ab[f_1(t)*f_2(t)]$ a、b 为常数

表 1-5　常用离散信号的卷积表

序号	$x_1(n)$	$x_2(n)$	$x_1(n)*x_2(n)=x_2(n)*x_1(n)$
1	$x(n)$	$\delta(n)$	$x(n)$
2	$x(n)$	$\delta(n-n_0)$	$x(n-n_0)$
3	$a^nu(n) \quad a\neq 0$	$u(n)$	$\frac{1-a^{n+1}}{1-a}u(n)$
4	$u(n)$	$u(n)$	$(n+1)u(n)$
5	$a^nu(n)$	$a^nu(n)$	$(n+1)a^nu(n)$
6	$a^nu(n)$	$nu(n)$	$\left[\frac{n}{1-a}+\frac{a(a^n-1)}{(1-a)^2}\right]u(n)$
7	$a_1^nu(n) \quad a_1\neq a_2$	$a_2^nu(n)$	$\frac{a_1^{n+1}-a_2^{n+1}}{a_1-a_2}u(n)$
8	$nu(n)$	$nu(n)$	$\frac{1}{6}n(n+1)(n-1)u(n)$
9	$nu(n)$	$u(n)$	$\frac{1}{2}n(n+1)u(n)$

续表

序号	$x_1(n)$	$x_2(n)$	$x_1(n)*x_2(n)=x_2(n)*x_1(n)$
10	$a_1^n\cos(\Omega n+\theta)u(n)$	$a_2^n u(n)$	$\dfrac{a_1^{n+1}\cos[\Omega(n+1)+\theta-\varphi]-a_2^{n+1}\cos(\theta-\varphi)}{\sqrt{a_1^2+a_2^2-2a_1a_2\cos\Omega}}u(n)$ $\varphi=\arctan\dfrac{a_1\sin\Omega}{a_1\cos\Omega-a_2}$

1.6.4 信号的相关与卷积

相关(correlation)是时域中描述信号特性的一种重要方法,信号的相关在遏制噪音提高信噪比方面有广泛而重要的应用,相关分互相关(crosscorrelation)和自相关(autocorrelation)。

1. 连续信号的相关

两个实能量信号 $f_1(t)$ 和 $f_2(t)$,其互相关函数定义为

$$R_{12}(\tau)=\int_{-\infty}^{\infty}f_1(t)f_2(t-\tau)\mathrm{d}t \tag{1.6-23}$$

$$R_{21}(\tau)=\int_{-\infty}^{\infty}f_2(t)f_1(t-\tau)\mathrm{d}t \tag{1.6-24}$$

一般 $R_{12}(\tau)\neq R_{21}(\tau)$,但有 $R_{12}(\tau)=R_{21}(-\tau)$。

$f_1(t)$ 和 $f_2(t)$ 的卷积是

$$f_1(t)*f_2(t)=\int_{-\infty}^{\infty}f_1(\tau)f_2(t-\tau)\mathrm{d}\tau$$

则 $f_1(\tau)$ 和 $f_2(\tau)$ 的卷积是

$$f_1(\tau)*f_2(\tau)=\int_{-\infty}^{\infty}f_1(t)f_2(\tau-t)\mathrm{d}t$$

推得 $f_1(\tau)$ 和 $f_2(-\tau)$ 的卷积是

$$f_1(\tau)*f_2(-\tau)=\int_{-\infty}^{\infty}f_1(t)f_2[-(\tau-t)]\mathrm{d}t=\int_{-\infty}^{\infty}f_1(t)f_2(t-\tau)\mathrm{d}t$$

所以

$$R_{12}(\tau)=f_1(\tau)*f_2(-\tau) \tag{1.6-25}$$

同理,有

$$R_{21}(\tau)=f_2(\tau)*f_1(-\tau) \tag{1.6-26}$$

如 $f_1(t)$ 和 $f_2(t)$ 是实功率信号,则其互相关函数定义为

$$\left.\begin{aligned}R_{12}(\tau)&=\lim_{T\to\infty}\left[\frac{1}{T}\int_{-\frac{T}{2}}^{\frac{T}{2}}f_1(t)f_2(t-\tau)\mathrm{d}t\right]\\R_{21}(\tau)&=\lim_{T\to\infty}\left[\frac{1}{T}\int_{-\frac{T}{2}}^{\frac{T}{2}}f_2(t)f_1(t-\tau)\mathrm{d}t\right]\end{aligned}\right\} \tag{1.6-27}$$

例 1.6-15 计算 $f_1(t)=u(t)-u(t-1)$ 与 $f_2(t)=\mathrm{e}^{-t}u(t)$ 的相关函数 $R_{12}(\tau)$ 和 $R_{21}(\tau)$。

解 $R_{12}(\tau)=f_1(\tau)*f_2(-\tau)=[u(\tau)-u(\tau-1)]*\mathrm{e}^{\tau}u(-\tau)$

$=\mathrm{e}^{\tau}u(-\tau)*[u(\tau)-u(\tau-1)]$

$$= \int_{-\infty}^{\infty} e^{\lambda} u(-\lambda)[u(\tau-\lambda)-u(\tau-\lambda-1)]d\lambda$$

$$= \int_{-\infty}^{\infty} e^{\lambda} u(-\lambda)u(\tau-\lambda)d\lambda - \int_{-\infty}^{\infty} e^{\lambda} u(-\lambda)u(\tau-\lambda-1)d\lambda$$

计算第一个积分

$$\int_{-\infty}^{\infty} e^{\lambda} u(-\lambda)u(\tau-\lambda)d\lambda = \begin{cases} \int_{-\infty}^{\tau} e^{\lambda} d\lambda = e^{\tau}, & \tau < 0 \\ \int_{-\infty}^{0} e^{\lambda} d\lambda = 1, & \tau > 0 \end{cases}$$

再计算第二个积分

$$\int_{-\infty}^{\infty} e^{\lambda} u(-\lambda)u(\tau-\lambda-1)d\lambda = \begin{cases} \int_{-\infty}^{\tau-1} e^{\lambda} d\lambda = e^{\tau-1}, & \tau-1 < 0 \Rightarrow \tau < 1 \\ \int_{-\infty}^{0} e^{\lambda} d\lambda = 1, & \tau-1 > 0 \Rightarrow \tau > 1 \end{cases}$$

所以

$$R_{12}(\tau) = \begin{cases} e^{\tau} - e^{\tau-1}, & \tau < 0 \\ 1 - e^{\tau-1}, & 0 < \tau < 1 \\ 0, & \tau > 1 \end{cases}$$

$R_{12}(\tau)$如图 1.6-8(a)所示，可见，在 $\tau=0$ 时 $f_1(t)$和 $f_2(t)$有最大的相关性。

$$R_{21}(\tau) = f_2(\tau) * f_1(-\tau) = e^{-\tau}u(\tau) * [u(-\tau)-u(-\tau-1)] = e^{-\tau}u(\tau) * [u(\tau+1)-u(\tau)]$$

$$= e^{-\tau}u(\tau) * u(\tau+1) - e^{-\tau}u(\tau) * u(\tau)$$

$$= \int_{-\infty}^{\infty} e^{-\lambda}u(\lambda)u(\tau-\lambda+1)d\lambda - \int_{-\infty}^{\infty} e^{-\lambda}u(\lambda)u(\tau-\lambda)d\lambda$$

$$= \begin{cases} 0, & \tau+1 < 0 \to \tau < -1 \\ \int_{0}^{\tau+1} e^{-\lambda} d\lambda = 1 - e^{-\tau-1}, & \tau+1 > 0 \to \tau > -1 \end{cases} - \begin{cases} 0, & \tau < 0 \\ \int_{0}^{\tau} e^{-\lambda} d\lambda = 1 - e^{-\tau}, & \tau > 0 \end{cases}$$

$$= \begin{cases} 0, & \tau < -1 \\ 1 - e^{-\tau-1}, & -1 < \tau < 0 \\ e^{-\tau} - e^{-\tau-1}, & \tau > 0 \end{cases}$$

$R_{21}(\tau)$如图 1.6-8(b)所示，显然 $R_{12}(\tau)=R_{21}(-\tau)$。

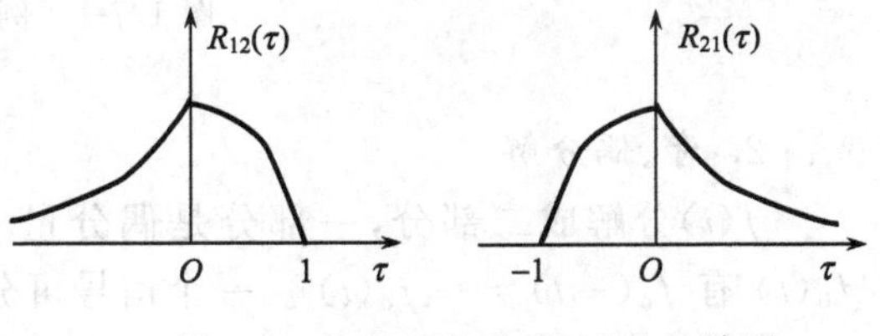

图 1.6-8　$R_{12}(\tau)$ 和 $R_{21}(\tau)$ 的波形

2. 离散信号的相关

两个离散信号 $x_1(n)$和 $x_2(n)$，其互相关函数定义为

$$R_{12}(m) = \sum_{n=-\infty}^{\infty} x_1(n)x_2(n+m) \tag{1.6-28}$$

$$R_{21}(m) = \sum_{n=-\infty}^{\infty} x_2(n)x_1(n+m) \tag{1.6-29}$$

可以证明

$$\left.\begin{aligned}R_{12}(m) &= x_1(-m) * x_2(m)\\R_{21}(m) &= x_2(-m) * x_1(m)\end{aligned}\right\} \tag{1.6-30}$$

如 $f_1(t)=f_2(t)$ 或 $x_1(n)=x_2(n)$，则 $R_{12}(\tau)=R_{21}(\tau)=R(\tau)$ 及 $R_{12}(m)=R_{21}(m)=R(m)$ 称为自相关函数。

1.7 信号的分解

信号与系统中经常对信号进行分解，以便分析信号的特性。一个信号可以根据需要分解成几个信号之和，对连续信号 $f(t)$ 分解成 $f(t)=\sum_{i=1}^{n} f_i(t)$，对离散信号 $x(n)$ 可分解成 $x(n)=\sum_{i=1}^{n} x_i(n)$。常用的有交、直流分解，奇、偶分解，脉冲分解，实部、虚部分解。

1. 交、直流分解

$f(t)$ 分解成二部分，一部分是直流分量 f_D，另一部分是交流分量 $f_A(t)$。其中 $f_A(t)$ 由不同频率的正弦信号组成的，即

$$f(t) = f_D + f_A(t) \tag{1.7-1}$$

可以证明 $P=P_D+P_A$，即信号的平均功率是直流分量和交流分量的平均功率之和。

例 1.7-1 求 $f(t)=4\cos^2(2t)$ 的直流分量 f_D 和交流分量 $f_A(t)$ 并画出波形。

解 由于

$$f(t) = 4\cos^2(2t) = 2[1+\cos(4t)] = 2 + 2\cos(4t)$$

所以 $f_D=2$，$f_A(t)=2\cos(4t)$。波形如图 1.7-1 所示。

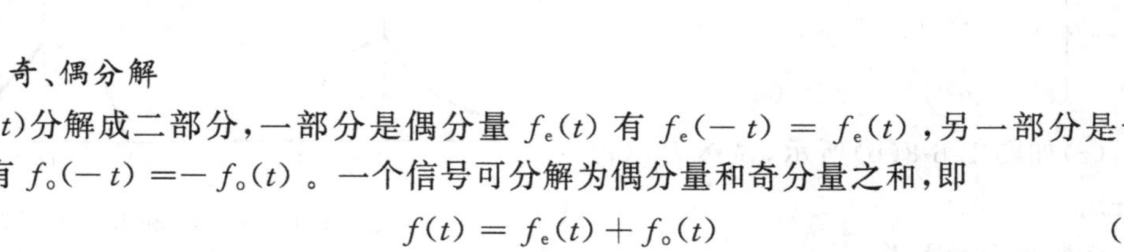

图 1.7-1 例 1.7-1 的信号波形

2. 奇、偶分解

$f(t)$ 分解成二部分，一部分是偶分量 $f_e(t)$ 有 $f_e(-t)=f_e(t)$，另一部分是奇分量 $f_o(t)$ 有 $f_o(-t)=-f_o(t)$。一个信号可分解为偶分量和奇分量之和，即

$$f(t) = f_e(t) + f_o(t) \tag{1.7-2}$$

为计算 $f_e(t)$ 和 $f_o(t)$，在上式中 t 用 $-t$ 代，得

$$f(-t) = f_e(-t) + f_o(-t) = f_e(t) - f_o(t) \tag{1.7-3}$$

由式(1.7-2)和式(1.7-3)求得

$$\left.\begin{aligned}f_e(t) &= \frac{1}{2}[f(t)+f(-t)]\\f_o(t) &= \frac{1}{2}[f(t)-f(-t)]\end{aligned}\right\} \tag{1.7-4}$$

对离散信号 $x(n)$，同样有

$$x(n)=x_e(n)+x_o(n) \tag{1.7-5}$$

其中

$$\left.\begin{aligned}x_e(n)&=\frac{1}{2}[x(n)+x(-n)]\\ x_o(n)&=\frac{1}{2}[x(n)-x(-n)]\end{aligned}\right\} \tag{1.7-6}$$

例 1.7-2　画出图 1.7-2 所示信号的奇、偶分量波形。

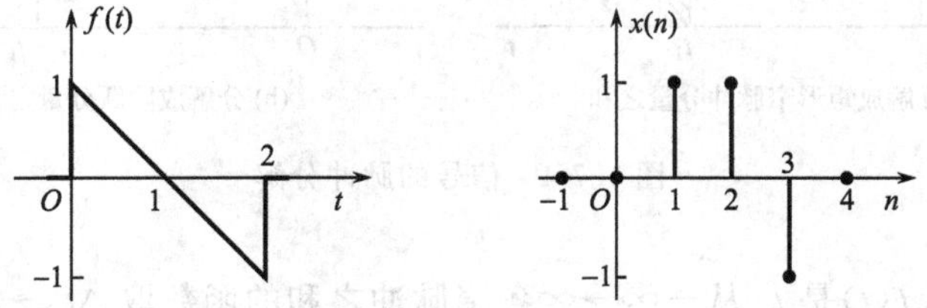

图 1.7-2　例 1.7-2 的信号

解　先画出 $f(-t)$ 和 $x(-n)$ 的波形，由式(1.7-4)和式(1.7-6)画出奇偶分量波形，如图 1.7-3 所示。

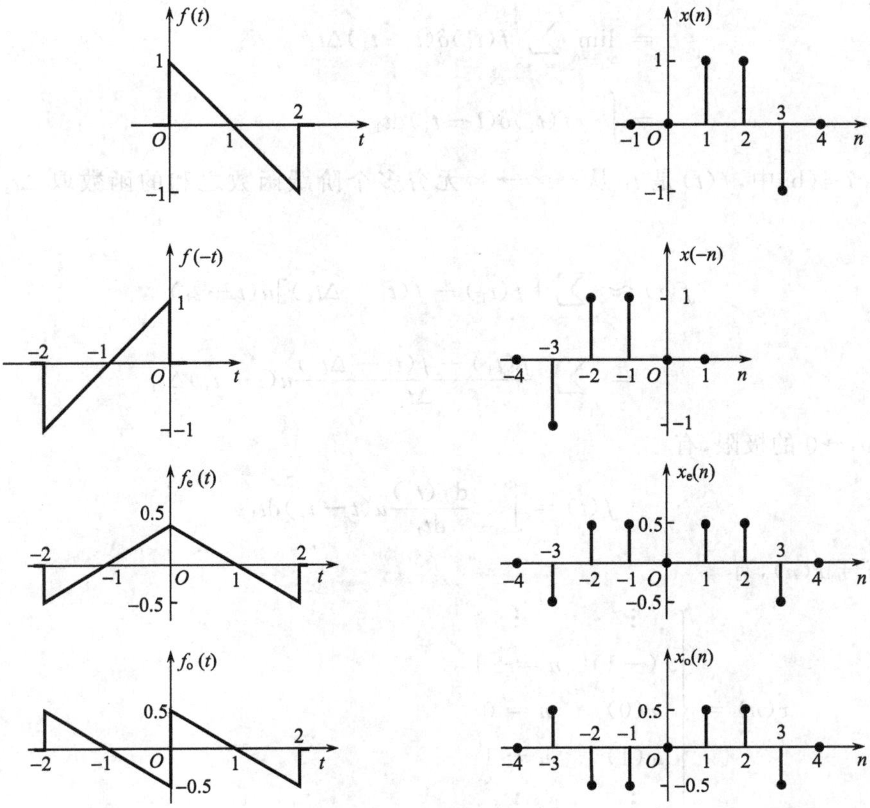

图 1.7-3　信号的奇偶分量

3. 脉冲分解

对连续信号分解有两种情况。图 1.7-4(a)所示为分解成矩形窄脉冲分量,窄脉冲的极限情况是冲激信号的叠加;图 1.7-4(b)所示为分解成阶跃分量之和。

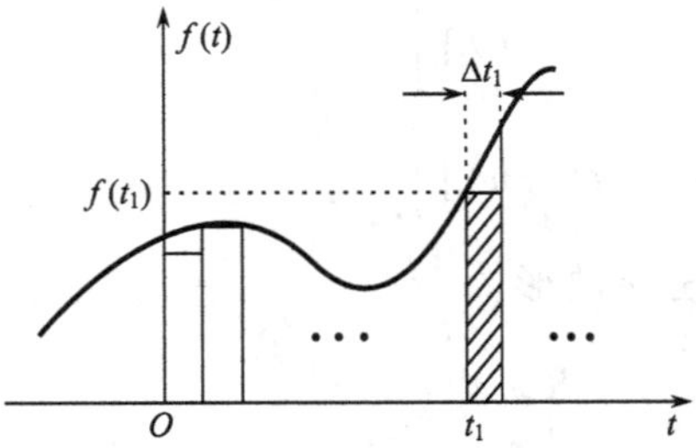

(a) 分解成矩形窄脉冲分量之和

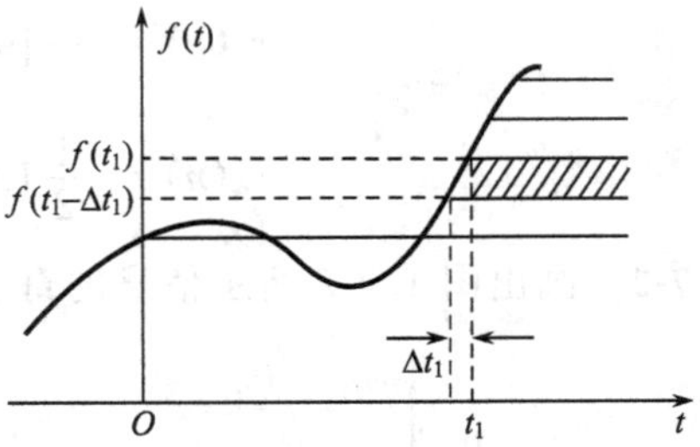

(b) 分解成阶跃分量之和

图 1.7-4 信号的脉冲分解

图 1.7-4(a)中,$f(t)$是 t_1 从$-\infty\to\infty$各窄脉冲之和的函数取 $\Delta t_1\to 0$ 的极限,即

$$\begin{aligned}
f(t) &\approx \sum_{t_1=-\infty}^{\infty} f(t_1)[u(t-t_1)-u(t-t_1-\Delta t_1)] \\
&= \lim_{\Delta t_1\to 0}\sum_{t_1=-\infty}^{\infty} f(t_1)\,\frac{u(t-t_1)-u(t-t_1-\Delta t_1)}{\Delta t_1}\cdot\Delta t_1 \\
&= \lim_{\Delta t_1\to 0}\sum_{t_1=-\infty}^{\infty} f(t_1)\delta(t-t_1)\Delta t_1 \\
&= \int_{-\infty}^{\infty} f(t_1)\delta(t-t_1)\mathrm{d}t_1
\end{aligned} \tag{1.7-7}$$

图 1.7-4(b)中,$f(t)$是 t_1 从$-\infty\to\infty$无穷多个阶跃函数之和的函数取 $\Delta t_1\to 0$ 的极限,有

$$\begin{aligned}
f(t) &\approx \sum_{t_1=-\infty}^{\infty} [f(t_1)-f(t_1-\Delta t_1)]u(t-t_1) \\
&= \sum_{t_1=-\infty}^{\infty} \frac{f(t_1)-f(t_1-\Delta t_1)}{\Delta t_1}u(t-t_1)\Delta t_1
\end{aligned}$$

取 $\Delta t_1\to 0$ 的极限,有

$$f(t)=\int_{-\infty}^{\infty}\frac{\mathrm{d}f(t_1)}{\mathrm{d}t_1}u(t-t_1)\mathrm{d}t_1 \tag{1.7-8}$$

对离散信号 $x(n)$,有

$$x(n)=\begin{cases} \vdots & \vdots \\ x(-1) & n=-1 \\ x(0) & n=0 \\ x(1) & n=1 \\ \vdots & \vdots \end{cases}$$

$$=\cdots+x(-1)\delta(n+1)+x(0)\delta(n)+x(1)\delta(n-1)+\cdots$$

即

$$x(n)=\sum_{m=-\infty}^{\infty}x(m)\delta(n-m) \qquad (1.7\text{-}9)$$

4. 实部、虚部分量分解

如果是复数信号，可以分解成实部和虚部两部分，即

$$f(t)=f_r(t)+\mathrm{j}f_i(t) \qquad (1.7\text{-}10)$$

$$x(n)=x_r(n)+\mathrm{j}x_i(n) \qquad (1.7\text{-}11)$$

如 $f(t)=2\mathrm{e}^{\mathrm{j}t}=2\cos t+\mathrm{j}2\sin t$ 。

习　题　一

1-1　判断下列信号是否是周期信号？如果是，确定基本周期。

(1) $\mathrm{e}^{\mathrm{j}2t}$；　(2) $\cos\left(\frac{\pi}{2}t\right)+\sin\left(\frac{\pi}{3}t+45^\circ\right)$；　(3) $\sin^2(2t)$；

(4) $\sum_{n=-\infty}^{\infty}\delta(t-nT)$；　(5) $\sin\left(\frac{1}{4}n\right)$；　(6) $\cos\left(\frac{\pi}{4}n\right)+\sin\left(\frac{\pi}{3}n\right)$；

(7) $\cos^2\left(\frac{\pi}{4}n\right)$；　(8) $\mathrm{e}^{\mathrm{j}\frac{\pi}{4}n}$；　(9) $(-1)^n-1$。

1-2　判断下列信号是功率信号、能量信号还是非功非量信号：

(1) $\mathrm{e}^{-t}u(t)$；　(2) $\cos\left(2t+\frac{\pi}{3}\right)$；　(3) $3tu(t)$；　(4) $2\mathrm{e}^{\mathrm{j}3n}$；　(5) $(0.5)^n u(n)$；　(6) $nu(n)$。

1-3　画出下列信号的波形。

(1) $f_1(t)=\frac{|t|}{2}[u(t+2)-u(t-2)]$；　(2) $f_2(t)=\mathrm{e}^{-t}u(t)-\mathrm{e}^{t}u(-t)$；

(3) $f_3(t)=\cos(\pi t)[u(t)-u(t-3)]$；　(4) $f_4(t)=\frac{\mathrm{d}}{\mathrm{d}t}[\mathrm{e}^{-t}u(t)]$；

(5) $f_5(t)=\mathrm{sgn}[\cos(\pi t)]$；　(6) $f_6(t)=\mathrm{sgn}[\mathrm{Sa}(t)]$；

(7) $x_1(n)=2^{-n}u(n)$；　(8) $x_2(n)=2^{-n-1}u(n+1)$；

(9) $x_3(n)=\sin\left(\frac{\pi}{5}n\right)u(n)$；　(10) $x_4(n)=\cos\left(\frac{\pi}{5}n+\frac{3\pi}{5}\right)$。

1-4　信号的波形如题 1-4 图所示，写出函数公式（一个公式表示）。

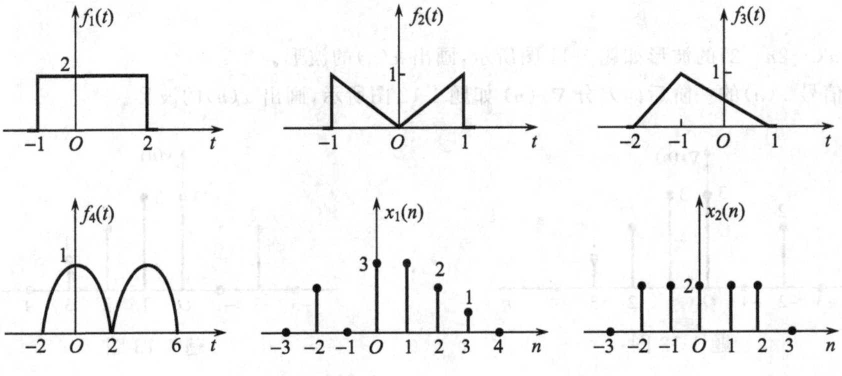

题 1-4 图

1-5　连续信号 $f(t)$ 的波形如题 1-5 图所示，画出下列信号的波形。

(1) $f_1(t)=f(t)u(1-t)$；　(2) $f_2(t)=f(t)[u(t)-u(t-1)]$；　(3) $f_3(t)=f(t)\delta(t-1)$；

(4) $f_4(t)=f'(t)$； (5) $f_5(t)=f^{(-1)}(t)$； (6) $f_6(t)=f_1(t)+f_2(t)$。

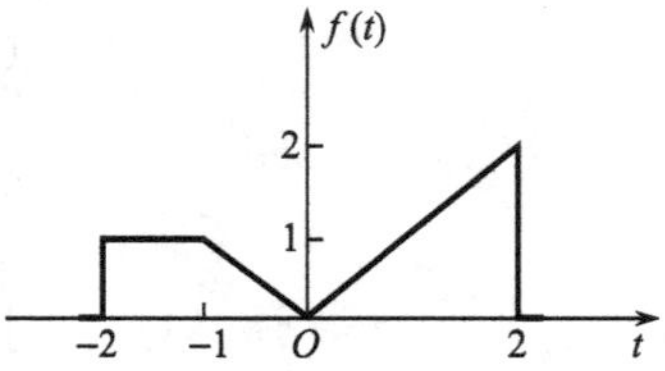

题 1-5 图

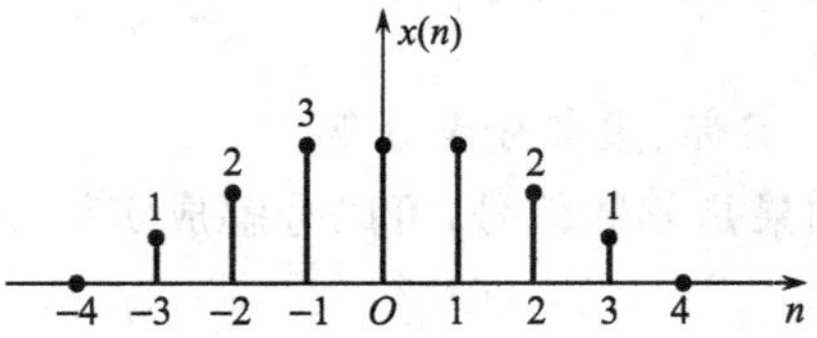

题 1-6 图

1-6 离散信号 $x(n)$的波形如题 1-6 图所示，画出下列信号的波形。

(1) $x_1(n)=x(n)u(1-n)$； (2) $x_2(n)=x(-n)u(n)$； (3) $x_3(n)=x(n)\delta(1-n)$；

(4) $x_4(n)=\nabla x(n)$； (5) $x_5(n)=\nabla^2 x(n)$； (6) $x_6(n)=\sum_{k=-\infty}^{n} x(k)$。

1-7 $f(t)$的波形如题 1-5 图所示，画出下列信号的波形。

(1) $f_1(t)=f(2t+4)$； (2) $f_2(t)=f(-2t+4)$；

(3) $f_3(t)=f\left(\frac{t}{2}+4\right)$； (4) $f_4(t)=f\left(-\frac{t}{2}+4\right)$。

1-8 $x(n)$的波形如题 1-6 图所示，画出下列信号的波形。

(1) $x_1(n)=x(2n+1)$； (2) $x_2(n)=x\left(-\frac{n}{2}-1\right)$。

1-9 计算下列信号的一阶导数和一次积分，并画出函数、导数和积分波形。

(1) $f_1(t)=u(t+1)-u(t-1)$； (2) $f_2(t)=t[u(t)-u(t-2)]$；

(3) $f_3(t)=\text{sgn}(t)[u(t+2)-u(t-3)]$； (4) $f_4(t)=tu(t^2-1)u(t+2)$。

1-10 已知 $f(-2t+4)$的波形如题 1-10 图所示，画出 $f(t)$的波形。

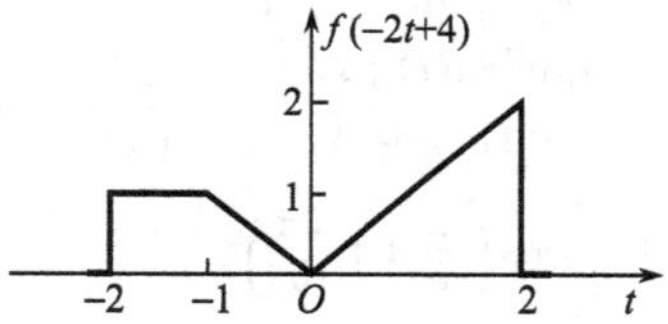

题 1-10 图

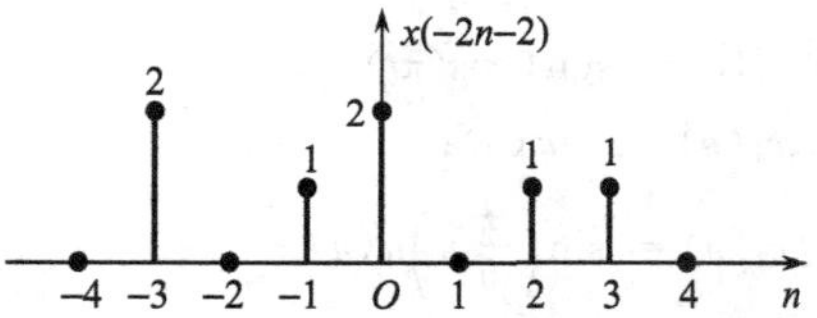

题 1-11 图

1-11 已知 $x(-2n-2)$的波形如题 1-11 图所示，画出 $x(n)$的波形。

1-12 有始信号 $x(n)$的一阶后向差分 $\nabla x(n)$ 如题 1-12 图所示，画出 $x(n)$的波形。

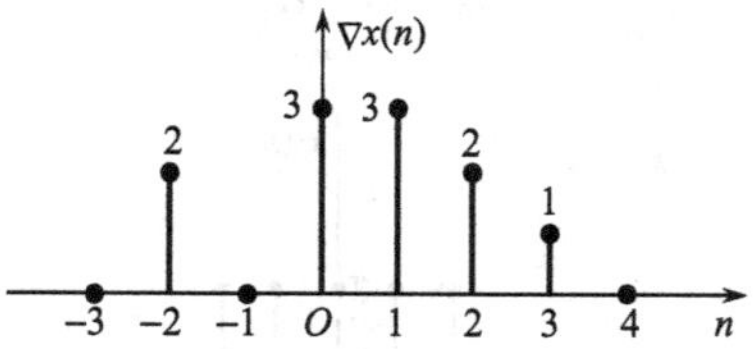

题 1-12 图

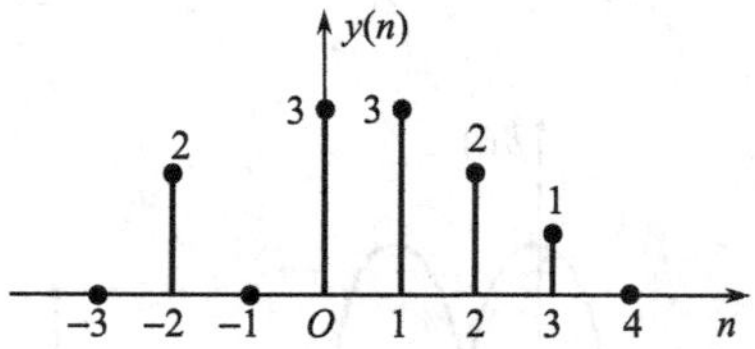

题 1-13 图

1-13 信号 $x(n)$的一次累加运算 $y(n)$的波形如题 1-13 图所示，画出 $x(n)$的波形并计算信号 $x(n)$的能量和功率。

1-14 计算下列积分。

(1) $\int_{-\infty}^{\infty}(2+t)\delta(t)\mathrm{d}t$ ；　(2) $\int_{-\infty}^{t}(2+\tau)\mathrm{d}(\tau)\mathrm{d}t$ ；　(3) $\int_{t}^{\infty}(2+\tau)\delta(\tau)\mathrm{d}\tau$ ；

(4) $\int_{-2}^{3}(3t^2+2t+1)\delta(t)\mathrm{d}t$ ；　(5) $\int_{1}^{3}(3t^2+2t+1)\delta(t)\mathrm{d}t$ ；　(6) $\int_{-\infty}^{t}\cos t\delta(\tau-1)\mathrm{d}\tau$ ；

(7) $\int_{-\infty}^{t}\delta(\tau+1)\mathrm{d}\tau$ ；　(8) $\int_{0}^{3\pi}t\sin\left(\frac{t}{2}\right)\delta(\pi-t)\mathrm{d}t$ ；　(9) $\int_{-\infty}^{\infty}\mathrm{e}^{-t}\delta'(t)\mathrm{d}t$ ；

(10) $\int_{-\infty}^{t}\mathrm{e}^{-\tau}\delta'(\tau)\mathrm{d}\tau$ ；　(11) $\int_{t}^{\infty}\mathrm{e}^{-\tau}\delta'(\tau)\mathrm{d}\tau$ ；　(12) $\int_{-\infty}^{\infty}\mathrm{e}^{-t}\delta'(2t-4)\mathrm{d}t$ ；

(13) $\int_{t}^{\infty}\tau\delta'(2\tau-4)\mathrm{d}\tau$ ；　(14) $\int_{-\infty}^{t}\tau\delta'(2\tau-4)\mathrm{d}\tau$ 。

1-15　证明:若 $f(t)$、$f'(t)$、$f''(t)$ 在 $t=0$ 及 $t=t_0$ 处连续,则

(1) $f(t)\delta''(t)=f(0)\delta''(t)-2f'(0)\delta'(t)+f''(0)\delta(t)$;

(2) $f(t)\delta''(t-t_0)=f(t_0)\delta''(t-t_0)-2f'(t_0)\delta'(t-t_0)+f''(t_0)\delta(t-t_0)$。

1-16　将下列信号表示成算子形式:

(1) $\delta(t)+u(t)$；　(2) $(2+3\mathrm{e}^{-t})u(t)$ ；　(3) $\delta'(t)+2\sin(3t)u(t)$ ；

(4) $(1+t\mathrm{e}^{-t})u(t)$ ；　(5) $2\mathrm{e}^{-t}\sin(2t)u(t)$ ；　(6) $(2\mathrm{e}^{-t}+3\mathrm{e}^{-2t})u(t)$ ；

(7) $t\sin(2t)u(t)$ ；　(8) $(\mathrm{e}^{-t}+t)\cos(3t)u(t)$ ；　(9) $t^2\mathrm{e}^{-2t}u(t)$ ；

(10) $u(n)+\delta(n)$ ；　(11) $u(n-1)$；　(12) $[(-2)^n+3]u(n)$；

(13) $(-1)^n u(n-1)$；　(14) $(n-2)2^n u(n)$；　(15) $\sin\left(\frac{2\pi}{7}n\right)u(n)$ ；

(16) $[(-2)^n+(3)^{n-1}]u(n)$。

1-17　下列各式是有始信号的算子表示,求出各信号的函数表示式。

(1) $\frac{p^2+2}{p}\delta(t)$;　(2) $\frac{3p+1}{p^2+p}\delta(t)$;　(3) $\frac{p^3+2p+4}{p^2+4}\delta(t)$;

(4) $\frac{p^2+4p+4}{p(p+1)^2}\delta(t)$;　(5) $\frac{1}{p^2+4p+8}\delta(t)$;　(6) $\frac{-p+1}{p^2+5p+6}\delta(t)$;

(7) $\frac{12p}{(p^2+9)^2}\delta(t)$;　(8) $\frac{4}{(p+2)^4}\delta(t)$;　(9) $\frac{2}{E-2}\delta(n)$;

(10) $\frac{3E-2}{E-1}\delta(n)$;　(11) $\frac{4E^2+5E}{E^2+E-2}\delta(n)$;　(12) $\frac{-2}{E+1}\delta(n)$;

(13) $\frac{-2E^2}{(E-2)^2}\delta(n)$;　(14) $\frac{E}{E^2-2E+2}\delta(n)$;　(15) $\frac{E(2E-1)}{(E-2)(E+3)}\delta(n)$;

(16) $\frac{1}{E^2-1}\delta(n)$。

1-18　用图解法计算题 1-18 图所示的卷积。

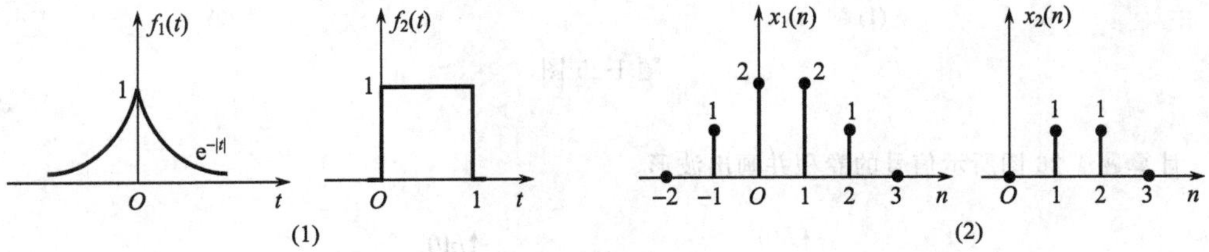

题 1-18 图

1-19　用卷积的定义求下列卷积。

(1) $\mathrm{e}^{-t}u(t)*\mathrm{e}^{-t}u(t)$ ；　(2) $\mathrm{e}^{-t}u(-t)*u(t)$ ；　(3) $\sin(2t)u(t)*t\mathrm{e}^{-t}u(t)$ ；

(4) $2^n u(-n)*3^n u(-n)$ ；　(5) $2*2^n u(-n)$；　(6) $2^n u(-n-1)*2^{-n}u(n-1)$。

1-20 利用卷积的性质计算下列各题。

(1) $tu(t) * 2u(t)$； (2) $e^{-t}u(t) * u(t)$； (3) $e^{-t}u(t) * [u(t-1)-u(t-4)]$；

(4) $\int_{-\infty}^{t} [e^{-\lambda}u(\lambda) * u(\lambda)]d\lambda$； (5) $(1+t)[u(t)-u(t-1)] * [u(t)-u(t-2)]$；

(6) $2^n u(n) * \delta(n-1)$； (7) $2^n u(n) * [u(n)-u(n-2)]$； (8) $2^n u(n) * 3^n u(n-1)$。

1-21 用算子法计算下列各题。

(1) $u(t) * u(t)$； (2) $e^{-t}u(t) * e^{-2t}u(t)$； (3) $e^{-2t}u(t) * e^{-2t}u(t)$；

(4) $e^{-t}u(t) * tu(t)$； (5) $tu(t) * t^3u(t)$； (6) $te^{-t}u(t) * t^2e^{-2t}u(t)$；

(7) $e^{-t}u(t) * [u(t)-u(t-1)]$； (8) $e^{-t}u(t-2) * tu(t)$； (9) $\cos tu(t) * e^{-t}u(t)$；

(10) $\delta'(t) * \sin tu(t)$； (11) $e^{-t}\sin(2t)u(t) * u(t)$； (12) $e^{-t}\sin(2t)u(t) * e^{-t}u(t)$；

(13) $e^{-2t}\cos tu(t) * e^{-2t}u(t)$； (14) $e^{-2t}\cos\left(t+\frac{\pi}{4}\right)u(t) * e^{-t}u(t)$；

(15) $e^{-t}\sin\left(2t+\frac{\pi}{4}\right)u(t) * e^{-3t}u(t)$； (16) $\sin(2t)u(t) * te^{-t}u(t)$。

1-22 算子法计算下列各题。

(1) $2^n u(n) * 2^n u(n)$； (2) $2^n u(n) * u(n)$； (3) $u(n) * u(n)$；

(4) $2^n u(n) * 3^n u(n-1)$； (5) $2^n u(n-1) * u(n)$； (6) $2^n u(n-2) * 2^n u(n-3)$；

(7) $u(n) * nu(n)$； (8) $2^n u(n) * nu(n)$； (9) $2^{n-1}u(n-1) * nu(n)$；

(10) $nu(n) * nu(n)$； (11) $nu(n) * (n-1)u(n-1)$； (12) $\sin\left(\frac{\pi}{2}n\right)u(n) * \sin\left(\frac{\pi}{2}n\right)u(n)$；

(13) $\cos\left(\frac{\pi}{2}n\right)u(n) * \cos\left(\frac{\pi}{2}n\right)u(n)$； (14) $2^n\cos\left(\frac{\pi}{2}n\right)u(n) * 3^n u(n)$；

(15) $2^n\sin\left(\frac{\pi}{2}n\right)u(n) * 3^n u(n)$。

1-23 (1) 已知 $f(t)=f_1(t) * f_2(t)$，$a\neq 0$，证明 $f(at)=|a|f_1(at) * f_2(at)$；

(2) 已知 $x(n)=x_1(n) * x_2(n)$，$a\neq 0$，证明 $a^n x_1(n) * a^n x_2(n)=a^n x(n)$。

1-24 计算(1) $\mathrm{Sa}(t) * \mathrm{Sa}(t)$； (2) $\mathrm{Sa}(t) * \mathrm{Sa}(2t)$； (3) $e^{-t}\mathrm{Sa}(t) * e^{-t}\mathrm{Sa}(t)$。

1-25 计算并画出题 1-25 图所示信号的卷积。

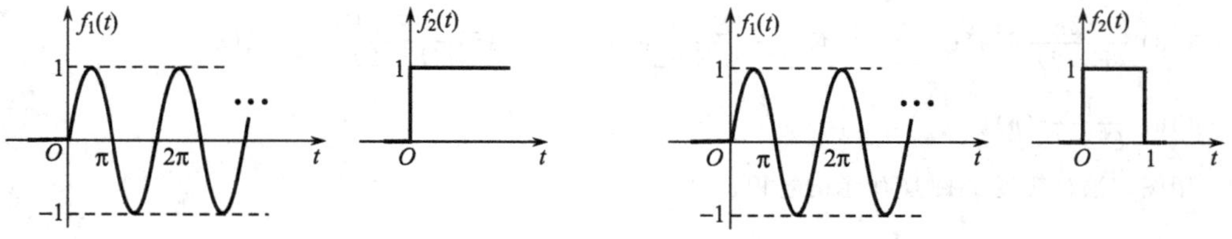

题 1-25 图

1-26 计算题 1-26 图所示信号的卷积并画出波形。

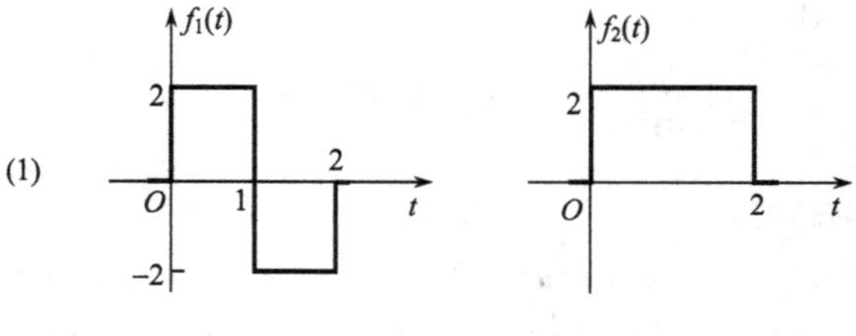

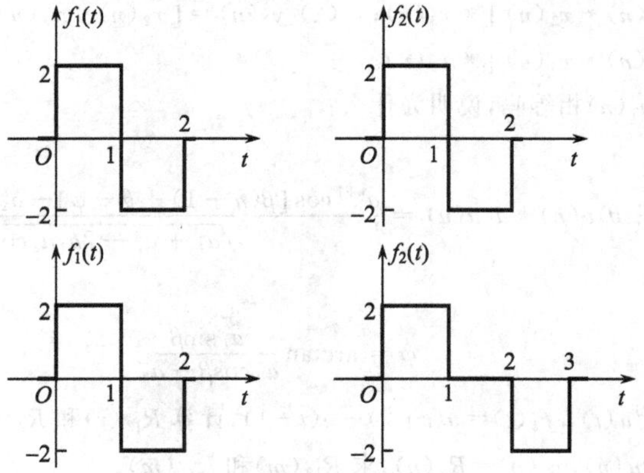

题 1-26 图

1-27 计算题 1-27 图所示信号的卷积并画出波形。

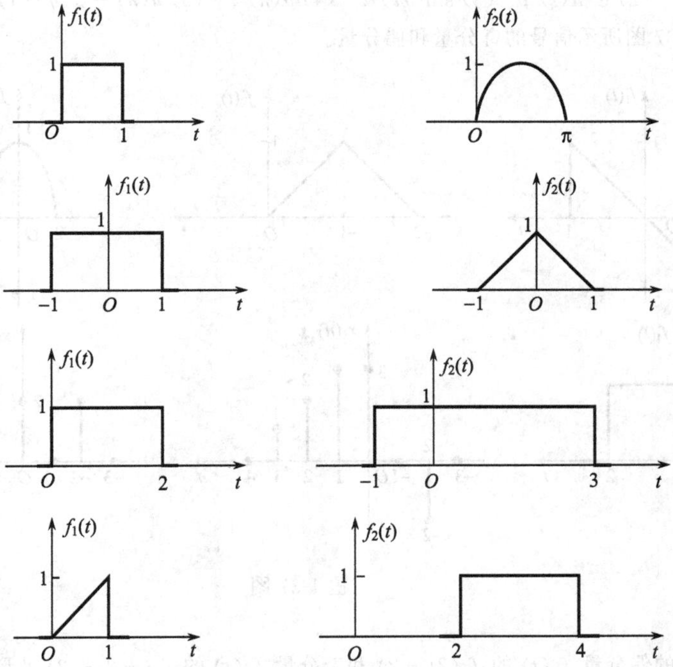

题 1-27 图

1-28 求下列各题中的 $f(t)$。

(1) $f(t)*u(t)=(1-e^{-t})u(t)$； (2) $f(t)*e^{-t}u(t)=u(t)$； (3) $f(t)*tu(t)=t^2u(t)$。

1-29 已知 $x(n)*\left[\delta(n)+\dfrac{1}{2}\delta(n-1)\right]=\left(\dfrac{1}{2}\right)^n u(n)$，求 $x(n)$。

1-30 用竖式乘法计算下列各题。

(1) $3^n[u(n)-u(n-3)]*[\delta(n)-2\delta(n-1)]$； (2) $[u(n)-u(n-4)]*[u(n)-u(n-3)]$；

(3) $\{2\quad 4\quad 6\}_{-1}*\{1\quad 3\quad 8\quad 4\}_3$； (4) $\{2\quad 1\quad 3\quad 7\}_2*\{2\quad 7\}_{-1}$。

1-31 已知 $x_1(n)=\left(\dfrac{1}{4}\right)^n u(n)$，$x_2(n)=\delta(n)-\dfrac{1}{4}\delta(n-1)$，$x_3(n)=\left(\dfrac{1}{4}\right)^n$。计算：

(1) $y_1(n)=[x_1(n)*x_2(n)]*x_3(n)$；　(2) $y_2(n)=[x_2(n)*x_3(n)]*x_1(n)$；

(3) $y_3(n)=[x_1(n)*x_3(n)]*x_2(n)$。

$y_1(n)$、$y_2(n)$与$y_3(n)$相等吗,说明为什么?

1-32 证明:

$$a_1^n\cos(\beta n+\theta)u(n)*a_2^n u(n)=\frac{a_1^{n+1}\cos[\beta(n+1)+\theta-\varphi]-a_2^{n+1}\cos(\theta-\varphi)}{\sqrt{a_1^2+a_2^2-2a_1a_2\cos\beta}}u(n)$$

其中

$$\varphi=\arctan\frac{a_1\sin\beta}{a_1\cos\beta-a_2}$$

1-33 已知 $f_1(t)=e^{-2t}u(t)$，$f_2(t)=u(t+2)-u(t-1)$,计算 $R_{12}(\tau)$和 $R_{21}(\tau)$并画出波形。

1-34 已知 $x_1(n)=2^{-n}u(n)$,$x_2(n)=R_2(n)$,求 $R_{12}(m)$和 $R_{21}(m)$。

1-35 计算下列信号的直流分量和交流分量:

(1) $f_1(t)=\sin^2(2t)$；　(2) $f_2(t)=|\sin(\omega t)|$。

1-36 确定下列信号的奇分量和偶分量:

(1) $u(t)$；　(2) $e^{-t}u(t)$；　(3) $\sin(\omega t)$；　(4) $u(n)$；　(5) $u(n)-u(n-1)$；　(6) $e^{j\left(\frac{\pi}{4}n+\frac{\pi}{2}\right)}$。

1-37 画出题 1-37 图所示信号的奇分量和偶分量。

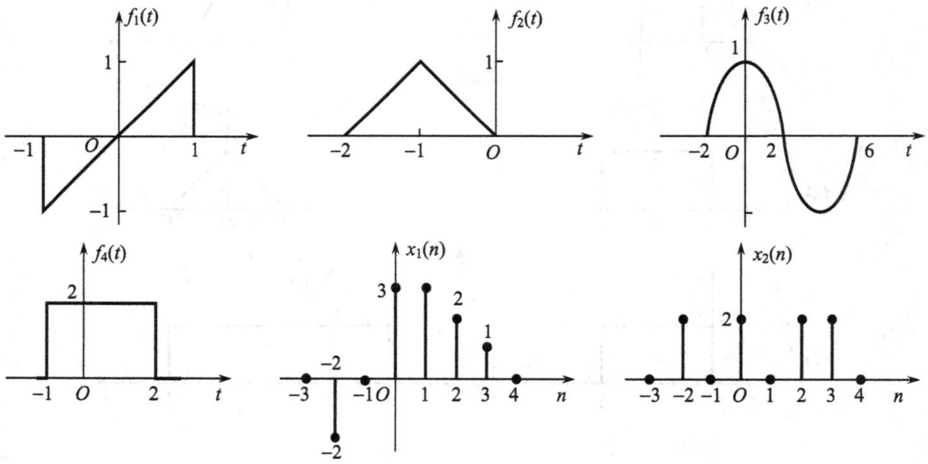

题 1-37 图

1-38 信号 $f(t)$的偶分量 $f_e(t)$ 的 $f_e(2t-2)$ 和奇分量 $f_o(t)$ 的 $f_o(-2t+2)$ 波形如题 1-38 图所示,画出 $f(t)$的波形。

题 1-38 图

第2章 系统概述

信号与系统是两个既相互联系又相互区别的研究对象。信号是运载信息的工具，系统是产生、传输和处理信号的客观实体。信号离开了系统，信号就失去了存在的价值；系统没有信号的输入，系统也就失去了作用。例如对于电视信号与电视机，若没有电视机则丰富多彩的电视节目对你而言是无关的；同样没有电视信号，电视机只能作为一种摆设。

本章介绍系统的定义、分类和特性，算子在系统描述中的应用，系统的模拟图和信号流图及梅森公式的应用。

2.1 系统的定义

系统是由若干个相互作用和相互依赖的事物组成的具有特定功能的整体，如常说的卫生系统、文教系统、公安系统等。

信号与系统中研究的是电系统，电系统是由各种具体电路所组成，完成对电信号的加工、变换或运算。

系统是一个数学模型，是对反映输入信号（又称激励，excitation）与输出信号（或称响应，response）关系的物理过程的描述。

有些系统的输入信号或输出信号有多个，有些系统只有一个输入和一个输出信号（称为单输入单输出系统，single-input single-output system，SISO），本书重点研究单输入单输出系统。

如果系统中的信号是连续时间信号，这样的系统称为连续时间系统（简称连续系统），用图 2.1-1(a)表示。如果系统中的信号是离散时间信号，称为离散时间系统（简称离散系统），用图 2.1-1(b)表示。本书中，连续系统的输入用 $e(t)$ 表示输出用 $r(t)$ 表示，离散系统的输入用 $x(n)$ 表示输出用 $y(n)$ 表示。

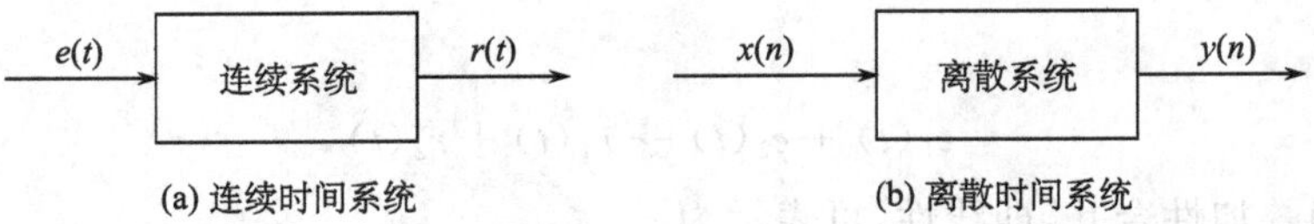

图 2.1-1 SISO 的连续时间系统和离散时间系统

系统的作用是将输入信号转化为输出信号，实现了输入到输出的运算功能。连续系统和离散系统分别表示为

$$r(t) = T[e(t)] \tag{2.1-1}$$

$$y(n) = T[x(n)] \tag{2.1-2}$$

2.2 系统的分类及性质

系统的分类大体从以下两个角度进行，从系统所处理信号的不同分为连续时间系统(continuous-time system)和离散时间系统(discrete-time system)；从系统本身的特性来分，可分为线性系统(linear system)与非线性系统(nonlinear system)、时变系统(time-varying system)与时不变系统(time-invariant system)、因果系统(causal system)与非因果系统(noncausal system)、可逆系统(reversible system)与不可逆系统(nonreversible system)、稳定系统(stable system)与不稳定系统(nonstable system)、记忆系统(memory system)与无记忆系统(memoryless system)等。

1. 连续时间系统与离散时间系统

如果系统的输入和输出信号都是连续时间信号，这个系统称为连续时间系统(简称连续系统)。如果系统的输入与输出信号都是离散时间信号，这个系统称为离散时间系统(简称离散系统)。若一个系统中有些子系统处理的是连续信号，有些子系统处理的是离散信号，则有些子系统是连续系统，有些子系统是离散系统，这样的系统称为混合系统。

2. 线性与非线性系统

满足线性特性的系统称为线性系统。

线性(linearity)包含齐次性(homogeneity)和叠加性(superposition property)。

齐次性又称比例性或均匀性，齐次性是指系统的输入增加 C 倍(C 是常数)，输出也增加 C 倍。

叠加性是指系统在几个输入共同作用下所产生的输出应是每个输入单独作用所产生的输出之和。

注意 这里说的输出完全是由输入所产生的，即没有这个输入也就没有这个输出，信号与系统中称为零状态响应。

上面的叙述可表示如下：

连续系统，设 $e_1(t)\rightarrow r_1(t)$，$e_2(t)\rightarrow r_2(t)$，C_1、C_2 是常数。

齐次性

$$C_1e_1(t)\rightarrow C_1r_1(t),\quad C_2e_2(t)\rightarrow C_2r_2(t)$$

叠加性

$$e_1(t)+e_2(t)\rightarrow r_1(t)+r_2(t)$$

齐次性和叠加性合并，即线性，可表示为

$$C_1e_1(t)+C_2e_2(t)\rightarrow C_1r_1(t)+C_2r_2(t) \tag{2.2-1}$$

离散系统，设 $x_1(n)\rightarrow y_1(n)$，$x_2(n)\rightarrow y_2(n)$，C_1、C_2 是常数。

线性表示为

$$C_1x_1(n)+C_2x_2(n)\rightarrow C_1y_1(n)+C_2y_2(n) \tag{2.2-2}$$

线性特性可用图 2.2-1 表示。

此外，线性系统的响应可分解为零输入响应和零状态响应，用 $r_{zi}(t)$ $[y_{zi}(n)]$ 和 $r_{zs}(t)$ $[y_{zs}(n)]$ 表示。即

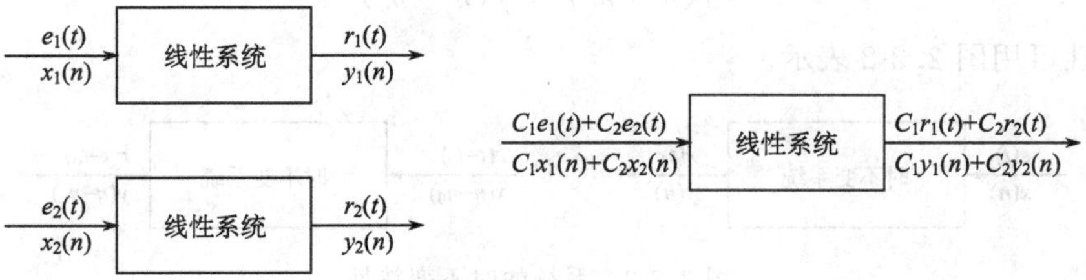

图 2.2-1 线性系统的线性特性

$$\left.\begin{aligned} r(t) &= r_{zi}(t) + r_{zs}(t) \\ y(n) &= y_{zi}(n) + y_{zs}(n) \end{aligned}\right\} \tag{2.2-3}$$

式(2.2-3)称为线性系统的可分解性。

线性系统既要满足零输入线性(zero-input linearity)又要满足零状态线性(zero-state linearity)。

不满足线性特性的系统称为非线性系统。

例 2.2-1 判断下列系统是否线性。

(1) $r(t)=te(t)$； (2) $y(n)=x^2(n)$。

解 (1) 设

$$r_1(t) = T[e_1(t)] = te_1(t), \quad r_2(t) = T[e_2(t)] = te_2(t)$$

令 $e(t)=C_1e_1(t)+C_2e_2(t)$,则 $e(t)$产生的响应 $r(t)$为

$$\begin{aligned} r(t) &= T[e(t)] = te(t) = t[C_1e_1(t) + C_2e_2(t)] = C_1te_1(t) + C_2te_2(t) \\ &= C_1r_1(t) + C_2r_2(t) \end{aligned}$$

所以,该系统是线性的。

(2) 设

$$y_1(n) = T[x_1(n)] = x_1^2(n), \quad y_2(n) = T[x_2(n)] = x_2^2(n)$$

令 $x(n)=C_1x_1(n)+C_2x_2(n)$,则 $x(n)$产生的响应 $y(n)$为

$$\begin{aligned} y(n) &= T[x(n)] = x^2(n) = [C_1x_1(n) + C_2x_2(n)]^2 \\ &= C_1^2x_1^2(n) + 2C_1C_2x_1(n)x_2(n) + C_2^2x_2^2(n) \\ &\neq C_1y_1(n) + C_2y_2(n) \end{aligned}$$

所以,该系统是非线性的。

3. 时变与时不变系统

如果系统的输出仅取决于输入而与输入的时间无关,这样的系统称为时不变系统;否则为时变系统。同样,这里所说的输出完全是由输入所产生的。

时不变系统满足时不变特性,时不变特性指如果输入信号在时间轴上平移则输出信号也作相应的平移。时不变特性可表示为

连续系统:若 $e(t)\to r(t)$,则

$$e(t-t_0) \to r(t-t_0) \tag{2.2-4}$$

离散系统:若 $x(n)\to y(n)$,则

$$x(n-n_0)\to y(n-n_0) \tag{2.2-5}$$

时不变特性可用图 2.2-2 表示。

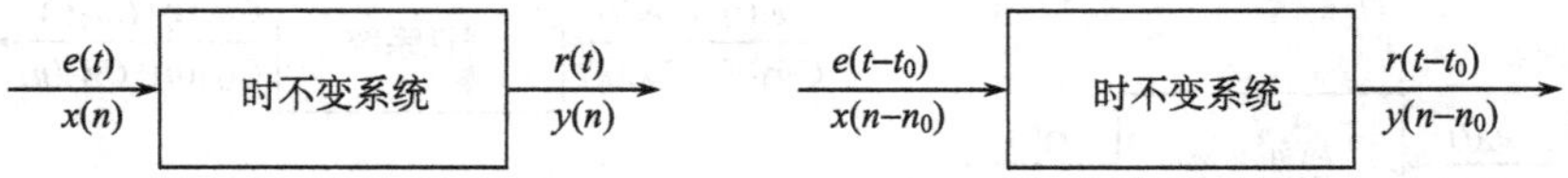

图 2.2-2　系统的时不变特性

例 2.2-2　判断下列系统是时不变系统还是时变系统。

(1) $r(t)=e(1-t)$；　(2) $r(t)=\int_{-\infty}^{t}e(\tau)\mathrm{d}\tau$；　(3) $y(n)=nx(n)$。

解　(1) $r(t)=T[e(t)]=e(1-t)$，有

$$r(t-t_0)=e[1-(t-t_0)]=e(1-t+t_0)$$

令 $e_1(t)=e(t-t_0)$，则

$$r_1(t)=T[e_1(t)]=e_1(1-t)=e(1-t-t_0)\neq r(t-t_0)$$

由于不满足时不变特性，所以该系统是时变系统。

(2) $r(t)=\int_{-\infty}^{t}e(\tau)\mathrm{d}\tau$，则

$$r(t-t_0)=\int_{-\infty}^{t-t_0}e(\tau)\mathrm{d}\tau$$

$$e_1(t)=e(t-t_0)\to r_1(t)=\int_{-\infty}^{t}e_1(\tau)\mathrm{d}\tau=\int_{-\infty}^{t}e(\tau-t_0)\mathrm{d}\tau$$

令 $\tau-t_0=\lambda$，那么

$$r_1(t)=\int_{-\infty}^{t-t_0}e(\lambda)\mathrm{d}\lambda=\int_{-\infty}^{t-t_0}e(\tau)\mathrm{d}\tau=r(t-t_0)$$

故该系统是时不变系统。

(3) $y(n)=T[x(n)]=nx(n)$，有

$$y(n-n_0)=(n-n_0)x(n-n_0)$$

令 $x_1(n)=x(n-n_0)$，则

$$y_1(n)=T[x_1(n)]=nx_1(n)=nx(n-n_0)\neq y(n-n_0)$$

所以该系统是时变系统。

4. 线性时不变系统(linear time-invariant system，LTI)

既满足线性特性又满足时不变特性的系统称为线性时不变系统(简称 LTI 系统)。对于 LTI 连续时间系统，还满足微、积分特性。

微、积分特性是指：输入 $e(t)$产生输出 $r(t)$，当输入是 $e(t)$的导数或积分时，输出则是 $r(t)$的导数或积分，简单表示为

若 $e(t)\to r(t)$，则

$$\left.\begin{aligned}&e'(t)\to r'(t)\\&e''(t)\to r''(t)\\&e^{(-1)}(t)\to r^{(-1)}(t)\\&\cdots\end{aligned}\right\} \tag{2.2-6}$$

微、积分特性可用图 2.2-3 表示。

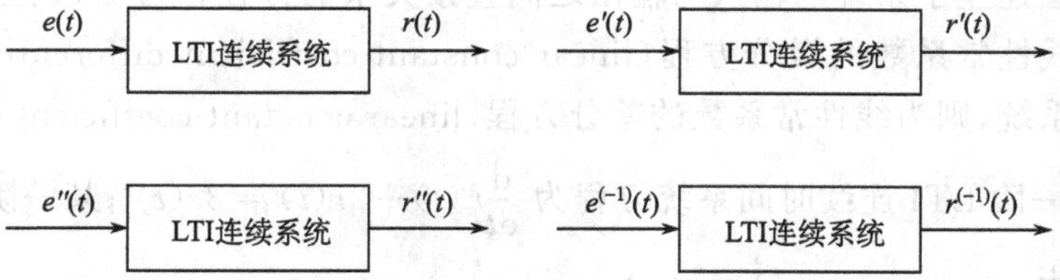

图 2.2-3　LTI 连续系统的微积分特性

5. 因果与非因果系统

如果一个系统在当前任意时刻的输出只与该时刻及以前时刻的输入有关，则该系统是因果系统，否则是非因果系统。因此在一个因果系统中，在没有对系统加输入之前，不可能得到输出。例如 $r(t)=e(t-1)$ 是因果系统；$r(t)=e(t+1)$ 和 $y(n)=x(-n)$ 是非因果系统。

6. 可逆与不可逆系统

一个系统在不同的输入作用下产生不同的输出，称为可逆系统；反之则称为不可逆系统。

对于可逆系统的输出，可通过某个所谓的逆系统(inverse system)，使两者串联之后，逆系统的输出就是原系统的输入。图 2.2-4 是可逆系统和逆系统串联后整个系统的输入输出关系框图。

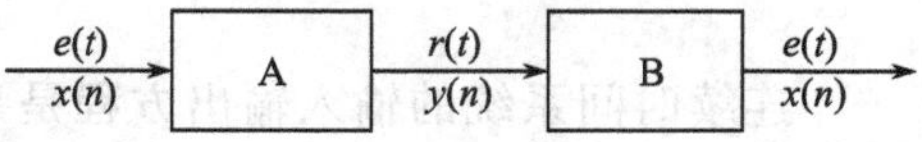

图 2.2-4　可逆系统

例如 $y(n)=x(n-5)$ 是可逆系统，逆系统为 $y(n)=x(n+5)$；又如 $r(t)=\dfrac{\mathrm{d}}{\mathrm{d}t}e(t)$ 是不可逆系统，因为当 $e(t)$ 是不同的直流信号(即不同的常数)时，$r(t)$ 都相等(为零)。

7. 稳定与不稳定系统

如果一个系统对任意有界信号产生的输出也是有界的(其值是有限的)，该系统是稳定的，否则是不稳定的。上述稳定性定义为 BIBO(bounded-input bounded output)系统。

8. 记忆与无记忆系统

如果一个系统的输出在任何时刻只与当时的输入有关，则该系统是无记忆的；反之该系统称为记忆系统，也就是说记忆系统的输出不仅取决于当时的输入，而且还与它过去的状态有关。例如 $r(t)=e(t-1)$、$r(t)=\int_{-\infty}^{t}e(\tau)\mathrm{d}\tau$ 和 $y(n)=\sum\limits_{m=-\infty}^{n}x(m)$ 是记忆系统；又如 $r(t)=e(t)$ 和 $y(n)=nx(n)$ 是无记忆系统。记忆系统通常是动态系统(dynamic system)，无记忆系统通常是即时系统(instantaneous system)。

2.3　系统的分析方法

工程上使用的系统基本上是 LTI 系统，本书主要讲述 LTI 系统的分析。

系统分析是对给定的具体系统，求出对于给定激励的响应。换句话说，系统分析就是建立描述系统特性的数学模型并求出其解。不同的系统可能具有相同的数学方程。

建立系统特性的数学模型的方法有两大类：输入输出法(外部法)和状态变量法(内

部法）。

输入输出法建立了系统的输入与输出之间直接关系的方程。对 LTI 连续时间系统，输入输出方程为线性常系数的微分方程（linear constant-coefficient differential equation），对 LTI 离散时间系统，则为线性常系数的差分方程（linear constant-coefficient difference equation）。例如某一阶 LTI 连续时间系统方程为 $\frac{\mathrm{d}}{\mathrm{d}t}r(t)+2r(t)=3e(t)$；某一阶 LTI 离散时间系统差分方程为 $y(n)-y(n-1)=x(n)$。

状态变量法不仅有输入和输出量，还有系统内部各状态变量，用两组方程描述系统，即状态方程和输出方程。状态方程描述了系统内部的状态变量和激励的关系，是一阶常系数微分（差分）方程组。输出方程描述了输出和内部变量及激励间的关系，是一个代数方程组。

方程的求解有时域中直接求解和变换域中求解两种。时域法直接在时域中研究系统的时域特性，变换域分析法将时域变量转换成另一域中的变量进行分析，连续系统在 s 域中求解，离散系统在 z 域中求解。

上述内容将在后面相关章节中详细叙述。

2.4 LTI 连续时间系统的输入输出方程

连续时间系统的输入输出方程是一个微分方程，不同类型的系统有各自的工作原理并遵循相关的规则。本节中以比较熟悉的机械位移系统和电路来举例说明如何根据实际的物理模型来建立微分方程，本节还介绍算子在微分方程中的应用。

2.4.1 连续时间系统的微分方程建立

例 2.4-1 外力 $f(t)$ 水平作用于质量为 M 的刚体上，刚体的另一端固定在弹簧上，k 是弹簧常数，刚体与地面的摩擦系数为 ρ，刚体的移动速度为 $v(t)$，如图 2.4-1 所示，建立 $f(t)$ 与 $v(t)$ 的数学关系。

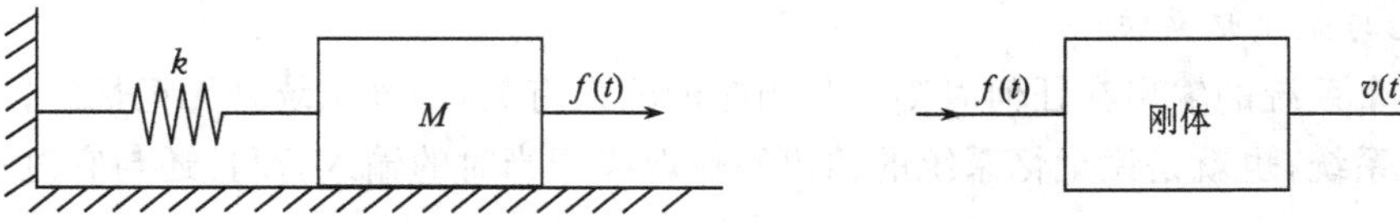

图 2.4-1 刚体的移动

解 此系统的输入是外力 $f(t)$，输出是刚体的移动速度 $v(t)$。

刚体在运动时受到三个力的作用：外力 $f(t)$、弹力的恢复力 $f_k(t)$ 和地面的摩擦力 $f_m(t)$。

弹簧的恢复力 $f_k(t)$ 与拉伸量 $x(t)$ 成正比，由于 $v(t)=\frac{\mathrm{d}}{\mathrm{d}t}x(t)$，所以 $f_k(t)=kx(t)=kv^{(-1)}(t)$；地面的摩擦力 $f_m(t)$ 与刚体的运动速度成正比，即 $f_m(t)=\rho v(t)$。

根据牛顿第二运动定律，即 $\sum f(t)=Ma$，其中 $a=\frac{\mathrm{d}}{\mathrm{d}t}v(t)$ 是加速度，有

$$f(t)-f_k(t)-f_m(t)=Ma$$

即
$$f(t)-kv^{(-1)}(t)-\rho v(t)=M\frac{\mathrm{d}}{\mathrm{d}t}v(t)$$

两边求导，并整理得

$$M\frac{\mathrm{d}^2}{\mathrm{d}t^2}v(t)+\rho\frac{\mathrm{d}}{\mathrm{d}t}v(t)+kv(t)=\frac{\mathrm{d}}{\mathrm{d}t}f(t) \tag{2.4-1}$$

这是个二阶微分方程。

例 2.4-2 图 2.4-2 所示电路，电压源 $u_s(t)$ 是输入，电感 L_2 两端电压 $u_o(t)$ 是输出，建立 $u_s(t)$ 和 $u_o(t)$ 之间的关系。

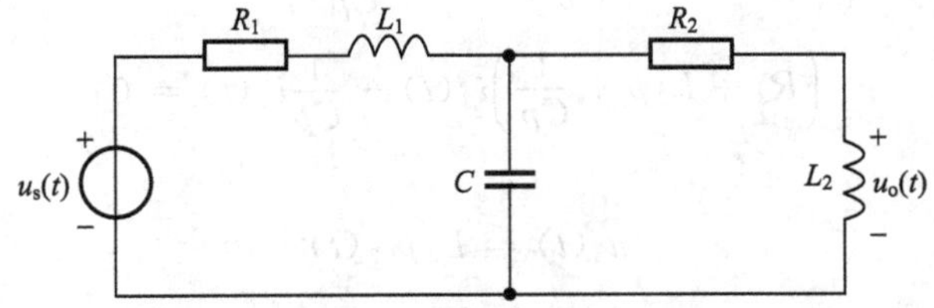

图 2.4-2 例 2.4-2 的电路

解 我们可用算子来求解。把算子代入元件的伏安特性中得到元件在算子中的模型，图 2.4-3(a)的 R、L、C，其 VCR 为

$$u(t)=Ri(t),\quad u(t)=L\frac{\mathrm{d}}{\mathrm{d}t}i(t),\quad u(t)=\frac{1}{C}i^{(-1)}(t)$$

使用微积分算子，得到算子中的 VCR 为

$$u(t)=Ri(t),\quad u(t)=Lpi(t),\quad u(t)=\frac{1}{Cp}i(t)$$

对应的算子中的模型如图 2.4-3(b)所示。

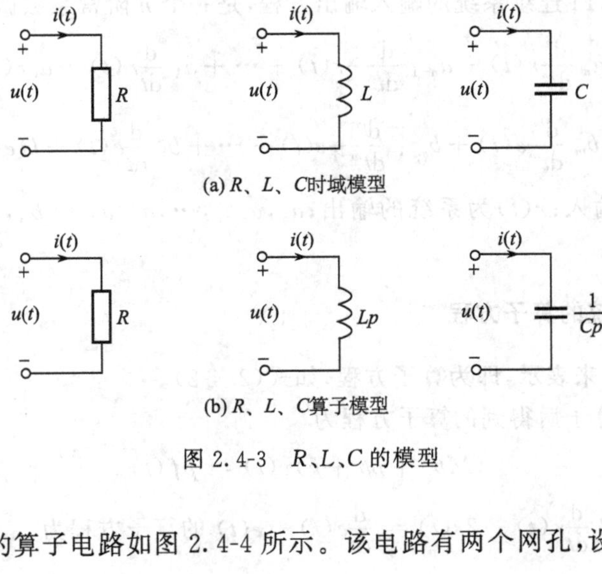

(a) R、L、C时域模型

(b) R、L、C算子模型

图 2.4-3 R、L、C 的模型

因此图 2.4-2 的算子电路如图 2.4-4 所示。该电路有两个网孔，设网孔电流为 $i_1(t)$和 $i_2(t)$。

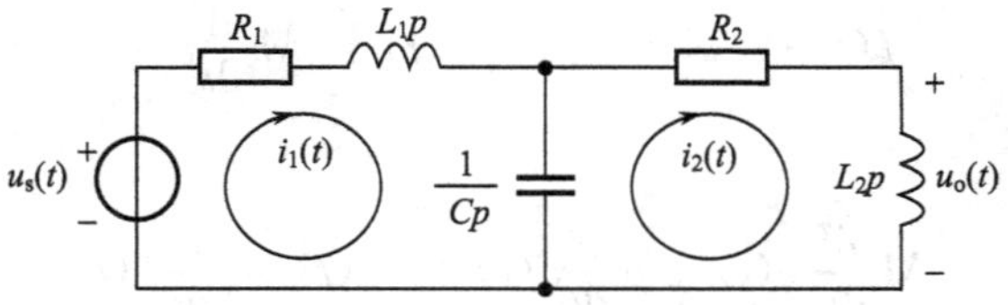

图 2.4-4　图 2.4-2 电路的算子电路

列两个网孔的 KVL 方程有

$$\left(R_1 + L_1 p + \frac{1}{Cp}\right)i_1(t) - \frac{1}{Cp}i_2(t) = u_s(t)$$

$$\left(R_2 + L_2 p + \frac{1}{Cp}\right)i_2(t) - \frac{1}{Cp}i_1(t) = 0$$

输出电压

$$u_o(t) = L_2 p i_2(t)$$

求得

$$L_1 C p^3 u_o(t) + \frac{C}{L_2}(R_1 L_2 + R_2 L_1) p^2 u_o(t) + \frac{1}{L_2}(R_1 R_2 C + L_1 + L_2) p u_o(t) + \frac{1}{L_2}(R_1 + R_2) u_o(t) = p u_s(t) \tag{2.4-2}$$

对应的微分方程为

$$L_1 C \frac{\mathrm{d}^3}{\mathrm{d}t^3}u_o(t) + \frac{C}{L_2}(R_1 L_2 + R_2 L_1)\frac{\mathrm{d}^2}{\mathrm{d}t^2}u_o(t) + \frac{1}{L_2}(R_1 R_2 C + L_1 + L_2)\frac{\mathrm{d}}{\mathrm{d}t}u_o(t) + \frac{1}{L_2}(R_1 + R_2) u_o(t) = \frac{\mathrm{d}}{\mathrm{d}t}u_s(t) \tag{2.4-3}$$

显然这是个三阶微分方程。

一般地，输入输出方程中不出现积分形式。

单输入单输出 LTI 连续系统的输入输出方程，是一个 n 阶常系数微分方程，可表示为

$$a_n \frac{\mathrm{d}^n}{\mathrm{d}t^n}r(t) + a_{n-1}\frac{\mathrm{d}^{n-1}}{\mathrm{d}t^{n-1}}r(t) + \cdots + a_1\frac{\mathrm{d}}{\mathrm{d}t}r(t) + a_0 r(t) = b_m \frac{\mathrm{d}^m}{\mathrm{d}t^m}e(t) + b_{m-1}\frac{\mathrm{d}^{m-1}}{\mathrm{d}t^{m-1}}e(t) + \cdots + b_1\frac{\mathrm{d}}{\mathrm{d}t}e(t) + b_0 e(t) \tag{2.4-4}$$

式中，$e(t)$为系统的输入；$r(t)$为系统的输出；$a_n, a_{n-1}, \cdots, a_1, a_0$ 和 $b_m, b_{m-1}, \cdots, b_1, b_0$ 为实常数。

2.4.2 连续时间系统的算子方程

微分方程用算子来表示，即为算子方程，如式(2.4-2)。

式(2.4-1)引入算子后得到的算子方程为

$$(Mp^2 + \rho p + k)v(t) = pf(t) \tag{2.4-5}$$

微分方程 $\frac{\mathrm{d}^2}{\mathrm{d}t^2}r(t) + 3\frac{\mathrm{d}}{\mathrm{d}t}r(t) + 2r(t) = \frac{\mathrm{d}}{\mathrm{d}t}e(t) + e(t)$ 的算子方程为

$$(p^2 + 3p + 2)r(t) = (p+1)e(t) \tag{2.4-6}$$

式(2.4-4)的算子方程为

$$(a_np^n + a_{n-1}p^{n-1} + \cdots + a_1p + a_0)r(t) = (b_mp^m + b_{m-1}p^{m-1} + \cdots + b_1p + b_0)e(t) \quad (2.4\text{-}7)$$

简写成

$$D(p)r(t) = N(p)e(t) \quad (2.4\text{-}8)$$

式中 $D(p)$ 和 $N(p)$ 均是 p 的正幂次多项式。

2.4.3 连续时间系统的传输算子

式(2.4-8)进一步表示为

$$r(t) = \frac{N(p)}{D(p)}e(t) = H(p)e(t) \quad (2.4\text{-}9)$$

其中

$$H(p) = \frac{N(p)}{D(p)} \quad (2.4\text{-}10)$$

定义 $H(p)$ 为系统的传输算子(transfer operator)。传输算子可以表示系统,也可用它进行系统的模拟和分析。

式(2.4-5)代表的系统的传输算子为 $H(p)=\frac{p}{Mp^2+\rho p+k}$,式(2.4-6)系统的传输算子为 $H(p)=\frac{p+1}{p^2+3p+2}$。

单输入单输出 LTI 连续系统的传输算子为

$$H(p) = \frac{b_mp^m + b_{m-1}p^{m-1} + \cdots + b_1p + b_0}{a_np^n + a_{n-1}p^{n-1} + \cdots + a_1p + a_0} \quad (2.4\text{-}11)$$

例 2.4-3　已知系统的传输算子为 $\frac{2p+2}{p^2+4p+3}$,求系统的微分方程。

解　由于 $H(p)=\frac{2p+2}{p^2+4p+3}=\frac{r(t)}{e(t)}$,所以 $(p^2+4p+3)r(t)=(2p+2)e(t)$,即

$$p^2r(t) + 4pr(t) + 3r(t) = 2pe(t) + 2e(t)$$

得到系统的微分方程为

$$\frac{\mathrm{d}^2}{\mathrm{d}t^2}r(t) + 4\frac{\mathrm{d}}{\mathrm{d}t}r(t) + 3r(t) = 2\frac{\mathrm{d}}{\mathrm{d}t}e(t) + 2e(t)$$

2.5 LTI 离散时间系统的输入输出方程

离散时间系统的输入输出方程是用差分方程表示的,方程的建立与连续时间系统相似。

2.5.1 离散时间系统差分方程的建立

举例来说明离散时间系统差分方程的建立。

例 2.5-1　储户定期每月存入 $x(n)$ 元,月息为 β,第 n 个月底的本息总额为 $y(n)$,建立其差分方程。

解　第 n 个月底本息总额为 $y(n)$,上个月底本息总额为 $y(n-1)$。

$y(n)$ 由三部分组成:上月底总额 $y(n-1)$、$y(n-1)$ 的月息 $\beta y(n-1)$、本月存额 $x(n)$。列得

$$y(n) = y(n-1) + \beta y(n-1) + x(n)$$

整理后，得

$$y(n) - (1+\beta)y(n-1) = x(n), \quad n \geqslant 1 \tag{2.5-1}$$

且 $y(0)=0$。

例 2.5-2 如图 2.5-1 所示的梯形电路，令各节点对地电压为 $v(n)$，其中的 $n=0,1,2,\cdots,N$ 为节点的序号，列出 $v(n)$ 的方程。

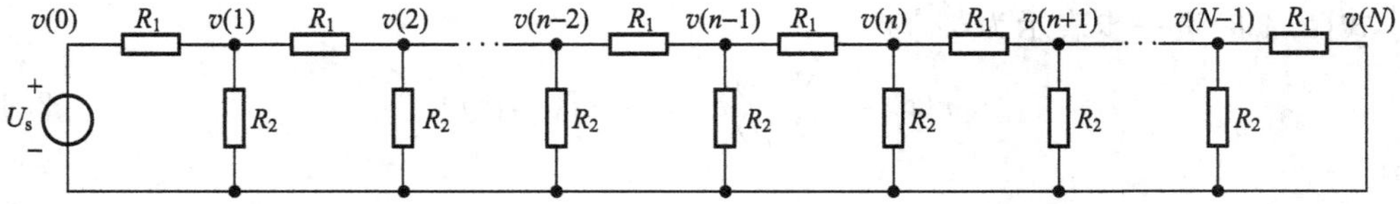

图 2.5-1 梯形电路

解 对第 $n-1$ 个节点列 KCL 方程，有

$$\frac{v(n-2)-v(n-1)}{R_1} = \frac{v(n-1)}{R_2} + \frac{v(n-1)-v(n)}{R_1}$$

整理后，得

$$v(n) - \left(\frac{R_1}{R_2}+2\right)v(n-1) + v(n-2) = 0 \tag{2.5-2}$$

显然有 $v(0)=U_s$，$v(N)=0$。

如对第 $n+1$ 个节点列 KCL 方程，有

$$\frac{v(n)-v(n+1)}{R_1} = \frac{v(n+1)}{R_2} + \frac{v(n+1)-v(n+2)}{R_1}$$

即

$$v(n+2) - \left(\frac{R_1}{R_2}+2\right)v(n+1) + v(n) = 0 \tag{2.5-3}$$

式(2.5-2)和式(2.5-3)是二阶差分方程，但两者是有差异的。式(2.5-2)中，只有 $v(n)$，$v(n-1)$，$v(n-2)$项，变量序号由 n 开始按递减方法排列，称为后向差分方程。式(2.5-3)是前向差分方程，变量序号由 n 开始按递加方法排列。

后向差分方程和前向差分方程是可以互相转换的，转换的方法是变量替换。在式(2.5-2)中，令 $n=m+2$，有 $v(m+2)-\left(\frac{R_1}{R_2}+2\right)V(m+1)+v(m)=0$，再令 $m=n$，即为式(2.5-3)。本书中以后向差分方程为例来叙述差分方程的求解。

单输入单输出 LTI 离散系统的输入输出方程，一般是 N 阶线性常系数差分方程，可表示为

$$\begin{aligned} &a_0 y(n) + a_1 y(n-1) + \cdots + a_{N-1} y(n-N+1) + a_N y(n-N) \\ &= b_0 x(n) + b_1 x(n-1) + \cdots + b_{M-1} x(n-M+1) + b_M x(n-M) \end{aligned} \tag{2.5-4}$$

式中，$x(n)$是激励；$y(n)$是响应；$a_0,\cdots,a_N$ 和 $b_0,\cdots,b_M$ 为实常数。

2.5.2 离散时间系统的算子方程

用离散算子表示差分方程,即为算子方程。

式(2.5-1)的算子方程为$\left[1-(1+\beta)\frac{1}{E}\right]y(n)=x(n)$或$[E-(1+\beta)]y(n)=Ex(n)$。

在 LTI 离散时间系统中,用 $x(n)$表示系统的输入,$y(n)$表示输出,式(2.5-4)的算子方程为

$$\left(a_0+\frac{a_1}{E}+\cdots+\frac{a_{N-1}}{E^{N-1}}+\frac{a_N}{E^N}\right)y(n)=\left(b_0+\frac{b_1}{E}+\cdots+\frac{b_{M-1}}{E^{M-1}}+\frac{b_M}{E^M}\right)x(n)$$

如 $N\geqslant M$,上式化为

$$\begin{aligned}&(a_0E^N+a_1E^{N-1}+\cdots+a_{N-1}E+a_N)y(n)\\=&(b_0E^N+b_1E^{N-1}+\cdots+b_{M-1}E^{N-M+1}+b_ME^{N-M})x(n)\end{aligned}\tag{2.5-5}$$

简写为

$$D(E)y(n)=N(E)x(n)\tag{2.5-6}$$

式中,$D(E)$和 $N(E)$均是 E 的正幂多项式。

2.5.3 离散时间系统的传输算子

式(2.5-6)变形为

$$y(n)=\frac{N(E)}{D(E)}x(n)=H(E)x(n)\tag{2.5-7}$$

式中

$$H(E)=\frac{N(E)}{D(E)}\tag{2.5-8}$$

定义 $H(E)$为离散时间系统的传输算子。

式(2.5-1)的系统,传输算子为

$$H(E)=\frac{E}{E-(1+\beta)}$$

单输入单输出 LTI 离散系统的传输算子为

$$H(E)=\frac{b_0E^N+b_1E^{N-1}+\cdots+b_{M-1}E^{N-M+1}+b_ME^{N-M}}{a_0E^N+a_1E^{N-1}+\cdots+a_{N-1}E+a_N}\tag{2.5-9}$$

例 2.5-3 已知系统的传输算子为 $\frac{E+1}{E^2+2E+2}$,求系统的后向差分方程。

解 由于 $H(E)=\frac{E+1}{E^2+2E+2}=\frac{\frac{1}{E}+\frac{1}{E^2}}{1+\frac{2}{E}+\frac{2}{E^2}}=\frac{y(n)}{x(n)}$,所以

$$\left(1+\frac{2}{E}+\frac{2}{E^2}\right)y(n)=\left(\frac{1}{E}+\frac{1}{E^2}\right)x(n)$$

即

$$y(n)+\frac{2}{E}y(n)+\frac{2}{E^2}y(n)=\frac{1}{E}x(n)+\frac{1}{E^2}x(n)$$

得到系统的后向差分方程为

$$y(n)+2y(n-1)+2y(n-2)=x(n-1)+x(n-2)$$

2.6 LTI系统的模拟

不同类型LTI系统的输入输出方程建立是根据各自的工作原理来进行的，但方程求解的数学过程并不依赖于其描述的物理现象，把数学模型相同的系统称为相似系统（similar system）。由于电系统的分析和测量等比较直观方便，因此运用相似系统的概念，非电系统的分析常用相似的电系统的分析来代替。系统模拟（simulation）是用实验手段建立一个与实际系统有相同方程的电系统，用实验的方法来观察和研究系统参数和激励信号对系统响应的影响。

2.6.1 基本单元

连续时间系统的模拟使用3种基本单元：加法器（summer）、标量乘法器（scalar multiplier）和积分器（integrator）。

离散时间系统模拟图中的基本单元有加法器、标量乘法器和单位延时器（unit delayer）。

1. 加法器

加法器是一个多输入单输出单元，实现输出是输入信号相加的运算。由于加法器输入分正输入和负输入两种，如信号从正输入端输入，则输出是输入的相加；反之若输入从负输入端输入，则实现相减功能。图2.6-1所示为两个输入的加法器的符号。

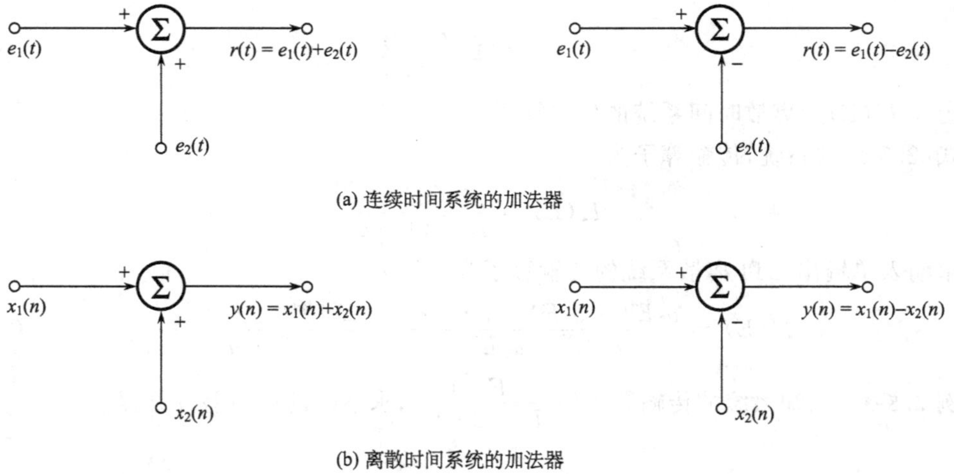

图2.6-1 加法器

在加法器中，正输入端的“＋”号可省掉，而负输入端的“－”号不能去掉。

加法器的输入输出关系为

$$\left.\begin{aligned} r(t) &= e_1(t) \pm e_2(t) \\ y(n) &= x_1(n) \pm x_2(n) \end{aligned}\right\} \tag{2.6-1}$$

2. 标量乘法器

图2.6-2是标量乘法器的符号，输出是输入乘以常数a。如$a=1$，可省略不写。

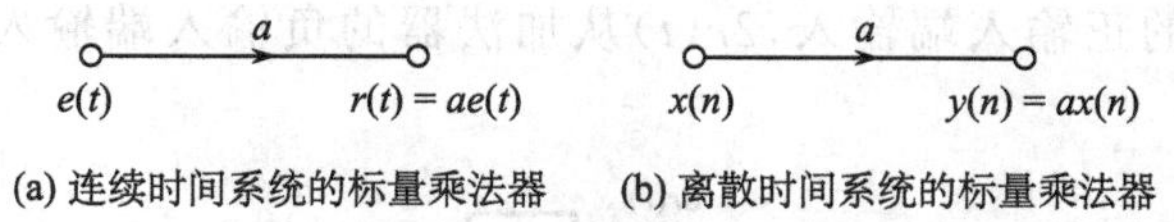

图 2.6-2　标量乘法器

标量乘法器的输入输出关系为

$$\left.\begin{aligned} r(t) &= ae(t) \\ y(n) &= ax(n) \end{aligned}\right\} \tag{2.6-2}$$

注意　标量乘法器中的 a 是实常数,不可以是复数。

3. 积分器

只有连续系统模拟图中才有积分器,积分器实现了输出是输入的积分运算,即

$$r(t) = e^{(-1)}(t) \tag{2.6-3}$$

图 2.6-3 是积分器符号,时域中用 $\int$ 或 $\dfrac{1}{p}$ 表示,在 s 域中用 s^{-1} 表示。积分器是模拟图中的核心,其个数有严格的限制,一般 n 阶微分方程中有 n 个积分器。

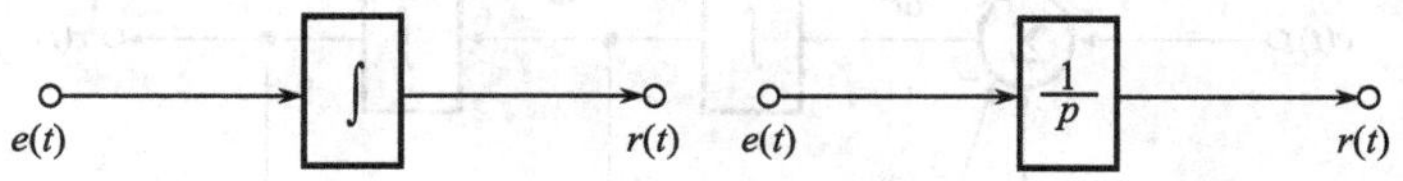

图 2.6-3　积分器

4. 单位延时器

只有离散系统模拟图中才有单位延时器,单位延时器实现将输入信号延时一个单位输出的功能,如图 2.6-4 所示。

图 2.6-4　单位延时器

有时把 $\dfrac{1}{E}$ 写成 D,输入输出关系为

$$y(n) = x(n-1) \tag{2.6-4}$$

单位延时器在时域中用 $\dfrac{1}{E}$ 表示,在 z 域中用 z^{-1} 表示。在离散时间系统模拟图中,单位延时器是核心,一般 N 阶差分方程,其个数为 N 个。

2.6.2　连续时间系统的模拟图

LTI 连续时间系统中,$e(t)$ 是系统的输入,$r(t)$ 是输出。系统的模拟图(mimetic diagram)有多种方法获得,而且不是唯一的,下面通过具体例子来讲述模拟图的绘制方法。

例 2.6-1　系统的方程为 $\dfrac{\mathrm{d}}{\mathrm{d}t}r(t) + 2r(t) = e(t)$,画出模拟图。

解　该系统的微分方程是一阶的,应有一个积分器。$e(t)$ 是系统的输入信号,$r(t)$ 是输出信号,由积分器产生。积分器的输入为 $\dfrac{\mathrm{d}}{\mathrm{d}t}r(t)$,为产生积分器的输入信号,将原方程移项,得 $\dfrac{\mathrm{d}}{\mathrm{d}t}r(t) = e(t) - 2r(t)$,因此 $\dfrac{\mathrm{d}}{\mathrm{d}t}r(t)$ 信号可由加法器产生,加法器的输入是 $e(t)$ 和

$2r(t)$，$e(t)$从加法器的正输入端输入，$2r(t)$从加法器的负输入端输入。模拟图如图 2.6-5 所示。

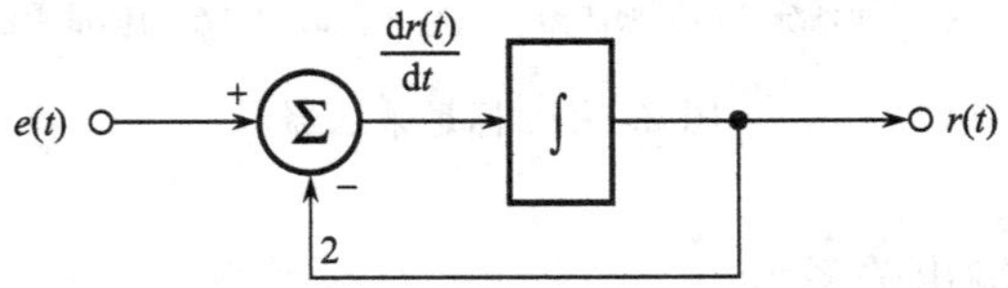

图 2.6-5　例 2.6-1 的模拟图

例 2.6-2　系统方程为 $\frac{d^2}{dt^2}r(t)+3\frac{d}{dt}r(t)+2r(t)=e(t)$，画出模拟图。

解　将原方程移项后，得

$$\frac{d^2}{dt^2}r(t)=e(t)-3\frac{d}{dt}r(t)-2r(t)$$

该系统需二个积分器，一个产生 $\frac{d}{dt}r(t)$，一个产生 $r(t)$，二个积分器级联。模拟图如图 2.6-6 所示。

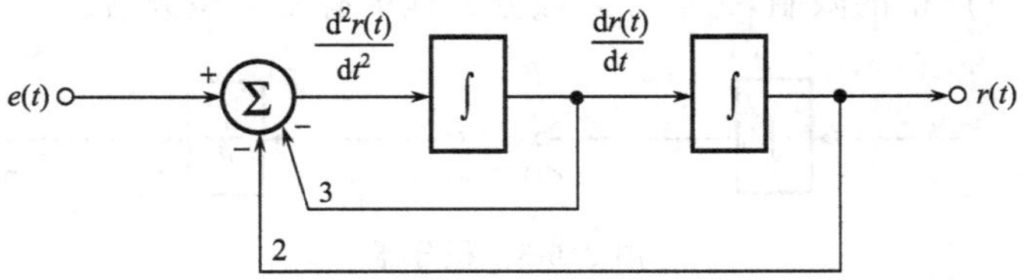

图 2.6-6　例 2.6-2 的模拟图

上面例题中，方程的右边只有 $e(t)$，如果右边除 $e(t)$外，还有别的项，应引入中间变量来实现。

例 2.6-3　已知系统方程为 $\frac{d^2}{dt^2}r(t)+3\frac{d}{dt}r(t)+2r(t)=\frac{d}{dt}e(t)+3e(t)$，画出模拟图。

解　引入中间变量 $w(t)$，将原方程变为两个方程，得

$$\frac{d^2}{dt^2}w(t)+3\frac{d}{dt}w(t)+2w(t)=e(t)$$

$$r(t)=\frac{d}{dt}w(t)+3w(t)$$

将上述二方程代入原方程的左右两边相等即证。原理是：系统的传输算子

$$H(p)=\frac{r(t)}{e(t)}=\frac{N(p)}{D(p)}=\frac{1}{D(p)}\cdot N(p)=H_1(p)\cdot H_2(p)$$

式中，$H_1(p)=\frac{1}{D(p)}=\frac{w(t)}{e(t)}$，$H_2(p)=N(p)=\frac{r(t)}{w(t)}$。

引入中间变量 $w(t)$，将原方程分成两个方程，结果如下：第一个方程右边是 $e(t)$，左边将原方程中的 $r(t)$用 $w(t)$代入，第一个方程实现 $H_1(p)$；第二个方程左边是 $r(t)$，右边将原方程中的 $e(t)$用 $w(t)$代入，第二方程实现 $H_2(p)$。

先绘出第一个方程的模拟图，产生$w(t)$和 $\frac{d}{dt}w(t)$ 信号，再用加法器产生 $r(t)$信号，如图 2.6-7 所示。

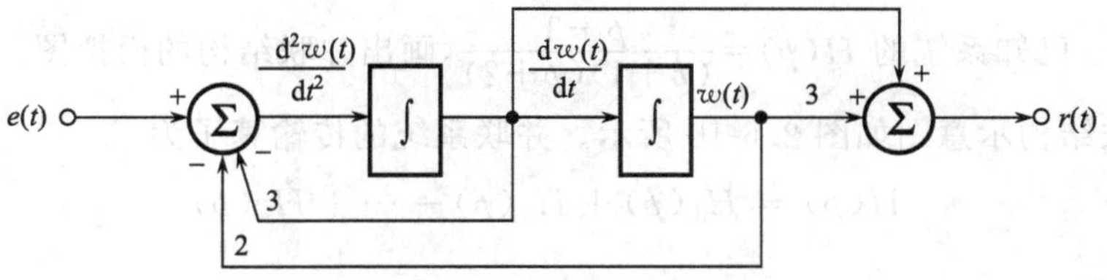

图 2.6-7　例 2.6-3 的模拟图

图 2.6-6 和图 2.6-7 所示的模拟图是直接形式(direct form,卡尔曼形式),模拟图还有级联结构形式(cascade form)和并联结构形式(parallel form)。有时级联结构又称为串联结构。

例 2.6-4　已知系统的传输算子 $H(p)=\frac{p+3}{(p+1)(p+2)}$,画出级联结构的模拟图。

解　所谓的级联结构是将第一个子系统的输出作为第二个子系统的输入,第二个子系统的输出作为第三个子系统的输入,……,依次相连,如图 2.6-8 所示。

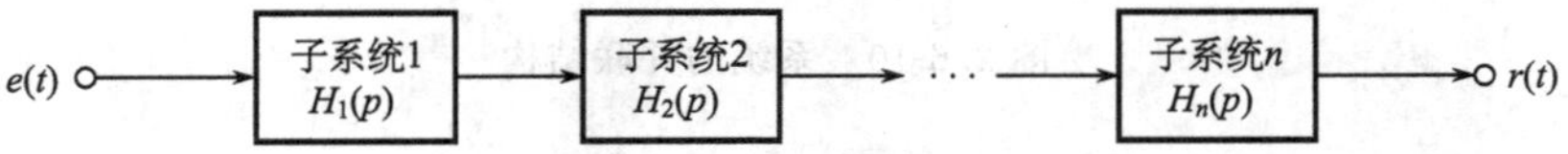

图 2.6-8　系统的级联结构

级联系统的传输算子为

$$H(p)=H_1(p)H_2(p)\cdots H_n(p) \tag{2.6-5}$$

本题中

$$H(p)=\frac{p+3}{(p+1)(p+2)}=\frac{1}{p+1}\cdot\frac{p+3}{p+2}$$

先实现 $H_1(p)=\frac{1}{p+1}$的系统,再实现 $H_2(p)=\frac{p+3}{p+2}$,然后联级即可。

$H_1(p)=\frac{1}{p+1}=\frac{r(t)}{e(t)}$,故微分方程为 $\frac{d}{dt}r(t)+r(t)=e(t)$,模拟图如图 2.6-9(a)所示。

$H_2(p)=\frac{p+3}{p+2}=\frac{r(t)}{e(t)}$,微分方程为 $\frac{d}{dt}r(t)+2r(t)=\frac{d}{dt}e(t)+3e(t)$,对应的模拟图如图 2.6-9(b)所示。

$H(p)$的模拟图如图 2.6-9(c)所示。

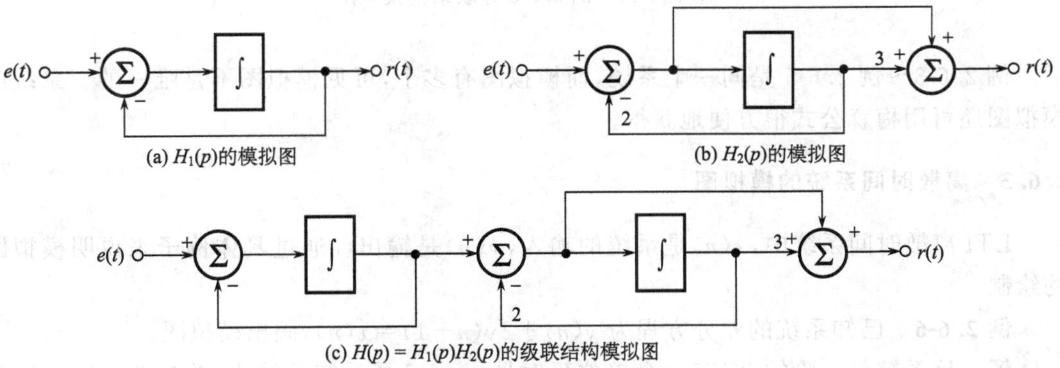

图 2.6-9　例 2.6-4 的模拟图

例 2.6-5 已知系统的 $H(p)=\dfrac{p+3}{(p+1)(p+2)}$，画出并联结构的模拟图。

解 并联结构示意图如图 2.6-10 所示。并联系统的传输算子为

$$H(p) = H_1(p) + H_2(p) + \cdots + H_n(p) \tag{2.6-6}$$

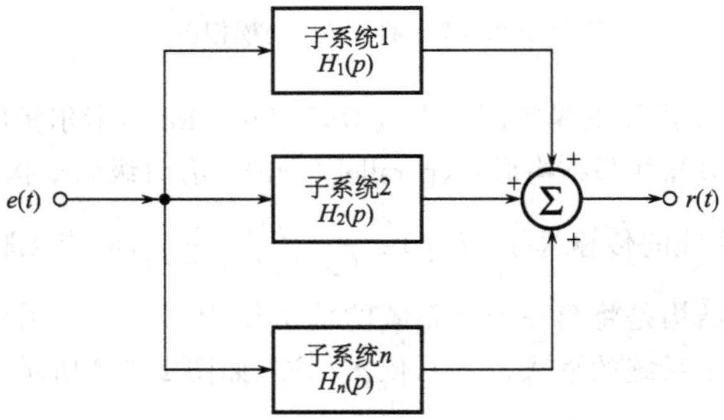

图 2.6-10 系统的并联结构

在画模拟图时，先将 $H(p)$ 用部分分式展开，分别画出各子系统的模拟图，按图 2.6-10 连接得到系统的模拟图。

本题中

$$H(p) = \frac{p+3}{(p+1)(p+2)} = \frac{2}{p+1} + \frac{-1}{p+2}$$

系统的模拟图如图 2.6-11 所示。

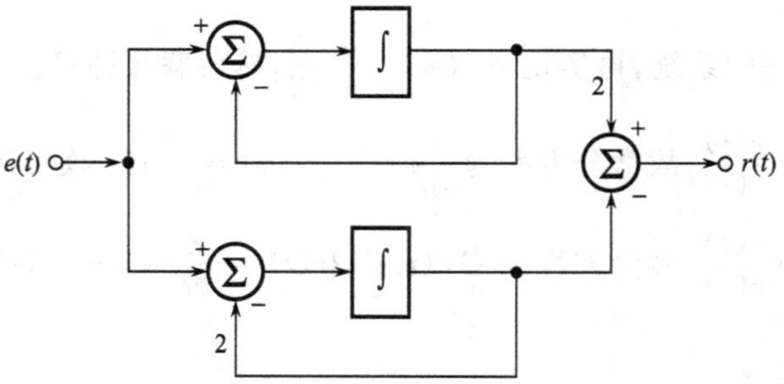

图 2.6-11 例 2.6-5 并联结构模拟图

例 2.6-3～例 2.6-5 是同一个系统，而模拟图有多个，可见模拟图不是唯一的。系统的模拟图还可用梅森公式很方便地获得。

2.6.3 离散时间系统的模拟图

LTI 离散时间系统中，$x(n)$ 是系统的输入，$y(n)$ 是输出。通过具体例子来说明模拟图的绘制。

例 2.6-6 已知系统的差分方程为 $y(n)+2y(n-1)=x(n)$，画出模拟图。

解 该系统是一阶的，应有一个单位延时器。$x(n)$ 是系统的输入，输出为 $y(n)$，信号

$y(n-1)$由单位延时器产生，单位延时器的输入为 $y(n)$信号。将原方程移项后，得 $y(n)=x(n)-2y(n-1)$，$y(n)$信号由加法器产生。系统的模拟图如图 2.6-12 所示。

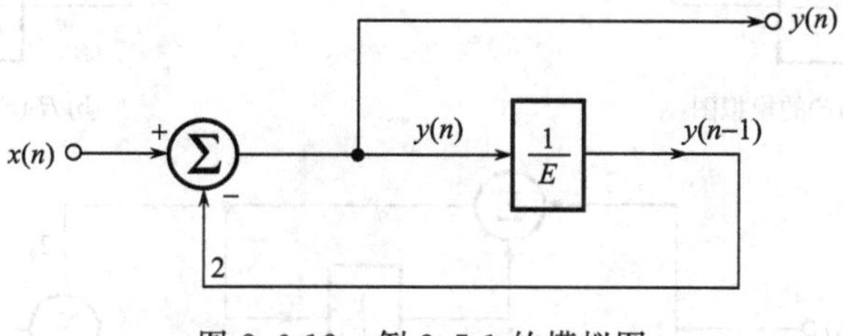

图 2.6-12　例 2.7-1 的模拟图

例 2.6-7　已知系统方程为 $y(n)+3y(n-1)+2y(n-2)=x(n)+3x(n-1)$，画出模拟图。

解　由于方程右边不只 $x(n)$项，与连续时间系统类似，引入中间变量 $w(n)$，将原差分方程变成两个方程，即

$$w(n)+3w(n-1)+2w(n-2)=x(n)$$
$$y(n)=w(n)+3w(n-1)$$

系统的直接形式模拟图如图 2.6-13 所示。

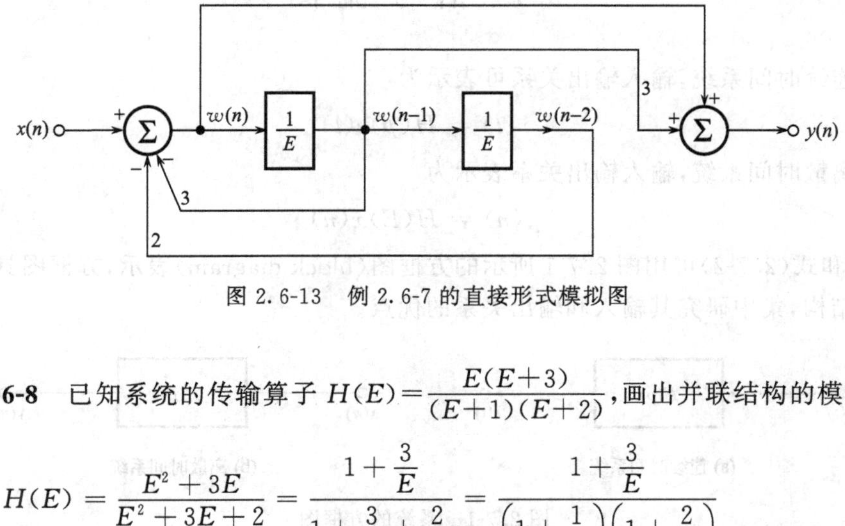

图 2.6-13　例 2.6-7 的直接形式模拟图

例 2.6-8　已知系统的传输算子 $H(E)=\dfrac{E(E+3)}{(E+1)(E+2)}$，画出并联结构的模拟图。

解

$$H(E)=\frac{E^2+3E}{E^2+3E+2}=\frac{1+\dfrac{3}{E}}{1+\dfrac{3}{E}+\dfrac{2}{E^2}}=\frac{1+\dfrac{3}{E}}{\left(1+\dfrac{1}{E}\right)\left(1+\dfrac{2}{E}\right)}$$

$$=\frac{2}{1+\dfrac{1}{E}}+\frac{-1}{1+\dfrac{2}{E}}=H_1(E)+H_2(E)$$

对应 $H_1(E)=\dfrac{2}{1+\dfrac{1}{E}}$模拟图如图 2.6-14(a)所示，对应 $H_2(E)=\dfrac{-1}{1+\dfrac{2}{E}}$模拟图如图(b)所示，系统的模拟图如图(c)所示。

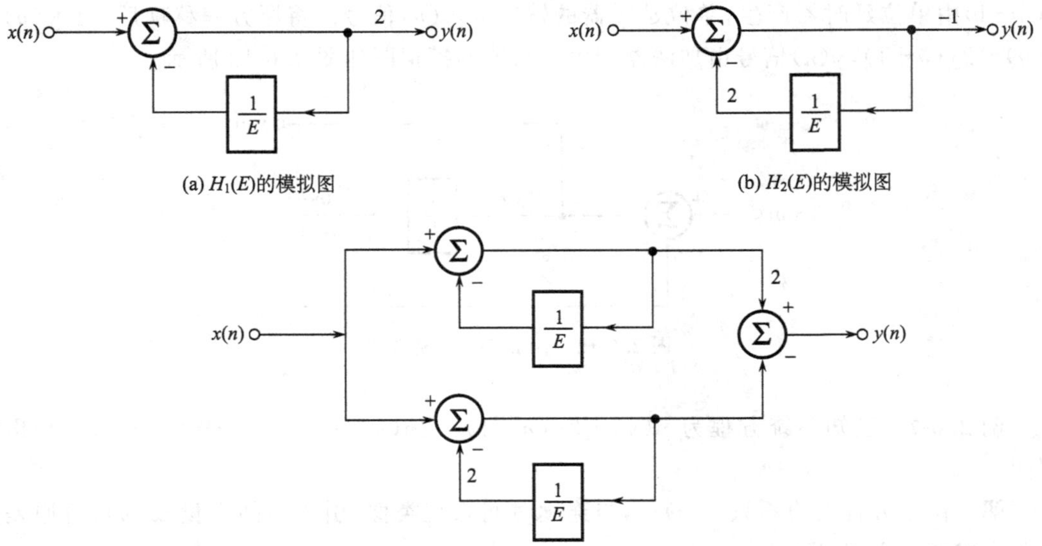

(a) $H_1(E)$的模拟图 (b) $H_2(E)$的模拟图

(c) $H(E)=H_1(E)+H_2(E)$并联结构的模拟图

图 2.6-14　例 2.6-8 的并联结构模拟图

2.7 信号流图

LTI 连续时间系统，输入输出关系可表示为

$$r(t)=H(p)e(t) \tag{2.7-1}$$

LTI 离散时间系统，输入输出关系表示为

$$y(n)=H(E)x(n) \tag{2.7-2}$$

式(2.7-1)和式(2.7-2)可用图 2.7-1 所示的方框图(block diagram)表示，方框图具有避开系统的具体结构，集中研究其输入和输出关系的优点。

(a) 连续时间系统 (b) 离散时间系统

图 2.7-1　系统的方框图

信号流图(signal-flow graph，SFG)是由节点和有向支路构成的能表征系统功能与信号流向的图，是方框图的一种简单表示，图 2.7-1 所示的方框图可用图 2.7-2 的信号流图表示。

(a) 连续时间系统 (b) 离散时间系统

图 2.7-2　系统的信号流图

图 2.7-2 中，起点标为 $e(t)$[或 $x(n)$]，终点标为 $r(t)$[或 $y(n)$]，这种点称为节点。线段表示了信号传输的路径，称为支路。信号的传输方向用箭头表示，传输函数标在线段的上方，每个支路相当于乘法器。

2.7.1　信号流图的术语

1. 节点(node)

节点是表示系统中的变量或信号的点。有源点(source node)、阱点(sink node)和混合节点(mixed node)之分。源点是只有输出支路的节点，对应的是输入信号。阱点是只有输入支路的节点，对应的是输出信号。混合节点既有输入支路又有输出支路，加法器就是用混合节点来表示的，如图 2.7-3 所示，混合节点中的变量表示加法器的输出量，而且所有的输出量都相等。

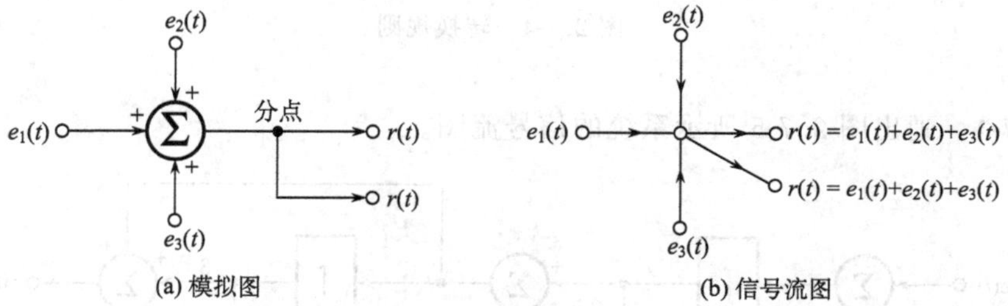

图 2.7-3　加法器在信号流图中的表示

2. 支路(branch)

支路是连接两个节点间的有向线段，方向代表信号的传输方向。

3. 转移函数(transfer function)

两节点间的增益称为转移函数，如图 2.7-2 中的转移函数为 $H(p)$和 $H(E)$。

4. 通路(path)

通路是沿支路箭头方向通过各相连支路的途径，在通路中不允许有反向支路存在。

5. 闭合通路(closed path)

如果通路的终点就是通路的起点，并且与任何其他节点相交不多于一次，则称为闭合通路，又称为环路。

6. 环路增益(loop gain)

环路增益是环路中各支路转移函数的乘积。

7. 前向通路(forward path)

前向通路是从源点到阱点方向的通路上，通过任何节点不多于一次的全部路径。

8. 前向通路增益

前向通路增益是前向通道中各支路转移函数的乘积。

2.7.2　信号流图的绘制

信号流图可从模拟图转化而来，也可由梅森公式直接获得。

模拟图和信号流图都可以表示系统，两者可相互转化，转换时应遵守以下规则：

(1) 转换时,信号的流向及正负号不能改变。

(2) 模拟图中的加法器用混合节点表示,如图 2.7-3 所示。

(3) 模拟图中的先分点后和点的地方,在信号流图中增加一条传输函数为 1 的支路如图 2.7-4 所示。

转换是否正确,只要用下一节的梅森公式求出模拟图和信号流图的传输函数(传输算子)进行比较,如完全相同则正确。

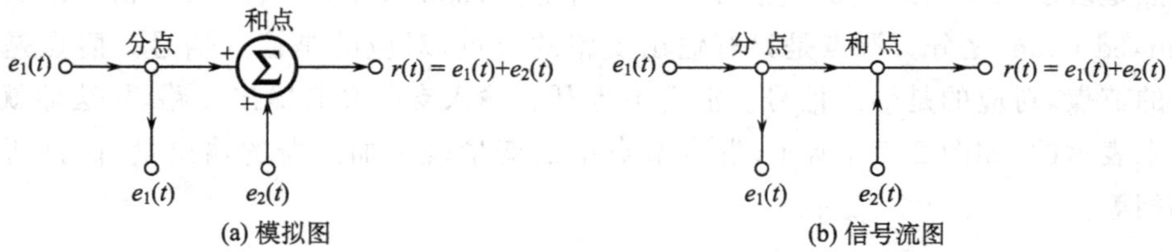

图 2.7-4 转换规则

例 2.7-1 画出图 2.7-5 所示系统的信号流图。

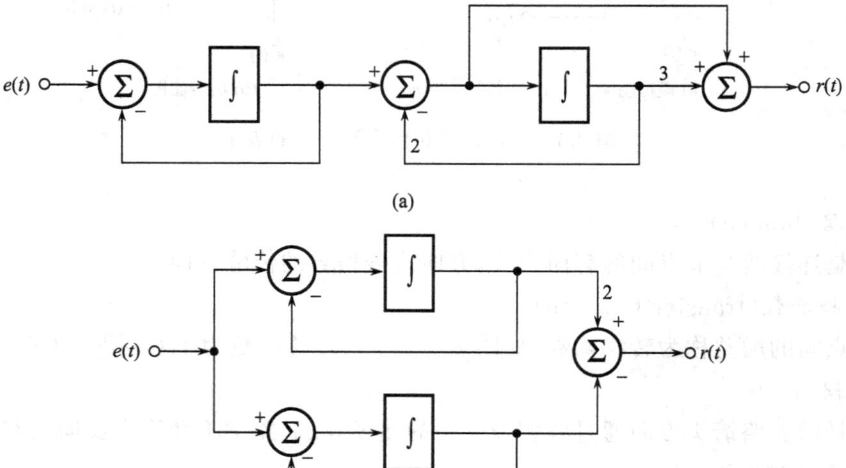

图 2.7-5 例 2.7-1 的模拟图

解 图 2.7-5(a)、(b)的信号流图对应图 2.7-6(a)、(b)。

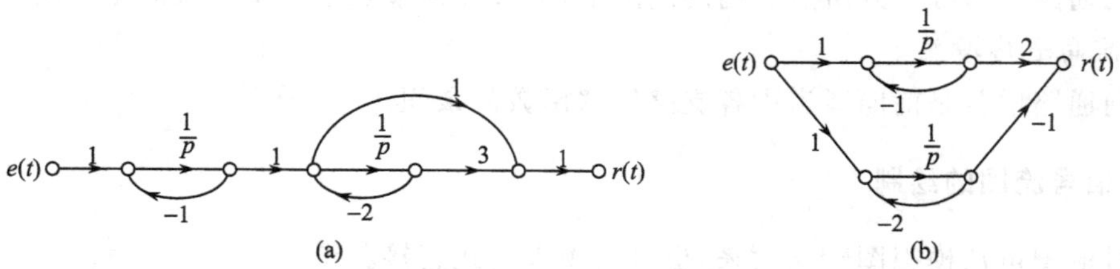

图 2.7-6 例 2.7-1 的信号流图

例 2.7-2 画出图 2.7-7 所示系统的信号流图。

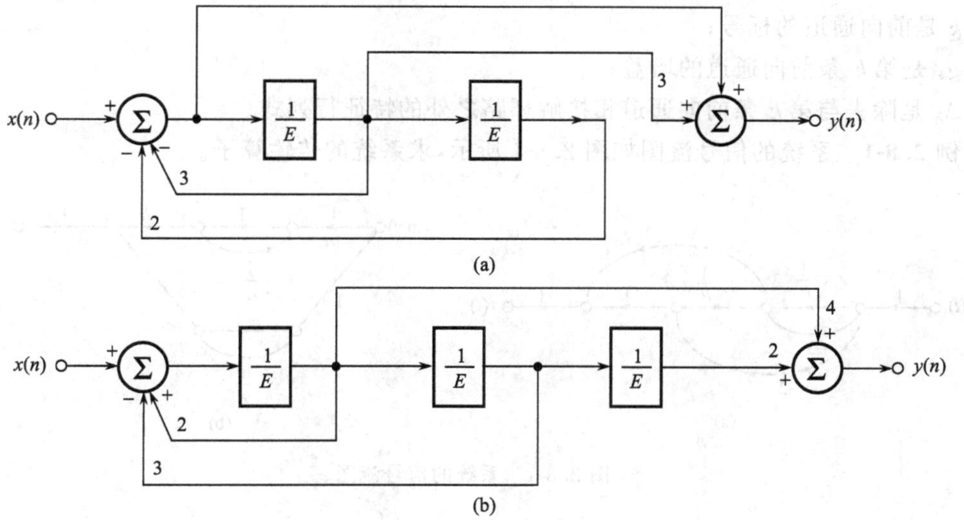

图 2.7-7 例 2.7-2 的模拟图

解 图 2.7-7(a)、(b)的信号流图对应图 2.7-8(a)、(b)。

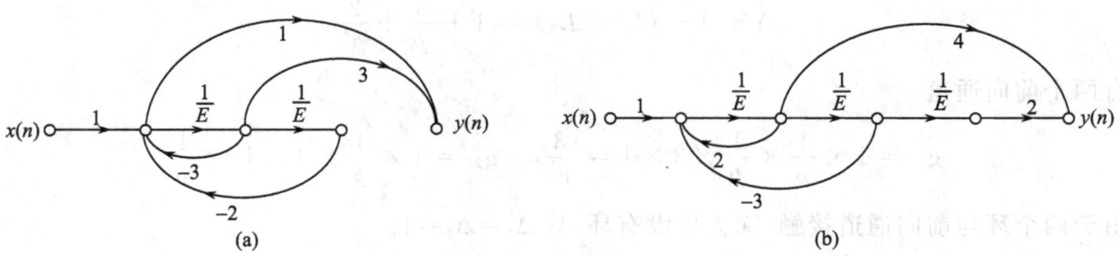

图 2.7-8 例 2.7-2 的信号流图

2.8 梅 森 公 式

在模拟图和信号流图中，可利用梅森公式(Mason formula)求出传输算子；同时使用梅森公式可方便地画出系统的模拟图和信号流图。

梅森公式为

$$H = \frac{\sum_k g_k \Delta_k}{\Delta} \tag{2.8-1}$$

式中，Δ 称为信号流图的特征行列式(characteristic determinant)，由下式计算：

$$\begin{aligned}\Delta = 1 &- (\text{所有不同环路的增益之和}) \\ &+ (\text{每两个互不接触环路增益乘积之和}) \\ &- (\text{每三个互不接触环路增益乘积之和}) \\ &+ \cdots\end{aligned}$$

$$= 1 - \sum_a L_a + \sum_{b,c} L_b L_c - \sum_{d,e,f} L_d L_e L_f + \cdots$$

k 是前向通道的标号；

g_k 是第 k 条前向通道的增益；

Δ_k 是除去与第 k 条前向通道相接触环路之外的特征行列式。

例 2.8-1 系统的信号流图如图 2.8-1 所示，求系统的传输算子。

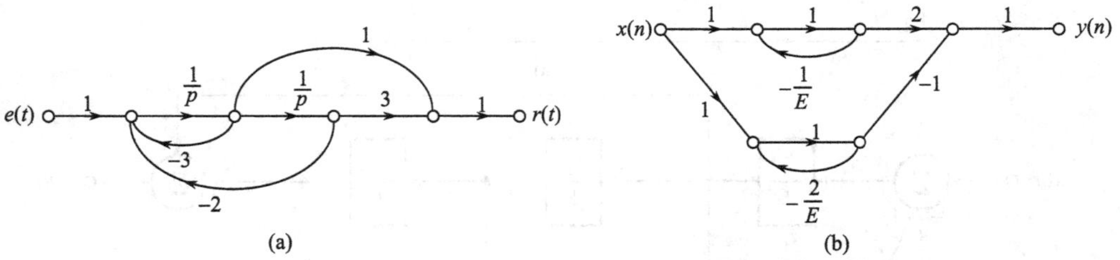

图 2.8-1 系统的信号流图

解 (1)在图 2.8-1(a)中，有两个接触环路，环路的增益为 $L_1 = -\frac{3}{p}$，$L_2 = -\frac{2}{p^2}$。

求得特征行列式 Δ 为

$$\Delta = 1 - (L_1 + L_2) = 1 + \frac{3}{p} + \frac{2}{p^2}$$

有两个前向通道

$$g_1 = 1 \times \frac{1}{p} \times \frac{1}{p} \times 3 \times 1 = \frac{3}{p^2}, \quad g_2 = 1 \times \frac{1}{p} \times 1 \times 1 = \frac{1}{p}$$

由于两个环与前向通道接触，除去后没有环，故 $\Delta_1 = \Delta_2 = 1$。

用梅森公式求得传输算子为

$$H(p) = \frac{\sum_{k=1}^{2} g_k \Delta_k}{\Delta} = \frac{\frac{3}{p^2} + \frac{1}{p}}{1 + \frac{3}{p} + \frac{2}{p^2}} = \frac{p+3}{p^2 + 3p + 2}$$

(2)在图 2.8-1(b)中，有两个互不接触的环，$L_1 = -\frac{1}{E}$，$L_2 = -\frac{2}{E}$。所以

$$\Delta = 1 - (L_1 + L_2) + L_1 L_2 = 1 + \frac{1}{E} + \frac{2}{E} + \frac{2}{E^2} = 1 + \frac{3}{E} + \frac{2}{E^2}$$

有两个前向通道

$$g_1 = 1 \times 1 \times 2 \times 1 = 2, g_2 = 1 \times 1 \times (-1) \times 1 = -1$$

g_1 与环路 1 接触，除去后只留下环路 2；g_2 与环路 2 接触，除去后只留下环路 1。故

$$\Delta_1 = 1 - L_2 = 1 + \frac{2}{E}, \quad \Delta_2 = 1 - L_1 = 1 + \frac{1}{E}$$

所以

$$H(E)=\frac{\sum_{k=1}^{2}g_k\Delta k}{\Delta}=\frac{2\left(1+\frac{2}{E}\right)-1\times\left(1+\frac{1}{E}\right)}{1+\frac{3}{E}+\frac{2}{E^2}}=\frac{1+\frac{3}{E}}{1+\frac{3}{E}+\frac{2}{E^2}}=\frac{E^2+3E}{E^2+3E+2}$$

梅森公式的另一个重要用途是根据传输算子来画出信号流图或模拟图。

例 2.8-2 已知系统的传输算子 $H(p)=\frac{p+3}{p^2+2p+4}$，画出直接形式的信号流图。

解 根据梅森公式，分母 Δ 中有 1 出现，所以 $H(p)$ 的分子分母同除 p^2，得

$$H(p)=\frac{\frac{1}{p}+\frac{3}{p^2}}{1+\frac{2}{p}+\frac{4}{p^2}}$$

在 Δ 中最简单的取前二阶即 $\Delta=1-\sum_a L_a$，这要求信号流图中所有环互相接触，本题分母变为 $1-\left(-\frac{2}{p}-\frac{4}{p^2}\right)$ 即 $L_1=-\frac{2}{p}$，$L_2=-\frac{4}{p^2}$，两个环互相套住，可用图 2.8-2(a)或(b)实现。

分子中二部分相加，取二个前向通道 g_1 和 g_2，Δ_1 和 Δ_2 理想为 1，这要求两个环与二个前向通道都接触，最后得到系统的信号流图，如图 2.8-2(c)或(d)所示。

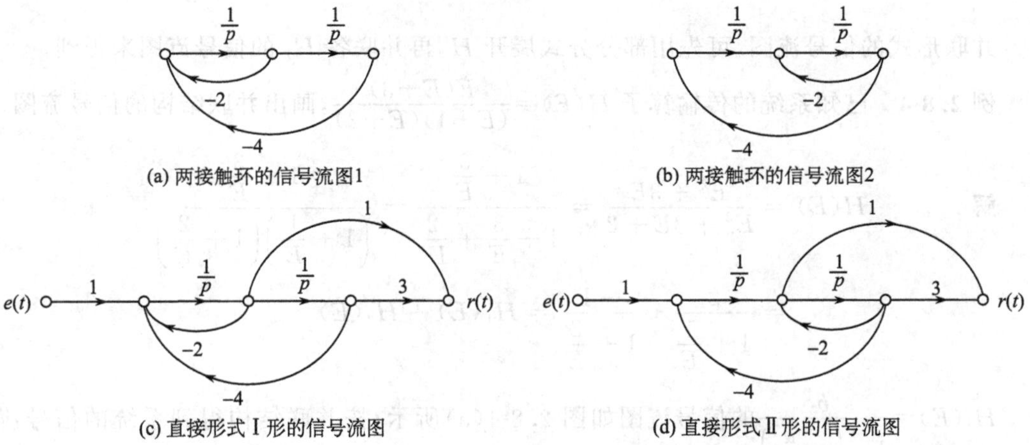

图 2.8-2 直接形式的信号流图

例 2.8-3 已知系统的 $H(E)=\frac{E+2}{E^2+5E+4}$，画出级联形式的信号流图。

解 据前所知，要实现级联，则

$$H(E)=H_1(E)H_2(E)\cdots H_n(E)$$

本题中

$$H(E)=\frac{E+2}{(E+1)(E+4)}=\frac{1}{E+1}\cdot\frac{E+2}{E+4}$$

直接形式实现 $H_1(E)=\frac{1}{E+1}=\frac{\frac{1}{E}}{1-\left(-\frac{1}{E}\right)}$ 的信号流图如图 2.8-3(a)所示，直接形式实现

$H_2(E)=\dfrac{E+2}{E+4}=\dfrac{1+\dfrac{2}{E}}{1-\left(-\dfrac{4}{E}\right)}$的信号流图如图 2.8-3(b)所示，将图(a)与图(b)级联，得到系统的信号流图如图(c)所示。

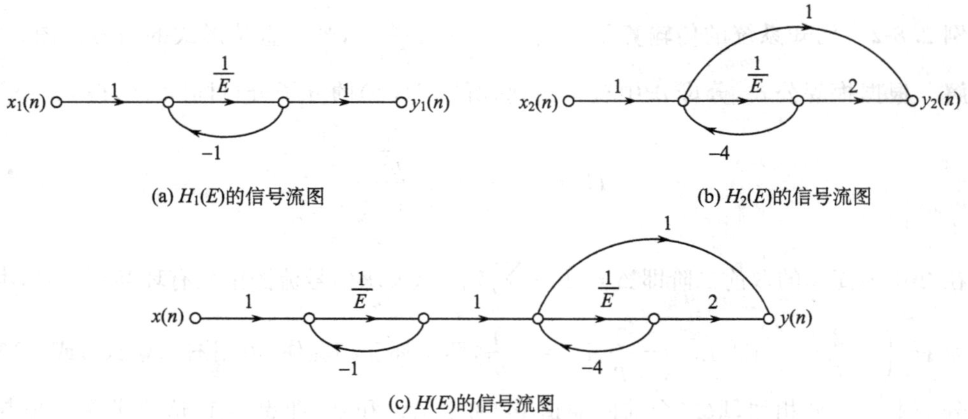

图 2.8-3　级联形式的信号流图

并联形式的信号流图，可先用部分分式展开 H，再并联各 H_i 的信号流图来得到。

例 2.8-4　已知系统的传输算子 $H(E)=\dfrac{E(E+3)}{(E+1)(E+2)}$，画出并联结构的信号流图。

解

$$H(E)=\frac{E^2+3E}{E^2+3E+2}=\frac{1+\dfrac{3}{E}}{1+\dfrac{3}{E}+\dfrac{2}{E^2}}=\frac{1+\dfrac{3}{E}}{\left(1+\dfrac{1}{E}\right)\left(1+\dfrac{2}{E}\right)}$$

$$=\frac{2}{1+\dfrac{1}{E}}+\frac{-1}{1+\dfrac{2}{E}}=H_1(E)+H_2(E)$$

$H_i(E)=\dfrac{b}{1-\left(-\dfrac{a}{E}\right)}$的信号流图如图 2.8-4(a)所示，按并联结构得到系统的信号流图如图(b)所示。

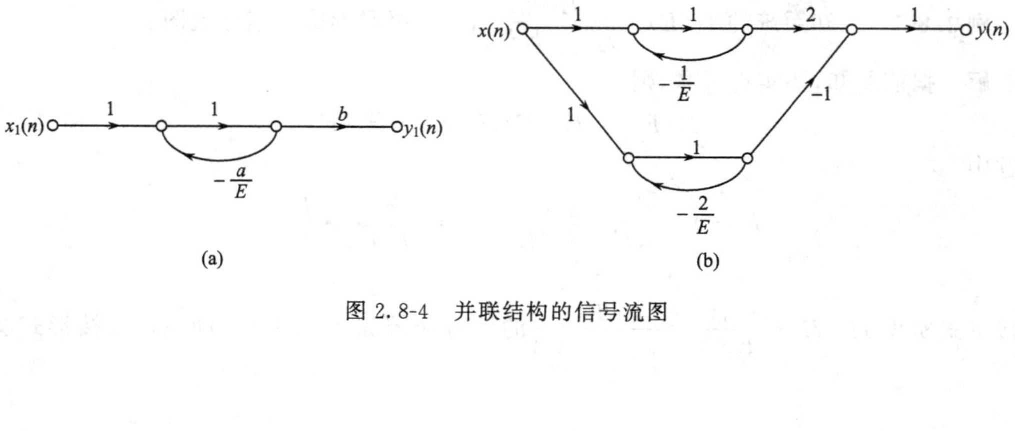

图 2.8-4　并联结构的信号流图

习 题 二

2-1 判断下列系统是否为线性的、时不变的和因果的？

(1) $r(t)=e'(t)$； (2) $r(t)=e(t+2)$； (3) $r(t)=e(2-t)$；

(4) $r(t)=e(2t)+2$； (5) $r(t)=e^2(t)$； (6) $r(t)=\int_{-\infty}^{t} e(\tau-1)\mathrm{d}\tau$；

(7) $r(t)=\int_{t}^{\infty} e(2\tau)\mathrm{d}\tau$； (8) $r(t)=\int_{-\infty}^{2t} e(\tau)\mathrm{d}\tau$； (9) $r(t)=\sum_{m=-\infty}^{\infty} e(t)\delta(t-m)$。

2-2 判断下列系统是否为线性的、时不变的和因果的？

(1) $y(n)=2x(n)$； (2) $y(n)=x(2n)$； (3) $y(n)=2x(n)+1$；

(4) $y(n)=x(2n+1)$； (5) $y(n)=x(2-n)$； (6) $y(n)=x(n+1)+x(1-n)$；

(7) $y(n)=nx(n)$； (8) $y(n)=x^2(n)$； (9) $y(n)=\cos\left(\frac{\pi}{7}n+\frac{\pi}{6}\right)x(n)$。

2-3 判断下列系统是否为线性的、时不变的和因果的？

(1) $y(n)=\sum_{m=-\infty}^{n} x(m)$； (2) $y(n)=\sum_{m=n}^{\infty} x(m)$； (3) $y(n)=\sum_{m=-n}^{\infty} x(m)$；

(4) $y(n)=\sum_{m=n-2}^{n+2} x(m)$； (5) $y(n)=\sum_{m=-\infty}^{n} 2^{m-n}x(m+1)$； (6) $y(n)=\mathrm{e}^{x(n)}$；

(7) $y(n)=\begin{cases} x(n), & n\geqslant 1 \\ 0, & n=0 \\ x(n+1), & n\leqslant -1 \end{cases}$。

2-4 判断下列系统是否为线性的、时不变的？

(1) $\frac{\mathrm{d}}{\mathrm{d}t}r(t)+2r(t)=\frac{\mathrm{d}}{\mathrm{d}t}e(t)+e(t)$； (2) $\frac{\mathrm{d}}{\mathrm{d}t}r(t)+tr(t)=e(t)$；

(3) $\frac{\mathrm{d}}{\mathrm{d}t}r(t)+r^2(t)=\frac{\mathrm{d}}{\mathrm{d}t}e(t)$； (4) $\frac{\mathrm{d}}{\mathrm{d}t}r(t)+2r(t)=e(t)+2$；

(5) $y(n)+2y(n-1)=x(n)-x(n-1)$； (6) $y(n)+2y(n-1)=nx(n)$；

(7) $y(n)+ny(n-1)=nx(n)$。

2-5 已知题 2-5 图用 T 表示的系统是因果时不变的，当系统的输入 $x_1(n)$、$x_2(n)$ 和 $x_3(n)$ 时，系统的输出为 $y_1(n)$、$y_2(n)$ 和 $y_3(n)$。该系统是否为线性的？

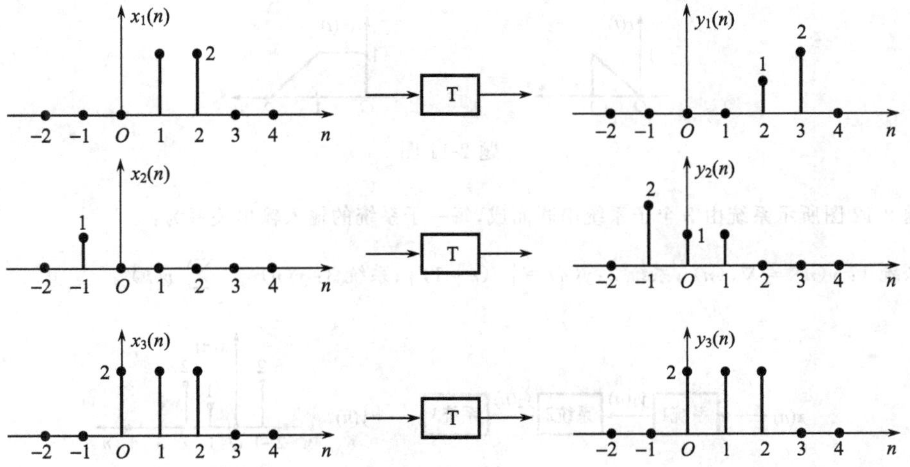

题 2-5 图

2-6 判断下列系统是否为可逆系统。若可逆，找出其逆系统。

(1) $r(t)=2e(t-3)$；　(2) $r(t)=2\frac{\mathrm{d}}{\mathrm{d}t}e(t)$；　(3) $r(t)=e^{(-1)}(t)$；

(4) $y(n)=x(2n)$；　(5) $y(n)=x(n-2)$；　(6) $y(n)=\sum\limits_{k=-\infty}^{n}x(k)$。

2-7 已知LTI连续时间因果系统，当输入为$2\delta(t)$时系统的响应为$\delta(t)+u(t)$。求：

(1) 输入为$u(t)$时系统的响应；

(2) 输入为$4\delta(t)-u(t-2)$时系统的响应。

2-8 已知LTI离散时间系统，当输入为$u(n)$时系统的零状态响应为$\left(\frac{1}{2}\right)^n u(n)$。求：

(1) 输入为$R_3(n)$时系统的零状态响应；

(2) 输入为$\delta(n)$时系统的零状态响应。

2-9 线性系统，输入$e(t)=u(t-t_0)$的输出$r(t)=u(t-t_0)-u(t-3t_0)$。

(1) 判断该系统的时不变性和因果性；

(2) 计算输入$e_1(t)=u(t-1)-2u(t-2)$的输出$r_1(t)$。

2-10 题2-10图所示系统由3个子系统串联而成，每一子系统的输入输出关系为：

系统1：$r(t)=\frac{\mathrm{d}}{\mathrm{d}t}e(t)$；系统2：$r(t)=e(t+1)$；系统3：$r(t)=\int_{-\infty}^{t}e(\tau)\mathrm{d}\tau$。

(1) 求整个系统的输入输出关系；

(2) 该系统是否线性、可逆，若可逆找出其逆系统；

(3) 输入$e(t)$如题2-10图所示，画出$r_1(t)$、$r_2(t)$和$r(t)$的波形。

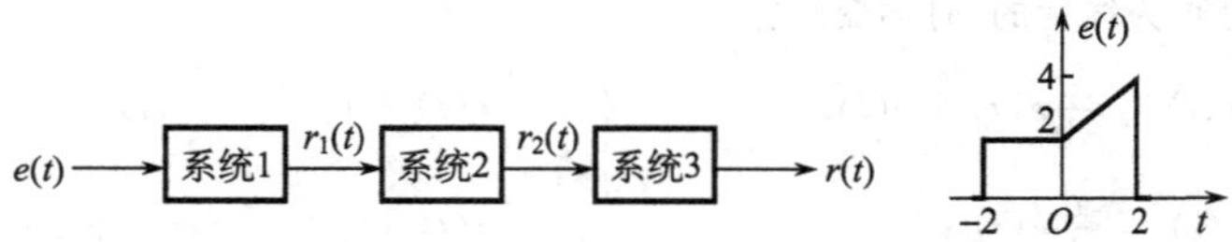

题2-10图

2-11 连续LTI因果系统，激励$e(t)=u(t)$作用下的响应$r(t)$如题2-11图所示。

(1) 求$e_1(t)=e(2t)$时的响应$r_1(t)$；

(2) $e_2(t)$的波形如题2-11图所示，求响应$r_2(t)$。

题2-11图

2-12 题2-12图所示系统由3个子系统串联而成，每一子系统的输入输出关系为：

系统1：$y(n)=\nabla x(n)$；系统2：$y(n)=|x(n-1)|$；系统3：$y(n)=\sum\limits_{k=-\infty}^{n}x(k)$。

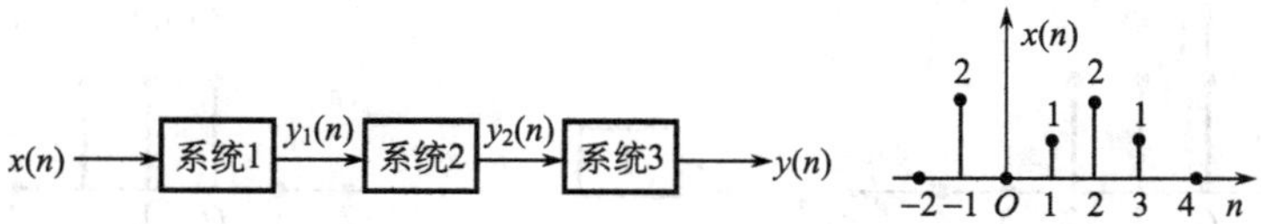

题2-12图

(1) 求整个系统的输入输出关系；

(2) 该系统是否线性、可逆，若可逆找出其逆系统；

(3) 输入 $x(n)$如题 2-12 图所示，画出 $y_1(n)$、$y_2(n)$和 $y(n)$的波形。

2-13　已知 LTI 线性因果系统，当系统的输入 $x_1(n)$，系统的输出为 $y_1(n)$，如题 2-13 图所示，画出系统的输入为 $x_2(n)$时系统的输出 $y_2(n)$。

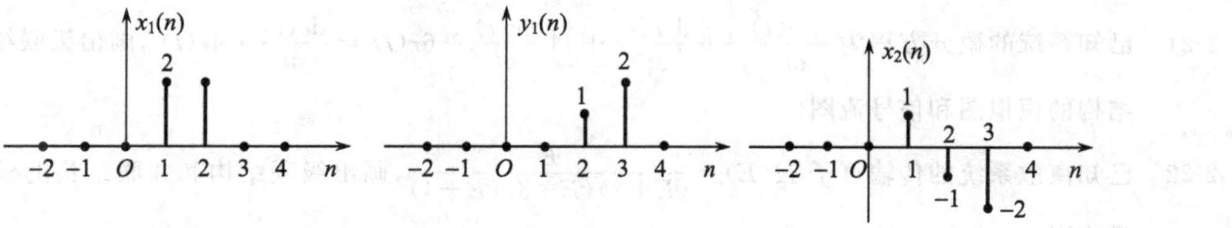

题 2-13 图

2-14　题 2-14 图所示系统，两物体质量为 M_1 和 M_2，两物体间用弹簧相连，弹簧的弹簧常数为 k，物体与地面的摩擦系数为 ρ，外力 $f(t)$施加于物体 1 上，以物体 2 的运动速度 $v(t)$作为输出，建立 $f(t)$和 $v(t)$的微分方程。

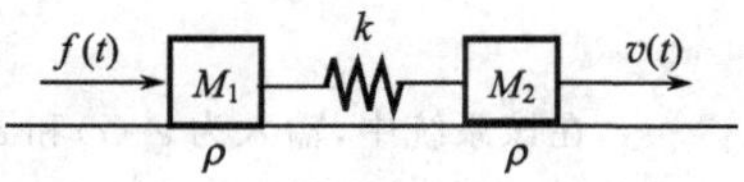

题 2-14 图

2-15　列出题 2-15 图所示电路中电压 $u_o(t)$ 的微分方程。

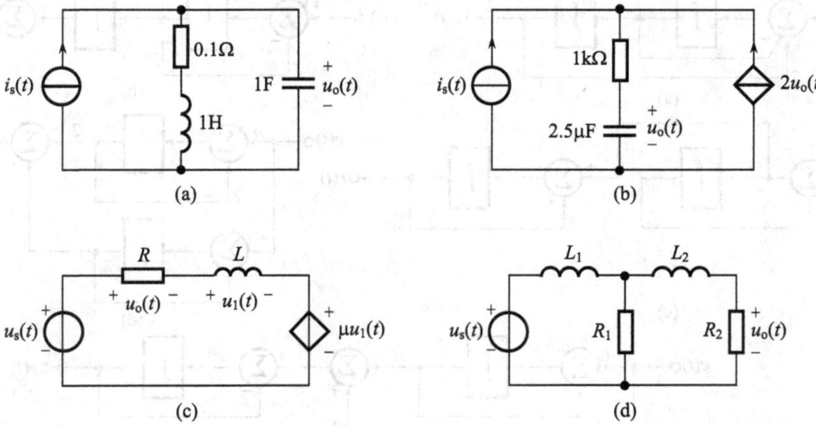

题 2-15 图

2-16　某人向银行贷款 10 万元，贷款月利率 5‰，从次月起每月向银行还款 1000 元，以第 n 个月末欠款 $y(n)$列出差分方程。

2-17　银行向个人开放的零存零取业务，规定每月存入 50 元，月利率 5‰，利息以复利计，不足一个月不计，连存 5 年。以第 n 个月末账上金额 $y(n)$建立差分方程。

2-18　写出下列方程的算子方程并求出传输算子。

(1) $\frac{dr(t)}{dt}+2r(t)=e(t)$；　(2) $2\frac{d^2r(t)}{dt^2}+3\frac{dr(t)}{dt}+4r(t)=\frac{de(t)}{dt}+2e(t)$；

(3) $\frac{d^2r(t)}{dt^2}+3\frac{dr(t)}{dt}+2r(t)=\frac{de(t)}{dt}+2e(t)$；　(4) $y(n)+2y(n-2)=x(n-1)$；

(5) $y(n)+3y(n-1)+2y(n-2)=x(n)+x(n-1)$；　(6) $y(n)-3y(n-2)=x(n)-x(n-1)$。

2-19　写出下列各传输算子对应的方程。

(1) $\frac{1}{p+1}$；　(2) $\frac{p}{p+2}$；　(3) $\frac{p}{p^2+3p+2}$；　(4) $\frac{p+2}{p^2+4p+4}$；

(5) $\dfrac{E}{E+1}$；　(6) $\dfrac{E}{E^2-1}$；　(7) $\dfrac{1}{E^2-E}$；　(8) $\dfrac{1}{E^2+E+2}$。

2-20　画出下列系统直接形式的模拟图和信号流图。

(1) $\dfrac{d^2r(t)}{dt^2}+3\dfrac{dr(t)}{dt}+4r(t)=e(t)$；　(2) $\dfrac{d^3r(t)}{dt^3}+4\dfrac{d^2r(t)}{dt^2}+3\dfrac{dr(t)}{dt}+r(t)=\dfrac{d^2e(t)}{dt^2}+3e(t)$；

(3) $y(n)-y(n-1)+2y(n-2)=x(n-1)$；　(4) $y(n)+y(n-1)-2y(n-2)=x(n)-x(n-1)$。

2-21　已知系统的微分方程为 $\dfrac{d^3r(t)}{dt^3}+6\dfrac{d^2r(t)}{dt^2}+11\dfrac{dr(t)}{dt}+6r(t)=\dfrac{de(t)}{dt}+4e(t)$，画出级联结构和并联结构的模拟图和信号流图。

2-22　已知离散系统的传输算子 $H(E)=\dfrac{E}{(E+2)(E-3)(E+4)}$，画出级联结构和并联结构的模拟图和信号流图。

2-23　系统方程为

$$\begin{cases} r'_1(t)+2r_2(t)=e'_1(t) \\ r'_2(t)+3r_1(t)=e_2(t) \end{cases}$$

在该系统中，输入为 $e_1(t)$ 和 $e_2(t)$，输出为 $r_1(t)$ 和 $r_2(t)$，画出模拟图和信号流图。

2-24　写出题 2-24 图所示系统的微分方程。

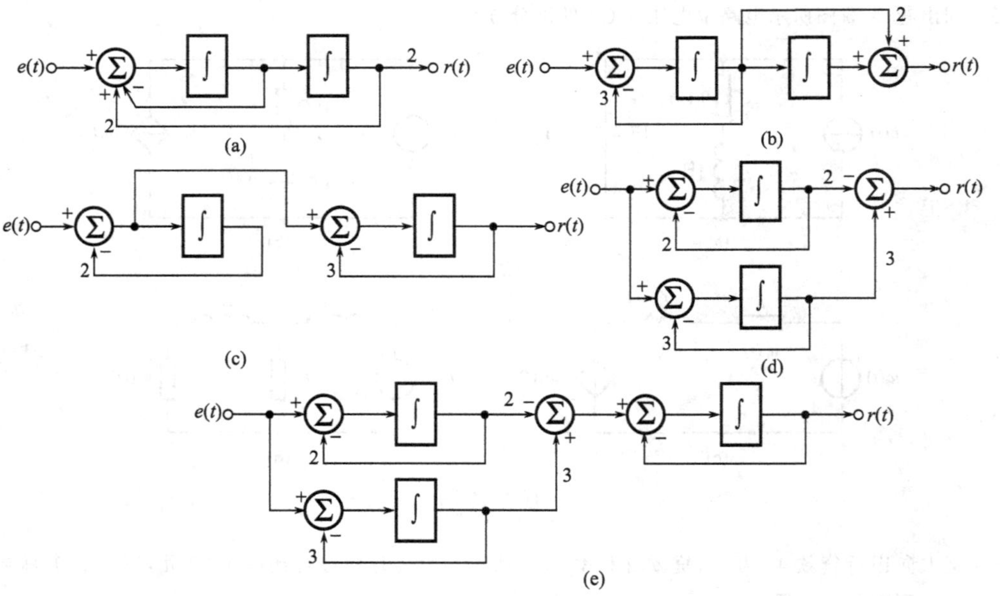

题 2-24 图

2-25　系统的模拟图如题 2-25 图所示，写出后向差分方程。

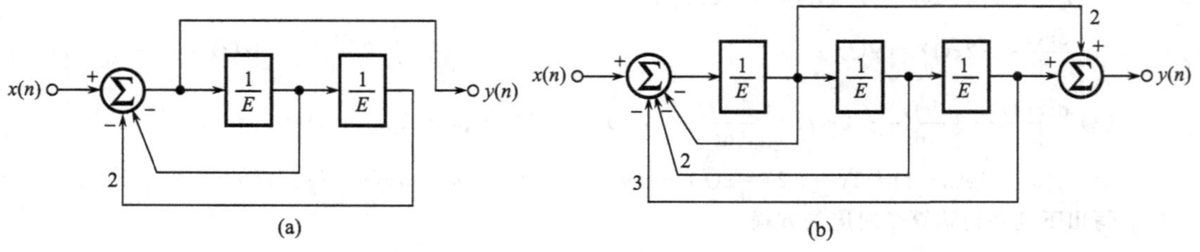

题 2-25 图

2-26　写出题 2-26 图所示系统的前向差分方程和后向差分方程。

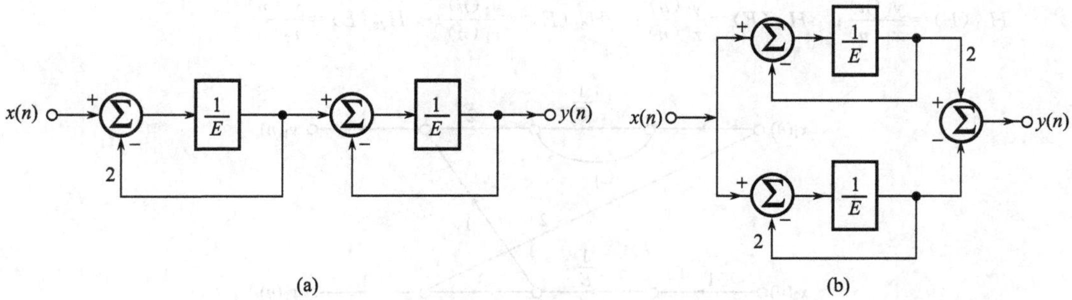

题 2-26 图

2-27　系统的信号流图如题 2-27 图所示，求系统的传输算子。

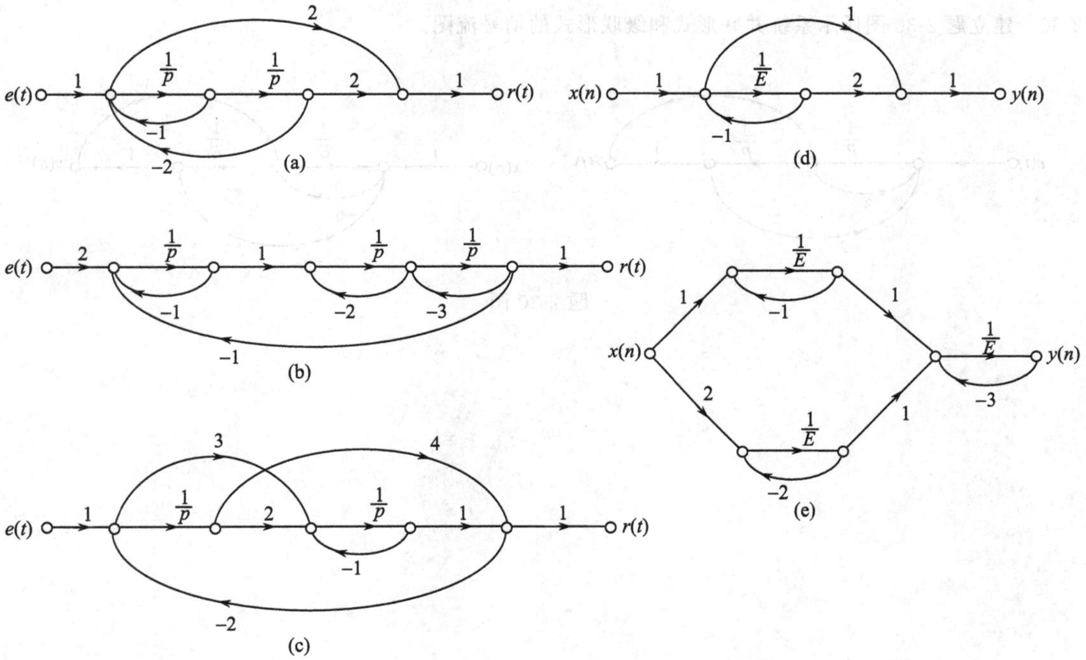

题 2-27 图

2-28　系统的信号流图如题 2-28 图所示，求：

$H_{11}(p)=\frac{r_1(t)}{e_1(t)}$；　$H_{12}(p)=\frac{r_1(t)}{e_2(t)}$；　$H_{21}(p)=\frac{r_2(t)}{e_1(t)}$；　$H_{22}(p)=\frac{r_2(t)}{e_2(t)}$。

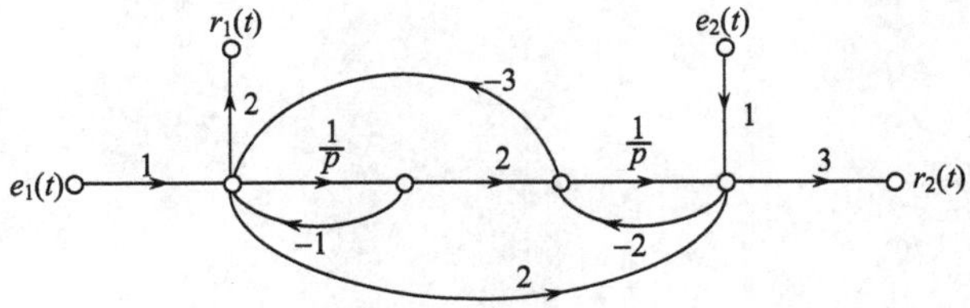

题 2-28 图

2-29 系统的信号流图如题 2-29 图所示，求：

$$H_{11}(E)=\frac{y_1(n)}{x_1(n)};\quad H_{12}(E)=\frac{y_1(n)}{x_2(n)};\quad H_{21}(E)=\frac{y_2(n)}{x_1(n)};\quad H_{22}(E)=\frac{y_2(n)}{x_2(n)}。$$

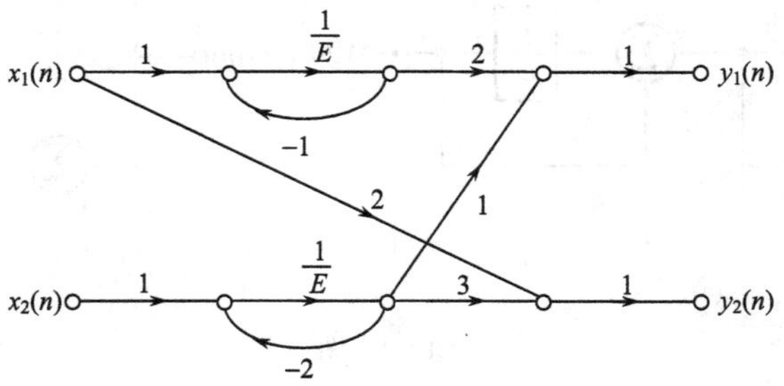

题 2-29 图

2-30 建立题 2-30 图所示系统并联形式和级联形式的信号流图。

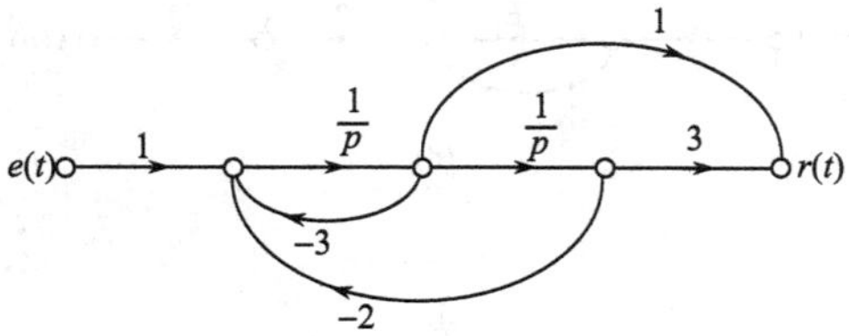

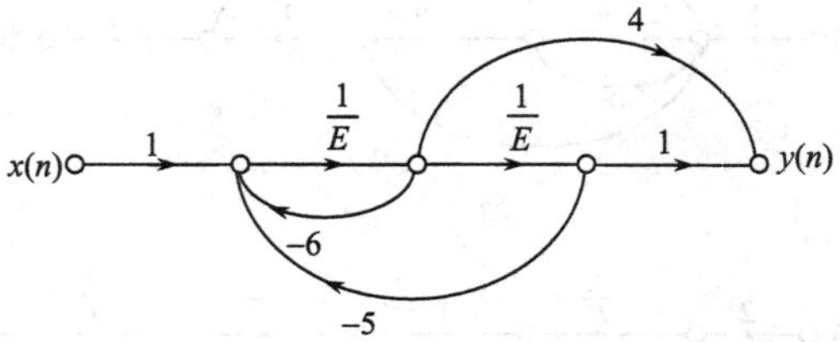

题 2-30 图

第3章 LTI系统的时域分析

3.1 引　言

单输入单输出 LTI 连续系统，描述其输入输出关系的微分方程为

$$a_n \frac{\mathrm{d}^n}{\mathrm{d}t^n}r(t)+a_{n-1}\frac{\mathrm{d}^{n-1}}{\mathrm{d}t^{n-1}}r(t)+\cdots+a_1\frac{\mathrm{d}}{\mathrm{d}t}r(t)+a_0 r(t)$$

$$=b_m\frac{\mathrm{d}^m}{\mathrm{d}t^m}e(t)+b_{m-1}\frac{\mathrm{d}^{m-1}}{\mathrm{d}t^{m-1}}e(t)+\cdots+b_1\frac{\mathrm{d}}{\mathrm{d}t}e(t)+b_0 e(t) \tag{3.1-1a}$$

简写为

$$\sum_{i=0}^{n}a_i\frac{\mathrm{d}^i}{\mathrm{d}t^i}r(t)=\sum_{j=0}^{m}b_j\frac{\mathrm{d}^j}{\mathrm{d}t^j}e(t) \tag{3.1-1b}$$

算子方程为

$$D(p)r(t)=N(p)e(t) \tag{3.1-2}$$

LTI离散 SISO系统的输入输出关系是

$$a_0y(n)+a_1y(n-1)+\cdots+a_{N-1}y(n-N+1)+a_Ny(n-N)$$

$$=b_0x(n)+b_1x(n-1)+\cdots+b_{M-1}x(n-M+1)+b_Mx(n-M) \tag{3.1-3a}$$

简写成

$$\sum_{i=0}^{N}a_iy(n-i)=\sum_{j=0}^{M}b_jx(n-j) \tag{3.1-3b}$$

算子方程为

$$D(E)y(n)=N(E)x(n) \tag{3.1-4}$$

LTI 系统的求解方法有时域分析法和变换域分析法两大类，时域分析法包括时域经典法和时域分解法，时域经典法是时域分析法的基础，时域分析法是变换域分析法的基础。

1. 时域经典法

时域经典法通过求解齐次解(homogeneous solution)和特解(particular solution)来求完全解(complete solution)，优点是直观，缺点是求解过程冗繁。

2. 时域分解法

时域分解法是将系统的响应分解成零输入响应(zero-input response)和零状态响应(zero-state response)，根据零输入响应和零状态响应的概念得到两个方程，分别求出零输入响应和零状态响应。

时域分解法通过求解零输入解和零状态解来求完全解，物理概念清楚。

3. 变换域分析法

连续时间系统可用傅里叶变换和拉普拉斯变换求解，离散时间系统用 z 变换求解。优

点是简化了求解过程，缺点是要经过正反二次变换。

4. 迭代法

对于差分方程，还可用迭代法进行求解，通过下面的例题来认识迭代法及其求解的过程。

例 3.1-1 已知差分方程 $y(n)-2y(n-1)=u(n)$，$y(-1)=1$，求 $n\geqslant 0$ 的 $y(n)$。

解 迭代法求解是用变量 n 从小到大依次迭加求解的。先将差分方程变形为

$$y(n)=2y(n-1)+u(n)$$

$n=0$ 代入方程，求得 $y(0)=2y(-1)+u(0)=2\times 1+1=3$；

再 $n=1$ 代入，求得 $y(1)=2y(0)+u(1)=2\times 3+1=7$；

$n=2$ 代入，求得 $y(2)=2y(1)+u(2)=2\times 7+1=15$；

$n=3$ 代入，求得 $y(3)=2y(2)+u(3)=2\times 15+1=31$；

⋮

最后得到

$$y(n)=(2^{n+2}-1)u(n)$$

这是个一阶差分方程，为使迭代成功，必须要已知 $y(-1)$。同理对 N 阶差分方程应已知 N 个变量相连的数值。

可见，用迭代法求解概念清楚，直观简单，但往往求得的是数值解，不易求得解析式，很适合计算机进行数值求解。

本章主要介绍时域经典法和时域分解法求解线性常系数微分方程和差分方程，变换域求解在以后的章节中介绍。

3.2 时域经典法求解 LTI 系统

时域经典法求解微分方程和差分方程是将一个方程分成两个方程，其中的一个求所谓的齐次解（连续系统 $r_h(t)$，离散系统 $y_h(n)$），另一个求特解（连续系统 $r_p(t)$，离散系统 $y_p(n)$），最后方程的完全解（连续系统 $r(t)$，离散系统 $y(n)$）是由齐次解和特解组成的，即

$$r(t)=r_h(t)+r_p(t) \tag{3.2-1}$$

$$y(n)=y_h(n)+y_p(n) \tag{3.2-2}$$

3.2.1 齐次解的计算

令式(3.1-1)和式(3.1-3)的右边等于零，即

$$\left.\begin{aligned}a_n\frac{\mathrm{d}^n}{\mathrm{d}t^n}r(t)+a_{n-1}\frac{\mathrm{d}^{n-1}}{\mathrm{d}t^{n-1}}r(t)+\cdots+a_1\frac{\mathrm{d}}{\mathrm{d}t}r(t)+a_0r(t)=0\\ \sum_{i=0}^{n}a_i\frac{\mathrm{d}^i}{\mathrm{d}t^i}r(t)=0\end{aligned}\right\} \tag{3.2-3}$$

$$\left.\begin{aligned}a_0y(n)+a_1y(n-1)+\cdots+a_{N-1}y(n-N+1)+a_Ny(n-N)=0\\ \sum_{i=0}^{N}a_iy(n-i)=0\end{aligned}\right\} \tag{3.2-4}$$

式(3.2-3)和式(3.2-4)称为齐次方程,相应的解称为齐次解。

根据微分方程理论,齐次解 $r_h(t)$ 的形式是指数函数 $Ce^{\alpha t}$ 的线性组合,将 $Ce^{\alpha t}$ 代入齐次方程[式(3.2-3)]中,有

$$\sum_{i=0}^{n} a_i \alpha^i C e^{\alpha t} = 0$$

即

$$Ce^{\alpha t} \sum_{i=0}^{n} a_i \alpha^i = 0$$

要使上式成立,只有

$$\sum_{i=0}^{n} a_i \alpha^i = 0 \tag{3.2-5a}$$

即

$$a_n \alpha^n + a_{n-1}\alpha^{n-1} + \cdots + a_1 \alpha + a_0 = 0 \tag{3.2-5b}$$

式(3.2-5)是关于 α 的 n 次方程,称为特征方程(characteristic equation),α 为特征根(characteristic root),有 n 个根。由于 α 只与系统本身有关,又称为自然频率或固有频率(natural frequency)。以上可见,C 是不可能在齐次方程中求得的,称为待定系数(undetermined coefficient)。

差分方程的齐次解 $y_h(n)$ 也是指数函数 $C\alpha^n$ 的线性组合,将 $y_h(n) = C\alpha^n$ 代入齐次方程式(3.2-4)中,有

$$\sum_{i=0}^{N} a_i C \alpha^{n-i} = 0$$

上式变为

$$C\alpha^{n-N} \sum_{i=0}^{N} a_i \alpha^{N-i} = 0$$

要使上式成立并且有意义,只有

$$\sum_{i=0}^{N} a_i \alpha^{N-i} = 0 \tag{3.2-6a}$$

即

$$a_0 \alpha^N + a_1 \alpha^{N-1} + \cdots + a_{N-1}\alpha + a_N = 0 \tag{3.2-6b}$$

式(3.2-6)是关于 α 的 N 次方程,称为特征方程,α 为特征根,有 N 个根。C 是待定系数。

对于实系数的特征方程,其根是以实数或共轭复数形式出现的,分单根和重根两种情况,单根中又分实数单根和共轭复数单根两种。

1. 实数单根

α 是实数单根,对应的齐次解为

$$r_h(t) = Ce^{\alpha t} \tag{3.2-7}$$

$$y_h(n) = C\alpha^n \tag{3.2-8}$$

2. 共轭复数单根

设 $\alpha_{1,2}=\sigma\pm j\omega=\rho e^{\pm j\beta}$ 是共轭复数单根,对应的齐次解为

$$\begin{aligned} r_h(t) &= C_1 e^{\alpha_1 t}+C_2 e^{\alpha_2 t}=C_1 e^{(\sigma+j\omega)t}+C_2 e^{(\sigma-j\omega)t} \\ &= e^{\sigma t}[(C_1+C_2)\cos(\omega t)+j(C_1-C_2)\sin(\omega t)] \\ &= e^{\sigma t}[C_3\cos(\omega t)+C_4\sin(\omega t)] \\ &= C_5 e^{\sigma t}\cos(\omega t+\varphi) \\ &= C_6 e^{\sigma t}\sin(\omega t+\theta) \end{aligned} \tag{3.2-9}$$

$$\begin{aligned} y_h(n) &= C_1(\rho e^{j\beta})^n+C_2(\rho e^{-j\beta})^n \\ &= C_1\rho^n e^{j\beta n}+C_2\rho^n e^{-j\beta n} \\ &= \rho^n[(C_1+C_2)\cos(\beta n)+j(C_1-C_2)\sin(\beta n)] \\ &= \rho^n[C_3\cos(\beta n)+C_4\sin(\beta n)] \end{aligned} \tag{3.2-10}$$

3. 重根

α 是 K 重根,对应的齐次解为

$$r_h(t)=(C_1+C_2 t+\cdots+C_K t^{K-1})e^{\alpha t} \tag{3.2-11}$$

$$y_h(n)=(C_1+C_2 n+\cdots+C_K n^{K-1})\alpha^n \tag{3.2-12}$$

括号内是个$(K-1)$次的多项式函数,共有 K 项。

方程的齐次解是由各个特征根对应的齐次解的相加,即

$$r_h(t)=\sum_{i=1}^{n} r_{hi}(t) \tag{3.2-13}$$

$$y_h(n)=\sum_{i=1}^{N} y_{hi}(n) \tag{3.2-14}$$

表 3-1 是特征根 α 与齐次解的对应关系。

表 3-1 特征根对应的齐次解形式

特征根 α		齐次解 $r_h(t)$	齐次解 $y_h(n)$
单根	实数单根 α	$Ce^{\alpha t}$	$C\alpha^n$
	共轭复数单根 $\sigma\pm j\omega=\rho e^{\pm j\beta}$	$e^{\sigma t}[C_1\cos(\omega t)+C_2\sin(\omega t)]$ $Ce^{\sigma t}\sin(\omega t+\theta)$ $Ce^{\sigma t}\cos(\omega t+\varphi)$	$\rho^n[C_1\cos(\beta n)+C_2\sin(\beta n)]$
重根	α 是 K 重根	$(C_1+C_2 t+\cdots+C_K t^{K-1})e^{\alpha t}$	$(C_1+C_2 n+\cdots+C_K n^{K-1})\alpha^n$

注:表中 φ、θ、C 都是待定系数。

例 3.2-1 求下列方程的齐次解。

(1) $\frac{d^2}{dt^2}r(t)+3\frac{d}{dt}r(t)+2r(t)=\frac{d}{dt}e(t)+2e(t)$;

(2) $y(n)-y(n-1)-2y(n-2)=x(n)$ 。

解 (1) 齐次方程为

$$\frac{d^2}{dt^2}r(t)+3\frac{d}{dt}r(t)+2r(t)=0$$

特征方程为

$$\alpha^2+3\alpha+2=0$$

求得特征根为

$$\alpha_1=-1,\quad \alpha_2=-2$$

齐次解为

$$r_h(t)=C_1e^{\alpha_1 t}+C_2e^{\alpha_2 t}=C_1e^{-t}+C_2e^{-2t}$$

(2) 齐次方程为

$$y(n)-y(n-1)-2y(n-2)=0$$

特征方程为

$$\alpha^2-\alpha-2=0,\quad 即(\alpha-2)(\alpha+1)=0$$

求得特征根为

$$\alpha_1=2,\ \alpha_2=-1$$

齐次解为

$$y_h(n)=C_1\alpha_1^n+C_2\alpha_2^n=C_1(2)^n+C_2(-1)^n$$

例 3.2-2　求下列方程的齐次解。

(1) $\frac{d^4}{dt^4}r(t)+6\frac{d^3}{dt^3}r(t)+14\frac{d^2}{dt^2}r(t)+16\frac{d}{dt}r(t)+8r(t)=0$；

(2) $y(n)-6y(n-1)+14y(n-2)-16y(n-3)+8y(n-4)=0$。

解　(1) 特征方程为

$$\alpha^4+6\alpha^3+14\alpha^2+16\alpha+8=0$$

即

$$(\alpha+2)^2(\alpha^2+2\alpha+2)=0$$

特征根为

$$\alpha_{1,2}=-2(二重根),\quad \alpha_{3,4}=-1\pm j1\quad (共轭复根)$$

齐次解为

$$r_h(t)=(C_1+C_2t)e^{-2t}+e^{-t}(C_3\sin t+C_4\cos t)$$

(2) 特征方程为

$$\alpha^4-6\alpha^3+14\alpha^2-16\alpha+8=0$$

特征根为

$$\alpha_{1,2}=2(二重根),\quad \alpha_{3,4}=1\pm j1=\sqrt{2}e^{\pm j\frac{\pi}{4}}\quad (共轭复根)$$

齐次解为

$$y_h(n)=(C_1+C_2n)2^n+(\sqrt{2})^n\left[C_3\cos\left(\frac{\pi}{4}n\right)+C_4\sin\left(\frac{\pi}{4}n\right)\right]$$

3.2.2　特解的计算

将激励 $e(t)$、$x(n)$代入式(3.1-1)和式(3.1-3)的右边，得到求特解的方程。化简后的右端函数称为自由项函数。特解 $r_p(t)$和 $y_p(n)$的函数形式与激励有关，更与自由项函数密切相关，特解函数与自由项函数是同一类型的函数。

求特解的过程是先确定特解函数的形式，再代入特解方程的左边，使等式成立来求特解。

以下是几种常见的情况。

1. 自由项是多项式函数

即自由项是 $B_K t^K + B_{K-1} t^{K-1} + \cdots + B_1 t + B_0$ 和 $B_K n^K + B_{K-1} n^{K-1} + \cdots + B_1 n + B_0$ 函数，不论是否缺项，只管多项式的最高次 K，则特解也是多项式函数。一般情况下，特解多项式与自由项多项式函数次数相同。设

$$r_p(t) = D_K t^K + D_{K-1} t^{K-1} + \cdots + D_1 t + D_0 \tag{3.2-15}$$

$$y_p(n) = D_K n^K + D_{K-1} n^{K-1} + \cdots + D_1 n + D_0 \tag{3.2-16}$$

注意 自由项多项式函数中可以缺项，在设特解时不可以缺项，需要确定的是系数 $D_K, D_{K-1}, \cdots, D_0$。当自由项是 0 次多项式，即常数时，特解也是常数。如果连续系统中 0 是特征根，离散系统中 1 是特征根时，特解多项式函数的次数会高于自由项多项式函数的次数。

例 3.2-3 微分方程 $\frac{d^2}{dt^2}r(t) + 3\frac{d}{dt}r(t) + 2r(t) = \frac{d}{dt}e(t) + 2e(t)$，激励 $e(t) = t^2 u(t)$，求特解 $r_p(t)$。

解 将激励 $e(t)$ 代入微分方程的右边，得到特解方程为

$$\frac{d^2}{dt^2}r(t) + 3\frac{d}{dt}r(t) + 2r(t) = (2t^2 + 2t)u(t)$$

(1) 当 $t<0$，特解方程为 $\frac{d^2}{dt^2}r(t) + 3\frac{d}{dt}r(t) + 2r(t) = 0$，所以特解 $r_p(t) = 0$。

(2) 当 $t>0$，特解方程为

$$\frac{d^2}{dt^2}r(t) + 3\frac{d}{dt}r(t) + 2r(t) = 2t^2 + 2t$$

设特解为 $r_p(t) = D_2 t^2 + D_1 t + D_0$，代入方程得

$$2D_2 t^2 + (2D_1 + 6D_2)t + 2D_0 + 3D_1 + 2D_2 = 2t^2 + 2t$$

有

$$\begin{cases} 2D_2 = 2 \\ 2D_1 + 6D_2 = 2 \\ 2D_0 + 3D_1 + 2D_2 = 0 \end{cases}$$

求得 $D_2 = 1, D_1 = -2, D_0 = 2$，特解为

$$r_p(t) = t^2 - 2t + 2$$

最后得到方程的特解为

$$r_p(t) = \begin{cases} 0, & t < 0 \\ t^2 - 2t + 2, & t > 0 \end{cases} = (t^2 - 2t + 2)u(t)$$

例 3.2-4 差分方程为 $y(n) - y(n-1) = (3n+1)u(n)$，求特解。

解 $n \geqslant 0$ 时方程右边为一次多项式，如特解也为一次多项式，特解方程肯定不成立。

故设

$$y_p(n)=D_2n^2+D_1n+D_0$$

代入后有

$$D_2n^2+D_1n+D_0-D_2(n-1)^2-D_1(n-1)-D_0=3n+1$$

即

$$2D_2n+D_1-D_2=3n+1$$

求得 $D_2=\dfrac{3}{2}$，$D_1=\dfrac{5}{2}$，D_0 为任意(取 0 最简单)。所以特解为

$$y_p(n)=\left(\frac{3}{2}n^2+\frac{5}{2}n\right)u(n)$$

此例中，特解多项式的次数高于自由项多项式的次数，从表面看如果次数相等特解方程不成立，本质上是由于 1 是差分方程的特征根造成的。

此例可见，特解不是唯一的，只要能求得一个使特解方程成立的就可以了。

2. 自由项是指数函数

即自由项是 $K\mathrm{e}^{at}$ 函数和 Ka^n 函数，分两种情况：

(1) a 不是特征根，此时特解为

$$r_p(t)=D\mathrm{e}^{at} \tag{3.2-17}$$

$$y_p(n)=Da^n \tag{3.2-18}$$

(2) a 是特征根：

如 a 是特征单根，则特解为

$$r_p(t)=Dt\,\mathrm{e}^{at} \tag{3.2-19}$$

$$y_p(n)=Dna^n \tag{3.2-20}$$

如 a 是特征二重根，则特解为

$$r_p(t)=Dt^2\mathrm{e}^{at} \tag{3.2-21}$$

$$y_p(n)=Dn^2a^n \tag{3.2-22}$$

$$\vdots$$

如 a 是特征 m 重根，则特解为

$$r_p(t)=Dt^m\mathrm{e}^{at} \tag{3.2-23}$$

$$y_p(n)=Dn^ma^n \tag{3.2-24}$$

例 3.2-5　(1) 已知系统的传输算子 $H(p)=\dfrac{p+2}{p^2+3p+2}$，求 $e(t)=\mathrm{e}^{-t}$ 时的特解；

(2) 求差分方程 $y(n)-2y(n-1)=2^n$ 的特解。

解　由于输入是指数函数，所以先要求出特征根。

(1) 由 $H(p)$ 求得系统的微分方程为

$$\frac{\mathrm{d}^2}{\mathrm{d}t^2}r(t)+3\frac{\mathrm{d}}{\mathrm{d}t}r(t)+2r(t)=\frac{\mathrm{d}}{\mathrm{d}t}e(t)+2e(t)$$

特征方程为

$$\alpha^2+3\alpha+2=0$$

求得特征根为

$$\alpha_1=-1,\quad \alpha_2=-2$$

$e(t)=\mathrm{e}^{-t}$ 代入方程右边，有

$$\frac{\mathrm{d}^2r(t)}{\mathrm{d}t^2}+3\frac{\mathrm{d}r(t)}{\mathrm{d}t}+2r(t)=\mathrm{e}^{-t}$$

由于 $a=-1$ 是特征单根，所以设特解为 $r_{\mathrm{p}}(t)=Dt\mathrm{e}^{-t}$，将其代入方程中，有

$$-2D\mathrm{e}^{-t}+Dt\mathrm{e}^{-t}+3(D\mathrm{e}^{-t}-Dt\mathrm{e}^{-t})+2Dt\mathrm{e}^{-t}=\mathrm{e}^{-t}$$

求得 $D=1$，所以特解为 $r_{\mathrm{p}}(t)=t\mathrm{e}^{-t}$。

(2) 特征方程为 $\alpha-2=0$，求得特征根 $\alpha=2$。

由于 $a=2=\alpha$，故设特解 $y_{\mathrm{p}}(n)=Dn2^n$，代入方程中有

$$Dn2^n-2D(n-1)2^{n-1}=2^n$$

求得 $D=1$，特解为 $y_{\mathrm{p}}(n)=n2^n$。

3. *自由项是正弦函数*

即自由项是 $K\sin(\omega t+\theta)$ 或 $K\cos(\omega t+\varphi)$ 和 $A\sin(\Omega n)$ 或 $A\cos(\Omega n)$，一般情况其特解为

$$r_{\mathrm{p}}(t)=D_1\sin(\omega t)+D_2\cos(\omega t)\tag{3.2-25}$$

$$y_{\mathrm{p}}(n)=D_1\sin(\Omega n)+D_2\cos(\Omega n)\tag{3.2-26}$$

例 3.2-6　求方程 $\frac{\mathrm{d}}{\mathrm{d}t}r(t)+2r(t)=\sin tu(t)$ 的特解。

解　当 $t>0$，特解方程为

$$\frac{\mathrm{d}r(t)}{\mathrm{d}t}+2r(t)=\sin t$$

设特解为 $r_{\mathrm{p}}(t)=D_1\sin t+D_2\cos t$，代入方程中，得

$$(2D_1-D_2)\sin t+(D_1+2D_2)\cos t=\sin t$$

有

$$\begin{cases}2D_1-D_2=1\\D_1+2D_2=0\end{cases}$$

解得 $D_1=0.4$，$D_2=-0.2$，所以

$$r_{\mathrm{p}}(t)=0.4\sin t-0.2\cos t$$

最后得到方程的特解为

$$r_{\mathrm{p}}(t)=(0.4\sin t-0.2\cos t)u(t)$$

例 3.2-7　系统方程为 $y(n)-2y(n-1)+2y(n-2)=\cos\left(\frac{\pi}{2}n\right)u(n)$，求特解。

解　$n\geqslant 0$ 时，特解方程为

$$y(n)-2y(n-1)+2y(n-2)=\cos\left(\frac{\pi}{2}n\right)$$

设特解为 $y_{\mathrm{p}}(n)=D_1\sin\left(\frac{\pi}{2}n\right)+D_2\cos\left(\frac{\pi}{2}n\right)$，代入特解方程中，得

$$(-D_1-2D_2)\sin\left(\frac{\pi}{2}n\right)+(2D_1-D_2)\cos\left(\frac{\pi}{2}n\right)=\cos\left(\frac{\pi}{2}n\right)$$

求得 $D_1=\frac{2}{5}$，$D_2=-\frac{1}{5}$，所以特解为

$$y_p(n)=\left[\frac{2}{5}\sin\left(\frac{\pi}{2}n\right)-\frac{1}{5}\cos\left(\frac{\pi}{2}n\right)\right]u(n)$$

4. 自由项是以上情况的组合，特解也是相应的组合

表3-2是连续系统几种典型情况时的特解，表3-3是离散系统几种典型情况时的特解。

表3-2 连续系统典型自由项对应的特解

自由项		特解
多项式函数（0不是特征根）	$B_Kt^K+B_{K-1}t^{K-1}+\cdots+B_1t+B_0$	$D_Kt^K+D_{K-1}t^{K-1}+\cdots+D_1t+D_0$
指数函数 Ke^{at}	a 不是特征根	De^{at}
	a 是 m 重特征根	Dt^me^{at}
正弦函数	$K\sin(\omega t+\theta)$ $K\cos(\omega t+\varphi)$	$D_1\sin(\omega t)+D_2\cos(\omega t)$
	$Ke^{at}\sin(\omega t)$ $Ke^{at}\cos(\omega t)$	$e^{at}[D_1\sin(\omega t)+D_2\cos(\omega t)]$

表3.3 离散系统典型自由项对应的特解

自由项函数		特解函数
多项式（1不是特征根）	$B_Kn^K+B_{K-1}n^{K-1}+\cdots+B_1n+B_0$	$D_Kn^K+D_{K-1}n^{K-1}+\cdots+D_1n+D_0$
正弦函数	$A\sin(\Omega n)$ $A\cos(\Omega n)$	$D_1\sin(\Omega n)+D_2\cos(\Omega n)$
指数函数 Ka^n	a 不是特征根	Da^n
	a 是 m 重特征根	Dn^ma^n

3.2.3 完全解的计算

1. 连续系统完全解的计算

完全解 $r(t)=r_h(t)+r_p(t)$，由于在齐次解中有待定系数，所以在完全解中需边界条件(boundary condition)来确定待定系数。边界条件分两种，一种是可以直接使用的，另一种要通过转换才能使用。

例3.2-8 系统的信号流图如图3.2-1所示，激励 $e(t)=e^{-t}u(t)$，边界条件 $r(0_+)=0$，$r'(0_+)=2$，求完全解。

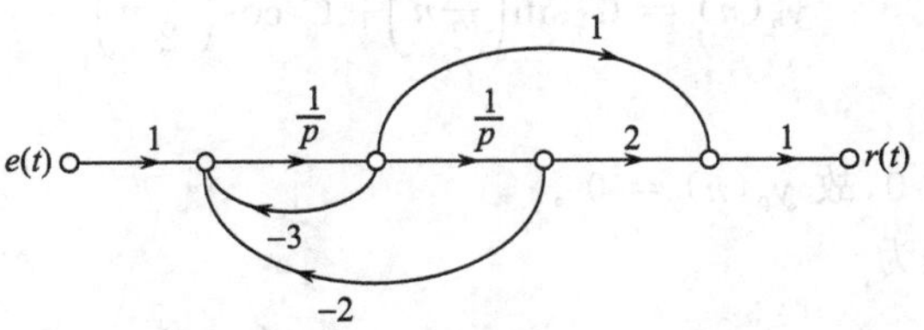

图3.2-1 例3.2-8系统的信号流图

解 由梅森公式求得系统的传输算子 $H(p)=\dfrac{p+2}{p^2+3p+2}$，系统的微分方程为

$$\frac{\mathrm{d}^2}{\mathrm{d}t^2}r(t)+3\frac{\mathrm{d}}{\mathrm{d}t}r(t)+2r(t)=\frac{\mathrm{d}}{\mathrm{d}t}e(t)+2e(t)$$

由例 3.2-1 求得齐次解为

$$r_{\mathrm{h}}(t)=C_1\mathrm{e}^{-t}+C_2\mathrm{e}^{-2t}$$

由例 3.2-5 求得特解为

$$r_{\mathrm{p}}(t)=t\mathrm{e}^{-t}u(t)$$

完全解为

$$r(t)=r_{\mathrm{h}}(t)+r_{\mathrm{p}}(t)=(C_1\mathrm{e}^{-t}+C_2\mathrm{e}^{-2t}+t\mathrm{e}^{-t})u(t)$$

表明，求得的完全解是从 0_+ 开始的，而给定的边界条件正好在 0_+ 点上，故可以直接使用。代入边界条件，有

$$\begin{cases}0=r(0_+)=C_1+C_2\\2=r'(0_+)=-C_1-2C_2+1\end{cases}$$

求得 $C_1=1,C_2=-1$，最后得到系统的完全解为

$$r(t)=(\mathrm{e}^{-t}-\mathrm{e}^{-2t}+t\mathrm{e}^{-t})u(t)$$

例 3.2-9 微分方程为 $\dfrac{\mathrm{d}}{\mathrm{d}t}r(t)+2r(t)=2u(t)+\delta(t)$，$r(0_-)=1$，求完全解。

解 求得齐次解为 $r_{\mathrm{h}}(t)=C\mathrm{e}^{-2t}$，特解为 $r_{\mathrm{p}}(t)=u(t)$，完全解为

$$r(t)=r_{\mathrm{h}}(t)+r_{\mathrm{p}}(t)=(C\mathrm{e}^{-2t}+1)u(t)$$

从完全解可见，只有 $t>0$，即 t 在 $0_+\sim\infty$ 范围内才成立，而给定的边界条件在 $t=0_-$ 时刻的，显然不在 $r(t)$ 范围内，不可以直接使用，需要将其转换成 $t=0_+$ 时刻的条件才可使用，具体方法在第 3.3 节中详细介绍。

此题中求得的 $r(0_+)=2$，代入完全解中，有 $2=r(0_+)=C+1$，得到 $C=1$，完全解为

$$r(t)=r_{\mathrm{h}}(t)+r_{\mathrm{p}}(t)=(\mathrm{e}^{-2t}+1)u(t)$$

2. 离散系统完全解的计算

差分方程的完全解也是齐次解和特解之和，需要用边界条件来确定待定系数。

例 3.2-10 求解差分方程 $y(n)+y(n-2)=2\sin\left(\dfrac{\pi}{2}n\right)u(n)$，$y(0)=1,y(1)=0$。

解 (1) 齐次解的计算：

特征方程为 $\alpha^2+1=0$，特征根为 $\alpha_{1,2}=\pm\mathrm{j}1=\mathrm{e}^{\pm\mathrm{j}\frac{\pi}{2}}$。齐次解为

$$y_{\mathrm{h}}(n)=C_1\sin\left(\frac{\pi}{2}n\right)+C_2\cos\left(\frac{\pi}{2}n\right)$$

(2) 特解的计算：

$n<0$ 时，自由项为 0，故 $y_{\mathrm{p}}(n)=0$。

$n\geqslant0$ 时，特解方程为

$$y(n)+y(n-2)=\sin\left(\frac{\pi}{2}n\right)$$

自由项函数是正弦函数，如设 $y_p(n) = D_1\sin\left(\frac{\pi}{2}n\right) + D_2\cos\left(\frac{\pi}{2}n\right)$，代入特解方程的左边，有

$$D_1\sin\left(\frac{\pi}{2}n\right) + D_2\cos\left(\frac{\pi}{2}n\right) + D_1\sin\left(\frac{\pi}{2}n - \pi\right) + D_2\cos\left(\frac{\pi}{2}n - \pi\right) = 0$$

即

$$D_1\sin\left(\frac{\pi}{2}n\right) + D_2\cos\left(\frac{\pi}{2}n\right) - D_1\sin\left(\frac{\pi}{2}n\right) - D_2\cos\left(\frac{\pi}{2}n\right) = 0$$

显然无法求出 D_1 和 D_2，也无法求出特解。

故设 $y_p(n) = n\left[D_1\sin\left(\frac{\pi}{2}n\right) + D_2\cos\left(\frac{\pi}{2}n\right)\right]$，代入特解方程，求得 $D_1=1, D_2=0$。所以

$$y_p(n) = n\sin\left(\frac{\pi}{2}n\right)u(n)$$

(3)完全解的计算

$$y(n) = y_h(n) + y_p(n) = \left[(C_1 + n)\sin\left(\frac{\pi}{2}n\right) + C_2\cos\left(\frac{\pi}{2}n\right)\right]u(n)$$

$n=0, n=1$ 代入完全解 $y(n)$ 中，有

$$\begin{cases} 1 = y(0) = C_2 \\ 0 = y(1) = C_1 + 1 \end{cases}$$

解得　$C_1=-1, C_2=1$。差分方程的解为

$$y(n) = \left[(n-1)\sin\left(\frac{\pi}{2}n\right) + \cos\left(\frac{\pi}{2}n\right)\right]u(n)$$

3.3　冲激平衡法求连续系统的响应

LTI 连续系统已知输入输出微分方程及系统在 $t=0_-$ 时的条件(称为起始条件，original condition)，求 $t>0$ 时的解 $r(t)$。为使求得的 $r(t)$ 满足微分方程，$r(t)$ 的函数形式十分重要，一定不能出错，特别要注意是否含有冲激函数及其导数。由于求系统在 $t>0$ 时的输出，系统在 $t=0_-$ 时的条件要转换成在 $t=0_+$ 时的条件(称为初始条件，initial condition)，采用冲激平衡法可很好地解决以上问题。

3.3.1　初始条件的确定和系统响应的计算

当微分方程的右边出现冲激函数及其导数时，方程的左边必定要有冲激函数及其导数，才能使等式成立，这就是冲激平衡。问题是方程左边的冲激函数及其导数不一定就出现在 $r(t)$ 上，判断及计算的方法就是冲激平衡法。

冲激平衡法的原理，用具体的例子加以说明。

设系统的微分方程为

$$\frac{d}{dt}r(t) + 2r(t) = 4\delta'(t) + e^{-t}u(t) \tag{3.3-1}$$

起始条件 $r(0_-)=1$，求 $r(t)$。

由于方程的右边出现 $4\delta'(t)$，可以断定 $4\delta'(t)$ 只能出现在 $\frac{d}{dt}r(t)$ 上，$\frac{d}{dt}r(t)$ 除了 $4\delta'(t)$ 外还应有冲激函数 $\delta(t)$ 和无冲激函数及导数的函数。可设

$$\frac{d}{dt}r(t) = 4\delta'(t) + a\delta(t) + f_1(t) \tag{3.3-2}$$

式中 a 为常数，函数 $f_1(t)$ 中没有冲激函数及导数。

由于 $\frac{d}{dt}r(t)$ 是 $r(t)$ 求一次导数而来，故有

$$r(t) = 4\delta(t) + f_2(t) \tag{3.3-3}$$

式中 $f_2(t)$ 中也没有冲激函数及导数，且

$$\frac{d}{dt}f_2(t) = a\delta(t) + f_1(t)$$

$t>0$ 时，有

$$\frac{d}{dt}f_2(t) = f_1(t) \tag{3.3-4}$$

将式(3.3-3)和式(3.3-2)代入式(3.3-1)中，有

$$4\delta'(t) + (a+8)\delta(t) + f_1(t) + 2f_2(t) = 4\delta'(t) + e^{-t}u(t)$$

得到 $a+8=0$，求得 $a=-8$。又

$$f_1(t) + 2f_2(t) = e^{-t}u(t) \tag{3.3-5}$$

式(3.3-2)变为

$$\frac{d}{dt}r(t) = 4\delta'(t) - 8\delta(t) + f_1(t) \tag{3.3-6}$$

$t>0$ 时，有[将式(3.3-4)代入式(3.3-5)中]

$$\frac{d}{dt}f_2(t) + 2f_2(t) = e^{-t}u(t)$$

解得

$$f_2(t) = (Ce^{-2t} + e^{-t})u(t)$$

代入到式(3.3-3)中，有

$$r(t) = 4\delta(t) + (Ce^{-2t} + e^{-t})u(t) \tag{3.3-7}$$

为确定待定系数 C，必须求出 $r(0_+)$ 的值。由于 $\frac{d}{dt}r(t)$ 是 $r(t)$ 求一次导数而来，如果 $r(t)$ 在 $t=0$ 时的数值发生跳变，则 $\frac{d}{dt}r(t)$ 出现 $\delta(t)$ 函数，且 $r(0_+)-r(0_-)$ 的值就是 $\delta(t)$ 前面的系数。从式(3.3-6)可见，$\frac{d}{dt}r(t)$ 出现 $-8\delta(t)$，表明 $r(0_+)-r(0_-)=-8$，求得 $r(0_+)=-8+r(0_-)=-7$。

将 $t=0_+$ 代入式(3.3-7)，有 $-7=r(0_+)=C+1$，求得 $C=-8$。

最后方程的完全解为

$$r(t) = 4\delta(t) + (-8e^{-2t} + e^{-t})u(t)$$

从上可见，0_- 到 0_+ 的跳变，是由于方程右边的冲激函数及导数产生的，如果方程右边没有冲激函数及导数，0_- 和 0_+ 的数值相等，不会发生跳变。

例 3.3-1 系统方程为 $\frac{d^2}{dt^2}r(t) + 3\frac{d}{dt}r(t) + 2r(t) = \frac{d^2}{dt^2}e(t) + 2\frac{d}{dt}e(t) + 3e(t)$，激励 $e(t)=\delta(t)$，起始条件 $r(0_-)=1$，$r'(0_-)=-1$，求系统的响应。

解 将 $e(t)=\delta(t)$ 代入系统方程，有

$$\frac{d^2}{dt^2}r(t) + 3\frac{d}{dt}r(t) + 2r(t) = \delta''(t) + 2\delta'(t) + 3\delta(t) \tag{3.3-8}$$

(1) 确定 $r(t)$ 的形式。

可设

$$\left.\begin{aligned} r''(t) &= \delta''(t) + a\delta'(t) + b\delta(t) + f_1(t) \\ r'(t) &= \delta'(t) + a\delta(t) + f_2(t) \\ r(t) &= \delta(t) + f_3(t) \end{aligned}\right\} \tag{3.3-9}$$

a，b 为常数，且

$$\frac{d}{dt}f_3(t) = a\delta(t) + f_2(t), \quad \frac{d}{dt}f_2(t) = b\delta(t) + f_1(t)$$

将式(3.3-9)代入式(3.3-8)，有

$$\delta''(t) + (a+3)\delta'(t) + (3a+b+2)\delta(t) + f_1(t) + 3f_2(t) + 2f_3(t) = \delta''(t) + 2\delta'(t) + 3\delta(t)$$

求得 $a=-1$，$b=4$。

在 $t>0$ 时，有

$$\frac{d^2}{dt^2}f_3(t) + 3\frac{d}{dt}f_3(t) + 2f_3(t) = 0$$

解得

$$f_3(t) = (C_1e^{-t} + C_2e^{-2t})u(t)$$

故系统的解为

$$r(t) = \delta(t) + (C_1e^{-t} + C_2e^{-2t})u(t) \tag{3.3-10}$$

(2) $r(0_+)$ 的确定。

由于 $r(0_+)-r(0_-)=a$，故 $r(0_+)=r(0_-)+a=1-1=0$。

由于 $r'(0_+)-r'(0_-)=b$，故 $r'(0_+)=r'(0_-)+b=-1+4=3$。

代入式(3.3-10)，求得 $C_1=3$，$C_2=-3$。

(3) 系统的响应为

$$r(t) = \delta(t) + 3(e^{-t} - e^{-2t})u(t)$$

例 3.3-2 已知系统方程为

$$\frac{d^3}{dt^3}r(t) + 6\frac{d^2}{dt^2}r(t) + 11\frac{d}{dt}r(t) + 6r(t) = \frac{d^2}{dt^2}e(t) + e(t)$$

$e(t)=u(t)$，$r(0_-)=1$，$r'(0_-)=r''(0_-)=-1$，求响应 $r(t)$。

解 将 $e(t)=u(t)$ 代入系统方程中，得

$$\frac{d^3}{dt^3}r(t)+6\frac{d^2}{dt^2}r(t)+11\frac{d}{dt}r(t)+6r(t)=\delta'(t)+u(t) \tag{3.3-11}$$

(1) 确定 $r(t)$的形式。

设

$$\begin{cases} r'''(t)=\delta'(t)+a\delta(t)+f_1(t) \\ r''(t)=\delta(t)+f_2(t) \\ r'(t)=f_3(t) \\ r(t)=f_4(t) \end{cases} \tag{3.3-12}$$

将式(3.3-12)代入式(3.3-11)中,求得 $a=-6$。

在 $t>0$ 时有

$$f'''_4(t)+6f''_4(t)+11f'_4(t)+6f_4(t)=1$$

解得

$$f_4(t)=r(t)=\left(C_1e^{-t}+C_2e^{-2t}+C_3e^{-3t}+\frac{1}{6}\right)u(t) \tag{3.3-13}$$

(2) 初始条件的确定。

由于 $r'(t)$上无冲激函数,故 $r(0_+)=r(0_-)=1$,$r''(t)$上出现 $\delta(t)$,故 $r'(0_+)=r'(0_-)+1=0$,$r'''(t)$上出现 $-6\delta(t)$,故 $r''(0_+)=r''(0_-)-6=-7$。将以上条件相应的代入式(3.3-13),有

$$\begin{cases} C_1+C_2+C_3+\frac{1}{6}=1 \\ -C_1-2C_2-3C_3=0 \\ C_1+4C_2+9C_3=-7 \end{cases}$$

解得 $C_1=-1, C_2=\frac{9}{2}, C_3=-\frac{8}{3}$。

(3) 系统的响应为

$$r(t)=\left(-e^{-t}+\frac{9}{2}e^{-2t}-\frac{8}{3}e^{-3t}+\frac{1}{6}\right)u(t)$$

由式(3.3-12)求得

$$\begin{cases} r'''(t)=\delta'(t)-6\delta(t)+(e^{-t}-36e^{-2t}+72e^{-3t})u(t) \\ r''(t)=\delta(t)+(-e^{-t}+18e^{-2t}-24e^{-3t})u(t) \\ r'(t)=(e^{-t}-9e^{-2t}+8e^{-3t})u(t) \end{cases} \tag{3.3-14}$$

由上可见,冲激平衡法求系统响应的步骤为:

(1) 将输入代入方程的右边。

(2) 根据方程,推出输出 $r(t)$的导数(从高到低)及 $r(t)$的函数形式。

(3) 将 $r(t)$的导数及 $r(t)$代入方程的左边,与方程的右边进行比较,决定 $\delta(t)$的系数。

(4) 确定初始条件及 $r(t)$的函数。

(5) 确定 $r(t)$中的待定系数。

(6) 求得系统的响应 $r(t)$。

3.3.2　系统响应的函数形式

从式(3.3-14)可见,系统响应 $r(t)$ 及导数的函数形式为

$$\begin{cases} r(t) = f(t)u(t) + f_\delta(t) \\ \dfrac{\mathrm{d}^i}{\mathrm{d}t^i}r(t) = g(t)u(t) + g_\delta(t), \quad i = 1,2,\cdots,n \end{cases} \tag{3.3-15}$$

式中 $f(t)$,$g(t)$是普通函数;$f_\delta(t)$和 $g_\delta(t)$中只有冲激函数及其导数。

式(3.3-15)可得

$$f(0_+) = r(0_+), \quad f'(0_+) = r'(0_+), \quad f''(0_+) = r''(0_+)\cdots \tag{3.3-16}$$

在此需确定的是 $r'(t)$,$r''(t)$,$r'''(t)$,…函数。

在 LTI 连续时间系统中,响应为 $f(t)u(t)$并不意味着 $t<0$ 时 $r(t)=0$,只表示 $t>0$ 时函数为 $f(t)$,所以有

$$\frac{\mathrm{d}}{\mathrm{d}t}[f(t)u(t)] = \frac{\mathrm{d}}{\mathrm{d}t}f(t)\cdot u(t) + [f(0_+) - f(0_-)]\delta(t) \tag{3.3-17}$$

结合式(3.3-15)和式(3.3-17),$r'(t)$,$r''(t)$,$r'''(t)$,…函数形式为

$$\left.\begin{aligned} r(t) &= f(t)u(t) + f_\delta(t) \\ r'(t) &= f'(t)u(t) + f'_\delta(t) + [r(0_+) - r(0_-)]\delta(t) \\ r''(t) &= f''(t)u(t) + f''_\delta(t) + [r(0_+) - r(0_-)]\delta'(t) + [r'(0_+) - r'(0_-)]\delta(t) \\ r'''(t) &= f'''(t)u(t) + f'''_\delta(t) + [r(0_+) - r(0_-)]\delta''(t) \\ &\quad + [r'(0_+) - r'(0_-)]\delta'(t) + [r''(0_+) - r''(0_-)]\delta(t) \\ &\vdots \end{aligned}\right\} \tag{3.3-18}$$

例 3.3-3　系统 $\dfrac{\mathrm{d}}{\mathrm{d}t}r(t) + 2r(t) = 4\delta'(t) + \mathrm{e}^{-t}u(t)$,起始条件 $r(0_-)=1$,求得 $r(t) = 4\delta(t) + (-8\mathrm{e}^{-2t} + \mathrm{e}^{-t})u(t)$,求 $\dfrac{\mathrm{d}}{\mathrm{d}t}r(t)$。

解　(1) 将系统方程移项,得

$$\frac{\mathrm{d}}{\mathrm{d}t}r(t) = 4\delta'(t) + \mathrm{e}^{-t}u(t) - 2r(t) = 4\delta'(t) - 8\delta(t) + (16\mathrm{e}^{-2t} - \mathrm{e}^{-t})u(t)$$

(2) $r(t) = 4\delta(t) + (-8\mathrm{e}^{-2t} + \mathrm{e}^{-t})u(t) = f_\delta(t) + f(t)u(t)$,有

$$f_\delta(t) = 4\delta(t), \quad f(t) = -8\mathrm{e}^{-2t} + \mathrm{e}^{-t}, \quad r(0_+) = f(0_+) = -7$$

所以

$$\begin{aligned} \frac{\mathrm{d}}{\mathrm{d}t}r(t) &= f'_\delta(t) + f'(t)u(t) + [r(0_+) - r(0_-)\delta(t)] \\ &= [4\delta(t)]' + (-8\mathrm{e}^{-2t} + \mathrm{e}^{-t})'u(t) + (-7-1)\delta(t) \\ &= 4\delta'(t) - 8\delta(t) + (16\mathrm{e}^{-2t} - \mathrm{e}^{-t})u(t) \end{aligned}$$

例 3.3-4　在例 3.3-2 中,已经求得 $r(t) = \left(-\mathrm{e}^{-t} + \dfrac{9}{2}\mathrm{e}^{-2t} - \dfrac{8}{3}\mathrm{e}^{-3t} + \dfrac{1}{6}\right)u(t)$,且已知 $r(0_-) = 1$,$r'(0_-) = r''(0_-) = -1$,确定 $r'(t)$、$r''(t)$及 $r'''(t)$函数。

解 $$r(t) = f(t)u(t)$$

其中

$$f(t) = -e^{-t} + \frac{9}{2}e^{-2t} - \frac{8}{3}e^{-3t} + \frac{1}{6}$$

求得

$$f'(t) = e^{-t} - 9e^{-2t} + 8e^{-3t}$$
$$f''(t) = -e^{-t} + 18e^{-2t} - 24e^{-3t}$$
$$f'''(t) = e^{-t} - 36e^{-2t} + 72e^{-3t}$$

及

$$r(0_+) = f(0_+) = -1 + \frac{9}{2} - \frac{8}{3} + \frac{1}{6} = 1$$
$$r'(0_+) = f'(0_+) = 1 - 9 + 8 = 0$$
$$r''(0_+) = f''(0_+) = -1 + 18 - 24 = -7$$

由式(3.3-18),求得

$$r'(t) = (e^{-t} - 9e^{-2t} + 8e^{-3t})u(t)$$
$$r''(t) = (-e^{-t} + 18e^{-2t} - 24e^{-3t})u(t) + \delta(t)$$
$$r'''(t) = (e^{-t} - 36e^{-2t} + 72e^{-3t})u(t) + \delta'(t) - 6\delta(t)$$

与式(3.3-14)是一致的。

3.4 零输入响应的计算

系统的响应可分解为零输入响应和零状态响应,这就是分解法求系统响应的基础。所谓零输入响应是在 $t>t_0$ 或 $n\geqslant n_0$(一般 $t_0=0, n_0=0$)时,没有外加激励的作用,只有系统的起始状态所产生的响应。系统的起始状态就是零输入响应的起始状态。

3.4.1 零输入响应方程的确定

对于连续系统,根据定义,求 $t>0$ 时零输入响应的方程为

$$\left.\begin{aligned} &\sum_{i=0}^{n} a_i \frac{d^i}{dt^i} r_{zi}(t) = \sum_{j=0}^{m} b_j \frac{d^j}{dt^j} e(t) \\ &e(t) = 0 \quad (t > 0) \\ &r_{zi}^{(k)}(0_-) = r^{(k)}(0_-), \quad k = 0,1,\cdots,n-1 \end{aligned}\right\} \tag{3.4-1}$$

如果激励 $e(t)$ 是因果信号(即 $t<0$ 时 $e(t)=0$),求 $t>0$ 时零输入响应方程为

$$\left.\begin{aligned} &\sum_{i=0}^{n} a_i \frac{d^i}{dt^i} r_{zi}(t) = 0 \\ &r_{zi}^{(k)}(0_-) = r^{(k)}(0_-), \quad k = 0,1,\cdots,n-1 \end{aligned}\right\} \tag{3.4-2}$$

对于离散系统,如果输入是因果信号,求 $n\geqslant 0$ 时的零输入响应方程为

$$\left.\begin{array}{l}\sum_{i=0}^{N} a_i y_{zi}(n-i)=0 \\ y_{zi}(k)=y(k), k=-1,-2,\cdots,-N\end{array}\right\} \tag{3.4-3}$$

简单起见,求零输入响应时常把 $r_{zi}(t)$ 写成 $r(t)$, $y_{zi}(n)$ 写成 $y(n)$。

从式(3.4-2)和式(3.4-3)可见,因果信号激励的系统其零输入响应中只有齐次解,而且由于方程右边为 0,起始条件可代替初始条件直接计算待定系数。

3.4.2 零输入响应的计算

连续系统的零输入响应可用冲激平衡法结合时域经典法来计算,离散系统的零输入响应可用时域经典法来计算,下面通过例子加以说明。

例 3.4-1 系统方程为 $\frac{d^2}{dt^2}r(t)+2\frac{d}{dt}r(t)+r(t)=e(t)$,激励 $e(t)=u(t)$,起始状态 $r(0_-)=1, r'(0_-)=2$,求零输入响应。

解 由于 $e(t)=u(t)$是因果信号,求零输入响应的方程为

$$\frac{d^2}{dt^2}r_{zi}(t)+2\frac{d}{dt}r_{zi}(t)+r_{zi}(t)=0,\quad t>0$$

$$r_{zi}(0_-)=r(0_-)=1,\quad r'_{zi}(0_-)=r'(0_-)=2$$

齐次解为

$$r_h(t)=(C_1+C_2t)e^{-t}$$

特解为

$$r_p(t)=0$$

完全解为

$$r_{zi}(t)=r_h(t)+r_p(t)=(C_1+C_2t)e^{-t}u(t)$$

由于零输入响应方程右边没有冲激函数及导数,故

$$r_{zi}(0_+)=r_{zi}(0_-)=1,\quad r'_{zi}(0_+)=r'_{zi}(0_-)=2$$

代入到完全解中,有

$$\begin{cases}1=r_{zi}(0_+)=C_1 \\ 2=r'_{zi}(0_+)=C_2-C_1\end{cases}$$

求得 $C_1=1, C_2=3$。

所以零输入响应为

$$r_{zi}(t)=(1+3t)e^{-t}u(t)$$

例 3.4-2 系统方程为 $\frac{d^2}{dt^2}r(t)+7\frac{d}{dt}r(t)+10r(t)=\frac{d^2}{dt^2}e(t)+6\frac{d}{dt}e(t)+4e(t)$,起始状态 $r(0_-)=\frac{4}{5}, r'(0_-)=0$,激励 $e(t)$的波形如图 3.4-1(a)所示,求零输入响应。

解 根据零输入响应定义,求零输入响应的激励 $e(t)$波形如图 3.4-1(b)所示,即 $e(t)=2u(-t)$,得到求零输入响应方程为

(a) 激励$e(t)$的波形　　(b) 零输入响应的激励$e(t)$波形

图 3.4-1　激励信号的波形

$$\frac{d^2}{dt^2}r_{zi}(t)+7\frac{d}{dt}r_{zi}(t)+10r_{zi}(t)=-2\delta'(t)-12\delta(t)$$

$$r_{zi}(0_-)=\frac{4}{5},\quad r'_{zi}(0_-)=0$$

用冲激平衡法求得

$$r_{zi}(t)=(C_1e^{-2t}+C_2e^{-5t})u(t)$$

$$r_{zi}(0_+)=r_{zi}(0_-)-2=-\frac{6}{5},\quad r'_{zi}(0_+)=r'_{zi}(0_-)+2=2$$

代入，有

$$\begin{cases}-\dfrac{6}{5}=r_{zi}(0_+)=C_1+C_2\\ 2=r'_{zi}(0_+)=-2C_1-5C_2\end{cases}$$

解得 $C_1=-\frac{4}{3}$，$C_2=\frac{2}{15}$。

零输入响应为

$$r_{zi}(t)=\left(-\frac{4}{3}e^{-2t}+\frac{2}{15}e^{-5t}\right)u(t)$$

可见，求零输入响应时，零输入响应的方程十分重要。同时发现，因果信号作用于系统时零输入响应与激励无关，但当激励是非因果信号时，零输入响应与激励有一定的关系。

例 3.4-3　已知系统的差分方程为 $y(n)+3y(n-1)+2y(n-2)=x(n)$，输入 $x(n)=u(n)$，起始条件为 $y(-1)=-4$，$y(-2)=3$，求系统的零输入响应。

解　求零输入响应方程为

$$\begin{cases}y(n)+3y(n-1)+2y(n-2)=0\\ y(-1)=-4,y(-2)=3\end{cases}\qquad n\geqslant 0$$

特征方程为 $\alpha^2+3\alpha+2=0$，求得特征根 $\alpha_1=-1$，$\alpha_2=-2$。

故

$$y(n)=C_1(-1)^n+C_2(-2)^n$$

用 $n=-1,-2$ 代入，有

$$\begin{cases}-4=y(-1)=C_1(-1)^{-1}+C_2(-2)^{-1}\\ 3=y(-2)=C_1(-1)^{-2}+C_2(-2)^{-2}\end{cases}$$

求得 $C_1=2$，$C_2=4$。

系统的零输入响应为

$$y_{zi}(n)=[2(-1)^n+4(-2)^n]u(n)$$

例 3.4-4 将例 3.4-3 中的条件改为 $y(0)=1,y(1)=0$,求零输入响应。

解 本题中已知的是系统的初始条件,系统的初始条件是零输入响应和零状态响应共同的初始条件,而系统的起始条件只是零输入响应的起始条件,因此先要将初始条件转化为起始条件。

系统差分方程为

$$y(n)+3y(n-1)+2y(n-2)=u(n)$$

用 $n=0$ 和 1 代入有

$$\begin{cases}y(0)+3y(-1)+2y(-2)=u(0)\\y(1)+3y(0)+2y(-1)=u(1)\end{cases}$$

即

$$\begin{cases}1+3y(-1)+2y(-2)=1\\3+2y(-1)=1\end{cases}$$

求得 $y(-1)=-1,y(-2)=\frac{3}{2}$。

求零输入响应方程为

$$\begin{cases}y(n)+3y(n-1)+2y(n-2)=0, & n\geqslant 0\\y(-1)=-1, \quad y(-2)=\frac{3}{2}\end{cases}$$

解得

$$y(n)=C_1(-1)^n+C_2(-2)^n$$

将 $n=-1,-2$ 代入,得

$$\begin{cases}-1=y(-1)=C_1(-1)^{-1}+C_2(-2)^{-1}\\\frac{3}{2}=y(-2)=C_1(-1)^{-2}+C_2(-2)^{-2}\end{cases}$$

求得 $C_1=2,C_2=-2$。

零输入响应为

$$y_{zi}(n)=[2(-1)^n-2(-2)^n]u(n)$$

3.5 零状态响应的计算

零状态的定义为:系统的起始状态为零,仅由外加激励信号所引起的响应。连续系统用 $r_{zs}(t)$ 表示,离散系统用 $y_{zs}(n)$ 表示。

3.5.1 零状态响应方程的确定

对于连续系统,求 $t>0$ 时的零状态响应方程为

$$\left.\begin{aligned}&\sum_{i=0}^{n}a_i\frac{\mathrm{d}^i}{\mathrm{d}t^i}r_{zs}(t)=\sum_{j=0}^{m}b_j\frac{\mathrm{d}^j}{\mathrm{d}t^j}e(t)\\&e(t)=0,\quad t<0\\&r_{zs}^{(k)}(0_-)=0,\quad k=0,1,\cdots,n-1\end{aligned}\right\}\tag{3.5-1}$$

对于离散系统，如果输入是因果信号，求 $n\geqslant0$ 时的零状态响应方程为

$$\left.\begin{aligned}&\sum_{i=0}^{N}a_iy_{zs}(n-i)=\sum_{j=0}^{M}b_jx(n-j)\\&y_{zs}(k)=0,k=-1,-2,\cdots,-N\end{aligned}\right\}\tag{3.5-2}$$

习惯上，求零状态响应时 $r_{zs}(r)$ 写成 $r(t)$，$y_{zs}(n)$ 写成 $y(n)$，并且 $r_{zs}^{(k)}(0_-)=0$ 和 $y_{zs}(k)=0$ 省略不写。

求零状态响应时，输入信号要变成因果信号，所以零状态响应也是因果信号。

零状态响应可用经典法、算子法及卷积法计算。

3.5.2 用经典法求零状态响应

首先确定求零状态响应的方程，再求解，举例说明。

例 3.5-1 系统方程为 $\frac{\mathrm{d}}{\mathrm{d}t}r(t)+6r(t)=3\frac{\mathrm{d}}{\mathrm{d}t}e(t)+2e(t)$，求当激励 $e(t)=u(t)$时的零状态响应。

解 将 $e(t)=u(t)$代入，得到求零状态响应的方程

$$\frac{\mathrm{d}}{\mathrm{d}t}r_{zs}(t)+6r_{zs}(t)=3\delta(t)+2u(t)$$

用冲激平衡法求得

$$r_{zs}(t)=\left(C\mathrm{e}^{-6t}+\frac{1}{3}\right)u(t)$$

$$r_{zs}(0_+)=3+r_{zs}(0_-)=3$$

代入，有

$$3=r_{zs}(0_+)=C+\frac{1}{3}$$

求得 $C=\frac{8}{3}$。

零状态响应为

$$r_{zs}(t)=\left(\frac{8}{3}\mathrm{e}^{-6t}+\frac{1}{3}\right)u(t)$$

例 3.5-2 求例 3.4-2 的零状态响应。

解 求零状态响应时，所加激励如图 3.5-1 所示，即$e(t)=4u(t)$。

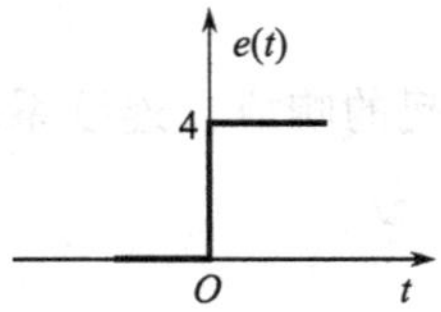

图 3.5-1 求零状态响应时激励的波形

代入得到求零状态响应方程为

$$\frac{\mathrm{d}^2}{\mathrm{d}t^2}r_{zs}(t)+7\frac{\mathrm{d}}{\mathrm{d}t}r_{zs}(t)+10r_{zs}(t)=4\delta'(t)+24\delta(t)+16u(t)$$

用冲激平衡法求得

$$r_{zs}(t)=\left(C_1\mathrm{e}^{-2t}+C_2\mathrm{e}^{-5t}+\frac{8}{5}\right)u(t)$$

$$r_{zs}(0_+)=r_{zs}(0_-)+4=4,\quad r'_{zs}(0_+)=r'_{zs}(0_-)-4=-4$$

代入，有

$$\begin{cases}4=r_{zs}(0_+)=C_1+C_2+\dfrac{8}{5}\\ -4=r'_{zs}(0_+)=-2C_1-5C_2\end{cases}$$

解得 $C_1=\frac{8}{3}$，$C_2=-\frac{4}{15}$。

零状态响应为

$$r_{zs}(t)=\left(\frac{8}{3}\mathrm{e}^{-2t}-\frac{4}{15}\mathrm{e}^{-5t}+\frac{8}{5}\right)u(t)$$

在例 3.4-2 中已求出该系统的零输入响应 $r_{zi}(t)=\left(-\frac{4}{3}\mathrm{e}^{-2t}+\frac{2}{15}\mathrm{e}^{-5t}\right)u(t)$，因此该系统完全响应为

$$r(t)=r_{zi}(t)+r_{zs}(t)=\left(\frac{4}{3}\mathrm{e}^{-2t}-\frac{2}{15}\mathrm{e}^{-5t}+\frac{8}{5}\right)u(t)$$

例 3.5-3　求例 3.4-3 的零状态响应。

解　求零状态响应方程为

$$\begin{cases}y(n)+3y(n-1)+2y(n-2)=u(n)\\ y(-1)=y(-2)=0\end{cases}\quad n\geqslant 0$$

求得齐次解 $y_h(n)=C_1(-1)^n+C_2(-2)^n$，特解为 $y_p(n)=\frac{1}{6}u(n)$，零状态响应为

$$y_{zs}(n)=y_h(n)+y_p(n)=\left[C_1(-1)^n+C_2(-2)^n+\frac{1}{6}\right]u(n)$$

为求系数 C_1 和 C_2，在 $y(n)=C_1(-1)^n+C_2(-2)^n+\frac{1}{6}$ 中，用 $y(-1)=0$，$y(-2)=0$ 代入，得

$$\begin{cases}0=y(-1)=C_1(-1)^{-1}+C_2(-2)^{-1}+\dfrac{1}{6}\\ 0=y(-2)=C_1(-1)^{-2}+C_2(-2)^{-2}+\dfrac{1}{6}\end{cases}$$

解得 $C_1=-\frac{1}{2}$，$C_2=\frac{4}{3}$。

所以零状态响应为

$$y_{zs}(n)=\left[-\frac{1}{2}(-1)^n+\frac{4}{3}(-2)^n+\frac{1}{6}\right]u(n)$$

简单起见，在 $y(n)=C_1(-1)^n+C_2(-2)^n+\frac{1}{6}$ 中，用 $y(-1)=0$，$y(-2)=0$ 代入求系

数 C_1 和 C_2 也是可以的。代入得

$$\begin{cases} 0=y(-1)=C_1(-1)^{-1}+C_2(-2)^{-1}+\dfrac{1}{6} \\ 0=y(-2)=C_1(-1)^{-2}+C_2(-2)^{-2}+\dfrac{1}{6} \end{cases}$$

解得 $C_1=-\frac{1}{2}, C_2=\frac{4}{3}$。

3.5.3 算子求解

求零状态响应时，由于激励信号和零状态响应都是因果信号，故可用算子求解。

例 3.5-4 用算子求解例 3.5-2 的零状态响应。

解 系统的传输算子为

$$H(p)=\frac{p^2+6p+4}{p^2+7p+10}$$

故零状态响应为

$$\begin{aligned} r_{zs}(t) &= H(p)e(t)=\frac{p^2+6p+4}{p^2+7p+10}e(t)=\frac{p^2+6p+4}{p^2+7p+10}\cdot\frac{4}{p}\delta(t) \\ &= \frac{\frac{8}{5}}{p}\delta(t)+\frac{\frac{8}{3}}{p+2}\delta(t)+\frac{-\frac{4}{15}}{p+5}\delta(t) \\ &= \left(\frac{8}{5}+\frac{8}{3}\mathrm{e}^{-2t}-\frac{4}{15}\mathrm{e}^{-5t}\right)u(t) \end{aligned}$$

可见，用算子求解是比较简单的。

例 3.5-5 求 $y(n)+3y(n-1)+2y(n-2)=x(n)$，$x(n)=u(n)$ 的零状态响应。

解 系统的传输算子为

$$H(E)=\frac{E^2}{E^2+3E+2}$$

零状态响应为

$$\begin{aligned} y_{zs}(n) &= H(E)u(n)=\frac{E^2}{E^2+3E+2}\cdot\frac{E}{E-1}\delta(n)=\frac{E^3}{(E+1)(E+2)(E-1)}\delta(n) \\ &= \left(\frac{-\frac{1}{2}E}{E+1}+\frac{\frac{4}{3}E}{E+2}+\frac{\frac{1}{6}E}{E-1}\right)\delta(n)=-\frac{1}{2}\frac{E}{E+1}\delta(n)+\frac{4}{3}\frac{E}{E+2}\delta(n)+\frac{1}{6}\frac{E}{E-1}\delta(n) \\ &= -\frac{1}{2}(-1)^n u(n)+\frac{4}{3}(-2)^n u(n)+\frac{1}{6}u(n) \end{aligned}$$

3.5.4 单位冲激响应和单位阶跃响应

单位冲激响应（简称冲激响应，impulse response）是指当激励是单位冲激信号时的零状态响应。连续系统用 $h(t)$ 表示，离散系统用 $h(n)$ 表示。

单位阶跃响应（简称阶跃响应，step response）是激励为单位阶跃信号时的零状态响应。

连续系统用 $g(t)$ 表示，离散系统用 $g(n)$ 表示。

由于 $\frac{\mathrm{d}}{\mathrm{d}t}u(t)=\delta(t)$ 和 $\int_{-\infty}^{t}\delta(\tau)\mathrm{d}\tau=u(t)$，根据 LTI 系统性质，有

$$\left.\begin{aligned}&\frac{\mathrm{d}}{\mathrm{d}t}g(t)=h(t)\\&\int_{-\infty}^{t}h(\tau)\mathrm{d}\tau=g(t)\end{aligned}\right\}\tag{3.5-3}$$

由于 $\delta(n)=u(n)-u(n-1)$，故

$$h(n)=g(n)-g(n-1)\tag{3.5-4}$$

例 3.5-6　系统方程为 $\frac{\mathrm{d}^2}{\mathrm{d}t^2}r(t)+4\frac{\mathrm{d}}{\mathrm{d}t}r(t)+3r(t)=\frac{\mathrm{d}^2}{\mathrm{d}t^2}e(t)+e(t)$，求 $h(t)$ 和 $g(t)$。

解　用算子来求解。系统的传输算子为

$$H(p)=\frac{p^2+1}{p^2+4p+3}$$

(1) $h(t)$ 的求解

$$\begin{aligned}h(t)&=H(p)\delta(t)=\frac{p^2+1}{p^2+4p+3}\delta(t)=\left(1+\frac{-4p-2}{p^2+4p+3}\right)\delta(t)\\&=\delta(t)+\frac{1}{p+1}\delta(t)+\frac{-5}{p+3}\delta(t)\\&=\delta(t)+\mathrm{e}^{-t}u(t)-5\mathrm{e}^{-3t}u(t)\end{aligned}$$

(2) $g(t)$ 的求解

$$\begin{aligned}g(t)&=H(p)u(t)=\frac{p^2+1}{p^2+4p+3}\cdot\frac{1}{p}\delta(t)\\&=\left(\frac{\frac{1}{3}}{p}+\frac{-1}{p+1}+\frac{\frac{5}{3}}{p+3}\right)\delta(t)\\&=\frac{1}{3}u(t)-\mathrm{e}^{-t}u(t)+\frac{5}{3}\mathrm{e}^{-3t}u(t)\end{aligned}$$

可以验证

$$\frac{\mathrm{d}}{\mathrm{d}t}g(t)=h(t)\quad 及\quad \int_{-\infty}^{t}h(\tau)\mathrm{d}\tau=g(t)$$

例 3.5-7　求 $y(n)+3y(n-1)+2y(n-2)=x(n)$ 的 $h(n)$。

解

$$\begin{aligned}h(n)&=H(E)\delta(n)=\frac{E^2}{E^2+3E+2}\delta(n)=\left(\frac{-E}{E+1}+\frac{2E}{E+2}\right)\delta(n)\\&=-(-1)^nu(n)+2(-2)^nu(n)=[(-1)^{n+1}-(-2)^{n+1}]u(n)\end{aligned}$$

例 3.5-8　系统方程为 $y(n)-5y(n-1)+6y(n-2)=x(n)-3x(n-2)$，求 $g(n)$。

解

$$H(E)=\frac{E^2-3}{E^2-5E+6}$$

$$g(n)=H(E)\frac{E}{E-1}\delta(n)=\frac{E(E^2-3)}{(E^2-5E+6)(E-1)}\delta(n)=\left(\frac{-E}{E-1}+\frac{-E}{E-2}+\frac{3E}{E-3}\right)\delta(n)$$

$$= (-1 - 2^n + 3^{n+1})u(n)$$

3.5.5 卷积求零状态响应

由于 $e(t)=e(t)*\delta(t)$，$e(t)$ 产生的零状态响应 $r_{zs}(t)$ 可由下式计算

$$r_{zs}(t) = e(t) * h(t) \tag{3.5-5}$$

由于 $x(n)=x(n)*\delta(n)$，输入为 $\delta(n)$ 时产生零状态响应为 $h(n)$，故 $x(n)$ 产生的零状态响应为

$$y_{zs}(n) = x(n) * h(n) \tag{3.5-6}$$

可用算子法来计算卷积。

例 3.5-9 系统方程同例 3.5-6，求 $e(t) = e^{-t}u(t)$ 的零状态响应。

解 由例 3.5-6 求得

$$h(t) = \delta(t) + e^{-t}u(t) - 5e^{-3t}u(t)$$

$e(t) = e^{-t}u(t)$ 产生的零状态响应 $r_{zs}(t)$ 为

$$\begin{aligned} r_{zs}(t) &= e(t) * h(t) \\ &= e^{-t}u(t) * [\delta(t) + e^{-t}u(t) - 5e^{-3t}u(t)] \\ &= \frac{1}{p+1}\delta(t) * \left[1 + \frac{1}{p+1} - \frac{5}{p+3}\right]\delta(t) \\ &= \frac{1}{p+1}\left(1 + \frac{1}{p+1} - \frac{5}{p+3}\right)\delta(t) \\ &= \left[\frac{1}{p+1} + \frac{1}{(p+1)^2} - \frac{5}{(p+1)(p+3)}\right]\delta(t) \\ &= \left[\frac{1}{(p+1)^2} + \frac{-\frac{3}{2}}{p+1} + \frac{\frac{5}{2}}{p+3}\right]\delta(t) \\ &= \left(te^{-t} - \frac{3}{2}e^{-t} + \frac{5}{2}e^{-3t}\right)u(t) \end{aligned}$$

例 3.5-10 求 $y(n)+3y(n-1)+2y(n-2)=u(n)$ 的零状态响应。

解 由例 3.5-7 求得系统的冲激响应为

$$h(n) = [(-1)^{n+1} - (-2)^{n+1}]u(n)$$

求得系统的零状态响应为

$$\begin{aligned} y_{zs}(n) &= x(n) * h(n) = u(n) * [(-1)^{n+1} - (-2)^{n+1}]u(n) \\ &= \frac{E}{E-1}\delta(n) * \left(-\frac{E}{E+1} + 2\frac{E}{E+2}\right)\delta(n) \\ &= \left[-\frac{E^2}{(E-1)(E+1)} + \frac{2E^2}{(E-1)(E+2)}\right]\delta(n) \\ &= \left(-\frac{1}{2}\frac{E}{E+1} + \frac{4}{3}\frac{E}{E+2} + \frac{1}{6}\frac{E}{E-1}\right)\delta(n) \\ &= \left[-\frac{1}{2}(-1)^n + \frac{4}{3}(-2)^n + \frac{1}{6}\right]u(n) \end{aligned}$$

3.6 时域分析法举例

3.6.1 系统响应的分解

系统的响应按不同的方式进行分解，可分为零输入响应和零状态响应，自由响应（natural response）和强迫响应（forced response），瞬态响应（transient response）和稳态响应（steady-state response）。

自由响应由系统的特征根所决定，强迫响应由系统的激励所决定。一般方程的通解是系统的自由响应，特解是系统的强迫响应。

瞬态响应是指随着变量的增大能消失的分量，反之则称为稳态响应。

3.6.2 时域分析法举例

例 3.6-1　图 3.6-1(a)所示电路在 $t=0$ 换路，换路前电路已处于稳态，求换路后的电流 $i(t)$，并指出自由响应和强迫响应，瞬态响应和稳态响应。

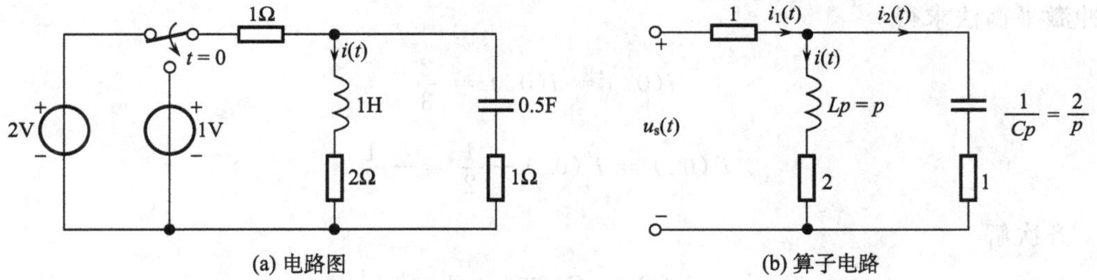

图 3.6-1　电路图

解　求解过程为：先利用算子电路来建立 $i(t)$ 的微分方程，确定起始条件 $i(0_-)$、$i'(0_-)$，最后求得 $i(t)$。

(1) 微分方程的建立。

图 3.6-1(a)的算子电路如图(b)所示。

KCL 有

$$i_1(t)=i(t)+i_2(t)$$

KVL 有

$$u_s(t)=i_1(t)+(p+2)i(t)$$

$$(p+2)i(t)=\left(\frac{2}{p}+1\right)i_2(t)$$

求解以上三式，得

$$i(t)=\frac{p+2}{2p^2+7p+6}u_s(t)$$

微分方程为

$$\frac{d^2}{dt^2}i(t)+\frac{7}{2}\frac{d}{dt}i(t)+3i(t)=\frac{1}{2}\frac{d}{dt}u_s(t)+u_s(t)$$

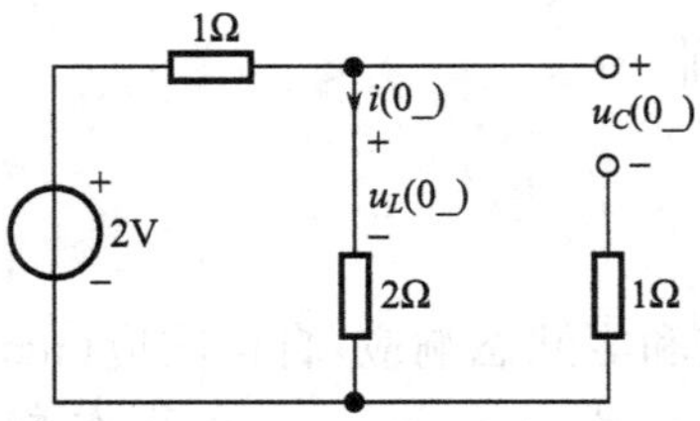

图 3.6-2 $t=0_-$时刻的等效电路

(2) 起始值的计算。

起始状态 $i(0_-)$和 $i'(0_-)$由电路来确定，$t=0_-$时的等效电路如图 3.6-2 所示。显然有

$$i(0_-)=\frac{2}{1+2}=\frac{2}{3}\text{A}$$

$$u_L(0_-)=0$$

$$u_C(0_-)=2i(0_-)=\frac{4}{3}\text{V}$$

由于 $u_L(t)=Li'(t)$，所以 $i'(0_-)=\frac{1}{L}u_L(0_-)=0$。

(3) $i(t)$的计算。

$u_s(t)$的波形如图 3.6-3 所示，$t>0$ 时的方程为

$$\begin{cases}\frac{d^2}{dt^2}i(t)+\frac{7}{2}\frac{d}{dt}i(t)+3i(t)=-\frac{1}{2}\delta(t)+u(t)\\ i(0_-)=\frac{2}{3},\quad i'(0_-)=0\end{cases}$$

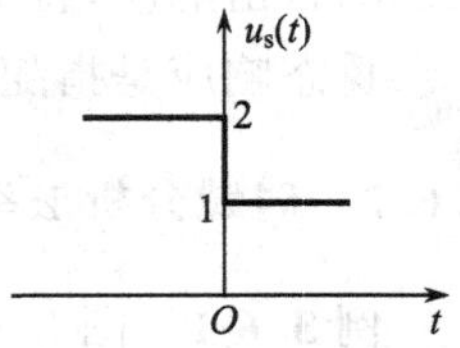

图 3.6-3 $u_s(t)$的波形

由冲激平衡法求得

$$i(0_+)=i(0_-)=\frac{2}{3}$$

$$i'(0_+)=i'(0_-)-\frac{1}{2}=-\frac{1}{2}$$

齐次解

$$i_h(t)=C_1e^{-\frac{3}{2}t}+C_2e^{-2t}$$

特解

$$i_p(t)=\frac{1}{3}u(t)$$

完全解

$$i(t)=\left(C_1e^{-\frac{3}{2}t}+C_2e^{-2t}+\frac{1}{3}\right)u(t)$$

$t=0_+$条件代入，有

$$\begin{cases}\frac{2}{3}=i(0_+)=C_1+C_2+\frac{1}{3}\\ -\frac{1}{2}=i'(0_+)=-\frac{3}{2}C_1-2C_2\end{cases}$$

求得 $C_1=\frac{1}{3}$，$C_2=0$。

完全解

$$i(t)=\left(\frac{1}{3}e^{-\frac{3}{2}t}+\frac{1}{3}\right)u(t)$$

自由响应为 $\frac{1}{3}e^{-\frac{3}{2}t}u(t)$，强迫响应为$\frac{1}{3}u(t)$。瞬态响应为 $\frac{1}{3}e^{-\frac{3}{2}t}u(t)$，稳态响应为$\frac{1}{3}u(t)$。

例 3.6-2　系统的模拟图如图 3.6-4 所示，已知 $e(t)=\mathrm{e}^{-t}u(t), r(0_-)=1, r'(0_-)=0$ 。求零输入响应、零状态响应和完全响应。

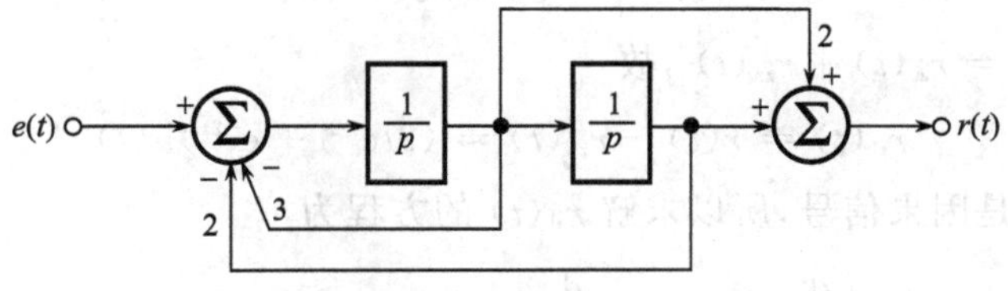

图 3.6-4　系统的模拟图

解　由梅森公式求得传输算子 $H(p)$ 为

$$H(p)=\frac{\dfrac{1}{p^2}+\dfrac{2}{p}}{1+\dfrac{3}{p}+\dfrac{2}{p^2}}=\frac{2p+1}{p^2+3p+2}$$

系统的微分方程为

$$\frac{\mathrm{d}^2}{\mathrm{d}t^2}r(t)+3\frac{\mathrm{d}}{\mathrm{d}t}r(t)+2r(t)=2\frac{\mathrm{d}}{\mathrm{d}t}e(t)+e(t)$$

(1) 求零输入响应方程为

$$\begin{cases}\dfrac{\mathrm{d}^2}{\mathrm{d}t^2}r_{zi}(t)+3\dfrac{\mathrm{d}}{\mathrm{d}t}r_{zi}(t)+2r_{zi}(t)=0\\ r_{zi}(0_-)=1,\quad r'_{zi}(0_-)=0\end{cases}$$

求得

$$r_{zi}(t)=(2\mathrm{e}^{-t}-\mathrm{e}^{-2t})u(t)$$

(2) 零状态响应用算子计算

$$r_{zs}(t)=H(p)e(t)=\frac{2p+1}{p^2+3p+2}\cdot\frac{1}{p+1}\delta(t)=\frac{-1}{(p+1)^2}\delta(t)+\frac{3}{p+1}\delta(t)+\frac{-3}{p+2}\delta(t)$$

$$=(-t\mathrm{e}^{-t}+3\mathrm{e}^{-t}-3\mathrm{e}^{-2t})u(t)$$

(3) 完全响应为

$$r(t)=r_{zi}(t)+r_{zs}(t)=(5\mathrm{e}^{-t}-4\mathrm{e}^{-2t}-t\mathrm{e}^{-t})u(t)$$

例 3.6-3　已知系统方程为 $\frac{\mathrm{d}^2}{\mathrm{d}t^2}r(t)+4\frac{\mathrm{d}}{\mathrm{d}t}r(t)+4r(t)=\frac{\mathrm{d}^2}{\mathrm{d}t^2}e(t)+e(t)$，当激励 $e(t)=\mathrm{e}^{-t}u(t)$ 时系统的完全响应 $r(t)=(2\mathrm{e}^{-t}+4t\mathrm{e}^{-2t})u(t)$ 。求(1)零状态响应；(2)零输入响应；(3)系统起始状态。

解　(1)系统的传输算子

$$H(p)=\frac{p^2+1}{p^2+4p+4}$$

零状态响应

$$r_{zs}(t)=H(p)e(t)=\frac{p^2+1}{p^2+4p+4}\cdot\frac{1}{p+1}\delta(t)$$

$$= \left[\frac{-5}{(p+2)^2} + \frac{-1}{p+2} + \frac{2}{p+1}\right]\delta(t)$$

$$= (-5te^{-2t} - e^{-2t} + 2e^{-t})u(t)$$

(2) 由于 $r(t) = r_{zi}(t) + r_{zs}(t)$，故

$$r_{zi}(t) = r(t) - r_{zs}(t) = (9te^{-2t} + e^{-2t})u(t)$$

(3) 由于 $e(t)$是因果信号，所以求解 $r_{zi}(t)$ 的方程为

$$\begin{cases} \dfrac{d^2}{dt^2}r_{zi}(t) + 4\dfrac{d}{dt}r_{zi}(t) + 4r_{zi}(t) = 0 \\ r_{zi}(0_-) = r(0_-), \quad r'_{zi}(0_-) = r'(0_-) \end{cases}$$

显然有

$$r_{zi}(0_+) = r_{zi}(0_-) = r(0_-), \quad r'_{zi}(0_+) = r'_{zi}(0_-) = r'(0_-)$$

求得

$$r(0_-) = [9te^{-2t} + e^{-2t}]_{t=0} = 1$$

$$r'(0_-) = [9te^{-2t} + e^{-2t}]'_{t=0} = 9 - 2 = 7$$

例 3.6-4 已知系统的模拟图如图 3.6-5 所示，输入为 $x(n)=0.5^n u(n)$时 $y(0)=2$，$y(1)=-1.1$。求：(1)系统的冲激响应；(2)系统的阶跃响应；(3)系统的零输入响应；(4)系统的零状态响应；(5)系统的完全响应；(6)指出完全响应中自由响应、强迫响应，稳态响应、瞬态响应。

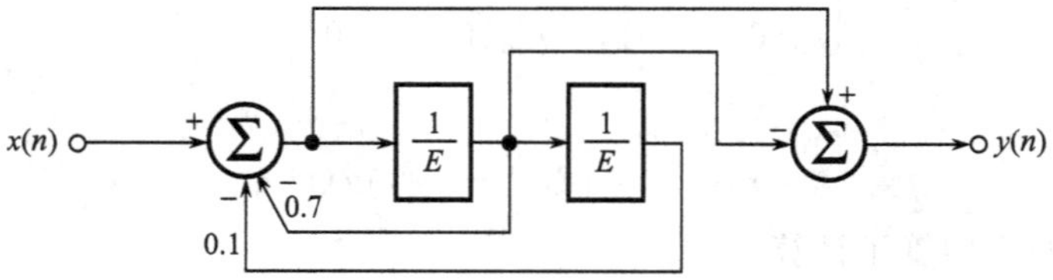

图 3.6-5 例 3.6-4 系统的模拟图

解 由梅森公式求得系统的传输算子为

$$H(E) = \frac{1 - \dfrac{1}{E}}{1 + \dfrac{0.7}{E} + \dfrac{0.1}{E^2}} = \frac{E^2 - E}{E^2 + 0.7E + 0.1}$$

得到系统的差分方程为

$$y(n) + 0.7y(n-1) + 0.1y(n-2) = x(n) - x(n-1)$$

$x(n)=0.5^n u(n)$代入后，有

$$y(n) + 0.7y(n-1) + 0.1y(n-2) = 0.5^n u(n) - 0.5^{n-1}u(n-1)$$

由 $y(0)$和 $y(1)$先求出 $y(-1)$和 $y(-2)$，用 $n=0$ 和 $n=1$ 代入上面方程，有

$$\begin{cases} y(0) + 0.7y(-1) + 0.1y(-2) = 1 \\ y(1) + 0.7y(0) + 0.1y(-1) = -0.5 \end{cases}$$

求得 $y(-1)=-8, y(-2)=46$。

(1) $h(n)=H(E)\delta(n)=\dfrac{E^2-E}{E^2+0.7E+0.1}\delta(n)=\left(\dfrac{-4E}{E+0.2}+\dfrac{5E}{E+0.5}\right)\delta(n)$

$=[-4(-0.2)^n+5(0.5)^n]u(n)$

(2) $g(n)=H(E)\dfrac{E}{E-1}\delta(n)=\dfrac{E^2}{(E+0.2)(E+0.5)}\delta(n)$

$=\left(-\dfrac{2}{3}\dfrac{E}{E+0.2}+\dfrac{5}{3}\dfrac{E}{E+0.5}\right)\delta(n)$

$=\left[-\dfrac{2}{3}(-0.2)^n+\dfrac{5}{3}(0.5)^n\right]u(n)$

(3) 求零输入响应方程为

$$\begin{cases}y(n)+0.7y(n-1)+0.1y(n-2)=0, & n\geqslant 0\\ y(-1)=-8, y(-2)=46\end{cases}$$

特征根 $\alpha_1=-0.2, \alpha_2=-0.5$。

零输入响应为

$$y(n)=C_1(-0.2)^n+C_2(-0.5)^n$$

$n=-1$ 和 $n=-2$ 代入有

$$\begin{cases}-8=C_1(-0.2)^{-1}+C_2(-0.5)^{-1}\\ 46=C_1(-0.2)^{-2}+C_2(-0.5)^{-2}\end{cases}$$

求得 $C_1=2, C_2=-1$。

所以

$$y_{zi}(n)=[2(-0.2)^n-(-0.5)^n]u(n)$$

(4) 零状态响应的计算

$$y_{zs}(n)=H(E)x(n)=\frac{E^2-E}{E^2+0.7E+0.1}\cdot\frac{E}{E-0.5}\delta(n)=\frac{E^2(E-1)}{(E+0.2)(E+0.5)(E-0.5)}\delta(n)$$

$$=\left[\frac{-\frac{8}{7}E}{E+0.2}+\frac{\frac{5}{2}E}{E+0.5}+\frac{-\frac{5}{14}E}{E-0.5}\right]\delta(n)$$

$$=\left[-\frac{8}{7}(-0.2)^n+\frac{5}{2}(-0.5)^n-\frac{5}{14}(0.5)^n\right]u(n)$$

(5) 完全响应的计算

$$y(n)=y_{zi}(n)+y_{zs}(n)=\left[\frac{6}{7}(-0.2)^n+\frac{3}{2}(-0.5)^n-\frac{5}{14}(0.5)^n\right]u(n)$$

强迫响应是 $-\dfrac{5}{14}(0.5)^n u(n)$，自由响应是 $\left[\dfrac{6}{7}(-0.2)^n+\dfrac{3}{2}(-0.5)^n\right]u(n)$。

没有稳态响应，瞬态响应是 $\left[-\dfrac{6}{7}(-0.2)^n+\dfrac{3}{2}(-0.5)^n-\dfrac{5}{14}(0.5)^n\right]u(n)$。

例 3.6-5　已知二阶 LTI 离散系统的起始条件为 $y(-1), y(-2)$。在 $\delta(n)$ 的作用下的完全响应为 $\dfrac{1}{5}\left(\dfrac{1}{3}\right)^n u(n)$；在 $\left(\dfrac{1}{2}\right)^n u(n)$ 作用下的完全响应为 $\left[-\dfrac{9}{20}\left(-\dfrac{1}{2}\right)^n-\dfrac{1}{10}\left(\dfrac{1}{3}\right)^n+\right.$

$\frac{3}{4}\left(\frac{1}{2}\right)^n\Big]u(n)$。(1) 求系统的单位冲激响应 $h(n)$ 和 $\left(\frac{1}{2}\right)^n u(n)$ 作用时的零状态响应；(2) 写出系统的差分方程；(3) 求零输入响应；(4) 求起始条件 $y(-1)$ 和 $y(-2)$。

解 设系统的零输入响应为 $y_{zi}(n)$，冲激响应为 $h(n)$，则 $\left(\frac{1}{2}\right)^n u(n)$ 作用下的零状态响应为 $\left(\frac{1}{2}\right)^n u(n) * h(n)$。根据题意有

$$\begin{cases} y_{zi}(n) + h(n) = \frac{1}{5}\left(\frac{1}{3}\right)^n u(n) \\ y_{zi}(n) + \left(\frac{1}{2}\right)^n u(n) * h(n) = \left[-\frac{9}{20}\left(-\frac{1}{2}\right)^n - \frac{1}{10}\left(\frac{1}{3}\right)^n + \frac{3}{4}\left(\frac{1}{2}\right)^n\right]u(n) \end{cases}$$

两式相减，得

$$\left(\frac{1}{2}\right)^n u(n) * h(n) - h(n) = \left[-\frac{9}{20}\left(-\frac{1}{2}\right)^n - \frac{3}{10}\left(\frac{1}{3}\right)^n + \frac{3}{4}\left(\frac{1}{2}\right)^n\right]u(n)$$

(1) 用算子求解。

设 $h(n) = H(E)\delta(n)$

$$\frac{E}{E-\frac{1}{2}}H(E)\delta(n) - H(E)\delta(n) = -\frac{9}{20}\frac{E}{E+\frac{1}{2}}\delta(n) - \frac{3}{10}\frac{E}{E-\frac{1}{3}}\delta(n) + \frac{3}{4}\frac{E}{E-\frac{1}{2}}\delta(n)$$

即

$$\left(\frac{E}{E-\frac{1}{2}} - 1\right)H(E) = -\frac{9}{20}\frac{E}{E+\frac{1}{2}} - \frac{3}{10}\frac{E}{E-\frac{1}{3}} + \frac{3}{4}\frac{E}{E-\frac{1}{2}}$$

求得

$$H(E) = \frac{E\left(E-\frac{1}{4}\right)}{\left(E+\frac{1}{2}\right)\left(E-\frac{1}{3}\right)}$$

单位冲激响应为

$$h(n) = H(E)\delta(n) = \frac{E\left(E-\frac{1}{4}\right)}{\left(E+\frac{1}{2}\right)\left(E-\frac{1}{3}\right)}\delta(n) = \left(\frac{9}{10}\frac{E}{E+\frac{1}{2}} + \frac{1}{10}\frac{E}{E-\frac{1}{3}}\right)\delta(n)$$

$$= \frac{9}{10}\left(-\frac{1}{2}\right)^n u(n) + \frac{1}{10}\left(\frac{1}{3}\right)^n u(n)$$

$\left(\frac{1}{2}\right)^n u(n)$ 作用时的零状态响应为

$$y_{zs}(n) = \left(\frac{1}{2}\right)^n u(n) * h(n) = \frac{E}{E-\frac{1}{2}}\delta(n) * \frac{E\left(E-\frac{1}{4}\right)}{\left(E+\frac{1}{2}\right)\left(E-\frac{1}{3}\right)}\delta(n)$$

$$=\frac{E^2\left(E-\frac{1}{4}\right)}{\left(E-\frac{1}{2}\right)\left(E+\frac{1}{2}\right)\left(E-\frac{1}{3}\right)}\delta(n)=\left(\frac{\frac{3}{4}E}{E-\frac{1}{2}}+\frac{\frac{9}{20}E}{E+\frac{1}{2}}+\frac{-\frac{1}{5}E}{E-\frac{1}{3}}\right)\delta(n)$$

$$=\frac{3}{4}\left(\frac{1}{2}\right)^n u(n)+\frac{9}{20}\left(-\frac{1}{2}\right)^n u(n)-\frac{1}{5}\left(\frac{1}{3}\right)^n u(n)$$

(2)
$$H(E)=\frac{E^2-\frac{1}{4}E}{E^2+\frac{E}{6}-\frac{1}{6}}=\frac{1-\frac{1}{4E}}{1+\frac{1}{6E}-\frac{1}{6E^2}}=\frac{y(n)}{x(n)}$$

即

$$\left(1+\frac{1}{6E}-\frac{1}{6E^2}\right)y(n)=\left(1-\frac{1}{4E}\right)x(n)$$

差分方程为

$$y(n)+\frac{1}{6}y(n-1)-\frac{1}{6}y(n-2)=x(n)-\frac{1}{4}x(n-1)$$

(3) 零输入响应

$$y_{zi}(n)=\frac{1}{5}\left(\frac{1}{3}\right)^n u(n)-h(n)$$
$$=\frac{1}{5}\left(\frac{1}{3}\right)^n u(n)-\frac{9}{10}\left(-\frac{1}{2}\right)^n u(n)-\frac{1}{10}\left(\frac{1}{3}\right)^n u(n)$$
$$=-\frac{9}{10}\left(-\frac{1}{2}\right)^n u(n)+\frac{1}{10}\left(\frac{1}{3}\right)^n u(n)$$

(4) 从 $y_{zi}(n)$ 中求 $y(-1)$ 和 $y(-2)$。

在 $y(n)=-\frac{9}{10}\left(-\frac{1}{2}\right)^n+\frac{1}{10}\left(\frac{1}{3}\right)^n$ 中，$n=-1$ 和 $n=-2$ 代入，有

$$y(-1)=-\frac{9}{10}\left(-\frac{1}{2}\right)^{-1}+\frac{1}{10}\left(\frac{1}{3}\right)^{-1}=\frac{21}{10}$$
$$y(-2)=-\frac{9}{10}\left(-\frac{1}{2}\right)^{-2}+\frac{1}{10}\left(\frac{1}{3}\right)^{-2}=-\frac{27}{10}$$

习 题 三

3-1 求下列方程的齐次解和特解。

(1) $\frac{\mathrm{d}}{\mathrm{d}t}r(t)+3r(t)=\mathrm{e}^{-3t}+\sin\left(\frac{\pi}{3}t\right)$； (2) $\frac{\mathrm{d}^2}{\mathrm{d}t^2}r(t)+3\frac{\mathrm{d}}{\mathrm{d}t}r(t)=3+\mathrm{e}^{-3t}$；

(3) $\frac{\mathrm{d}}{\mathrm{d}t}r(t)+r(t)=3\mathrm{e}^{-2t}\cos\left(\frac{\pi}{4}t\right)u(t)$； (4) $\frac{\mathrm{d}^2}{\mathrm{d}t^2}r(t)+2\frac{\mathrm{d}}{\mathrm{d}t}r(t)+r(t)=(t^2+1)u(t)$；

(5) $y(n)-6y(n-1)+9y(n-2)=2n+2$； (6) $y(n)+2y(n-1)+2y(n-2)=\cos\left(\frac{\pi}{2}n\right)u(n)$。

3-2 已知系统的传输算子为 $H(p)=\frac{p+2}{p^2+3p+2}$，求齐次解和下列激励时的特解。

(1) $e(t)=(\mathrm{e}^{-t}+\mathrm{e}^{-2t})u(t)$； (2) $e(t)=\mathrm{e}^{-3t}u(t)$； (3) $e(t)=t\mathrm{e}^{-t}u(t)$；

(4) $e(t)=(2+\mathrm{e}^{-2t})u(t)$； (5) $e(t)=\sin t\,u(t)$； (6) $e(t)=t\cos(2t)u(t)$。

3-3 求解下列差分方程。

(1) $y(n)+2y(n-1)=3u(n)$，$y(-1)=2$；

(2) $y(n)+4y(n-1)+3y(n-2)=2^n u(n)$，$y(-1)=\frac{1}{15}$，$y(0)=\frac{4}{15}$；

(3) $y(n)-6y(n-1)+9y(n-2)=(2n+2)u(n-1)$，$y(1)=6, y(2)=24.5$；

(4) $y(n)+2y(n-1)+2y(n-2)=\cos\left(\frac{\pi}{2}n\right)u(n-1)$，$y(0)=0, y(-1)=-0.5$。

3-4 已知系统的传输算子 $H(p)=\frac{2p+3}{p^2+3p+2}$，起始条件 $r(0_-)=1, r'(0_-)=0$，求下列激励时的初始条件。

(1) $e(t)=\delta(t)$； (2) $e(t)=e^{-3t}u(t)$。

3-5 微分方程为 $\frac{d^2}{dt^2}r(t)+2\frac{d}{dt}r(t)+2r(t)=\frac{d^2}{dt^2}e(t)+e(t)$，起始条件 $r(0_-)=1, r'(0_-)=2$，求激励为 $e(t)=(\sin t+2)u(t)$ 时的响应。

3-6 求下列系统的单位冲激响应和单位阶跃响应。

(1) $\frac{d}{dt}r(t)+2r(t)=e(t)$； (2) $\frac{d}{dt}r(t)+4r(t)=\frac{d}{dt}e(t)$；

(3) $\frac{d^2}{dt^2}r(t)+3\frac{d}{dt}r(t)+2r(t)=\frac{d}{dt}e(t)+e(t)$；

(4) $\frac{d^2}{dt^2}r(t)+2\frac{d}{dt}r(t)+r(t)=\frac{d^2}{dt^2}e(t)+\frac{d}{dt}e(t)+2e(t)$。

3-7 题 3-7 图所示系统由多个子系统组成，各子系统的单位冲激响应为 $h_1(t)=(e^{-t}+e^{-2t})u(t)$，$h_2(t)=\delta(t)$，$h_3(t)=u(t)$，求总系统的单位冲激响应和单位阶跃响应。

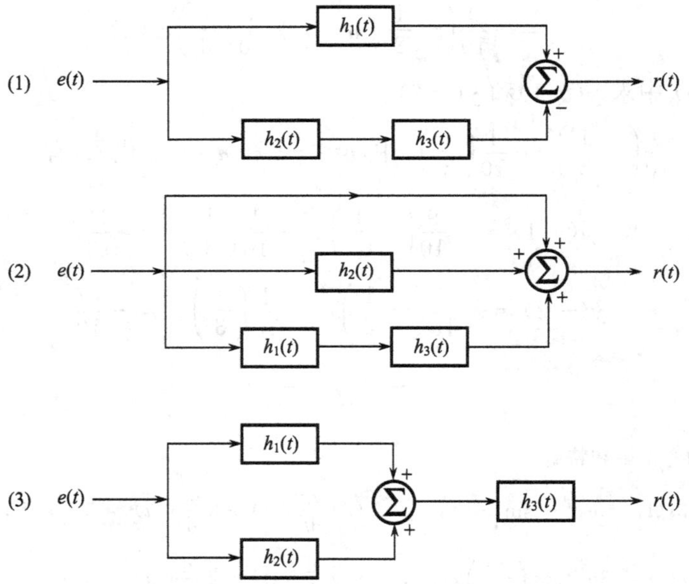

题 3-7 图

3-8 LTI 连续时间因果系统，激励 $e(t)=e^{-t}u(t)$ 时的响应为 $r(t)$，记作 $r(t)=T[e(t)]$，又已知 $T\left[\frac{d}{dt}e(t)\right]=-2r(t)+e^{-2t}u(t)$，求系统的单位冲激响应和单位阶跃响应。

3-9 LTI 因果系统，当输入 $e(t)$ 为以下两种情况时的输出 $r(t)$ 如题 3-9 图所示，求系统的冲激响应。

(1) $e(t)=\mathrm{e}^{-2t}u(t)$； (2) $e(t)=\sin tu(t)$ 。

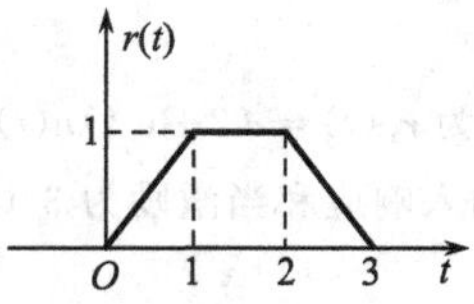

题 3-9 图

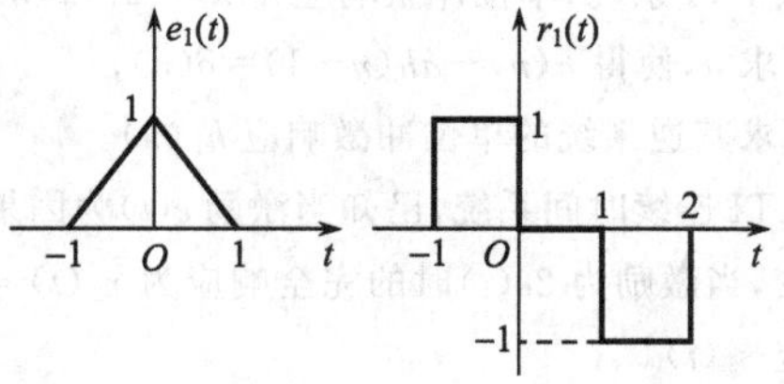

题 3-10 图

3-10 LTI 因果系统，输入 $e_1(t)$和输出 $r_1(t)$ 如题 3-10 图所示，计算并画出波形：

(1) 系统的冲激响应和阶跃响应；

(2) 输入为 $e_2(t)=\mathrm{e}^{-t}u(t)$ 的响应 $r_2(t)$。

3-11 LTI 一阶系统，已知系统的阶跃响应为 $g(t)=\mathrm{e}^{-2t}u(t)$，起始条件 $r(0_-)=1$，输入 $e(t)$作用时的完全响应 $r(t)=2(1-t)\mathrm{e}^{-2t}u(t)$ 。

(1) 写出系统的微分方程；

(2) 确定输入 $e(t)$。

3-12 已知 LTI 一阶系统的阶跃响应 $g(t)=\dfrac{1}{2}(1-\mathrm{e}^{-2t})u(t)$，输入 $e_1(t)=\mathrm{e}^{-t}u(t)$ 时的完全响应 $r_1(t)=(\mathrm{e}^{-t}+\mathrm{e}^{-2t})u(t)$ 。

(1) 写出系统的微分方程；

(2) 求系统的零输入响应；

(3) 确定系统的起始条件 $r(0_-)$；

(4) 计算当系统的起始条件为 $2r(0_-)$且输入 $e_2(t)=\mathrm{e}^{-2t}u(t)$ 时系统的响应 $r_2(t)$。

3-13 已知系统的模拟图如题 3-13 图所示，输入 $e(t)=10\sin tu(t)$ 时的完全响应 $r_1(t)=(\sin t-\cos t)u(t)$ 。

(1) 写出系统的微分方程；

(2) 求系统的阶跃响应；

(3) 确定系统的起始条件。

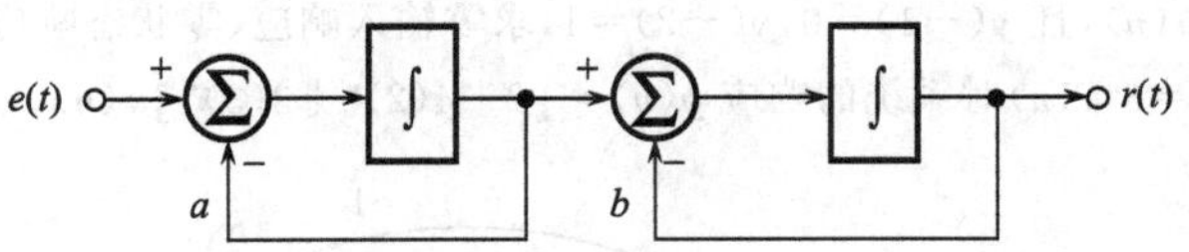

题 3-13 图

3-14 求下列差分方程所代表系统的单位冲激响应 $h(n)$ 。

(1) $y(n)=x(n)-2x(n-1)$； (2) $y(n)+2y(n-1)=x(n)+x(n-1)$；

(3) $y(n)-\dfrac{1}{2}y(n-2)=2x(n)-x(n-2)$； (4) $y(n)-3y(n-1)+2y(n-2)=x(n)-x(n-1)$。

3-15 求下列 LTI 系统的 $h(n)$。

(1) 激励为 $x(n)=2^n u(n)$时，系统的零状态响应为 $n2^{n-1}u(n)$；

(2) 激励为 $x(n)=\delta(n)+3\delta(n-1)+2\delta(n-2)$ 时，系统的零状态响应为 $2^n u(n)$。

3-16 已知 LTI 系统激励为 $x(n)=\delta(n)+\dfrac{1}{2}\delta(n-1)$时系统的零状态响应 $y_{zs}(n)=\left(\dfrac{1}{2}\right)^n u(n)$，求系统

的单位冲激响应 $h(n)$。

3-17 离散 LTI 系统，单位冲激响应 $h(n)=2^{-n}u(n)$。

(1) 求 a，使得 $h(n)-ah(n-1)=\delta(n)$；

(2) 求其逆系统的单位冲激响应 $h_1(n)$。

3-18 某 LTI 连续时间系统，已知当激励 $e(t)$ 为因果信号时的完全响应为 $r_1(t)=(2+\mathrm{e}^{-t})u(t)$；初始条件不变，当激励为 $2e(t)$ 时的完全响应为 $r_2(t)=2\mathrm{e}^{-t}u(t)$。求零输入响应和当激励为 $3e(t)$ 时的完全响应 $r_3(t)$。

3-19 LTI 连续时间系统，激励 $e_1(t)=u(t)$ 时系统的完全响应为 $r_1(t)=(\mathrm{e}^{-t}+2\mathrm{e}^{-2t})u(t)$；激励 $e_2(t)=2\delta(t)$ 时系统的完全响应为 $r_2(t)=\mathrm{e}^{-t}u(t)+2\delta(t)$。求系统的零输入响应、冲激响应和激励 $e_3(t)=\mathrm{e}^{-2t}u(t)$ 时的完全响应 $r_3(t)$。

3-20 给定系统的微分方程 $\frac{\mathrm{d}^2}{\mathrm{d}t^2}r(t)+6\frac{\mathrm{d}}{\mathrm{d}t}r(t)+5r(t)=2\frac{\mathrm{d}}{\mathrm{d}t}e(t)+e(t)$，起始状态为 $r(0_-)=1, r'(0_-)=2$，求以下输入时系统的零输入响应和零状态响应。

(1) $e(t)=\mathrm{e}^{-2t}u(t)$；　　(2) $e(t)=2u(-t)+\mathrm{e}^{-2t}u(t)$。

3-21 已知系统的传输算子 $H(p)=\frac{p+1}{p^2+3p+2}$，当激励 $e(t)=2\mathrm{e}^{-t}u(t)$ 时完全响应为 $(4\mathrm{e}^{-t}-3\mathrm{e}^{-2t})u(t)$，求系统的单位冲激响应、零输入响应、零状态响应和起始条件。

3-22 已知系统的 $H(p)=\frac{p+3}{p^2+3p+2}$，起始条件 $r(0_-)=r'(0_-)=1$，在因果激励信号 $e(t)$ 作用于产生的完全响应为 $(4\mathrm{e}^{-t}-3\mathrm{e}^{-2t})u(t)$，求 $e(t)$。

3-23 系统的差分方程为 $y(n)+5y(n-1)+4y(n-2)=2^n u(n)$，求以下两种情况时的零输入响应、零状态响应和完全响应。

(1) $y(0)=0, y(1)=1$；　　(2) $y(-1)=0, y(-2)=1$。

3-24 某人向银行贷款 10 万元，贷款月利率为 5‰，从次月开始向银行每月还款 1000 元。以第 n 个月末的欠款 $y(n)$ 建立差分方程并求此人还清贷款的时间。

3-25 银行向个人开放的零存整取业务。每月存入 50 元，月利率 5‰，连续 5 年。以第 n 个月末账上金额 $y(n)$ 建立差分方程，并求到期总现金。

3-26 离散系统如题 3-26 图所示。

(1) 求 $h(n)$；

(2) 若 $x(n)=2^n u(n)$，且 $y(-1)=0, y(-2)=1$，求零输入响应、零状态响应和完全响应；

(3) 若激励 $x(n)=3^n u(n)$ 时系统的响应 $y(n)=[2+4(2)^n+3(3)^n]u(n)$，求 $y(-1)$ 和 $y(-2)$ 的值。

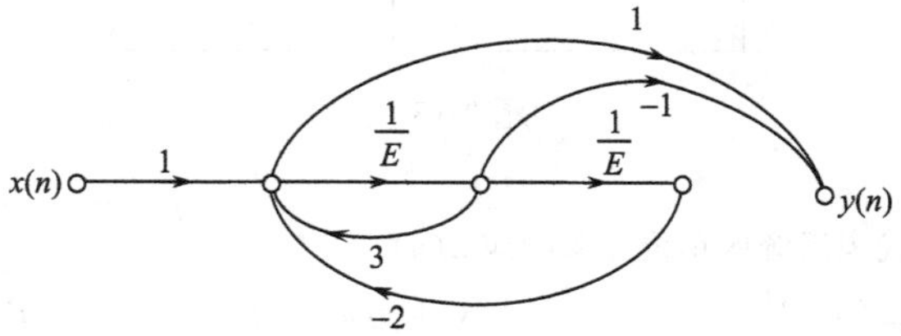

题 3-26 图

3-27 已知 LTI 系统的单位阶跃响应 $g(n)=[2^n+3(5)^n+10]u(n)$，

(1) 求单位冲激响应；

(2) 求激励为 $x(n)=(1+3^n)u(n)$ 时的零状态响应。

3-28 二个子系统级联成复合系统如题 3-28 图(a)所示，已知复合系统的单位冲激响应 $h(n)$ 如图(b)所示。

(1) 设 $h_2(n)=u(n)-u(n-2)$，求 $h_1(n)$；

(2) 求激励 $x(n)=\delta(n)-\delta(n-1)$ 时系统的零状态响应。

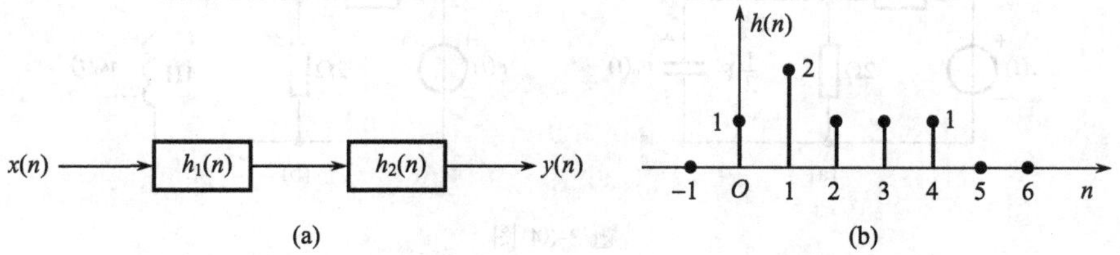

题 3-28 图

3-29　某 LTI 离散系统具有一定的起始状态，已知当激励为 $x(n)$ 时，响应为 $y_1(n)=\left[\left(\frac{1}{2}\right)^n+1\right]u(n)$；当激励为 $-x(n)$ 时，响应为 $y_2(n)=\left[\left(-\frac{1}{2}\right)^n-1\right]u(n)$。

求　(1) 系统的零输入响应；

(2) 在同样的起始状态下，激励为 $2x(n)$ 时的响应。

3-30　已知 LTI 离散系统的单位冲激响应 $h(n)=\delta(n)+2\delta(n-1)$，在 $x(n)$ 作用下的零状态响应为 $3u(n-2)$，求 $x(n)$。

3-31　已知 LTI 离散系统的起始状态 $y(-1)=0, y(-2)=-1$，激励为 $x(n)=u(n)$ 时的完全响应为 $y(n)=(1+2^n+3^n)u(n)$。

(1) 求系统的零输入响应和零状态响应；

(2) 确定系统的差分方程。

3-32　给定系统的微分方程 $\frac{\mathrm{d}^2}{\mathrm{d}t^2}r(t)+4\frac{\mathrm{d}}{\mathrm{d}t}r(t)+3r(t)=t^2u(t)$，起始状态为 $r(0_-)=2, r'(0_-)=1$，求系统的自由响应和强迫响应。

3-33　系统模拟图如题 3-33 图所示，已知 $r(0_-)=1, r'(0_-)=-1$，求 $e(t)=(2+\mathrm{e}^{-t})u(t)$ 时的响应，并指出自由响应和强迫响应。

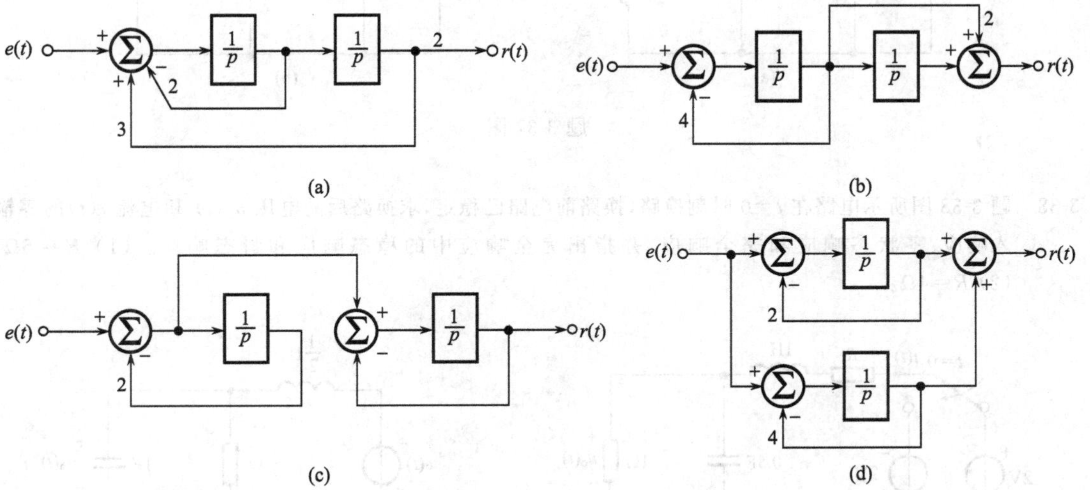

题 3-33 图

3-34 题 3-34 图所示电路中,动态元件无初始化储能,激励电压 $e(t)=\mathrm{e}^{-5t}u(t)$,求输出电压 $u_o(t)$。

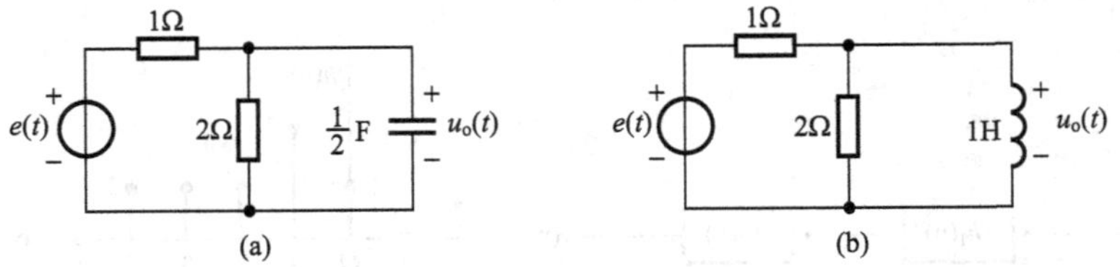

题 3-34 图

3-35 LTI 离散系统的传输算子 $H(E)=\dfrac{E}{E^2+3E+2}$,当激励为零时 $y(0)=1$,$y(1)=2$;当激励为 $x(n)=\left(\dfrac{1}{2}\right)^n u(n)$ 时:

(1) 求系统的零输入响应;

(2) 求系统的零状态响应和完全响应;

(3) 指出完全响应中的自由响应、强迫响应、瞬态响应和稳态响应。

3-36 已知二阶 LTI 离散系统,当激励 $x(n)=u(n)$ 时系统的零状态响应为 $\left[2^n+\left(\dfrac{1}{2}\right)^n-2\right]u(n)$。

(1) 写出系统的差分方程;

(2) 若 $y(-1)=1$,$y(-2)=0$,求系统的零输入响应;

(3) 求 $x(n)=\left(\dfrac{1}{2}\right)^n u(n)$ 时的零状态响应,并指出自由响应和强迫响应。

3-37 题 3-37 图所示电路在 $t=0$ 时刻换路,换路前电路已稳定,求换路后的电流 $i(t)$,求出零输入响应和零状态响应,并指出完全响应中的稳态响应和瞬态响应。

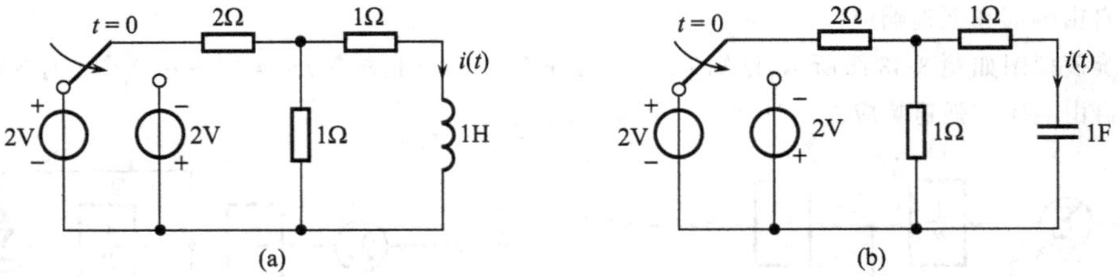

题 3-37 图

3-38 题 3-38 图所示电路在 $t=0$ 时刻换路,换路前电路已稳定,求换路后的电压 $u_o(t)$ 和电流 $i(t)$ 的零输入响应、零状态响应和完全响应,并指出完全响应中的稳态响应和瞬态响应。(1) $R=5\Omega$;(2) $R=4\Omega$。

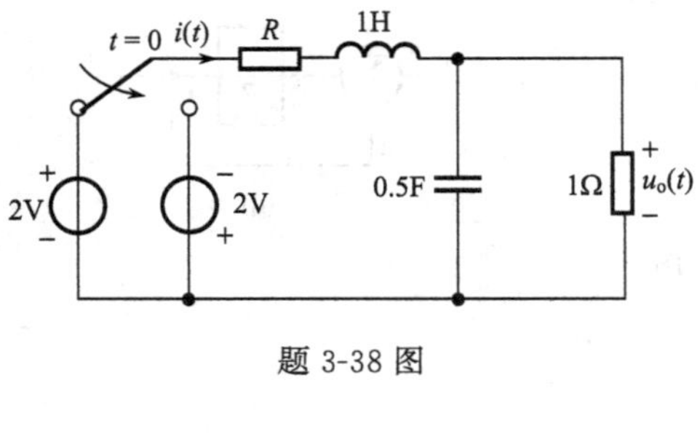

题 3-38 图

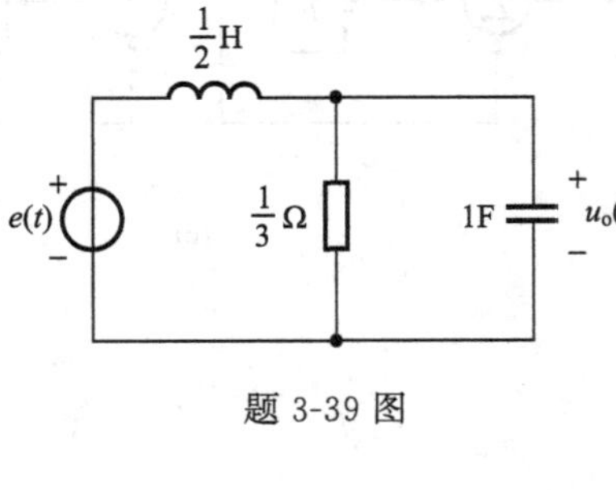

题 3-39 图

3-39　电路如题3-39图所示，激励为电压源 $e(t)$，输出为 $u_o(t)$ 。求

(1) 单位冲激响应；　(2) 单位阶跃响应；　(3) $e(t)=2\sin tu(t)$ 时的稳态响应。

3-40　已知LTI系统的传输算子 $H(E)=\dfrac{E^2}{E^2+E-2}$，起始条件为 $y(-1)=0, y(-2)=1$。

(1) 写出差分方程；

(2) 求系统的零输入响应；

(3) 求 $x(n)=\cos\left(\dfrac{\pi}{2}n\right)u(n)$ 时的零状态响应。

3-41　已知系统的差分方程为 $\nabla y(n)+2\nabla^2 y(n)=x(n)$，求

(1) 系统的单位冲激响应；

(2) 输入 $x(n)=\left(\dfrac{1}{2}\right)^n u(n)$ 的零状态响应，指出自由响应和强迫响应，稳态响应和瞬态响应。

第4章 连续时间信号和连续时间系统的频域分析

信号可用时间函数来表示，在时域中研究信号的特性。除时域特性外，信号还具有频域特性，信号的频域分析采用傅里叶分析法。一个复杂信号可分解成许多不同频率的正弦分量，各个正弦分量的振幅和相位按频率高低排列成频谱。

1822年法国数学家傅里叶(J. Fourier，1768～1830)研究热传导理论时提出并证明了周期函数可以展开成正弦级数的原理，其后泊松(Poisson)、高斯(Gauss)等人将这一成果应用到电学中，经过近200年的发展，如今傅里叶分析法广泛应用于电学、力学、量子物理等众多科学与技术领域。

傅里叶变换将信号分解成一系列正弦信号或复指数信号，系统的频域分析法通过求解每个频率的正弦信号或复指数信号的响应，根据线性系统的线性特性将其叠加并转换到时域中进行。

频域法分析LTI连续时间系统时，先把激励信号$e(t)$转换成傅里叶变换$E(\mathrm{j}\omega)$，求出响应信号的$R(\mathrm{j}\omega)$，再转换成$r(t)$。频域法求得的是系统的零状态响应，本章中零状态响应$r_{zs}(t)$简写成$r(t)$。

本章介绍信号的傅里叶分析、信号的频谱及应用频域法求系统的响应。

4.1 周期信号的傅里叶级数

周期连续时间信号$f(t)$有如下特点：

(1) 满足$f(t+mT_1)=f(t)$，m是整数，T_1是周期。从波形上看有一个时间跨度为T_1的基本波形，其余的是该基本波形经平移T_1整数倍后的重复拷贝。

(2) $f(t)$在一个周期T_1内的积分，其值与积分的起点和终点无关，即有

$$\int_{t_0}^{t_0+T_1} f(t)\mathrm{d}t = \int_{-\frac{T_1}{2}}^{\frac{T_1}{2}} f(t)\mathrm{d}t = \int_{T_1} f(t)\mathrm{d}t$$

当周期信号$f(t)$满足狄利克雷(Dirichlet)条件时可展开成傅里叶级数(Fourier series)，傅里叶级数分三角形式傅里叶级数(trigonomietric Fourier series)和指数形式傅里叶级数(exponential Fourier series)两种。狄利克雷条件如下：

(1) 在一个周期内，$f(t)$是绝对可积的，即$\int_{T_1} |f(t)|\mathrm{d}t < \infty$。

(2) 在一个周期内，$f(t)$只能有有限个极大值和极小值。

(3) 在一个周期内，$f(t)$只有有限个间断点，而且在这些间断点上，函数值必须是有限的。

4.1.1 三角形式的傅里叶级数

周期信号$f(t)$的周期为T_1，角频率为$\omega_1=\dfrac{2\pi}{T_1}$，则

$$\begin{aligned} f(t) &= a_0 + a_1\cos(\omega_1 t) + b_1\sin(\omega_1 t) + a_2\cos(2\omega_1 t) + b_2\sin(2\omega_1 t) + \cdots \\ &= a_0 + \sum_{n=1}^{\infty}[a_n\cos(n\omega_1 t) + b_n\sin(n\omega_1 t)] \end{aligned} \tag{4.1-1}$$

式中 a_0、a_n、b_n 称为傅里叶系数(Fourier coefficient),其值由下式确定:

$$\left.\begin{aligned} a_0 &= \frac{1}{T_1}\int_{T_1} f(t)\mathrm{d}t \\ a_n &= \frac{2}{T_1}\int_{T_1} f(t)\cos(n\omega_1 t)\mathrm{d}t \\ b_n &= \frac{2}{T_1}\int_{T_1} f(t)\sin(n\omega_1 t)\mathrm{d}t \end{aligned}\right\} \tag{4.1-2}$$

可见,a_0 是基本波形的面积除以 T_1(即基本波形的平均值),a_n 是 n 的偶函数,b_n 是 n 的奇函数,即

$$\left.\begin{aligned} a_{-n} &= a_n \\ b_{-n} &= -b_n \end{aligned}\right\} \tag{4.1-3}$$

利用三角函数的边角关系,将式(4.1-1)进一步化简为

$$\begin{aligned} f(t) &= a_0 + \sum_{n=1}^{\infty}[a_n\cos(n\omega_1 t) + b_n\sin(n\omega_1 t)] \\ &= a_0 + \sum_{n=1}^{\infty}\sqrt{a_n^2 + b_n^2}\left[\frac{a_n}{\sqrt{a_n^2 + b_n^2}}\cos(n\omega_1 t) + \frac{b_n}{\sqrt{a_n^2 + b_n^2}}\sin(n\omega_1 t)\right] \\ &= c_0 + \sum_{n=1}^{\infty} c_n\cos(n\omega_1 t + \varphi_n) \end{aligned}$$

即

$$f(t) = c_0 + \sum_{n=1}^{\infty} c_n\cos(n\omega_1 t + \varphi_n) \tag{4.1-4}$$

式(4.1-1)和式(4.1-4)是三角形式的傅里叶级数,其中

$$\left.\begin{aligned} c_0 &= a_0 \\ c_n &= \sqrt{a_n^2 + b_n^2} \\ \tan\varphi_n &= -\frac{b_n}{a_n} \end{aligned}\right\} \tag{4.1-5}$$

4.1.2 指数形式的傅里叶级数

将欧拉公式代入式(4.1-1)中,得

$$\begin{aligned} f(t) &= a_0 + \sum_{n=1}^{\infty}\left(a_n\frac{\mathrm{e}^{\mathrm{j}n\omega_1 t} + \mathrm{e}^{-\mathrm{j}n\omega_1 t}}{2} + b_n\frac{\mathrm{e}^{\mathrm{j}n\omega_1 t} - \mathrm{e}^{-\mathrm{j}n\omega_1 t}}{\mathrm{j}2}\right) \\ &= a_0 + \sum_{n=1}^{\infty}\left(\frac{a_n - \mathrm{j}b_n}{2}\mathrm{e}^{\mathrm{j}n\omega_1 t} + \frac{a_n + \mathrm{j}b_n}{2}\mathrm{e}^{-\mathrm{j}n\omega_1 t}\right) \end{aligned} \tag{4.1-6}$$

令

$$F_n=\frac{a_n-\mathrm{j}b_n}{2}=\frac{1}{T_1}\left[\int_{T_1}f(t)\cos(n\omega_1 t)\mathrm{d}t-\mathrm{j}\int_{T_1}f(t)\sin(n\omega_1 t)\mathrm{d}t\right]$$

$$=\frac{1}{T_1}\int_{T_1}f(t)\mathrm{e}^{-\mathrm{j}n\omega_1 t}\mathrm{d}t \tag{4.1-7}$$

式(4.1-7)中，n 用 $-n$ 和 0 代入，利用式(4.1-3)，有

$$F_{-n}=\frac{a_{-n}-\mathrm{j}b_{-n}}{2}=\frac{a_n+\mathrm{j}b_n}{2}=\frac{1}{T_1}\int_{T_1}f(t)\mathrm{e}^{\mathrm{j}n\omega_1 t}\mathrm{d}t \tag{4.1-8}$$

$$F_0=\frac{1}{T_1}\int_{T_1}f(t)\mathrm{d}t=a_0 \tag{4.1-9}$$

将式(4.1-7)～式(4.1-9)代入式(4.1-6)，有

$$f(t)=F_0+\sum_{n=1}^{\infty}[F_n\mathrm{e}^{\mathrm{j}n\omega_1 t}+F_{-n}\mathrm{e}^{-\mathrm{j}n\omega_1 t}]=\sum_{n=-\infty}^{\infty}F_n\mathrm{e}^{\mathrm{j}n\omega_1 t} \tag{4.1-10}$$

式(4.1-10)是指数形式的傅里叶级数，其中的 F_n 称为傅里叶系数，是 n 的复数。

4.1.3 函数的对称性与傅里叶系数的关系

函数的对称性可取一个基本波形来观察。波形的对称性有两种：一种是对纵轴或原点对称，如偶函数(even function)和奇函数(odd function)；另一种是半个周期的对称性，如奇谐函数(odd harmonic function)和偶谐函数(even harmonic function)。

1. 偶函数

$f(t)$是偶函数，满足 $f(-t)=f(t)$，波形特点是对纵轴对称，图 4.1-1 所示的周期矩形信号是偶函数。

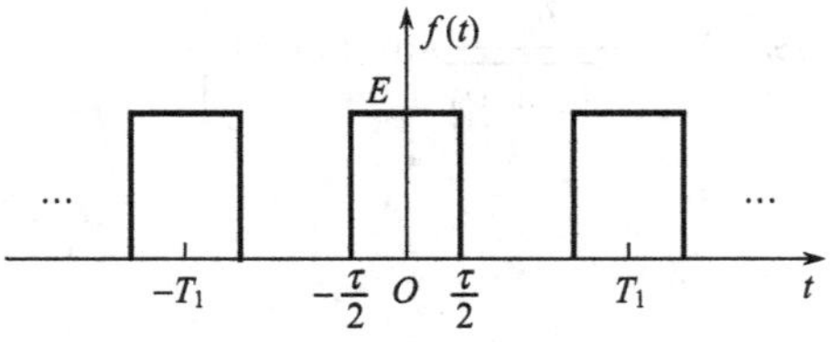

图 4.1-1 周期矩形信号

由于 $f(t)$是偶函数，所以 $f(t)\cos(n\omega_1 t)$是偶函数，$f(t)\sin(n\omega_1 t)$是奇函数，由式(4.1-2)得到偶函数的傅里叶系数为

$$\left.\begin{aligned}a_0&=F_0=\frac{1}{T_1}\int_{T_1}f(t)\mathrm{d}t\\a_n&=\frac{4}{T_1}\int_{\frac{T_1}{2}}f(t)\cos(n\omega_1 t)\mathrm{d}t\\b_n&=0\\F_n&=\frac{a_n}{2}=\frac{2}{T_1}\int_{\frac{T_1}{2}}f(t)\cos(n\omega_1 t)\mathrm{d}t\end{aligned}\right\} \tag{4.1-11}$$

式(4.1-11)表明，偶函数的傅里叶级数中，只有直流和余弦分量，没有正弦分量。

图 4.1.1 所示周期矩形信号的傅里叶系数计算如下

$$a_0=\frac{1}{T_1}\int_{T_1}f(t)\mathrm{d}t=\frac{E\tau}{T_1}\quad\left(\int_{T_1}f(t)\mathrm{d}t\text{ 是基本波形的面积}\right)$$

$$a_n=\frac{4}{T_1}\int_{\frac{T_1}{2}}f(t)\cos(n\omega_1 t)\mathrm{d}t=\frac{4}{T_1}\int_0^{\frac{\tau}{2}}E\cos(n\omega_1 t)\mathrm{d}t$$

$$=\frac{2E}{n\pi}\sin\left(\frac{n\omega_1\tau}{2}\right)=\frac{2E\tau}{T_1}\mathrm{Sa}\left(\frac{n\omega_1\tau}{2}\right)$$

$$F_n=\frac{a_n}{2}=\frac{E}{n\pi}\sin\left(\frac{n\omega_1\tau}{2}\right)=\frac{E\tau}{T_1}\mathrm{Sa}\left(\frac{n\omega_1\tau}{2}\right)$$

周期矩形信号三角形式的傅里叶级数为

$$\begin{aligned}f(t)&=a_0+\sum_{n=1}^{\infty}a_n\cos(n\omega_1 t)\\&=\frac{E\tau}{T_1}+\frac{2E}{\pi}\sum_{n=1}^{\infty}\frac{1}{n}\sin\left(\frac{n\omega_1\tau}{2}\right)\cos(n\omega_1 t)\\&=\frac{E\tau}{T_1}+\frac{2E\tau}{T_1}\sum_{n=1}^{\infty}\mathrm{Sa}\left(\frac{n\omega_1\tau}{2}\right)\cos(n\omega_1 t)\end{aligned}\tag{4.1-12a}$$

周期矩形信号指数形式的傅里叶级数为

$$\begin{aligned}f(t)&=\sum_{n=-\infty}^{\infty}F_n e^{jn\omega_1 t}\\&=\frac{E}{\pi}\sum_{n=-\infty}^{\infty}\frac{1}{n}\sin\left(\frac{n\omega_1\tau}{2}\right)e^{jn\omega_1 t}=\frac{E\tau}{T_1}\sum_{n=-\infty}^{\infty}\mathrm{Sa}\left(\frac{n\omega_1\tau}{2}\right)e^{jn\omega_1 t}\end{aligned}\tag{4.1-12b}$$

2. 奇函数

$f(t)$是奇函数，即 $f(-t)=-f(t)$，图4.1-2 所示的周期锯齿信号是奇函数。

由于 $f(t)$是奇函数，所以 $f(t)\cos(n\omega_1 t)$是奇函数，$f(t)\sin(n\omega_1 t)$是偶函数，得到奇函数的傅里叶系数为

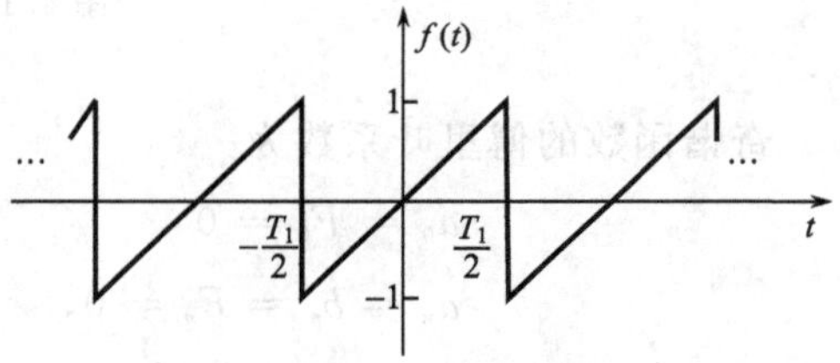

图 4.1-2　周期锯齿信号

$$\left.\begin{aligned}&a_0=a_n=F_0=0\\&b_n=\frac{4}{T_1}\int_{\frac{T_1}{2}}f(t)\sin(n\omega_1 t)\mathrm{d}t\\&F_n=-\mathrm{j}\,\frac{b_n}{2}=-\mathrm{j}\,\frac{2}{T_1}\int_{\frac{T_1}{2}}f(t)\sin(n\omega_1 t)\mathrm{d}t\end{aligned}\right\}\tag{4.1-13}$$

这表明奇函数的傅里叶级数中，只有正弦分量，没有直流和余弦分量。

周期锯齿信号的傅里叶系数计算如下：

$$\begin{aligned}b_n&=\frac{4}{T_1}\int_0^{\frac{T_1}{2}}\frac{2}{T_1}t\sin(n\omega_1 t)\mathrm{d}t=\frac{8}{T_1^2}\cdot\frac{-1}{n\omega_1}\int_0^{\frac{T_1}{2}}t\mathrm{d}[\cos(n\omega_1 t)]\\&=-\frac{8}{n\omega_1 T_1^2}\left[t\cos(n\omega_1 t)\Big|_0^{\frac{T_1}{2}}-\frac{1}{n\omega_1}\sin(n\omega_1 t)\Big|_0^{\frac{T_1}{2}}\right]=(-1)^{n+1}\frac{2}{n\pi}\end{aligned}$$

三角形式的傅里叶级数为

$$\begin{aligned}f(t)&=\frac{2}{\pi}\sum_{n=1}^{\infty}\frac{(-1)^{n+1}}{n}\sin(n\omega_1 t)\\&=\frac{2}{\pi}\left[\sin(\omega_1 t)-\frac{1}{2}\sin(2\omega_1 t)+\frac{1}{3}\sin(3\omega_1 t)-\frac{1}{4}\sin(4\omega_1 t)+\cdots\right]\end{aligned}\tag{4.1-14a}$$

指数形式的傅里叶级数为

$$f(t)=\frac{\mathrm{j}}{\pi}\sum_{\substack{n=-\infty\\n\neq 0}}^{\infty}\frac{(-1)^n}{n}\mathrm{e}^{\mathrm{j}n\omega_1 t}$$

$$=\frac{\mathrm{j}}{\pi}\left[\cdots+\frac{1}{3}\mathrm{e}^{-\mathrm{j}3\omega_1 t}-\frac{1}{2}\mathrm{e}^{-\mathrm{j}2\omega_1 t}+\mathrm{e}^{-\mathrm{j}\omega_1 t}-\mathrm{e}^{\mathrm{j}\omega_1 t}+\frac{1}{2}\mathrm{e}^{\mathrm{j}2\omega_1 t}-\frac{1}{3}\mathrm{e}^{\mathrm{j}3\omega_1 t}+\cdots\right] \quad (4.1\text{-}14\mathrm{b})$$

3. 奇谐函数

奇谐函数 $f(t)$ 满足 $f\left(t\pm\frac{T_1}{2}\right)=-f(t)$，波形特点是一个周期的半个波形平移半个周期后跟另半个波形与 t 轴对称，图 4.1-3 所示是一个奇谐函数。

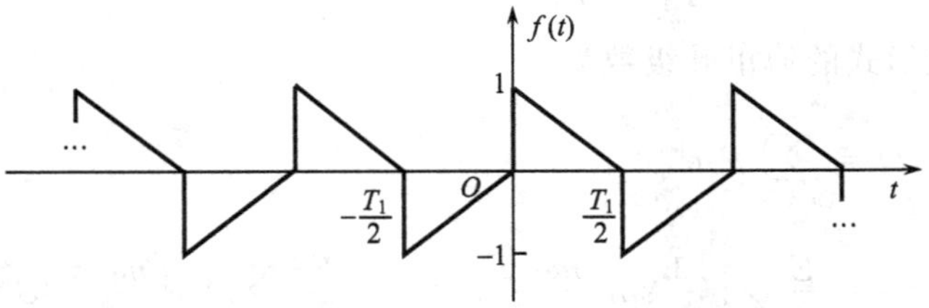

图 4.1-3 奇谐函数

奇谐函数的傅里叶系数为

$$\left.\begin{aligned}
&a_0=F_0=0\\
&a_n=b_n=F_n=0,\qquad n\text{ 为偶数}\\
&\left.\begin{aligned}
a_n&=\frac{4}{T_1}\int_{\frac{T_1}{2}}f(t)\cos(n\omega_1 t)\mathrm{d}t\\
b_n&=\frac{4}{T_1}\int_{\frac{T_1}{2}}f(t)\sin(n\omega_1 t)\mathrm{d}t\\
F_n&=\frac{a_n-\mathrm{j}b_n}{2}=\frac{2}{T_1}\int_{\frac{T_1}{2}}f(t)\mathrm{e}^{-\mathrm{j}n\omega_1 t}\mathrm{d}t
\end{aligned}\right\}\quad n\text{ 为奇数}
\end{aligned}\right\} \quad (4.1\text{-}15)$$

这表明奇谐函数的傅里叶级数中，只有奇次波(即基波和奇次谐波分量)，没有直流和偶次谐波分量。

a_n 推导如下：

$$a_n=\frac{2}{T_1}\int_{T_1}f(t)\cos(n\omega_1 t)\mathrm{d}t=\frac{2}{T_1}\left[\int_{-\frac{T_1}{2}}^{0}f(t)\cos(n\omega_1 t)\mathrm{d}t+\int_{0}^{\frac{T_1}{2}}f(t)\cos(n\omega_1 t)\mathrm{d}t\right]$$

第一个积分式计算如下：

$$\int_{-\frac{T_1}{2}}^{0}f(t)\cos(n\omega_1 t)\mathrm{d}t=\int_{0}^{\frac{T_1}{2}}f\left(\tau-\frac{T_1}{2}\right)\cos\left[n\omega_1\left(\tau-\frac{T_1}{2}\right)\right]\mathrm{d}\tau \qquad (\text{令 } t=\tau-\frac{T_1}{2})$$

$$=\int_{0}^{\frac{T_1}{2}}f\left(\tau-\frac{T_1}{2}\right)\cos(n\omega_1\tau-n\pi)\mathrm{d}\tau \qquad (\text{由于 } f(t) \text{ 是奇谐函数})$$

$$=\int_{0}^{\frac{T_1}{2}}[-f(\tau)]\cos(n\omega_1\tau)\cos(n\pi)\mathrm{d}\tau=(-1)^{n+1}\int_{0}^{\frac{T_1}{2}}f(t)\cos(n\omega_1 t)\mathrm{d}t$$

代入 a_n 中，有

$$a_n=\frac{2}{T_1}[1+(-1)^{n+1}]\int_0^{\frac{T_1}{2}}f(t)\cos(n\omega_1 t)\mathrm{d}t=\begin{cases}0, & n\text{为偶数}\\ \dfrac{4}{T_1}\int_{\frac{T_1}{2}}f(t)\cos(n\omega_1 t)\mathrm{d}t, & n\text{为奇数}\end{cases}$$

b_n 推导与 a_n 相同。

图 4.1-3 信号的傅里叶系数计算如下

$$a_n=\frac{4}{T_1}\int_{\frac{T_1}{2}}f(t)\cos(n\omega_1 t)\mathrm{d}t=\frac{4}{T_1}\int_0^{\frac{T_1}{2}}\left(1-\frac{2}{T_1}t\right)\cos(n\omega_1 t)\mathrm{d}t$$

$$=\frac{4}{T_1}\cdot\frac{1}{n\omega_1}\sin(n\omega_1 t)\Big|_0^{\frac{T_1}{2}}-\frac{8}{T_1^2}\cdot\frac{1}{n\omega_1}\left[t\sin(n\omega_1 t)\Big|_0^{\frac{T_1}{2}}+\frac{1}{n\omega_1}\cos(n\omega_1 t)\Big|_0^{\frac{T_1}{2}}\right]$$

$$=-\frac{8}{T_1^2}\cdot\frac{1}{(n\omega_1)^2}[\cos(n\pi)-1]=\frac{4}{n^2\pi^2},\qquad n\text{为奇数}$$

$$b_n=\frac{4}{T_1}\int_{\frac{T_1}{2}}f(t)\sin(n\omega_1 t)\mathrm{d}t=\frac{4}{T_1}\int_0^{\frac{T_1}{2}}\left(1-\frac{2}{T_1}t\right)\sin(n\omega_1 t)\mathrm{d}t$$

$$=\frac{4}{T_1}\cdot\frac{-1}{n\omega_1}\cos(n\omega_1 t)\Big|_0^{\frac{T_1}{2}}+\frac{8}{T_1^2}\cdot\frac{1}{n\omega_1}\left[t\cos(n\omega_1 t)\Big|_0^{\frac{T_1}{2}}-\frac{1}{n\omega_1}\sin(n\omega_1 t)\Big|_0^{\frac{T_1}{2}}\right]$$

$$=-\frac{2}{n\pi}[\cos(n\pi)-1]+\frac{2}{n\pi}\cos(n\pi)=\frac{2}{n\pi},\qquad n\text{为奇数}$$

$$F_n=\frac{a_n-\mathrm{j}b_n}{2}=\frac{2}{n^2\pi^2}-\mathrm{j}\,\frac{1}{n\pi},\qquad n\text{为奇数}$$

三角形式的傅里叶级数为

$$f(t)=\frac{4}{\pi^2}\sum_{\substack{n=1\\ \text{奇数}}}^{\infty}\frac{1}{n^2}\cos(n\omega_1 t)+\frac{2}{\pi}\sum_{\substack{n=1\\ \text{奇数}}}^{\infty}\frac{1}{n}\sin(n\omega_1 t)$$

$$=\frac{4}{\pi^2}\left[\cos(\omega_1 t)+\frac{1}{9}\cos(3\omega_1 t)+\frac{1}{25}\cos(5\omega_1 t)+\cdots\right]$$

$$+\frac{2}{\pi}\left[\sin(\omega_1 t)+\frac{1}{3}\sin(3\omega_1 t)+\frac{1}{5}\sin(5\omega_1 t)+\cdots\right]\tag{4.1-16a}$$

指数形式的傅里叶级数为

$$f(t)=\sum_{\substack{n=-\infty\\ \text{奇数}}}^{\infty}\left(\frac{2}{n^2\pi^2}-\mathrm{j}\,\frac{1}{n\pi}\right)\mathrm{e}^{\mathrm{j}n\omega_1 t}$$

$$=\cdots+\left(\frac{2}{9\pi^2}+\mathrm{j}\,\frac{1}{3\pi}\right)\mathrm{e}^{-\mathrm{j}3\omega_1 t}+\left(\frac{2}{\pi^2}+\mathrm{j}\,\frac{1}{\pi}\right)\mathrm{e}^{-\mathrm{j}\omega_1 t}$$

$$+\left(\frac{2}{\pi^2}-\mathrm{j}\,\frac{1}{\pi}\right)\mathrm{e}^{\mathrm{j}\omega_1 t}+\left(\frac{2}{9\pi^2}-\mathrm{j}\,\frac{1}{3\pi}\right)\mathrm{e}^{\mathrm{j}3\omega_1 t}+\cdots\tag{4.1-16b}$$

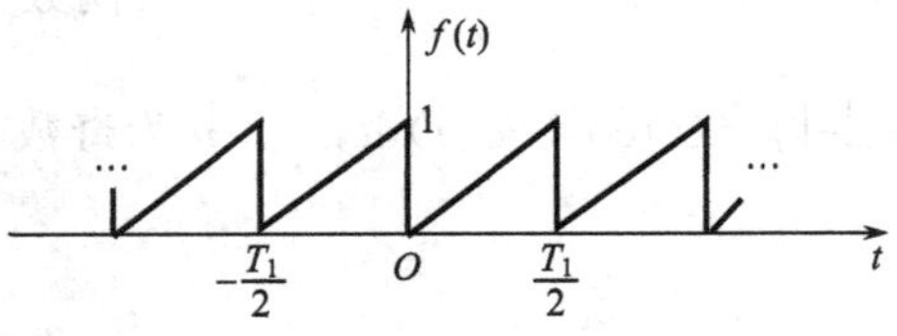

图 4.1-4 谐偶函数

4. 偶谐函数

偶谐函数 $f(t)$满足 $f\left(t\pm\frac{T_1}{2}\right)=f(t)$，波形特点是一个周期的半个波形平移半个周期后与另半个波形重合。图 4.1-4 是一个谐偶函数，很明显一个周期的波形由完全相同的两个波形组成的。此时的 T_1 不是基本周期。

与式(4.1-15)的推导一样，偶谐函数的傅里叶系数为

$$\left.\begin{aligned} a_0 &= F_0 = \frac{1}{T_1}\int_{T_1} f(t)\mathrm{d}t \\ a_n &= b_n = F_n = 0, \qquad n\text{ 为奇数} \\ &\left.\begin{aligned} a_n &= \frac{4}{T_1}\int_{\frac{T_1}{2}} f(t)\cos(n\omega_1 t)\mathrm{d}t \\ b_n &= \frac{4}{T_1}\int_{\frac{T_1}{2}} f(t)\sin(n\omega_1 t)\mathrm{d}t \\ F_n &= \frac{a_n-\mathrm{j}b_n}{2} = \frac{2}{T_1}\int_{\frac{T_1}{2}} f(t)\mathrm{e}^{-\mathrm{j}n\omega_1 t}\mathrm{d}t \end{aligned}\right\} n\text{ 为偶数} \end{aligned}\right\} \tag{4.1-17}$$

这表明偶谐函数的傅里叶级数中，只有直流和偶次谐波，没有奇次波即基波和奇次谐波分量。

图 4.1-4 信号的傅里叶系数计算如下

$$a_0=\frac{1}{T_1}\int_{T_1} f(t)\mathrm{d}t=\frac{1}{T_1}\cdot\frac{T_1}{2}=\frac{1}{2}$$

$$\begin{aligned} a_n &= \frac{4}{T_1}\int_0^{\frac{T_1}{2}}\frac{2}{T_1}t\cos(n\omega_1 t)\mathrm{d}t \\ &= \frac{8}{T_1^2}\cdot\frac{1}{n\omega_1}\left[t\sin(n\omega_1 t)\Big|_0^{\frac{T_1}{2}}+\frac{1}{n\omega_1}\cos(n\omega_1 t)\Big|_0^{\frac{T_1}{2}}\right]=0, \qquad n\text{ 为偶数} \end{aligned}$$

$$\begin{aligned} b_n &= \frac{4}{T_1}\int_0^{\frac{T_1}{2}}\frac{2}{T_1}t\sin(n\omega_1 t)\mathrm{d}t \\ &= \frac{8}{T_1^2}\cdot\frac{-1}{n\omega_1}\left[t\cos(n\omega_1 t)\Big|_0^{\frac{T_1}{2}}-\frac{1}{n\omega_1}\sin(n\omega_1 t)\Big|_0^{\frac{T_1}{2}}\right]=\frac{-2}{n\pi}, \qquad n\text{ 为偶数} \end{aligned}$$

$$F_0=a_0=\frac{1}{2}$$

$$F_n=\frac{a_n-\mathrm{j}b_n}{2}=\frac{\mathrm{j}}{n\pi}, \qquad n\text{ 为非 0 偶数}$$

三角形式的傅里叶级数为

$$\begin{aligned} f(t) &= \frac{1}{2}-\frac{2}{\pi}\sum_{\substack{n=1\\ \text{偶数}}}^{\infty}\frac{1}{n}\sin(n\omega_1 t) \\ &= \frac{1}{2}-\frac{1}{\pi}\left[\sin(2\omega_1 t)+\frac{1}{2}\sin(4\omega_1 t)+\frac{1}{3}\sin(6\omega_1 t)+\cdots\right] \end{aligned} \tag{4.1-18a}$$

指数形式的傅里叶级数为

$$f(t)=\frac{1}{2}+\frac{\mathrm{j}}{\pi}\sum_{\substack{n=\text{偶数}\\ n\neq 0}}\frac{1}{n}\mathrm{e}^{\mathrm{j}n\omega_1 t}$$

$$=\cdots-\frac{\mathrm{j}}{4\pi}\mathrm{e}^{-\mathrm{j}4\omega_1 t}-\frac{\mathrm{j}}{2\pi}\mathrm{e}^{-\mathrm{j}2\omega_1 t}+\frac{1}{2}+\frac{\mathrm{j}}{2\pi}\mathrm{e}^{\mathrm{j}2\omega_1 t}+\frac{\mathrm{j}}{4\pi}\mathrm{e}^{\mathrm{j}4\omega_1 t}+\cdots \quad (4.1\text{-}18\text{b})$$

如果 $f(t)$ 以上述多种情况同时出现时，傅里叶系数应同时满足。表 4-1 是函数的对称性与傅里叶系数的关系。

表 4-1　对称条件与傅里叶系数

序号	对称条件	傅里叶系数(仅有不为零的系数)
1	偶函数	$a_0=F_0=\frac{1}{T_1}\int_{T_1}f(t)\mathrm{d}t, a_n=\frac{4}{T_1}\int_{\frac{T_1}{2}}f(t)\cos(n\omega_1 t)\mathrm{d}t, F_n=\frac{a_n}{2}$
2	奇函数	$b_n=\frac{4}{T_1}\int_{\frac{T_1}{2}}f(t)\sin(n\omega_1 t)\mathrm{d}t,\quad F_n=-\mathrm{j}\frac{b_n}{2}$
3	奇谐函数	$a_n=\frac{4}{T_1}\int_{\frac{T_1}{2}}f(t)\cos(n\omega_1 t)\mathrm{d}t$ $b_n=\frac{4}{T_1}\int_{\frac{T_1}{2}}f(t)\sin(n\omega_1 t)\mathrm{d}t$　　n 为奇数 $F_n=\frac{a_n-\mathrm{j}b_n}{2}=\frac{2}{T_1}\int_{\frac{T_1}{2}}f(t)\mathrm{e}^{-\mathrm{j}n\omega_1 t}\mathrm{d}t$
4	偶谐函数	$a_0=F_0=\frac{1}{T_1}\int_{T_1}f(t)\mathrm{d}t$ $a_n=\frac{4}{T_1}\int_{\frac{T_1}{2}}f(t)\cos(n\omega_1 t)\mathrm{d}t$ $b_n=\frac{4}{T_1}\int_{\frac{T_1}{2}}f(t)\sin(n\omega_1 t)\mathrm{d}t$　　n 为偶数 $F_n=\frac{a_n-\mathrm{j}b_n}{2}=\frac{2}{T_1}\int_{\frac{T_1}{2}}f(t)\mathrm{e}^{-\mathrm{j}n\omega_1 t}\mathrm{d}t$
5	奇函数、奇谐函数	$b_n=\frac{8}{T_1}\int_{\frac{T_1}{4}}f(t)\sin(n\omega_1 t)\mathrm{d}t,\quad F_n=-\mathrm{j}\frac{b_n}{2},$　　n 为奇数
6	奇函数、偶谐函数	$b_n=\frac{8}{T_1}\int_{\frac{T_1}{4}}f(t)\sin(n\omega_1 t)\mathrm{d}t,\quad F_n=-\mathrm{j}\frac{b_n}{2},$　　n 为偶数
7	偶函数、奇谐函数	$a_n=\frac{8}{T_1}\int_{\frac{T_1}{4}}f(t)\cos(n\omega_1 t)\mathrm{d}t,\quad F_n=\frac{a_n}{2},$　　n 为奇数
8	偶函数、偶谐函数	$a_0=F_0=\frac{1}{T_1}\int_{T_1}f(t)\mathrm{d}t, a_n=\frac{8}{T_1}\int_{\frac{T_1}{4}}f(t)\cos(n\omega_1 t)\mathrm{d}t, F_n=\frac{a_n}{2},$　　n 为偶数

4.1.4　坐标轴的移动与函数的对称性

有些波形虽然直接不满足对称条件，但将坐标轴平移后，波形的对称性就显现出来，坐标轴的移动有横轴移动和纵轴移动。

1. 横轴移动

三角形式傅里叶级数中的 a_0 是 $f(t)$ 的直流分量，将式(4.1-1)变形为

$$f_1(t)=f(t)-a_0=\sum_{n=1}^{\infty}[a_n\cos(n\omega_1 t)+b_n\sin(n\omega_1 t)] \tag{4.1-19}$$

$f_1(t)$的波形是 $f(t)$的横轴向上平移 a_0 得到的。

图 4.1-5(a)的 $f(t)$波形直接看不满足对称性，将横轴上移 1 后，得到 $f_1(t)$波形如图(b)所示，有 $f(t)=1+f_1(t)$，显然$f_1(t)$是奇函数。

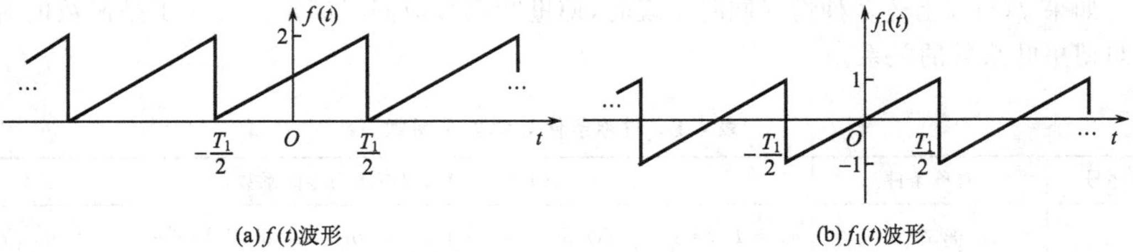

图 4.1-5　横轴移动

由式(4.1-14a)得

$$f_1(t)=\frac{2}{\pi}\left[\sin(\omega_1 t)-\frac{1}{2}\sin(2\omega_1 t)+\frac{1}{3}\sin(3\omega_1 t)-\frac{1}{4}\sin(4\omega_1 t)+\cdots\right]$$

所以

$$f(t)=1+\frac{2}{\pi}\left[\sin(\omega_1 t)-\frac{1}{2}\sin(2\omega_1 t)+\frac{1}{3}\sin(3\omega_1 t)-\frac{1}{4}\sin(4\omega_1 t)\cdots\right] \tag{4.1-20}$$

可见横轴移动前后，系数 a_n 和 b_n 是不变的，a_0 发生改变。横轴的上下移动改变了直流分量，交流分量不变。

2. 纵轴移动

图 4.1-6(a)所示的 $f(t)$波形，将纵轴向右平移$\frac{T_1}{4}$后的 $f_1(t)$波形如图(b)所示，显然 $f_1(t)$是偶函数，且 $f(t)=f_1\left(t-\frac{T_1}{4}\right)$。

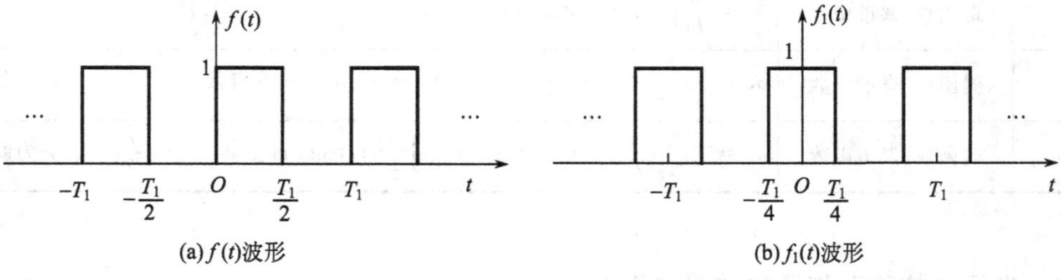

图 4.1-6　纵轴移动

由式(4.1-12a)，令 $\tau=\frac{T_1}{2}$，$E=1$，得

$$f(t)=\frac{1}{2}+\frac{2}{\pi}\left\{\cos\left[\omega_1\left(t-\frac{T_1}{4}\right)\right]-\frac{1}{3}\cos\left[3\omega_1\left(t-\frac{T_1}{4}\right)\right]+\frac{1}{5}\cos\left[5\omega_1\left(t-\frac{T_1}{4}\right)\right]-\cdots\right\}$$

$$= \frac{1}{2} + \frac{2}{\pi}\left[\sin(\omega_1 t) + \frac{1}{3}\sin(3\omega_1 t) + \frac{1}{5}\sin(5\omega_1 t) + \cdots\right] \tag{4.1-21}$$

由此可见纵轴的移动，a_0 是不变的，a_n、b_n 发生变化。

4.1.5　导数函数间傅里叶系数的关系

式(4.1-1)三角形式的傅里叶级数重写

$$f(t) = a_0 + \sum_{n=1}^{\infty}[a_n\cos(n\omega_1 t) + b_n\sin(n\omega_1 t)]$$

两边求导，得

$$\begin{aligned} f'(t) &= \sum_{n=1}^{\infty}[n\omega_1 b_n\cos(n\omega_1 t) - n\omega_1 a_n\sin(n\omega_1 t)] \\ &= \sum_{n=1}^{\infty}[a'_n\cos(n\omega_1 t) + b'_n\sin(n\omega_1 t)] \end{aligned} \tag{4.1-22}$$

式中

$$\left.\begin{aligned} a'_n &= n\omega_1 b_n \\ b'_n &= -n\omega_1 a_n \end{aligned}\right\} \tag{4.1-23}$$

式(4.1-10)指数形式的傅里叶级数改写为

$$f(t) = \sum_{\substack{n=-\infty \\ n\neq 0}}^{\infty} F_n e^{jn\omega_1 t} + F_0$$

两边求导，得

$$f'(t) = \sum_{\substack{n=-\infty \\ n\neq 0}}^{\infty} jn\omega_1 F_n e^{jn\omega_1 t} = \sum_{\substack{n=-\infty \\ n\neq 0}}^{\infty} F'_n e^{jn\omega_1 t} \tag{4.1-24}$$

其中

$$F'_n = jn\omega_1 F_n,\qquad n\neq 0 \tag{4.1-25}$$

因此可见，a_0 和 F_0 求导后消失了。

以此类推有

$$f''(t) = \sum_{n=1}^{\infty}[-(n\omega_1)^2 a_n\cos(n\omega_1 t) - (n\omega_1)^2 b_n\sin(n\omega_1 t)] \tag{4.1-26}$$

$$f''(t) = \sum_{\substack{n=-\infty \\ n\neq 0}}^{\infty} (jn\omega_1)^2 F_n e^{jn\omega_1 t} \tag{4.1-27}$$

$$\left.\begin{aligned} a''_n &= -(n\omega_1)^2 a_n \\ b''_n &= -(n\omega_1)^2 b_n\ , \qquad n\neq 0 \\ F''_n &= -(n\omega_1)^2 F_n \end{aligned}\right\} \tag{4.1-28}$$

例 4.1-1　求图 4.1-7(a)所示三角信号的傅里叶级数。

解　采用导数函数间的傅里叶系数关系计算。

三角信号 $f(t)$ 求一次导数 $f'(t)$ 是方波信号，如图(b)，求二次导数 $f''(t)$ 是冲激信号，如图(c)，$f''(t)$ 的基本波形由两个冲激组成，如图 4.1-8。

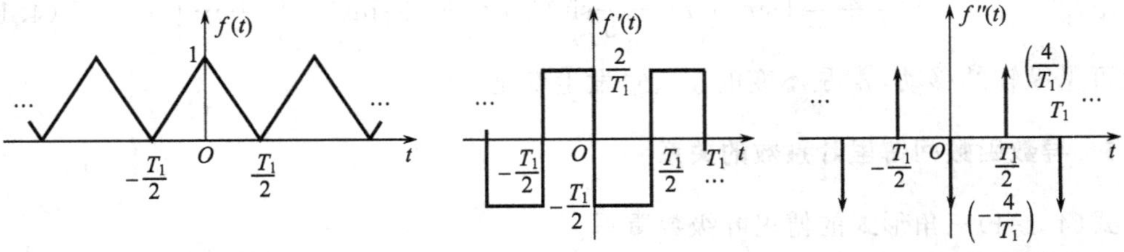

图 4.1-7　例 4.1-1 用图

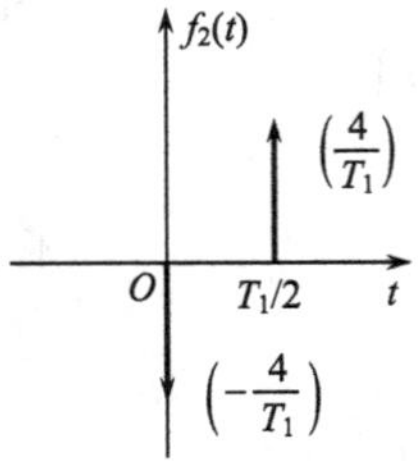

图 4.1-8　$f''(t)$的基本波形

先计算 $f''(t)$的傅里叶系数 a''_n、b''_n和 F''_n。

$$a''_n=\frac{2}{T_1}\int_0^{T_1}\left[-\frac{4}{T_1}\delta(t)+\frac{4}{T_1}\delta\left(t-\frac{T_1}{2}\right)\right]\cos(n\omega_1 t)\mathrm{d}t$$

$$=\frac{8}{T_1^2}[-1+\cos(n\pi)]=\begin{cases}-\frac{16}{T_1^2}, & n=\text{奇数}\\ 0, & n=\text{偶数}\end{cases}$$

$$b''_n=\frac{2}{T_1}\int_0^{T_1}\left[-\frac{4}{T_1}\delta(t)+\frac{4}{T_1}\delta\left(t-\frac{T_1}{2}\right)\right]\sin(n\omega_1 t)\mathrm{d}t=0$$

$$F''_n=\frac{a''_n}{2}=-\frac{8}{T_1^2},\qquad n\text{ 为奇数}$$

由式(4.1-28)求得 $f(t)$的傅里叶系数为

$$a_n=-\frac{a''_n}{(n\omega_1)^2}=\frac{4}{(n\pi)^2},\qquad n\text{ 为奇数}$$

$$b_n=-\frac{b''_n}{(n\omega_1)^2}=0$$

$$F_n=-\frac{F''_n}{(n\omega_1)^2}=\frac{2}{(n\pi)^2},\qquad n\text{ 为奇数}$$

a_0 和 F_0 由 $f(t)$求出

$$a_0=F_0=\frac{1}{T_1}\int_{T_1}f(t)\mathrm{d}t=\frac{1}{2}$$

$f(t)$的三角形式傅里叶级数为

$$f(t)=\frac{1}{2}+\frac{4}{\pi^2}\sum_{\substack{n=1\\ \text{奇数}}}^{\infty}\frac{1}{n^2}\cos(n\omega_1 t)$$

$$=\frac{1}{2}+\frac{4}{\pi^2}\left[\cos(\omega_1 t)+\frac{1}{9}\cos(3\omega_1 t)+\frac{1}{25}\cos(5\omega_1 t)+\cdots\right]$$

指数形式的傅里叶级数为

$$f(t)=\frac{1}{2}+\frac{2}{\pi^2}\sum_{\substack{n=-\infty\\ \text{奇数}}}^{\infty}\frac{1}{n^2}e^{jn\omega_1 t}$$
$$=\frac{1}{2}+\frac{2}{\pi^2}\left[\cdots+\frac{1}{25}e^{-j5\omega_1 t}+\frac{1}{9}e^{-j3\omega_1 t}+e^{-j\omega_1 t}+\frac{1}{9}e^{j3\omega_1 t}+\frac{1}{25}e^{j5\omega_1 t}+\cdots\right]$$

4.2　周期信号的频谱

正弦信号 $K\cos(\omega t+\varphi)$ 有三要素，即振幅 K、相角 φ 和频率 ω。从式(4.1-4) 即 $f(t)=c_0+\sum_{n=1}^{\infty}c_n\cos(n\omega_1 t+\varphi_n)$ 可见，周期信号由直流分量和各种频率的正弦分量组成，而各个频率正弦分量的幅度和相位随频率而改变。

定义　各次谐波的振幅与频率的关系图形为振幅频谱(简称幅度谱，amplitude spectrum)，各次谐波的相位与频率的关系图形称为相位频谱(简称相位谱，phase spectrum)。信号的频谱由幅度谱和相位谱组成。

由于 $f(t)$可以展开成三角形式和指数形式的傅里叶级数，其频谱有两种。

4.2.1　单边频谱

$f(t)$ 的三角形式的傅里叶级数为 $f(t)=c_0+\sum_{n=1}^{\infty}c_n\cos(n\omega_1 t+\varphi_n)$，变量 n 是从 1 开始的正整数，频谱图中的变量 $\omega=n\omega_1$ 是在零谱和正频谱处，此时的频谱称为单边频谱。

图 4.1-1 所示的周期信号，当 $E=1,\tau=\frac{T_1}{2}$时，代入式(4.1-12a)，得

$$f(t)=\frac{1}{2}+\frac{2}{\pi}\left[\cos(\omega_1 t)-\frac{1}{3}\cos(3\omega_1 t)+\frac{1}{5}\cos(5\omega_1 t)-\frac{1}{7}\cos(7\omega_1 t)+\cdots\right]$$

化为

$$f(t)=\frac{1}{2}+\frac{2}{\pi}\left[\cos(\omega_1 t)+\frac{1}{3}\cos(3\omega_1 t+\pi)+\frac{1}{5}\cos(5\omega_1 t)+\frac{1}{7}\cos(7\omega_1 t+\pi)+\cdots\right]\tag{4.2-1}$$

画出 $f(t)$的幅度谱和相位谱如图 4.2-1 所示。

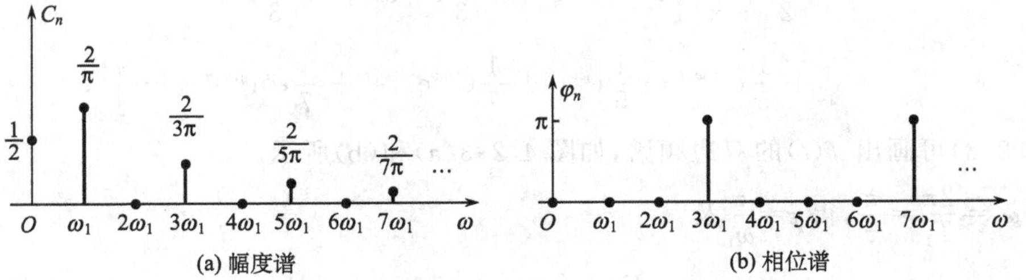

图 4.2-1　周期矩形信号的单边频谱

图 4.1-2 所示的周期锯齿信号，其三角形式的傅里叶级数式为式(4.1-14a)，即

$$f(t)=\frac{2}{\pi}\left[\sin(\omega_1 t)-\frac{1}{2}\sin(2\omega_1 t)+\frac{1}{3}\sin(3\omega_1 t)-\frac{1}{4}\sin(4\omega_1 t)+\cdots\right]$$

将其化为

$$f(t)=\frac{2}{\pi}\left[\cos\left(\omega_1 t-\frac{\pi}{2}\right)+\frac{1}{2}\cos\left(2\omega_1 t+\frac{\pi}{2}\right)+\frac{1}{3}\cos\left(3\omega_1 t-\frac{\pi}{2}\right)\right.$$
$$\left.+\frac{1}{4}\cos\left(4\omega_1 t+\frac{\pi}{2}\right)+\cdots\right] \tag{4.2-2}$$

其频谱图如图 4.2-2 所示。

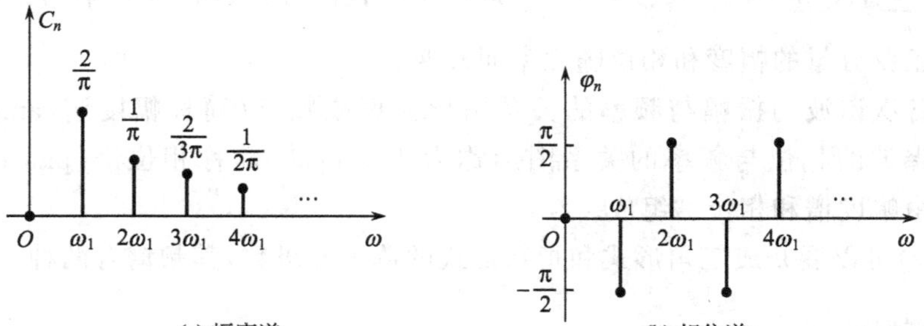

(a) 幅度谱 (b) 相位谱

图 4.2-2 周期锯齿信号的单边频谱

4.2.2 双边频谱

周期信号 $f(t)$ 的傅里叶级数为 $f(t)=\sum_{n=-\infty}^{\infty}F_n e^{jn\omega_1 t}$，变量 n 是从 $-\infty$ 到 $+\infty$ 变化的，频谱中的变量 $\omega=n\omega_1$ 也是从 $-\infty$ 到 $+\infty$ 双边的，此时的频谱称为双边频谱。由于 F_n 是复数，表示成极坐标形式为 $F_n=|F_n|e^{j\varphi_n}$，称 $|F_n|$ 与 ω 为幅度谱，φ_n 与 ω 为相位谱。

欧拉公式代入式(4.2-1)中，有

$$f(t)=\frac{1}{2}+\frac{2}{\pi}\left\{\frac{1}{2}(e^{j\omega_1 t}+e^{-j\omega t_1})+\frac{1}{6}[e^{j(3\omega_1 t+\pi)}+e^{-j(3\omega_1 t+\pi)}]\right.$$
$$\left.+\frac{1}{10}(e^{j5\omega_1 t}+e^{-j5\omega_1 t})+\frac{1}{14}[e^{j(7\omega_1 t+\pi)}+e^{-j(7\omega_1 t+\pi)}]+\cdots\right\}$$
$$=\frac{1}{2}+\frac{1}{\pi}\left[e^{-j\omega_1 t}+e^{j\omega_1 t}+\frac{1}{3}e^{-j\pi}e^{-j3\omega_1 t}+\frac{1}{3}e^{j\pi}e^{j3\omega_1 t}\right.$$
$$\left.+\frac{1}{5}e^{-j5\omega_1 t}+\frac{1}{5}e^{j5\omega_1 t}+\frac{1}{7}e^{-j\pi}e^{-j7\omega_1 t}+\frac{1}{7}e^{j\pi}e^{j7\omega_1 t}+\cdots\right] \tag{4.2-3}$$

由式(4.2-3)可画出 $f(t)$ 的双边频谱，如图 4.2-3(a)和(b)所示。

由 $\omega_1=\frac{2\pi}{T_1}=\frac{\pi}{\tau}$，得 $\tau=\frac{\pi}{\omega_1}$ 及

$$F_n=\frac{E\tau}{T_1}\mathrm{Sa}\left(\frac{n\omega_1\tau}{2}\right)=\frac{1}{2}\mathrm{Sa}\left(\frac{\omega\pi}{2\omega_1}\right)$$

画出 F_n 的图形如图 4.2-3(c)所示。

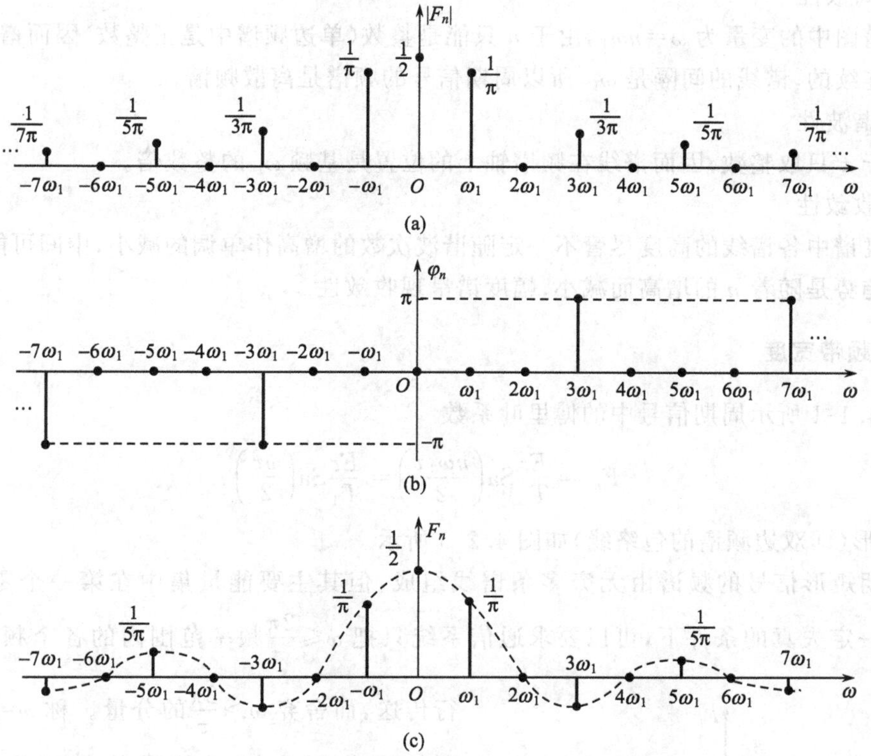

图 4.2-3　周期矩形信号的双边频谱

将欧拉公式代入式(4.2-2)中，有

$$f(t)=\frac{1}{\pi}\Big[\mathrm{e}^{\mathrm{j}\frac{\pi}{2}}\mathrm{e}^{-\mathrm{j}\omega_1 t}+\mathrm{e}^{-\mathrm{j}\frac{\pi}{2}}\mathrm{e}^{\mathrm{j}\omega_1 t}+\frac{1}{2}\mathrm{e}^{-\mathrm{j}\frac{\pi}{2}}\mathrm{e}^{-\mathrm{j}2\omega_1 t}+\frac{1}{2}\mathrm{e}^{\mathrm{j}\frac{\pi}{2}}\mathrm{e}^{\mathrm{j}2\omega_1 t}+\frac{1}{3}\mathrm{e}^{\mathrm{j}\frac{\pi}{2}}\mathrm{e}^{-\mathrm{j}3\omega_1 t}$$

$$+\frac{1}{3}\mathrm{e}^{-\mathrm{j}\frac{\pi}{2}}\mathrm{e}^{\mathrm{j}3\omega_1 t}+\frac{1}{4}\mathrm{e}^{-\mathrm{j}\frac{\pi}{2}}\mathrm{e}^{-\mathrm{j}4\omega_1 t}+\frac{1}{4}\mathrm{e}^{\mathrm{j}\frac{\pi}{2}}\mathrm{e}^{\mathrm{j}4\omega_1 t}+\cdots\Big] \tag{4.2-4}$$

据此，可以画出周期锯齿信号的双边频谱如图 4.2-4 所示。

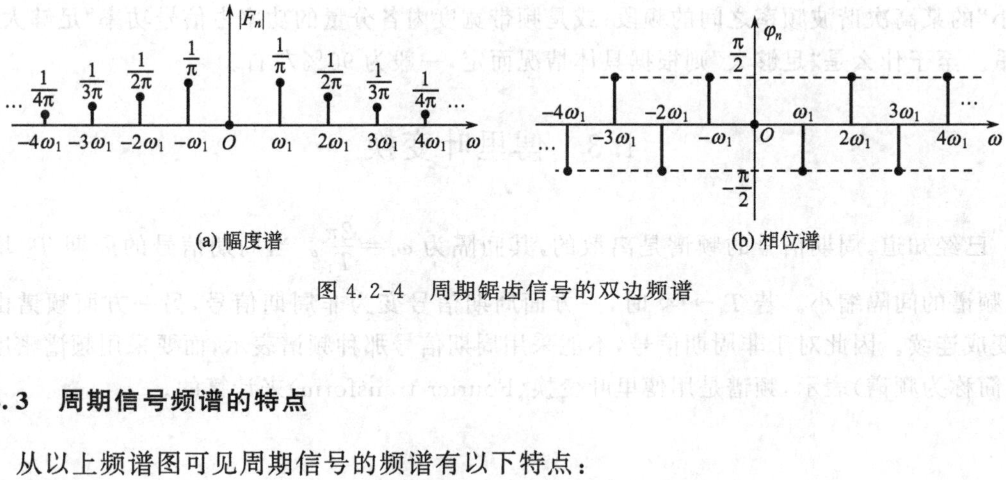

(a) 幅度谱　　(b) 相位谱

图 4.2-4　周期锯齿信号的双边频谱

4.2.3　周期信号频谱的特点

从以上频谱图可见周期信号的频谱有以下特点：

1）离散性

频谱图中的变量为 $\omega=n\omega_1$，由于 n 只能是整数（单边频谱中是正整数）因而谱线是离散的而非连续的，谱线的间隔是 ω_1，所以周期信号的频谱是离散频谱。

2）谐波性

由于 n 只取整数，因而谱线在频谱轴上的位置是基频 ω_1 的整数倍。

3）收敛性

幅度谱中各谱线的高度尽管不一定随谐波次数的增高作单调的减小，中间可能有起伏，但总的趋势是随着 n 的增高而减小，幅度谱呈现收敛性。

4.2.4 频带宽度

图 4.1-1 所示周期信号中的傅里叶系数

$$F_n=\frac{E\tau}{T_1}\mathrm{Sa}\left(\frac{n\omega_1\tau}{2}\right)=\frac{E\tau}{T_1}\mathrm{Sa}\left(\frac{\omega\tau}{2}\right) \tag{4.2-5}$$

F_n 的波形（即双边频谱的包络线）如图 4.2-5 所示。

周期矩形信号的频谱由无穷多条谱线组成，但其主要能量集中在第一个零点以内，在允许一定失真的条件下，可以要求通信系统只把 $\omega\leqslant\frac{2\pi}{\tau}$ 频率范围内的各个频谱分量进行传送，而舍弃 $\omega>\frac{2\pi}{\tau}$ 的分量。称 $\omega=0\sim\frac{2\pi}{\tau}$ 这段频率范围为矩形信号的频带宽度（bandwidth），记作 B。

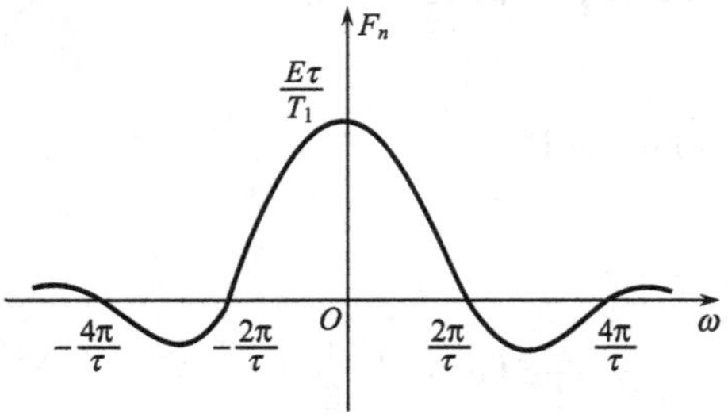

图 4.2-5 周期矩形信号双边频谱的包络线

有

$$B_\omega=\frac{2\pi}{\tau} \tag{4.2-6}$$

或

$$B_f=\frac{1}{\tau} \tag{4.2-7}$$

对于一般的周期信号，同样有频带宽度。工程上通常规定，是从零频（$\omega=0$）到幅度“足够小”的某高次谐波频率之间的频段；或是频带宽度内各分量的功率占信号功率“足够大”的比重。至于什么是“足够大”则根据具体情况而定，一般为 90%左右。

4.3 傅里叶变换

已经知道，周期信号的频谱是离散的，其间隔为 $\omega_1=\frac{2\pi}{T_1}$。当周期信号的周期 T_1 增大时，频谱的间隔缩小。若 $T_1\to\infty$ 时，一方面周期信号变为非周期信号，另一方面频谱由离散变成连续。因此对于非周期信号，不能采用周期信号那种频谱表示，而要采用频谱密度函数（简称为频谱）表示，频谱是用傅里叶变换（Fourier transform）来计算的。

4.3.1　傅里叶变换的定义

周期为 T_1 的周期信号 $f(t)$，其指数形式的傅里叶级数和傅里叶系数为

$$f(t)=\sum_{n=-\infty}^{\infty}F_n e^{jn\omega_1 t} \tag{4.3-1}$$

$$F_n=\frac{1}{T_1}\int_{-\frac{T_1}{2}}^{\frac{T_1}{2}}f(t)e^{-jn\omega_1 t}dt \tag{4.3-2}$$

由式(4.3-2)可见，当 $T_1\to\infty$ 时，如$\int_{-\frac{T_1}{2}}^{\frac{T_1}{2}}f(t)e^{-jn\omega_1 t}$有限，则 $F_n\to 0$，但$\dfrac{F_n}{\frac{1}{T_1}}$是有限的，求此极限为

$$\lim_{T_1\to\infty}\frac{F_n}{\frac{1}{T_1}}=\lim_{T_1\to\infty}\int_{-\frac{T_1}{2}}^{\frac{T_1}{2}}f(t)e^{-jn\omega_1 t}dt=\int_{-\infty}^{\infty}f(t)e^{-j\omega t}dt$$

这是个变量为 ω 的函数，记作 $F(j\omega)$，即

$$F(j\omega)=\int_{-\infty}^{\infty}f(t)e^{-j\omega t}dt \tag{4.3-3}$$

式(4.3-1)变为

$$f(t)=\sum_{n=-\infty}^{\infty}\frac{F_n}{\frac{1}{T_1}}e^{jn\omega_1 t}\cdot\frac{1}{T_1}$$

由于$\dfrac{1}{T_1}=\dfrac{\omega_1}{2\pi}$，当 $T_1\to\infty$时，$\dfrac{F_n}{\frac{1}{T_1}}$变为 $F(j\omega)$，$\omega=n\omega_1$，$\dfrac{1}{T_1}$变为$\dfrac{d\omega}{2\pi}$，求和运算变为求积分运算，故

$$f(t)=\frac{1}{2\pi}\int_{-\infty}^{\infty}F(j\omega)e^{j\omega t}d\omega \tag{4.3-4}$$

式(4.3-3)是非周期信号的频谱表示式，称为傅里叶正变换(FT)，式(4.3-4)称为傅里叶反变换(LFT)。即

傅里叶正变换　　$F(j\omega)=\mathscr{F}[f(t)]=\int_{-\infty}^{\infty}f(t)e^{-j\omega t}dt$

傅里叶反变换　　$f(t)=\mathscr{F}^{-1}[f(t)]=\frac{1}{2\pi}\int_{-\infty}^{\infty}F(j\omega)e^{j\omega t}d\omega$

$f(t)$和 $F(j\omega)$构成了傅里叶变换对，是一对一的变换。方便起见，习惯上表示为

$$f(t)\leftrightarrow F(j\omega) \tag{4.3-5}$$

必须指出，傅里叶变换存在的充分条件是函数 $f(t)$绝对可积，即要求

$$\int_{-\infty}^{\infty}|f(t)|dt<\infty \tag{4.3-6}$$

这是个充分条件，当 $f(t)$满足绝对可积时，可用定义式(4.3-3)计算其频谱。但并不是必要条件，有些信号即使不满足式(4.3-6)，但傅里叶变换依然存在。从波形看，$f(t)$满足绝对可

积条件时，有

$$\lim_{t\to\pm\infty} f(t) = 0 \tag{4.3-7}$$

4.3.2 常用非周期信号的频谱

常用信号的频谱在计算傅里叶正反变换时经常用到。

1. 单边指数衰减信号

单边指数信号 $f(t)=\mathrm{e}^{-at}u(t)$（$a$ 为大于零的实数），满足绝对可积条件，用定义式求频谱

$$F(\mathrm{j}\omega) = \int_{-\infty}^{\infty} f(t)\mathrm{e}^{-\mathrm{j}\omega t}\mathrm{d}t = \int_{-\infty}^{\infty} \mathrm{e}^{-at}u(t)\mathrm{e}^{-\mathrm{j}\omega t}\mathrm{d}t = \int_{0}^{\infty} \mathrm{e}^{-at}\mathrm{e}^{-\mathrm{j}\omega t}\mathrm{d}t = \frac{1}{a+\mathrm{j}\omega}$$

即

$$\mathrm{e}^{-at}u(t) \leftrightarrow \frac{1}{a+\mathrm{j}\omega} \tag{4.3-8}$$

幅度和相位为

$$\left.\begin{aligned} |F(\mathrm{j}\omega)| &= \frac{1}{\sqrt{a^2+\omega^2}} \\ \varphi(\omega) &= -\arctan\left(\frac{\omega}{a}\right) \end{aligned}\right\} \tag{4.3-9}$$

函数波形和频谱如图 4.3-1 所示。

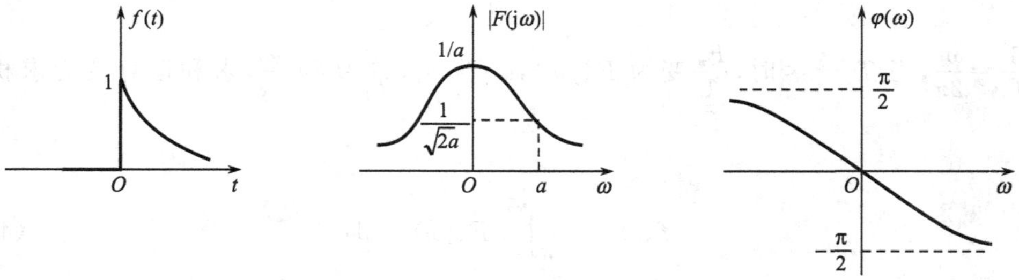

图 4.3-1 函数波形和频谱

2. 双边指数信号

双边指数信号 $f(t)=\mathrm{e}^{-a|t|}$（a 为大于零的实数）满足绝对可积条件，用定义求出其 $F(\mathrm{j}\omega)$ 为

$$F(\mathrm{j}\omega) = \int_{-\infty}^{\infty} f(t)\mathrm{e}^{-\mathrm{j}\omega t}\mathrm{d}t = \int_{-\infty}^{0} \mathrm{e}^{at}\mathrm{e}^{-\mathrm{j}\omega t}\mathrm{d}t + \int_{0}^{\infty} \mathrm{e}^{-at}\mathrm{e}^{-\mathrm{j}\omega t}\mathrm{d}t = \frac{1}{a-\mathrm{j}\omega} + \frac{1}{a+\mathrm{j}\omega} = \frac{2a}{a^2+\omega^2}$$

即

$$\mathrm{e}^{-a|t|} \leftrightarrow \frac{2a}{a^2+\omega^2} \tag{4.3-10}$$

函数波形和频谱如图 4.3-2 所示。

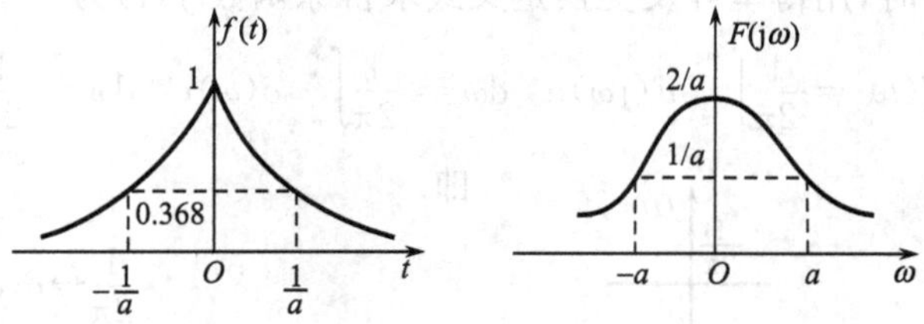

图 4.3-2　双边指数信号的波形和频谱图

3. 门函数信号

门函数信号 $g_\tau(t)=u\left(t+\frac{\tau}{2}\right)-u\left(t-\frac{\tau}{2}\right)$满足绝对可积条件，求得频谱 $G(\mathrm{j}\omega)$为

$$G(\mathrm{j}\omega)=\int_{-\frac{\tau}{2}}^{\frac{\tau}{2}}\mathrm{e}^{-\mathrm{j}\omega t}\,\mathrm{d}t=\frac{1}{-\mathrm{j}\omega}\mathrm{e}^{-\mathrm{j}\omega t}\Bigg|_{t=-\frac{\tau}{2}}^{\frac{\tau}{2}}=\frac{1}{-\mathrm{j}\omega}\left(\mathrm{e}^{-\mathrm{j}\frac{\omega\tau}{2}}-\mathrm{e}^{\mathrm{j}\frac{\omega\tau}{2}}\right)=\frac{2}{\omega}\sin\left(\frac{\omega\tau}{2}\right)=\tau\mathrm{Sa}\left(\frac{\omega\tau}{2}\right)$$

即

$$g_\tau(t)\leftrightarrow\tau\mathrm{Sa}\left(\frac{\omega\tau}{2}\right)\tag{4.3-11}$$

矩形脉冲信号 $f(t)=Eg_\tau(t)$，其频谱 $F(\mathrm{j}\omega)$为

$$F(\mathrm{j}\omega)=E\tau\mathrm{Sa}\left(\frac{\omega\tau}{2}\right)\tag{4.3-12}$$

函数波形和频谱如图 4.3-3 所示。

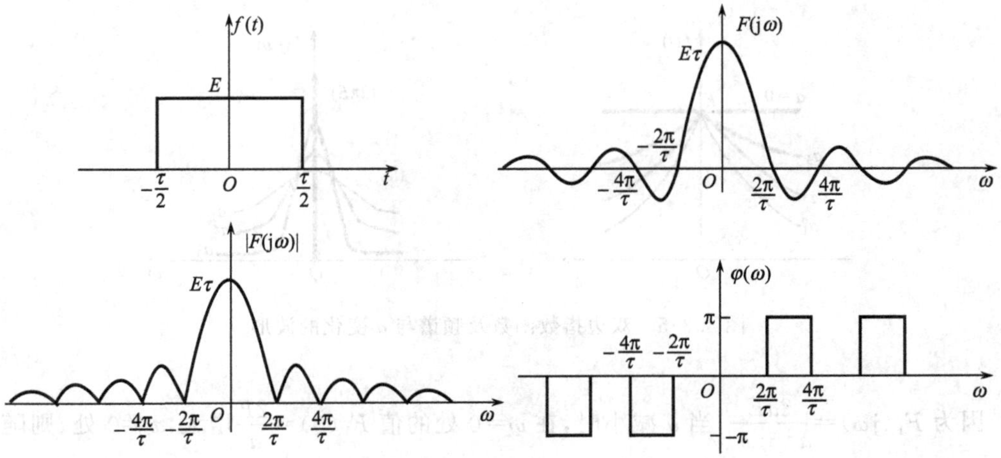

图 4.3-3　矩形脉冲信号波形和频谱

4. 单位冲激信号

单位冲激函数满足绝对可积，用定义式求得

$$F(\mathrm{j}\omega)=\int_{-\infty}^{\infty}\delta(t)\mathrm{e}^{-\mathrm{j}\omega t}\,\mathrm{d}t=\int_{-\infty}^{\infty}\delta(t)\,\mathrm{d}t=1\ [\text{由于 } f(t)\delta(t)=f(0)\delta(t)]$$

即

$$\delta(t)\leftrightarrow 1\tag{4.3-13}$$

当 $F(\mathrm{j}\omega)=\delta(\omega)$ 时，用傅里叶反变换定义式求得原函数 $f(t)$ 为

$$f(t)=\frac{1}{2\pi}\int_{-\infty}^{\infty}F(\mathrm{j}\omega)\mathrm{e}^{\mathrm{j}\omega t}\mathrm{d}\omega=\frac{1}{2\pi}\int_{-\infty}^{\infty}\delta(\omega)\mathrm{e}^{\mathrm{j}\omega t}\mathrm{d}\omega=\frac{1}{2\pi}$$

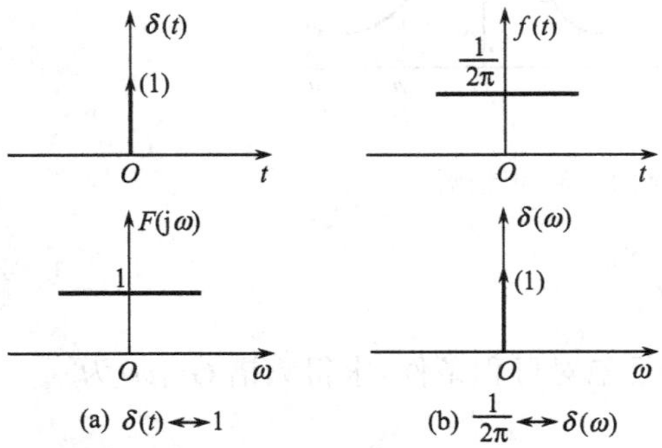

图 4.3-4　冲激函数的正反傅里叶变换

即

$$\frac{1}{2\pi}\leftrightarrow\delta(\omega) \tag{4.3-14}$$

函数波形和频谱图如图 4.3-4 所示。

5. 直流信号

直流信号 $f(t)=E$ 不满足绝对可积，不可用定义计算其频谱，以下是两种间接计算方法。

(1) 当 $F(\mathrm{j}\omega)=2\pi E\delta(\omega)$ 时，用定义式求出反变换 $f(t)$ 为

$$f(t)=\frac{1}{2\pi}\int_{-\infty}^{\infty}F(\mathrm{j}\omega)\mathrm{e}^{\mathrm{j}\omega t}\mathrm{d}\omega=\frac{1}{2\pi}\int_{-\infty}^{\infty}2\pi E\delta(\omega)\mathrm{e}^{\mathrm{j}\omega t}\mathrm{d}\omega=E$$

即

$$E\leftrightarrow 2\pi E\delta(\omega) \tag{4.3-15}$$

或在式(4.3-14)两边同乘 $2\pi E$ 得到。

(2) 直流信号可看作双边指数函数 $f_1(t)=E\mathrm{e}^{-a|t|}$ 当 $a\to 0$ 时的极限，因此直流信号的频谱是 $f_1(t)$ 的频谱 $F_1(\mathrm{j}\omega)$ 取 $a\to 0$ 时的极限，如图 4.3-5 所示，图中 $a_1>a_2>a_3>0$。

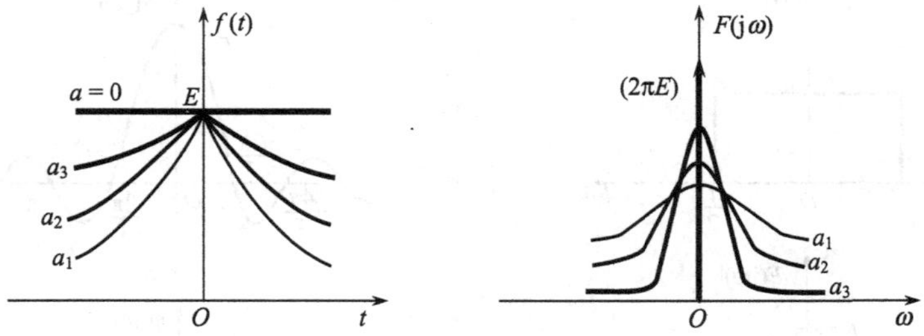

图 4.3-5　双边指数函数及频谱与 a 变化的波形

因为 $F_1(\mathrm{j}\omega)=\dfrac{2aE}{a^2+\omega^2}$，当 a 减小时，在 $\omega=0$ 处的值 $F_1(0)=\dfrac{2E}{a}$ 增大，$\omega\neq 0$ 处，则随 $|\omega|$ 的增大急剧减小，所以

$$\lim_{a\to 0}\frac{2aE}{a^2+\omega^2}=\begin{cases}0, & \omega\neq 0\\ \infty, & \omega=0\end{cases}$$

可见，它是一个以 ω 为变量的冲激函数，其冲激强度为

$$\lim_{a\to 0}\int_{-\infty}^{\infty}\frac{2aE}{a^2+\omega^2}\mathrm{d}\omega=\lim_{a\to 0}\int_{-\infty}^{\infty}\frac{2E}{1+\left(\dfrac{\omega}{a}\right)^2}\mathrm{d}\left(\frac{\omega}{a}\right)=\lim_{a\to 0}2E\arctan\left(\frac{\omega}{a}\right)\Bigg|_{-\infty}^{\infty}=2\pi E$$

所以$\lim\limits_{a\to 0}\dfrac{2aE}{a^2+\omega^2}=2\pi E\delta(\omega)$，即 $E\leftrightarrow 2\pi E\delta(\omega)$。

当 $E=1$ 时有

$$1\leftrightarrow 2\pi\delta(\omega) \tag{4.3-16}$$

6. 单位阶跃信号

$u(t)$不满足绝对可积，用间接方法计算其频谱。与直流信号相类似，$u(t)$看作单边指数 $f_1(t)=\mathrm{e}^{-at}u(t)$当 $a\to 0$ 时的极限，因此阶跃信号的频谱就是 $f_1(t)$的频谱 $F_1(\mathrm{j}\omega)$取 $a\to 0$ 时的极限，即 $F(\mathrm{j}\omega)=\lim\limits_{a\to 0}F_1(\mathrm{j}\omega)$。

已经求得

$$F_1(\mathrm{j}\omega)=\frac{1}{a+\mathrm{j}\omega}=\frac{a}{a^2+\omega^2}-\mathrm{j}\,\frac{\omega}{a^2+\omega^2}$$

$$F(\mathrm{j}\omega)=\lim_{a\to 0}F_1(\mathrm{j}\omega)=\lim_{a\to 0}\frac{a}{a^2+\omega^2}-\mathrm{j}\lim_{a\to 0}\frac{\omega}{a^2+\omega^2}=\pi\delta(\omega)-\mathrm{j}\,\frac{1}{\omega}=\pi\delta(\omega)+\frac{1}{\mathrm{j}\omega}$$

即

$$u(t)\leftrightarrow \pi\delta(\omega)+\frac{1}{\mathrm{j}\omega} \tag{4.3-17}$$

函数波形与频谱如图 4.3-6 所示。

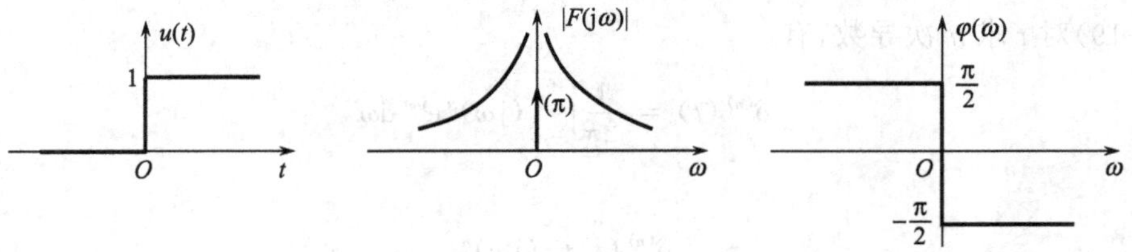

图 4.3-6　阶跃函数信号波形与频谱

7. 符号函数信号

$\mathrm{sgn}(t)$不满足绝对可积条件，用间接方法求频谱。将符号函数信号与双边指数相乘，得到 $f_1(t)=\mathrm{sgn}(t)\mathrm{e}^{-a|t|}$，显然 $f_1(t)$满足绝对可积条件。当 $a\to 0$ 时 $f_1(t)$的极限就是$\mathrm{sgn}(t)$，故 $\mathrm{sgn}(t)$的频谱 $F(\mathrm{j}\omega)$为 $F(\mathrm{j}\omega)=\lim\limits_{a\to 0}F_1(\mathrm{j}\omega)$。

用定义式求出 $F_1(\mathrm{j}\omega)$为

$$F_1(\mathrm{j}\omega)=\int_{-\infty}^{\infty}f(t)\mathrm{e}^{-\mathrm{j}\omega t}\mathrm{d}t=\int_{-\infty}^{0}-\mathrm{e}^{at}\mathrm{e}^{-\mathrm{j}\omega t}\mathrm{d}t+\int_{0}^{\infty}\mathrm{e}^{-at}\mathrm{e}^{-\mathrm{j}\omega t}\mathrm{d}t=\frac{-\mathrm{j}2\omega}{a^2+\omega^2}$$

所以

$$F(\mathrm{j}\omega)=\lim_{a\to 0}F_1(\mathrm{j}\omega)=\lim_{a\to 0}\frac{-\mathrm{j}2\omega}{a^2+\omega^2}=\frac{2}{\mathrm{j}\omega}$$

即

$$\mathrm{sgn}(t)\leftrightarrow\frac{2}{\mathrm{j}\omega} \tag{4.3-18}$$

函数波形与频谱如图 4.3-7 所示。

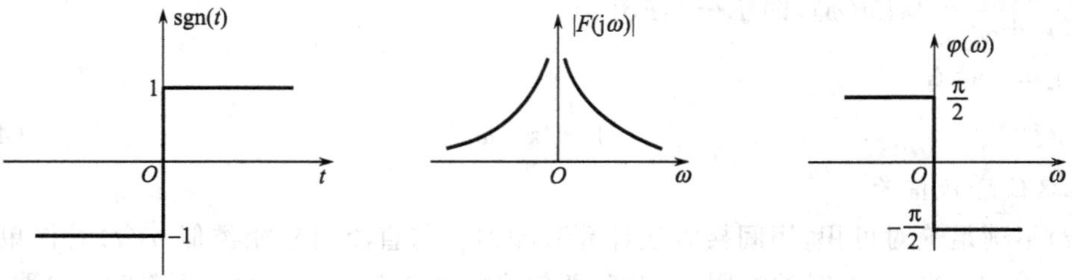

图 4.3-7 符号函数信号波形与频谱

8. 冲激偶信号

由于 $\delta(t)\leftrightarrow 1$，代入反变换定义式中有

$$\delta(t)=\frac{1}{2\pi}\int_{-\infty}^{\infty}\mathrm{e}^{\mathrm{j}\omega t}\,\mathrm{d}\omega \tag{4.3-19}$$

式(4.3-19)两边对 t 求导，有

$$\delta'(t)=\frac{1}{2\pi}\int_{-\infty}^{\infty}\mathrm{j}\omega\mathrm{e}^{\mathrm{j}\omega t}\,\mathrm{d}\omega$$

比较反变换定义式，可见 $\delta'(t)$ 的频谱为 $\mathrm{j}\omega$，即

$$\delta'(t)\leftrightarrow \mathrm{j}\omega \tag{4.3-20}$$

式(4.3-19)对 t 求 n 次导数，有

$$\delta^{(n)}(t)=\frac{1}{2\pi}\int_{-\infty}^{\infty}(\mathrm{j}\omega)^n\mathrm{e}^{\mathrm{j}\omega t}\,\mathrm{d}\omega$$

所以

$$\delta^{(n)}(t)\leftrightarrow(\mathrm{j}\omega)^n \tag{4.3-21}$$

9. $f(t)=t^n$

由于 $\frac{1}{2\pi}\leftrightarrow\delta(\omega)$，代入正变换定义式中有

$$\delta(\omega)=\int_{-\infty}^{\infty}\frac{1}{2\pi}\mathrm{e}^{-\mathrm{j}\omega t}\,\mathrm{d}t \tag{4.3-22}$$

式(4.3-22)对 ω 求导数，得

$$\frac{\mathrm{d}}{\mathrm{d}\omega}\delta(\omega)=\int_{-\infty}^{\infty}\frac{1}{2\pi}(-\mathrm{j}t)\mathrm{e}^{-\mathrm{j}\omega t}\,\mathrm{d}t,\quad \frac{\mathrm{d}^n}{\mathrm{d}\omega^n}\delta(\omega)=\int_{-\infty}^{\infty}\frac{1}{2\pi}(-\mathrm{j}t)^n\mathrm{e}^{-\mathrm{j}\omega t}\,\mathrm{d}t$$

上式化为

$$\mathrm{j}2\pi\frac{\mathrm{d}}{\mathrm{d}\omega}\delta(\omega)=\int_{-\infty}^{\infty}t\mathrm{e}^{-\mathrm{j}\omega t}\,\mathrm{d}t,\quad (\mathrm{j})^n2\pi\frac{\mathrm{d}^n}{\mathrm{d}\omega^n}\delta(\omega)=\int_{-\infty}^{\infty}t^n\mathrm{e}^{-\mathrm{j}\omega t}\,\mathrm{d}t$$

得

$$t\leftrightarrow \mathrm{j}2\pi\frac{\mathrm{d}}{\mathrm{d}\omega}\delta(\omega) \tag{4.3-23}$$

$$t^n\leftrightarrow(\mathrm{j})^n2\pi\frac{\mathrm{d}^n}{\mathrm{d}\omega^n}\delta(\omega) \tag{4.3-24}$$

将常用信号的频谱列与表 4-2 中。

表 4-2　常用信号的频谱

序号	$f(t)$	$F(\mathrm{j}\omega)$	序号	$f(t)$	$F(\mathrm{j}\omega)$
1	$\delta(t)$	1	12	$\cos(\omega_0 t)$	$\pi[\delta(\omega+\omega_0)+\delta(\omega-\omega_0)]$
2	E	$2\pi E\delta(\omega)$	13	$\sin(\omega_0 t)$	$\mathrm{j}\pi[\delta(\omega+\omega_0)-\delta(\omega-\omega_0)]$
3	$u(t)$	$\pi\delta(\omega)+\frac{1}{\mathrm{j}\omega}$	14	$\mathrm{e}^{\mathrm{j}\omega_0 t}$	$2\pi\delta(\omega-\omega_0)$
4	$\mathrm{sgn}(t)$	$\frac{2}{\mathrm{j}\omega}$	15	$\mathrm{Sa}(\omega_0 t)$	$\frac{\pi}{\omega_0}[u(\omega+\omega_0)-u(\omega-\omega_0)]=\frac{\pi}{\omega_0}G_{2\omega_0}(\omega)$
5	$\mathrm{e}^{-at}u(t)$ $a>0$	$\frac{1}{a+\mathrm{j}\omega}$	16	$tu(t)$	$\mathrm{j}\pi\delta'(\omega)-\frac{1}{\omega^2}$
6	$\mathrm{e}^{at}u(-t)$ $a>0$	$\frac{1}{a-\mathrm{j}\omega}$	17	$\cos(\omega_0 t)u(t)$	$\frac{\pi}{2}[\delta(\omega+\omega_0)+\delta(\omega-\omega_0)]+\frac{\mathrm{j}\omega}{\omega_0^2-\omega^2}$
7	$\mathrm{e}^{-a\|t\|}$ $a>0$	$\frac{2a}{a^2+\omega^2}$	18	$\sin(\omega_0 t)u(t)$	$\mathrm{j}\frac{\pi}{2}[\delta(\omega+\omega_0)-\delta(\omega-\omega_0)]+\frac{\omega_0}{\omega_0^2-\omega^2}$
8	t	$\mathrm{j}2\pi\frac{\mathrm{d}}{\mathrm{d}\omega}\delta(\omega)$	19	$Eg_\tau(t)$	$E\tau\mathrm{Sa}\left(\frac{\omega\tau}{2}\right)$
9	t^n	$(\mathrm{j})^n 2\pi\frac{\mathrm{d}^n}{\mathrm{d}\omega^n}\delta(\omega)$	20	$t\mathrm{e}^{-at}u(t)$ $a>0$	$\frac{1}{(a+\mathrm{j}\omega)^2}$
10	$\frac{1}{t}$	$-\mathrm{j}\pi\mathrm{sgn}(\omega)$	21	$t^2\mathrm{e}^{-at}u(t)$ $a>0$	$\frac{2}{(a+\mathrm{j}\omega)^3}$
11	$\|t\|$	$-\frac{2}{\omega^2}$	22	$t^n u(t)$	$(\mathrm{j})^n\pi\frac{\mathrm{d}^n}{\mathrm{d}\omega^n}\delta(\omega)+(\mathrm{j})^{n-1}\frac{(-1)^n n!}{\omega^{n+1}}$

4.4　傅里叶变换的性质

通过傅里叶变换，将 $f(t)$ 中的时间变量 t 变成 $F(\mathrm{j}\omega)$ 中的频率变量 ω，反之亦然，这是个一对一的变换。这说明，信号特性可以在时域中通过时间函数 $f(t)$ 研究，也可以在频域中用频谱函数 $F(\mathrm{j}\omega)$ 来研究。使用傅里叶变换性质，可方便进行 $f(t)$ 与 $F(\mathrm{j}\omega)$ 之间的换算。通过对傅里叶变换性质的研究，可以知道信号在一个域中进行的某种运算在另一个域中会产生什么结果。

1. 线性特性

若 $f_i(t)\leftrightarrow F_i(\mathrm{j}\omega)$，$a_i$ 是常数（$i=1,2,\cdots,n$）则

$$\sum_{i=1}^{n}a_i f_i(t)\leftrightarrow\sum_{i=1}^{n}a_i F_i(\mathrm{j}\omega) \tag{4.4-1}$$

线性特性包含比例性和叠加性，此性质由正变换的定义式很容易得到证明。

例 4.4-1　求信号 $f(t)=2\mathrm{e}^{-t}u(t)+3\delta(t)$ 的 $F(\mathrm{j}\omega)$。

解

$$F(\mathrm{j}\omega)=\mathscr{F}[2\mathrm{e}^{-t}u(t)]+\mathscr{F}[3\delta(t)]=\frac{2}{1+\mathrm{j}\omega}+3=\frac{5+\mathrm{j}3\omega}{1+\mathrm{j}\omega}$$

例 4.4-2　已知 $F(\mathrm{j}\omega)=\dfrac{1}{-\omega^2+\mathrm{j}\omega}$ 求 $f(t)$。

解　将 $F(\mathrm{j}\omega)$ 用部分分式展开成

$$F(\mathrm{j}\omega)=\frac{1}{-\omega^2+\mathrm{j}\omega}=\frac{1}{(\mathrm{j}\omega)^2+\mathrm{j}\omega}=\frac{1}{\mathrm{j}\omega(\mathrm{j}\omega+1)}=\frac{1}{\mathrm{j}\omega}-\frac{1}{\mathrm{j}\omega+1}$$

得到

$$f(t)=\frac{1}{2}\mathrm{sgn}(t)-\mathrm{e}^{-t}u(t)$$

2. 对称性

若 $f(t)\leftrightarrow F(\mathrm{j}\omega)$，则

$$F(\mathrm{j}t)\leftrightarrow 2\pi f(-\omega) \tag{4.4-2}$$

证明 因为 $f(t)=\frac{1}{2\pi}\int_{-\infty}^{\infty}F(\mathrm{j}\omega)\mathrm{e}^{\mathrm{j}\omega t}\mathrm{d}\omega$，于是

$$f(-t)=\frac{1}{2\pi}\int_{-\infty}^{\infty}F(\mathrm{j}\omega)\mathrm{e}^{-\mathrm{j}\omega t}\mathrm{d}\omega$$

两边同乘 2π 后，有 $2\pi f(-t)=\int_{-\infty}^{\infty}F(\mathrm{j}\omega)\mathrm{e}^{-\mathrm{j}\omega t}\mathrm{d}\omega$，$t$ 与 ω 互换，等式依然成立，即 $2\pi f(-\omega)=\int_{-\infty}^{\infty}F(\mathrm{j}t)\mathrm{e}^{-\mathrm{j}\omega t}\mathrm{d}t$，式(4.4-2)成立。

利用对称性，可方便求出直流信号的频谱。已求得 $\mathscr{F}[E\delta(t)]=E$，由式(4.4-2)得，$\mathscr{F}[E]=2\pi E\delta(-\omega)=2\pi E\delta(\omega)$（冲激函数是偶函数）。

例 4.4-3 已知 $F(\mathrm{j}\omega)=\mathrm{sgn}(\omega)$，求 $f(t)$。

解 $F(\mathrm{j}\omega)=\mathrm{sgn}(\omega)$，有 $F(\mathrm{j}t)=\mathrm{sgn}(t)$，已求得

$$\mathrm{sgn}(t)\leftrightarrow\frac{2}{\mathrm{j}\omega}$$

由对称性得 $\frac{2}{\mathrm{j}\omega}=2\pi f(-\omega)$，即 $f(-\omega)=\frac{2}{\mathrm{j}\omega}\cdot\frac{1}{2\pi}=\frac{1}{\mathrm{j}\pi\omega}$，得

$$f(\omega)=\frac{1}{-\mathrm{j}\pi\omega}=\frac{\mathrm{j}}{\pi\omega}$$

故 $f(t)=\frac{\mathrm{j}}{\pi t}$。

例 4.4-4 已知 $F(\mathrm{j}\omega)$ 如图 4.4-1(a)所示，求 $f(t)$。

解 $F(\mathrm{j}t)$ 的波形如图 4.4-1(b)所示，由式(4.3-12)知

$$\mathscr{F}[F(\mathrm{j}t)]=2Ea\,\mathrm{Sa}(a\omega)$$

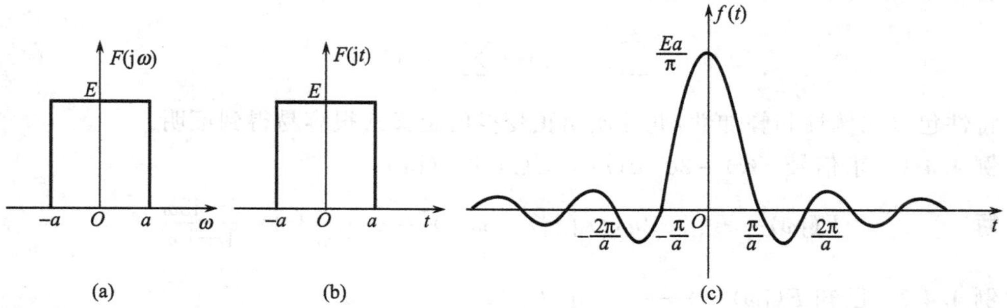

图 4.4-1 例 4.4-4 用图

由对称性得 $\mathscr{F}\,[F(\mathrm{j}t)]=2Ea\mathrm{Sa}(a\omega)=2\pi f(-\omega)$，得 $f(-\omega)=\dfrac{Ea}{\pi}\mathrm{Sa}(a\omega)$，所以

$$f(t)=\frac{Ea}{\pi}\mathrm{Sa}(-at)=\frac{Ea}{\pi}\mathrm{Sa}(at),\qquad \text{抽样函数是偶函数}$$

3. 尺度变换

若 $f(t)\leftrightarrow F(\mathrm{j}\omega)$，对于任意非零实常数 a，有

$$f(at)\leftrightarrow\frac{1}{|a|}F\left(\mathrm{j}\,\frac{\omega}{a}\right)\tag{4.4-3}$$

证明　$\mathscr{F}\,[f(at)]=\int_{-\infty}^{\infty}f(at)\mathrm{e}^{-\mathrm{j}\omega t}\mathrm{d}t,\qquad$ 令 $at=\tau$

$$=\begin{cases}\displaystyle\int_{-\infty}^{\infty}f(\tau)\mathrm{e}^{-\mathrm{j}\omega\frac{\tau}{a}}\,\frac{1}{a}\mathrm{d}\tau=\frac{1}{a}\int_{-\infty}^{\infty}f(\tau)\mathrm{e}^{-\mathrm{j}\omega\frac{\tau}{a}}\mathrm{d}\tau, & a>0\\ \displaystyle\int_{\infty}^{-\infty}f(\tau)\mathrm{e}^{-\mathrm{j}\omega\frac{\tau}{a}}\,\frac{1}{a}\mathrm{d}\tau=-\frac{1}{a}\int_{-\infty}^{\infty}f(\tau)\mathrm{e}^{-\mathrm{j}\omega\frac{\tau}{a}}\mathrm{d}\tau, & a<0\end{cases}$$

$$=\frac{1}{|a|}\int_{-\infty}^{\infty}f(t)\mathrm{e}^{-\mathrm{j}\frac{\omega}{a}t}\mathrm{d}t=\frac{1}{|a|}F\left(\mathrm{j}\,\frac{\omega}{a}\right)$$

式(4.4-3)表明，信号在时域中波形压缩，其频域图形扩展；而时域波形扩展，对应的频谱就压缩，而且展缩的倍数是一样的，这从图 4.4-2 可直观看到。

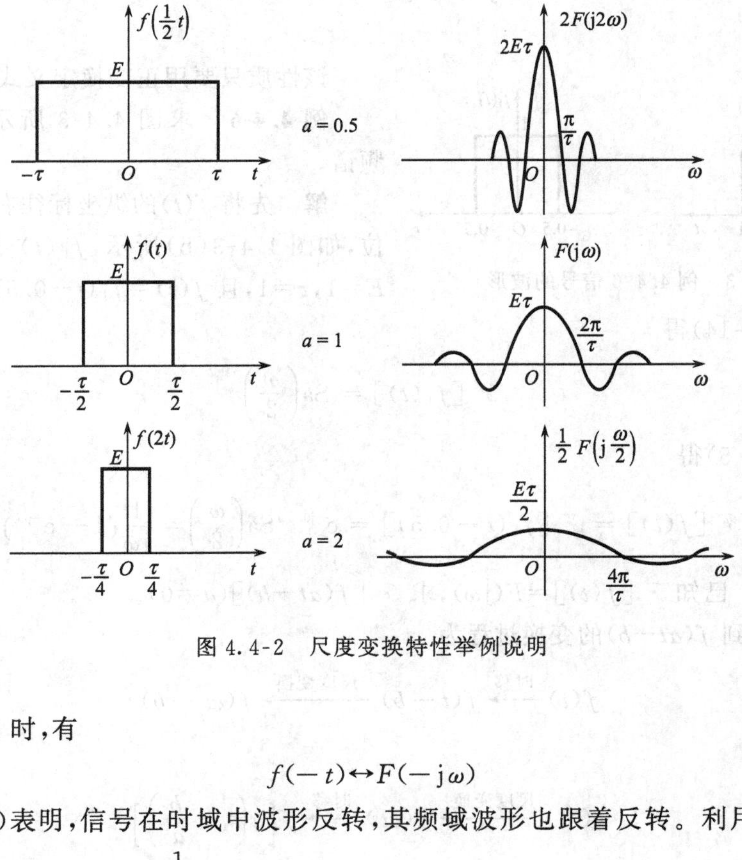

图 4.4-2　尺度变换特性举例说明

当 $a=-1$ 时，有

$$f(-t)\leftrightarrow F(-\mathrm{j}\omega)\tag{4.4-4}$$

式(4.4-4)表明，信号在时域中波形反转，其频域波形也跟着反转。利用式(4.4-4)可很方便地求出 $\mathrm{e}^{at}u(-t)\leftrightarrow\dfrac{1}{a-\mathrm{j}\omega}(a>0)$。

例 4.4-5 计算 $f(t)=\mathscr{F}^{-1}[u(\omega)]$。

解
$$u(t)\leftrightarrow\pi\delta(\omega)+\frac{1}{\mathrm{j}\omega}$$

由对称性，得

$$\pi\delta(t)+\frac{1}{\mathrm{j}t}\leftrightarrow 2\pi u(-\omega)$$

同除 2π，有

$$\frac{\delta(t)}{2}+\frac{1}{\mathrm{j}2\pi t}\leftrightarrow u(-\omega)$$

由式(4.4-4)，得

$$\frac{\delta(-t)}{2}+\frac{1}{-\mathrm{j}2\pi t}\leftrightarrow u(\omega)$$

所以

$$f(t)=\mathscr{F}^{-1}[u(\omega)]=\frac{\delta(-t)}{2}+\frac{1}{-\mathrm{j}2\pi t}=\frac{\delta(t)}{2}+\frac{\mathrm{j}}{2\pi t}$$

4. 时移特性

若 $f(t)\leftrightarrow F(\mathrm{j}\omega)$，则

$$f(t+t_0)\leftrightarrow \mathrm{e}^{\mathrm{j}\omega t_0}F(\mathrm{j}\omega) \tag{4.4-5}$$

t_0 可正可负。

该性质只要用正变换定义式即可得证。

例 4.4-6 求图 4.4-3 所示 $f(t)$ 信号的频谱。

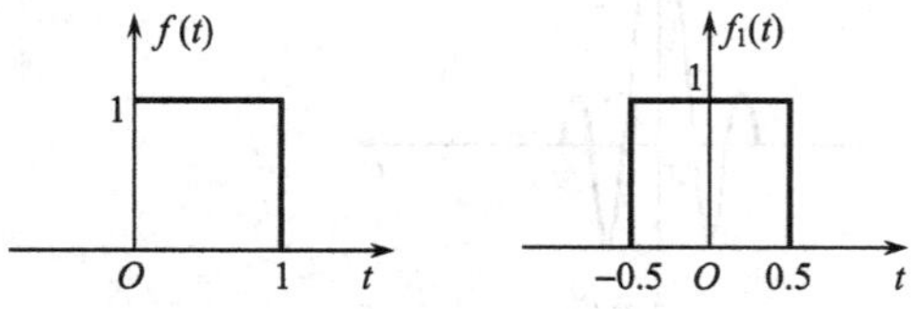

图 4.4-3 例 4.4-6 信号的波形

解 先将 $f(t)$ 的纵坐标往右移动 0.5 个单位，如图 4.4-3(b) 所示，$f_1(t)$ 是一个门函数，$E=1,\tau=1$，且 $f(t)=f_1(t-0.5)$。

由式(4.3-14)得

$$\mathscr{F}[f_1(t)]=\mathrm{Sa}\left(\frac{\omega}{2}\right)$$

由式(4.4-5)得

$$\mathscr{F}[f(t)]=\mathscr{F}[f_1(t-0.5)]=\mathrm{e}^{-\mathrm{j}0.5\omega}\mathrm{Sa}\left(\frac{\omega}{2}\right)=\frac{1}{\mathrm{j}\omega}(1-\mathrm{e}^{-\mathrm{j}\omega})$$

例 4.4-7 已知 $\mathscr{F}[f(t)]=F(\mathrm{j}\omega)$，求 $\mathscr{F}[f(at-b)](a\neq 0)$。

解 $f(t)$ 到 $f(at-b)$ 的变换过程为

$$f(t)\xrightarrow{\text{时移}}f(t-b)\xrightarrow{\text{尺度变换}}f(at-b)$$

或

$$f(t)\xrightarrow{\text{尺度变换}}f(at)\xrightarrow{\text{时移}}f\left[a\left(t-\frac{b}{a}\right)\right]$$

相应的频谱变换过程为

$$F(\mathrm{j}\omega) \rightarrow \mathrm{e}^{-\mathrm{j}\omega b}F(\mathrm{j}\omega) \rightarrow \frac{1}{|a|}\mathrm{e}^{-\mathrm{j}\frac{\omega}{a}b}F\left(\mathrm{j}\frac{\omega}{a}\right) = \frac{1}{|a|}\mathrm{e}^{-\mathrm{j}\frac{b}{a}\omega}F\left(\mathrm{j}\frac{\omega}{a}\right)$$

或

$$F(\mathrm{j}\omega) \rightarrow \frac{1}{|a|}F\left(\mathrm{j}\frac{\omega}{a}\right) \rightarrow \mathrm{e}^{-\mathrm{j}\frac{b}{a}\omega}\frac{1}{|a|}F\left(\mathrm{j}\frac{\omega}{a}\right) = \frac{1}{|a|}\mathrm{e}^{-\mathrm{j}\frac{b}{a}\omega}F\left(\mathrm{j}\frac{\omega}{a}\right)$$

所以

$$\mathscr{F}[f(at-b)] = \frac{1}{|a|}\mathrm{e}^{-\mathrm{j}\frac{b}{a}\omega}F\left(\mathrm{j}\frac{\omega}{a}\right)$$

5. **频移特性**

若 $f(t)\leftrightarrow F(\mathrm{j}\omega)$，则

$$f(t)\mathrm{e}^{\mathrm{j}\omega_0 t} \leftrightarrow F[\mathrm{j}(\omega-\omega_0)] \tag{4.4-6}$$

ω_0 可正可负。

证明 $\mathscr{F}[f(t)\mathrm{e}^{\mathrm{j}\omega_0 t}] = \int_{-\infty}^{\infty} f(t)\mathrm{e}^{\mathrm{j}\omega_0 t}\mathrm{e}^{-\mathrm{j}\omega t}\mathrm{d}t = \int_{-\infty}^{\infty} f(t)\mathrm{e}^{-\mathrm{j}(\omega-\omega_0)t}\mathrm{d}t = F[\mathrm{j}(\omega-\omega_0)]$

利用该特性，可以求出周期信号的傅里叶变换，这在第4.5节中详细叙述。

频移特性又称调幅特性，当信号 $f(t)$ 乘以载波信号 $\cos(\omega_0 t)$ 或 $\sin(\omega_0 t)$ 后得到调幅信号，即 $f(t)\cos(\omega_0 t)$ 或 $f(t)\sin(\omega_0 t)$，利用该特性可求出调幅信号的频谱。

$$f(t)\cos(\omega_0 t) = f(t)\frac{\mathrm{e}^{\mathrm{j}\omega_0 t}+\mathrm{e}^{-\mathrm{j}\omega_0 t}}{2} = \frac{1}{2}f(t)\mathrm{e}^{\mathrm{j}\omega_0 t} + \frac{1}{2}f(t)\mathrm{e}^{-\mathrm{j}\omega_0 t}$$

$$\leftrightarrow \frac{1}{2}F[\mathrm{j}(\omega-\omega_0)] + \frac{1}{2}F[\mathrm{j}(\omega+\omega_0)]$$

即

$$f(t)\cos(\omega_0 t) \leftrightarrow \frac{1}{2}\{F[\mathrm{j}(\omega+\omega_0)] + F[\mathrm{j}(\omega-\omega_0)]\} \tag{4.4-7}$$

同样方法求得

$$f(t)\sin(\omega_0 t) \leftrightarrow \frac{\mathrm{j}}{2}\{F[\mathrm{j}(\omega+\omega_0)] - F[\mathrm{j}(\omega-\omega_0)]\} \tag{4.4-8}$$

如 $f(t)=1$，因为 $1\leftrightarrow 2\pi\delta(\omega)$，所以有

$$\left.\begin{aligned} \cos(\omega_0 t) &\leftrightarrow \pi[\delta(\omega+\omega_0)+\delta(\omega-\omega_0)] \\ \sin(\omega_0 t) &\leftrightarrow \mathrm{j}\pi[\delta(\omega+\omega_0)-\delta(\omega-\omega_0)] \end{aligned}\right\} \tag{4.4-9}$$

例 4.4-8 已知 $F(\mathrm{j}\omega)$ 波形如图4.4-4(a)所示，求 $f(t)$。

解 $$F(\mathrm{j}\omega) = \frac{1}{2}\{F_1[\mathrm{j}(\omega+10)] + F_1[\mathrm{j}(\omega-10)]\}$$

$F_1(\mathrm{j}\omega)$ 波形如图4.4-4(b)所示，由例4.4-4或查表4-2中的第15个，有

$$f_1(t) = \frac{2}{\pi}\mathrm{Sa}(t) = \frac{2}{\pi t}\sin(t)$$

所以

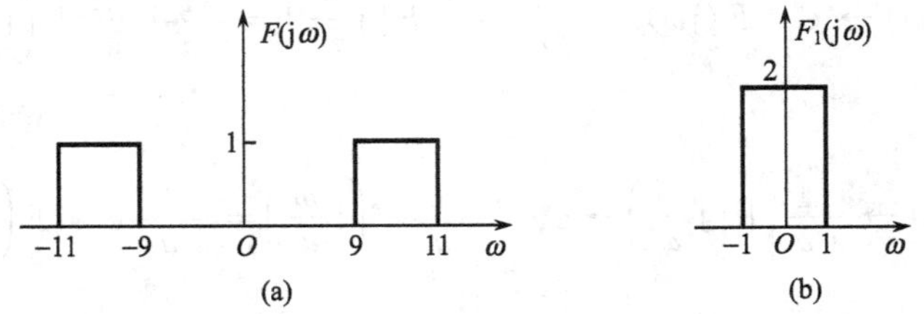

图 4.4-4 例 4.4-8 中的频谱图

$$f(t)=f_1(t)\cos(10t)=\frac{2}{\pi}\mathrm{Sa}(t)\cos(10t)=\frac{1}{\pi t}[\sin(11t)-\sin(9t)]$$

$$=\frac{11}{\pi}\mathrm{Sa}(11t)-\frac{9}{\pi}\mathrm{Sa}(9t)$$

6. 时域微分

若 $f(t)\leftrightarrow F(\mathrm{j}\omega)$，则

$$\left.\begin{aligned}&\frac{\mathrm{d}f(t)}{\mathrm{d}t}\leftrightarrow \mathrm{j}\omega F(\mathrm{j}\omega)\\&\frac{\mathrm{d}^n f(t)}{\mathrm{d}t^n}\leftrightarrow(\mathrm{j}\omega)^n F(\mathrm{j}\omega)\end{aligned}\right\}\qquad(4.4\text{-}10)$$

该性质只要用傅里叶逆定义式两边对时间求导即可证明，利用该性质，可方便地求出$\mathscr{F}[\delta^n(t)]=(\mathrm{j}\omega)^n$。

要注意此性质的单向性，即可由 $f(t)$的频谱求得 $f'(t)$的频谱，不可以由 $f'(t)$的频谱求出 $f(t)$的频谱。

7. 频域微分

若 $f(t)\leftrightarrow F(\mathrm{j}\omega)$，则

$$\left.\begin{aligned}&tf(t)\leftrightarrow \mathrm{j}\,\frac{\mathrm{d}F(\mathrm{j}\omega)}{\mathrm{d}\omega}\\&t^n f(t)\leftrightarrow(\mathrm{j})^n\,\frac{\mathrm{d}^n F(\mathrm{j}\omega)}{\mathrm{d}\omega^n}\end{aligned}\right\}\qquad(4.4\text{-}11)$$

该性质只要用傅里叶正变换定义式两边对 ω 求导即可证明。

例 4.4-9 求 $tu(t)$和$|t|$的频谱。

解 (1)$u(t)\leftrightarrow\pi\delta(\omega)+\frac{1}{\mathrm{j}\omega}$，所以

$$tu(t)\leftrightarrow \mathrm{j}\,\frac{\mathrm{d}}{\mathrm{d}\omega}\left[\pi\delta(\omega)+\frac{1}{\mathrm{j}\omega}\right]=\mathrm{j}\pi\delta'(\omega)-\frac{1}{\omega^2}$$

依次求得

$$t^2u(t)\leftrightarrow-\pi\delta''(\omega)+\mathrm{j}\,\frac{2}{\omega^3},\ t^n u(t)\leftrightarrow(\mathrm{j})^n\pi\delta^{(n)}(\omega)+(\mathrm{j})^{n-1}\,\frac{(-1)^n n!}{\omega^{n+1}}$$

(2)
$$|t|=tu(t)+(-t)u(-t)$$

$$tu(t)\leftrightarrow \mathrm{j}\pi\delta'(\omega)-\frac{1}{\omega^2}$$

由式(4.4-4)得

$$(-t)u(-t)\leftrightarrow \mathrm{j}\pi\delta'(-\omega)-\frac{1}{(-\omega)^2}=\mathrm{j}\pi[-\delta(-\omega)]'-\frac{1}{(-\omega)^2}=-\mathrm{j}\pi\delta'(\omega)-\frac{1}{\omega^2}$$

所以

$$|t|\leftrightarrow \mathrm{j}\pi\delta'(\omega)-\frac{1}{\omega^2}-\mathrm{j}\pi\delta'(\omega)-\frac{1}{\omega^2}=-\frac{2}{\omega^2}$$

例 4.4-10　求 $te^{-at}u(t)$和 $t^2e^{-at}u(t)(a>0)$的频谱。

解　由于 $e^{-at}u(t)\leftrightarrow\frac{1}{a+\mathrm{j}\omega}$,所以

$$te^{-at}u(t)\leftrightarrow \mathrm{j}\frac{\mathrm{d}}{\mathrm{d}\omega}\left(\frac{1}{a+\mathrm{j}\omega}\right)=\frac{1}{(a+\mathrm{j}\omega)^2}$$

$$t^2e^{-at}u(t)\leftrightarrow \mathrm{j}\frac{\mathrm{d}}{\mathrm{d}\omega}\left[\frac{1}{(a+\mathrm{j}\omega)^2}\right]=\frac{2}{(a+\mathrm{j}\omega)^3}$$

8. 时域积分

若 $f(t)\leftrightarrow F(\mathrm{j}\omega)$,则

$$\int_{-\infty}^{t}f(\tau)\mathrm{d}\tau\leftrightarrow\frac{F(\mathrm{j}\omega)}{\mathrm{j}\omega}+\pi F(0)\delta(\omega)\tag{4.4-12}$$

证明　$\mathscr{F}\left[\int_{-\infty}^{t}f(\tau)\mathrm{d}\tau\right]=\int_{-\infty}^{\infty}\left[\int_{-\infty}^{t}f(\tau)\mathrm{d}\tau\right]e^{-\mathrm{j}\omega t}\mathrm{d}t=\int_{-\infty}^{\infty}\left[\int_{-\infty}^{\infty}f(\tau)u(t-\tau)\mathrm{d}\tau\right]e^{-\mathrm{j}\omega t}\mathrm{d}t$

$$=\int_{-\infty}^{\infty}f(\tau)\left[\int_{-\infty}^{\infty}u(t-\tau)e^{-\mathrm{j}\omega(t-\tau)}\mathrm{d}t\right]e^{-\mathrm{j}\omega\tau}\mathrm{d}\tau$$

$$=\int_{-\infty}^{\infty}f(\tau)\left[\pi\delta(\omega)+\frac{1}{\mathrm{j}\omega}\right]e^{-\mathrm{j}\omega\tau}\mathrm{d}\tau$$

$$=\left[\pi\delta(\omega)+\frac{1}{\mathrm{j}\omega}\right]\int_{-\infty}^{\infty}f(\tau)e^{-\mathrm{j}\omega\tau}\mathrm{d}\tau=\left[\pi\delta(\omega)+\frac{1}{\mathrm{j}\omega}\right]F(\mathrm{j}\omega)$$

$$=\pi F(\mathrm{j}\omega)\delta(\omega)+\frac{F(\mathrm{j}\omega)}{\mathrm{j}\omega}=\frac{F(\mathrm{j}\omega)}{\mathrm{j}\omega}+\pi F(0)\delta(\omega)$$　得证。

例 4.4-11　求图 4.4-5(a)所示三角脉冲信号的频谱。

解　先对 $f(t)$求一次导,如图 4.4-5(b)所示,记为 $f_1(t)=f'(t)$,再对 $f_1(t)$求一次导,如图(c)所示,记为 $f_2(t)=f'_1(t)=f''(t)$。有

$$f_2(t)=\frac{E}{\tau}\delta(t+\tau)-\frac{2E}{\tau}\delta(t)+\frac{E}{\tau}\delta(t-\tau)$$

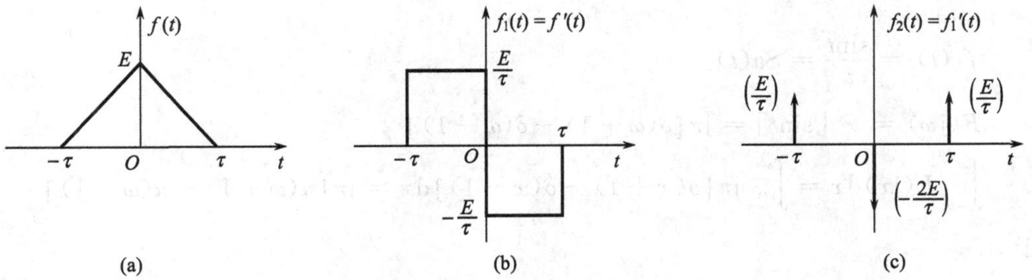

图 4.4-5　例 4.4-11 用图

利用时移特性和 $\delta(t)\leftrightarrow 1$，求得

$$F_2(\mathrm{j}\omega)=\frac{E}{\tau}\mathrm{e}^{\mathrm{j}\omega\tau}-\frac{2E}{\tau}+\frac{E}{\tau}\mathrm{e}^{-\mathrm{j}\omega\tau}=\frac{2E}{\tau}[\cos(\omega\tau)-1]=-\frac{4E}{\tau}\sin^2\left(\frac{\omega\tau}{2}\right)$$

且 $F_2(0)=0$。

由于 $f_1(t)=\int_{-\infty}^{t}f_2(\tau)\mathrm{d}\tau$ 及 $f(t)=\int_{-\infty}^{t}f_1(\tau)\mathrm{d}\tau$，则

$$F_1(\mathrm{j}\omega)=\frac{F_2(\mathrm{j}\omega)}{\mathrm{j}\omega}+\pi F_2(0)\delta(\omega)=-\frac{4E}{\mathrm{j}\omega\tau}\sin^2\left(\frac{\omega\tau}{2}\right),\quad F_1(0)=0$$

$$F(\mathrm{j}\omega)=\frac{F_1(\mathrm{j}\omega)}{\mathrm{j}\omega}+\pi F_1(0)\delta(\omega)=\frac{4E}{\omega^2\tau}\sin^2\left(\frac{\omega\tau}{2}\right)=E\tau\mathrm{Sa}^2\left(\frac{\omega\tau}{2}\right)$$

9. 频域积分

若 $f(t)\leftrightarrow F(\mathrm{j}\omega)$，则

$$\pi f(0)\delta(t)+\mathrm{j}\frac{f(t)}{t}\leftrightarrow\int_{-\infty}^{\omega}F(\mathrm{j}x)\mathrm{d}x \tag{4.4-13}$$

证明方法与时域积分类似。

例 4.4-12 已知 $f(t)=\frac{1}{t}$，求 $F(\mathrm{j}\omega)$。

解 令 $f_1(t)=1$，则 $f(t)=\frac{f_1(t)}{t}$。由于

$$f_1(t)=1\leftrightarrow F_1(\mathrm{j}\omega)=2\pi\delta(\omega)$$

求得

$$\int_{-\infty}^{\omega}F_1(\mathrm{j}x)\mathrm{d}x=\int_{-\infty}^{\omega}2\pi\delta(x)\mathrm{d}x=2\pi u(\omega)$$

由式(4.4-13)，得

$$\mathscr{F}\left[\pi f_1(0)\delta(t)+\mathrm{j}\frac{f_1(t)}{t}\right]=\mathscr{F}[\pi\delta(t)]+\mathrm{j}\mathscr{F}\left[\frac{f_1(t)}{t}\right]=\pi+\mathrm{j}F(\mathrm{j}\omega)=2\pi u(\omega)$$

所以

$$F(\mathrm{j}\omega)=\frac{1}{\mathrm{j}}[2\pi u(\omega)-\pi]=\mathrm{j}\pi-\mathrm{j}2\pi u(\omega)=-\mathrm{j}\pi[2u(\omega)-1]=-\mathrm{j}\pi\mathrm{sgn}(\omega)$$

例 4.4-13 求 $F_1(\mathrm{j}\omega)=\mathscr{F}[\mathrm{Sa}(t)]$ 及 $F_2(\mathrm{j}\omega)=\mathscr{F}[\mathrm{Sa}(\omega_0 t)]$。

解 (1) $\mathrm{Sa}(t)=\frac{\sin t}{t}$，令 $f(t)=\sin t$，则

$$f_1(t)=\frac{\sin t}{t}=\mathrm{Sa}(t)$$

$$F(\mathrm{j}\omega)=\mathscr{F}[\sin t]=\mathrm{j}\pi[\delta(\omega+1)-\delta(\omega-1)]$$

$$\int_{-\infty}^{\omega}F(\mathrm{j}x)\mathrm{d}x=\int_{-\infty}^{\omega}\mathrm{j}\pi[\delta(x+1)-\delta(x-1)]\mathrm{d}x=\mathrm{j}\pi[u(\omega+1)-u(\omega-1)]$$

由于

$$\mathscr{F}\left[\pi f(0)\delta(t)+\mathrm{j}\frac{\sin t}{t}\right]=\mathrm{j}F_1(\mathrm{j}\omega)=\mathrm{j}\pi[u(\omega+1)-u(\omega-1)]$$

所以

$$F_1(j\omega)=\pi[u(\omega+1)-u(\omega-1)]=\pi G_2(\omega)$$

(2) $Sa(t)\leftrightarrow\pi[u(\omega+1)-u(\omega-1)]$，由尺度变换特性得

$$Sa(\omega_0 t)\leftrightarrow\frac{\pi}{\omega_0}\left[u\left(\frac{\omega}{\omega_0}+1\right)-u\left(\frac{\omega}{\omega_0}-1\right)\right]=\frac{\pi}{\omega_0}[u(\omega+\omega_0)-u(\omega-\omega_0)]=\frac{\pi}{\omega_0}G_{2\omega_0}(\omega)$$

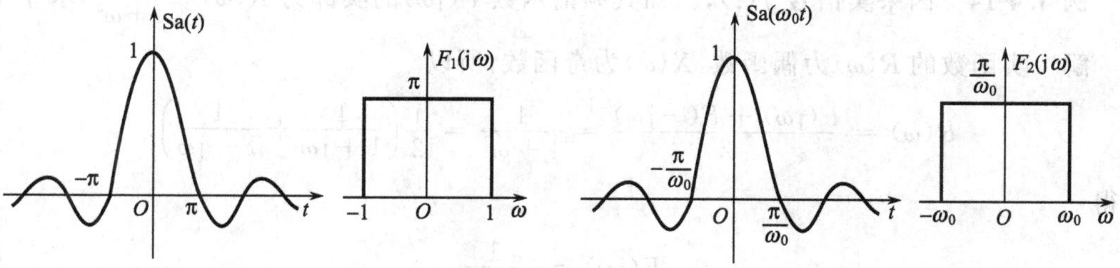

(a) $Sa(t)\longleftrightarrow\pi G_2(\omega)$　　(b) $Sa(\omega_0 t)\longleftrightarrow\frac{\pi}{\omega_0}G_{2\omega_0}(\omega)$

图 4.4-6　抽样信号及其频谱

10. 奇偶虚实性

若 $\mathscr{F}[f(t)]=F(j\omega)=R(\omega)+jX(\omega)$：

(1) $f(t)$为实函数

$$F(j\omega)=\int_{-\infty}^{\infty}f(t)e^{-j\omega t}dt=\int_{-\infty}^{\infty}f(t)\cos(\omega t)dt-j\int_{-\infty}^{\infty}f(t)\sin(\omega t)dt$$

则

$$R(\omega)=\int_{-\infty}^{\infty}f(t)\cos(\omega t)dt=R(-\omega),\qquad \text{为}\ \omega\ \text{的偶函数}$$

$$X(\omega)=-\int_{-\infty}^{\infty}f(t)\sin(\omega t)dt=-X(-\omega),\qquad \text{为}\ \omega\ \text{的奇函数}$$

① 若 $f(t)$为实偶函数，则

$$R(\omega)=2\int_{0}^{\infty}f(t)\cos(\omega t)dt,X(\omega)=0$$

$$F(j\omega)=R(\omega)=2\int_{0}^{\infty}f(t)\cos(\omega t)dt,\quad \text{为}\ \omega\ \text{的实偶函数}$$

② 若 $f(t)$实奇函数，则

$$R(\omega)=0,X(\omega)=-2\int_{0}^{\infty}f(t)\sin(\omega t)dt$$

$$F(j\omega)=j2\int_{0}^{\infty}f(t)\sin(\omega t)dt,\quad \text{为}\ \omega\ \text{的虚奇函数}$$

(2) $f(t)$为虚函数，即 $f(t)=jg(t)$

$$F(j\omega)=\int_{-\infty}^{\infty}f(t)e^{-j\omega t}dt=\int_{-\infty}^{\infty}g(t)\sin(\omega t)dt+j\int_{-\infty}^{\infty}g(t)\cos(\omega t)dt$$

则　$$R(\omega)=\int_{-\infty}^{\infty}g(t)\sin(\omega t)dt,\qquad \text{为}\ \omega\ \text{的奇函数}$$

$$X(\omega)=\int_{-\infty}^{\infty} g(t)\cos(\omega t)\mathrm{d}t, \qquad \text{为 } \omega \text{ 的偶函数}$$

无论 $f(t)$ 是实函数还是复函数，都有

$$\mathscr{F}[f(-t)]=F(-\mathrm{j}\omega), \quad \mathscr{F}[f^*(t)]=F^*(-\mathrm{j}\omega), \quad \mathscr{F}[f^*(-t)]=F^*(\mathrm{j}\omega) \tag{4.4-14}$$

例 4.4-14 因果实信号 $f(t)$，已知其频谱函数 $F(\mathrm{j}\omega)$ 的实部为 $R(\omega)=\dfrac{1}{1+\omega^2}$，求 $f(t)$。

解 实函数的 $R(\omega)$ 为偶函数，$X(\omega)$ 为奇函数，所以

$$R(\omega)=\frac{F(\mathrm{j}\omega)+F(-\mathrm{j}\omega)}{2}=\frac{1}{1+\omega^2}=\frac{1}{2}\left(\frac{1}{1+\mathrm{j}\omega}+\frac{1}{1-\mathrm{j}\omega}\right)$$

求得

$$F(\mathrm{j}\omega)=\frac{1}{1+\mathrm{j}\omega}$$

所以

$$F(\mathrm{j}\omega)=\frac{1}{1+\mathrm{j}\omega}\leftrightarrow f(t)=\mathrm{e}^{-t}u(t)$$

表 4-3 列出了函数 $f(t)$ 与频谱 $F(\mathrm{j}\omega)$ 的奇偶虚实关系。

表 4-3 函数的奇偶虚实性

序号	$f(t)$	$F(\mathrm{j}\omega)$
1	偶函数	偶函数
2	奇函数	奇函数
3	实函数	实部为偶函数，虚部为奇函数
4	虚函数	实部为奇函数，虚部为偶函数
5	实偶函数	实偶函数
6	实奇函数	虚奇函数
7	虚偶函数	虚偶函数
8	虚奇函数	实奇函数
9	实部为偶函数，虚部为奇函数	实函数
10	实部为奇函数，虚部为偶函数	虚函数

11. 时域卷积定理

若 $f_1(t)\leftrightarrow F_1(\mathrm{j}\omega)$，$f_2(t)\leftrightarrow F_2(\mathrm{j}\omega)$，则

$$f_1(t)*f_2(t)\leftrightarrow F_1(\mathrm{j}\omega)F_2(\mathrm{j}\omega) \tag{4.4-15}$$

证明

$$\begin{aligned}\mathscr{F}[f_1(t)*f_2(t)]&=\int_{-\infty}^{\infty}\left[\int_{-\infty}^{\infty} f_1(\tau)f_2(t-\tau)\mathrm{d}\tau\right]\mathrm{e}^{-\mathrm{j}\omega t}\mathrm{d}t\\&=\int_{-\infty}^{\infty} f_1(\tau)\left[\int_{-\infty}^{\infty} f_2(t-\tau)\mathrm{e}^{-\mathrm{j}\omega(t-\tau)}\mathrm{d}t\right]\mathrm{e}^{-\mathrm{j}\omega\tau}\mathrm{d}\tau\\&=\int_{-\infty}^{\infty} f_1(\tau)F_2(\mathrm{j}\omega)\mathrm{e}^{-\mathrm{j}\omega\tau}\mathrm{d}\tau=F_1(\mathrm{j}\omega)F_2(\mathrm{j}\omega)\end{aligned}$$

例 4.4-15　计算 $F(\mathrm{j}\omega)=\mathrm{Sa}^2(\omega)$ 的 $f(t)$。

解　$F(\mathrm{j}\omega)=\mathrm{Sa}^2(\omega)=F_1(\mathrm{j}\omega)F_1(\mathrm{j}\omega)$，　$F_1(\mathrm{j}\omega)=\mathrm{Sa}(\omega)$

由式(4.3-11)得

$$F_1(\mathrm{j}\omega)=\mathrm{Sa}(\omega)\leftrightarrow f_1(t)=0.5g_2(t)$$

时域卷积定理得

$$f(t)=f_1(t)*f_1(t)$$

由例 1.6-4 得

$$0.5g_2(t)*0.5g_2(t)=2\times0.5^2\times1\times\Delta_4(t)=0.5\Delta_4(t)$$

所以

$$f(t)=0.5\Delta_4(t)=0.25(2-|t|)[u(t+2)-u(t-2)]$$

12. 频域卷积定理

若 $f_1(t)\leftrightarrow F_1(\mathrm{j}\omega),f_2(t)\leftrightarrow F_2(\mathrm{j}\omega)$，则

$$f_1(t)f_2(t)\leftrightarrow\frac{1}{2\pi}F_1(\mathrm{j}\omega)*F_2(\mathrm{j}\omega)\tag{4.4-16}$$

证明

$$\begin{aligned}\mathscr{F}^{-1}\left[\frac{1}{2\pi}F_1(\mathrm{j}\omega)*F_2(\mathrm{j}\omega)\right]&=\frac{1}{2\pi}\int_{-\infty}^{\infty}\left\{\frac{1}{2\pi}\int_{-\infty}^{\infty}F_1(\mathrm{j}u)F_2[\mathrm{j}(\omega-u)]\mathrm{d}u\right\}\mathrm{e}^{\mathrm{j}\omega t}\mathrm{d}\omega\\&=\frac{1}{2\pi}\int_{-\infty}^{\infty}F_1(\mathrm{j}u)\left\{\frac{1}{2\pi}\int_{-\infty}^{\infty}F_2[\mathrm{j}(\omega-u)]\mathrm{e}^{\mathrm{j}\omega t}\mathrm{d}\omega\right\}\mathrm{d}u\\&=\frac{1}{2\pi}\int_{-\infty}^{\infty}F_1(\mathrm{j}u)f_2(t)\mathrm{e}^{\mathrm{j}ut}du=f_1(t)f_2(t)\end{aligned}$$

例 4.4-16　求 $\mathrm{Sa}^2(t)$ 的频谱。

解

$f(t)=\mathrm{Sa}^2(t)=\mathrm{Sa}(t)\cdot\mathrm{Sa}(t)=f_1(t)\cdot f_1(t)$

$f_1(t)=\mathrm{Sa}(t)\leftrightarrow F_1(\mathrm{j}\omega)=\pi G_2(\omega)$

$f(t)=\mathrm{Sa}^2(t)\leftrightarrow F(\mathrm{j}\omega)=\dfrac{1}{2\pi}F_1(\mathrm{j}\omega)*F_1(\mathrm{j}\omega)=\dfrac{\pi}{2}G_2(\omega)*G_2(\omega)$

由例 1.6-4 得

$$G_2(\omega)*G_2(\omega)=2\Delta_4(\omega)$$

所以

$$F(\mathrm{j}\omega)=\pi\Delta_4(\omega)=0.5\pi[2-|\omega|][u(\omega+2)-u(\omega-2)]$$

13. 帕塞伐尔定理

帕塞伐尔定理(Parseval's theorem)从能量的角度来考察信号时域和频域特性间的关系。

1) 信号的能量谱

信号 $f(t)$ 的能量为

$$E=\int_{-\infty}^{\infty}|f(t)|^2\mathrm{d}t=\frac{1}{2\pi}\int_{-\infty}^{\infty}|F(\mathrm{j}\omega)|^2\mathrm{d}\omega=\frac{1}{\pi}\int_0^{\infty}|F(\mathrm{j}\omega)|^2\mathrm{d}\omega\tag{4.4-17}$$

证明　傅里叶变换对为

$$f(t)=\frac{1}{2\pi}\int_{-\infty}^{\infty}F(\mathrm{j}\omega)\mathrm{e}^{\mathrm{j}\omega t}\mathrm{d}\omega,\quad F(\mathrm{j}\omega)=\int_{-\infty}^{\infty}f(t)\mathrm{e}^{-\mathrm{j}\omega t}\mathrm{d}t$$

$$E=\int_{-\infty}^{\infty} f(t)\left[\frac{1}{2\pi}\int_{-\infty}^{\infty} F(\mathrm{j}\omega)\mathrm{e}^{\mathrm{j}\omega t}\mathrm{d}\omega\right]\mathrm{d}t=\frac{1}{2\pi}\int_{-\infty}^{\infty} F(\mathrm{j}\omega)\left[\int_{-\infty}^{\infty} f(t)\mathrm{e}^{\mathrm{j}\omega t}\mathrm{d}t\right]\mathrm{d}\omega$$

$$=\frac{1}{2\pi}\int_{-\infty}^{\infty} F(\mathrm{j}\omega)F(-\mathrm{j}\omega)\mathrm{d}\omega$$

由于 $F(\mathrm{j}\omega)$ 的模 $|F(\mathrm{j}\omega)|$ 是 ω 的偶函数，而相位 $\varphi(\omega)$ 是 ω 的奇函数，故 $F(\mathrm{j}\omega)F(-\mathrm{j}\omega)=|F(\mathrm{j}\omega)|^2$，代入即可得证。

例 4.4-17 求 $\int_{-\infty}^{\infty}\mathrm{Sa}^2(\omega)\mathrm{d}\omega$。

解 （解法 1） $\int_{-\infty}^{\infty}\mathrm{Sa}^2(\omega)\mathrm{d}\omega=\frac{\pi}{2}\times\frac{1}{2\pi}\int_{-\infty}^{\infty}[2\mathrm{Sa}(\omega)]^2\mathrm{d}\omega$

由于 $g_2(t)\leftrightarrow 2\mathrm{Sa}(\omega)$，所以

$$\int_{-\infty}^{\infty}\mathrm{Sa}^2(\omega)\mathrm{d}\omega=\frac{\pi}{2}\int_{-\infty}^{\infty}g_2^2(t)\mathrm{d}t=\frac{\pi}{2}\times 2=\pi$$

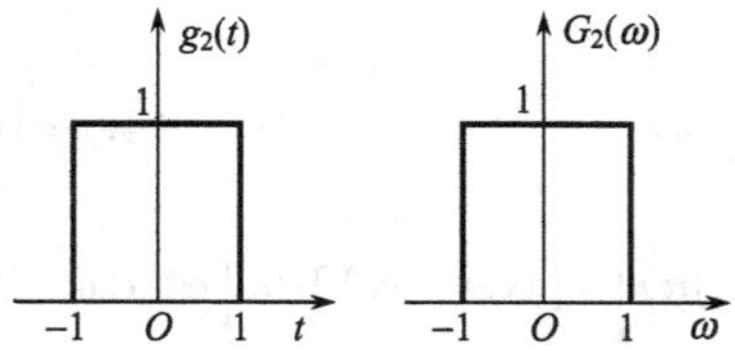

图 4.4-7 $g_2(t)$ 和 $G_2(\omega)$ 的波形

（解法 2） 由于积分变量可替换，所以 $\int_{-\infty}^{\infty}\mathrm{Sa}^2(\omega)\mathrm{d}\omega=\int_{-\infty}^{\infty}\mathrm{Sa}^2(t)\mathrm{d}t$。$f(t)=\mathrm{Sa}(t)\leftrightarrow F(\mathrm{j}\omega)=\pi G_2(\omega)$，$G_2(\omega)$ 的图形如图 4.4-7。由帕塞伐尔定理得

$$\int_{-\infty}^{\infty}\mathrm{Sa}^2(t)\mathrm{d}t=\frac{1}{\pi}\int_{0}^{\infty}|F(\mathrm{j}\omega)|^2\mathrm{d}\omega=\frac{1}{\pi}\int_{0}^{1}\pi^2\mathrm{d}\omega=\pi$$

$\int_{-\infty}^{\infty}g_2^2(t)\mathrm{d}t$ 是 $g_2^2(t)$ 波形的面积，从图 4.4-7 可见 $g_2^2(t)$ 波形与 $g_2(t)$ 的一样。

能量频谱 $G(\mathrm{j}\omega)$ 定义为某角频率 ω 处的单位频带中的信号能量。在频带 $\mathrm{d}\omega$ 中的信号能量应为 $G(\mathrm{j}\omega)\mathrm{d}\omega$，故信号在整个频带内的全部能量为

$$E=\int_{0}^{\infty}G(\mathrm{j}\omega)\mathrm{d}\omega \tag{4.4-18}$$

与式(4.4-17)比较，可得能量频谱与振幅频谱关系为

$$G(\mathrm{j}\omega)=\frac{1}{\pi}|F(\mathrm{j}\omega)|^2 \tag{4.4-19}$$

2）信号的功率密度

周期信号 $f(t)=\sum_{n=-\infty}^{\infty}F_n\mathrm{e}^{\mathrm{j}n\omega_1 t}$，平均功率为

$$P=\frac{1}{T_1}\int_{-\frac{T_1}{2}}^{\frac{T_1}{2}}|f(t)|^2\mathrm{d}t=\sum_{n=-\infty}^{\infty}|F_n|^2=F_0^2+\sum_{n=1}^{\infty}2|F_n|^2 \tag{4.4-20}$$

对于非周期功率信号，定义一个功率密度函数 $D(\mathrm{j}\omega)$，即单位频率的信号功率，来描述其功率的频率特性，称为功率谱密度，有

$$P=\frac{1}{2\pi}\int_{-\infty}^{\infty}D(\mathrm{j}\omega)\mathrm{d}\omega=\lim_{T_1\to\infty}\frac{1}{T_1}\int_{-\frac{T_1}{2}}^{\frac{T_1}{2}}|f(t)|^2\mathrm{d}t=\frac{1}{2\pi}\int_{-\infty}^{\infty}\lim_{T\to\infty}\frac{|F(\mathrm{j}\omega)|^2}{T}\mathrm{d}\omega \tag{4.4-21}$$

因此非周期信号的功率谱密度为

$$D(\mathrm{j}\omega)=\lim_{T\to\infty}\frac{|F(\mathrm{j}\omega)|^2}{T} \tag{4.4-22}$$

对于周期信号有

$$D(\mathrm{j}\omega)=2\pi\sum_{n=-\infty}^{\infty}|F_n|^2\delta(\omega-n\omega_1) \tag{4.4-23}$$

14. 希尔伯特变换

对调制、窄带信号与滤波等问题，用单边频谱分析是比较方便的。希尔伯特(Hilbert)变换反映了傅里叶正反变换之间存在单边特性与解析性的对应关系。

通常一个实函数信号 $f(t)$ 的频谱函数 $F(\mathrm{j}\omega)$ 是一个复数，包含幅度 $|F(\mathrm{j}\omega)|$ 和相位 $\varphi(\omega)$，其中 $|F(\mathrm{j}\omega)|$ 是 ω 的偶函数，而 $\varphi(\omega)$ 是奇函数，有 $F(\mathrm{j}\omega)=F^*(-\mathrm{j}\omega)$。除去负谱($\omega$ 为负的频谱)部分构成单边频谱，信号包含的信息不会失去。

单边频谱所对应的时间函数信号称为解析信号 $f_S(t)$，是一个复函数。

单边频谱是将双边频谱中的负频谱部分反褶后加到正频谱上得到的，如图 4.4-8 所示。

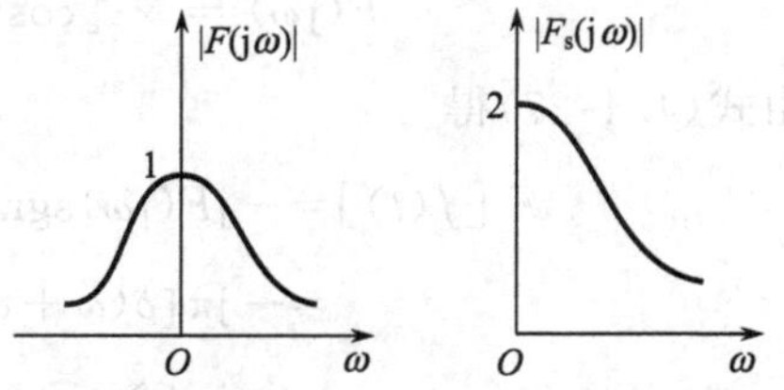

(a) 双边频谱　(b) 单边频谱

图 4.4-8　单边频谱的构成

$$F_S(\mathrm{j}\omega)=2F(\mathrm{j}\omega)u(\omega)=F(\mathrm{j}\omega)[1+\mathrm{sgn}(\omega)] \tag{4.4-24}$$

由于 $\delta(t)\leftrightarrow 1$ 和 $\frac{\mathrm{j}}{\pi t}\leftrightarrow\mathrm{sgn}(\omega)$，由时域卷积定理求得

$$\begin{aligned}f_S(t)&=\mathscr{F}^{-1}[F_S(\mathrm{j}\omega)]=f(t)*\left[\delta(t)+\frac{\mathrm{j}}{\pi t}\right]\\&=f(t)*\delta(t)+f(t)*\frac{\mathrm{j}}{\pi t}\\&=f(t)+\mathrm{j}\,\frac{1}{\pi}\int_{-\infty}^{\infty}\frac{f(\tau)}{t-\tau}\mathrm{d}\tau=f(t)+\mathrm{j}\,\hat{f}(t)\end{aligned} \tag{4.4-25}$$

式中

$$\hat{f}(t)=\frac{1}{\pi}\int_{-\infty}^{\infty}\frac{f(\tau)}{t-\tau}\mathrm{d}\tau \tag{4.4-26}$$

比较式(4.4-24)和式(4.4-25)，得到

$$\mathscr{F}[\hat{f}(t)]=-\mathrm{j}F(\mathrm{j}\omega)\mathrm{sgn}(\omega) \tag{4.4-27}$$

由于 $\mathrm{sgn}^2(\omega)=1$，$\mathrm{j}\,\mathrm{sgn}(\omega)\leftrightarrow\mathrm{j}\,\frac{\mathrm{j}}{\pi t}=-\frac{1}{\pi t}$

$$f(t)=\mathscr{F}^{-1}[F(\mathrm{j}\omega)]=\mathscr{F}^{-1}[-\mathrm{j}F(\mathrm{j}\omega)\mathrm{sgn}(\omega)\cdot\mathrm{j}\,\mathrm{sgn}(\omega)]=\hat{f}(t)*\left(-\frac{1}{\pi t}\right)$$

所以

$$f(t)=-\frac{1}{\pi}\int_{-\infty}^{\infty}\frac{\hat{f}(\tau)}{t-\tau}\mathrm{d}\tau \tag{4.4-28}$$

式(4.4-26)和式(4.4-28)称为希尔伯特正反变换。

例 4.4-18 求 $f(t)=\cos(\omega_0 t)$的希尔伯特变换$\hat{f}(t)$及解析信号 $f_S(t)$。

解 (1) 时域求解。

由定义式(4.4-26),得

$$\hat{f}(t)=\frac{1}{\pi}\int_{-\infty}^{\infty}\frac{\cos(\omega_0\tau)}{t-\tau}d\tau=\frac{1}{\pi}\int_{-\infty}^{\infty}\frac{\cos[\omega_0(t-\tau-t)]}{t-\tau}d\tau$$

$$=\frac{\cos(\omega_0 t)}{\pi}\int_{-\infty}^{\infty}\frac{\cos[\omega_0(t-\tau)]}{t-\tau}d\tau+\frac{\sin(\omega_0 t)}{\pi}\int_{-\infty}^{\infty}\frac{\sin[\omega_0(t-\tau)]}{t-\tau}d\tau$$

因为第一项积分为 0(积分函数是奇函数),第二项(抽样函数)积分值为 π,所以

$$\hat{f}(t)=\sin(\omega_0 t),\ f_S(t)=f(t)+j\hat{f}(t)=\cos(\omega_0 t)+j\sin(\omega_0 t)=e^{j\omega_0 t}$$

(2) 频域求解。

$$F(j\omega)=\mathscr{F}[\cos(\omega_0 t)]=\pi[\delta(\omega+\omega_0)+\delta(\omega-\omega_0)]$$

由式(4.4-27)得

$$\begin{aligned}\mathscr{F}[\hat{f}(t)]&=-jF(j\omega)\mathrm{sgn}(\omega)=-j\pi[\delta(\omega+\omega_0)+\delta(\omega-\omega_0)]\mathrm{sgn}(\omega)\\&=-j\pi[\delta(\omega+\omega_0)\mathrm{sgn}(\omega)+\delta(\omega-\omega_0)\mathrm{sgn}(\omega)]\\&=-j\pi[\delta(\omega+\omega_0)\mathrm{sgn}(-\omega_0)+\delta(\omega-\omega_0)\mathrm{sgn}(\omega_0)]\\&=-j\pi[\delta(\omega-\omega_0)-\delta(\omega+\omega_0)]\\&=j\pi[\delta(\omega+\omega_0)-\delta(\omega-\omega_0)]\end{aligned}$$

所以

$$\hat{f}(t)=\sin(\omega_0 t)$$

由于

$$\mathscr{F}[f_S(t)]=2F(j\omega)u(\omega)=2\pi[\delta(\omega+\omega_0)+\delta(\omega-\omega_0)]u(\omega)=2\pi\delta(\omega-\omega_0)$$

得到

$$f_S(t)=e^{j\omega_0 t}$$

其频谱图如图 4.4-9 所示。

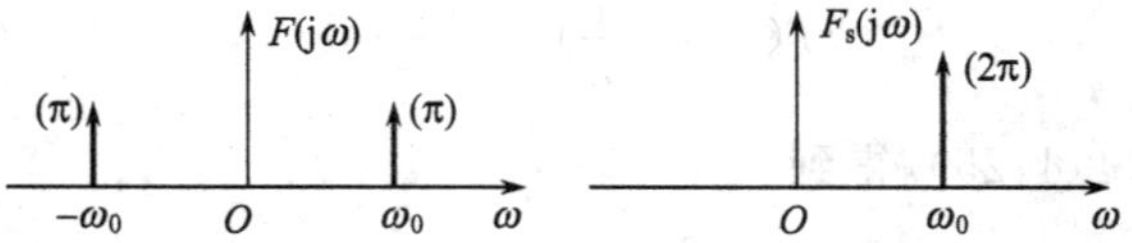

图 4.4-9 频谱图

最后,将傅里叶变换的基本性质列于表 4-4 中。

表 4-4 傅里叶变换的性质

名称	$f(t)$	$F(j\omega)$
线性	$\sum_i a_i f_i(t)$	$\sum_i a_i F_i(j\omega)$
对称性	$F(jt)$	$2\pi f(-\omega)$

续表

名　称	$f(t)$	$F(\mathrm{j}\omega)$
尺度变换	$f(at)$	$\frac{1}{\lvert a \rvert}F\left(\mathrm{j}\frac{\omega}{a}\right)$
	$f(-t)$	$F(-\mathrm{j}\omega)$
时移特性	$f(t+t_0)$	$\mathrm{e}^{\mathrm{j}\omega t_0}F(\mathrm{j}\omega)$
	$f(at-b)$	$\frac{1}{\lvert a \rvert}\mathrm{e}^{-\mathrm{j}\frac{b}{a}\omega}F\left(\mathrm{j}\frac{\omega}{a}\right)$
频移特性	$f(t)\mathrm{e}^{\mathrm{j}\omega_0 t}$	$F[\mathrm{j}(\omega-\omega_0)]$
	$f(t)\cos(\omega_0 t)$	$\frac{1}{2}\{F[\mathrm{j}(\omega+\omega_0)]+F[\mathrm{j}(\omega-\omega_0)]\}$
	$f(t)\sin(\omega_0 t)$	$\frac{\mathrm{j}}{2}\{F[\mathrm{j}(\omega+\omega_0)]-F[\mathrm{j}(\omega-\omega_0)]\}$
时域微分	$\frac{\mathrm{d}}{\mathrm{d}t}f(t)$	$\mathrm{j}\omega F(\mathrm{j}\omega)$
	$\frac{\mathrm{d}^n}{\mathrm{d}t^n}f(t)$	$(\mathrm{j}\omega)^n F(\mathrm{j}\omega)$
频域微分	$tf(t)$	$\mathrm{j}\frac{\mathrm{d}}{\mathrm{d}\omega}F(\mathrm{j}\omega)$
	$t^n f(t)$	$(\mathrm{j})^n\frac{\mathrm{d}^n}{\mathrm{d}\omega^n}F(\mathrm{j}\omega)$
时域积分	$\int_{-\infty}^{t}f(\tau)\mathrm{d}\tau$	$\frac{F(\mathrm{j}\omega)}{\mathrm{j}\omega}+\pi F(0)\delta(\omega)$
频域积分	$\pi f(0)\delta(t)+\mathrm{j}\frac{f(t)}{t}$	$\int_{-\infty}^{\omega}F(\mathrm{j}x)\mathrm{d}x$
时域卷积	$f_1(t)*f_2(t)$	$F_1(\mathrm{j}\omega)\cdot F_2(\mathrm{j}\omega)$
频域卷积	$f_1(t)\cdot f_2(t)$	$\frac{1}{2\pi}F_1(\mathrm{j}\omega)*F_2(\mathrm{j}\omega)$
能量谱	$G(\mathrm{j}\omega)=\frac{1}{\pi}\lvert F(\mathrm{j}\omega)\rvert^2$	
功率谱	非周期信号　$D(\mathrm{j}\omega)=\lim\limits_{T\to\infty}\frac{\lvert F(\mathrm{j}\omega)\rvert^2}{T}$ 周期信号　$D(\mathrm{j}\omega)=2\pi\sum\limits_{n=-\infty}^{\infty}\lvert F_n\rvert^2\delta(\omega-n\omega_1)$	

4.5　周期信号的傅里叶变换

周期信号虽然不满足绝对可积的条件，但是傅里叶变换是存在的，可通过傅里叶变换的性质来计算。

1. 正弦信号的傅里叶变换

正弦信号 $f_1(t)=\sin(\omega_1 t)$ 和 $f_2(t)=\cos(\omega_1 t)$，由式(4.4-9)，其频谱为

$$f_1(t)=\sin(\omega_1 t)\leftrightarrow F_1(\mathrm{j}\omega)=\mathrm{j}\pi[\delta(\omega+\omega_1)-\delta(\omega-\omega_1)] \tag{4.5-1}$$

$$f_2(t)=\cos(\omega_1 t)\leftrightarrow F_2(\mathrm{j}\omega)=\pi[\delta(\omega+\omega_1)+\delta(\omega-\omega_1)] \tag{4.5-2}$$

可见，正弦信号的频谱由两个冲激函数组成，对应的频谱如图 4.5-1 所示。

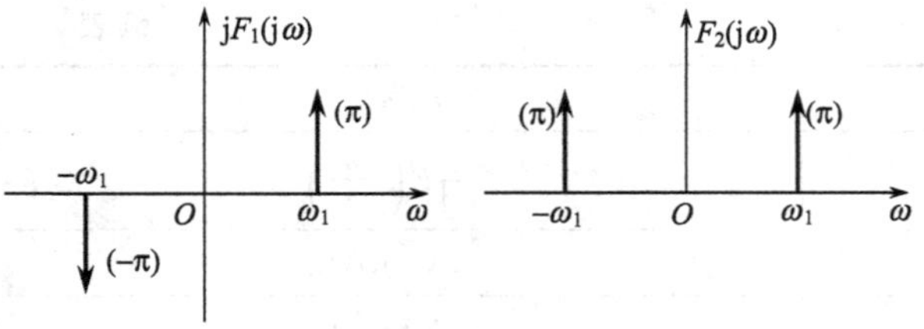

图 4.5-1 正弦信号的频谱

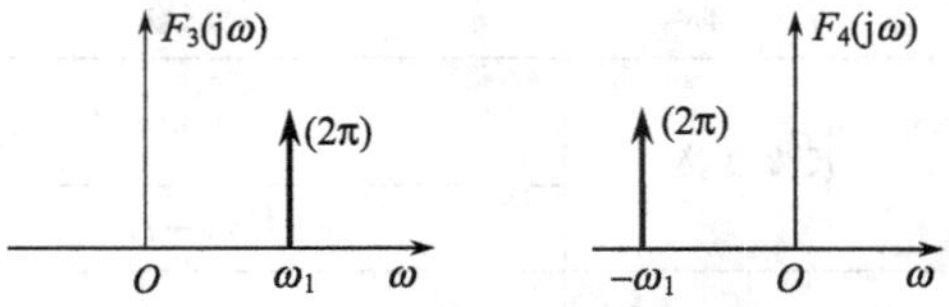

图 4.5-2 复指数信号的频谱

2. 复指数信号的傅里叶变换

复指数信号 $f_3(t)=e^{j\omega_1 t}$ 和 $f_4(t)=e^{-j\omega_1 t}$，利用频移特性计算频谱。式(4.4-6)中令 $f(t)=1$，且 $1\leftrightarrow 2\pi\delta(\omega)$，所以

$$f_3(t)=e^{j\omega_1 t}\leftrightarrow F_3(j\omega)=2\pi\delta(\omega-\omega_1) \tag{4.5-3}$$

$$f_4(t)=e^{-j\omega_1 t}\leftrightarrow F_4(j\omega)=2\pi\delta(\omega+\omega_1) \tag{4.5-4}$$

可见，复指数信号的频谱也是冲激函数，频谱如图 4.5-2 所示。

3. 一般周期信号的傅里叶变换

将周期为 T_1 的周期信号 $f(t)$ 展开成式(4.1-10)所示的指数形式傅里叶级数，即

$$f(t)=\sum_{n=-\infty}^{\infty}F_n e^{jn\omega_1 t} \tag{4.5-5}$$

$$F_n=\frac{1}{T_1}\int_{T_1}f(t)e^{-jn\omega_1 t}dt \tag{4.5-6}$$

显然 F_n 是与 t 无关的变量为 n 的函数。

利用线性特性及式(4.5-3)求得周期信号 $f(t)$ 的傅里叶变换为

$$F(j\omega)=\mathscr{F}[f(t)]=\sum_{n=-\infty}^{\infty}F_n\mathscr{F}[e^{jn\omega_1 t}]=\sum_{n=-\infty}^{\infty}2\pi F_n\delta(\omega-n\omega_1) \tag{4.5-7}$$

F_n 的计算可用式(4.5-6)，也可按下面的方法计算。

取周期信号中的基本波形为 $f_1(t)$，显然 $f_1(t)$是非周期信号，其频谱

$$F_1(j\omega)=\int_{-\infty}^{\infty}f_1(t)e^{-j\omega t}dt=\int_{T_1}f(t)e^{-j\omega t}dt \tag{4.5-8}$$

比较式(4.5-6)和式(4.5-8)，有

$$F_n=\frac{1}{T_1}F_1(j\omega)\Big|_{\omega=n\omega_1} \tag{4.5-9}$$

例 4.5-1 计算单位周期冲激函数 $\delta_T(t)=\sum_{n=-\infty}^{\infty}\delta(t-nT_1)$ 的傅里叶变换。

解 (1) 用式(4.5-6)计算 F_n

$$F_n=\frac{1}{T_1}\int_{T_1}\delta_T(t)e^{-jn\omega_1 t}dt=\frac{1}{T_1}$$

(2) 用式(4.5-9)计算 F_n

$$f_1(t)=\delta(t),\quad F_1(j\omega)=1$$

$$F_n=\frac{1}{T_1}F_1(j\omega)\Big|_{\omega=n\omega_1}=\frac{1}{T_1}$$

由式(4.5-7)求得

$$F(\mathrm{j}\omega)=2\pi\sum_{n=-\infty}^{\infty}F_n\delta(\omega-n\omega_1)=\omega_1\sum_{n=-\infty}^{\infty}\delta(\omega-n\omega_1)$$

其波形和频谱如图 4.5-3 所示。

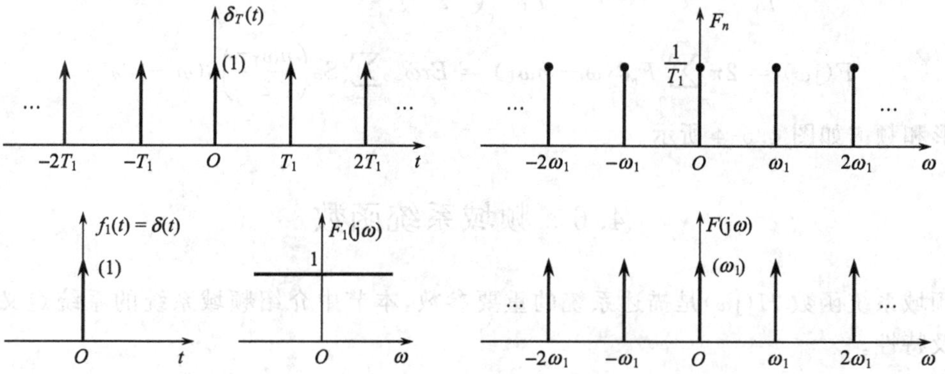

图 4.5-3　周期冲激函数的傅里叶变换

例 4.5-2　计算图 4.5-4 周期矩形脉冲信号 $f(t)$ 的频谱。

解　$F_n=\frac{1}{T_1}\int_{T_1}f(t)\mathrm{e}^{-\mathrm{j}n\omega_1 t}\mathrm{d}t=\frac{1}{T_1}\int_{-\frac{\tau}{2}}^{\frac{\tau}{2}}E\mathrm{e}^{-\mathrm{j}n\omega_1 t}\mathrm{d}t=\frac{E\tau}{T_1}\mathrm{Sa}\left(\frac{n\omega_1\tau}{2}\right)$

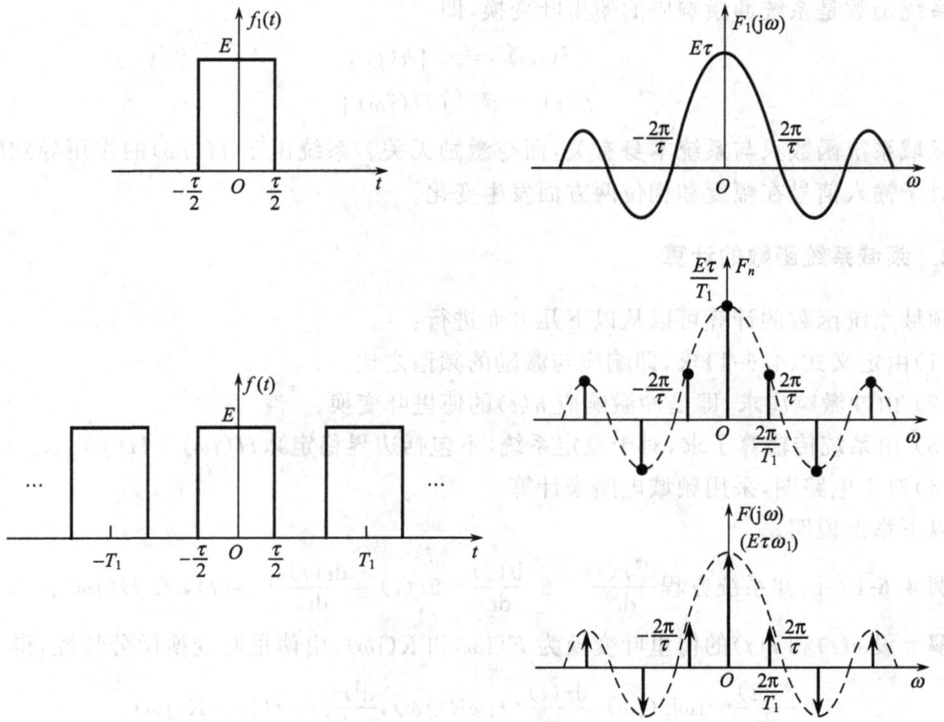

图 4.5-4　周期矩形脉冲信号的傅里叶变换

或

$$f_1(t)\leftrightarrow F_1(\mathrm{j}\omega)=\int_{-\frac{\tau}{2}}^{\frac{\tau}{2}}E\mathrm{e}^{-\mathrm{j}\omega t}\mathrm{d}t=E\tau\mathrm{Sa}\left(\frac{\omega\tau}{2}\right)$$

则

$$F_n=\frac{1}{T_1}F_1(\mathrm{j}\omega)\Big|_{\omega=n\omega_1}=\frac{E\tau}{T_1}\mathrm{Sa}\left(\frac{n\omega_1\tau}{2}\right)$$

$$F(\mathrm{j}\omega)=2\pi\sum_{n=-\infty}^{\infty}F_n\delta(\omega-n\omega_1)=E\tau\omega_1\sum_{n=-\infty}^{\infty}\mathrm{Sa}\left(\frac{n\omega_1\tau}{2}\right)\delta(\omega-n\omega_1)$$

其波形和频谱如图 4.5-4 所示。

4.6 频域系统函数

频域系统函数 $H(\mathrm{j}\omega)$是描述系统的重要参数，本节中介绍频域系统的系统定义、计算方法及特性。

4.6.1 频域系统函数定义

频域系统函数定义为系统零状态响应的傅里叶变换与激励的傅里叶变换之比，即

$$H(\mathrm{j}\omega)=\frac{R(\mathrm{j}\omega)}{E(\mathrm{j}\omega)}\tag{4.6-1}$$

当 $E(\mathrm{j}\omega)=1$，即 $e(t)=\delta(t)$，此时的零状态响应 $r(t)=h(t)$称为系统的冲激响应，因此频域系统函数是系统冲激响应的傅里叶变换，即

$$H(\mathrm{j}\omega)=\mathscr{F}\,[h(t)]$$

$$h(t)=\mathscr{F}^{-1}[H(\mathrm{j}\omega)]\tag{4.6-2}$$

频域系统函数只与系统本身有关，而与激励无关。系统由于 $H(\mathrm{j}\omega)$的作用导致输出信号相对于输入信号在幅度和相位两方面发生变化。

4.6.2 频域系统函数的计算

频域系统函数的计算可以从以下几方面进行：

(1)由定义式(4.6-1)求，即响应与激励的频谱之比。

(2) 由冲激响应求，即是冲激响应 $h(t)$的傅里叶变换。

(3) 由系统传输算子求，对于稳定系统(不包括边界稳定)，$H(\mathrm{j}\omega)=H(p)\big|_{p=\mathrm{j}\omega}$。

(4)对于电路图，采用频域电路来计算。

以下举例说明。

例 4.6-1 已知系统方程$\frac{\mathrm{d}^2r(t)}{\mathrm{d}t^2}+6\frac{\mathrm{d}t(t)}{\mathrm{d}t}+5r(t)=\frac{\mathrm{d}e(t)}{\mathrm{d}t}+2e(t)$，求 $H(\mathrm{j}\omega)$。

解 设 $e(t)$和 $r(t)$的傅里叶变换为 $E(\mathrm{j}\omega)$和 $R(\mathrm{j}\omega)$，由傅里叶变换微分特性，得

$$\frac{\mathrm{d}e(t)}{\mathrm{d}t}\leftrightarrow\mathrm{j}\omega E(\mathrm{j}\omega),\ \frac{\mathrm{d}r(t)}{\mathrm{d}t}\leftrightarrow\mathrm{j}\omega R(\mathrm{j}\omega),\ \frac{\mathrm{d}^2r(t)}{\mathrm{d}t^2}\leftrightarrow(\mathrm{j}\omega)^2R(\mathrm{j}\omega)$$

系统方程两边同时进行傅里叶变换，有

$$[(j\omega)^2+6j\omega+5]R(j\omega)=(j\omega+2)E(j\omega)$$

求得

$$H(j\omega)=\frac{R(j\omega)}{E(j\omega)}=\frac{j\omega+2}{(j\omega)^2+j6\omega+5}=\frac{j\omega+2}{-\omega^2+j6\omega+5}$$

例 4.6-2　已知系统的传输算子 $H(p)=\dfrac{1}{p(p+1)}$，求 $H(j\omega)$。

解　如果传输算子的极点都在左半平面，这样的系统是稳定的，此时 $H(j\omega)=H(p)\big|_{p=j\omega}$。而此题中 $H(p)$ 有一个极点 $p=0$，是边界稳定，所以采用以下求法。先由 $H(p)$ 求出 $h(t)$，再求 $h(t)$ 的傅里叶变换即为 $H(j\omega)$。

$$h(t)=H(p)\delta(t)=\frac{1}{p(p+1)}\delta(t)=\left(\frac{1}{p}+\frac{-1}{p+1}\right)\delta(t)$$

$$=\frac{1}{p}\delta(t)-\frac{1}{p+1}\delta(t)=u(t)-e^{-t}u(t)$$

$$H(j\omega)=\mathscr{F}[h(t)]=\mathscr{F}[u(t)]-\mathscr{F}[e^{-t}u(t)]=\frac{1}{j\omega}+\pi\delta(\omega)-\frac{1}{j\omega+1}$$

例 4.6-3　电路如图 4.6-1(a)所示，电压源 $e(t)=e^{-2t}u(t)$ 为激励，电容两端电压作为响应。求(1)$H(j\omega)$；(2)写出输入输出微分方程；(3)求 $r(t)$。

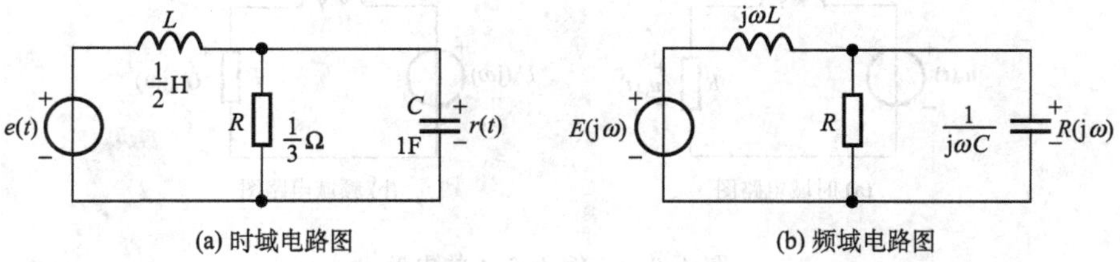

图 4.6-1　例 4.6-1 电路

解　画出频域电路图如图 4.6-1(b)所示。

(1) 用分压公式求出 $H(j\omega)$

$$H(j\omega)=\frac{R(j\omega)}{E(j\omega)}=\frac{\dfrac{R\frac{1}{j\omega C}}{R+\frac{1}{j\omega C}}}{j\omega L+\dfrac{R\frac{1}{j\omega C}}{R+\frac{1}{j\omega C}}}=\frac{R}{R+j\omega L+(j\omega)^2RLC}$$

$$=\frac{2}{(j\omega)^2+3j\omega+2}=\frac{2}{-\omega^2+j3\omega+2}$$

(2) 由于 $H(j\omega)=\dfrac{R(j\omega)}{E(j\omega)}$，所以

$$[(j\omega)^2+3j\omega+2]R(j\omega)=2E(j\omega)$$

得到输入输出方程为

$$\frac{\mathrm{d}^2 r(t)}{\mathrm{d}t^2}+3\frac{\mathrm{d}r(t)}{\mathrm{d}t}+2r(t)=2e(t)$$

(3) $E(\mathrm{j}\omega)=\mathscr{F}\ [e(t)]=\frac{1}{\mathrm{j}\omega+2}$

$$R(\mathrm{j}\omega)=H(\mathrm{j}\omega)E(\mathrm{j}\omega)=\frac{2}{(\mathrm{j}\omega+1)(\mathrm{j}\omega+2)^2}=\frac{-2}{(\mathrm{j}\omega+2)^2}+\frac{-2}{\mathrm{j}\omega+2}+\frac{2}{\mathrm{j}\omega+1}$$

求得

$$r(t)=-2t\mathrm{e}^{-2t}u(t)-2\mathrm{e}^{-2t}u(t)+2\mathrm{e}^{-t}u(t)$$

4.6.3 频率特性

$H(\mathrm{j}\omega)$一般是ω的复数,表示成极坐标形式为

$$H(\mathrm{j}\omega)=|H(\mathrm{j}\omega)|\mathrm{e}^{\mathrm{j}\varphi(\omega)} \tag{4.6-3}$$

$|H(\mathrm{j}\omega)|$定义为频域系统函数的幅频特性(amplitude-frequency characteristic),是ω的偶函数,$\varphi(\omega)$定义为频域系统函数的相频特性(phase-frequency characteristic),是ω的奇函数。频率特性(frequency characteristic)由幅频特性和相频特性组成。

例 4.6-4 图 4.6-2(a)所示电路中,$R=1\Omega$,$L=1\mathrm{H}$,输入$u_s(t)$,$u_o(t)$为输出,求系统函数$H(\mathrm{j}\omega)$并画出频率特性图。

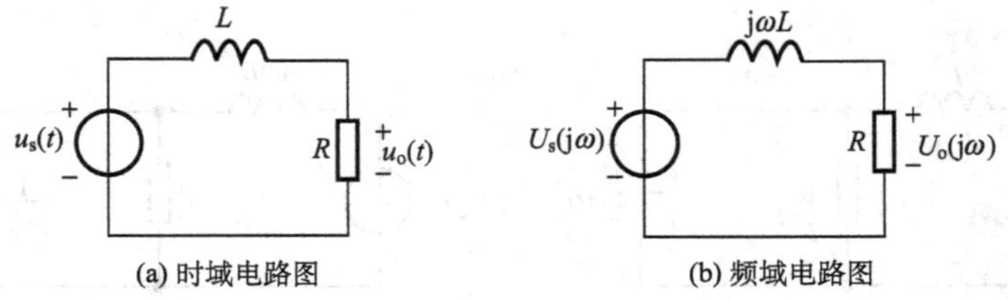

图 4.6-2 例 4.6-4 的电路

解 频域电路图如图 4.6-2(b)所示。求得

$$H(\mathrm{j}\omega)=\frac{U_o(\mathrm{j}\omega)}{U_s(\mathrm{j}\omega)}=\frac{R}{R+\mathrm{j}\omega L}=\frac{1}{1+\mathrm{j}\omega}=\frac{1}{\sqrt{1+\omega^2}}\mathrm{e}^{-\mathrm{j}\arctan\omega}$$

幅频特性

$$|H(\mathrm{j}\omega)|=\frac{1}{\sqrt{1+\omega^2}}$$

相频特性

$$\varphi(\omega)=-\arctan\omega$$

频率特性如图 4.6-3 所示。

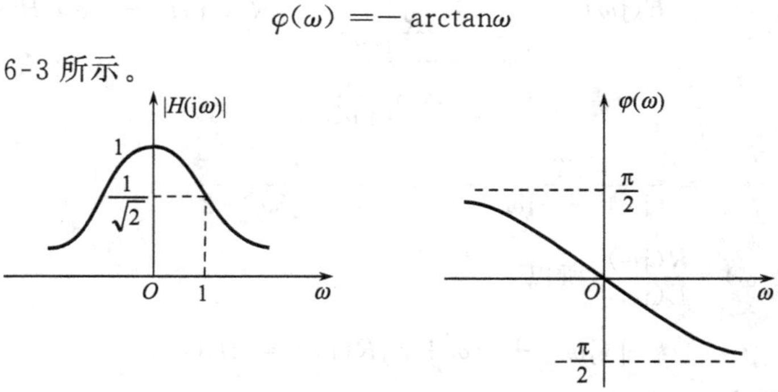

图 4.6-3 频率特性

4.7　周期信号对 LTI 系统的响应

周期信号是在时间变量$-\infty$到$+\infty$范围内存在，因此当这种信号作用于稳定系统时，由初始状态及激励引起的暂态响应均已消失，系统的响应只有稳态响应，所以我们只研究周期信号引起的稳态响应。

系统的零状态响应 $r(t)=e(t)*h(t)$，其中 $h(t)$是系统的冲激响应，$e(t)$是系统输入。周期信号 $e(t)$产生的稳态响应也是 $r(t)=e(t)*h(t)$。

4.7.1　复指数信号的响应

当输入是复指数信号，即 $e(t)=Ke^{j\omega_0 t}$时，响应为

$$r(t)=e(t)*h(t)=\int_{-\infty}^{\infty}h(\tau)e(t-\tau)d\tau=\int_{-\infty}^{\infty}Kh(\tau)e^{j[\omega_0(t-\tau)]}d\tau$$

$$=Ke^{j\omega_0 t}\int_{-\infty}^{\infty}h(\tau)e^{-j\omega_0\tau}d\tau$$

由于 $h(t)$的傅里叶变换为 $H(j\omega)=\int_{-\infty}^{\infty}h(t)e^{-j\omega t}dt$，所以

$$r(t)=Ke^{j\omega_0 t}\int_{-\infty}^{\infty}h(\tau)e^{-j\omega_0\tau}d\tau=Ke^{j\omega_0 t}H(j\omega_0)$$

即

$$e(t)=Ke^{j\omega_0 t}\rightarrow r(t)=Ke^{j\omega_0 t}H(j\omega_0) \tag{4.7-1}$$

同理可得

$$e(t)=Ke^{-j\omega_0 t}\rightarrow r(t)=Ke^{-j\omega_0 t}H(-j\omega_0) \tag{4.7-2}$$

式中

$$\left.\begin{aligned}H(j\omega_0)&=\int_{-\infty}^{\infty}h(\tau)e^{-j\omega_0\tau}d\tau=H(j\omega)\big|_{\omega=\omega_0}=|H(j\omega_0)|e^{j\varphi}\\H(-j\omega_0)&=H(j\omega)\big|_{\omega=-\omega_0}=|H(j\omega_0)|e^{-j\varphi}\end{aligned}\right\} \tag{4.7-3}$$

4.7.2　正弦信号的响应

当输入是正弦信号，即 $e(t)=K\cos(\omega_0 t+\theta)$，由于 $e(t)=\frac{K}{2}[e^{j(\omega_0 t+\theta)}+e^{-j(\omega_0 t+\theta)}]$，响应 $r(t)$为

$$\begin{aligned}r(t)&=\frac{K}{2}e^{j(\omega_0 t+\theta)}\cdot H(j\omega_0)+\frac{K}{2}e^{-j(\omega_0 t+\theta)}\cdot H(-j\omega_0)\\&=\frac{K}{2}e^{j(\omega_0 t+\theta)}\cdot|H(j\omega_0)|e^{j\varphi}+\frac{K}{2}e^{-j(\omega_0 t+\theta)}\cdot|H(j\omega_0)|e^{-j\varphi}\\&=\frac{K}{2}|H(j\omega_0)|[e^{j(\omega_0 t+\theta+\varphi)}+e^{-j(\omega_0 t+\theta+\varphi)}]\\&=K|H(j\omega_0)|\cos(\omega_0 t+\theta+\varphi)\end{aligned}$$

即

$$e(t)=K\cos(\omega_0 t+\theta)\rightarrow r(t)=K|H(j\omega_0)|\cos(\omega_0 t+\theta+\varphi) \tag{4.7-4}$$

同样有

$$e(t)=K\sin(\omega_0 t+\theta)\rightarrow r(t)=K|H(jn\omega_0)|\sin(\omega_0 t+\theta+\varphi) \tag{4.7-5}$$

表明输出信号也是一个与输入信号同频率的正弦信号。

4.7.3 直流信号的响应

当输入是直流信号，即 $e(t)=K$，直流信号可看成任何周期的周期信号，输出为

$$r(t)=e(t)*h(t)=\int_{-\infty}^{\infty}h(\tau)K\mathrm{d}\tau=K\int_{-\infty}^{\infty}h(\tau)\mathrm{d}\tau=KH(0)$$

即

$$e(t)=K\to r(t)=KH(0) \tag{4.7-6}$$

4.7.4 非正弦周期信号的响应

周期为 T_1 的周期信号 $e(t)$，用傅里叶级数将其展开成由一系列不同频率正弦信号或复指数信号组成的信号，即

$$e(t)=C_0+\sum_{n=0}^{\infty}C_n\cos(n\omega_1 t+\theta_n) \tag{4.7-7}$$

或

$$e(t)=\sum_{n=-\infty}^{\infty}E_n e^{jn\omega_1 t} \tag{4.7-8}$$

根据线性系统的线性特性（即均匀性和叠加性），$e(t)$ 产生的响应 $r(t)$ 为

$$r(t)=C_0H(0)+\sum_{n=1}^{\infty}C_n\left|H(\mathrm{j}n\omega_1)\right|\cos(n\omega_1 t+\theta_n+\varphi_n) \tag{4.7-9}$$

或

$$r(t)=\sum_{n=-\infty}^{\infty}E_nH(\mathrm{j}n\omega_1)\mathrm{e}^{\mathrm{j}n\omega_1 t} \tag{4.7-10}$$

由式(4.7-8)和式(4.7- 10)，得到输入 $e(t)$ 和输出 $r(t)$ 的频谱为

$$E(\mathrm{j}\omega)=2\pi\sum_{n=-\infty}^{\infty}E_n\delta(\omega-n\omega_1) \tag{4.7-11}$$

$$R(\mathrm{j}\omega)=2\pi\sum_{n=-\infty}^{\infty}E_nH(\mathrm{j}n\omega_1)\delta(\omega-n\omega_1) \tag{4.7-12}$$

例 4.7-1 图 4.7-1(a)所示电路，输入 $u_s(t)$ 如图(b)，输出为 $i(t)$。(1) 求 $H(\mathrm{j}\omega)$；(2)求 $i(t)$；(3)画出 $i(t)$ 的幅频谱。

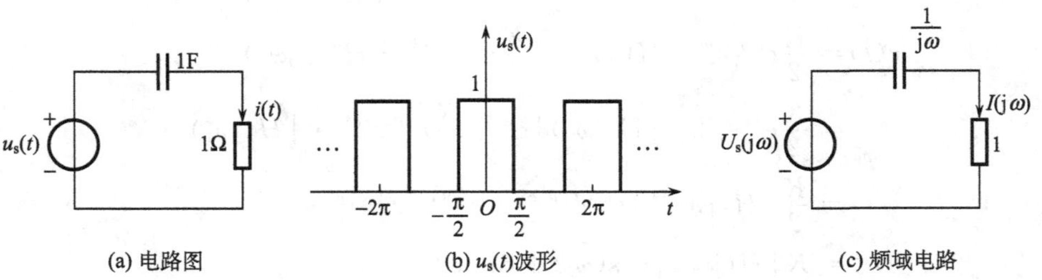

图 4.7-1 例 4.7-1 用图

解 (1) 频域电路如图 4.7-1(c)所示，求得

$$H(\mathrm{j}\omega)=\frac{I(\mathrm{j}\omega)}{U_s(\mathrm{j}\omega)}=\frac{1}{1+\frac{1}{\mathrm{j}\omega}}=\frac{\mathrm{j}\omega}{1+\mathrm{j}\omega}$$

(2) 将 $u_s(t)$ 进行傅里叶级数分解 $\left(\omega_1=\frac{2\pi}{2\pi}=1\right)$，由式(4.1-12a)求得

$$u_s(t)=\frac{1}{2}+\frac{2}{\pi}\left[\cos t-\frac{1}{3}\cos(3t)+\frac{1}{5}\cos(5t)+\cdots\right]$$

或由式(4.1-12b)，得

$$u_s(t)=\frac{1}{\pi}\sum_{n=-\infty}^{\infty}\frac{1}{n}\sin\left(\frac{n\pi}{2}\right)\mathrm{e}^{\mathrm{j}nt}$$

求得

$$H(\mathrm{j}n\omega_1)=\frac{\mathrm{j}n\omega_1}{1+\mathrm{j}n\omega_1}=\frac{\mathrm{j}n}{1+\mathrm{j}n}$$

$$H(0)=0,\quad H(\mathrm{j}1)=\frac{\mathrm{j}}{1+\mathrm{j}}=\frac{1}{\sqrt{2}}\mathrm{e}^{\mathrm{j}45^\circ},$$

$$H(\mathrm{j}3)=\frac{\mathrm{j}3}{1+\mathrm{j}3}=\frac{3}{\sqrt{10}}\mathrm{e}^{\mathrm{j}18.4^\circ},\quad H(\mathrm{j}5)=\frac{\mathrm{j}5}{1+\mathrm{j}5}=\frac{5}{\sqrt{26}}\mathrm{e}^{\mathrm{j}11.3^\circ},\cdots$$

由式(4.7-9)，求得 $i(t)$ 为

$$i(t)=\frac{2}{\pi}\left[\frac{1}{\sqrt{2}}\cos(t+45^\circ)-\frac{1}{\sqrt{10}}\cos(3t+18.4^\circ)+\frac{1}{\sqrt{26}}\cos(5t+11.3^\circ)-\cdots\right]$$

或由式(4.7-10)，得

$$i(t)=\frac{1}{\pi}\sum_{n=-\infty}^{\infty}\frac{1}{n}\sin\left(\frac{n\pi}{2}\right)\frac{\mathrm{j}n}{1+\mathrm{j}n}\mathrm{e}^{\mathrm{j}nt}$$

(3) 由式(4.7-12)求得 $i(t)$ 的频谱函数为

$$I(\mathrm{j}\omega)=2\pi\sum_{n=-\infty}^{\infty}\frac{1}{\pi}\cdot\frac{1}{n}\sin\left(\frac{n\pi}{2}\right)\frac{\mathrm{j}n}{1+\mathrm{j}n}\delta(\omega-n)=\sum_{n=-\infty}^{\infty}\frac{\mathrm{j}2}{1+\mathrm{j}n}\sin\left(\frac{n\pi}{2}\right)\delta(\omega-n)$$

$$=\begin{cases}\dfrac{\mathrm{j}2}{1+\mathrm{j}n}\sin\left(\dfrac{n\pi}{2}\right)\delta(\omega-n), & n=\pm1,\pm3,\cdots\\ 0, & n=0,\pm2,\pm4,\cdots\end{cases}$$

幅频谱为

$$|I(\mathrm{j}\omega)|=\begin{cases}\dfrac{2}{\sqrt{1+n^2}}\delta(\omega-n), & n=\pm1,\pm3,\cdots\\ 0, & n=0,\pm2,\pm4,\cdots\end{cases}$$

如图 4.7-2 所示。

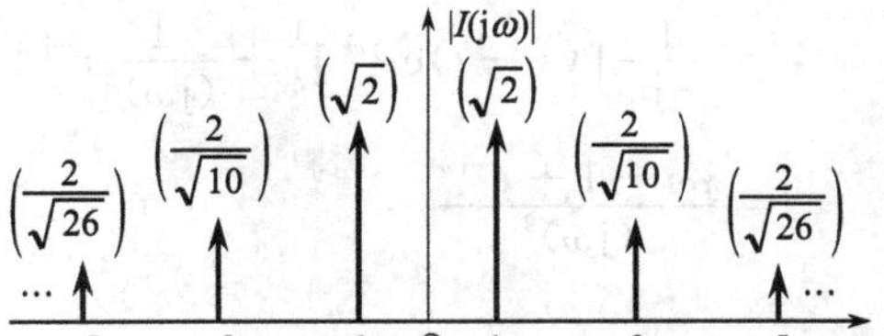

图 4.7-2　$i(t)$ 的幅频谱

4.8 非周期信号对 LTI 系统的响应

冲激响应为 $h(t)$ 的系统，在非周期信号 $e(t)$ 作用下的零状态响应为 $r(t)=e(t)*h(t)$，由傅里叶时域卷积性质知

$$R(\mathrm{j}\omega)=E(\mathrm{j}\omega)H(\mathrm{j}\omega) \tag{4.8-1}$$

即零状态响应的频谱等于输入信号的频谱与频域系统函数的乘积。

求解非周期信号对 LTI 系统的零状态响应是根据式(4.8-1)计算的。

例 4.8-1 已知 LTI 系统的 $h(t)=\mathrm{e}^{-2t}u(t)$，求在输入 $e(t)=\mathrm{e}^{-2t}u(t)$ 作用时的零状态响应 $r(t)$。

解
$$H(\mathrm{j}\omega)=\mathscr{F}[h(t)]=\frac{1}{\mathrm{j}\omega+2},\quad E(\mathrm{j}\omega)=\mathscr{F}[e(t)]=\frac{1}{\mathrm{j}\omega+2}$$

$$R(\mathrm{j}\omega)=H(\mathrm{j}\omega)E(\mathrm{j}\omega)=\frac{1}{(\mathrm{j}\omega+2)^2}$$

求得

$$r(t)=\mathscr{F}^{-1}[R(\mathrm{j}\omega)]=t\mathrm{e}^{-2t}u(t)$$

例 4.8-2 图 4.8-1(a)所示电路，$e(t)$波形如图(b)所示，求输出 $u_o(t)$。

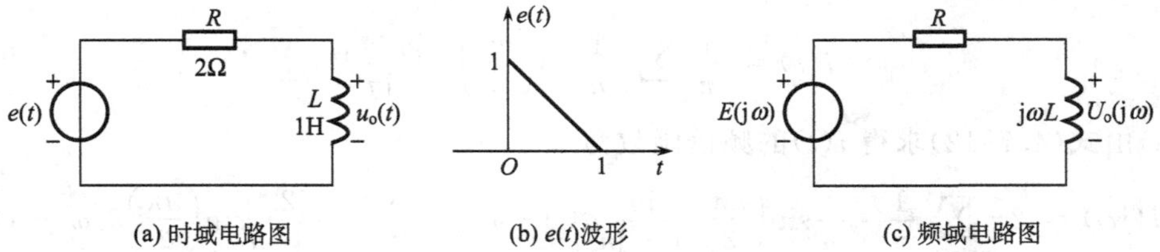

图 4.8-1 例 4.8-2 用图

解 (1) 先求 $H(\mathrm{j}\omega)$。

频域电路如图 4.8-1(c)所示。

$$H(\mathrm{j}\omega)=\frac{U_o(\mathrm{j}\omega)}{E(\mathrm{j}\omega)}=\frac{\mathrm{j}\omega L}{R+\mathrm{j}\omega L}=\frac{\mathrm{j}\omega}{2+\mathrm{j}\omega}$$

(2) 求 $E(\mathrm{j}\omega)$。

$$\begin{aligned}E(\mathrm{j}\omega)&=\int_{-\infty}^{\infty}e(t)\mathrm{e}^{-\mathrm{j}\omega t}\mathrm{d}t=\int_0^1(1-t)\mathrm{e}^{-\mathrm{j}\omega t}\mathrm{d}t\\&=\frac{1}{-\mathrm{j}\omega}[(1-t)\mathrm{e}^{-\mathrm{j}\omega t}]_0^1+\frac{1}{(\mathrm{j}\omega)^2}\mathrm{e}^{-\mathrm{j}\omega t}\Big|_0^1\\&=\frac{\mathrm{j}\omega-1+\mathrm{e}^{-\mathrm{j}\omega}}{(\mathrm{j}\omega)^2}\end{aligned}$$

(3) 计算 $U_o(\mathrm{j}\omega)$。

$$U_o(\mathrm{j}\omega)=E(\mathrm{j}\omega)H(\mathrm{j}\omega)=\frac{\mathrm{j}\omega-1+\mathrm{e}^{-\mathrm{j}\omega}}{(\mathrm{j}\omega)(2+\mathrm{j}\omega)}=\frac{-\frac{1}{2}}{\mathrm{j}\omega}+\frac{\frac{3}{2}}{\mathrm{j}\omega+2}+\left(\frac{\frac{1}{2}}{\mathrm{j}\omega}+\frac{-\frac{1}{2}}{\mathrm{j}\omega+2}\right)\mathrm{e}^{-\mathrm{j}\omega}$$

$$=-\frac{1}{2}\left[\frac{1}{j\omega}+\pi\delta(\omega)\right]+\frac{3}{2}\frac{1}{j\omega+2}+\left\{\frac{1}{2}\left[\frac{1}{j\omega}+\pi\delta(\omega)\right]-\frac{1}{2}\frac{1}{j\omega+2}\right\}e^{-j\omega}$$

所以系统的零状态响应为

$$u_o(t)=-\frac{1}{2}u(t)+\frac{3}{2}e^{-2t}u(t)+\frac{1}{2}u(t-1)-\frac{1}{2}e^{-2(t-1)}u(t-1)$$

注意　$t>0$ 时的零状态响应，函数形式为 $f(t)u(t)$，所以在傅里叶反变换时不能使用 $\frac{2}{j\omega}\leftrightarrow \mathrm{sgn}(t)$。

4.9　信号的无失真传输

对传输系统而言，希望在传输信号时没有失真。所谓信号的无失真传输(distortionless transmission)，从时域上要求传输系统的输出信号和系统的输入信号的变化规律完全相同，但两者的大小和出现的时间可以不同，即

$$r(t)=Ke(t-t_0) \tag{4.9-1}$$

式中，K 是不为 0 的实常数；t_0 是延迟时间，且 $t_0\geqslant 0$。

式(4.9-1)两边进行傅里叶变换有

$$R(j\omega)=Ke^{-j\omega t_0}E(j\omega) \tag{4.9-2}$$

频域系统函数为

$$H(j\omega)=Ke^{-j\omega t_0} \tag{4.9-3}$$

即

$$\left.\begin{aligned}|H(j\omega)|&=K\\ \varphi(\omega)&=-\omega t_0\end{aligned}\right\} \tag{4.9-4}$$

频率特性如图 4.9-1 所示。

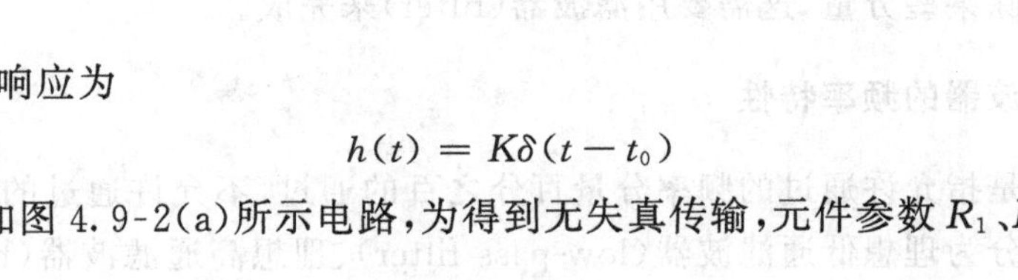

图 4.9-1　无失真传输系统的频率特性

系统的冲激响应为

$$h(t)=K\delta(t-t_0) \tag{4.9-5}$$

例 4.9-1　如图 4.9-2(a)所示电路，为得到无失真传输，元件参数 R_1、R_2、C_1 和 C_2 应满足什么关系？

解　频域电路图如图 4.9-2(b)所示，由分压公式求出频域系统函数为

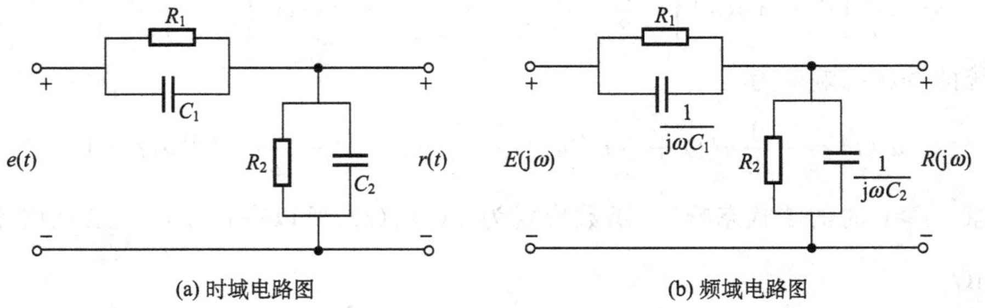

图 4.9-2 例 4.9-1 电路

$$H(\mathrm{j}\omega)=\frac{R(\mathrm{j}\omega)}{E(\mathrm{j}\omega)}=\frac{\dfrac{R_2\cdot\dfrac{1}{\mathrm{j}\omega C_2}}{R_2+\dfrac{1}{\mathrm{j}\omega C_2}}}{\dfrac{R_1\cdot\dfrac{1}{\mathrm{j}\omega C_1}}{R_1+\dfrac{1}{\mathrm{j}\omega C_1}}+\dfrac{R_2\cdot\dfrac{1}{\mathrm{j}\omega C_2}}{R_2+\dfrac{1}{\mathrm{j}\omega C_2}}}=\frac{R_2+\mathrm{j}\omega R_1R_2C_1}{R_1+R_2+\mathrm{j}\omega R_1R_2(C_1+C_2)}$$

其中

$$|H(\mathrm{j}\omega)|=\sqrt{\frac{R_2^2+(\omega R_1R_2C_1)^2}{(R_1+R_2)^2+(\omega R_1R_2)^2(C_1+C_2)^2}}$$

$$\varphi(\omega)=\arctan(\omega R_1C_1)-\arctan\left[\frac{\omega R_1R_2(C_1+C_2)}{R_1+R_2}\right]$$

系统无失真传输，要求$|H(\mathrm{j}\omega)|=K$，即$|H(\mathrm{j}\omega)|^2=K^2$为常数。所以$\frac{\mathrm{d}}{\mathrm{d}\omega}|H(\mathrm{j}\omega)|^2=0$，即

$$\frac{\mathrm{d}}{\mathrm{d}\omega}\left[\frac{R_2^2+(\omega R_1R_2C_1)^2}{(R_1+R_2)^2+(\omega R_1R_2)^2(C_1+C_2)^2}\right]=0$$

解得$R_1C_1=R_2C_2$。此时$\varphi(\omega)=0$，得$t_0=0$。

所以该系统要无失真传输元件，元件参数应满足$R_1C_1=R_2C_2$。

4.10 理想滤波器

很多时候要求对一个信号中的各频率正弦分量有选择性，包括改变各频率分量的相对大小甚至完全滤除某些分量，这需要用滤波器(filter)来完成。

4.10.1 理想滤波器的频率特性

理想滤波器是指允许通过的频率分量百分之百的通过，不允许通过的频率完全不能通过。理想滤波器分为理想低通滤波器(low-pass filter)、理想高通滤波器(high-pass filter)、理想带通滤波器(band-pass filter)和理想带阻滤波器(band-elimination filter)。图 4.10-1 所示为理想滤波器的幅频特性，为避免在滤波过程中的相位失真，滤波器在整个通频带内必须具备线性相位特性。

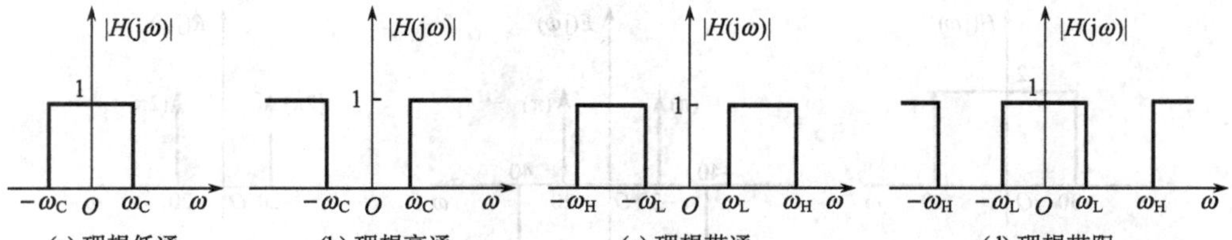

图 4.10-1　理想滤波器的幅频特性

4.10.2　理想低通滤波器的响应

理想低通滤波器的频域系统函数为

$$H(\mathrm{j}\omega)=\begin{cases}\mathrm{e}^{-\mathrm{j}\omega t_0}, & |\omega|<\omega_C\\ 0, & \text{其余}\end{cases} \tag{4.10-1}$$

式中，ω_C 称为理想低通滤波器的截止频率，事实上在 $|\omega|<\omega_C$ 时理想低通滤波器是一个无失真传输系统。

1. 理想低通滤波器的冲激响应

理想低通滤波器的冲激响应 $h(t)$ 是 $H(\mathrm{j}\omega)$ 的傅里叶逆变换，即

$$h(t)=\mathscr{F}^{-1}[H(\mathrm{j}\omega)]=\frac{1}{2\pi}\int_{-\infty}^{\infty}H(\mathrm{j}\omega)\mathrm{e}^{\mathrm{j}\omega t}\mathrm{d}\omega=\frac{1}{2\pi}\int_{-\omega_C}^{\omega_C}\mathrm{e}^{\mathrm{j}\omega(t-t_0)}\mathrm{d}\omega$$

$$=\frac{1}{2\pi}\cdot\frac{1}{\mathrm{j}(t-t_0)}\mathrm{e}^{\mathrm{j}\omega(t-t_0)}\Big|_{-\omega_C}^{\omega_C}=\frac{\omega_C}{\pi}\mathrm{Sa}[\omega_C(t-t_0)] \tag{4.10-2}$$

$h(t)$ 的波形如图 4.10-2 所示。

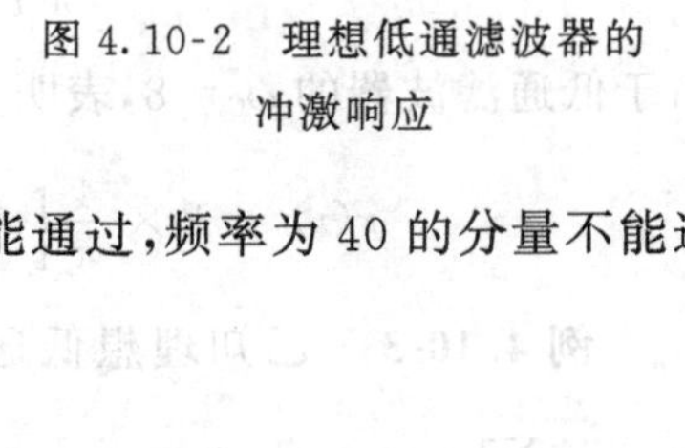

图 4.10-2　理想低通滤波器的冲激响应

2. 理想低通滤波器对周期信号的响应

输入信号 $e(t)$ 是周期信号，先将其分解成三角级数的傅里叶级数，即是各频率正弦分量之和，只有频率低于低通滤波器截止频率的分量能通过。

例 4.10-1　低通滤波器的频率特性如图 4.10-3(a)所示，输入 $e(t)=2\sin(10t)\sin(30t)$，求输出 $r(t)$。

解　(1) $e(t)=2\sin(10t)\sin(30t)$

$=\cos(20t)-\cos(40t)$

可见 $e(t)$ 是由两个频率的正弦分量组成，频率为 20 的分量能通过，频率为 40 的分量不能通过，故 $r(t)=2\cos(20t)$。

(2) 频域计算

$$E(\mathrm{j}\omega)=\pi[\delta(\omega+20)+\delta(\omega-20)-\delta(\omega+40)-\delta(\omega-40)]$$

$$R(\mathrm{j}\omega)=H(\mathrm{j}\omega)E(\mathrm{j}\omega)=2\pi[\delta(\omega+20)+\delta(\omega-20)]$$

所以 $r(t)=2\cos(20t)$，如图 4.10-3 所示。

例 4.10-2　低通滤波器的频率特性如图 4.10-4(a)所示，输入 $e(t)$ 如图(b)所示，求系统的响应 $r(t)$。

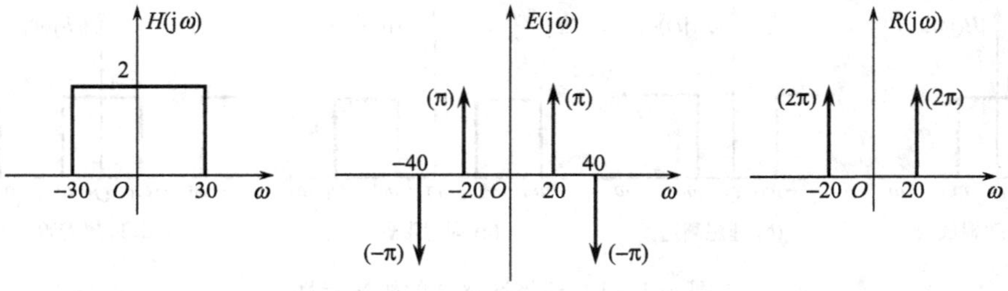

(a) 低通滤波器的频率特性　(b) 输入信号的频谱　(c) 输出信号的频谱

图 4.10-3　例 4.10-1 用图

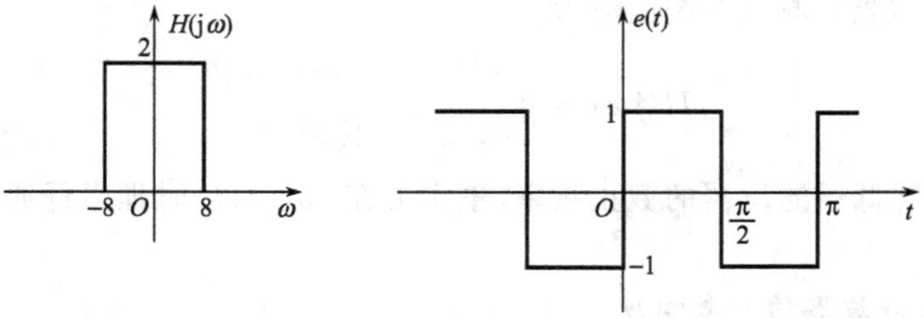

图 4.10-4　例 4.10-2 用图

解　先将 $e(t)$ 展开成三角形式的傅里叶级数。

$e(t)$ 是周期信号，$\omega_1=\dfrac{2\pi}{T_1}=2$。由于 $e(t)$ 既是奇函数，又是奇谐函数，所以

$$a_0=a_n=0$$

$$b_n=\frac{4}{T_1}\int_0^{\frac{T_1}{2}}f(t)\sin(n\omega_1 t)\mathrm{d}t=\frac{4}{\pi}\int_0^{\frac{\pi}{2}}\sin(2nt)\mathrm{d}t=\begin{cases}\dfrac{4}{n\pi}, & n\text{ 为奇数}\\ 0, & n\text{ 为偶数}\end{cases}$$

得到 $e(t)$ 三角形式傅里叶级数为

$$e(t)=\frac{4}{\pi}\left[\sin(2t)+\frac{1}{3}\sin(6t)+\frac{1}{5}\sin(10t)+\cdots\right]$$

由于低通滤波器的 $\omega_C=8$，表明只有 $\omega=2$ 及 $\omega=6$ 的分量能通过，所以

$$r(t)=2\times\frac{4}{\pi}\left[\sin(2t)+\frac{1}{3}\sin(6t)\right]=\frac{8}{\pi}\sin(2t)+\frac{8}{3\pi}\sin(6t)$$

例 4.10-3　已知理想低通滤波器的 $H(\mathrm{j}\omega)=2[u(\omega+3\pi)-u(\omega-3\pi)]\mathrm{e}^{-\mathrm{j}\omega}$，输入 $e(t)=\sum\limits_{n=-\infty}^{\infty}\delta(t-n)$，求输出 $r(t)$。

解　$E(\mathrm{j}\omega)=\mathscr{F}[e(t)]=2\pi\sum\limits_{n=-\infty}^{\infty}\delta(\omega-2\pi n)$

$$\begin{aligned}R(\mathrm{j}\omega)=E(\mathrm{j}\omega)H(\mathrm{j}\omega)&=4\pi[\delta(\omega+2\pi)+\delta(\omega)+\delta(\omega-2\pi)]\mathrm{e}^{-\mathrm{j}\omega}\\&=4\pi\delta(\omega+2\pi)\mathrm{e}^{-\mathrm{j}\omega}+4\pi\delta(\omega)\mathrm{e}^{-\mathrm{j}\omega}+4\pi\delta(\omega-2\pi)\mathrm{e}^{-\mathrm{j}\omega}\end{aligned}$$

$$= 4\pi\delta(\omega+2\pi)+4\pi\delta(\omega)+4\pi\delta(\omega-2\pi)$$

$$r(t)=\mathscr{F}^{-1}[R(\mathrm{j}\omega)]=2+4\cos(2\pi t)$$

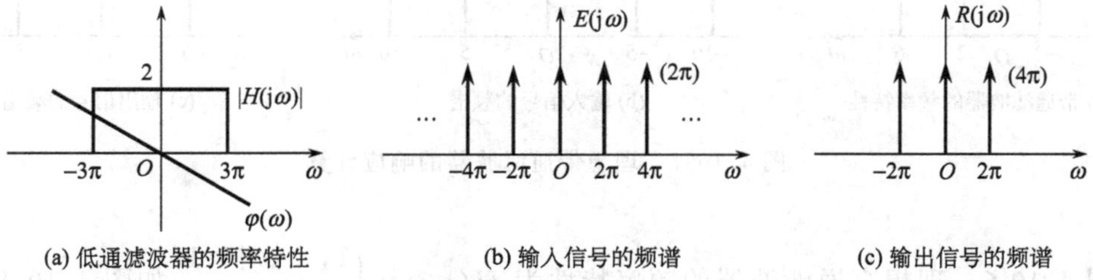

图 4.10-5　例 4.10-3 用图

3. 非周期信号的响应

输入 $e(t)$ 是非周期信号，先求其傅里叶变换 $E(\mathrm{j}\omega)$，再求输出 $r(t)$ 的傅里叶变换 $R(\mathrm{j}\omega)=H(\mathrm{j}\omega)E(\mathrm{j}\omega)$，并求 $R(\mathrm{j}\omega)$ 的傅里叶反变换得到输出 $r(t)$。

例 4.10-4　已知理想低通滤波器的 $H(\mathrm{j}\omega)=[u(\omega+\omega_C)-u(\omega-\omega_C)]\mathrm{e}^{-\mathrm{j}\omega t_0}$，证明：对 $\delta(t)$ 信号和 $\frac{\omega_C}{\pi}\mathrm{Sa}(\omega_C t)$ 信号的响应是一样的。

证明　$e_1(t)=\delta(t)\leftrightarrow E_1(\mathrm{j}\omega)=1$

$$e_2(t)=\frac{\omega_C}{\pi}\mathrm{Sa}(\omega_C t)\leftrightarrow E_2(\mathrm{j}\omega)=u(\omega+\omega_C)-u(\omega-\omega_C)$$

$$R_1(\mathrm{j}\omega)=H(\mathrm{j}\omega)E_1(\mathrm{j}\omega)=[u(\omega+\omega_C)-u(\omega-\omega_C)]\mathrm{e}^{-\mathrm{j}\omega t_0}$$

$$R_2(\mathrm{j}\omega)=H(\mathrm{j}\omega)E_2(\mathrm{j}\omega)=[u(\omega+\omega_C)-u(\omega-\omega_C)]\mathrm{e}^{-\mathrm{j}\omega t_0}$$

显然 $R_1(\mathrm{j}\omega)=R_2(\mathrm{j}\omega)$，有 $r_1(t)=r_2(t)=\frac{\omega_C}{\pi}\mathrm{Sa}[\omega_C(t-t_0)]$。

4.10.3　其他理想滤波器的响应

其余3种理想滤波器的响应计算方法与理想低通滤波器的计算一样，先求出滤波器输入信号的频谱 $E(\mathrm{j}\omega)$，则其输出信号的频谱为 $R(\mathrm{j}\omega)=H(\mathrm{j}\omega)E(\mathrm{j}\omega)$，再由傅里叶反变换求得 $r(t)$，如图 4.10-6 所示。

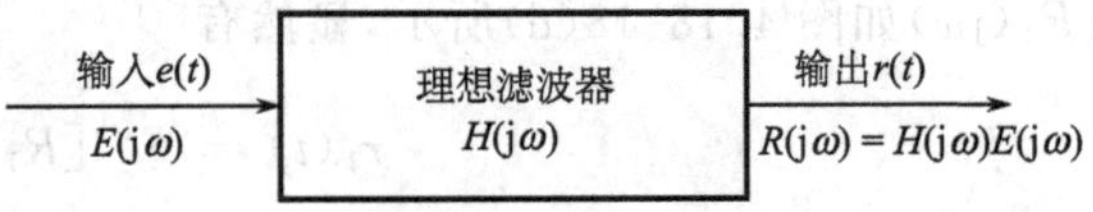

图 4.10-6　理想滤波器的响应

例 4.10-5　理想带通滤波器的频率特性如图 4.10-7(a)所示，输入为 $e(t)=1+2\cos(5t)+2\cos(10t)$，求滤波器的输出 $r(t)$。

解　输入信号 $e(t)$ 的频谱如图 4.10-7(b)所示。

$$E(\mathrm{j}\omega)=2\pi\delta(\omega)+2\pi\delta(\omega+5)+2\pi\delta(\omega-5)+2\pi\delta(\omega+10)+2\pi\delta(\omega-10)$$

输出信号的频谱为

$$R(\mathrm{j}\omega)=H(\mathrm{j}\omega)E(\mathrm{j}\omega)=4\pi\delta(\omega+5)+4\pi\delta(\omega-5)$$

则输出为

$$r(t)=\mathscr{F}^{-1}[R(\mathrm{j}\omega)]=4\cos(5t)$$

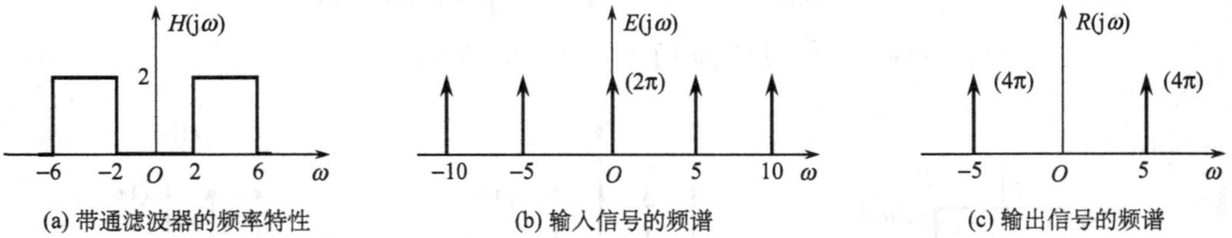

图 4.10-7　理想带通滤波器的响应计算

例 4.10-6　理想高通滤波器的频率特性为 $H(\mathrm{j}\omega)=\begin{cases}1, & |\omega|>1\\ 0, & |\omega|<1\end{cases}$，如图 4.10-8(a)所示。(1) 求冲激响应 $h(t)$；(2) 求输入 $e(t)=\mathrm{Sa}(3t)$ 时的输出 $r(t)$。

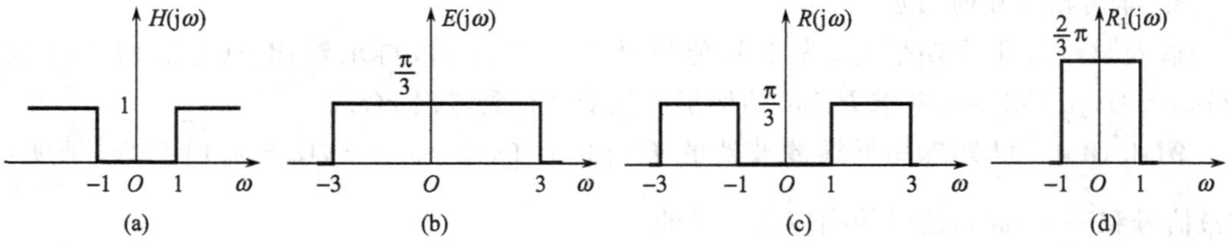

图 4.10-8　理想高通滤波器的响应计算

解　(1)

$$H(\mathrm{j}\omega)=1-G_2(\omega)$$

冲激响应为

$$h(t)=\mathscr{F}^{-1}[H(\mathrm{j}\omega)]=\delta(t)-\frac{1}{\pi}\mathrm{Sa}(t)$$

(2) $E(\mathrm{j}\omega)=[\mathrm{Sa}(3t)]=\frac{\pi}{3}G_6(\omega)$，如图 4.10-8(b)所示。

$R(\mathrm{j}\omega)=E(\mathrm{j}\omega)H(\mathrm{j}\omega)$，如图 4.10-8(c)所示。

为求 $R(\mathrm{j}\omega)$ 的傅里叶反变换，令 $R(\mathrm{j}\omega)=\frac{1}{2\pi}R_1(\mathrm{j}\omega)*[\pi\delta(\omega-2)+\pi\delta(\omega+2)]$，其中 $R_1(\mathrm{j}\omega)$ 如图 4.18-18(d)所示，显然有

$$r_1(t)=\mathscr{F}^{-1}[R_1(\mathrm{j}\omega)]=\frac{2}{3}\mathrm{Sa}(t)$$

所以滤波器的输出为

$$r(t)=r_1(t)\cos(2t)=\frac{2}{3}\mathrm{Sa}(t)\cos(2t)$$

4.11　幅度调制与解调

无线通信系统中信号都是以调制信号进行传输的，这是因为在无线通信中，信号通过天线以电磁波的形式进行发送，天线的尺寸必须可与所发射信号的波长相比拟时才能有效发射，如将语音信号直接发射，则天线尺寸会达到 10^6 m，显然做不到。另外，调制技术也是实

现多路通信的关键技术，它在有线通信、无线通信和光纤通信中都有广泛应用。

调制就是用一个要发送的信号 $f(t)$（称为主调制信号）去控制另一个信号 $s(t)$（称为载波信号）的某个参数。载波信号 $s(t)=K\sin(\omega t+\theta)$ 中有 3 个参数，振幅 K，频率 ω 和相位 θ，若被控制的是 K 称为幅度调制（amplitude modulation，AM），被控制的是 ω 称为频率调制（frequency modulation，FM），若被控制的是 θ 称为相位调制（phase modulation，PM）。本节主要介绍幅度调制及解调（demodulation）时信号频谱的变化。

4.11.1　幅度调制

幅度调制是通过调制器来完成的，图 4.11-1 是幅度调制的数学模型，实际上是个乘法器，调制器本身产生一个高频载波信号 $s(t)$，调制器输入是主调信号 $f(t)$，输出是已调信号 $g(t)$。数学关系为

$$g(t)=f(t)s(t)=f(t)\cos(\omega_0 t) \tag{4.11-1}$$

设 $f(t)$ 的频谱 $F(\mathrm{j}\omega)$，$s(t)$ 的频谱 $S(\mathrm{j}\omega)$，如图 4.11-2 所示。

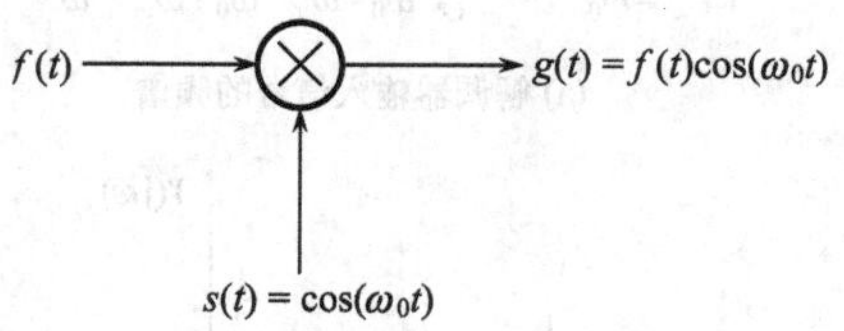

图 4.11-1　幅度调制数学模型

已调信号 $g(t)$ 的频谱为 $G(\mathrm{j}\omega)$，由傅里叶变换的频移特性，得

$$G(\mathrm{j}\omega)=\frac{1}{2}\{F[\mathrm{j}(\omega+\omega_0)]+F[\mathrm{j}(\omega-\omega_0)]\} \tag{4.11-2}$$

如图 4.11-2(c) 图所示。

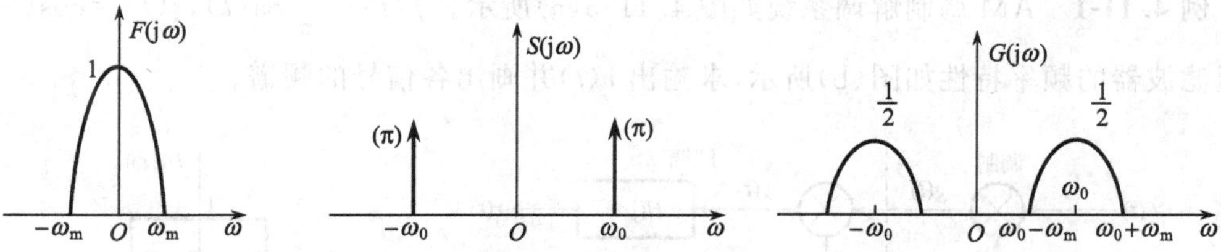

(a) 主调信号的频谱　(b) 载波信号的频谱　(c) 已调信号的频谱

图 4.11-2　幅度调制中的频谱

4.11.2　幅度解调

幅度解调是通过解调器实现的，如图 4.11-3 所示。

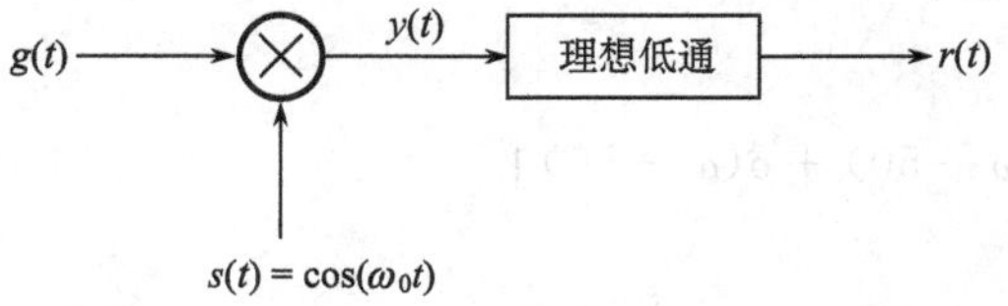

图 4.11-3　幅度解调的方框图

解调器的输出信号 $y(t)$ 为

$$\begin{aligned} y(t) &= g(t)s(t)=f(t)\cos^2(\omega_0 t) \\ &= \frac{1}{2}f(t)+\frac{1}{2}f(t)\cos(2\omega_0 t) \end{aligned} \tag{4.11-3}$$

其频谱为

$$Y(\mathrm{j}\omega)=\frac{1}{2}F(\mathrm{j}\omega)+\frac{1}{4}\{F[\mathrm{j}(\omega+2\omega_0)]+F[\mathrm{j}(\omega-2\omega_0)]\} \tag{4.11-4}$$

将 $y(t)$作为低通滤波器的输入，输出 $r(t)$为

$$r(t) = \frac{1}{2}f(t) \tag{4.11-5}$$

幅度解调过程中频谱图如图 4.11-4 所示。

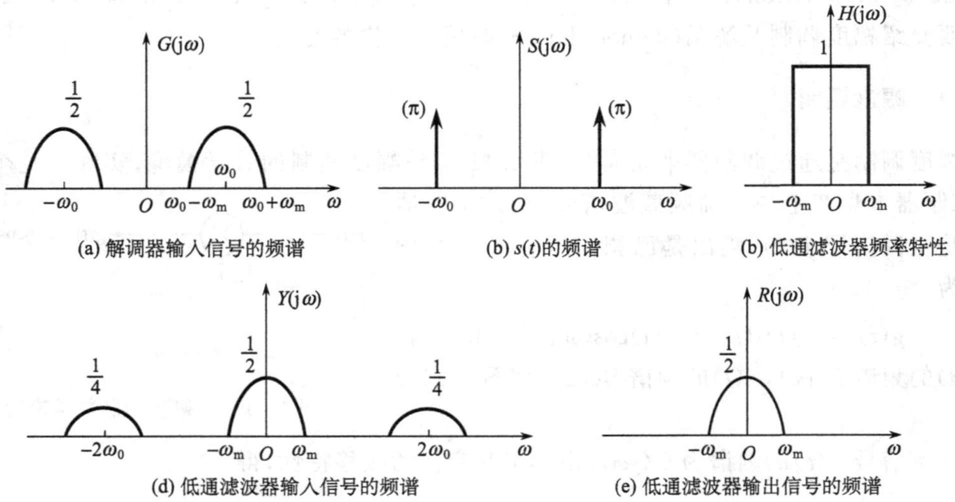

图 4.11-4　幅度解调中的频谱

例 4.11-1　AM 调制解调系统如图 4.11-5(a)所示。$f(t)=\frac{1}{\pi}\text{Sa}(t)$，$s(t)=\cos(50t)$，低通滤波器的频率特性如图(b)所示，求输出 $r(t)$并画出各信号的频谱。

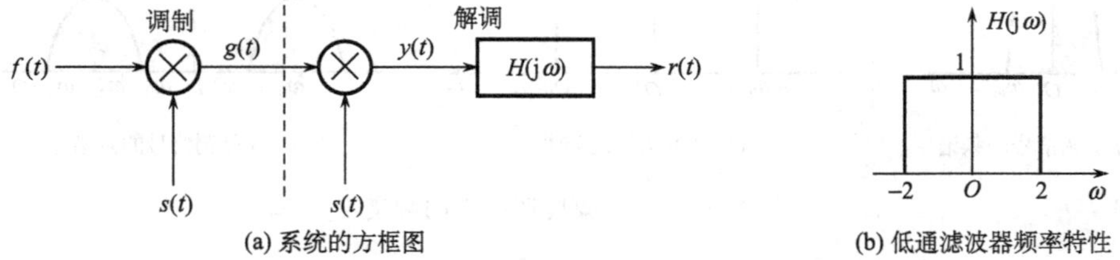

图 4.11-5　AM 调制解调

解　$f(t)$的频谱为

$$F(\text{j}\omega) = \mathscr{F}\,[f(t)] = u(\omega+1) - u(\omega-1)$$

$s(t)$的频谱为

$$S(\text{j}\omega) = \mathscr{F}\,[s(t)] = \pi[\delta(\omega+50) + \delta(\omega-50)]$$

调制器的输出信号

$$g(t) = f(t)s(t) = \frac{1}{\pi}\text{Sa}(t)\cos(50t)$$

根据傅里叶变换的频移特性有

$$G(\mathrm{j}\omega)=\frac{1}{2}\{F[\mathrm{j}(\omega+50)]+F[\mathrm{j}(\omega-50)]\}$$

低通滤波器的输入信号

$$y(t)=g(t)s(t)=f(t)\cos^2(50t)=\frac{f(t)}{2}[1+\cos(100t)]$$

其频谱

$$Y(\mathrm{j}\omega)=\frac{1}{4}F[\mathrm{j}(\omega+100)]+\frac{1}{2}F(\mathrm{j}\omega)+\frac{1}{4}F[\mathrm{j}(\omega-100)]$$

低通滤波器输出的频谱为 $R(\mathrm{j}\omega)=H(\mathrm{j}\omega)Y(\mathrm{j}\omega)=\frac{1}{2}F(\mathrm{j}\omega)$，求得

$$r(t)=\frac{1}{2}f(t)=\frac{1}{2\pi}\mathrm{Sa}(t)$$

各信号的频谱如图 4.11-6 所示。

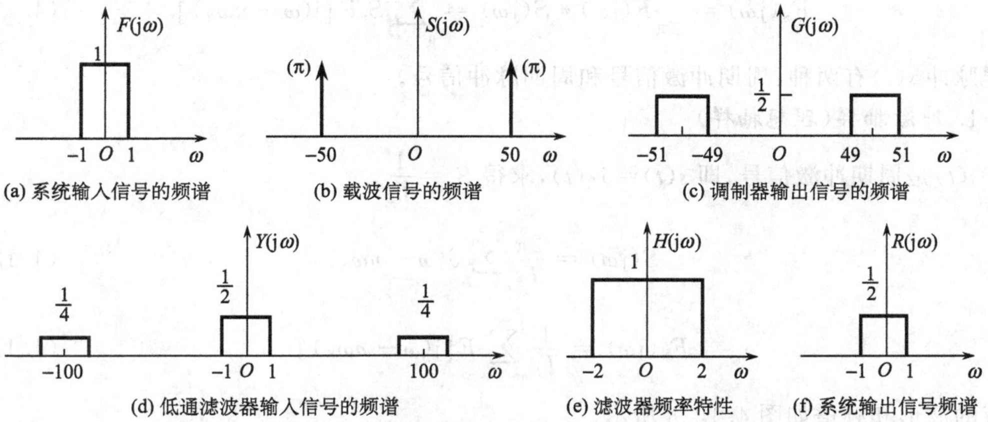

图 4.11-6　AM 调制解调系统的频谱图

4.12　信号的抽样与恢复

随着数字电路工艺，尤其是超大规模集成电路技术的发展，电路由模拟时代进入了数字时代，其标志是数字计算机在各领域中的广泛应用，而计算机中的输入输出信号都是数字信号。

一个连续时间信号(模拟信号)可通过抽样的方法，将其转化为离散时间信号，再经过量化编码转化为数字信号，如图 4.12-1 所示。

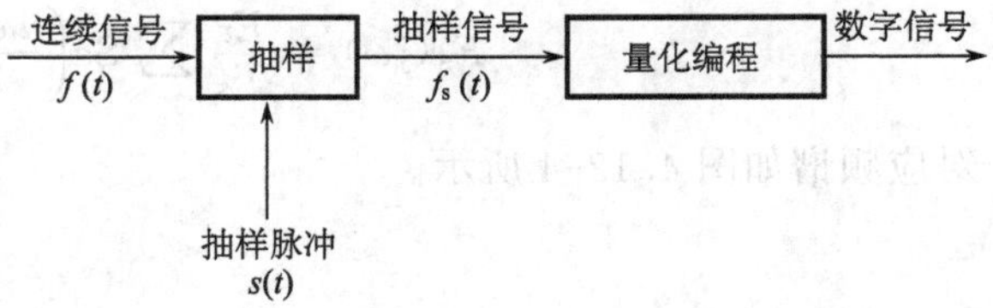

图 4.12-1　抽样过程方框图

在一定的条件下，一个连续时间信号完全可用该信号在等时间间隔上的瞬时值或样本值来表示，并且可以用这些样本值把该信号全部恢复出来。

4.12.1 时域抽样

信号的抽样是通过抽样电路(抽样器)完成的。图 4.12-2 是抽样器的数学模型,事实上这是个乘法器,一端加入连续时间信号 $f(t)$,另一端加入抽样脉冲 $s(t)$(周期信号)。抽样后的信号称为抽样信号 $f_S(t)$,有

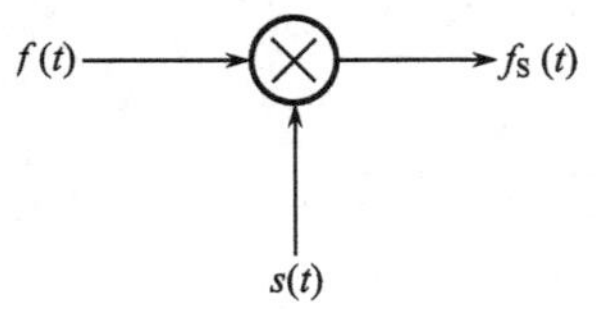

图 4.12-2 抽样器的数学模型

$$f_S(t) = f(t)s(t) \tag{4.12-1}$$

设连续时间信号 $f(t)$ 的频谱为 $F(j\omega)$,抽样脉冲信号 $s(t)\left(\text{周期为 } T_S\text{,频率为 } \omega_S=\frac{2\pi}{T_S}\right)$ 的频谱为 $S(j\omega)$,抽样信号 $f_S(t)$ 的频谱为 $F_S(j\omega)$,有

$$S(j\omega) = 2\pi\sum_{n=-\infty}^{\infty} S_n\delta(\omega - n\omega_S) \tag{4.12-2}$$

$$F_S(j\omega) = \frac{1}{2\pi}F(j\omega) * S(j\omega) = \sum_{n=-\infty}^{\infty} S_n F[j(\omega - n\omega_S)] \tag{4.12-3}$$

抽样脉冲 $s(t)$ 有两种:周期冲激信号和周期脉冲信号。

1. 冲激抽样(理想抽样)

$s(t)$ 是周期冲激信号,即 $s(t)=\delta_T(t)$,求得 $S_n=\frac{1}{T_S}$。

$$S(j\omega) = \frac{2\pi}{T_S}\sum_{n=-\infty}^{\infty} \delta(\omega - n\omega_S) \tag{4.12-4}$$

$$F_S(j\omega) = \frac{1}{T_S}\sum_{n=-\infty}^{\infty} F[j(\omega - n\omega_S)] \tag{4.12-5}$$

相应的波形和频谱如图 4.12-3 所示。

图 4.12-3 中,信号 $f(t)$ 是带限信号(band-limited signal),此信号的频谱只在区间 $(-\omega_m, \omega_m)$ 内,而在此区间外的值为零。很多信号是这种情况,如普通室内电话的频带上限约 4kHz,电视信号约 4MHz。从图 4.12-3 中可知,如取样频率 $\omega_S \geqslant 2\omega_m$,则 $F_S(j\omega)$ 中各频率的频谱不重叠,反之若 $\omega_S < 2\omega_m$,将产生重叠,称为混叠(aliasing)现象,这样就无法再恢复成原信号。

2. 矩形脉冲抽样

当 $s(t)$ 是周期脉冲信号时,由例 4.5-2 知

$$S_n = \frac{E\tau}{T_S}\mathrm{Sa}\left(\frac{n\omega_S\tau}{2}\right) \tag{4.12-6}$$

$$F_S(j\omega) = \frac{E\tau}{T_S}\sum_{n=-\infty}^{\infty}\mathrm{Sa}\left(\frac{n\omega_S\tau}{2}\right)F[j(\omega - n\omega_S)] \tag{4.12-7}$$

对应频谱如图 4.12-4 所示。

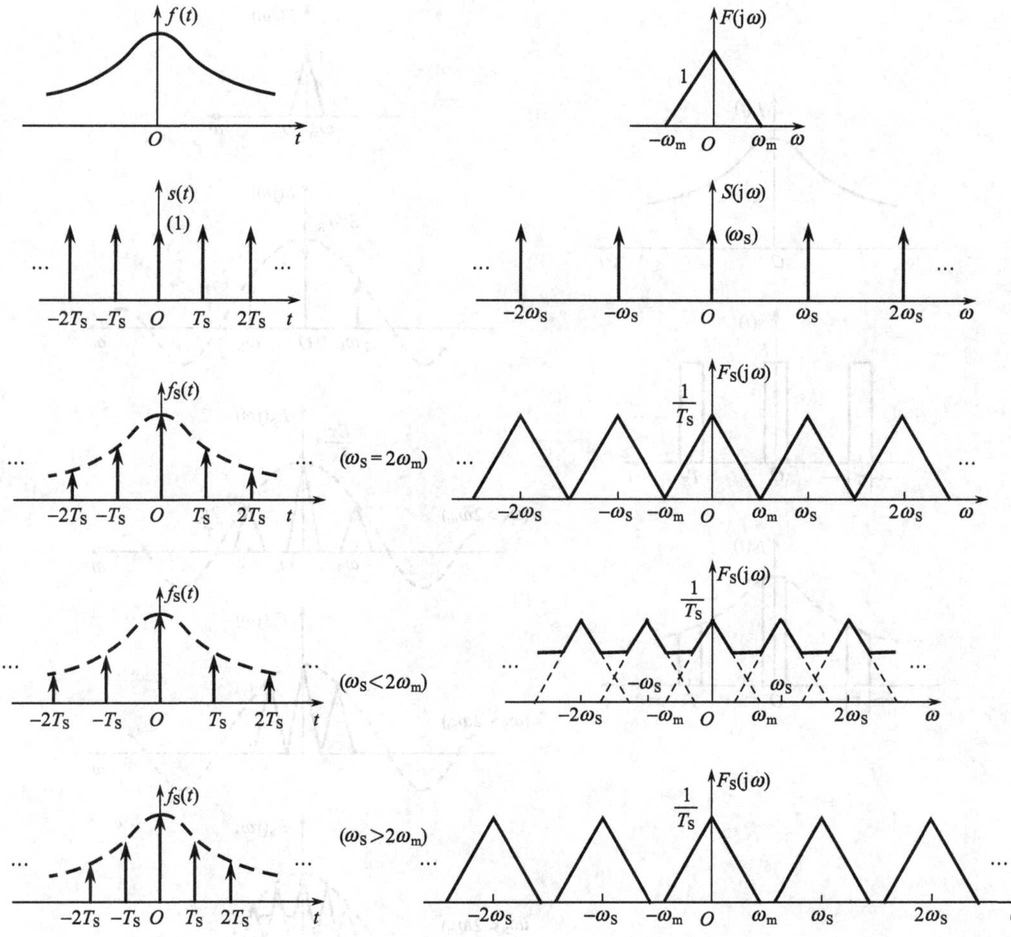

图 4.12-3　冲激抽样的频谱

4.12.2　频域抽样

连续时间信号 $f(t)$ 的频谱为 $F(\mathrm{j}\omega)$，在频域中被频率为 ω_1 的冲激序列 $\delta_\omega(\mathrm{j}\omega)$ 抽样，抽样后的频谱 $F_1(\mathrm{j}\omega)$ 对应的时间函数为 $f_1(t)$，有

$$F_1(\mathrm{j}\omega) = F(\mathrm{j}\omega)\delta_\omega(\mathrm{j}\omega) \tag{4.12-8}$$

$$f_1(t) = f(t) * \mathscr{F}^{-1}[\delta_\omega(\mathrm{j}\omega)] \tag{4.12-9}$$

由于 $\delta_\omega(\mathrm{j}\omega) = \sum_{n=-\infty}^{\infty}\delta(\omega - n\omega_1)$，求得 $\mathscr{F}^{-1}[\delta_\omega(\mathrm{j}\omega)] = \frac{1}{\omega_1}\sum_{n=-\infty}^{\infty}\delta(t-nT_1)$，故

$$f_1(t) = f(t) * \frac{1}{\omega_1}\sum_{n=-\infty}^{\infty}\delta(t-nT_1) = \frac{1}{\omega_1}\sum_{n=-\infty}^{\infty}f(t-nT_1) \tag{4.12-10}$$

对应的波形如图 4.12-5 所示。

从图中可见，当 $T_1 < 2t_m$ 时，$f_1(t)$ 中波形发生混叠；当 $T_1 \geqslant 2t_m$ 时，$f_1(t)$ 中波形不混叠，表明抽样后 $F_1(\mathrm{j}\omega)$ 可以唯一地表示原信号。

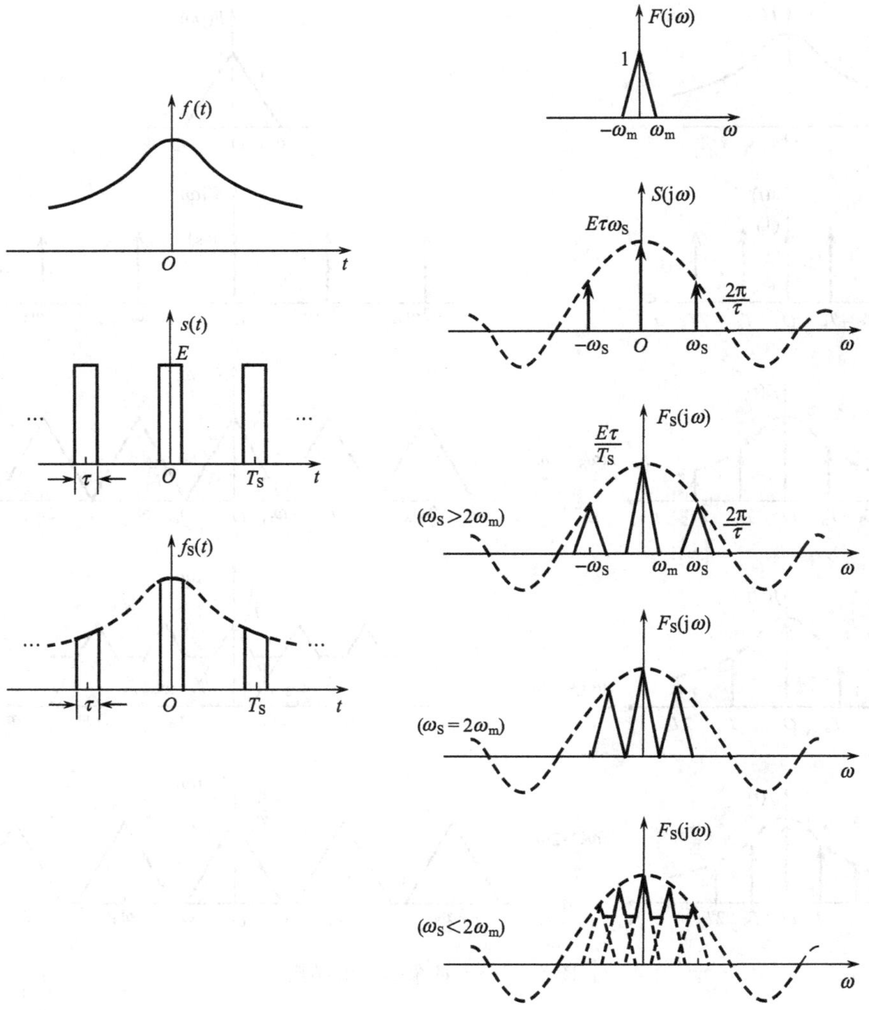

图 4.12-4 脉冲抽样的频谱

4.12.3 抽样定理

抽样定理(sampling theorem)有时域抽样定理和频域抽样定理。

1. 时域抽样定理

一个频谱在$(-\omega_m,\omega_m)$以外为零的带限信号$f(t)$，只要抽样频率$\omega_S \geqslant 2\omega_m$进行等间隔抽样，那么抽样后的信号$f_S(t)$包含原信号$f(t)$的全部信息，$f(t)$可唯一地由样点值$f(nT_S)$所确定，称为均匀抽样定理，也称为香农抽样定理。

能从$f_S(t)$中恢复$f(t)$的条件是：①$f(t)$是带限信号；②$\omega_S \geqslant 2\omega_m$或$f_S \geqslant 2f_m$即抽样间隔$T_S \leqslant \dfrac{1}{2f_m}$。否则发生混叠现象而无法恢复。

称$f_S=2f_m$为奈奎斯特(Nquist)频率，$T_S=\dfrac{1}{2f_m}$为奈奎斯特间隔(interval)。

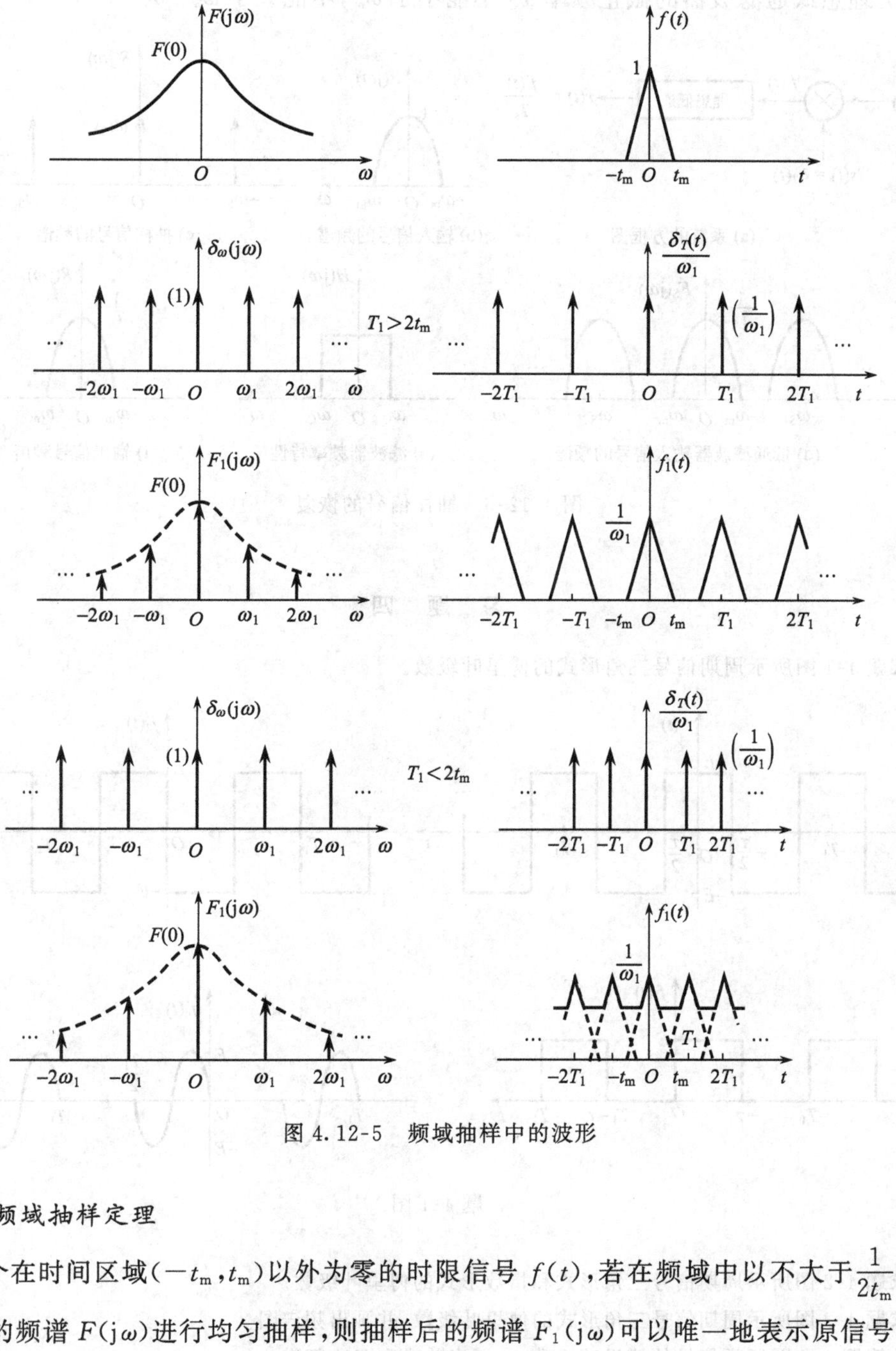

图 4.12-5　频域抽样中的波形

2. 频域抽样定理

一个在时间区域$(-t_m,t_m)$以外为零的时限信号 $f(t)$，若在频域中以不大于$\frac{1}{2t_m}$的频率对 $f(t)$的频谱 $F(j\omega)$进行均匀抽样，则抽样后的频谱 $F_1(j\omega)$可以唯一地表示原信号。

4.12.4 抽样信号的恢复

以冲激抽样(也称理想抽样)来叙述信号的恢复。当抽样信号 $f_S(t)$通过理想低通滤波器后，输出的就是原来的信号 $f(t)$，如图 4.12-6 所示。

从图中可见，要使抽样信号恢复成原信号，要求

(1) $F_S(j\omega)$中频谱不能混叠，即要求 $\omega_S\geqslant 2\omega_m$。

(2) 理想低通滤波器的截止频率 ω_C 不能小于 ω_m，不能大于 $\omega_S-\omega_m$。

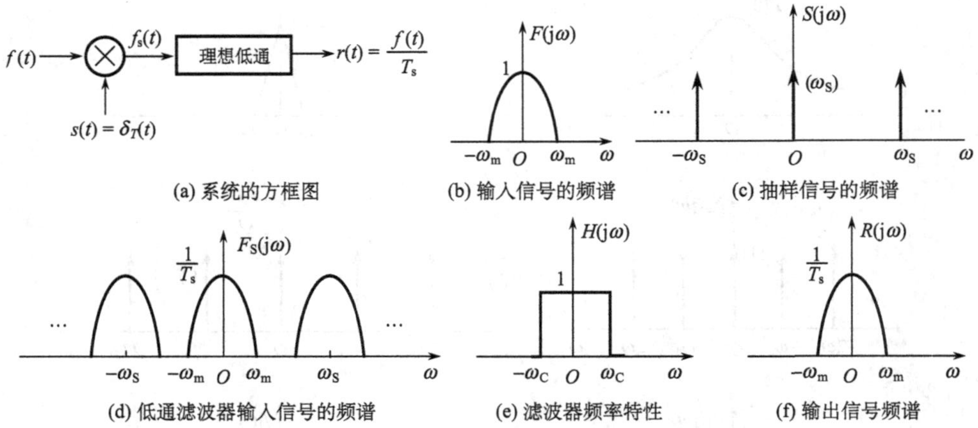

(a) 系统的方框图　(b) 输入信号的频谱　(c) 抽样信号的频谱

(d) 低通滤波器输入信号的频谱　(e) 滤波器频率特性　(f) 输出信号频谱

图 4.12-6　抽样信号的恢复

习　题　四

4-1　求题 4-1 图所示周期信号三角形式的傅里叶级数。

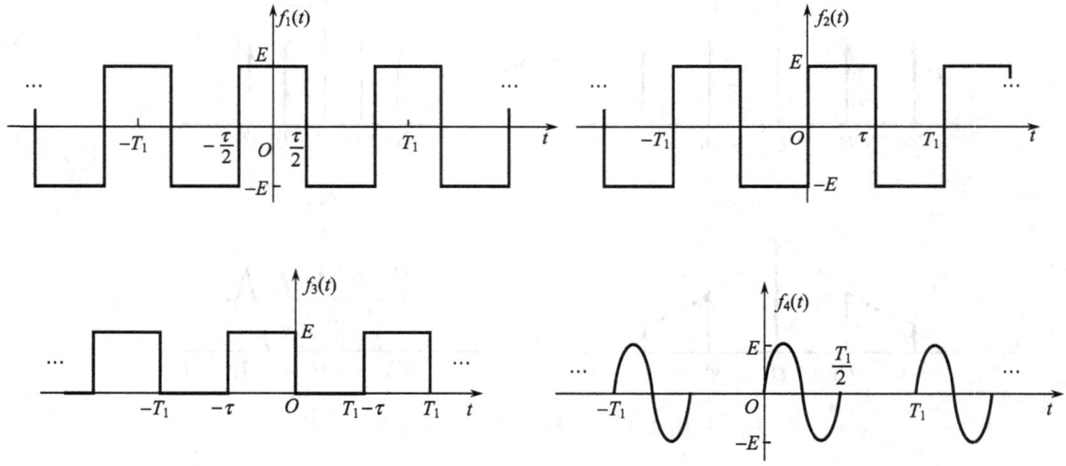

题 4-1 图

4-2　求题 4-2 图所示周期信号三角形式和指数形式的傅里叶级数。

4-3　求题 4-3 图所示周期信号三角形式的傅里叶级数，并画出频谱图。

4-4　计算题 4-4 图所示信号的傅里叶级数，并画出单边和双边频谱。

4-5　已知周期信号 $f(t)$ 表示为 $f(t)=2+3\cos(2\omega_1 t)+4\sin(2\omega_1 t)+2\sin(3\omega_1 t+60°)-\cos(7\omega_1 t+150°)$

(1) 写出指数形式的傅里叶级数；

(2) 画出单边和双边频谱。

4-6　已知 $f(t)$ 的双边频谱如题 4-6 图所示，写出函数表示式。

4-7　已知周期函数 $f(t)$ 半个周期的波形如题 4-7 图所示，根据下列条件画出 $f(t)$ 在一个周期 $(0\leqslant t<T_1)$ 的波形。

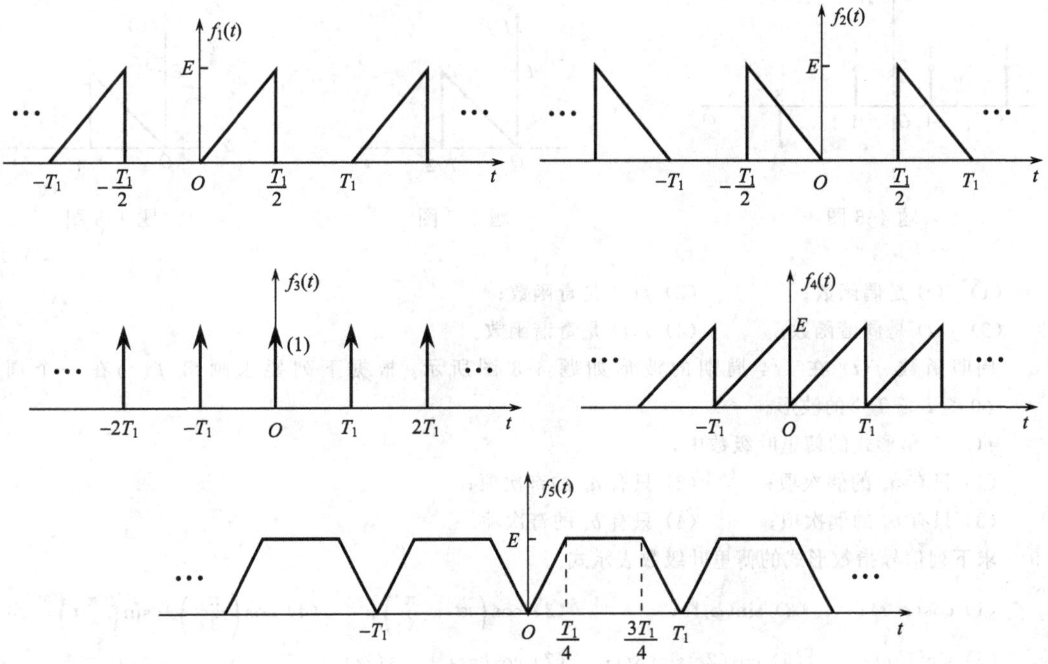

题 4-2 图

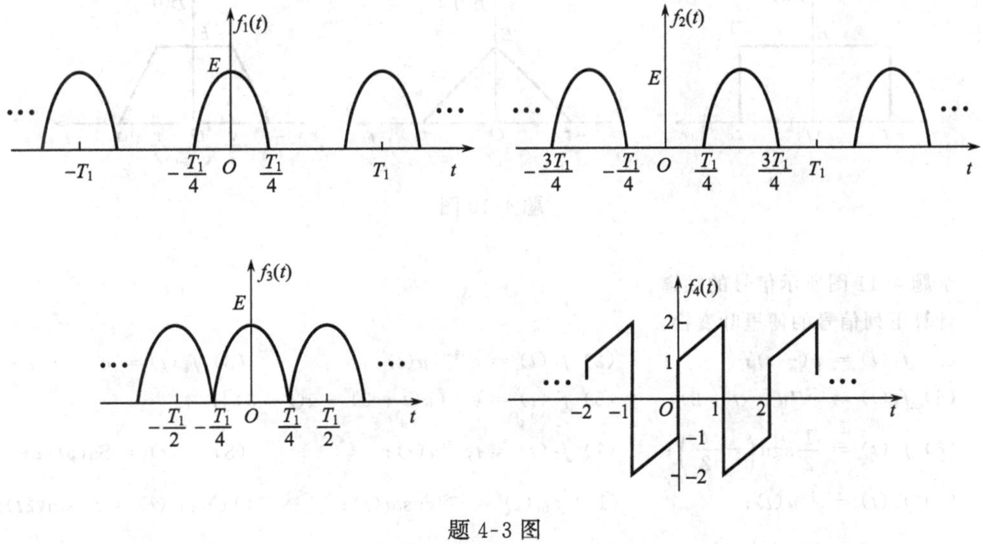

题 4-3 图

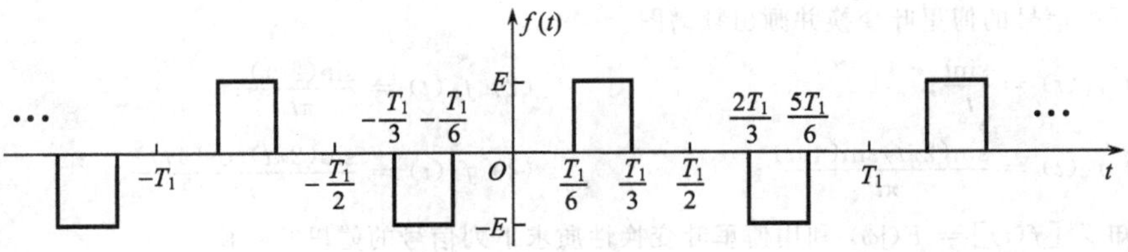

题 4-4 图

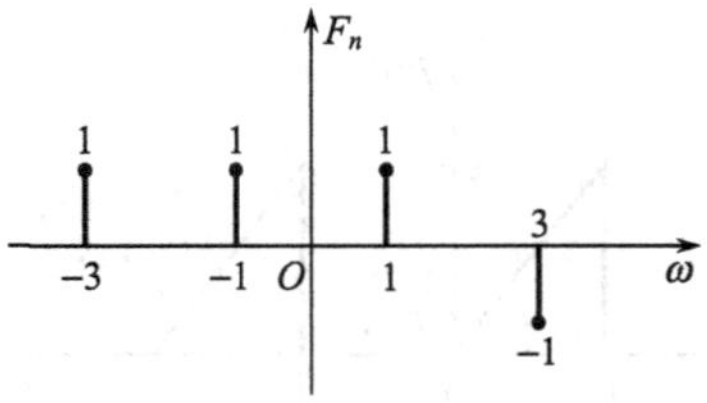

题 4-6 图

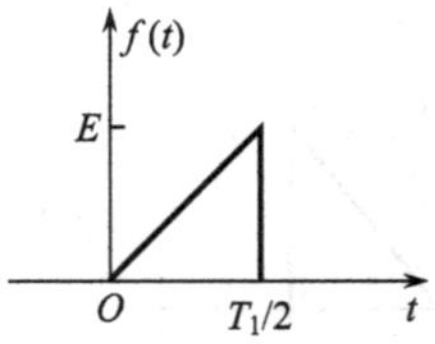

题 4-7 图

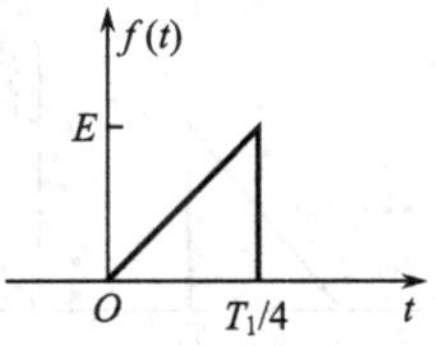

题 4-8 图

(1) $f(t)$ 是偶函数； (2) $f(t)$ 是奇函数；

(3) $f(t)$ 是偶谐函数； (4) $f(t)$ 是奇谐函数。

4-8 周期函数 $f(t)$ 在 1/4 周期的波形如题 4-8 图所示，根据下列要求画出 $f(t)$ 在一个周期 $(0 \leqslant t \leqslant T_1)$ 的波形。

$f(t)$ 三角形式的傅里叶级数中，

(1) 只有 a_n 的偶次项； (2) 只有 a_n 的奇次项；

(3) 只有 b_n 的偶次项； (4) 只有 b_n 的奇次项。

4-9 求下列信号指数形式的傅里叶级数表示式。

(1) $\cos(\omega_1 t)$； (2) $\sin(\omega_1 t)$； (3) $\cos\left(\pi t + \frac{\pi}{4}\right)$； (4) $\cos\left(\frac{\pi}{3}t\right) + \sin\left(\frac{\pi}{4}t\right)$；

(5) $\sin^2(2t)$； (6) $\cos(2t)\sin(3t)$； (7) $\cos(\pi t) + \cos(2t)$。

4-10 分别用傅里叶变换的定义和性质求题 4-10 图中信号的频谱。

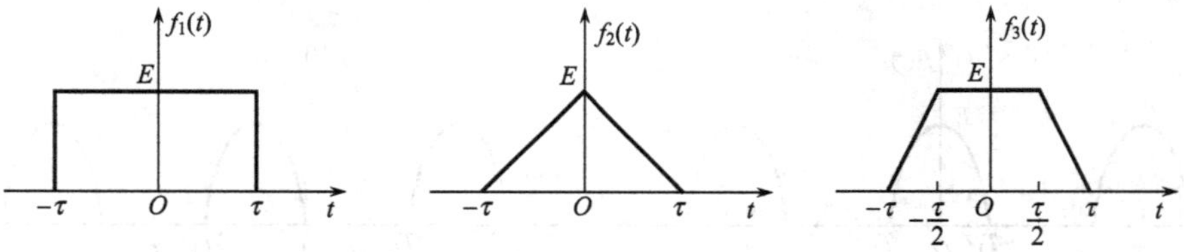

题 4-10 图

4-11 求题 4-11 图所示信号的频谱。

4-12 计算下列信号的傅里叶变换。

(1) $f_1(t) = u(-t)$； (2) $f_2(t) = e^{-2t+1}u(t)$； (3) $f_3(t) = e^{-3t+2}u(t+1)$；

(4) $f_4(t) = e^{3+t}u(-t+2)$； (5) $f_5(t) = e^{-3t}[u(t+2) - u(t-3)]$；

(6) $f_6(t) = \frac{1}{2}\mathrm{sgn}\left(-\frac{t}{2}\right)$； (7) $f_7(t) = te^{-5t}u(t)$； (8) $f_8(t) = \mathrm{Sa}(5t)$；

(9) $f_9(t) = e^{j2t}u(t)$； (10) $f_{10}(t) = e^{-2t}\cos t u(t)$； (11) $f_{11}(t) = e^{-t}\sin(2t)u(t)$；

(12) $f_{12}(t) = e^{-|t|}\cos t$； (13) $f_{13}(t) = \frac{2}{1+t^2}$； (14) $f_{14}(t) = \frac{t}{1+t^2}$。

4-13 求下列信号的傅里叶变换并画出频谱图。

(1) $f_1(t) = \frac{\sin t}{t}$； (2) $f_2(t) = \frac{\sin(2\pi t)}{\pi t}$；

(3) $f_3(t) = \frac{\sin(2\pi t)\sin(4\pi t)}{\pi t^2}$； (4) $f_4(t) = \frac{\sin(2\pi t)\cos(4\pi t)}{\pi t}$。

4-14 已知 $\mathscr{F}[f(t)] = F(j\omega)$ 利用傅里叶变换性质求下列信号的傅里叶变换。

(1) $f_1(t) = f\left(\frac{t}{2}\right)$； (2) $f_2(t) = tf(2t)$； (3) $f_3(t) = f(-t-3)$；

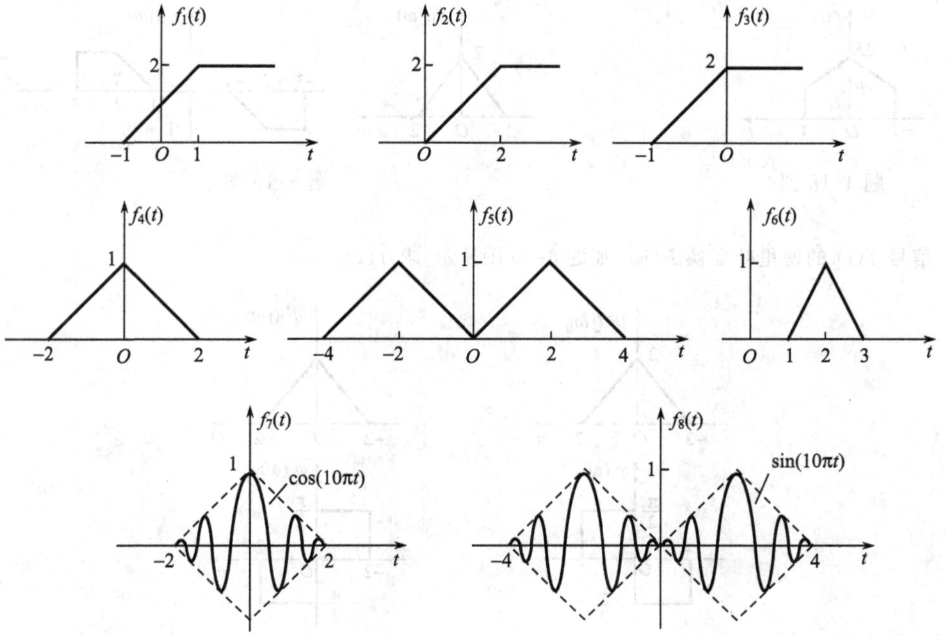

题 4-11 图

(4) $f_4(t)=(t-2)f(2t)$；　(5) $f_5(t)=t\dfrac{\mathrm{d}}{\mathrm{d}t}f(t)$；　(6) $f_6(t)=(2-t)f(3-t)$；

(7) $f_7(t)=\dfrac{f(t)}{t}$；　(8) $f_8(t)=f(t)\mathrm{e}^{-\mathrm{j}t}$。

4-15　计算 $f(t)=\begin{cases}|E\sin(\pi t)|, & |t|<1\\ 0, & 其余\end{cases}$ 的频谱 $F(\mathrm{j}\omega)$。

4-16　已知信号 $f(t)$ 的频谱 $F(\mathrm{j}\omega)$ 如下，求 $f(t)$。

(1) $F_1(\mathrm{j}\omega)=\delta(\omega-\omega_0)$；　(2) $F(\mathrm{j}\omega)=\delta(\omega+\omega_0)+\delta(\omega-\omega_0)$；

(3) $F_3(\mathrm{j}\omega)=u(\omega+\omega_0)$；　(4) $F_4(\mathrm{j}\omega)=u(\omega+\omega_0)-u(\omega-\omega_0)$；

(5) $F_5(\mathrm{j}\omega)=\dfrac{\mathrm{e}^{-1}}{12+\mathrm{j}\omega}$；　(6) $F_6(\mathrm{j}\omega)=\dfrac{\mathrm{j}}{2\omega}$；　(7) $F_7(\mathrm{j}\omega)=\dfrac{1}{(2+\mathrm{j}\omega)^2}$；

(8) $F_8(\mathrm{j}\omega)=\dfrac{\mathrm{e}^{\mathrm{j}\omega}}{2+\mathrm{j}\omega}$；　(9) $F_9(\mathrm{j}\omega)=\dfrac{1}{\mathrm{j}\omega-2}$；　(10) $F_{10}(\mathrm{j}\omega)=\dfrac{2}{1+\omega^2}$；

(11) $F_{11}(\mathrm{j}\omega)=\dfrac{3}{-\omega^2+\mathrm{j}\omega-2}$；　(12) $F_{12}(\mathrm{j}\omega)=\dfrac{-2\omega^2+\mathrm{j}2\omega-1}{-\omega^2+\mathrm{j}\omega-2}$；

(13) $F_{13}(\mathrm{j}\omega)=\dfrac{4}{(2+\mathrm{j}\omega)^2+16}$。

4-17　计算下列 $F(\mathrm{j}\omega)$ 对应的信号 $f(t)$。

(1) $F_1(\mathrm{j}\omega)=\cos(2\omega)$；　(2) $F_2(\mathrm{j}\omega)=\sin(3\omega)$；　(3) $F_3(\mathrm{j}\omega)=4\cos\left(2\omega+\dfrac{\pi}{3}\right)$；

(4) $F_4(\mathrm{j}\omega)=\sin\left(3\omega-\dfrac{\pi}{3}\right)$；　(5) $F_5(\mathrm{j}\omega)=2\mathrm{Sa}(2\omega)$；　(6) $F_6(\mathrm{j}\omega)=\mathrm{Sa}(2\omega-4\pi)$；

(7) $F_7(\mathrm{j}\omega)=4\mathrm{Sa}(\omega)\cos(2\omega)$；　(8) $F_8(\mathrm{j}\omega)=\mathrm{Sa}^2\left(\dfrac{\omega}{4}\right)$。

4-18　计算题 4-18 图所示信号 $f(t)$ 的频谱 $F(\mathrm{j}\omega)$。

4-19　求题 4-19 图所示频谱 $F(\mathrm{j}\omega)$ 的原函数 $f(t)$。

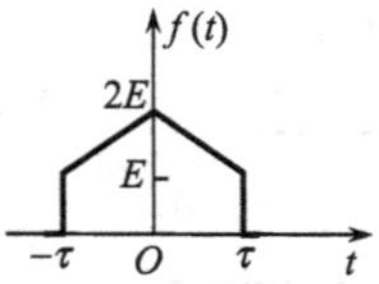

题 4-18 图

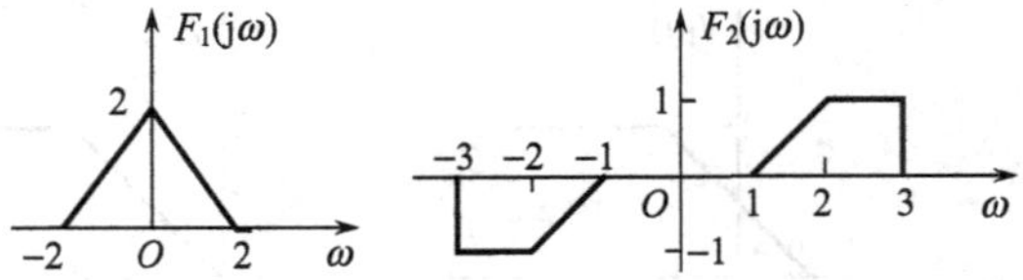

题 4-19 图

4-20 信号 $f(t)$ 的傅里叶变换 $F(\mathrm{j}\omega)$ 如题 4-20 图所示，求 $f(t)$。

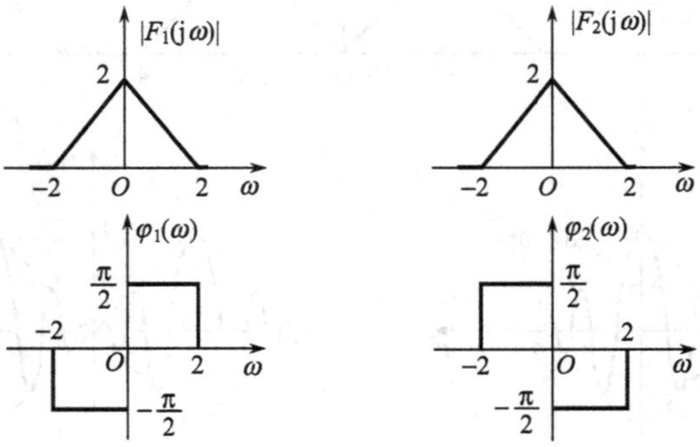

题 4-20 图

4-21 信号 $f(t)$ 的傅里叶变换 $F(\mathrm{j}\omega)$ 如题 4-21 图所示，求 $f(t)$。

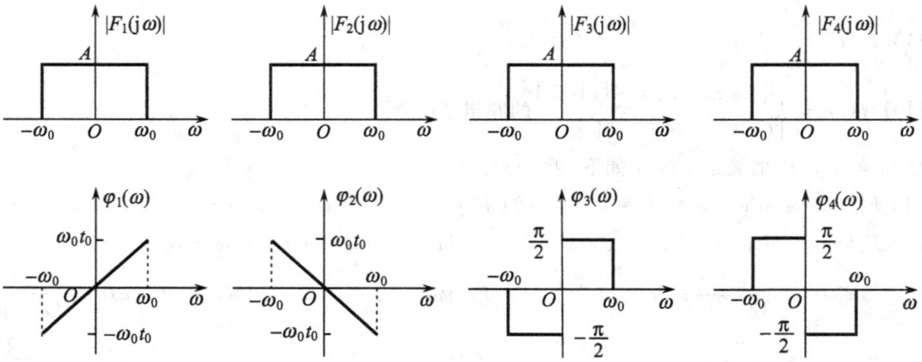

题 4-21 图

4-22 利用帕塞伐尔定理求下列积分。

(1) $\int_{-\infty}^{\infty}\mathrm{Sa}^2(2t)\mathrm{d}t$； (2) $\int_{-\infty}^{\infty}\frac{1}{(4+t^2)^2}\mathrm{d}t$。

4-23 求信号 $f(t)=\mathrm{Sa}(2t)\cos(1000t)$ 的能量。

4-24 求下列信号的希尔伯特变换 $\hat{f}(t)$ 和解析信号 $f_S(t)$。

(1) $\mathrm{e}^{\mathrm{j}\omega_0 t}$； (2) $\mathrm{e}^{-\mathrm{j}\omega_0 t}$； (3) $\sin(\omega_0 t)$； (4) $\sin(\omega_1 t)+\cos(\omega_2 t)$；

(5) $\delta(t)$； (6) $\frac{1}{t}$； (7) $\mathrm{Sa}(\omega_0 t)$。

4-25 已知信号 $f(t)$ 的频谱 $F(\mathrm{j}\omega)=\begin{cases}1, & |\omega|<1\\ 0, & |\omega|>1\end{cases}$，信号 $y(t)=\frac{\mathrm{d}^2}{\mathrm{d}t^2}f(t)$，计算 $\int_{-\infty}^{\infty}|y(t)|^2\mathrm{d}t$。

4-26　已知实信号 $f(t)$，设 $F(\mathrm{j}\omega)=\mathscr{F}[f(t)]=R(\omega)+\mathrm{j}X(\omega)$ 且 $f(t)=f_e(t)+f_o(t)$。

证明：（1）$\mathscr{F}[f_e(t)]=R(\omega)$；　（2）$\mathscr{F}[f_o(t)]=\mathrm{j}X(\omega)$。

4-27　设 $\mathscr{F}[f(t)]=F(\mathrm{j}\omega)$，证明：(1) $F(0)=\int_{-\infty}^{\infty}f(t)\mathrm{d}t$；(2) $\int_{-\infty}^{\infty}F(\mathrm{j}\omega)\mathrm{d}\omega=2\pi f(0)$。

4-28　$\mathscr{F}[f(t)]=F(\mathrm{j}\omega)$，$f(t)$ 波形如题 4-28 图所示。求：

(1) $F(0)$；(2) $\int_{-\infty}^{\infty}F(\mathrm{j}\omega)\mathrm{d}\omega$；

(3) $\int_{-\infty}^{\infty}|F(\mathrm{j}\omega)|^2\mathrm{d}\omega$。

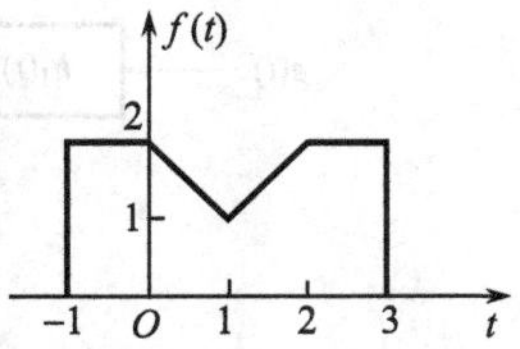

题 4-28 图

4-29　题 4-29 图所示电路中，激励是电压源 $u_s(t)$，响应是 $i(t)$，求频域系统函数 $H(\mathrm{j}\omega)$。

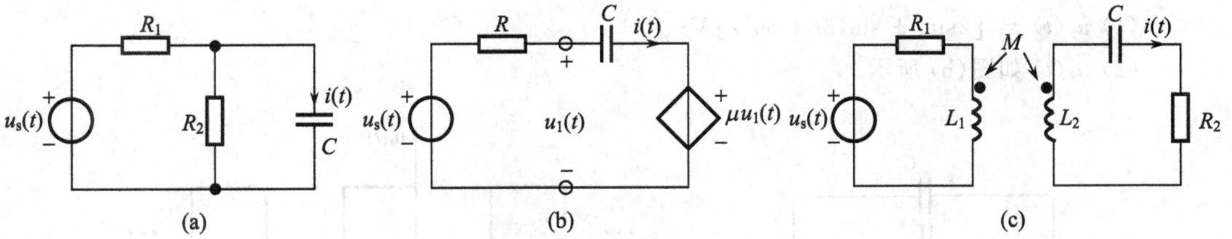

题 4-29 图

4-30　因果线性时不变系统方程为 $\frac{\mathrm{d}^2r(t)}{\mathrm{d}t^2}+3\frac{\mathrm{d}r(t)}{\mathrm{d}t}+2r(t)=\frac{\mathrm{d}e(t)}{\mathrm{d}t}+3e(t)$。

(1) 求频域系统函数；(2) 求单位冲激响应；(3) 求 $e(t)=\mathrm{e}^{-t}u(t)$ 的响应 $r(t)$。

4-31　已知系统输入 $e(t)$ 作用产生的零状态响应为 $r(t)$，求频域系统函数 $H(\mathrm{j}\omega)$ 及冲激响应。

(1) $e_1(t)=\mathrm{e}^{-t}u(t)$，$r_1(t)=t\mathrm{e}^{-t}u(t)$；　(2) $e_2(t)=t\mathrm{e}^{-t}u(t)$，$r_2(t)=(1-\mathrm{e}^{-t})u(t)$；

(3) $e_3(t)=\mathrm{e}^{-t}u(t)$，$r_3(t)=[1-\mathrm{e}^{-t}\cos(2t)]u(t)$；(4) $e_4(t)=\mathrm{e}^{-3t}u(t)$，$r_4(t)=\mathrm{e}^{-t}\sin(2t)u(t)$。

4-32　因果 LTI 系统的输入 $e(t)$ 和输出 $r(t)$ 关系为 $\frac{\mathrm{d}r(t)}{\mathrm{d}t}+3r(t)=\int_{-\infty}^{\infty}e(\tau)f(t-\tau)\mathrm{d}\tau$，其中 $f(t)=2\delta(t)+\mathrm{e}^{-2t}u(t)$，求

(1) 系统频域函数 $H(\mathrm{j}\omega)$；　(2) 系统的冲激响应 $h(t)$。

4-33　已知 LTI 因果系统，输入 $e(t)=\mathrm{Sa}(t)\cos(3t)+2\mathrm{Sa}(2t)\cos(6t)$，输出为 (1) $r_1(t)=\mathrm{Sa}(2t)\cos(4t)$；(2) $r_2(t)=\mathrm{Sa}(t)\cos(7t)$，求系统的频率特性 $H(\mathrm{j}\omega)$。

4-34　两个互为逆系统的 LTI 因果系统，单位冲激响应为 $h_1(t)$ 和 $h_2(t)$。

(1) 频率特性 $H_1(\mathrm{j}\omega)$ 和 $H_2(\mathrm{j}\omega)$ 有何关系？

(2) 找出系统 $\frac{\mathrm{d}}{\mathrm{d}}r(t)+3r(t)=\frac{\mathrm{d}}{\mathrm{d}}e(t)+2e(t)$ 的逆系统。

4-35　输入 $e(t)=\sin(\pi t)+\cos(4\pi t)$ 作用于冲激响应为以下的系统中，求输出。

(1) $h_1(t)=\frac{\sin(2\pi t)}{\pi t}$；　(2) $h_2(t)=\frac{\sin(2\pi t)\sin(4\pi t)}{\pi t^2}$；

(3) $h_3(t)=\frac{\sin(2\pi t)\cos(4\pi t)}{\pi t}$。

4-36　已知系统的频率特性如题 4-36 图所示，求：

(1) 冲激响应；

(2) 输入 $\mathrm{Sa}^2(t)$ 的输出。

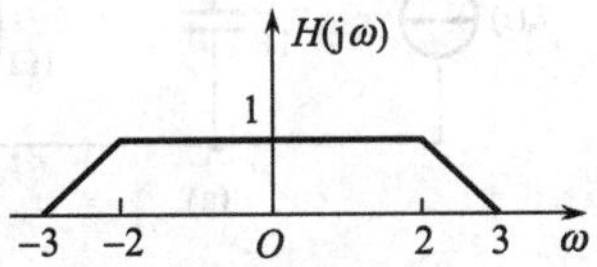

题 4-36 图

4-37　题 4-37 图所示系统，已知 $h_1(t)=\frac{\mathrm{d}}{\mathrm{d}t}[\mathrm{Sa}(\pi t)]$，$h_2(t)=\delta(t-2)$，

$h_3(t) = \dfrac{\sin(3\pi t)}{\pi t}$，$h_4(t) = u(t)$。求：

(1) 系统的冲激响应；

(2) 输入为 $e(t) = \mathrm{Sa}(\pi t)$ 时系统的输出。

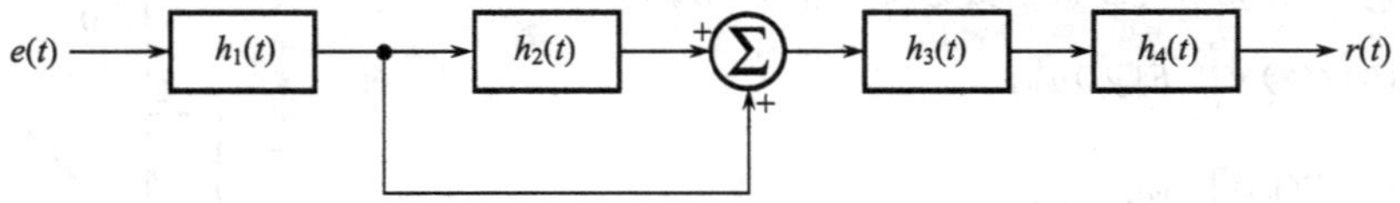

题 4-37 图

4-38 题 4-38 图(a) 所示电路，求 $u_o(t)$ 及其频谱函数并画出频谱图。

(1) $u_s(t) = [2\sin t + \sin(3t + 30°)]\,\mathrm{V}$；

(2) $u_s(t)$ 如图(b) 所示。

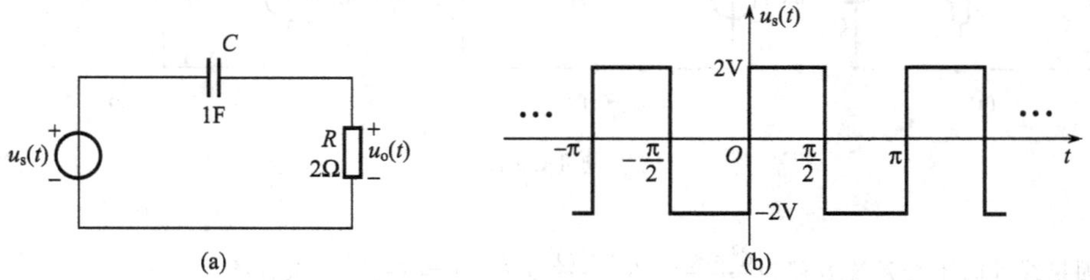

题 4-38 图

4-39 如题 4-39 图(a) 所示电路，求 $i(t)$ 及频谱函数并画出频谱图。

(1) $u_s(t) = [4\cos(2t + 45°) + 2\sin(5t)]\,\mathrm{V}$；

(2) $u_s(t)$ 如图(b) 所示。

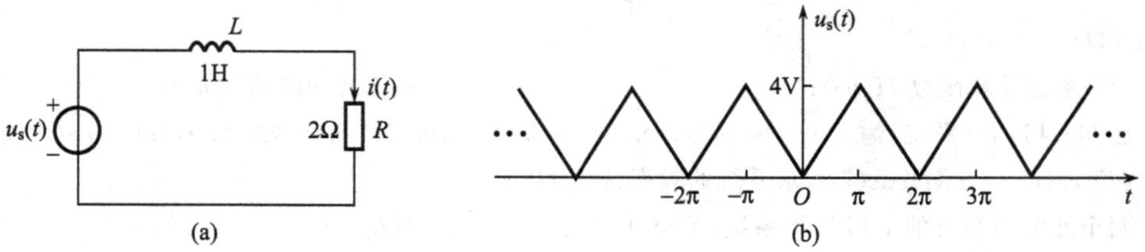

题 4-39 图

4-40 求题 4-40 图(a) 中 $i_1(t)$ 和 $i_2(t)$。

(1) $i_s(t)$ 如图(b) 所示；

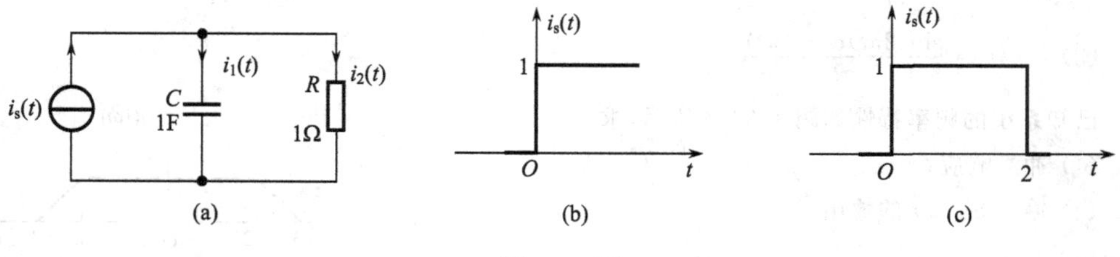

题 4-40 图

(2) $i_s(t)$ 如图(c) 所示。

4-41　因果线性时不变系统方程为$\frac{\mathrm{d}r(t)}{\mathrm{d}t}+r(t)=e(t)$,求题 4-41 图所示激励时的响应 $r(t)$。

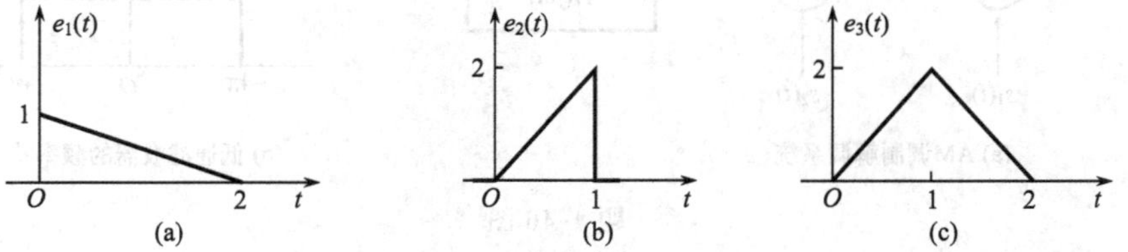

题 4-41 图

4-42　题 4-42 图所示电路,为得到无失真传输。

(1) 图(a) 中的参数 R_1、R_2、L_1、L_2 应满足什么关系?

(2) 确定图(b) 中的 R 和 L 的值。

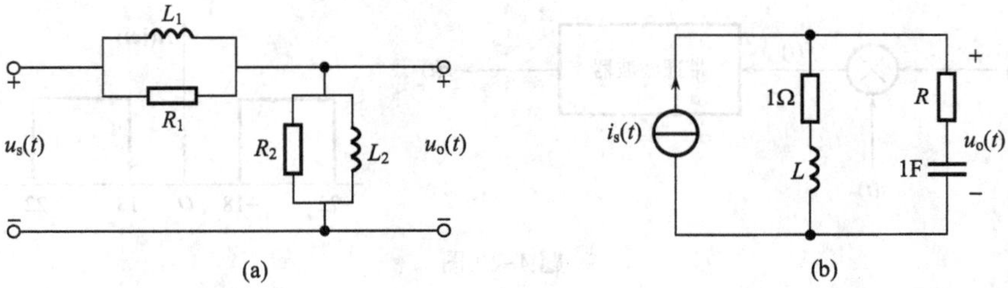

题 4-42 图

4-43　已知无失真传输系统的系统函数 $H(\mathrm{j}\omega)=2\mathrm{e}^{-\mathrm{j}\omega}$,求输入 $e(t)$ 为以下时系统的输出 $r(t)$。

(1) $e_1(t)=\sin t u(t)$;

(2) $e_2(t)=[\sin t+\cos(2t)]u(t)$;

(3) $e_3(t)=\mathrm{e}^{-t}u(t)$。

4-44　低通滤波器的频率特性如题 4-44 图所示,求输入为以下情况时滤波器的输出 $r(t)$。

(1) $e_1(t)=2\sin(\pi t)+\sin\left(3\pi t+\frac{\pi}{4}\right)$;

(2) $e_2(t)=4\sin(2\pi t)\sin(5\pi t)$;

(3) $e_3(t)=2\sin^2(\pi t)+4\cos^2(3\pi t)$。

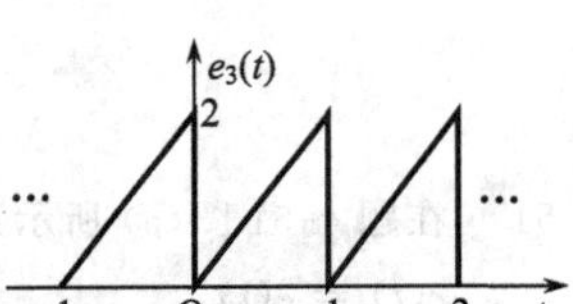

题 4-44 图

4-45　题 4-44 中,$e(t)$ 是题 4-45 图所示信号,求滤波器的输出 $r(t)$。

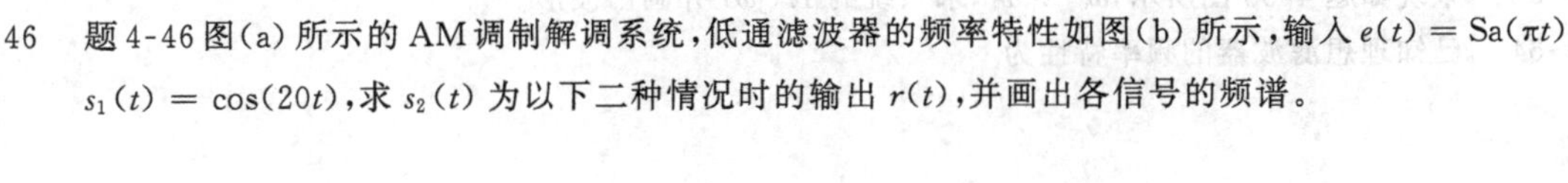

题 4-45 图

4-46　题 4-46 图(a) 所示的 AM 调制解调系统,低通滤波器的频率特性如图(b) 所示,输入 $e(t)=\mathrm{Sa}(\pi t)$,$s_1(t)=\cos(20t)$,求 $s_2(t)$ 为以下二种情况时的输出 $r(t)$,并画出各信号的频谱。

（1）$s_2(t) = \cos(20t)$；　　（2）$s_2(t) = \cos(40t)$。

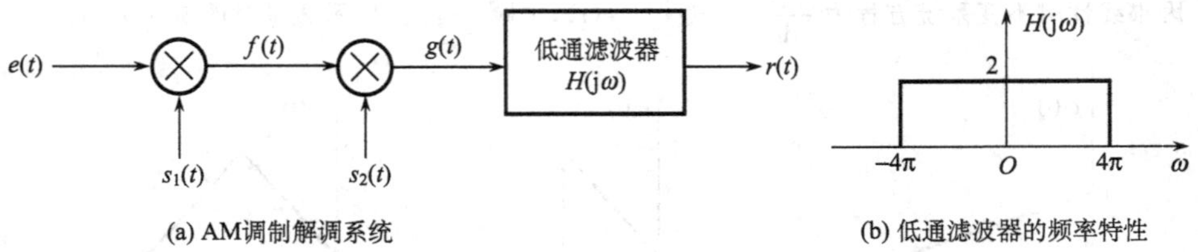

(a) AM调制解调系统　　(b) 低通滤波器的频率特性

题 4-46 图

4-47　将题 4-46 图中输入信号改为 $e(t) = 2\mathrm{Sa}(\pi t)\cos(20t)$，重做题 4-46。

4-48　题 4-46 图(a) 所示系统中，已知 $e(t) = \mathrm{Sa}^2(t)$，$s_1(t) = s_2(t) = \cos(50t)$，低通滤波器频率特性 $H(\mathrm{j}\omega) = 2[u(\omega+2) - u(\omega-2)]\mathrm{e}^{-\mathrm{j}3\omega}$，求 $r(t)$。

4-49　题 4-49 图(a) 所示系统中，带通滤波器的频率特性如图(b) 所示，$e(t) = \mathrm{Sa}(\pi t)$，$s(t) = \cos(20t)$，求 $r(t)$。

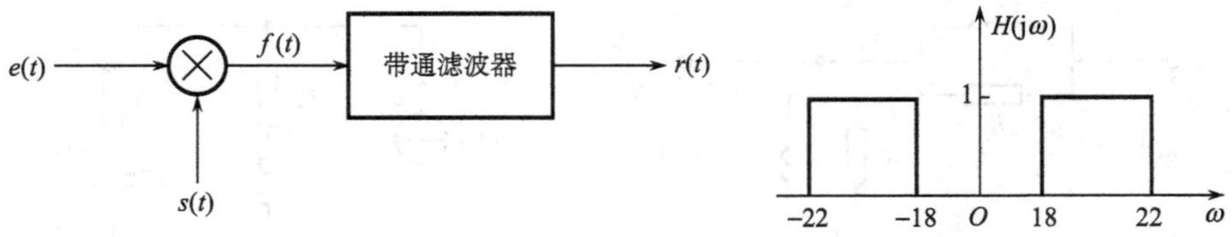

题 4-49 图

4-50　在题 4-50 图(a) 所示系统中，输入 $e(t)$ 的频谱如图(b) 所示，带通滤波器频率特性如图(c) 所示，低通滤波器频率特性如图(d) 所示，求输出 $r(t)$。

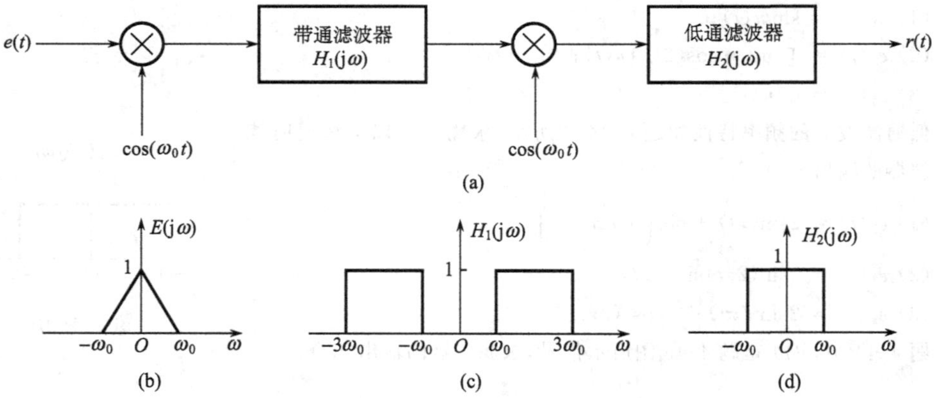

题 4-50 图

4-51　在题 4-51 图(a) 所示系统中，$e(t)$ 的频谱如图(b) 所示，高通滤波器频率特性如图(c) 所示。证明：$r(t) = e(t)$。

4-52　题 4-52 图所示系统中，$H_1(\mathrm{j}\omega) = -\mathrm{j}\,\mathrm{sgn}(\omega)$，$e(t)$ 的频谱如图，其中 $\omega_m \ll \omega_0$，求 $r(t)$ 的频谱 $R(\mathrm{j}\omega)$。

4-53　系统如题 4-53 图所示，$\omega_0 \gg \omega_1$，求系统的 $H(\mathrm{j}\omega)$ 并画出波形。

4-54　已知理想滤波器的频率特性为

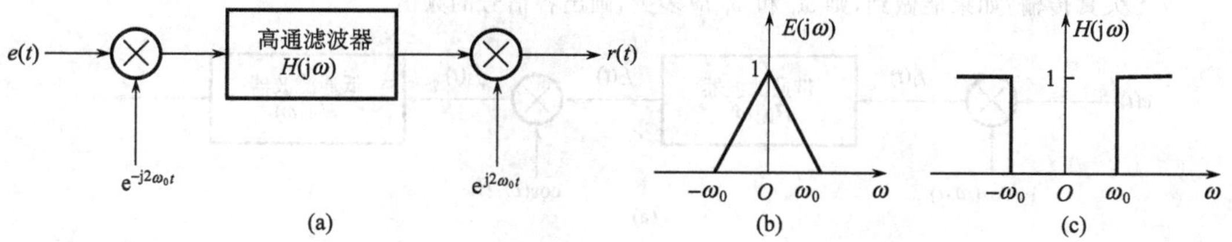

题 4-51 图

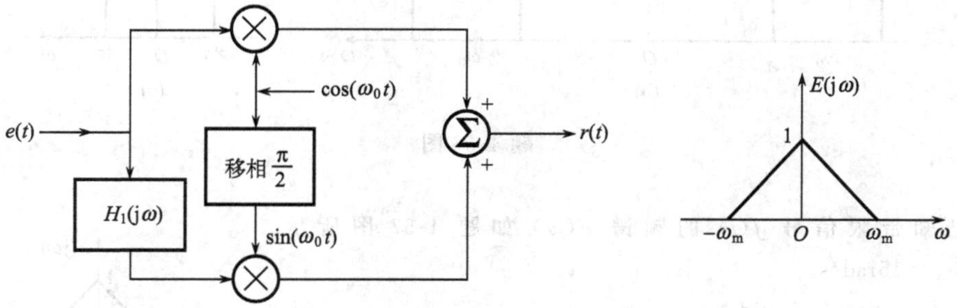

题 4-52 图

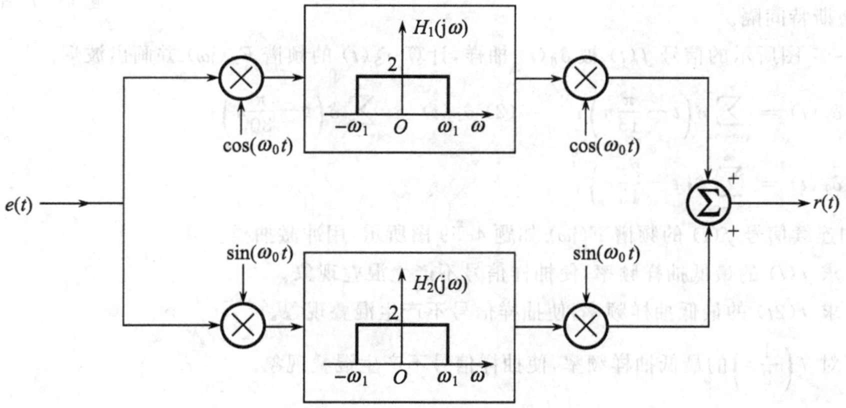

题 4-53 图

$$H(\mathrm{j}\omega)=\begin{cases}\mathrm{e}^{-\mathrm{j}\omega}, & |\omega|<3\pi\\ 0, & |\omega|>3\pi\end{cases}$$

求：(1) 滤波器的单位冲激响应；

(2) 输入 $e_1(t)=\mathrm{Sa}(4\pi t)$ 的输出 $r_1(t)$；

(3) 输入 $e_2(t)=\mathrm{Sa}(\pi t)\cos(3\pi t)$ 的输出 $r_2(t)$。

4-55 题 4-54 的理想滤波器的频率特性改为

$$H(\mathrm{j}\omega)=\begin{cases}\mathrm{e}^{-\mathrm{j}\omega}, & |\omega|>3\pi\\ 0, & |\omega|<3\pi\end{cases}$$

重做题 4-54。

4-56 题 4-56 图(a)所示的系统，输入 $e(t)=\mathrm{Sa}^2(4\pi t)$，滤波器的频率特性如图(b)和图(c)。系统能否做到无失真传输?如果能做到,则 ω_0 和 ω_1 应多少,画出各信号的频谱。

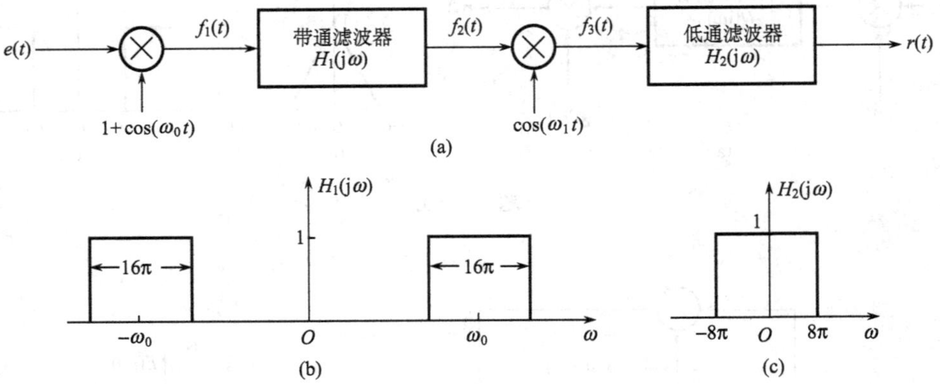

题 4-56 图

4-57　已知带限信号 $f(t)$ 的频谱 $F(j\omega)$ 如题 4-57 图所示,$\omega_m=15\text{rad/s}$。

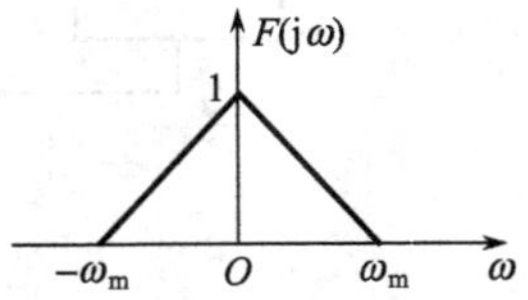

题 4-57 图

(1) 求 $f(3t)$ 和 $f\left(\frac{t}{3}\right)$ 的带宽;

(2) 对 $f(t)$、$f(3t)$ 和 $f\left(\frac{t}{3}\right)$ 进行抽样,求奈奎斯特抽样频率和奈奎斯特间隔。

4-58　题 4-57 图所示的信号 $f(t)$ 被 $\delta_T(t)$ 抽样,计算 $f_S(t)$ 的频谱 $F_S(j\omega)$ 并画出波形。

(1) $\delta_T(t)=\sum_{n=-\infty}^{\infty}\delta\left(t-\frac{\pi}{15}n\right)$;　　(2) $\delta_T(t)=\sum_{n=-\infty}^{\infty}\delta\left(t-\frac{\pi}{30}n\right)$;

(3) $\delta_T(t)=\sum_{n=-\infty}^{\infty}\delta\left(t-\frac{2\pi}{15}n\right)$。

4-59　已知连续信号 $f(t)$ 的频谱 $F(j\omega)$ 如题 4-59 图所示,用冲激抽样。

(1) 求 $f(t)$ 的最低抽样频率,使抽样信号不产生混叠现象。

(2) 求 $f(2t)$ 的最低抽样频率,使抽样信号不产生混叠现象。

(3) 对 $f\left(\frac{1}{2}t\right)$ 的最低抽样频率,使抽样信号不产生混叠现象。

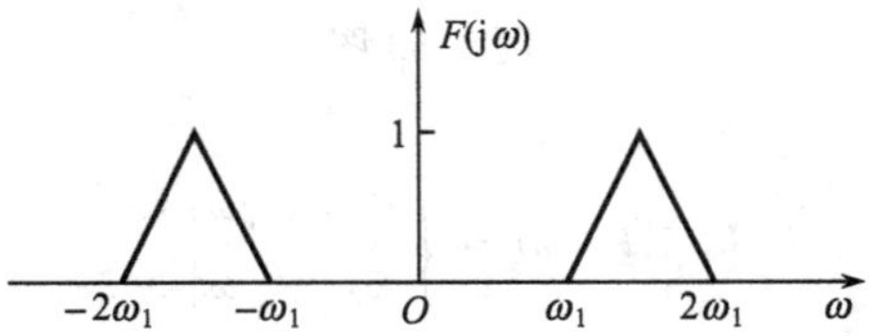

题 4-59 图

第5章

连续时间系统的复频域分析

连续时间系统的时域分析法以 $\delta(t)$ 和 $u(t)$ 作为基本信号，频域分析法中以 $e^{j\omega t}$ 作为基本信号，本章的复频域(complex frequency domain)分析法以复指数信号 e^{st} 作为基本信号来研究系统，这种分析法是频域分析法的一种推广，其基础是拉普拉斯变换。

1780 年法国数学家拉普拉斯(P. S. Laplace，1749～1825)提出了一种新的积分变换称为拉普拉斯变换(Laplace transform，简称拉氏变换或 s 变换)，引入了复频率 $s(s=\sigma+j\omega)$，使系统分析由频域分析转到复频域分析。

频域分析法分析系统有一定的限制，主要有：并非每个信号 $f(t)$ 都存在 $F(j\omega)$；频域分析法只能分析系统的零状态响应；计算傅里叶反变换，尤其是计算响应 $R(j\omega)$ 的反变换比较麻烦。复频域分析法具有以下优点：对信号 $f(t)$ 要求不高，一般信号的拉氏变换都存在；能同时分析系统的零输入响应、零状态响应和完全响应，尤其是可分析不稳定系统；根据系统函数 $H(s)$ 的零极点分布判断系统的稳定性；拉氏正反变换计算比较简单。

本章介绍拉普拉斯的正反变换及其在连续时间系统分析中的应用。

5.1 拉普拉斯变换

5.1.1 拉普拉斯变换的定义

当信号 $f(t)$ 满足绝对可积条件时，其傅里叶变换对 $f(t)\leftrightarrow F(j\omega)$ 为

$$F(j\omega)=\int_{-\infty}^{\infty}f(t)e^{-j\omega t}dt,\quad f(t)=\frac{1}{2\pi}\int_{-\infty}^{\infty}F(j\omega)e^{j\omega t}dt$$

但有些 $f(t)$ 不满足绝对可积的条件，原因是这些信号不衰减，为解决这一问题，将 $f(t)$ 与衰减因子(又称收敛因子) $e^{-\sigma t}$ 相乘(σ 是实数)，即 $f_1(t)=f(t)e^{-\sigma t}$，取合适的 σ 范围，保证 $f_1(t)$ 满足绝对可积的条件。$f_1(t)$ 的傅里叶变换对 $f_1(t)\leftrightarrow F_1(j\omega)$ 为

$$F_1(j\omega)=\int_{-\infty}^{\infty}f_1(t)e^{-j\omega t}dt=\int_{-\infty}^{\infty}f(t)e^{-(\sigma+j\omega)}dt=F(\sigma+j\omega)$$

$$f_1(t)=f(t)e^{-\sigma t}=\frac{1}{2\pi}\int_{-\infty}^{\infty}F_1(j\omega)e^{j\omega t}d\omega=\frac{1}{2\pi}\int_{-\infty}^{\infty}F(\sigma+j\omega)e^{j\omega t}d\omega$$

令 $s=\sigma+j\omega$，有

$$F_1(j\omega)=\int_{-\infty}^{\infty}f(t)e^{-st}dt=F(s)\tag{5.1-1}$$

$$f(t)=f_1(t)e^{\sigma t}=\frac{1}{2\pi}\int_{-\infty}^{\infty}F(\sigma+j\omega)e^{(\sigma+j\omega)t}d\omega$$

$$=\frac{1}{2\pi j}\int_{\sigma-j\infty}^{\sigma+j\infty}F(s)e^{st}ds\tag{5.1-2}$$

$f(t)$ 经过式(5.1-1)积分后变成 $F(s)$，$F(s)$ 经过式(5.1-2)后变成 $f(t)$，称 $F(s)$ 是 $f(t)$

的象函数，$f(t)$是$F(s)$的原函数。式(5.1-1)为拉普拉斯正变换(LT)，式(5.1-2)为拉普拉斯反变换(FLT)，即

$$F(s)=\mathscr{L}\,[f(t)]=\int_{-\infty}^{\infty}f(t)\mathrm{e}^{-st}\mathrm{d}t \tag{5.1-3}$$

$$f(t)=\mathscr{L}^{-1}[F(s)]=\frac{1}{2\pi\mathrm{j}}\int_{\sigma-\mathrm{j}\infty}^{\sigma+\mathrm{j}\infty}F(s)\mathrm{e}^{st}\mathrm{d}s \tag{5.1-4}$$

式(5.1-3)的积分范围是两边的，即$(-\infty,0)$和$[0,\infty)$，如只取后者式(5.1-3)变为

$$F(s)=\int_{0_-}^{\infty}f(t)\mathrm{e}^{-st}\mathrm{d}t \tag{5.1-5}$$

称式(5.1-3)是双边拉普拉斯变换(two-sided Laplace transform)，式(5.1-5)是单边拉普拉斯变换(single-sided Laplace transform)。在系统分析中，常用单边拉普拉斯变换。

本质上$f(t)$的双边拉普拉斯变换$F(s)$是$f_1(t)$的傅里叶变换$F_1(\mathrm{j}\omega)$。简单起见，$f(t)$与$F(s)$的拉普拉斯变换对记为$f(t)\leftrightarrow F(s)$。

5.1.2 拉普拉斯变换的收敛域

由于$f(t)$的拉氏变换$F(s)$是$f_1(t)=f(t)\mathrm{e}^{-\sigma t}$的傅里叶变换，把$f_1(t)$满足绝对可积的$\sigma$的范围称为拉氏变换的收敛域(region of convergence，ROC)，或者说是$f(t)$能求出$F(s)$的条件。拉氏变换存在的充要条件是

$$\lim_{t\to\pm\infty}f(t)\mathrm{e}^{-\sigma t}=0 \tag{5.1-6}$$

例 5.1-1 求下列$f(t)$的拉普拉斯变换及收敛域。

(1) $f_1(t)=\mathrm{e}^{-t}u(t)$； (2) $f_2(t)=-\mathrm{e}^{-t}u(-t)$； (3) $f_3(t)=\mathrm{e}^{-t}u(t)+\mathrm{e}^{t}u(-t)$。

解 由式(5.1-3)求$F(s)$，由式(5.1-6)求出收敛域。

(1) $$F_1(s)=\int_{-\infty}^{\infty}f_1(t)\mathrm{e}^{-st}\mathrm{d}t=\int_{-\infty}^{\infty}\mathrm{e}^{-t}u(t)\mathrm{e}^{-st}\mathrm{d}t=\int_{0}^{\infty}\mathrm{e}^{-(1+s)t}\mathrm{d}t=\frac{1}{1+s}$$

$$\lim_{t\to\infty}f_1(t)\mathrm{e}^{-\sigma t}=\lim_{t\to\infty}\mathrm{e}^{-(1+\sigma)t}=0$$

则$1+\sigma>0$，即$\sigma>-1$。在s平面上，收敛域表示为图5.1-1(a)的虚线部分。记为$\mathrm{e}^{-t}u(t)\leftrightarrow\dfrac{1}{s+1}\quad(\sigma>-1)$。

要使

$$\int_{0}^{\infty}\mathrm{e}^{-(1+s)t}\mathrm{d}t=\frac{1}{1+s}[1-\mathrm{e}^{-(1+s)\infty}]=\frac{1}{1+s}$$

$$|\mathrm{e}^{-(1+s)\infty}|=|\mathrm{e}^{-(1+\sigma)\infty}\mathrm{e}^{-\mathrm{j}\omega\infty}|=\mathrm{e}^{-(1+\sigma)\infty}=0$$

则$1+\sigma>0$，即$\sigma>-1$为$F_1(s)$的收敛域。

(2) $$F_2(s)=\int_{-\infty}^{\infty}f_2(t)\mathrm{e}^{-st}\mathrm{d}t=\int_{-\infty}^{\infty}[-\mathrm{e}^{-t}u(-t)]\mathrm{e}^{-st}\mathrm{d}t=-\int_{-\infty}^{0}\mathrm{e}^{-(1+s)t}\mathrm{d}t=\frac{1}{1+s}$$

$$\lim_{t\to-\infty}f_2(t)\mathrm{e}^{-\sigma t}=\lim_{t\to-\infty}\mathrm{e}^{-(1+\sigma)t}=0$$

则$1+\sigma<0$，即$\sigma<-1$，收敛域如图5.1-1(b)所示。记为$-\mathrm{e}^{-t}u(-t)\leftrightarrow\dfrac{1}{s+1}\quad(\sigma<-1)$。

(3) $$F(s)=\int_{-\infty}^{\infty}f_3(t)\mathrm{e}^{-st}\mathrm{d}t=\int_{-\infty}^{\infty}[\mathrm{e}^{-t}u(t)+\mathrm{e}^{t}u(-t)]\mathrm{e}^{-st}\mathrm{d}t$$

$$= \int_{-\infty}^{0} e^{t} e^{-st} dt + \int_{0}^{\infty} e^{-t} e^{-st} dt$$

$$\int_{-\infty}^{0} e^{t} e^{-st} dt = \int_{-\infty}^{0} e^{(1-s)t} dt = \frac{1}{1-s}, \qquad \sigma < 1$$

$$\int_{0}^{\infty} e^{-t} e^{-st} dt = \int_{0}^{\infty} e^{-(1+s)t} dt = \frac{1}{1+s}, \quad \sigma > -1$$

当 $-1 < \sigma < 1$ 时，$F(s) = \frac{1}{1-s} + \frac{1}{1+s} = \frac{2}{1-s^2}$，收敛域如图 5.1-1(c) 所示。记为

$$e^{-t}u(t) + e^{t}u(-t) \leftrightarrow \frac{2}{1-s^2}, -1 < \sigma < 1$$

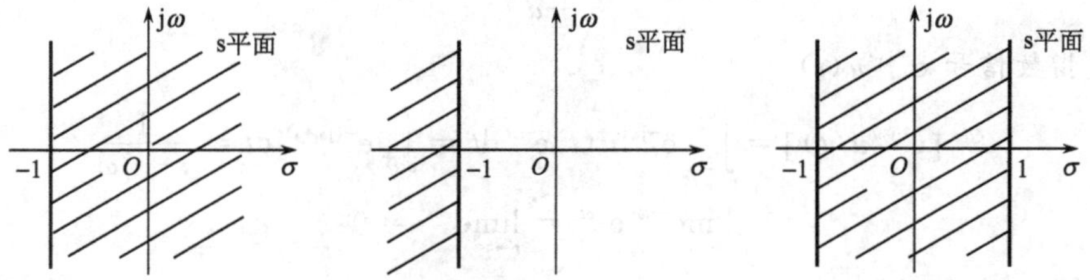

(a) $F_1(s)$的收敛域　(b) $F_2(s)$的收敛域　(c) $F_3(s)$的收敛域

图 5.1-1　拉氏变换收敛域

此例中，$f_1(t)$和 $f_2(t)$不同，但 $F_1(s)$和 $F_2(s)$的函数公式相同，只是收敛域不同罢了，可见收敛域是很重要的。

拉氏变换的收敛域有以下性质：

(1) $F(s)$的收敛域是平行于 $j\omega$ 轴，但不包含 $F(s)$的任何极点。

(2) 如 $f(t)$是有始信号，收敛域为 $F(s)$的最右边极点的右半平面，即 $\sigma > \sigma_0$。

(3) 如 $f(t)$是有终信号，收敛域为 $F(s)$的最左边极点的左半平面，即 $\sigma < \sigma_0$。

(4) 如 $f(t)$是无时限信号，收敛域是 s 平面的带状区域，即 $\sigma_2 < \sigma < \sigma_1$。

(5) 如 $f(t)$是有限信号，收敛域是整个 s 平面。

5.1.3　一些常用信号的拉普拉斯变换

在此用定义求 4 个常用信号的拉普拉斯变换，其余的用拉普拉斯变换的性质计算。

1. 单位冲激信号 $\delta(t)$

$$\mathscr{L}[\delta(t)] = \int_{-\infty}^{\infty} \delta(t) e^{-st} dt = \int_{-\infty}^{\infty} \delta(t) dt = 1$$

收敛域是整个 s 平面。即

$$\delta(t) \leftrightarrow 1 \tag{5.1-7}$$

2. 单位阶跃信号 $u(t)$

$$\mathscr{L}[u(t)] = \int_{-\infty}^{\infty} u(t) e^{-st} dt = \int_{0}^{\infty} e^{-st} dt = \frac{1}{s}$$

$$\lim_{t\to\infty} u(t) e^{-\sigma t} = \lim_{t\to\infty} e^{-\sigma t} = 0$$

则 $\sigma>0$。即

$$u(t)\leftrightarrow \frac{1}{s},\qquad \sigma>0 \tag{5.1-8}$$

3. 指数信号 $e^{-at}u(t)$(a 为实数,可正可负)

$$\mathscr{L}\,[e^{-at}u(t)]=\int_{-\infty}^{\infty}e^{-at}u(t)e^{-st}\,dt=\int_{0}^{\infty}e^{-at}e^{-st}\,dt=\frac{1}{s+a}$$

$$\lim_{t\to\infty}e^{-at}e^{-\sigma t}=\lim_{t\to\infty}e^{-(a+\sigma)t}=0$$

则 $a+\sigma>0$,即 $\sigma>-a$。

$$e^{-at}u(t)\leftrightarrow \frac{1}{s+a},\qquad \sigma>-a \tag{5.1-9}$$

4. 复指数信号 $e^{-j\omega t}u(t)$

$$\mathscr{L}\,[e^{-j\omega t}u(t)]=\int_{-\infty}^{\infty}e^{-j\omega t}u(t)e^{-st}\,dt=\int_{0}^{\infty}e^{-(j\omega+s)t}\,dt=\frac{1}{s+j\omega}$$

$$\lim_{t\to\infty}e^{-j\omega t}e^{-\sigma t}=\lim_{t\to\infty}e^{-\sigma t}=0$$

则 $\sigma>0$。即

$$e^{-j\omega t}u(t)\leftrightarrow \frac{1}{s+j\omega},\qquad \sigma>0 \tag{5.1-10}$$

5.2 拉普拉斯变换的性质

拉氏变换建立了信号在时域和 s 域之间一对一的对应关系,拉氏变换的性质反映了信号的时域特性和 s 域特性的对应关系,利用这些性质可方便进行 $f(t)$ 和 $F(s)$ 的转换,并能分析系统的响应和系统的特性。

$f(t)$ 的双边拉普拉斯变换为 $F(s)=\int_{-\infty}^{\infty}f(t)e^{-st}\,dt$,记为 $f(t)\leftrightarrow F(s)$。

$f(t)$ 的单边拉氏变换为 $F(s)=\int_{0_-}^{\infty}f(t)e^{-st}\,dt$,记为 $f(t)u(t)\leftrightarrow F(s)$。

1. 线性特性

若 $f_i(t)\leftrightarrow F_i(s)$ 收敛域为 R_i,则

$$\sum_{i=1}^{n}K_i f_i(t)\leftrightarrow \sum_{i=1}^{n}K_i F_i(s),\qquad \text{收敛域为 } R \tag{5.2-1}$$

式中 K_i 为常数(可以实数也可以复数),收敛域 R 一般取 R_i 的重叠部分但也有可能扩大。若无重叠部分,此性质不成立。

用拉氏正变换定义即可得证,此性质对单边和双边拉氏变换都适用。

例 5.2-1 已知 $f_1(t)=u(t)$,$f_2(t)=e^{-t}u(t)$。求 $f_3(t)=f_1(t)-f_2(t)$ 和 $f_4(t)=f_1(t)-f_3(t)$ 的拉氏变换及收敛域。

解 $f_1(t)=u(t)\leftrightarrow F_1(s)=\frac{1}{s}$, $\sigma>0$, $f_2(t)=e^{-t}u(t)\leftrightarrow F_2(s)=\frac{1}{s+1}$, $\sigma>-1$

$$f_3(t)=f_1(t)-f_2(t)\leftrightarrow F_3(s)=\frac{1}{s}-\frac{1}{s+1}=\frac{1}{s(s+1)},\quad \sigma>0$$

$$f_4(t)=f_1(t)-f_3(t)=\mathrm{e}^{-t}u(t)\leftrightarrow F_4(s)=F_1(s)-F_3(s)=\frac{1}{s+1},\quad \sigma>-1$$

显然 $F_3(s)$的收敛域是 $F_1(s)$和 $F_2(s)$相交部分而 $F_4(s)$的收敛域扩大了。

例 5.2-2　求 $\sin(\omega t)u(t)$和 $\cos(\omega t)u(t)$的拉氏变换。

解　利用欧拉公式,将正弦信号表示成复指数信号

$$\sin(\omega t)u(t)=\frac{1}{2\mathrm{j}}(\mathrm{e}^{\mathrm{j}\omega t}-\mathrm{e}^{-\mathrm{j}\omega t})u(t),\quad \cos(\omega t)u(t)=\frac{1}{2}(\mathrm{e}^{\mathrm{j}\omega t}+\mathrm{e}^{-\mathrm{j}\omega t})u(t)$$

由于 $\mathrm{e}^{\mathrm{j}\omega t}u(t)\leftrightarrow\frac{1}{s-\mathrm{j}\omega}(\sigma>0)$, $\mathrm{e}^{-\mathrm{j}\omega t}u(t)\leftrightarrow\frac{1}{s+\mathrm{j}\omega}(\sigma>0)$,所以

$$\sin(\omega t)u(t)\leftrightarrow\frac{1}{2\mathrm{j}}\left(\frac{1}{s-\mathrm{j}\omega}-\frac{1}{s+\mathrm{j}\omega}\right)=\frac{\omega}{s^2+\omega^2},\quad \sigma>0 \tag{5.2-2}$$

$$\cos(\omega t)u(t)\leftrightarrow\frac{1}{2}\left(\frac{1}{s-\mathrm{j}\omega}+\frac{1}{s+\mathrm{j}\omega}\right)=\frac{s}{s^2+\omega^2},\quad \sigma>0 \tag{5.2-3}$$

2. 时移特性

此性质对双边和单边拉氏变换是有差异的。

(1)双边拉氏变换:若 $f(t)\leftrightarrow F(s)$,则

$$f(t-t_0)\leftrightarrow\mathrm{e}^{-st_0}F(s) \tag{5.2-4}$$

t_0 可正也可负,收敛域不变。

(2)单边拉氏变换:若 $f(t)u(t)\leftrightarrow F(s)$,则

$$f(t-t_0)u(t-t_0)\leftrightarrow\mathrm{e}^{-st_0}F(s) \tag{5.2-5}$$

$t_0>0$,收敛域不变。

证明　(1)$\mathscr{L}[f(t-t_0)]=\int_{-\infty}^{\infty}f(t-t_0)\mathrm{e}^{-st}\mathrm{d}t$　　(令 $t-t_0=\tau$)

$$=\int_{-\infty}^{\infty}f(\tau)\mathrm{e}^{-s(t_0+\tau)}\mathrm{d}\tau=\mathrm{e}^{-st_0}\int_{-\infty}^{\infty}f(\tau)\mathrm{e}^{-s\tau}\mathrm{d}\tau=\mathrm{e}^{-st_0}F(s)$$

(2) $\mathscr{L}[f(t-t_0)u(t-t_0)]=\int_{-\infty}^{\infty}f(t-t_0)u(t-t_0)\mathrm{e}^{-st}\mathrm{d}t$

$$=\int_{t_0}^{\infty}f(t-t_0)\mathrm{e}^{-st}\mathrm{d}t\quad(令\ t-t_0=\tau)$$

$$=\int_{0}^{\infty}f(\tau)\mathrm{e}^{-s(t_0+\tau)}\mathrm{d}\tau=\mathrm{e}^{-st_0}\int_{0}^{\infty}f(\tau)\mathrm{e}^{-s\tau}\mathrm{d}\tau=\mathrm{e}^{-st_0}F(s)$$

例 5.2-3　求门函数信号 $g_\tau(t)$的拉氏变换。

解
$$g_\tau(t)=u\left(t+\frac{\tau}{2}\right)-u\left(t-\frac{\tau}{2}\right)$$

由于 $u(t)\leftrightarrow\frac{1}{s}$,由时移特性得

$$u\left(t+\frac{\tau}{2}\right)\leftrightarrow\frac{\mathrm{e}^{\frac{\tau}{2}s}}{s},\quad u\left(t-\frac{\tau}{2}\right)\leftrightarrow\frac{\mathrm{e}^{-\frac{\tau}{2}s}}{s}$$

所以

$$g_\tau(t)\leftrightarrow\frac{1}{s}(\mathrm{e}^{\frac{\tau}{2}s}-\mathrm{e}^{-\frac{\tau}{2}s}) \tag{5.2-6}$$

3. s 域平移

(1) 双边拉氏变换：若 $f(t)\leftrightarrow F(s)$ 收敛域为 R，则

$$f(t)\mathrm{e}^{-at}\leftrightarrow F(s+a)$$

收敛域为

$$R_1 = R+\mathrm{Re}\{-a\} \tag{5.2-7}$$

$\mathrm{Re}\{-a\}$表示取$(-a)$的实部。

(2) 单边拉氏变换：若 $f(t)u(t)\leftrightarrow F(s)$，则

$$f(t)\mathrm{e}^{-at}u(t)\leftrightarrow F(s+a) \tag{5.2-8}$$

证明
$$\mathscr{L}[f(t)\mathrm{e}^{-at}]=\int_{-\infty}^{\infty}f(t)\mathrm{e}^{-at}\mathrm{e}^{-st}\mathrm{d}t=\int_{-\infty}^{\infty}f(t)\mathrm{e}^{-(a+s)t}\mathrm{d}t=F(s+a)$$

$$\mathscr{L}[f(t)\mathrm{e}^{-at}u(t)]=\int_{0}^{\infty}f(t)\mathrm{e}^{-at}\mathrm{e}^{-st}\mathrm{d}t=\int_{0}^{\infty}f(t)\mathrm{e}^{-(a+s)t}\mathrm{d}t=F(s+a)$$

例 5.2-4 求 $\mathrm{e}^{-at}\sin(\omega t)u(t)$ 和 $\mathrm{e}^{-at}\cos(\omega t)u(t)$ 的拉氏变换。

解 由于 $\sin(\omega t)u(t)\leftrightarrow\dfrac{\omega}{s^2+\omega^2}(\sigma>0)$，$\cos(\omega t)u(t)\leftrightarrow\dfrac{s}{s^2+\omega^2}(\sigma>0)$，所以

$$\mathrm{e}^{-at}\sin(\omega t)u(t)\leftrightarrow\frac{\omega}{(s+a)^2+\omega^2},\quad \sigma>-a \tag{5.2-9}$$

$$\mathrm{e}^{-at}\cos(\omega t)u(t)\leftrightarrow\frac{s+a}{(s+a)^2+\omega^2},\quad \sigma>-a \tag{5.2-10}$$

可推得

$$f(t)\sin(\omega t)\leftrightarrow\frac{\mathrm{j}}{2}[F(s+\mathrm{j}\omega)-F(s-\mathrm{j}\omega)] \tag{5.2-11}$$

$$f(t)\cos(\omega t)\leftrightarrow\frac{1}{2}[F(s+\mathrm{j}\omega)+F(s-\mathrm{j}\omega)] \tag{5.2-12}$$

4. 尺度变换

(1)双边拉氏变换：若 $f(t)\leftrightarrow F(s)$，收敛域为 R，则

$$f(at)\leftrightarrow\frac{1}{|a|}F\left(\frac{s}{a}\right),\quad R_1=aR \tag{5.2-13}$$

式中 $a\neq0$，在双边拉氏变换中 a 可正可负。

(2)单边拉氏变换：若 $f(t)u(t)\leftrightarrow F(s)$，则

$$f(at)u(t)\leftrightarrow\frac{1}{a}F\left(\frac{s}{a}\right) \tag{5.2-14}$$

在单边拉氏变换中 a 必须为正。

证明 (1)

$$\mathscr{L}[f(at)]=\int_{-\infty}^{\infty}f(at)\mathrm{e}^{-st}\mathrm{d}t\quad(令\ at=\tau)$$

$$=\begin{cases}\dfrac{1}{a}\displaystyle\int_{-\infty}^{\infty}f(\tau)\mathrm{e}^{-\frac{s}{a}\tau}\mathrm{d}\tau=\dfrac{1}{a}F\left(\dfrac{s}{a}\right), & a>0\\ \dfrac{1}{a}\displaystyle\int_{\infty}^{-\infty}f(\tau)\mathrm{e}^{-\frac{s}{a}\tau}\mathrm{d}\tau=-\dfrac{1}{a}\int_{-\infty}^{\infty}f(\tau)\mathrm{e}^{-\frac{s}{a}\tau}\mathrm{d}\tau=-\dfrac{1}{a}F\left(\dfrac{s}{a}\right), & a<0\end{cases}$$

$$=\frac{1}{|a|}F\left(\frac{s}{a}\right)$$

(2)　　$\mathscr{L}\,[f(at)u(t)]=\int_0^{\infty}f(at)\mathrm{e}^{-st}\,\mathrm{d}t$　（令 $at=\tau,a>0$）

$$=\frac{1}{a}\int_0^{\infty}f(\tau)\mathrm{e}^{-\frac{s}{a}\tau}\,\mathrm{d}\tau=\frac{1}{a}F\left(\frac{s}{a}\right)$$

例 5.2-5　若 $f(t)\leftrightarrow F(s)$，求 $f(at-b)(a\neq 0)$ 的拉氏变换。

解　由 $f(t)$ 到 $f(at-b)$ 的过程为

$$f(t)\xrightarrow{\text{尺度变换}}f(at)\xrightarrow{\text{时移}}f\left[a\left(t-\frac{b}{a}\right)\right]$$

或

$$f(t)\xrightarrow{\text{时移}}f(t-b)\xrightarrow{\text{尺度变换}}f(at-b)$$

结合尺度变换和延时性求解，对应的拉氏变换为

$$F(s)\rightarrow\frac{1}{|a|}F\left(\frac{s}{a}\right)\rightarrow\mathrm{e}^{-\frac{b}{a}s}\,\frac{1}{|a|}F\left(\frac{s}{a}\right)$$

或

$$F(s)\rightarrow\mathrm{e}^{-bs}F(s)\rightarrow\frac{1}{|a|}\mathrm{e}^{-b\frac{s}{a}}F\left(\frac{s}{a}\right)$$

即

$$f(at-b)\leftrightarrow\frac{1}{|a|}\mathrm{e}^{-\frac{b}{a}s}F\left(\frac{s}{a}\right)\tag{5.2-15}$$

令 $a=-1$，有

$$f(-t)\leftrightarrow F(-s),\qquad R_1=-R\tag{5.2-16}$$

式(5.2-13)表明：两个时间函数对纵轴对称，其拉氏变换以 $-s$ 代替 s，收敛域对 $\mathrm{j}\omega$ 轴成镜像对称，如图 5.2-1(a)、(b)所示。

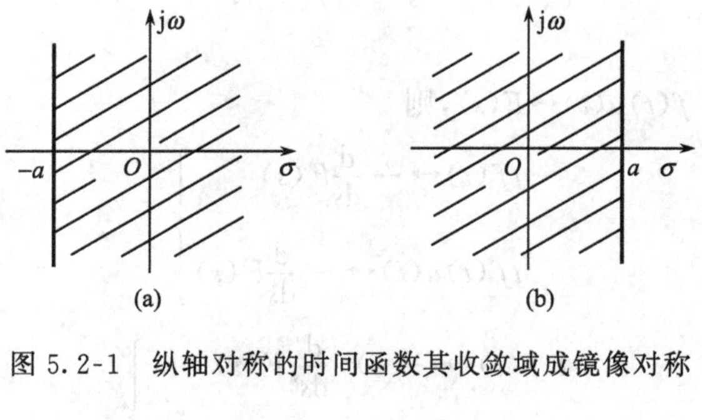

图 5.2-1　纵轴对称的时间函数其收敛域成镜像对称

5. 卷积特性

若 $f_1(t)\leftrightarrow F_1(s)$ 收敛域 R_1，$f_2(t)\leftrightarrow F_2(s)$ 收敛域 R_2，则

$$f_1(t)*f_2(t)\leftrightarrow F_1(s)F_2(s),\qquad R\supseteq R_1\cap R_2\tag{5.2-17}$$

$$f_1(t)\cdot f_2(t)\leftrightarrow\frac{1}{2\pi\mathrm{j}}F_1(s)*F_2(s)\tag{5.2-18}$$

$R \supseteq R_1 \cap R_2$ 表示收敛域包含公共部分。

证明 此性质对单边和双边拉氏变换都一样，在此只对双边拉氏变换证明，单边拉氏变换也同样得证。

$$\mathscr{L}[f_1(t)f_2(t)] = \int_{-\infty}^{\infty}\left[\int_{-\infty}^{\infty} f_1(\tau)f_2(t-\tau)\mathrm{d}\tau\right]\mathrm{e}^{-st}\mathrm{d}t \qquad \text{（交换积分次序）}$$

$$= \int_{-\infty}^{\infty} f_1(\tau)\left[\int_{-\infty}^{\infty} f_2(t-\tau)\mathrm{e}^{-st}\mathrm{d}t\right]\mathrm{d}\tau \qquad \text{（应用时移特性）}$$

$$= \int_{-\infty}^{\infty} f_1(\tau)F_2(s)\mathrm{e}^{-s\tau}\mathrm{d}\tau = F_2(s)\int_{-\infty}^{\infty} f_1(\tau)\mathrm{e}^{-s\tau}\mathrm{d}\tau = F_1(s)F_2(s)$$

例 5.2-6 求图 5.2-2(a)所示信号的拉氏变换。

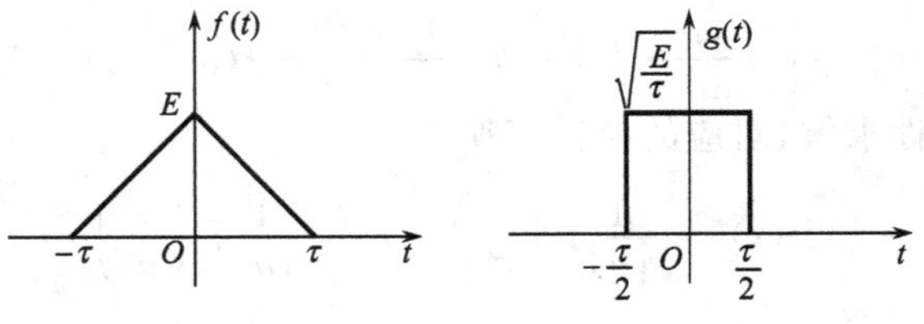

(a) $f(t)$的波形　　(b) $g(t)$的波形

图 5.2-2 信号的波形

解 由信号的卷积知，二个门函数的卷积是三角脉冲，即 $f(t)=g(t)*g(t)$，$g(t)$的波形如图 5.2-2(b)所示。

由例 5.2-3 求得

$$G(s)=\sqrt{\frac{E}{\tau}}\,\frac{\mathrm{e}^{\frac{\tau}{2}s}-\mathrm{e}^{-\frac{\tau}{2}s}}{s}$$

所以

$$f(t)\leftrightarrow\left(\sqrt{\frac{E}{\tau}}\,\frac{\mathrm{e}^{\frac{\tau}{2}s}-\mathrm{e}^{-\frac{\tau}{2}s}}{s}\right)^2=\frac{E}{\tau}\,\frac{\mathrm{e}^{\tau s}-2+\mathrm{e}^{-\tau s}}{s^2}$$

6. s 域微分

若 $f(t)\leftrightarrow F(s)$或 $f(t)u(t)\leftrightarrow F(s)$，则

$$\left.\begin{aligned} tf(t) &\leftrightarrow -\frac{\mathrm{d}}{\mathrm{d}s}F(s) \\ tf(t)u(t) &\leftrightarrow -\frac{\mathrm{d}}{\mathrm{d}s}F(s) \end{aligned}\right\} \tag{5.2-19}$$

$$\left.\begin{aligned} t^n f(t) &\leftrightarrow (-1)^n\frac{\mathrm{d}^n}{\mathrm{d}s^n}F(s) \\ t^n f(t)u(t) &\leftrightarrow (-1)^n\frac{\mathrm{d}^n}{\mathrm{d}s^n}F(s) \end{aligned}\right\} \tag{5.2-20}$$

收敛域不变。

证明 只对式(5.2-19)的第一个进行证明，其余的也同样得证。

$$-\frac{\mathrm{d}}{\mathrm{d}s}F(s) = -\frac{\mathrm{d}}{\mathrm{d}s}\int_{-\infty}^{\infty} f(t)\mathrm{e}^{-st}\mathrm{d}t \qquad \text{（交换微积分次序）}$$

$$=-\int_{-\infty}^{\infty} f(t)\left[\frac{\mathrm{d}}{\mathrm{d}s}\mathrm{e}^{-st}\right]\mathrm{d}t=\int_{-\infty}^{\infty} f(t)\left[t\mathrm{e}^{-st}\right]\mathrm{d}t=\int_{-\infty}^{\infty} tf(t)\mathrm{e}^{-st}\mathrm{d}t$$
$$=\mathscr{L}\left[tf(t)\right]$$

例 5.2-7　求 $t\mathrm{e}^{-at}u(t)$、$t\sin(\omega t)u(t)$ 和 $t^n u(t)$ 的拉氏变换。

解　由于

$$\mathrm{e}^{-at}u(t)\leftrightarrow\frac{1}{s+a}(\sigma>-a),\quad \sin(\omega t)u(t)\leftrightarrow\frac{\omega}{s^2+\omega^2}(\sigma>0),\quad u(t)\leftrightarrow\frac{1}{s}(\sigma>0)$$

所以

$$t\mathrm{e}^{-at}u(t)\leftrightarrow-\frac{\mathrm{d}}{\mathrm{d}s}\left(\frac{1}{s+a}\right)=\frac{1}{(s+a)^2},\qquad \sigma>-a \tag{5.2-21}$$

$$t\sin(\omega t)u(t)\leftrightarrow-\frac{\mathrm{d}}{\mathrm{d}s}\left(\frac{\omega}{s^2+\omega^2}\right)=\frac{2\omega s}{(s^2+\omega^2)^2},\qquad \sigma>0 \tag{5.2-22}$$

$$t^n u(t)\leftrightarrow(-1)^n\frac{\mathrm{d}^n}{\mathrm{d}s^n}\left(\frac{1}{s}\right)=\frac{n!}{s^{n+1}},\qquad \sigma>0 \tag{5.2-23}$$

7. s 域积分

若 $f(t)\leftrightarrow F(s)$ 或 $f(t)u(t)\leftrightarrow F(s)$，则

$$\left.\begin{aligned}&\frac{f(t)}{t}\leftrightarrow\int_s^{\infty}F(\lambda)\mathrm{d}\lambda\\&\frac{f(t)}{t}u(t)\leftrightarrow\int_s^{\infty}F(\lambda)\mathrm{d}\lambda\end{aligned}\right\} \tag{5.2-24}$$

证明　只对式(5.2-24)的第一个进行证明，其余的也同样得证。

$$\int_s^{\infty}F(\lambda)\mathrm{d}\lambda=\int_s^{\infty}\left[\int_{-\infty}^{\infty}f(t)\mathrm{e}^{-\lambda t}\mathrm{d}t\right]\mathrm{d}\lambda\quad（交换积分次序）$$
$$=\int_{-\infty}^{\infty}f(t)\left[\int_s^{\infty}\mathrm{e}^{-\lambda t}\mathrm{d}\lambda\right]\mathrm{d}t=\int_{-\infty}^{\infty}f(t)\left[-\frac{1}{t}\mathrm{e}^{-\lambda t}\right]_{\lambda=s}^{\infty}\mathrm{d}t$$
$$=\int_{-\infty}^{\infty}\frac{1}{t}f(t)\mathrm{e}^{-st}\mathrm{d}t$$
$$=\mathscr{L}\left[\frac{f(t)}{t}\right]$$

例 5.2-8　求 $\frac{1}{t}u(t)$ 和 $\frac{1}{t}\sin(\omega t)u(t)$ 的拉氏变换。

解　由于 $u(t)\leftrightarrow\frac{1}{s}$，$\sin(\omega t)u(t)\leftrightarrow\frac{\omega}{s^2+\omega^2}$，所以

$$\frac{1}{t}u(t)\leftrightarrow\int_s^{\infty}\frac{1}{\lambda}\mathrm{d}\lambda=-\ln s \tag{5.2-25}$$

$$\frac{1}{t}\sin(\omega t)u(t)\leftrightarrow\int_s^{\infty}\frac{\omega}{\lambda^2+\omega^2}\mathrm{d}\lambda=\frac{\pi}{2}-\arctan\left(\frac{s}{\omega}\right) \tag{5.2-26}$$

例 5.2-9　求 $F(s)=\ln\left(\frac{s}{s+3}\right)$ 的 $f(t)$。

解

$$F(s)=\ln\frac{s}{s+3}=\int_s^{\infty}\left(\frac{1}{s+3}-\frac{1}{s}\right)\mathrm{d}s$$

$$F_1(s)=\frac{1}{s+3}-\frac{1}{s}\leftrightarrow f_1(t)=[e^{-3t}-1]u(t)$$

所以

$$f(t)=\frac{f_1(t)}{t}=\frac{1}{t}(e^{-3t}-1)u(t)$$

8. 时域微分

(1) 双边拉氏变换:若 $f(t)\leftrightarrow F(s)$,则

$$f'(t)\leftrightarrow sF(s) \tag{5.2-27}$$

$$f^{(n)}(t)\leftrightarrow s^nF(s) \tag{5.2-28}$$

(2) 单边拉氏变换:若 $f(t)u(t)\leftrightarrow F(s)$,则

$$f'(t)u(t)\leftrightarrow sF(s)-f(0_-) \tag{5.2-29}$$

$$f''(t)u(t)\leftrightarrow s^2F(s)-sf(0_-)-f'(0_-) \tag{5.2-30}$$

$$f^{(n)}(t)u(t)\leftrightarrow s^nF(s)-\sum_{i=1}^{n}s^{n-i}f^{(i-1)}(0_-) \tag{5.2-31}$$

证明 只对式(5.2-27)和式(5.2-29)证明,其余的类推。

(1) $\mathscr{L}[f'(t)]=\int_{-\infty}^{\infty}f'(t)e^{-st}dt$ (由于 $[f(t)e^{-st}]'=f'(t)e^{-st}-sf(t)e^{-st}$)

$$=\int_{-\infty}^{\infty}[f(t)e^{-st}]'dt+\int_{-\infty}^{\infty}sf(t)e^{-st}dt$$

$$=sF(s)$$

(2) $\mathscr{L}[f'(t)u(t)]=\int_{0_-}^{\infty}f'(t)e^{-st}dt=e^{-st}f(t)\Big|_{0_-}^{\infty}+s\int_{0_-}^{\infty}f(t)e^{-st}dt=-f(0_-)+sF(s)$

例 5.2-10 已知 $f(t)=-2u(-t)+u(t)$,求 $f'(t)u(t)$的拉氏变换。

解

$$f(t)u(t)=u(t)\leftrightarrow\frac{1}{s},\quad f(0_-)=-2$$

$$f'(t)u(t)\leftrightarrow s\cdot\frac{1}{s}-f(0_-)=1+2=3$$

事实上 $f'(t)u(t)=3\delta(t)$,则 $f'(t)u(t)\leftrightarrow 3$,两者是一致的。

9. 时域积分

(1) 双边拉氏变换:若 $f(t)\leftrightarrow F(s)$,则

$$f^{(-1)}(t)=\int_{-\infty}^{t}f(\tau)d\tau\leftrightarrow\frac{1}{s}F(s) \tag{5.2-32}$$

$$f^{(-n)}(t)\leftrightarrow\frac{1}{s^n}F(s) \tag{5.2-33}$$

(2) 单边拉氏变换:若 $f(t)u(t)\leftrightarrow F(s)$,则

$$f^{(-1)}(t)u(t)\leftrightarrow\frac{F(s)}{s}+\frac{f^{(-1)}(0_-)}{s} \tag{5.2-34}$$

其中

$$f^{(-1)}(t)=\int_{-\infty}^{t}f(\tau)\mathrm{d}\tau,\quad f^{(-1)}(0_-)=\int_{-\infty}^{0_-}f(\tau)\mathrm{d}\tau$$

证明　(1) 由于

$$f^{(-1)}(t)=\int_{-\infty}^{t}f(\tau)\mathrm{d}\tau=f(t)*u(t)$$

由卷积特性得

$$f^{(-1)}(t)\leftrightarrow F(s)\cdot\frac{1}{s}=\frac{1}{s}F(s)$$

$$(2)\ \mathscr{L}\left[f^{(-1)}(t)u(t)\right]=\int_{0_-}^{\infty}\left[\int_{-\infty}^{t}f(\tau)\mathrm{d}\tau\right]\mathrm{e}^{-st}\mathrm{d}t=-\left[\frac{\mathrm{e}^{-st}}{s}\int_{-\infty}^{t}f(\tau)\mathrm{d}\tau\right]_{0_-}^{\infty}+\frac{1}{s}\int_{0_-}^{\infty}f(t)\mathrm{e}^{-st}\mathrm{d}t$$
$$=\frac{1}{s}\int_{-\infty}^{0_-}f(\tau)\mathrm{d}\tau+\frac{1}{s}F(s)$$

例 5.2-11　求图 5.2-3(a)所示信号的拉氏变换。

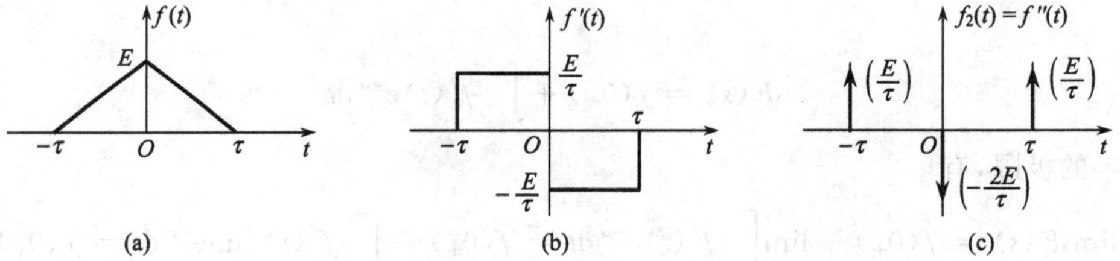

图 5.2-3　信号及导数的波形

解　对 $f(t)$ 求两次导数，设 $f_2(t)=f''(t)$，如图 5.2-3(c)所示。

$$f_2(t)=\frac{E}{\tau}\delta(t+\tau)-\frac{2E}{\tau}\delta(t)+\frac{E}{\tau}\delta(t-\tau)$$

由于 $\delta(t)\leftrightarrow 1$，由延时性得

$$\delta(t+\tau)\leftrightarrow\mathrm{e}^{s\tau},\quad\delta(t-\tau)\leftrightarrow\mathrm{e}^{-s\tau}$$

所以

$$F_2(s)=\frac{E}{\tau}(\mathrm{e}^{s\tau}-2+\mathrm{e}^{-s\tau})$$

求得

$$F(s)=\frac{F_2(s)}{s^2}=\frac{E}{\tau s^2}(\mathrm{e}^{s\tau}-2+\mathrm{e}^{-s\tau})$$

例 5.2-12　求 $\int_0^t\sin(\pi\tau)\mathrm{d}\tau$ 的拉氏变换

解
$$\int_0^t\sin(\pi\tau)\mathrm{d}\tau=\int_{-\infty}^{t}\sin(\pi\tau)u(\tau)\mathrm{d}\tau=f^{(-1)}(t)$$

$$f(t)=\sin(\pi t)u(t)\leftrightarrow\frac{\pi}{s^2+\pi^2}$$

$$\int_0^t\sin(\pi\tau)\mathrm{d}\tau\leftrightarrow\frac{1}{s}\cdot\frac{\pi}{s^2+\pi^2}=\frac{\pi}{s(s^2+\pi^2)}$$

事实上

$$\int_{0}^{t}\sin(\pi\tau)\mathrm{d}\tau=\frac{1-\cos(\pi t)}{\pi}u(t)\leftrightarrow\frac{1}{\pi}\left(\frac{1}{s}-\frac{s}{s^{2}+\pi^{2}}\right)=\frac{\pi}{s(s^{2}+\pi^{2})}$$

10. *初值定理*

初值定理只对单边拉氏变换适用。

若 $f(t)u(t)\leftrightarrow F(s)$，且 $F(s)$为真分式，则

$$f(0_{+})=\lim_{s\to\infty}sF(s) \tag{5.2-35}$$

证明 由时域微分性质，得

$$sF(s)-f(0_{-})=\mathscr{L}\,[f'(t)u(t)]=\int_{0_{-}}^{\infty}f'(t)\mathrm{e}^{-st}\,\mathrm{d}t=\int_{0_{-}}^{0_{+}}f'(t)\mathrm{e}^{-st}\,\mathrm{d}t+\int_{0_{+}}^{\infty}f'(t)\mathrm{e}^{-st}\,\mathrm{d}t$$

$$=f(0_{+})-f(0_{-})+\int_{0_{+}}^{\infty}f'(t)\mathrm{e}^{-st}\,\mathrm{d}t$$

即

$$sF(s)=f(0_{+})+\int_{0_{+}}^{\infty}f'(t)\mathrm{e}^{-st}\,\mathrm{d}t$$

取 $s\to\infty$的极限，有

$$\lim_{s\to\infty}sF(s)=f(0_{+})+\lim_{s\to\infty}\int_{0_{+}}^{\infty}f'(t)\mathrm{e}^{-st}\,\mathrm{d}t=f(0_{+})+\int_{0_{+}}^{\infty}f'(t)\lim_{s\to\infty}\mathrm{e}^{-st}\,\mathrm{d}t=f(0_{+})$$

值得注意的是，初值定理应用的前提是 $F(s)$为真分式。若为假分式，则将 $F(s)$变为一个整式 $F_1(s)$和真分式 $F_2(s)$相加，由于整式 $F_1(s)$对应的是冲激函数和导数，在 $t=0_+$ 时的值为零，故 $f(t)$在 $t=0_+$ 时值就是 $F_2(s)$在 $t=0_+$ 时的值，即 $f(0_+)=f_2(0_+)$。

例 5.2-13 求 $F_1(s)=\dfrac{s+2}{s^2+2s+1}$和 $F_2(s)=\dfrac{s^3+s^2+2s+1}{s^2+2s+1}$的初值。

解 (1)$F_1(s)$为真分式，所以

$$f_1(0_{+})=\lim_{s\to\infty}sF_1(s)=\lim_{s\to\infty}\frac{s^{2}+2s}{s^{2}+2s+1}=1$$

(2) $F_2(s)$为假分式，先将其化为整式和真分式之和，即

$$F_2(s)=s-1+\frac{3s+2}{s^{2}+2s+1}$$

所以

$$f_2(0_{+})=\lim_{s\to\infty}s\,\frac{3s+2}{s^{2}+2s+1}=3$$

11. *终值定理*

终值定理也只对单边拉氏变换适用。

若 $f(t)u(t)\leftrightarrow F(s)$，且$\lim\limits_{t\to\infty}f(t)$存在，$F(s)$为真分式，则

$$f(\infty)=\lim_{s\to 0}sF(s) \tag{5.2-36}$$

证明 由初值定理，得

$$sF(s)=f(0_+)+\int_{0_+}^{\infty}f'(t)\mathrm{e}^{-st}\mathrm{d}t$$

$$\begin{aligned}\lim_{s\to 0}sF(s)&=f(0_+)+\lim_{s\to 0}\int_{0_+}^{\infty}f'(t)\mathrm{e}^{-st}\mathrm{d}t=f(0_+)+\int_{0_+}^{\infty}f'(t)\mathrm{d}t\\&=f(0_+)+f(\infty)-f(0_+)=f(\infty)\end{aligned}$$

应用终值定理的前提是 $f(\infty)$存在，判断依据是 $F(s)$的所有极点均在 s 的左半平面，在虚轴上只允许有 $s=0$ 的一个单极点。

例 5.2-14　求 $F_1(s)=\dfrac{s^3+s^2+2s+1}{s^2+2s+1}$和 $F_2(s)=\dfrac{s^2+2s+1}{(s+1)(s^2+4)}$的终值。

解　(1)$F_1(s)$是假分式，先将其化为真分式为

$$F_1(s)=s-1+\frac{3s+2}{s^2+2s+1}$$

由于 $F_1(s)$的极点-1(重极点)在 s 的左半平面，故终值存在，由式(5.2-36)求得

$$f_1(\infty)=\lim_{s\to 0}s\frac{3s+2}{s^2+2s+1}=0$$

(2) 由于 $F_2(s)$在 $\mathrm{j}\omega$ 轴上有共轭根$\pm\mathrm{j}2$，故终值不存在。

为方便查找，将拉氏变换性质列于表 5-1 中，常用信号的拉氏变换列于表 5-2 中。

表 5-1　拉普拉斯变换的性质

序号	性质名称	时　域	s　域
定义	双边拉氏变换	$f(t)$	$F(s)=\int_{-\infty}^{\infty}f(t)\mathrm{e}^{-st}\mathrm{d}t$
定义	单边拉氏变换	$f(t)u(t)$	$F(s)=\int_{0_-}^{\infty}f(t)\mathrm{e}^{-st}\mathrm{d}t$
1	线性	$\sum_{i=1}^{n}K_if_i(t)$	$\sum_{i=1}^{n}K_iF_i(s)$
2	延时(时移特性)	$f(t-t_0)$ $f(t-t_0)u(t-t_0)(t_0>0)$	$\mathrm{e}^{-st_0}F(s)$
3	s 域平移	$f(t)\mathrm{e}^{-at}$ $f(t)\mathrm{e}^{-at}u(t)$	$F(s+a)$
		$f(t)\sin(\omega t)$	$\frac{\mathrm{j}}{2}[F(s+\mathrm{j}\omega)-F(s-\mathrm{j}\omega)]$
		$f(t)\cos(\omega t)$	$\frac{1}{2}[F(s+\mathrm{j}\omega)+F(s-\mathrm{j}\omega)]$
4	尺度变换	$f(at)$	$\frac{1}{\vert a\vert}F\left(\frac{s}{a}\right)$
5	卷积特性	$f_1(t)*f_2(t)$ $f_1(t)\cdot f_2(t)$	$F_1(s)F_2(s)$ $\frac{1}{2\pi\mathrm{j}}F_1(s)*F_2(s)$
6	s 域微分	$tf(t),tf(t)u(t)$ $t^nf(t),t^nf(t)u(t)$	$-\frac{\mathrm{d}}{\mathrm{d}s}F(s)$ $(-1)^n\frac{\mathrm{d}^n}{\mathrm{d}s^n}F(s)$
7	s 域积分	$\frac{f(t)}{t},\frac{f(t)}{t}u(t)$	$\int_s^{\infty}F(\lambda)\mathrm{d}\lambda$

续表

序号	性质名称	时域		s 域
8	时域微分	双边拉氏变换	$f'(t)$ $f^{(n)}(t)$	$sF(s)$ $s^nF(s)$
		单边拉氏变换	$f'(t)u(t)$ $f^{(n)}(t)u(t)$	$sF(s)-f(0_-)$ $s^nF(s)-\sum_{i=1}^{n}s^{n-i}f^{(i-1)}(0_-)$
9	时域积分	双边拉氏变换	$f^{(-1)}(t)$ $f^{(-n)}(t)$	$\frac{1}{s}F(s)$ $\frac{1}{s^n}F(s)$
		单边拉氏变换	$f^{(-1)}(t)u(t)$	$\frac{F(s)}{s}+\frac{f^{(-1)}(0_-)}{s}$
10	初值定理	单边拉氏变换 $f(0_+)=\lim\limits_{s\to\infty}sF(s)$		
11	终值定理	单边拉氏变换 $f(\infty)=\lim\limits_{s\to0}sF(s)$		

表 5-2 常用信号的拉氏变换

序号	$f(t)$	$F(s)$	序号	$f(t)$	$F(s)$
1	$\delta(t)$	1（整个平面）	14	$e^{-at}\sin(\omega t)u(t)$	$\frac{\omega}{(s+a)^2+\omega^2}(\sigma>-a)$
2	$\delta'(t)$	s（整个平面）	15	$e^{-at}\cos(\omega t)u(t)$	$\frac{s+a}{(s+a)^2+\omega^2}(\sigma>-a)$
3	$\delta^{(n)}(t)$	s^n（整个平面）	16	$\mathrm{sh}(\omega t)u(t)$	$\frac{\omega}{s^2-\omega^2}(\sigma>0)$
4	$u(t)$	$\frac{1}{s}\ (\sigma>0)$	17	$\mathrm{ch}(\omega t)u(t)$	$\frac{s}{s^2-\omega^2}(\sigma>0)$
5	$tu(t)$	$\frac{1}{s^2}(\sigma>0)$	18	$\sin^2(\omega t)u(t)$	$\frac{2\omega^2}{s(s^2+4\omega^2)}(\sigma>0)$
6	$t^nu(t)$	$\frac{n!}{s^{n+1}}(\sigma>0)$	19	$\cos^2(\omega t)u(t)$	$\frac{s^2+2\omega^2}{s(s^2+4\omega^2)}(\sigma>0)$
7	$e^{-at}u(t)$	$\frac{1}{s+a}(\sigma>-a)$	20	$te^{-at}\sin(\omega t)u(t)$	$\frac{2\omega(s+a)}{[(s+a)^2+\omega^2]^2}(\sigma>-a)$
8	$te^{-at}u(t)$	$\frac{1}{(s+a)^2}(\sigma>-a)$	21	$te^{-at}\cos(\omega t)u(t)$	$\frac{(s+a)^2-\omega^2}{[(s+a)^2+\omega^2]^2}(\sigma>-a)$
9	$t^ne^{-at}u(t)$	$\frac{n!}{(s+a)^{n+1}}(\sigma>-a)$	22	$u(-t)$	$-\frac{1}{s}(\sigma<0)$
10	$\sin(\omega t)u(t)$	$\frac{\omega}{s^2+\omega^2}(\sigma>0)$	23	$e^{-at}u(-t)$	$-\frac{1}{s+a}(\sigma<-a)$
11	$\cos(\omega t)u(t)$	$\frac{s}{s^2+\omega^2}(\sigma>0)$	24	$tu(-t)$	$-\frac{1}{s^2}(\sigma<0)$
12	$t\sin(\omega t)u(t)$	$\frac{2\omega s}{(s^2+\omega^2)^2}(\sigma>0)$	25	$te^{-at}u(-t)$	$-\frac{1}{(s+a)^2}(\sigma<-a)$
13	$t\cos(\omega t)u(t)$	$\frac{s^2-\omega^2}{(s^2+\omega^2)^2}(\sigma>0)$	26	$\sum_{n=0}^{\infty}\delta(t-nT)$	$\frac{1}{1-e^{-sT}}(\sigma>0)$

5.3　拉普拉斯反变换

拉普拉斯反变换是把 $F(s)$ 变换为原函数 $f(t)$ 的运算，例 5.1-1 中可见，$F_1(s)=F_2(s)=\frac{1}{s+1}$，$f_1(t)=e^{-t}u(t)$，而 $f_2(t)=-e^{-t}u(-t)$，但 $F_1(s)$ 的收敛域 $\sigma>-1$，而 $F_2(s)$ 的收敛域 $\sigma<-1$，因而在反变换计算中应首先关注收敛域。本书中不作特别说明的原函数 $f(t)$ 都是有始信号，对应 $F(s)$ 的收敛域为 $\sigma>\sigma_0$。

由式(5.1-2)可见，$f(t)$ 是沿着收敛域内的直线 $\sigma-j\omega$ 到 $\sigma+j\omega$ 的积分，可用复变函数积分计算，但一般情况下计算积分比较麻烦，常采用拉氏变换的性质进行反变换计算。

本节中介绍最常用的部分分式法，其思路是将 $F(s)$ 用部分分式展开成几个 $F_i(s)$ 之和，再求出每个 $F_i(s)$ 对应的 $f_i(t)$，则 $f(t)$ 就是 $f_i(t)$ 之和。即

$$F(s)=\sum_{i=1}^{n}F_i(s) \tag{5.3-1}$$

则

$$f(t)=\sum_{i=1}^{n}f_i(t) \tag{5.3-2}$$

例 5.3-1　求 $F(s)=\frac{2}{(s+1)(s+3)}$ 的原函数 $f(t)$，收敛域为(1) $\sigma>-1$；(2) $\sigma<-3$；(3) $-3<\sigma<-1$。

解　将 $F(s)$ 部分分式展开成

$$F(s)=\frac{K_1}{s+1}+\frac{K_2}{s+3}$$

$$K_1=(s+1)F(s)\big|_{s=-1}=\left.\frac{2}{s+3}\right|_{s=-1}=1,K_2=(s+3)F(s)\big|_{s=-3}=\left.\frac{2}{s+1}\right|_{s=-3}=-1$$

所以

$$F(s)=\frac{1}{s+1}-\frac{1}{s+3}$$

(1) $\sigma>-1$，显然 $f(t)$ 为因果信号，则

$$f(t)=(e^{-t}-e^{-3t})u(t)$$

(2) $\sigma<-3$，$f(t)$ 为反因果信号，则

$$f(t)=(-e^{-t}+e^{-3t})u(-t)$$

(3) $-3<\sigma<-1$，$f(t)$ 为双边信号。

其中 $\frac{1}{s+1}\to f_1(t)$ 为反因果信号，得

$$f_1(t)=-e^{-t}u(-t)$$

$\frac{1}{s+3}\to f_2(t)$ 为因果信号，得

$$f_2(t)=e^{-3t}u(t)$$

所以

$$f(t)=-\mathrm{e}^{-t}u(-t)-\mathrm{e}^{-3t}u(t)$$

例 5.3-2 求 $F(s)=\dfrac{s+5}{s(s^2+2s+5)}$的原函数 $f(t)$(因果信号)。

解 将 $F(s)$用部分分式展开成

$$F(s)=\frac{1}{s}+\frac{-s-1}{(s+1)^2+2^2}=\frac{1}{s}+\frac{-(s+1)}{(s+1)^2+2^2}$$

所以

$$f(t)=u(t)-\mathrm{e}^{-t}\cos(2t)u(t)$$

例 5.3-3 已知 $F(s)=\dfrac{s+3}{(s+1)^3(s+2)}$求因果信号 $f(t)$。

解 将 $F(s)$展开成

$$F(s)=\frac{2}{(s+1)^3}+\frac{-1}{(s+1)^2}+\frac{1}{s+1}+\frac{-1}{s+2}$$

求得

$$f(t)=(t^2\mathrm{e}^{-t}-t\mathrm{e}^{-t}+\mathrm{e}^{-t}-\mathrm{e}^{-2t})u(t)$$

例 5.3-4 求 $F(s)=\dfrac{s^3+4s^2+6s+5}{s^2+3s+2}$的因果信号 $f(t)$。

解 将 $F(s)$变为

$$F(s)=s+1+\frac{s+3}{s^2+3s+2}=s+1+\frac{2}{s+1}+\frac{-1}{s+2}$$

故

$$f(t)=\delta'(t)+\delta(t)+(2\mathrm{e}^{-t}-\mathrm{e}^{-2t})u(t)$$

5.4 拉普拉斯变换求解微分方程

LTI 连续时间系统的微分方程表示为

$$\sum_{i=0}^{n}a_i\frac{\mathrm{d}^i}{\mathrm{d}t^i}r(t)=\sum_{j=0}^{m}b_j\frac{\mathrm{d}^j}{\mathrm{d}t^j}e(t) \tag{5.4-1}$$

用拉氏变换求解微分方程是有条件的,要求激励 $e(t)$的拉氏变换 $E(s)$在求解的时间范围内存在,否则只能在时域中求解。如微分方程$\dfrac{\mathrm{d}}{\mathrm{d}r}r(t)+2r(t)=2$,$r(0)=2$,其解为 $r(t)=1+\mathrm{e}^{-2t}$,由于激励 $e(t)=2$ 是常数在$-\infty\sim\infty$时间内不存在拉氏变换,不可用拉氏变换求该微分方程。

如激励信号 $e(t)$是无时限信号,且求整个时间范围内的 $r(t)$,用双边拉氏变换求解。

例 5.4-1 系统的微分方程为$\dfrac{\mathrm{d}^2}{\mathrm{d}t^2}r(t)+5\dfrac{\mathrm{d}}{\mathrm{d}t}r(t)+4r(t)=\mathrm{e}^tu(-t)+u(t)$,求 $r(t)$。

解 由于 $e(t)=\mathrm{e}^tu(-t)+u(t)$是无时限信号,且要求整个时间范围内的 $r(t)$,只能用双边拉氏变换求解。

$$E(s)=-\frac{1}{s-1}+\frac{1}{s}=\frac{-1}{s(s-1)},\qquad 0<\sigma<1$$

设 $r(t)\leftrightarrow R(s)$，则

$$r'(t)\leftrightarrow sR(s),\quad r''(t)\leftrightarrow s^2R(s)$$

方程两边同时进行双边拉氏变换，得

$$(s^2+5s+4)R(s)=\frac{-1}{s(s-1)}$$

求得

$$R(s)=\frac{-1}{s(s-1)(s+1)(s+4)}=\frac{\frac{1}{4}}{s}+\frac{-\frac{1}{6}}{s+1}+\frac{\frac{1}{60}}{s+4}+\frac{-\frac{1}{10}}{s-1},\qquad 0<\sigma<1$$

所以

$$r(t)=\left(\frac{1}{4}-\frac{1}{6}e^{-t}+\frac{1}{60}e^{-4t}\right)u(t)+\frac{1}{10}e^{t}u(-t)$$

一般情况是：求 LTI 连续时间系统在 $t>0$ 时的响应，给定了系统的微分方程和起始条件，求零状态响应、零输入响应和完全响应，用单边拉氏变换求解。

设 $r(t)\leftrightarrow R(s)$，$e(t)\leftrightarrow E(s)$，则

$$\frac{d^i}{dt^i}r(t)\leftrightarrow s^iR(s)-\sum_{k=1}^{i}s^{i-k}r^{(k-1)}(0_-),\quad \frac{d^j}{dt^j}e(t)\leftrightarrow s^jE(s)-\sum_{k=1}^{j}s^{j-k}e^{(k-1)}(0_-)$$

代入式(5.4-1)有

$$\sum_{i=0}^{n}a_i\left[s^iR(s)-\sum_{k=1}^{i}s^{i-k}r^{(k-1)}(0_-)\right]=\sum_{j=0}^{m}b_j\left[s^jE(s)-\sum_{k=1}^{j}s^{j-k}e^{(k-1)}(0_-)\right]$$

求得

$$\begin{aligned}R(s)&=\frac{\left[\sum_{j=0}^{m}b_js^j\right]E(s)}{\sum_{i=0}^{n}a_is^i}+\frac{\sum_{i=0}^{n}a_i\left[\sum_{k=1}^{i}s^{i-k}r^{(k-1)}(0_-)\right]-\sum_{j=0}^{m}b_j\left[\sum_{k=1}^{j}s^{j-k}e^{(k-1)}(0_-)\right]}{\sum_{i=0}^{n}a_is^i}\\&=R_{zs}(s)+R_{zi}(s)\end{aligned}\tag{5.4-2}$$

对于因果激励 $e(t)$，即 $e(t)=0(t<0)$，有

$$\begin{aligned}R(s)&=\frac{\left[\sum_{j=0}^{m}b_js^j\right]E(s)}{\sum_{i=0}^{n}a_is^i}+\frac{\sum_{i=0}^{n}a_i\left[\sum_{k=1}^{i}s^{i-k}r^{(i-k)}(0_-)\right]}{\sum_{i=0}^{n}a_is^i}\\&=R_{zs}(s)+R_{zi}(s)\end{aligned}\tag{5.4-3}$$

式(5.4-2)和式(5.4-3)中的第一项是零状态响应的拉氏变换，第二项是零输入响应的拉氏变换。

在 $R(s)$ 中具有输入 $E(s)$ 极点的是强迫响应所对应的拉氏变换，其余为自由响应。

例 5.4-2　例 3.6-2 中系统的方程为 $\frac{d^2}{dt^2}r(t)+3\frac{d}{dt}r(t)+2r(t)=2\frac{d}{dt}e(t)+e(t)$，

$e(t)=\mathrm{e}^{-t}u(t)$，$r(0_-)=1$，$r'(0_-)=0$。求零状态响应、零输入响应和完全响应。

解 由于 $e(t)=\mathrm{e}^{-t}u(t)$ 是因果信号，且 $E(s)=\dfrac{1}{s+1}$，用单边拉氏变换求解。

设 $r(t)\leftrightarrow R(s)$，则

$$r'(t)\leftrightarrow sR(s)-r(0_-)=sR(s)-1,\quad r''(t)\leftrightarrow s^2R(s)-sr(0_-)-r'(0_-)=s^2R(s)-s$$

系统方程两边同时进行单边拉氏变换，有

$$s^2R(s)-s+3[sR(s)-1]+2R(s)=(2s+1)E(s)$$

求得

$$R(s)=\frac{2s+1}{s^2+3s+2}E(s)+\frac{s+3}{s^2+3s+2}=R_{zs}(s)+R_{zi}(s)$$

零状态响应的 s 变换为

$$R_{zs}(s)=\frac{2s+1}{s^2+3s+2}E(s)=\frac{2s+1}{(s+1)(s+2)}\cdot\frac{1}{s+1}=\frac{-1}{(s+1)^2}+\frac{3}{s+1}+\frac{-3}{s+2}$$

则零状态响应为

$$r_{zs}(t)=(-t\mathrm{e}^{-t}+3\mathrm{e}^{-t}-3\mathrm{e}^{-2t})u(t)$$

零输入响应的 s 变换为

$$R_{zi}(s)=\frac{s+3}{s^2+3s+2}=\frac{2}{s+1}+\frac{-1}{s+2}$$

零输入响应为

$$r_{zi}(t)=(2\mathrm{e}^{-t}-\mathrm{e}^{-2t})u(t)$$

完全响应的 s 变换为

$$R(s)=\frac{2s+1}{s^2+3s+2}\cdot E(s)+\frac{s+3}{s^2+3s+2}=\frac{-1}{(s+1)^2}+\frac{5}{s+1}+\frac{-4}{s+2}$$

完全响应为

$$r(t)=(-t\mathrm{e}^{-t}+5\mathrm{e}^{-t}-4\mathrm{e}^{-2t})u(t)$$

例 5.4-3 例 3.4-2 中的系统方程为

$$\frac{\mathrm{d}^2}{\mathrm{d}t^2}r(t)+7\frac{\mathrm{d}}{\mathrm{d}t}r(t)+10r(t)=\frac{\mathrm{d}^2}{\mathrm{d}t^2}e(t)+6\frac{\mathrm{d}}{\mathrm{d}t}e(t)+4e(t)$$

$r(0_-)=\dfrac{4}{5}$，$r'(0_-)=0$，$e(t)=2u(-t)+4u(t)$，求零输入响应、零状态响应和完全响应。

解 $e(t)u(t)=4u(t)\leftrightarrow E(s)=\dfrac{4}{s}$ 且 $e(0_-)=2$，$e'(0_-)=0$，则

$$\frac{\mathrm{d}}{\mathrm{d}t}e(t)\leftrightarrow sE(s)-e(0_-)=sE(s)-2$$

$$\frac{\mathrm{d}^2}{\mathrm{d}t^2}e(t)\leftrightarrow s^2E(s)-se(0_-)-e'(0_-)=s^2E(s)-2s$$

设 $r(t)\rightarrow R(s)$，则

$$r'(t)\rightarrow sR(s)-r(0_-)=sR(s)-\frac{4}{5}$$

$$r''(t) \to s^2R(s) - sr(0_-) - r'(0_-) = s^2R(s) - \frac{4}{5}s$$

系统方程两边同时取单边 s 变换有

$$s^2R(s) - \frac{4}{5}s + 7\left[sR(s) - \frac{4}{5}\right] + 10R(s) = s^2E(s) - 2s + 6[sE(s) - 2] + 4E(s)$$

求得

$$R(s) = \frac{s^2+6s+4}{s^2+7s+10}E(s) + \frac{-\frac{6}{5}s - \frac{32}{5}}{s^2+7s+10}$$

零状态响应

$$R_{zs}(s) = \frac{s^2+6s+4}{s^2+7s+10}\cdot E(s) = \frac{4(s^2+6s+4)}{s(s^2+7s+10)} = \frac{\frac{8}{5}}{s} + \frac{\frac{8}{3}}{s+2} + \frac{-\frac{4}{15}}{s+5}$$

$$r_{zs}(t) = \left(\frac{8}{5} + \frac{8}{3}e^{-2t} - \frac{4}{15}e^{-5t}\right)u(t)$$

零输入响应

$$R_{zi}(s) = \frac{-\frac{6}{5}s - \frac{32}{5}}{s^2+7s+10} = \frac{-\frac{4}{3}}{s+2} + \frac{\frac{2}{15}}{s+5}$$

$$r_{zi}(t) = \left(-\frac{4}{3}e^{-2t} + \frac{2}{15}e^{-5t}\right)u(t)$$

完全响应

$$R(s) = \frac{\frac{4}{s}(s^2+6s+4) - \frac{6}{5}s - \frac{32}{5}}{s^2+7s+10} = \frac{\frac{8}{5}}{s} + \frac{\frac{4}{3}}{s+2} + \frac{-\frac{2}{15}}{s+5}$$

$$r(t) = \left(\frac{8}{5} + \frac{4}{3}e^{-2t} - \frac{2}{15}e^{-5t}\right)u(t)$$

5.5 拉普拉斯变换分析电路

“电路分析”课程中主要介绍了直流电路和正弦稳态电路的分析，除此以外的电路，尤其是动态电路采用拉普拉斯变换来分析是很方便和快捷的，因此常用单边拉普拉斯变换来分析动态电路。

5.5.1 基尔霍夫定律的 s 域形式

基尔霍夫定律包括基尔霍夫电流定律(Kirchhoff’s current law，KCL)和基尔霍夫电压定律(Kirchhoff’s voltage law，KVL)。

KCL 和 KVL 的数学表达式为

$$\left.\begin{aligned}\sum_{r=1}^{K} i_r(t) = 0 \\ \sum_{j=1}^{K} u_j(t) = 0\end{aligned}\right\} \tag{5.5-1}$$

设 $i_r(t) \leftrightarrow I_r(s)$ 和 $u_j(t) \leftrightarrow U_j(s)$，由拉氏变换的线性特性，上式变为

$$\left.\begin{aligned}\sum_{r=1}^{K} I_r(s) = 0 \\ \sum_{j=1}^{K} U_j(s) = 0\end{aligned}\right\} \tag{5.5-2}$$

式(5.5-2)是 KCL 和 KVL 的 s 域形式。

5.5.2 基本电路元件的 s 域 VCR

独立电源和 R、L、C 是最基本的电路元件，此外还有互感、受控源、运算放大器等元件，s 域中的元件特性是通过其时域特性，两边进行单边拉氏变换得到的，设 $u(t) \leftrightarrow U(s)$，$i(t) \leftrightarrow I(s)$。

1. 独立电源

图 5.5-1 (a) 和(b)是理想电压源和理想电流源的时域模型，时域 VCR 为

$$\left.\begin{aligned}u(t) = u_s(t) \\ i(t) = i_s(t)\end{aligned}\right\} \tag{5.5-3}$$

对式(5.5-3)两边进行 s 变换，得 s 域 VCR 为

$$\left.\begin{aligned}U(s) = U_s(s) \\ I(s) = I_s(s)\end{aligned}\right\} \tag{5.5-4}$$

s 域模型如图 5.5-1 (c) 和(d)所示。

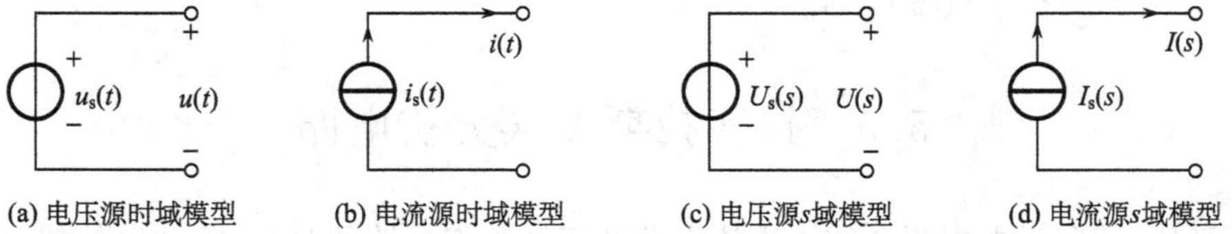

图 5.5-1 理想电压源和理想电流源的模型

2. R、L、C 元件

图 5.5-2 (a)所示为 R、L、C 的时域模型，其时域 VCR 为

$$\left.\begin{aligned}u(t) &= Ri(t) \\ u(t) &= L\frac{\mathrm{d}i(t)}{\mathrm{d}t} \\ i(t) &= C\frac{\mathrm{d}u(t)}{\mathrm{d}t}\end{aligned}\right\} \tag{5.5-5}$$

式(5.5-5)两边进行单边 s 变换，得

$$\left.\begin{aligned} U(s) &= RI(s) \\ U(s) &= sLI(s) - Li(0_-) \\ I(s) &= sCU(s) - Cu(0_-) \end{aligned}\right\} \tag{5.5-6}$$

式(5.5-6)变形为式(5.5-7)和式(5.5-8)

$$\left.\begin{aligned} U(s) &= RI(s) \\ U(s) &= sLI(s) - Li(0_-) \\ U(s) &= \frac{1}{sC}I(s) + \frac{1}{s}u(0_-) \end{aligned}\right\} \tag{5.5-7}$$

$$\left.\begin{aligned} I(s) &= \frac{1}{R}U(s) \\ I(s) &= \frac{1}{sL}U(s) + \frac{1}{s}i(0_-) \\ I(s) &= sCU(s) - Cu(0_-) \end{aligned}\right\} \tag{5.5-8}$$

对应式(5.5-7)和式(5.5-8)的 s 域模型如图 5.5-2 (b)和 (c)所示。

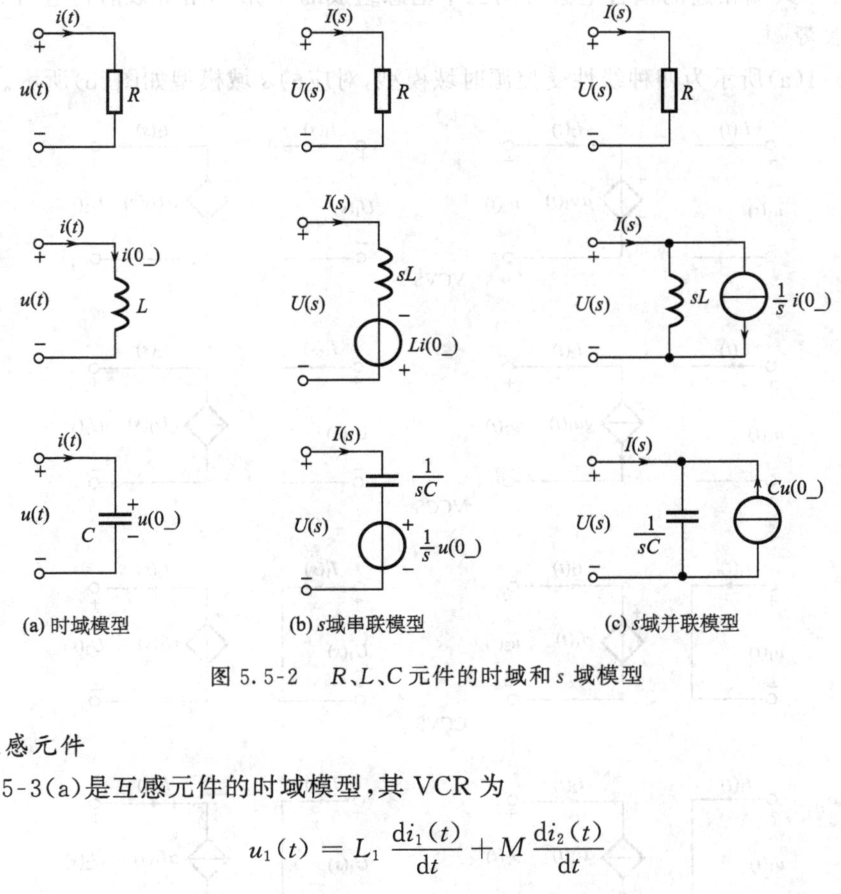

图 5.5-2　R、L、C 元件的时域和 s 域模型

3. 互感元件

图 5.5-3(a)是互感元件的时域模型，其 VCR 为

$$\begin{aligned} u_1(t) &= L_1\frac{di_1(t)}{dt} + M\frac{di_2(t)}{dt} \\ u_2(t) &= L_2\frac{di_2(t)}{dt} + M\frac{di_1(t)}{dt} \end{aligned} \tag{5.5-9}$$

两边进行单边 s 变换，得

$$U_1(s)=sL_1I_1(s)-L_1i_1(0_-)+sMI_2(s)-Mi_2(0_-)$$
$$U_2(s)=sL_2I_2(s)-L_2i_2(0_-)+sMI_1(s)-Mi_1(0_-) \qquad (5.5\text{-}10)$$

其 s 模型如图 5.5-3 (b)所示。

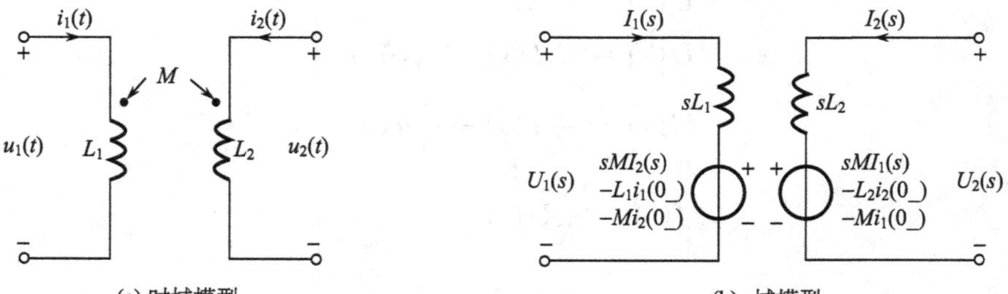

(a) 时域模型　　(b) s域模型

图 5.5-3　互感的时域和 s 域模型

对于有公共端相连的耦合电感可用三个电感组成的 T 形网络等效后再进行 s 变换。

4. 受控源

图 5.5-4(a)所示为四种线性受控源时域模型，对应的 s 域模型如图(b)所示。

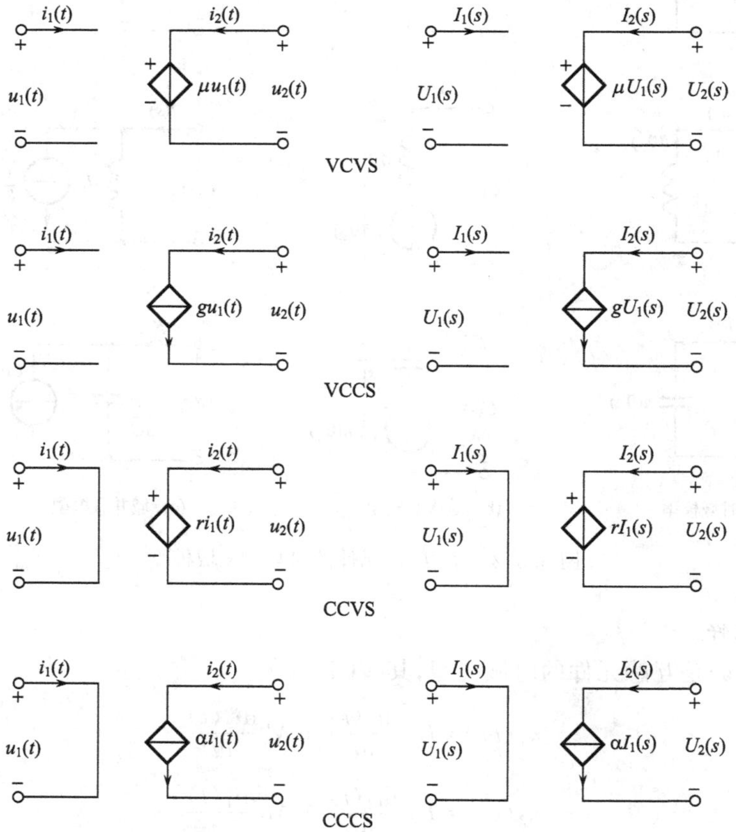

(a) 时域模型　　(b) s域模型

图 5.5-4　四种受控源的时域和 s 域模型

5. 电压放大器

图 5.5-5 (a)是由电压放大器和理想运算放大器构成的时域模型，图 5.5-5(b)是 s 域模型。对于理想电压放大器，输入端电流为零，输入输出电压关系为

$$u_o(t) = A[u_+(t) - u_-(t)] \tag{5.5-11}$$

其 s 域特性为

$$U_o(s) = A[U_+(s) - U_-(s)] \tag{5.5-12}$$

理想运算放大器，由于 $A \to \infty$，而输出电压有限，故 $u_+(t) = u_-(t)$。其 s 域特性为

$$U_+(s) = U_-(s) \tag{5.5-13}$$

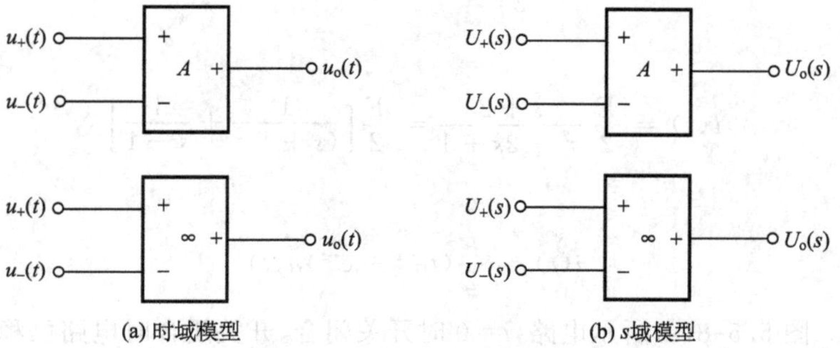

图 5.5-5　电压放大器和运算放大器的时域和 s 域模型

5.5.3　复阻抗

图 5.5-6 所示的单口网络，在零状态下(内部动态元件无初始储能)，定义复阻抗 $Z(s)$ 为

$$Z(s) = \frac{U(s)}{I(s)} \tag{5.5-14}$$

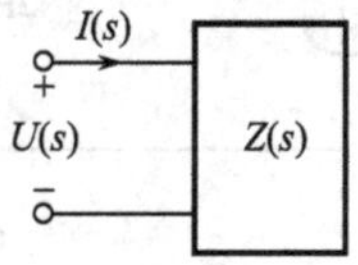

图 5.5-6　单口网络

定义 $Y(s) = \dfrac{1}{Z(s)} = \dfrac{I(s)}{U(s)}$ 为复导纳。

复阻抗和复导纳具有电阻和电导单位。

5.5.4　用 s 变换分析电路

对于能使用 s 变换分析的电路，可先将电路的时域模型转化为 s 域模型，根据电路分析中的分析方法建立方程并求解，下面举例说明。

例 5.5-1　图 5.5-7(a)所示电路，开关在 $t=0$ 时打开，已知开关打开前电路已稳定，求开关打开后的电流 $i(t)$。

解　先求 $i_L(0_-)$ 和 $u_C(0_-)$。

很容易求得 $i_L(0_-) = \dfrac{E}{2}$，$u_C(0_-) = 0$。画出 $t>0$(开关打开后)的 s 域电路，如图 5.5-7(b)所示。

列 KVL 方程有

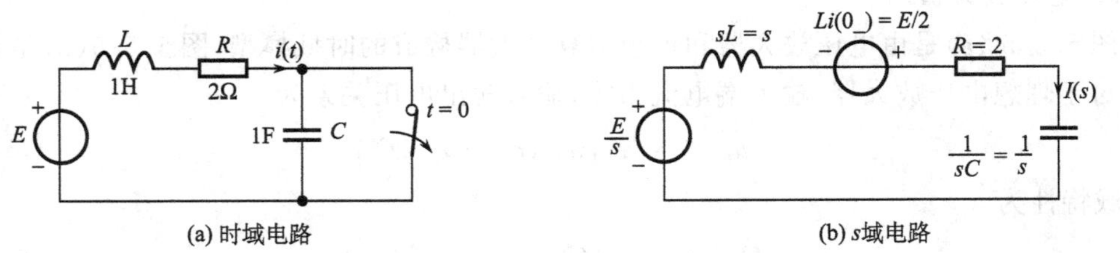

(a) 时域电路 (b) s域电路

图 5.5-7 例 5.5-1 的电路

$$sI(s)-\frac{E}{2}+2I(s)+\frac{1}{s}I(s)=\frac{E}{s}$$

求得

$$I(s)=\frac{E}{2}\frac{s+2}{s^2+2s+1}=\frac{E}{2}\left[\frac{1}{(s+1)^2}+\frac{1}{s+1}\right]$$

所以

$$i(t)=\frac{E}{2}(t\mathrm{e}^{-t}+\mathrm{e}^{-t})u(t)$$

例 5.5-2 图 5.5-8(a)所示电路，$t=0$ 时开关闭合，开关闭合时电路已稳态，求 $t>0$ 时 $u_o(t)$。

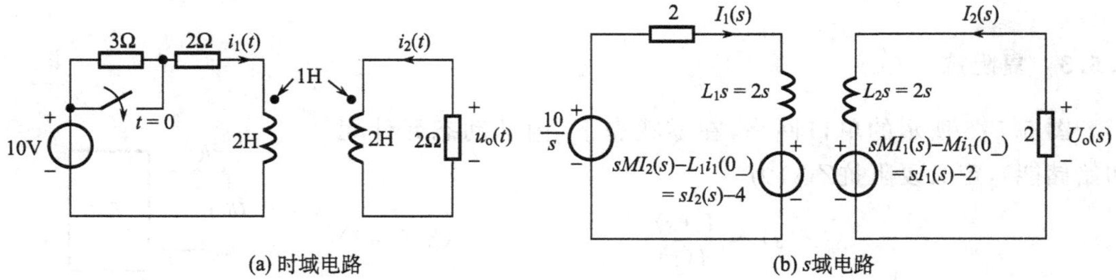

(a) 时域电路 (b) s域电路

图 5.5-8 例 5.5-2 电路

解 $i_1(0_-)=\frac{10}{3+2}=2\mathrm{A}, i_2(0_-)=0$。$t>0$ 时 s 域电路如图 5.5-8(b)所示。

列两网孔 KVL，得

$$(2+2s)I_1(s)+sI_2(s)-4-\frac{10}{s}=0$$

$$(2+2s)I_2(s)+sI_1(s)-2=0$$

求得

$$I_2(s)=\frac{-2}{s^2+\frac{8}{3}s+\frac{4}{3}}=\frac{-2}{(s+2)\left(s+\frac{2}{3}\right)}$$

$$U_o(s)=-2I_2(s)=\frac{4}{(s+2)\left(s+\frac{2}{3}\right)}=\frac{-3}{s+2}+\frac{3}{s+\frac{2}{3}}$$

所以

$$u_o(t) = 3(e^{-\frac{2}{3}t} - e^{-2t})u(t)$$

例 5.5-3　如图 5.5-9 (a) 所示电路及图(b) 所示激励 $e(t)$，求 $t>0$ 时的电流 $i(t)$和电压 $u_o(t)$。

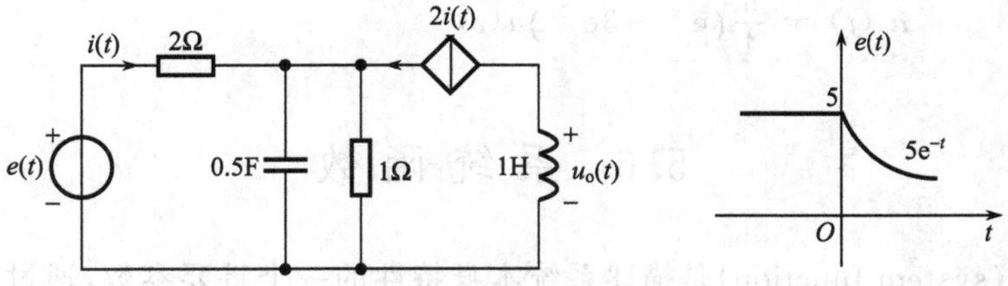

(a) 时域电路　　(b) 激励信号

图 5.5-9　例 5.5-3 电路及激励

解　(1)求 $u_C(0_-)$和 $i_L(0_-)$。

$t=0_-$ 时的等效电路如图 5.5-10 (a)所示，KVL 有 $5=2i(0_-)+3i(0_-)$，求得

$$i(0_-) = 1\text{A}, \quad u_C(0_-) = 3i(0_-) = 3\text{V}, \quad i_L(0_-) = 2i(0_-) = 2\text{A}$$

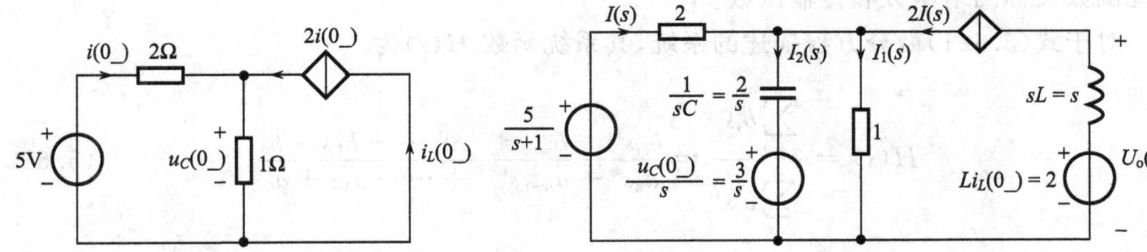

(a) $t=0_$时刻的等效电路　　(b) $t>0$时的s域电路

图 5.5-10　等效电路

(2) $t>0$ 时 s 域电路如图 5.5-10 (b)所示。

KVL 有

$$2I(s) + I_1(s) = \frac{5}{s+1}$$

$$I_1(s) = \frac{2}{s}I_2(s) + \frac{3}{s}$$

KCL 有

$$I(s) + 2I(s) = I_1(s) + I_2(s)$$

求得

$$I(s) = \frac{s+\frac{7}{2}}{(s+1)(s+5)} = \frac{\frac{5}{8}}{s+1} + \frac{\frac{3}{8}}{s+5}$$

则

$$i(t) = \left(\frac{5}{8}e^{-t} + \frac{3}{8}e^{-5t}\right)u(t)$$

$$U_o(s) = 2 - 2sI(s) = \frac{5s+10}{s^2+6s+5} = \frac{\frac{5}{4}}{s+1} + \frac{\frac{15}{4}}{s+5}$$

$$u_o(t) = \frac{5}{4}(e^{-t} + 3e^{-5t})u(t)$$

5.6 系统函数

系统函数(system function)是描述系统本身特性的一个重要参数,通过系统函数可对系统进行模拟,进一步研究系统的稳定性、系统的频率响应特性等。

5.6.1 系统函数

系统函数 $H(s)$定义为系统的零状态响应的拉氏变换与激励信号的拉氏变换之比,即

$$H(s) = \frac{R_{ZS}(s)}{E(s)} = \frac{R(s)}{E(s)} \tag{5.6-1}$$

系统函数又称网络函数和传输函数。

对于式(5.4-1)微分方程描述的系统,其系统函数 $H(s)$为

$$H(s) = \frac{\sum_{j=0}^{m} b_j s^j}{\sum_{i=0}^{n} a_i s^i} = \frac{b_m s^m + b_{m-1}s^{m-1} + \cdots + b_1 s + b_0}{a_n s^n + a_{n-1}s^{n-1} + \cdots + a_1 s + a_0} \tag{5.6-2}$$

令 $E(s)=1$,即 $e(t)=\delta(t)$,有

$$H(s) = \mathscr{L}[h(t)] \tag{5.6-3}$$

表明系统函数是单位冲激响应的拉氏变换,或系统冲激响应是系统函数的拉氏反变换

$$h(t) = \mathscr{L}^{-1}[H(s)] \tag{5.6-4}$$

例 5.6-1 系统的微分方程为$\frac{d^2}{dt^2}r(t)+3\frac{d}{dt}r(t)+2r(t)=\frac{d}{dt}e(t)+3e(t)$,求系统函数 $H(s)$及单位冲激响应 $h(t)$和单位阶跃响应 $g(t)$。

解 零状态下对微分方程两边进行单边 s 变换有

$$s^2R(s) + 3sR(s) + 2R(s) = sE(s) + 3E(s)$$

求得系统函数为

$$H(s) = \frac{R(s)}{E(s)} = \frac{s+3}{s^2+3s+2}$$

单位冲激响应为

$$h(t) = \mathscr{L}^{-1}[H(s)] = \mathscr{L}^{-1}\left[\frac{2}{s+1} + \frac{-1}{s+2}\right] = (2e^{-t} - e^{-2t})u(t)$$

单位阶跃响应

$$g(t)=\mathscr{L}^{-1}\left[H(s)\cdot\frac{1}{s}\right]=\mathscr{L}^{-1}\left[\frac{\frac{3}{2}}{s}+\frac{-2}{s+1}+\frac{\frac{1}{2}}{s+2}\right]=\left(\frac{3}{2}-2\mathrm{e}^{-t}+\frac{1}{2}\mathrm{e}^{-2t}\right)u(t)$$

例 5.6-2　图 5.6-1(a) 所示电路，输入为 $u_{\mathrm{i}}(t)$，输出为 $u_{\mathrm{o}}(t)$，写出输入输出方程。

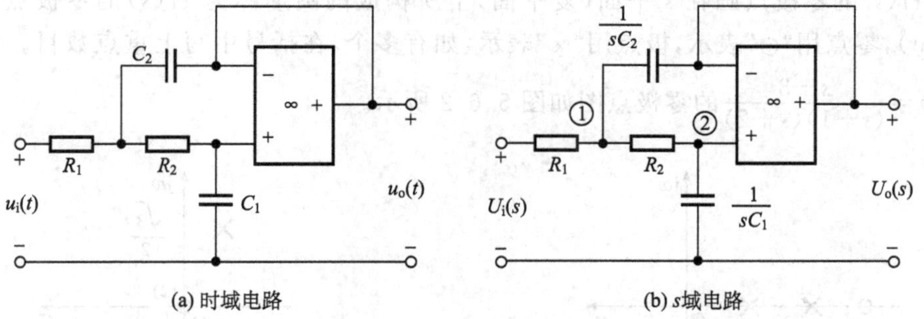

图 5.6-1　例 5.6-2 电路

解　先求出系统函数，再求输入输出方程，s 域电路如图 5.6-1(b)所示。

运算放大器的正、负输入端电压相等，即 $U_2(s)=U_{\mathrm{o}}(s)=U_2(s)$，正、负输入端电流为零。列节点 1 的 KCL 方程有

$$\frac{U_{\mathrm{i}}(s)-U_1(s)}{R_1}=\frac{U_1(s)-U_{\mathrm{o}}(s)}{\frac{1}{sC_2}}+\frac{U_1(s)-U_{\mathrm{o}}(s)}{R_2}$$

列节点 2 的 KCL 有

$$\frac{U_1(s)-U_{\mathrm{o}}(s)}{R_2}=\frac{U_{\mathrm{o}}(s)}{\frac{1}{sC_1}}$$

求解以上两方程，得

$$U_{\mathrm{o}}(s)=\frac{1}{R_1R_2C_1C_2s^2+(R_1C_1+R_2C_2)s+1}U_{\mathrm{i}}(s)$$

求得系统函数为

$$H(s)=\frac{U_{\mathrm{o}}(s)}{U_{\mathrm{i}}(s)}=\frac{1}{R_1R_2C_1C_2s^2+(R_1C_1+R_2C_2)s+1}$$

输入输出方程为

$$R_1R_2C_1C_2\frac{\mathrm{d}^2}{\mathrm{d}t^2}u_{\mathrm{o}}(t)+(R_1C_1+R_2C_2)\frac{\mathrm{d}}{\mathrm{d}t}u_{\mathrm{o}}(t)+u_{\mathrm{o}}(t)=u_{\mathrm{i}}(t)$$

5.6.2　系统函数的零极点图

将式(5.6-2)右边的分子、分母多项式进行因式分解(设单根情况)，有

$$H(s)=\frac{N(s)}{D(s)}=\frac{b_m(s-z_1)(s-z_2)\cdots(s-z_m)}{a_n(s-p_1)(s-p_2)\cdots(s-p_n)}=H_0\frac{\prod\limits_{k=1}^{m}(s-z_k)}{\prod\limits_{i=1}^{n}(s-p_i)}\qquad(5.6\text{-}5)$$

式中，$H_0=\frac{b_m}{a_n}$；$p_i(i=1,2,\cdots,n)$为 $D(s)=0$ 的根；$z_k(k=1,2,\cdots,m)$为 $N(s)=0$ 的根。称 z_k 为 $H(s)$的零点(zero)，p_i 为 $H(s)$的极点(pole)，$H(s)$的极点又称为系统的固有频率或自然频率。

将 $H(s)$的零极点画在 s 平面(复平面)上所构成的图形称为 $H(s)$的零极点图(zero-pole plot)，零点用"○"表示，极点用"×"表示，如有多个，在括号中写上重点数目。例 5.6-1 中 $H(s)=\frac{s+3}{(s+1)(s+2)}$的零极点图如图 5.6-2 所示。

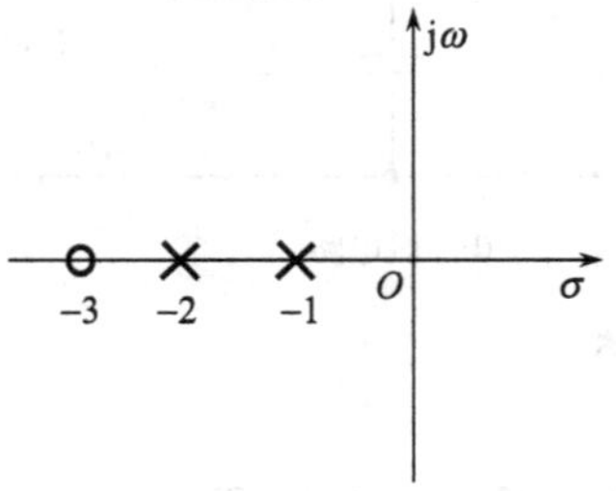

图 5.6-2 例 5.6-1$H(s)$的零极点图

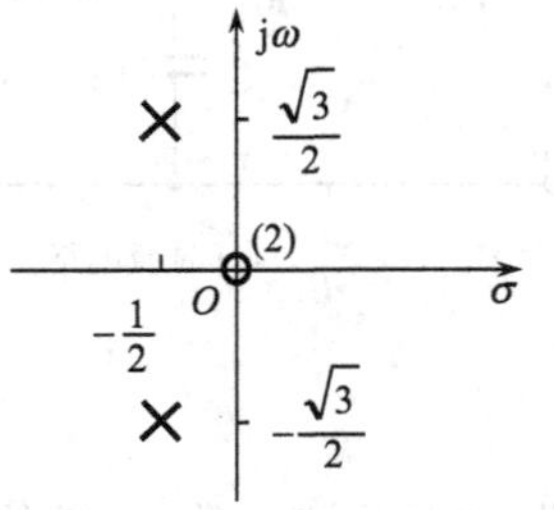

图 5.6-3 例 5.6-3$H(s)$的零极点图

例 5.6-3 已知 $H(s)$的零极点图如图 5.6-3 所示，且已知 $H_0=2$，求 $H(s)$及 $h(t)$。

解 从图中可知，$H(s)$有两个零点，且都为零，有两个极点 $p_{1,2}=-\frac{1}{2}\pm \mathrm{j}\frac{\sqrt{3}}{2}$。

系统函数为

$$H(s)=H_0\frac{s^2}{\left(s+\frac{1}{2}\right)^2+\frac{3}{4}}=\frac{2s^2}{s^2+s+1}$$

将 $H(s)$进行部分分式展开，为

$$H(s)=2-\frac{2s+2}{s^2+s+1}=2-\frac{2\left(s+\frac{1}{2}\right)+\frac{2}{\sqrt{3}}\times\frac{\sqrt{3}}{2}}{\left(s+\frac{1}{2}\right)^2+\left(\frac{\sqrt{3}}{2}\right)^2}$$

冲激响应为

$$h(t)=\mathscr{L}^{-1}[H(s)]=2\delta(t)-2\mathrm{e}^{-\frac{1}{2}t}\cos\left(\frac{\sqrt{3}}{2}t\right)u(t)-\frac{2}{\sqrt{3}}\mathrm{e}^{-\frac{1}{2}t}\sin\left(\frac{\sqrt{3}}{2}t\right)u(t)$$

5.6.3 $H(s)$的极点与 $h(t)$的关系

由于 $H(s)$和 $h(t)$是一个拉氏变换对，所以只要知道 $H(s)$的零极点分布情况就可知 $h(t)$的变换规则。如将 $H(s)$进行部分分式展开，那么 $H(s)$的每个极点决定了相应的时间函数的变化，分以下几种情况

1. 实数单极点(图 5.6-4)

由于$\frac{1}{s-p}\leftrightarrow \mathrm{e}^{pt}u(t)$

(1) 极点在原点,即 $p=0$,此时 $h(t)=u(t)$。

(2) 极点在 jω 轴左边,即 $p<0$,此时 $h(t)=e^{pt}u(t)$是指数衰减。

(3) 极点在 jω 轴右边,即 $p>0$,此时 $h(t)=e^{pt}u(t)$是指数增加。

2. 共轭复数单极点(图 5.6-5)

$p_{1,2}=\alpha\pm j\omega$,由于

$$\frac{\omega}{(s-\alpha)^2+\omega^2}\leftrightarrow e^{\alpha t}\sin(\omega t)u(t)$$

(1) 极点在 jω 轴上,此时 $\alpha=0$,$h(t)=\sin(\omega t)u(t)$ 是等幅正弦振荡。

(2) 极点在 jω 轴左边,即 $\alpha<0$,$h(t)=e^{\alpha t}\sin(\omega t)u(t)$呈衰减的正弦振荡。

(3) 极点在 jω 轴右边,即 $\alpha>0$,$h(t)=e^{\alpha t}\sin(\omega t)u(t)$呈增长的正弦振荡。

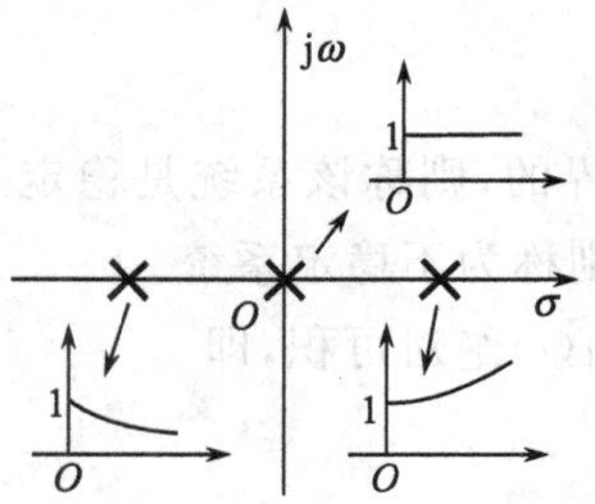

图 5.6-4 $H(s)$的实数单极点与 $h(t)$的关系示意图

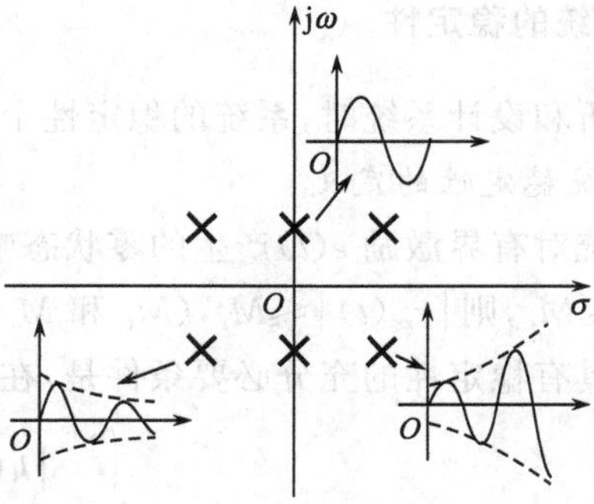

图 5.6-5 $H(s)$的共轭复数单极点与 $h(t)$的关系图

3. 二重实数极点(图 5.6-6)

$$p_1=p_2=p,\qquad 由于\frac{1}{(s-p)^2}\leftrightarrow te^{pt}u(t)$$

(1) 极点在原点,即 $p=0$,此时 $h(t)=tu(t)$呈斜坡增长。

(2) 极点在 jω 轴左边,即 $p<0$,此时 $h(t)=te^{pt}u(t)$呈先增长后衰减变化。

(3) 极点在 jω 轴右边,即 $p>0$,此时 $h(t)=te^{pt}u(t)$呈增大变化。

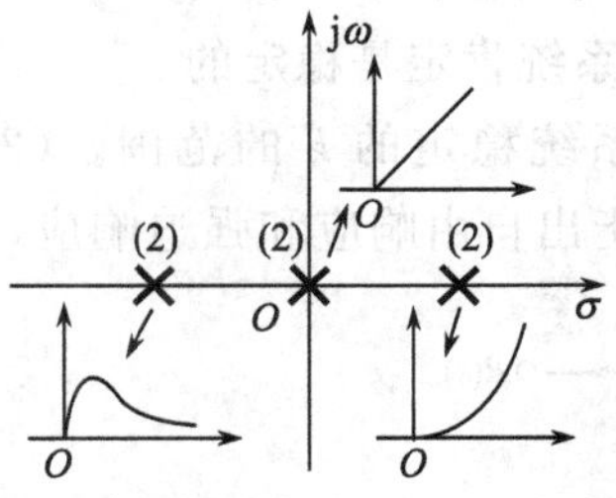

图 5.6-6 $H(s)$的二重实数单极点与 $h(t)$的关系示意图

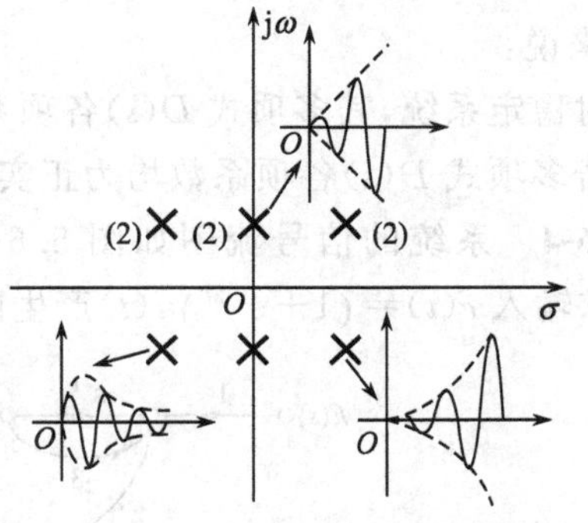

图 5.6-7 $H(s)$的二重共轭复数极点与 $h(t)$的关系示意图

4. 二重共轭复数极点(图 5.6-7)

$\alpha\pm j\omega$ 为二重共轭复数极点，由于

$$\frac{2\omega(s-\alpha)}{[(s-\alpha)^2+\omega^2]^2}\leftrightarrow te^{\alpha t}\sin(\omega t)u(t)$$

(1) 极点在 $j\omega$ 轴上，此时 $\alpha=0$，即 $h(t)=t\sin(\omega t)u(t)$ 呈增长的正弦振荡。

(2) 极点在 $j\omega$ 轴左边，$\alpha<0$，$h(t)=te^{\alpha t}\sin(\omega t)u(t)$ 呈衰减的正弦振荡。

(3) 极点在 $j\omega$ 轴右边，$\alpha>0$，$h(t)=te^{\alpha t}\sin(\omega t)u(t)$ 呈增长的正弦振荡。

从图可见，若 $H(s)$ 的极点落在 s 平面的左半平面，则 $h(t)$ 为衰减形式；若极点是在 s 的右半平面，则 $h(t)$ 为增长；若在虚轴上单阶极点呈等幅振荡；若在虚轴有重极点，则 $h(t)$ 是增长的。

5.6.4　系统的稳定性

在分析和设计系统时，系统的稳定性十分重要。

1. 系统稳定性的定义

若系统对有界激励 $e(t)$ 产生的零状态响应 $r_{zs}(t)$ 也是有界的，则称该系统是稳定系统，即 $|e(t)|\leqslant M_e$，则 $|r_{zs}(t)|\leqslant M_r$，(M_e 和 M_r 为正实常数)，否则称为不稳定系统。

系统具有稳定性的充分必要条件是：在时域中冲激响应 $h(t)$ 绝对可积，即

$$\int_{-\infty}^{\infty}|h(t)|\,dt<\infty \tag{5.6-6}$$

2. 稳定性的判断

对于因果系统，可从 $H(s)$ 的极点在 s 平面的分布来判断系统的稳定性。

(1) 满足 $\lim\limits_{t\to\infty}h(t)=0$，系统稳定。为使系统稳定，系统函数 $H(s)$ 的极点必须全部在 s 的左半平面。

(2) $\lim\limits_{t\to\infty}h(t)=M_h$（$M_h$ 为非零的有界值），系统是临界(条件)稳定(marginal stable)的，系统函数 $H(s)$ 的极点在 $j\omega$ 轴上只有单极点，其余全都在 s 左半平面才能达到临界稳定。

(3) 当 $\lim\limits_{t\to\infty}h(t)=\infty$，系统是不稳定的，$H(s)$ 只要有一个极点在 s 右半平面则系统不稳定，在 $j\omega$ 轴上有重极点也是不稳定的。

$H(s)$ 的极点在 s 平面的分布可用劳斯判据确定，见附录 C。

一般来说：

(1) 对稳定系统，其多项式 $D(s)$ 各项系数均为正实常数，多项式中无缺项。

(2) 若多项式 $D(s)$ 各项系数均为正实常数，则对于二阶系统肯定是稳定的。

例 5.6-4　系统的信号流图如图 5.6-8 所示。(1) 求系统稳定的 k 的范围。(2) 当 $k=0$ 时，求输入 $e(t)=(1+e^{-2t})u(t)$ 产生的零状态响应，并指出自由响应和强迫响应，稳态

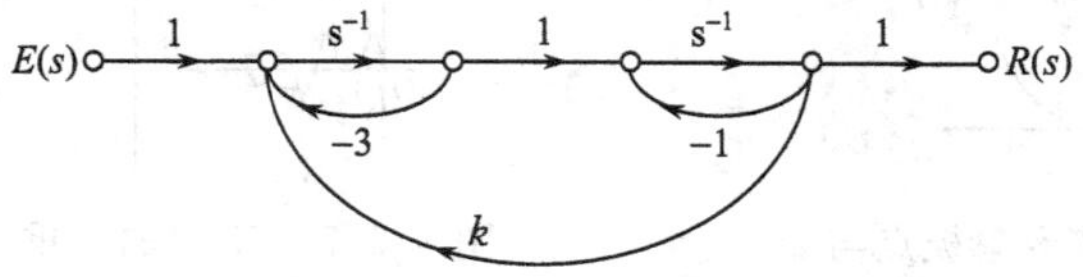

图 5.6-8　系统的信号流图

响应和瞬态响应。

解　(1) 由梅森公式求出系统函数

有 3 个环，$L_1=-3s^{-1}$，$L_2=-s^{-1}$，$L_3=ks^{-2}$，L_1 和 L_2 不接触，所以

$$\Delta = 1-(L_1+L_2+L_3)+L_1L_2 = 1+4s^{-1}+(3-k)s^{-2}$$

一个前向通道

$$g_1 = s^{-2},\quad \Delta_1 = 1$$

系统函数

$$H(s) = \frac{g_1\Delta_1}{\Delta} = \frac{s^{-2}}{1+4s^{-1}+(3-k)s^{-2}} = \frac{1}{s^2+4s+(3-k)}$$

要使系统稳定，要求 $3-k>0$，即 $k<3$。当 $k=3$ 时，系统临界稳定。

(2) $k=0$ 时

$$H(s) = \frac{1}{s^2+4s+3}$$

$$e(t) = (1+\mathrm{e}^{-2t})u(t)\leftrightarrow E(s) = \frac{1}{s}+\frac{1}{s+2}$$

$$R(s) = H(s)E(s) = \frac{1}{(s+1)(s+3)}\left(\frac{1}{s}+\frac{1}{s+2}\right) = \frac{1}{3}\cdot\frac{1}{s}-\frac{1}{s+2}+\frac{2}{3}\cdot\frac{1}{s+3}$$

零状态响应为

$$r_{zs}(t) = \frac{1}{3}u(t)-\mathrm{e}^{-2t}u(t)+\frac{2}{3}\mathrm{e}^{-3t}u(t)$$

自由响应为$\frac{2}{3}\mathrm{e}^{-3t}u(t)$，强迫响应为$\frac{1}{3}u(t)-\mathrm{e}^{-2t}u(t)$，稳态响应为$\frac{1}{3}u(t)$，瞬态响应为$-\mathrm{e}^{-2t}u(t)+\frac{2}{3}\mathrm{e}^{-3t}u(t)$。

5.7　系统的频率响应

对于稳定的 LTI 连续系统，当激励是正弦信号时，稳态响应也是与输入信号同频率的正弦信号，频率响应反映不同频率正弦信号作用下稳态响应与频率的关系，所以研究频率响应的前提是系统必须是稳定的。

5.7.1　系统的频率响应

对于稳定系统，定义系统的频率响应 $H(\mathrm{j}\omega)$ 为

$$H(\mathrm{j}\omega) = H(s)\big|_{s=\mathrm{j}\omega} \tag{5.7-1}$$

注意，只有 $H(s)$ 极点都在 s 的左半平面，即为稳定系统才可用式(5.7-1)来计算。

$H(\mathrm{j}\omega)$一般是复数函数，表示为

$$H(\mathrm{j}\omega) = |H(\mathrm{j}\omega)|\mathrm{e}^{\mathrm{j}\varphi(\omega)} \tag{5.7-2}$$

$|H(\mathrm{j}\omega)|$和 $\varphi(\omega)$分别称为系统的幅频特性和相频特性。

5.7.2 正弦稳态响应

对于稳态系统函数为 $H(s)=\dfrac{N(s)}{D(s)}$ 的 LTI 连续系统，当正弦信号在 $t=0$ 作用于系统，系统的零状态响应中的瞬态响应是随时间而衰减的，当经过一定时间后，衰减为零，只有正弦稳态响应。

当输入信号为 $e_1(t)=\mathrm{e}^{\mathrm{j}\omega t}u(t)$ 时，零状态响应的拉氏变换为 $R_1(s)$，则

$$R_1(s)=H(s)E_1(s)=H(s)\frac{1}{s-\mathrm{j}\omega}=\frac{N_1(s)}{D(s)}+\frac{K_1}{s-\mathrm{j}\omega}$$

其中

$$K_1=(s-\mathrm{j}\omega)R_1(s)\big|_{s=\mathrm{j}\omega}=H(s)\big|_{s=\mathrm{j}\omega}=H(\mathrm{j}\omega)=|H(\mathrm{j}\omega)|\mathrm{e}^{\mathrm{j}\varphi(\omega)}$$

由于系统是稳定的，$D(s)=0$ 的所有根都在 s 的左半平面，故 $\mathscr{L}^{-1}\left[\dfrac{N_1(s)}{D(s)}\right]$ 的稳态响应为零，$r_1(t)$ 的稳态响应为

$$r_{1\mathrm{w}}(t)=\mathscr{L}^{-1}\left[\frac{K_1}{s-\mathrm{j}\omega}\right]=K_1\mathrm{e}^{\mathrm{j}\omega t}u(t)=H(\mathrm{j}\omega)\mathrm{e}^{\mathrm{j}\omega t}u(t)$$

即

$$e_1(t)=\mathrm{e}^{\mathrm{j}\omega t}u(t)\rightarrow r_{1\mathrm{w}}(t)=H(\mathrm{j}\omega)\mathrm{e}^{\mathrm{j}\omega t}u(t) \tag{5.7-3}$$

当输入信号为 $e_2(t)=\mathrm{e}^{-\mathrm{j}\omega t}u(t)$ 时，零状态响应的拉氏变换为 $R_2(s)$，则

$$R_2(s)=H(s)E_2(s)=H(s)\frac{1}{s+\mathrm{j}\omega}=\frac{N_2(s)}{D(s)}+\frac{K_2}{s+\mathrm{j}\omega}$$

其中

$$K_2=(s+\mathrm{j}\omega)R_2(s)\big|_{s=-\mathrm{j}\omega}=H(s)\big|_{s=-\mathrm{j}\omega}=H(-\mathrm{j}\omega)=|H(\mathrm{j}\omega)|\mathrm{e}^{-\mathrm{j}\varphi(\omega)}$$

$r_2(t)$ 的稳态响应为

$$r_{2\mathrm{w}}(t)=\mathscr{L}^{-1}\left[\frac{K_2}{s+\mathrm{j}\omega}\right]=K_2\mathrm{e}^{-\mathrm{j}\omega t}u(t)=H(-\mathrm{j}\omega)\mathrm{e}^{-\mathrm{j}\omega t}u(t)$$

即

$$e_2(t)=\mathrm{e}^{-\mathrm{j}\omega t}u(t)\rightarrow r_{2\mathrm{w}}(t)=H(-\mathrm{j}\omega)\mathrm{e}^{-\mathrm{j}\omega t}u(t) \tag{5.7-4}$$

当输入信号为 $e(t)=E_m\sin(\omega t+\theta)u(t)$ 时，由于

$$\sin(\omega t+\theta)=\frac{\mathrm{e}^{\mathrm{j}(\omega t+\theta)}-\mathrm{e}^{-\mathrm{j}(\omega t+\theta)}}{\mathrm{j}2}=\frac{\mathrm{e}^{\mathrm{j}\theta}}{\mathrm{j}2}\mathrm{e}^{\mathrm{j}\omega t}-\frac{\mathrm{e}^{-\mathrm{j}\theta}}{\mathrm{j}2}\mathrm{e}^{-\mathrm{j}\omega t}$$

得

$$e(t)=\frac{E_m}{\mathrm{j}2}\mathrm{e}^{\mathrm{j}\theta}e_1(t)-\frac{E_m}{\mathrm{j}2}\mathrm{e}^{-\mathrm{j}\theta}e_2(t)$$

根据线性特性，$e(t)$ 产生的稳态响应为

$$\begin{aligned}r_{\mathrm{w}}(t)&=\frac{E_m}{\mathrm{j}2}\mathrm{e}^{\mathrm{j}\theta}r_{1\mathrm{w}}(t)-\frac{E_m}{\mathrm{j}2}\mathrm{e}^{-\mathrm{j}\theta}r_{1\mathrm{w}}(t)=\frac{E_m}{\mathrm{j}2}\mathrm{e}^{\mathrm{j}\theta}H(\mathrm{j}\omega)\mathrm{e}^{\mathrm{j}\omega t}u(t)-\frac{E_m}{\mathrm{j}2}\mathrm{e}^{-\mathrm{j}\theta}H(-\mathrm{j}\omega)\mathrm{e}^{-\mathrm{j}\omega t}u(t)\\&=\frac{E_m}{\mathrm{j}2}\mathrm{e}^{\mathrm{j}(\omega t+\theta)}|H(\mathrm{j}\omega)|\mathrm{e}^{\mathrm{j}\varphi(\omega)}u(t)-\frac{E_m}{\mathrm{j}2}\mathrm{e}^{-\mathrm{j}(\omega t+\theta)}|H(\mathrm{j}\omega)|\mathrm{e}^{-\mathrm{j}\varphi(\omega)}u(t)\end{aligned}$$

$$= E_m\,|H(j\omega)|\,\frac{e^{j[\omega t+\theta+\varphi(\omega)]}-e^{-j[\omega t+\theta+\varphi(\omega)]}}{j2}u(t) = E_m\,|H(j\omega)|\sin[\omega t+\theta+\varphi(\omega)]u(t)$$

即

$$e(t) = E_m\sin(\omega t+\theta)u(t) \rightarrow r_w(t) = E_m\,|H(j\omega)|\sin[\omega t+\theta+\varphi(\omega)]u(t) \tag{5.7-5}$$

同理可得

$$e(t) = E_m\cos(\omega t+\theta)u(t) \rightarrow r_w(t) = E_m\,|H(j\omega)|\cos[\omega t+\theta+\varphi(\omega)]u(t) \tag{5.7-6}$$

例 5.7-1　系统的微分方程为$\frac{d^2}{dt^2}r(t)+2\frac{dr(t)}{dt}+2r(t)=\frac{d}{dt}e(t)$，(1) 求频率响应，并画出幅频特性和相频特性；(2) 求 $e(t)=10\sin(t+45°)u(t)$的稳态响应。

解　(1) 先求出系统函数 $H(s)$

$$H(s) = \frac{s}{s^2+2s+2}$$

由于系统是稳定的，故频率响应

$$H(j\omega) = H(s)\big|_{s=j\omega} = \frac{j\omega}{-\omega^2+2j\omega+2} = \frac{\omega}{\sqrt{\omega^4+4}}e^{j\left[90°-\arctan\left(\frac{2\omega}{2-\omega^2}\right)\right]}$$

$$|H(j\omega)| = \frac{\omega}{\sqrt{\omega^4+4}},\quad \varphi(\omega) = 90°-\arctan\left(\frac{2\omega}{2-\omega^2}\right)$$

频率特性如图 5.7-1 所示。

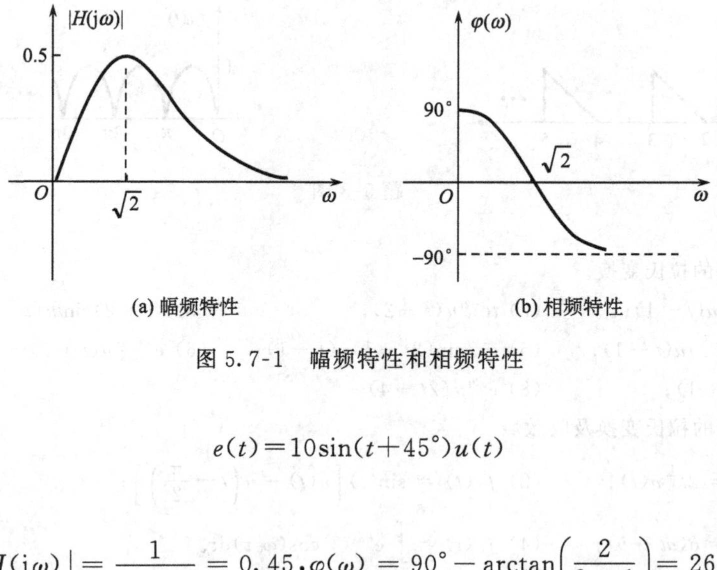

图 5.7-1　幅频特性和相频特性

(2)

$$e(t)=10\sin(t+45°)u(t)$$

$\omega=1$ 时

$$|H(j\omega)| = \frac{1}{\sqrt{1+4}} = 0.45,\ \varphi(\omega) = 90°-\arctan\left(\frac{2}{2-1}\right) = 26.6°$$

正弦稳态响应为

$$r_w(t) = E_m\,|H(j\omega)|\sin[t+45°+\varphi(\omega)]u(t) = 4.5\sin(t+71.6°)u(t)$$

习 题 五

5-1 用拉氏变换的定义计算下列信号的拉氏变换及收敛域。

(1) $e^{-4t}u(t)$； (2) $e^{-4t}u(-t)$； (3) $e^{-2|t|}$； (4) $e^{-t}u(t-1)+2\delta(t+2)$。

5-2 求下列信号的拉氏变换并标注收敛域。

(1) $e^{-t}u(t)+e^{-2t}u(t)$； (2) $(t+2)u(t)$； (3) $t^2e^{-2t}u(t)$； (4) $\sin(2t)u(t)$。

(5) $\cos^2(2t)u(t)$； (6) $\sin t\cos(3t)u(t)$； (7) $te^{-2t}\sin tu(t)$； (8) $\sin\left(2t+\frac{\pi}{4}\right)u(t)$；

(9) $e^{-t}\cos\left(t-\frac{\pi}{3}\right)u(t)$； (10) $\mathrm{Sa}(t)u(t)$； (11) $\mathrm{Sa}(5t)u(t)$； (12) $\int_0^t \tau\sin\tau\mathrm{d}\tau$；

(13) $\frac{\mathrm{d}^2}{\mathrm{d}t^2}[e^{-t}\sin(2t)u(t)]$； (14) $a^tu(t)$； (15) $\mathrm{ch}(at)u(t)$； (16) $\frac{e^{-t}-e^{-2t}}{t}u(t)$；

(17) $t\mathrm{ch}(2t)u(t)$； (18) $\frac{\mathrm{d}}{\mathrm{d}t}[t\mathrm{sh}(2t)u(t)]$。

5-3 求题 5-3 图所示信号的拉氏变换。

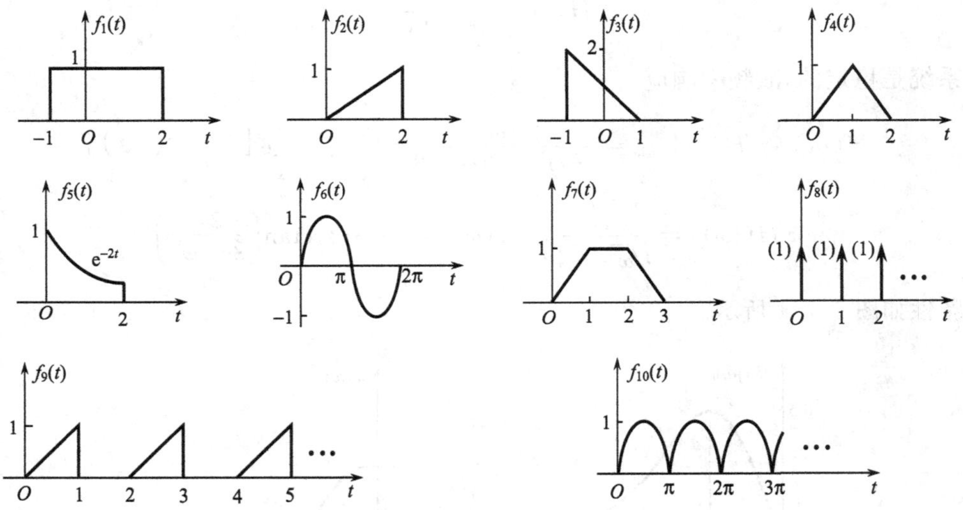

题 5-3 图

5-4 求下列信号的拉氏变换。

(1) $(t-2)u(t-1)$； (2) $te^{-2t}u(t-2)$； (3) $(t+2)\sin tu(t-1)$；

(4) $\cos(t-2)u(t-1)$； (5) $e^{-2t}\sin(2t-1)u(t-1)$； (6) $e^{-3t}[u(t+2)-u(t-3)]$；

(7) $tu(-t+1)$； (8) $e^{-2t}u(2t-4)$。

5-5 求下列信号的拉氏变换及收敛域。

(1) $f_1(t)=2t^{\frac{1}{2}}u(t)$； (2) $f_2(t)=\sin(t)\left[u(t)-u\left(t-\frac{\pi}{2}\right)\right]$；

(3) $f_3(t)=\delta(at-b)$； (4) $f_4(t)=\int_0^t e^{-a(t-\tau)}\cos(\omega_0\tau)\mathrm{d}\tau$。

5-6 无时限信号 $f(t)$，若 $f(t)u(t)\leftrightarrow F(s)$，证明：

(1) $f(-t)u(-t)\leftrightarrow F(-s)$； (2) $f(t)u(-t)\leftrightarrow -F(s)$；

(3) $f(-t)u(t)\leftrightarrow -F(-s)$。

5-7 求下列信号的拉氏变换及收敛域。

(1) $e^{3t}u(-t)$；　　(2) $e^{-t}u(t)+e^{2t}u(-t)$；

(3) $\sin(2t)u(-t)$；　　(4) $(e^{t}+e^{-2t})u(-t)$。

5-8 已知 $\mathscr{L}[f(t)]=\dfrac{1}{s^2+3s+2}(\sigma>-1)$，求下列信号的拉氏变换。

(1) $\int_0^t f(\tau)d\tau$；　　(2) $f(t)\sin(2t)$；　　(3) $\dfrac{1}{t}f(t)$；　　(4) $f(2t+4)$。

5-9 已知 $f(t)$ 的波形如题 5-9 图所示，求下列信号的拉氏变换。

(1) $f(t)u(t)$；　　(2) $e^{-2t}f(t)u(t)$；

(3) $f'(t)u(t)$；　　(4) $f^{(-1)}(t)u(t)$；

(5) $tf(t)u(t)$；　　(6) $f(t)u(-t)$。

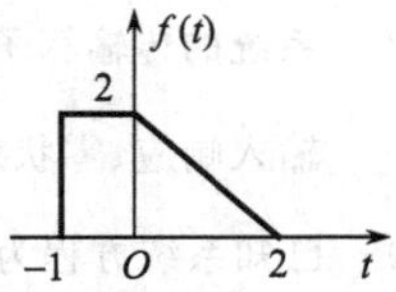

题 5-9 图

5-10 用拉氏变换性质求以下各题（$f(t)$ 是因果信号）。

(1) $e^{-t}u(t)*\sin tu(t)$；　　(2) $e^{-2t}u(t)*e^{-t}\cos(2t)u(t)$；　　(3) $t^3u(t)*t^2u(t)$；

(4) $e^{-t}u(t)*e^{-t}u(t-1)$；　(5) $f(t)*\dfrac{d}{dt}f(t)=(1-t)e^{-t}u(t)$；

(6) $f(t)*f^{(-1)}(t)=(1-t)e^{-t}u(t)$。

5-11 已知因果信号 $f(t)$ 的拉氏变换 $F(s)$ 如下，求 $f(t)$。

(1) $\dfrac{1}{2s+3}$；　　(2) $\dfrac{s+17}{s^2+9s+14}$；　　(3) $\dfrac{s^2+5s+3}{s^2+3s+2}$；

(4) $\dfrac{s-1}{s(s^2+2s+1)}$；　　(5) $\dfrac{4}{s^2(s+2)^2}$；　　(6) $\dfrac{s^2+4}{s^2+2s+5}$；

(7) $\dfrac{4}{(s^2+1)^2}$；　　(8) $\dfrac{4s+4}{(s^2+1)^2}$。

5-12 已知 $F(s)$，求有始信号 $f(t)$。

(1) $\dfrac{e^{-s}}{s^2}$；　　(2) $\dfrac{2s+5}{(s+2)^2}e^{-2s-4}$；　　(3) $\dfrac{e^{2s+4}-e^{-3s-6}}{s+2}$；

(4) $\dfrac{s}{1-e^{-s}}$；　　(5) $\ln\left(\dfrac{s+1}{s}\right)$；　　(6) $\dfrac{1}{2}\ln\left(\dfrac{\sqrt{s^2+4}}{s}\right)$；

(7) $\dfrac{1}{s+1}\cdot\dfrac{1}{1-e^{-2s}}$；　　(8) $\dfrac{1+e^{-s-1}}{(s+1)(1-e^{-3s})}$。

5-13 已知 $F(s)$ 和收敛域，求 $f(t)$。

(1) $\dfrac{s+5}{s^2+5s+6}(\sigma<-3)$；　　(2) $\dfrac{1}{s(s+1)^2}(\sigma<-1)$；　　(3) $\dfrac{s^2+2}{s^2+3s+2}(\sigma<-2)$；

(4) $\dfrac{s+1}{s^2(s-1)}(0<\sigma<1)$；　　(5) $\dfrac{2}{s^2-s-2}(-1<\sigma<2)$；　　(6) $\dfrac{1}{s(s+1)^2}(-1<\sigma<0)$。

5-14 已知 $f(t)=e^{-t}u(t)\leftrightarrow F(s)=\dfrac{1}{s+1}$，利用拉氏变换的性质求下列原函数。

(1) $F_1(s)=F(s)e^{-2s}$；　　(2) $F_2(s)=sF'(s)$；

(3) $F_3(s)=\dfrac{F'(s)}{s}$；　　(4) $F_4(s)=sF\left(\dfrac{s}{2}\right)e^{-s}$。

5-15 已知因果信号 $f(t)$ 的象函数 $F(s)$，求 $f(t)$ 的初值和终值。

(1) $\dfrac{s+3}{s^2+3s+2}$；　　(2) $\dfrac{s}{s^2+s-2}$；　　(3) $\dfrac{s^3+5s^2+1}{s^2+3s+2}$；

(4) $\dfrac{2s^2+3}{s(s^2+5s+4)}$；　　(5) $\dfrac{1-e^{-2s}}{s^3+s^2+2s+2}$。

5-16 LTI 系统，激励 $e_1(t)$ 作用下产生的零状态响应 $r_1(t)$ 如题 5-16 图所示。求：

(1) 系统的冲激响应；

(2) 激励 $e_2(t)=e^{-2(t-1)}u(t-1)$ 作用下产生的零状态响应 $r_2(t)$。

5-17 系统微分方程为 $\frac{d^2}{dt^2}r(t)+4\frac{d}{dt}r(t)+3r(t)=\frac{d}{dt}e(t)+3e(t)$，起始状态 $r(0_-)=0, r'(0_-)=1$。求 $e(t)=e^{-t}u(t)$ 时的零输入响应、零状态响应和完全响应。

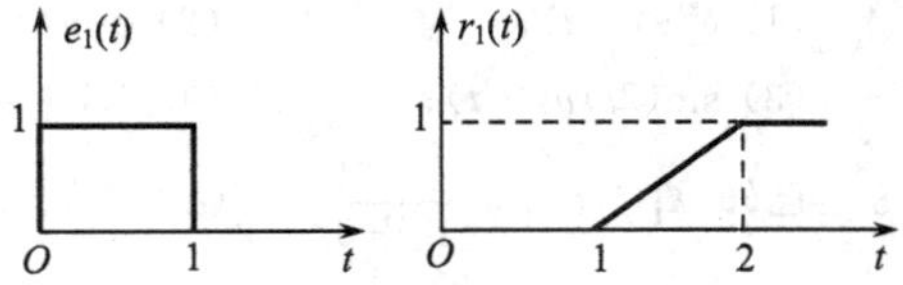

题 5-16 图

5-18 系统的传输算子 $H(p)=\frac{p^2+1}{p^2+2p+2}$，起始条件为 $r(0_-)=1, r'(0)=2$。求 $e(t)=\sin tu(t)$ 时的零输入响应、零状态响应和完全响应，并指出完全响应中的瞬态响应和稳态响应。

5-19 已知系统方程为 $\frac{d^2r(t)}{dt^2}+2\frac{d}{dt}r(t)+r(t)=\frac{d}{dt}e(t)$，起始条件为 $r(0_-)=1, r'(0_-)=2$，输入 $e(t)=u(-t)+e^{-t}u(t)$。求零输入响应、零状态响应和完全响应。

5-20 已知 $H(p)=\frac{p+3}{p^2+3p+2}$，$r(0)=0, r'(0_-)=-1$。求：

(1) $e(t)=tu(t)$ 时的自由响应和强迫响应；

(2) $e(t)=\cos\left(2t+\frac{\pi}{4}\right)u(t)$ 时的稳态响应。

5-21 求下列 LTI 系统的单位冲激响应和单位阶跃响应。

(1) $\frac{d}{dt}r(t)+3r(t)=\frac{d}{dt}e(t)+2e(t)$；

(2) $\frac{d^2}{dt^2}r(t)+10\frac{d}{dt}r(t)+16r(t)=\frac{d}{dt}e(t)+2e(t)$；

(3) $\frac{d^2}{dt^2}r(t)+8\frac{d}{dt}r(t)+16r(t)=\frac{d^3}{dt^3}e(t)+2\frac{d}{dt}e(t)+e(t)$。

5-22 已知系统的单位阶跃响应为 $(e^{-t}+2e^{-2t})u(t)$，求：

(1) 系统的单位冲激响应；

(2) 输入 $e(t)=te^{-t}u(t)$ 时的零状态响应；

(3) 因果信号作用下，$r(0_-)=1, r'(0_-)=1$ 时的零输入响应。

5-23 系统信号流图如题 5-23 图所示，当激励 $e(t)=3u(t)$ 时系统的完全响应为 $r(t)=\left(2-\frac{1}{2}e^{-t}-e^{-3t}\right)u(t)$。求：

(1) a, b 的值；

(2) 系统函数 $H(s)$，画出零极点图；

(3) 系统的零输入响应和零状态响应；

(4) 系统的起始状态。

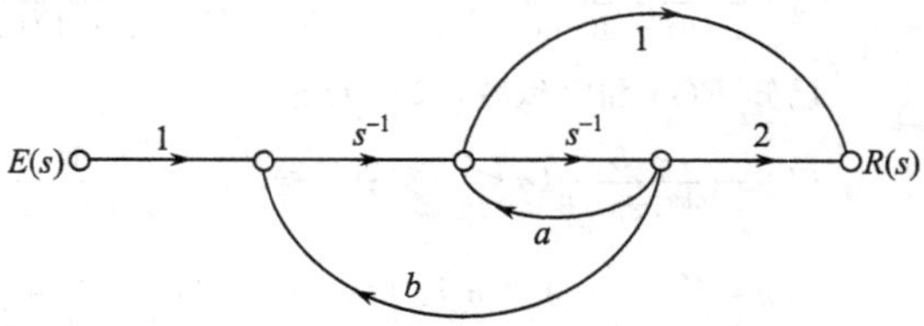

题 5-23 图

5-24 已知系统函数为 $H(s)=\frac{s}{s^2+3s+2}$，激励 $e(t)=u(-t)+(1-e^{-t})u(t)$ 时系统的完全响应为 $r(t)=(te^{-t}+e^{-t}-e^{-2t})u(t)$。求系统的零输入响应、零状态响应和起始状态。

5-25 题 5-25 图所示电路，开关已闭合很久，在 $t=0$ 时打开，求开关打开后的电压 $u_o(t)$。

5-26 求题 5-26 图中的系统函数 $H(s)$ 和电流 $i(t)$。

5-27 求题 5-27 图中的电流 $i(t)$。

5-28 LTI 系统的零极点如题 5-28 图所示，已知其阶跃响应的终值是 4，求输入 $e(t)=e^{-t}u(t)$ 的零状态响应 $r(t)$。

5-29 LTI 因果系统函数 $H(s)=\frac{s+2}{s^2+7s+12}$，求以下输入的输出。

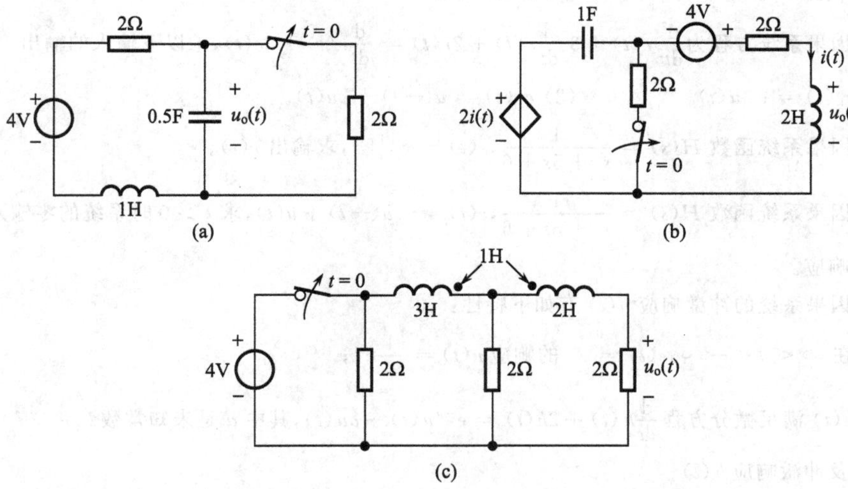

题 5-25 图

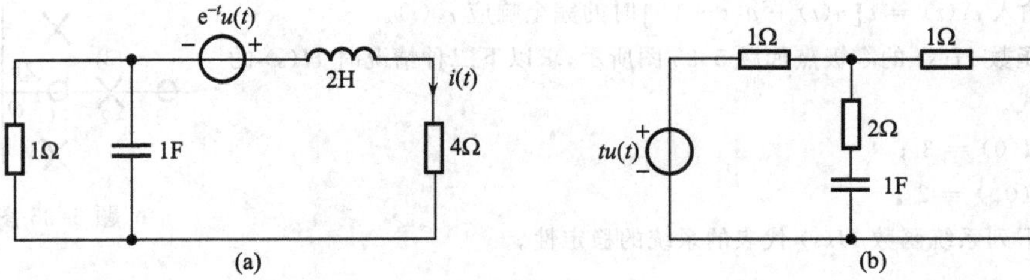

题 5-26 图

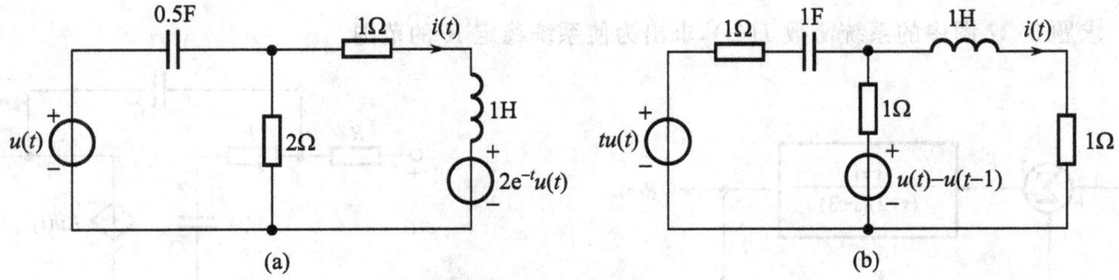

题 5-27 图

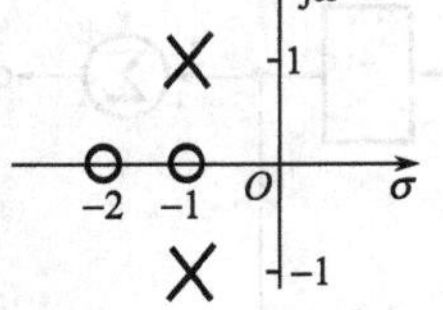

题 5-28 图

(1) $e_1(t)=\mathrm{e}^{-t}$；　　　　(2) $e_2(t)=2$。

5-30　LTI因果系统方程为$\frac{\mathrm{d}^2}{\mathrm{d}t^2}r(t)+3\frac{\mathrm{d}}{\mathrm{d}t}r(t)+2r(t)=\frac{\mathrm{d}}{\mathrm{d}t}e(t)+3e(t)$，求以下输入的输出。

(1) $e_1(t)=\mathrm{e}^{-t}u(t)$；　　　　(2) $e_2(t)=u(-t)+2u(t)$。

5-31　LTI因果系统函数 $H(s)=\frac{1}{s^2+5s+6}$，$e(t)=\mathrm{e}^{-|t|}$，求输出 $r(t)$。

5-32　LTI因果系统函数 $H(s)=\frac{1}{s^2+5s+6}$，$e(t)=-u(-t)+u(t)$，求 $t>0$ 时系统的零输入响应和零状态响应。

5-33　LTI因果系统的冲激响应 $h(t)$ 有如下特性：

(1) 在 $\infty<t<-\infty$，$e(t)=\mathrm{e}^{3t}$ 的响应 $r(t)=\frac{1}{6}\mathrm{e}^{3t}$；

(2) $h(t)$ 满足微分方程$\frac{\mathrm{d}}{\mathrm{d}t}h(t)+2h(t)=\mathrm{e}^{-3t}u(t)+au(t)$，其中 a 是未知常数。

求 a 及冲激响应 $h(t)$。

5-34　LTI系统，$e_1(t)=\delta(t)$ 作用时的完全响应 $r_1(t)=2\mathrm{e}^{-2t}u(t)$，$e_2(t)=u(t)$ 作用时的完全响应 $r_2(t)=2\mathrm{e}^{-t}u(t)-\mathrm{e}^{-2t}u(t)$。求：

(1) 系统的冲激响应 $h(t)$ 和阶跃响应 $g(t)$；

(2) 输入 $e_3(t)=t[u(t)-u(t-1)]$ 时的完全响应 $r_3(t)$。

5-35　系统函数 $H(s)$ 的零极点如题 5-35 图所示，求以下二种情况时 $H(s)$ 的表达式。

(1) $H(0)=3$；

(2) $h(0_+)=2$。

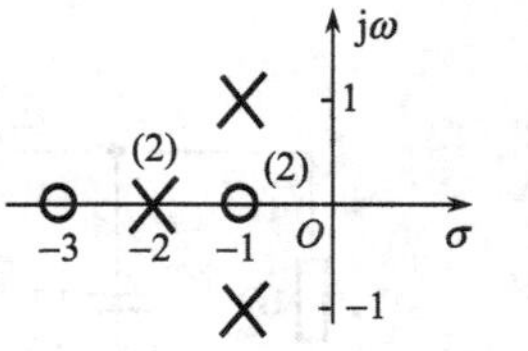

题 5-35 图

5-36　判断下列系统函数 $H(s)$ 代表的系统的稳定性。

(1) $\frac{s+2}{s^3+s^2+2s+6}$；　(2) $\frac{2s^2+1}{3s^3+5s^2+4s+6}$；　(3) $\frac{s^3+2s}{s^4+5s^3+9s^2+5s+2}$；

(4) $\frac{s^2+1}{s^4+3s^3-2s^2+6s+4}$；　(5) $\frac{s+2}{s^4+2s^2+3s+1}$。

5-37　求题 5-37 图中的系统函数 $H(s)$，求出为使系统稳定 K 的范围。

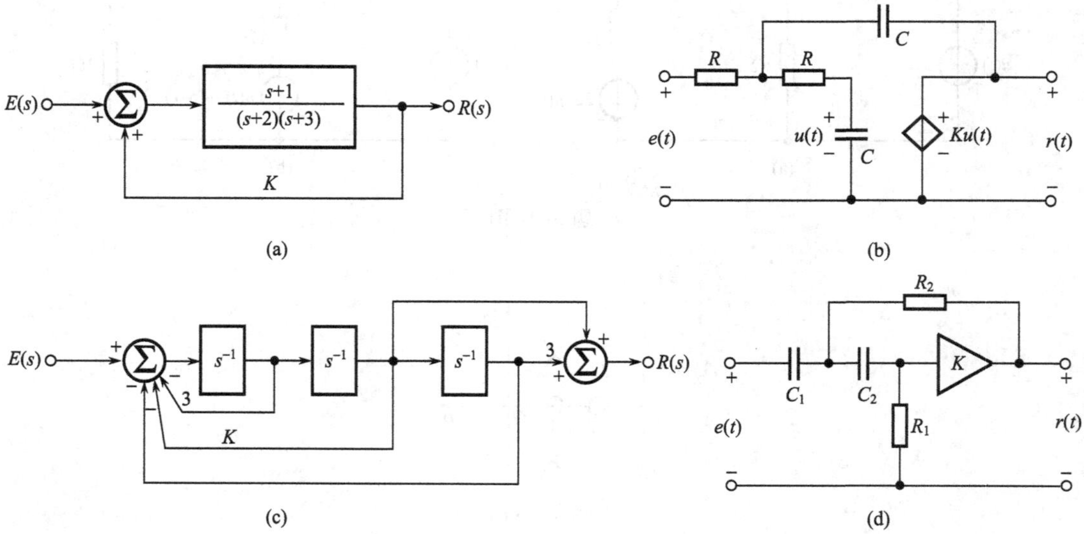

题 5-37 图

5-38　计算并画出题 5-38 图所示网络的幅频特性和相频特性。

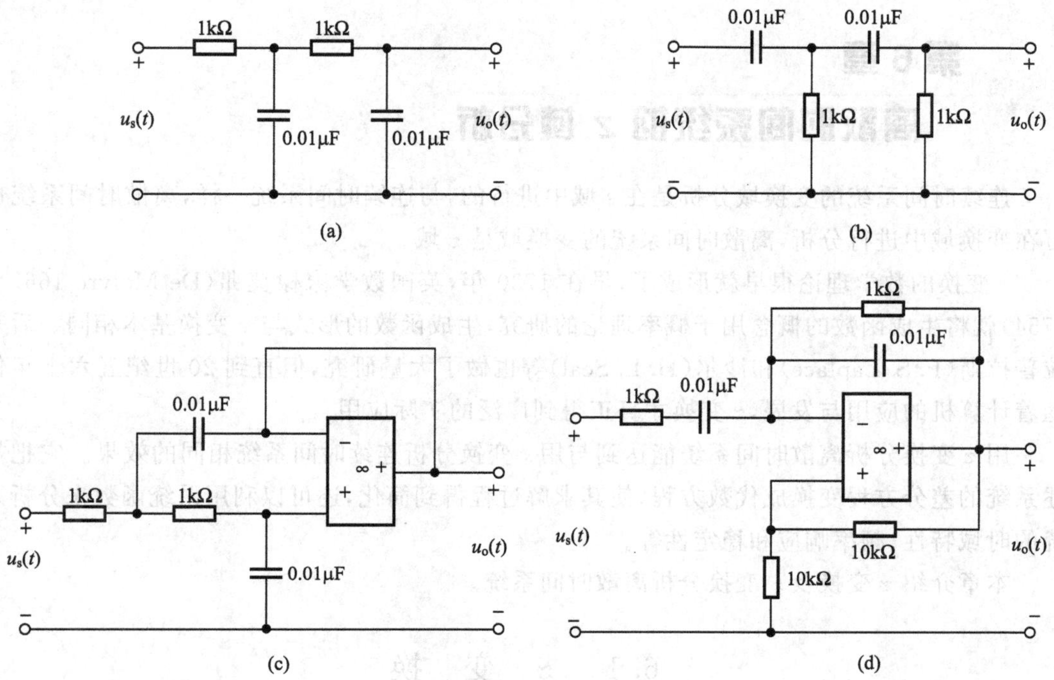

题 5-38 图

5-39　若 $H(s)$ 零、极点分布如题 5-39 图所示，讨论它们分别是哪种滤波网络。

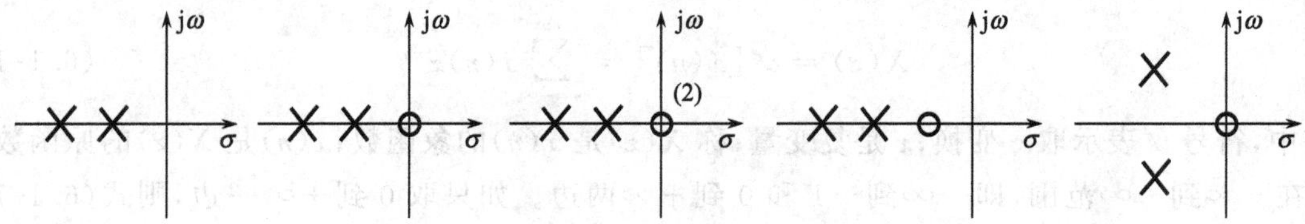

题 5-39 图

第6章
离散时间系统的 z 域分析

连续时间系统的变换域分析是在 s 域中进行的，与连续时间系统一样，离散时间系统也可在变换域中进行分析，离散时间系统的变换域是 z 域。

z 变换的数学理论很早就形成了，早在 1730 年，英国数学家棣莫弗(De Moivre 1667～1754)就将生成函数的概念用于概率理论的研究，生成函数的形式与 z 变换基本相同。后来拉普拉斯(P. S. Laplace)和沙尔(H. L. Seal)等也做了大量研究，但直到 20 世纪五六十年代随着计算机的应用与发展，z 变换才真正得到广泛的实际应用。

用 z 变换分析离散时间系统能达到与用 s 变换分析连续时间系统相同的效果。它把描述系统的差分方程变换成代数方程，使其求解过程得到简化，还可以利用系统函数来分析系统的时域特性、频率响应和稳定性等。

本章介绍 z 变换及 z 变换分析离散时间系统。

6.1 z 变 换

6.1.1 z 变换的定义

离散时间信号(序列)$x(n)$的 z 变换定义为

$$X(z) = \mathscr{Z}[x(n)] = \sum_{n=-\infty}^{\infty} x(n)z^{-n} \tag{6.1-1}$$

式中，符号 $\mathscr{Z}$ 表示取 z 变换；z 是复变量；称 $X(z)$是 $x(n)$的象函数；$x(n)$是 $X(z)$的原函数。n 在 $-\infty$ 到 $+\infty$ 范围，即 $-\infty$ 到 -1 和 0 到 $+\infty$ 两边。如只取 0 到 $+\infty$ 一边，则式(6.1-1)变为

$$X(z) = \mathscr{Z}[x(n)] = \sum_{n=0}^{\infty} x(n)z^{-n} \tag{6.1-2}$$

称式(6.1-1)为双边 z 变换，式(6.1-2)为单边 z 变换。求给定序列 $x(n)$的 z 变换时，变量 n 取 $x(n)$中 n 的范围。

为方便起见，序列 $x(n)$和其 z 变换 $X(z)$，表示为 $x(n) \leftrightarrow X(z)$。

从定义式可见，$x(n)$的 z 变换是复变量 z^{-1} 的幂级数，其系数是相应的 $x(n)$值。只有级数收敛时，z 变换才有意义，换言之如级数不收敛，$x(n)$就不存在 z 变换。

6.1.2 z 变换的收敛域

对于给定的有界序列 $x(n)$，能使级数 $\sum\limits_{n=-\infty}^{\infty} x(n)z^{-n}$ 收敛的所有 z 值的集合，称为 z 变换 $X(z)$的收敛域(ROC)。由级数理论知，级数收敛的充分必要条件是

$$\sum_{n=-\infty}^{\infty} |x(n)z^{-n}| < \infty \tag{6.1-3}$$

可见，收敛域不仅与 $x(n)$ 有关，还与 z 值的范围有关。

对于 $\sum_{n=0}^{\infty} |a_n|$ 的正项级数，常用比值法和根值法来判断其收敛性。所谓比值法是指

$$\lim_{n\to\infty}\left|\frac{a_{n+1}}{a_n}\right| = \rho \tag{6.1-4}$$

根值法是指

$$\lim_{n\to\infty}\sqrt[n]{|a_n|} = \rho \tag{6.1-5}$$

当 $\rho<1$ 时级数收敛，$\rho>1$ 时级数发散，$\rho=1$ 时可能收敛也可能发散。

由于 $X(z)$ 是 z^{-1} 的幂级数，所以其收敛域由 z 平面上以原点为中心的同心圆环组成，而且收敛域内不包含级数的任何极点。

序列 $x(n)$ 分右边序列、左边序列、双边序列和有限长序列四种，其收敛域如下。

1. $x(n)$ 是右边序列

这种序列的变量 n 从 n_1 开始到 ∞，即 $n\geqslant n_1$，其 z 变换为 $X(z)=\sum_{n=n_1}^{\infty}x(n)z^{-n}$，用根值法求得其收敛域为 $\rho=\lim_{n\to\infty}\sqrt[n]{|x(n)z^{-n}|}<1$，即 $|z|>\lim_{n\to\infty}\sqrt[n]{|x(n)|}=r_1$。

收敛域是半径为 r_1 的圆外，但要除去级数中极点的部分。如果 n_1 从负值开始，在级数中出现 z 的正次方，则 $|z|$ 不能为 ∞，所以收敛域 $\infty>|z|>r_1$。

2. $x(n)$ 是左边序列

这种序列的变量 n 从 $-\infty$ 到 n_2，即 $n\leqslant n_2$，其 z 变换为 $X(z)=\sum_{n=-\infty}^{n_2}x(n)z^{-n}$，先将其转化为变量从 n_1 到 ∞ 的正项级数，再计算其收敛域。

令 $n=-m$，则

$$X(z)=\sum_{n=-\infty}^{n_2}x(n)z^{-n}=\sum_{m=-n_2}^{\infty}x(-m)z^{m}$$

由式(6.1-5)得，$\rho=\lim_{m\to\infty}\sqrt[m]{|x(-m)z^{m}|}=|z|\lim_{n\to\infty}\sqrt[n]{|x(-n)|}<1$，即 $|z|<\dfrac{1}{\lim_{n\to\infty}\sqrt[n]{|x(-n)|}}=r_2$。

收敛域是半径为 r_2 的圆内，但要考虑 0 是否在内。如果 $n_2>0$，级数中有 z 的负次项，故 $|z|$ 不能为 0，所以收敛域为 $r_2>|z|>0$。

3. $x(n)$ 是双边序列

变量 n 从 $-\infty$ 到 ∞，即 $-\infty<n<\infty$，其 z 变换为 $X(z)=\sum_{n=-\infty}^{\infty}x(n)z^{-n}$，将级数根据 n 取值正与负分为二部分，即

$$X(z)=\sum_{n=-\infty}^{\infty}x(n)z^{-n}=\sum_{n=-\infty}^{-1}x(n)z^{-n}+\sum_{n=0}^{\infty}x(n)z^{-n}$$

式中，第一项级数是左边序列，收敛域为$|z|<r_2$；第二项级数是右边序列，级数域为$|z|>r_1$，$X(z)$的收敛域取二个级数收敛域的公共部分。如果$r_2>r_1$，则$X(z)$的收敛域为$r_1<|z|<r_2$；如果$r_2<r_1$，则二个级数的收敛域无公共部分，$X(z)$不存在。

4. $x(n)$是有限长序列

$x(n)$的变量从n_1到n_2，即$n_1\leqslant n\leqslant n_2$，此时$X(z)=\sum\limits_{n=n_1}^{n_2}x(n)z^{-n}$为有限项之和，只要保证每一项有限不是$\infty$，则$X(z)$收敛。将级数根据$n$取正值和负值分为二部分，即

$$X(z)=\sum_{n=n_1}^{n_2}x(n)z^{-n}=\sum_{n\geqslant 0}x(n)z^{-n}+\sum_{n<0}x(n)z^{-n}$$

第一部分含有z的负次项，要求$|z|$不能为0，即$|z|>0$；第二部分含有z的正次项，要求$|z|$不能为∞，即$|z|<\infty$。

表6-1列出了$x(n)$的序列形式与收敛域关系。

表 6-1 序列形式与其 z 变换的收敛域

<table>
<tr><th colspan="3">序列形式</th><th colspan="2">z 变换的收敛域</th></tr>
<tr><td rowspan="3">有限长序列</td><td>$n_1<0$
$n_2>0$</td><td>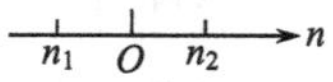
</td><td>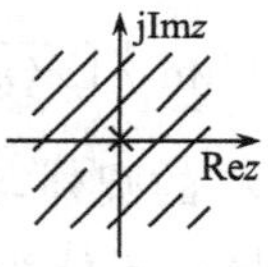
</td><td>$\infty>|z|>0$</td></tr>
<tr><td>$n_1\geqslant 0$
$n_2>0$</td><td>
</td><td>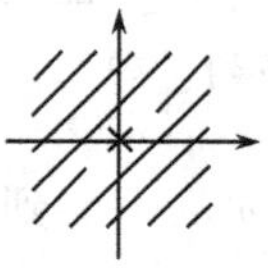</td><td>$|z|>0$</td></tr>
<tr><td>$n_1<0$
$n_2\leqslant 0$</td><td>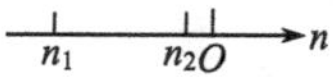
</td><td>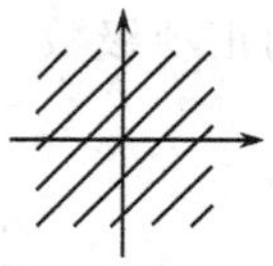</td><td>$\infty>|z|$</td></tr>
<tr><td rowspan="2">右边序列</td><td>$n_1<0$
$n_2=\infty$</td><td>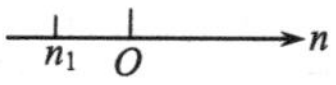
</td><td>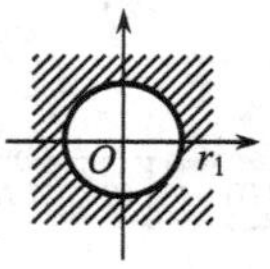
</td><td>$\infty>|z|>r_1$</td></tr>
<tr><td>$n_1\geqslant 0$
$n_2=\infty$</td><td>
</td><td>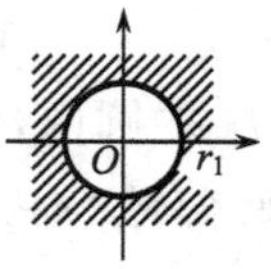
</td><td>$|z|>r_1$</td></tr>
</table>

续表

<table>
<tr><th colspan="3">序列形式</th><th colspan="2">z 变换的收敛域</th></tr>
<tr><td rowspan="2">左边序列</td><td>$n_1=-\infty$
$n_2>0$</td><td>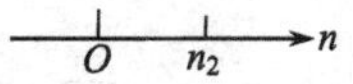</td><td>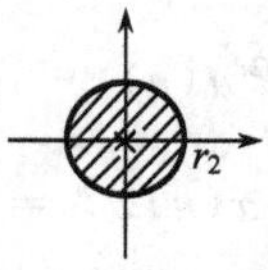</td><td>$r_2>|z|>0$</td></tr>
<tr><td>$n_1=-\infty$
$n_2\leqslant 0$</td><td>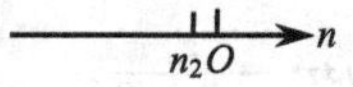</td><td>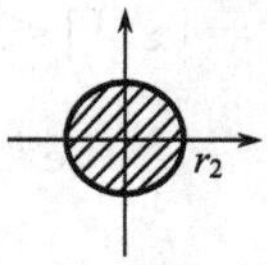</td><td>$r_2>|z|$</td></tr>
<tr><td>双边序列</td><td>$n_1=-\infty$
$n_2=\infty$</td><td>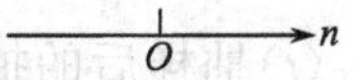</td><td>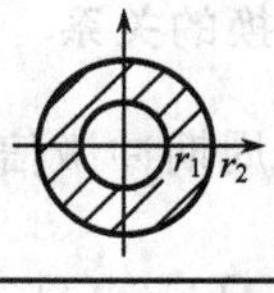</td><td>$r_2>|z|>r_1$</td></tr>
</table>

6.1.3　常用序列的 z 变换

在此列举了 4 种常用序列，其他常用序列的 z 变换在 z 变换的性质中求解。

1. 单位冲激序列 $\delta(n)$

$$X(z)=\sum_{n=-\infty}^{\infty}\delta(n)z^{-n}=\delta(0)z^{-0}=1$$

收敛域为整个 z 平面，即

$$\delta(n)\leftrightarrow 1 \tag{6.1-6}$$

2. 单位阶跃序列 $u(n)$

$$X(z)=\sum_{n=-\infty}^{\infty}u(n)z^{-n}=\sum_{n=0}^{\infty}z^{-n}=\frac{1}{1-z^{-1}}=\frac{z}{z-1}$$

这是个公比为 $q=z^{-1}$ 的等比级数，收敛域为 $|z^{-1}|<1$，即 $|z|>1$。表示为

$$u(n)\leftrightarrow\frac{z}{z-1},\qquad |z|>1 \tag{6.1-7}$$

3. 指数序列

(1) $x_1(n)=a^n u(n)$

$$X_1(z)=\sum_{n=-\infty}^{\infty}x_1(n)z^{-n}=\sum_{n=0}^{\infty}a^n z^{-n}=\sum_{n=0}^{\infty}(az^{-1})^n=\frac{1}{1-az^{-1}}=\frac{z}{z-a}$$

是个公比为 $q=az^{-1}$ 的等比级数，收敛域为 $|q|=|az^{-1}|<1$，即 $|z|>|a|$。表示为

$$a^n u(n)\leftrightarrow\frac{z}{z-a},\qquad |z|>|a| \tag{6.1-8}$$

(2) $x_2(n)=-a^n u(-n-1)$

$$X_2(z)=\sum_{n=-\infty}^{\infty}x_2(n)z^{-n}=\sum_{n=-\infty}^{-1}-a^n z^{-n}\overset{n=-m}{=}\sum_{m=1}^{\infty}-(a^{-1}z)^m=\frac{-a^{-1}z}{1-a^{-1}z}=\frac{z}{z-a}$$

这是个公比 $q=a^{-1}z$ 的等比级数，收敛域为 $|q|=|a^{-1}z|<1$，即 $|z|<|a|$。表示为

$$-a^n u(-n-1) \leftrightarrow \frac{z}{z-a}, \qquad |z|<|a| \tag{6.1-9}$$

4. 复指数序列 $e^{j\Omega n}u(n)$

$$X(z)=\sum_{n=-\infty}^{\infty} x(n)z^{-n}=\sum_{n=0}^{\infty} e^{j\Omega n}z^{-n}=\sum_{n=0}^{\infty}(e^{j\Omega}z^{-1})^n=\frac{1}{1-e^{j\Omega}z^{-1}}=\frac{z}{z-e^{j\Omega}}$$

收敛域 $|q|=|e^{j\Omega}z^{-1}|=|z^{-1}|<1$，即 $|z|>1$。表示为

$$e^{j\Omega n}u(n) \leftrightarrow \frac{z}{z-e^{j\Omega}}, \qquad |z|>1 \tag{6.1-10}$$

6.1.4 z 变换和 s 变换的关系

连续信号 $f(t)$ 经周期冲激信号 $\delta_T(t)$ 抽样后的抽样信号 $f_S(t)$ 为

$$f_S(t)=f(t)\delta_T(t)=f(t)\sum_{n=-\infty}^{\infty}\delta(t-nT)=\sum_{n=-\infty}^{\infty} f(nT)\delta(t-nT)$$

$f_S(t)$ 的双边 s 变换为

$$F_S(s)=\sum_{n=-\infty}^{\infty} f(nT)e^{-nsT} \tag{6.1-11}$$

$f_S(t)$ 又是个序列，且 $f_S(t)=f(nT)$（T 是 $f(nT)$ 的时间间隔），其双边 z 变换为

$$F_S(z)=\sum_{n=-\infty}^{\infty} f(nT)z^{-n} \tag{6.1-12}$$

比较式(6.1-11)和式(6.1-12)可知

$$F_S(s)=F_S(z)\big|_{z=e^{sT}}, \qquad F_S(z)=F_S(s)\big|_{s=\frac{1}{T}\ln z}$$

可得变量 z 与 s 的关系为

$$z=e^{sT}=re^{j\theta} \tag{6.1-13}$$

$$s=\frac{1}{T}\ln z=\sigma+j\omega \tag{6.1-14}$$

以上二式表明了 s 和 z 平面的映射关系，如表 6-2 所示。

表 6-2 s 平面和 z 平面的映射关系

s 平面（$s=\sigma+j\omega$）		z 平面（$z=re^{j\theta}$）	
虚轴 $\begin{pmatrix}\sigma=0\\ s=j\omega\end{pmatrix}$	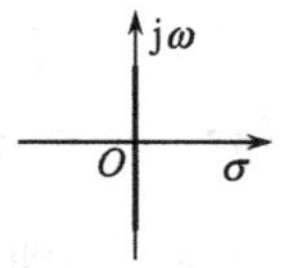	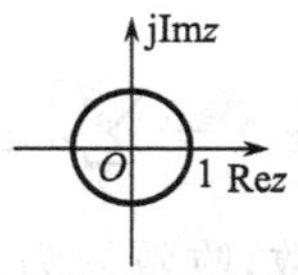	单位圆 $\begin{pmatrix}r=1\\ \theta\text{任意}\end{pmatrix}$
左半平面（$\sigma<0$）	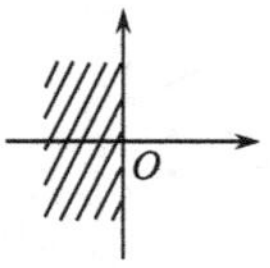	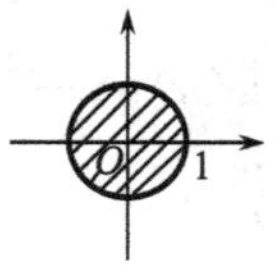	单位圆内 $\begin{pmatrix}r<1\\ \theta\text{任意}\end{pmatrix}$

续表

s 平面($s=\sigma+j\omega$)		z 平面($z=re^{j\theta}$)	
右半平面 ($\sigma>0$)	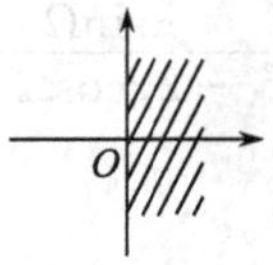	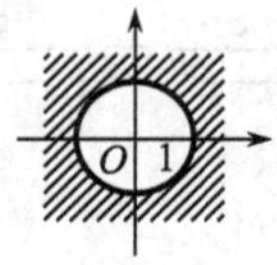	单位圆外 ($r>1$, θ 任意)
平行与虚轴的直线 (σ 为常数)	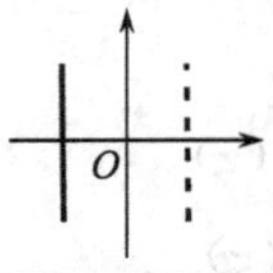		圆 ($\sigma>0, r>1$; $\sigma<0, r<1$)
实 轴 ($\omega=0$, $s=\sigma$)	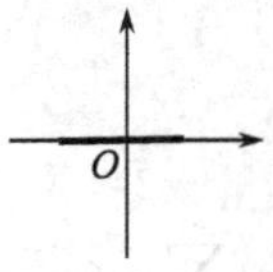	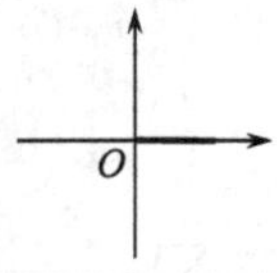	正实轴 ($\theta=0$, r 任意)
平行与实轴的直线 (ω 为常数)	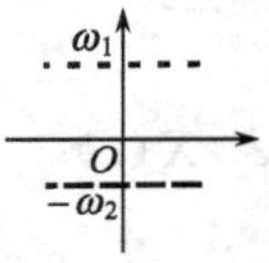	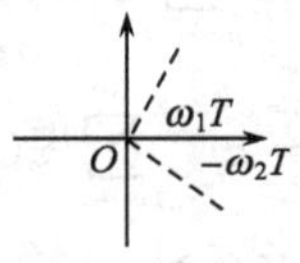	始于原点的辐射线 (θ 为常数, r 任意)
通过 $\pm j\frac{k\omega_s}{2}$ 平行与实轴的直线 ($k=1,3,5,\cdots$)	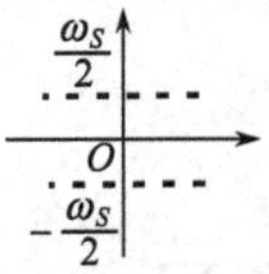	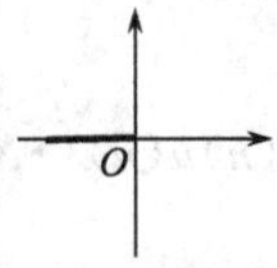	负实轴 ($\theta=\pi$, r 任意)

6.2　z 变换的性质

z 变换的性质反映了 $x(n)$ 与 $X(z)$ 之间存在的关系,利用这些性质,可方便地进行 $x(n)$ 与 $X(z)$ 间的转换,以及 LTI 离散系统的分析。

1. 线性

设 $x_1(n)\leftrightarrow X_1(z)$,$x_2(n)\leftrightarrow X_2(z)$,$a$,$b$ 为实数或复数常数,则有

$$ax_2(n)+bx_2(n)\leftrightarrow aX_1(z)+bX_2(z) \qquad (6.2\text{-}1)$$

收敛域一般取两个函数的公共部分,但有时会扩大。此性质表明 z 变换是一种线性运算,用定义式直接得证。

例 6.2-1　求 $\cos(\Omega n)u(n)$ 和 $\sin(\Omega n)u(n)$ 的 z 变换。

解　用欧拉公式代入,有

$$\cos(\Omega n)u(n)=\frac{1}{2}(e^{j\Omega n}+e^{-j\Omega n})u(n),\sin(\Omega n)u(n)=\frac{1}{2j}(e^{j\Omega n}-e^{-j\Omega n})u(n)$$

由式(6.1-10),即

$$e^{j\Omega n}u(n)\leftrightarrow\frac{z}{z-e^{j\Omega}},\qquad |z|>1,\qquad e^{-j\Omega n}u(n)\leftrightarrow\frac{z}{z-e^{-j\Omega}},\qquad |z|>1$$

用线性特性求得

$$\cos(\Omega n)u(n)\leftrightarrow \frac{1}{2}\left(\frac{z}{z-\mathrm{e}^{\mathrm{j}\Omega}}+\frac{z}{z-\mathrm{e}^{-\mathrm{j}\Omega}}\right)=\frac{z(z-\cos\Omega)}{z^2-2z\cos\Omega+1},\qquad |z|>1 \quad (6.2\text{-}2)$$

$$\sin(\Omega n)u(n)\leftrightarrow \frac{1}{2\mathrm{j}}\left(\frac{z}{z-\mathrm{e}^{\mathrm{j}\Omega}}-\frac{z}{z-\mathrm{e}^{-\mathrm{j}\Omega}}\right)=\frac{z\sin\Omega}{z^2-2z\cos\Omega+1},\qquad |z|>1 \quad (6.2\text{-}3)$$

2. 位移性

1) 双边变换

设 $x(n)\leftrightarrow X(z)$，则

$$x(n-m)\leftrightarrow z^{-m}X(z) \qquad (6.2\text{-}4)$$

$$x(n+m)\leftrightarrow z^{m}X(z) \qquad (6.2\text{-}5)$$

式中 m 为正整数，收敛域不变。

证明

$$\mathscr{Z}[x(n-m)]=\sum_{n=-\infty}^{\infty}x(n-m)z^{-n}=\sum_{n=-\infty}^{\infty}x(n-m)z^{-n+m}z^{-m}$$

$$\overset{n-m=k}{=}z^{-m}\sum_{k=-\infty}^{\infty}x(k)z^{-k}=z^{-m}X(z)$$

同理可证明 $x(n+m)\leftrightarrow z^{m}X(z)$。

2) 单边变换

(1) $x(n)$是双边序列，设 $x(n)u(n)\leftrightarrow X(z)$，则

$$x(n-m)u(n)\leftrightarrow z^{-m}\left[X(z)+\sum_{k=-m}^{-1}x(k)z^{-k}\right] \qquad (6.2\text{-}6)$$

$$x(n+m)u(n)\leftrightarrow z^{m}\left[X(z)-\sum_{k=0}^{m-1}x(k)z^{-k}\right] \qquad (6.2\text{-}7)$$

式中 m 为正整数，收敛域不变。

(2) $x(n)$是因果序列，则

$$x(n-m)u(n)\leftrightarrow z^{-m}X(z) \qquad (6.2\text{-}8)$$

式(6.2-7)不变。

证明 式(6.2-6)

$$\mathscr{Z}[x(n-m)u(n)]=\sum_{n=0}^{\infty}x(n-m)z^{-n}=z^{-m}\sum_{n=0}^{\infty}x(n-m)z^{-(n-m)}\overset{n-m=k}{=}z^{-m}\sum_{k=-m}^{\infty}x(k)z^{-k}$$

$$=z^{-m}\left[\sum_{k=-m}^{-1}x(k)z^{-k}+\sum_{k=0}^{\infty}x(k)z^{-k}\right]=z^{-m}\left[X(z)+\sum_{k=-m}^{-1}x(k)z^{-k}\right]$$

同样方法证明式(6.2-7)和式(6.2-8)。

在求差分方程时，常用到

$$x(n-1)u(n)\leftrightarrow z^{-1}X(z)+x(-1) \qquad (6.2\text{-}9)$$

$$x(n-2)u(n)\leftrightarrow z^{-2}X(z)+z^{-1}x(-1)+x(-2) \qquad (6.2\text{-}10)$$

例 6.2-2 已知 $x(n)=2^{n+2}-1$，求 $y(n)=x(n-1)u(n)$的 z 变换。

解 求得

$$x(n)u(n)=4\times 2^n u(n)-u(n)\leftrightarrow X(z)=4\frac{z}{z-2}-\frac{z}{z-1}=\frac{z(3z-2)}{(z-2)(z-1)}$$

及 $x(-1)=2^{-1+2}-1=1$。由公式(6.2-9)得

$$y(n)=x(n-1)u(n)\leftrightarrow z^{-1}X(z)+x(-1)=\frac{3z-2}{(z-2)(z-1)}+1=\frac{z^2}{(z-2)(z-1)}$$

事实上

$$y(n)=x(n-1)u(n)=[2^{n+1}-1]u(n)=2\cdot 2^n u(n)-u(n)$$

$$\leftrightarrow 2\frac{z}{z-2}-\frac{z}{z-1}=\frac{z^2}{(z-2)(z-1)}$$

3. *序列指数加权(z 域尺度变换)*

设 $x(n)\leftrightarrow X(z)(r_1<|z|<r_2)$，则

$$a^n x(n)\leftrightarrow X\left(\frac{z}{a}\right),\qquad r_1<\left|\frac{z}{a}\right|<r_2 \tag{6.2-11}$$

a 为常数。此性质表明时域中 $x(n)$ 乘以指数序列 a^n 对应的 z 变换函数在尺度上压缩 a 倍，用定义式即可得证。

例 6.2-3　求 $a^n\cos(\Omega n)u(n)$ 和 $a^n\sin(\Omega n)u(n)$ 的 z 变换。

解　例 6.2-1 已经求得 $\cos(\Omega n)u(n)$ 和 $\sin(\Omega n)u(n)$ 的 z 变换，由式(6.2-11)得

$$a^n\cos(\Omega n)u(n)\leftrightarrow\frac{\frac{z}{a}\left(\frac{z}{a}-\cos\Omega\right)}{\left(\frac{z}{a}\right)^2-2\frac{z}{a}\cos\Omega+1}=\frac{z(z-a\cos\Omega)}{z^2-2za\cos\Omega+a^2},\qquad |z|>|a| \tag{6.2-12}$$

$$a^n\sin(\Omega n)u(n)\leftrightarrow\frac{\frac{z}{a}\sin\Omega}{\left(\frac{z}{a}\right)^2-2\frac{z}{a}\cos\Omega+1}=\frac{za\sin\Omega}{z^2-2za\cos\Omega+a^2},\qquad |z|>|a| \tag{6.2-13}$$

4. *序列线性加权(z 域微分)*

设 $x(n)\leftrightarrow X(z)(r_1<|z|<r_2)$，则

$$nx(n)\leftrightarrow -z\frac{\mathrm{d}}{\mathrm{d}z}X(z) \tag{6.2-14}$$

收敛域不变。

证明

$$\mathscr{Z}[nx(n)]=\sum_{n=-\infty}^{\infty}nx(n)z^{-n}=z\sum_{n=-\infty}^{\infty}nz^{-n-1}x(n)=z\sum_{n=-\infty}^{\infty}\left[-\frac{\mathrm{d}}{\mathrm{d}z}(z^{-n})\right]x(n)$$

$$=-z\frac{\mathrm{d}}{\mathrm{d}z}\sum_{n=-\infty}^{\infty}z^{-n}x(n)=-z\frac{\mathrm{d}}{\mathrm{d}z}X(z)$$

以此类推有

$$n^m x(n)\leftrightarrow\left[(-z)\frac{\mathrm{d}}{\mathrm{d}z}\right]^m X(z) \tag{6.2-15}$$

其中 $\left[(-z)\frac{\mathrm{d}}{\mathrm{d}z}\right]^m$ 为 $\underbrace{(-z)\frac{\mathrm{d}}{\mathrm{d}z}\left\{(-z)\frac{\mathrm{d}}{\mathrm{d}z}\cdots\left[(-z)\frac{\mathrm{d}}{\mathrm{d}z}\right]\right\}}_{m次}$。

例 6.2-4 求 $nu(n)$、$n^2u(n)$ 和 $na^nu(n)$ 的 z 变换。

解 已经求得 $u(n)\leftrightarrow\dfrac{z}{z-1}(|z|>1)$、$a^nu(n)\leftrightarrow\dfrac{z}{z-a}(|z|>|a|)$，所以

$$nu(n)\leftrightarrow -z\frac{\mathrm{d}}{\mathrm{d}z}\left(\frac{z}{z-1}\right)=\frac{z}{(z-1)^2},\quad |z|>1 \tag{6.2-16}$$

$$n^2u(n)\leftrightarrow -z\frac{\mathrm{d}}{\mathrm{d}z}\left(\frac{z}{(z-1)^2}\right)=\frac{z(z+1)}{(z-1)^3},\quad |z|>1 \tag{6.2-17}$$

$$na^nu(n)\leftrightarrow -z\frac{\mathrm{d}}{\mathrm{d}z}\left(\frac{z}{z-a}\right)=\frac{az}{(z-a)^2},\quad |z|>|a| \tag{6.2-18}$$

5. z 域积分

设 $x(n)\leftrightarrow X(z)(r_1<|z|<r_2)$，则

$$\frac{x(n)}{n+m}\leftrightarrow z^m\int_z^\infty \frac{X(v)}{v^{m+1}}\mathrm{d}v \tag{6.2-19}$$

m 为整数，$m+n>0$，收敛域不变。

证明

$$\mathscr{Z}\left[\frac{x(n)}{n+m}\right]=\sum_{n=-\infty}^{\infty}\frac{x(n)}{n+m}z^{-n}=z^m\sum_{n=-\infty}^{\infty}\frac{x(n)}{n+m}z^{-(n+m)}=z^m\sum_{n=-\infty}^{\infty}x(n)\int_z^\infty v^{-(n+m+1)}\mathrm{d}v$$

$$=z^m\int_z^\infty\sum_{n=-\infty}^{\infty}x(n)v^{-n}v^{-(m+1)}\mathrm{d}v=z^m\int_z^\infty X(v)v^{-(m+1)}\mathrm{d}v=z^m\int_z^\infty\frac{X(v)}{v^{m+1}}\mathrm{d}v$$

令 $m=0$，有

$$\frac{X(n)}{n}\leftrightarrow\int_z^\infty\frac{X(v)}{v}\mathrm{d}v \tag{6.2-20}$$

例 6.2-5 求 $\dfrac{a^nu(n)}{n+1}$ 和 $\dfrac{a^nu(n-1)}{n}$ 的 z 变换。

解
$$a^nu(n)\leftrightarrow\frac{z}{z-a},\quad |z|>|a|$$

由式 (6.2-19)得

$$\frac{a^nu(n)}{n+1}\leftrightarrow z\int_z^\infty\frac{\frac{v}{v-a}}{v^2}\mathrm{d}v=z\int_z^\infty\frac{1}{v(v-a)}\mathrm{d}v=z\int_z^\infty\frac{1}{a}\left(\frac{1}{v-a}-\frac{1}{v}\right)\mathrm{d}v$$

$$=\frac{z}{a}\ln\frac{v-a}{v}\bigg|_{v=z}^{\infty}=\frac{z}{a}\ln\frac{z}{z-a},\quad |z|>|a| \tag{6.2-21}$$

$$a^nu(n-1)=aa^{n-1}u(n-1)\leftrightarrow az^{-1}\frac{z}{z-a}=\frac{a}{z-a},\quad |z|>|a|$$

由式 (6.2-20)得

$$\frac{a^nu(n-1)}{n}\leftrightarrow\int_z^\infty\frac{a}{v(v-a)}\mathrm{d}v=\int_z^\infty\left(\frac{1}{v-a}-\frac{1}{v}\right)\mathrm{d}v$$

$$=\ln\frac{v-a}{v}\bigg|_{v=z}^{\infty}=\ln\frac{z}{z-a},\quad |z|>|a| \tag{6.2-22}$$

6. 部分和的 z 变换

已知 $x(n)\leftrightarrow X(z)(r_1<|z|<r_2)$，取 $x(n)$ 的前 n 项之和为 $v(n)$，即

$$v(n)=\sum_{i=0}^{n}x(i)\leftrightarrow\frac{z}{z-1}X(z)\tag{6.2-23}$$

收敛域取 $|z|>1$ 与 $r_1<|z|<r_2$ 的公共部分。

证明　$v(n)=\sum\limits_{i=0}^{n}x(i)=\sum\limits_{i=0}^{n-1}x(i)+x(n)$，则 $v(n)=v(n-1)+x(n)$，两边取 z 变换有

$$V(z)=z^{-1}V(z)+X(z)$$

求得

$$V(z)=\frac{z}{z-1}X(z)$$

例 6.2-6　求 $\sum\limits_{i=0}^{n}u(i)=(n+1)u(n)$ 的 z 变换。

解　$u(n)\leftrightarrow\frac{z}{z-1}(|z|>1)$，由式(6.2-23)得

$$(n+1)u(n)\leftrightarrow\frac{z}{z-1}\cdot\frac{z}{z-1}=\frac{z^2}{(z-1)^2},\qquad |z|>1$$

事实上

$$\sum_{i=0}^{n}u(i)=(n+1)u(n)=nu(n)+u(n)\leftrightarrow\frac{z}{(z-1)^2}+\frac{z}{z-1}=\frac{z^2}{(z-1)^2}$$

7. 时域反转

设 $x(n)\leftrightarrow X(z)\ (r_1<|z|<r_2)$，则

$$x(-n)\leftrightarrow X(z^{-1}),\quad r_1<|z^{-1}|<r_2\tag{6.2-24}$$

用定义式即可得证。

例 6.2-7　求 $u(-n)$ 的 z 变换。

解　$u(n)\leftrightarrow\frac{z}{z-1}(|z|>1)$，由式(6.2-24)得

$$u(-n)\leftrightarrow\frac{z^{-1}}{z^{-1}-1}=\frac{1}{1-z},\qquad |z^{-1}|>1\ 即\ |z|<1\tag{6.2-25}$$

8. 时域卷积定理

设 $x(n)\leftrightarrow X(z)$，$v(n)\leftrightarrow V(z)$，则

$$x(n)*v(n)\leftrightarrow X(z)V(z)\tag{6.2-26}$$

收敛域取 $X(z)$ 和 $V(z)$ 的公共部分。

证明

$$\begin{aligned}\mathscr{Z}[x(n)*v(n)]&=\sum_{n=-\infty}^{\infty}\Big[\sum_{k=-\infty}^{\infty}x(n-k)v(k)\Big]z^{-n}=\sum_{k=-\infty}^{\infty}v(k)\sum_{n=-\infty}^{\infty}x(n-k)z^{-n}\\&=\sum_{k=-\infty}^{\infty}v(k)\sum_{m=-\infty}^{\infty}x(m)z^{-m-k}=\sum_{k=-\infty}^{\infty}v(k)z^{-k}\sum_{m=-\infty}^{\infty}x(m)z^{-m}\\&=V(z)X(z)\end{aligned}$$

例 6.2-8　求 $a^nu(n)*b^nu(n)$。

解　$a^nu(n)\leftrightarrow\frac{z}{z-a}$，$b^nu(n)\leftrightarrow\frac{z}{z-b}$，由时域卷积定理得

$$a^nu(n)*b^nu(n)\leftrightarrow\frac{z}{z-a}\cdot\frac{z}{z-b}=\frac{1}{a-b}\left(\frac{az}{z-a}-\frac{bz}{z-b}\right)$$

$$a^n u(n) * b^n u(n) = \frac{1}{a-b}[a \cdot a^n u(n) - b \cdot b^n u(n)] = \frac{1}{a-b}(a^{n+1} - b^{n+1})u(n)$$

9. 因果信号的初值和终值定理

因果信号 $x(n) \leftrightarrow X(z)$，则

$$x(0) = \lim_{z \to \infty} X(z) \tag{6.2-27}$$

$$x(\infty) = \lim_{z \to 1}(z-1)X(z) \tag{6.2-28}$$

证明 (1) $X(z) = x(0) + x(1)z^{-1} + x(2)z^{-2} + \cdots$

当 $z \to \infty$ 时，等式右边只有 $x(0)$，所以

$$x(0) = \lim_{z \to \infty} X(z)$$

类似地，可推得

$$\left.\begin{aligned} x(1) &= \lim_{z \to \infty} z[X(z) - x(0)] \\ &\vdots \\ x(m) &= \lim_{z \to \infty} z^m \left[X(z) - \sum_{k=0}^{m-1} x(k) z^{-k}\right] \end{aligned}\right\} \tag{6.2-29}$$

(2) 位移性质有

$$\mathscr{Z}[x(n+1) - x(n)] = (z-1)X(z) - zx(0)$$

上式两边取 $z \to 1$ 的极限，得

$$\begin{aligned} \lim_{z \to 1}(z-1)X(z) &= x(0) + \lim_{z \to 1} \sum_{n=0}^{\infty} [x(n+1) - x(n)] z^{-n} \\ &= x(0) + \sum_{n=0}^{\infty} [x(n+1) - x(n)] \\ &= x(0) + [x(1) - x(0)] + [x(2) - x(1)] + \cdots = x(\infty) \end{aligned}$$

终值定理只有在 $x(n)$ 收敛时，即 $x(\infty)$ 存在，才可使用。要使 $x(n)$ 收敛，其 z 变换 $X(z)$ 的极点必须在单位圆内，在单位圆上只能有位于 $z=1$ 并且是一阶的极点。

z 变换的一些主要性质列于表 6-3 中，常用信号的 z 变换列于表 6-4 中。

表 6-3 z 变换的主要性质

序号	性质名称	时 域	z 域	收敛域
1	线性	$ax_2(n) + bx_2(n)$	$aX_1(z) + bX_2(z)$	一般取 $X_1(z)$ 和 $X_2(z)$ 的公共部分
2	位移	$x(n \pm m)$	$z^{\pm m} X(z)$	同 $X(z)$ 的收敛域
		$x(n-m)u(n)$	$z^{-m}\left[X(z) + \sum_{k=-m}^{-1} x(k) z^{-k}\right]$	
		$x(n+m)u(n)$	$z^{m}\left[X(z) - \sum_{k=0}^{m-1} x(k) z^{-k}\right]$	
3	序列指数加权 (z 域尺度变换)	$a^n x(n)$	$X\left(\frac{z}{a}\right)$	$r_{x1} < \left\|\frac{z}{a}\right\| < r_{x2}$

续表

序号	性质名称	时　域	z　域	收 敛 域
4	序列线性加权（z 域微分）	$nx(n)$	$-z\dfrac{\mathrm{d}}{\mathrm{d}z}X(z)$	同 $X(z)$ 的收敛域
		$n^m x(n)$	$\left[-z\dfrac{\mathrm{d}}{\mathrm{d}z}\right]^m X(z)$	
5	z 域积分	$\dfrac{x(n)}{n+m}\begin{pmatrix} m\text{ 整数} \\ m+n>0 \end{pmatrix}$	$z^m\int_z^\infty \dfrac{X(v)}{v^{m+1}}\mathrm{d}v$	同 $X(z)$ 的收敛域
		$\dfrac{x(n)}{n}$	$\int_z^\infty \dfrac{X(v)}{v}\mathrm{d}v$	
6	部分和	$\sum\limits_{i=0}^{n} x(i)$	$\dfrac{z}{z-1}X(z)$	取 $\lvert z\rvert>1$ 与 $X(z)$ 收敛域的公共部分
7	时域反转	$x(-n)$	$X(z^{-1})$	$r_{x1}<\lvert z^{-1}\rvert<r_{x2}$
8	时域卷积定理	$x(n)*v(n)$	$X(z)V(z)$	取 $V(z)$ 与 $X(z)$ 收敛域的公共部分
9	因果信号的初值定理	$x(0)=\lim\limits_{z\to\infty}X(z)$，$x(1)=\lim\limits_{z\to\infty}z[X(z)-x(0)]$ $x(m)=\lim\limits_{z\to\infty}z^m\left[X(z)-\sum\limits_{k=0}^{m-1}x(k)z^{-k}\right]$		
10	因果信号的终值定理	$x(\infty)=\lim\limits_{z\to 1}(z-1)X(z)$		

表 6-4　常用信号的 z 变换

序号	$x(n)$	$X(z)$	收敛域	序号	$x(n)$	$X(z)$	收敛域
1	$\delta(n)$	1	整个平面	10	$\dfrac{a^n u(n-1)}{n}$	$\ln\dfrac{z}{z-a}$	$\lvert z\rvert>\lvert a\rvert$
2	$\delta(n-m)$	z^{-m}	整个平面	11	$\cos(\Omega n)u(n)$	$\dfrac{z(z-\cos\Omega)}{z^2-2z\cos\Omega+1}$	$\lvert z\rvert>1$
3	$u(n)$	$\dfrac{z}{z-1}$	$\lvert z\rvert>1$	12	$\sin(\Omega n)u(n)$	$\dfrac{z\sin\Omega}{z^2-2z\cos\Omega+1}$	$\lvert z\rvert>1$
4	$u(n-m)$	$\dfrac{z^{1-m}}{z-1}$	$\lvert z\rvert>1$	13	$a^n\cos(\Omega n)u(n)$	$\dfrac{z(z-a\cos\Omega)}{z^2-2za\cos\Omega+a^2}$	$\left\lvert\dfrac{z}{a}\right\rvert>1$
5	$nu(n)$	$\dfrac{z}{(z-1)^2}$	$\lvert z\rvert>1$	14	$a^n\sin(\Omega n)u(n)$	$\dfrac{za\sin\Omega}{z^2-2za\cos\Omega+a^2}$	$\left\lvert\dfrac{z}{a}\right\rvert>1$
6	$n^2u(n)$	$\dfrac{z(z+1)}{(z-1)^3}$	$\lvert z\rvert>1$	15	$u(-n-1)$	$\dfrac{-z}{z-1}$	$\lvert z\rvert<1$
7	$a^nu(n)$	$\dfrac{z}{z-a}$	$\lvert z\rvert>\lvert a\rvert$	16	$a^nu(-n-1)$	$\dfrac{-z}{z-a}$	$\lvert z\rvert<\lvert a\rvert$
8	$na^nu(n)$	$\dfrac{az}{(z-a)^2}$	$\lvert z\rvert>\lvert a\rvert$	17	$na^nu(-n-1)$	$\dfrac{-az}{(z-a)^2}$	$\lvert z\rvert<\lvert a\rvert$
9	$\dfrac{a^nu(n)}{n+1}$	$\dfrac{z}{a}\ln\dfrac{z}{z-a}$	$\lvert z\rvert>\lvert a\rvert$	18	$\dfrac{(n+1)(n+2)\cdots(n+m)}{m!}\cdot a^nu(-n-1)$	$\dfrac{-z^{m+1}}{(z-a)^{m+1}}$	$\lvert z\rvert<\lvert a\rvert$

6.3 z反变换

由 $X(z)$求 $x(n)$的过程称为 z 反变换(又称逆 z 变换)。

求 z 反变换的方法有三种:幂级数展开法(power series expansion method)、部分分式展开法和围线积分法(contour integral method),本节中重点介绍比较常用的幂级数展开法和部分分式展开法。

6.3.1 幂级数展开法

只要把给定 $X(z)$展开成幂级数形式,即

$$X(z) = \sum_{n=-\infty}^{\infty} x(n)z^{-n} \tag{6.3-1}$$

也就自然求得 $x(n)$,幂级数用长除法进行展开。

例 6.3-1 已知 $X(z)=\dfrac{z}{z^2-4z+4}(|z|>2)$,求 $x(n)$。

解 从收敛域可见 $x(n)$是右边序列,在式(6.3-1)中出现 z 的负次方幂,将 $X(z)$展开成降幂级数,进行长除,有

$$\begin{array}{r l}
 & z^{-1}+4z^{-2}+12z^{-3}+32z^{-4}+\cdots \\
z^2-4z+4 \, \big) & z \\
 & \underline{z-4+4z^{-1}} \\
 & \quad 4-4z^{-1} \\
 & \quad \underline{4-16z^{-1}+16z^{-2}} \\
 & \qquad 12z^{-1}-16z^{-2} \\
 & \qquad \underline{12z^{-1}-48z^{-2}+48z^{-3}} \\
 & \qquad\qquad 32z^{-2}-48z^{-3} \\
 & \qquad\qquad \vdots
\end{array}$$

即

$$X(z) = z^{-1}+4z^{-2}+12z^{-3}+\cdots+n2^{n-1}z^{-n}+\cdots = \sum_{n=-\infty}^{\infty} n2^{n-1}u(n)z^{-n}$$

所以

$$x(n) = \{0 \quad 1 \quad 4 \quad 12 \quad \cdots \quad \}_0 = n2^{n-1}u(n)$$

例 6.3-2 已知 $X(z)=\dfrac{z}{z^2-4z+4}(|z|<2)$,求 $x(n)$。

解 从收敛域可见 $x(n)$是左边序列,在式(6.3-1)中出现 z 的正次方幂,将 $X(z)$展开成升幂级数,进行长除。

$$
\begin{array}{r@{}l}
 & \frac{1}{4}z+\frac{1}{4}z^2+\frac{3}{16}z^3+\frac{1}{8}z^4+\cdots \\ \cline{2-2}
4-4z+z^2 \big) & z \\
 & z-z^2+\frac{1}{4}z^3 \\ \cline{2-2}
 & \quad z^2-\frac{1}{4}z^3 \\
 & \quad z^2-z^3+\frac{1}{4}z^4 \\ \cline{2-2}
 & \qquad \frac{3}{4}z^3-\frac{1}{4}z^4 \\
 & \qquad \frac{3}{4}z^3-\frac{3}{4}z^4+\frac{3}{16}z^5 \\ \cline{2-2}
 & \qquad\quad \frac{1}{2}z^4-\frac{3}{16}z^5 \\
 & \qquad\quad \vdots
\end{array}
$$

即

$$X(z)=\frac{1}{4}z+\frac{1}{4}z^2+\frac{3}{16}z^3+\frac{1}{8}z^4+\cdots=\sum_{n=-\infty}^{\infty}-n2^{n-1}u(-n-1)z^{-n}$$

求得

$$x(n)=-n2^{n-1}u(-n-1)$$

6.3.2 部分分式展开法

部分分式展开法的原理及过程与求 s 反变换相同，将 $X(z)$ 分解成几部分相加，即

$$X(z)=\sum_i X_i(z) \tag{6.3-2}$$

每个 $X_i(z)$ 是最基本常用的 z 变换，求得 $X_i(z)\leftrightarrow x_i(n)$，由线性特性得

$$x(n)=\sum_i x_i(n) \tag{6.3-3}$$

一般的 $X(z)$ 表示为

$$X(z)=\frac{B(z)}{A(z)}=\frac{b_m z^m+b_{m-1}z^{m-1}+\cdots+b_1 z+b_0}{a_n z^n+a_{n-1}z^{n-1}+\cdots+b_1 z+a_0} \tag{6.3-4}$$

对于因果序列，z 变换收敛域 $|z|>r_1$，为保证在 $z=\infty$ 处收敛，要求 $m\leqslant n$。从表 6-3 可见因果信号和反因果信号 z 变换的基本形式是 $\dfrac{z}{z-a}$，在将 $X(z)$ 展开时，用 $\dfrac{X(z)}{z}$ 进行部分分式展开，然后乘以 z，就可展开成 $\dfrac{z}{z-a}$ 形式。

$\dfrac{X(z)}{z}$ 的展开方法与拉氏变换展开方法一样。

表 6-5 和表 6-6 是常用的 z 反变换表。

例 6.3-3 已知 $x(n)$ 的 z 变换为 $X(z)=\dfrac{5z}{-3z^2+7z-2}$，收敛域分别是 (1) $|z|>2$；(2) $|z|<\dfrac{1}{3}$；(3) $\dfrac{1}{3}<|z|<2$。求 $x(n)$。

解 先将 $X(z)$ 表示成零极点形式

表 6-5　右边序列 z 反变换表

序号	$X(z)$ $(\|z\|>\|a\|)$	$x(n)$	序号	$X(z)$ $(\|z\|>\|a\|)$	$x(n)$
1	$\frac{z}{z-1}$	$u(n)$	7	$\frac{z}{a}\ln\frac{z}{z-a}$	$\frac{a^n u(n)}{n+1}$
2	$\frac{z}{(z-1)^2}$	$nu(n)$	8	$\frac{z}{(z-a)^2}$	$na^{n-1}u(n)$
3	$\frac{z}{(z-1)^3}$	$\frac{n(n-1)}{2}u(n)$	9	$\frac{z}{(z-a)^3}$	$\frac{n(n-1)}{2}a^{n-2}u(n)$
4	$\frac{z}{(z-1)^{m+1}}$	$\frac{n(n-1)\cdots(n-m+1)}{m!}u(n)$	10	$\frac{z^2}{(z-a)^2}$	$(n+1)a^n u(n)$
5	$\frac{z}{z-a}$	$a^n u(n)$	11	$\frac{z^3}{(z-a)^3}$	$\frac{(n+1)(n+2)}{2}a^n u(n)$
6	$\ln\frac{z}{z-a}$	$\frac{a^n u(n-1)}{n}$	12	$\frac{z^{m+1}}{(z-a)^{m+1}}$	$\frac{(n+1)(n+2)\cdots(n+m)}{m!}a^n u(n)$

表 6-6　左边序列 z 反变换表

序号	$X(z)(\|z\|<\|a\|)$	$x(n)$
1	$\frac{z}{z-a}$	$-a^n u(-n-1)$
2	$\frac{z^2}{(z-a)^2}$	$-(n+1)a^n u(-n-1)$
3	$\frac{z^3}{(z-a)^3}$	$-\frac{(n+1)(n+2)}{2}a^n u(-n-1)$
4	$\frac{z^{m+1}}{(z-a)^{m+1}}$	$-\frac{(n+1)(n+2)\cdots(n+m)}{m!}a^n u(-n-1)$

$$X(z)=\frac{5z}{-3z^2+7z-2}=\frac{-\frac{5}{3}z}{(z-2)\left(z-\frac{1}{3}\right)}$$

将$\frac{X(z)}{z}$展开成

$$\frac{X(z)}{z}=\frac{-\frac{5}{3}}{(z-2)\left(z-\frac{1}{3}\right)}=\frac{-1}{z-2}+\frac{1}{z-\frac{1}{3}}$$

$X(z)$展开为

$$X(z)=\frac{-z}{z-2}+\frac{z}{z-\frac{1}{3}}$$

(1) $|z|>2$,知 $x(n)$是右边序列,得

$$x(n)=-2^n u(n)+\left(\frac{1}{3}\right)^n u(n)=\left[\left(\frac{1}{3}\right)^n-2^n\right]u(n)$$

(2) $|z|<\frac{1}{3}$,知 $x(n)$是左边序列,得

$$x(n)=2^n u(-n-1)-\left(\frac{1}{3}\right)^n u(-n-1)=\left[2^n-\left(\frac{1}{3}\right)^n\right]u(-n-1)$$

(3) $\frac{1}{3}<|z|<2$,知 $x(n)$是双边序列:

$\frac{-z}{z-2}$对应的是左边序列,$x_1(n)=2^n u(-n-1)$;

$\frac{z}{z-\frac{1}{3}}$对应的是右边序列,$x_2(n)=\left(\frac{1}{3}\right)^n u(n)$。

所以

$$x(n)=2^n u(-n-1)+\left(\frac{1}{3}\right)^n u(n)$$

例 6.3-4　已知 $X(z)=\frac{z(z^3+2z^2-4z+8)}{(z-2)^2(z^2+4)}(|z|>2)$,求 $x(n)$。

解　先将$\frac{X(z)}{z}$进行部分分式展开

$$\frac{X(z)}{z}=\frac{z^3+2z^2-4z+8}{(z-2)^2(z^2+4)}=\frac{2}{(z-2)^2}+\frac{1}{z-2}+\frac{2}{z^2+4}$$

所以

$$X(z)=\frac{2z}{(z-2)^2}+\frac{z}{z-2}+\frac{2z}{z^2+4}$$

$$\frac{2z}{(z-2)^2}\leftrightarrow n2^n u(n),\quad \frac{z}{z-2}\leftrightarrow 2^n u(n)$$

$$\frac{2z}{z^2+4}=\frac{2z\sin 90^\circ}{z^2-2z\times 2\cos 90^\circ+4}\leftrightarrow 2^n\sin\left(\frac{\pi}{2}n\right)u(n)$$

求得

$$x(n)=(n+1)2^n u(n)+2^n\sin\left(\frac{\pi}{2}n\right)u(n)$$

6.4　离散系统的 z 域分析

LTI 离散系统输入输出关系用差分方程表示为

$$\sum_{i=0}^{N}a_i y(n-i)=\sum_{j=0}^{M}b_j x(n-j)\tag{6.4-1}$$

使用 z 变换求解,将差分方程变为代数方程,求解过程简单方便,可同时求得零输入响应、零状态响应和完全响应,以及离散系统的系统函数,通过系统函数分析系统的稳定性以便于系

统的模拟。

用 z 变换求解差分方程是有条件的,要求系统的输入信号 $x(n)$ 的 z 变换存在。如求零输入零状态响应,还应已知系统的起始状态。

6.4.1 系统响应函数形式

由第 3 章时域求解可知,因果信号 $x(n)$ 作用下,系统响应 $y(n)=f(n)u(n)$,那么 $y(n-1)$、$y(n-2)$、…,是什么样的函数形式?通过以下二例来说明。

例 6.4-1 在例 3.1-1 中,差分方程 $y(n)-2y(n-1)=u(n)$,$y(-1)=1$,已求得 $y(n)=[4(2)^n-1]u(n)$,求 $y(n-1)$。

解 由差分方程得

$$y(n-1)=\frac{1}{2}[y(n)-u(n)]=\frac{1}{2}[4(2)^n-1-1]u(n)=[4(2)^{n-1}-1]u(n)$$

如果直接在 $y(n)$ 中用 $n-1$ 代替 n,得 $y(n-1)=[4(2)^{n-1}-1]u(n-1)$,显然与上面的结果不符,这是不对的,因为将 $y(n)$、$y(n-1)$ 代入差分方程后方程不成立。原因与连续系统中解的表示是一样的,即 $y(n)=f(n)u(n)$ 只表示当 $n\geqslant 0$ 时 $y(n)=f(n)$,并不表示 $n<0$ 时 $y(n)=0$。

由此题可见 $y(n)=f(n)u(n)$,则 $y(n-1)=f(n-1)u(n)$。

例 6.4-2 系统差分方程为 $y(n)+3y(n-1)+2y(n-2)=u(n)$,起始条件 $y(-1)=-4$,$y(-2)=3$。例 3.4-3 中已求得零输入响应为 $y_{zi}(n)=[2(-1)^n+4(-2)^n]u(n)$,在例 3.5-3 中已求得零状态响应为 $y_{zs}(n)=\left[-\frac{1}{2}(-1)^n+\frac{4}{3}(-2)^n+\frac{1}{6}\right]u(n)$,则完全响应为 $y(n)=\left[\frac{3}{2}(-1)^n+\frac{16}{3}(-2)^n+\frac{1}{6}\right]u(n)$。求 $y(n-1)$ 和 $y(n-2)$。

解

$$y(n)=f(n)u(n),\quad f(n)=\frac{3}{2}(-1)^n+\frac{16}{3}(-2)^n+\frac{1}{6}$$

则

$$y(n-1)=f(n-1)u(n),\quad y(n-2)=f(n-2)u(n)$$

即

$$y(n-1)=\left[\frac{3}{2}(-1)^{n-1}+\frac{16}{3}(-2)^{n-1}+\frac{1}{6}\right]u(n)$$

$$y(n-2)=\left[\frac{3}{2}(-1)^{n-2}+\frac{16}{3}(-2)^{n-2}+\frac{1}{6}\right]u(n)$$

为验证其正确性,只要将 $y(n)$,$y(n-1)$,$y(n-2)$ 代入系统差分方程,方程成立即得证。如果

$$\begin{aligned}y(n-1)&=f(n-1)u(n-1)\\&=f(n-1)[u(n)-\delta(n)]=f(n-1)u(n)-f(-1)\delta(n)\\y(n-2)&=f(n-2)u(n-2)=f(n-2)[u(n)-\delta(n)-\delta(n-1)]\\&=f(n-2)u(n)-f(-2)\delta(n)-f(-1)\delta(n-1)\end{aligned}$$

代入差分方程后，方程肯定不成立，除非是 $f(-2)=f(-1)=0$ 的零状态情况。

所以系统响应函数的形式为

$$\left.\begin{aligned} y(n) &= f(n)u(n) \\ y(n-1) &= f(n-1)u(n) \\ y(n-2) &= f(n-2)u(n) \\ &\vdots \\ y(n-i) &= f(n-i)u(n) \end{aligned}\right\} \tag{6.4-2}$$

6.4.2　用 z 变换求解差分方程

求式(6.4-1)在 $n\geqslant 0$ 时的响应，两边同时进行单边 z 变换，利用 z 变换的位移性和线性来求解。在 LTI 离散系统中，一般输入 $x(n)$ 是因果信号，求得的解如式(6.4-2)所示。

设 $y(n)\leftrightarrow Y(z)$，则

$$y(n-i)\leftrightarrow z^{-i}\left[Y(z)+\sum_{k=-i}^{-1}y(k)z^{-k}\right]$$

$$x(n)\leftrightarrow X(z),\quad x(n-j)\leftrightarrow z^{-j}X(z)$$

对式(6.4-1)进行单边 z 变换，得

$$\sum_{i=0}^{N}a_i z^{-i}\left[Y(z)+\sum_{k=-i}^{-1}y(k)z^{-k}\right]=\sum_{j=0}^{M}b_j z^{-j}X(z)$$

解得

$$\begin{aligned} Y(z) &= \frac{\sum_{j=0}^{M}b_j z^{-j}X(z)}{\sum_{i=0}^{N}a_i z^{-i}}+\frac{-\sum_{i=0}^{N}a_i z^{-i}\cdot\sum_{k=-i}^{-1}y(k)z^{-k}}{\sum_{i=0}^{N}a_i z^{-i}} \\ &= Y_{zs}(z)+Y_{zi}(z) \end{aligned} \tag{6.4-3}$$

$Y(z)$ 由二部分组成，第一部分由输入 $x(n)$ 引起，这是零状态响应的 z 变换；第二部分由 $y(-1),y(-2),\cdots,y(-N)$ 引起，这是零输入响应的 z 变换。

例 6.4-3　在例 6.4-2 中，系统差分方程为 $y(n)+3y(n-1)+2y(n-2)=u(n)$，起始条件 $y(-1)=-4$、$y(-2)=3$。用 z 变换求 $y_{zi}(n)$、$y_{zs}(n)$ 和 $y(n)$。

解　设 $y(n)\leftrightarrow Y(z)$，则

$$y(n-1)\leftrightarrow z^{-1}Y(z)+y(-1)$$

$$y(n-2)\leftrightarrow z^{-2}Y(z)+z^{-1}y(-1)+y(-2)$$

代入方程有

$$Y(z)+3[z^{-1}Y(z)+y(-1)]+2[z^{-2}Y(z)+z^{-1}y(-1)+y(-2)]=X(z)$$

$$Y(z)=\frac{X(z)}{1+3z^{-1}+2z^{-2}}+\frac{6+8z^{-1}}{1+3z^{-1}+2z^{-2}}$$

$$x(n)=u(n)\leftrightarrow X(z)=\frac{z}{z-1}$$

有

$$Y_{zi}(z)=\frac{6+8z^{-1}}{1+3z^{-1}+2z^{-2}}=\frac{z(6z+8)}{z^2+3z+2}=\frac{2z}{z+1}+\frac{4z}{z+2}$$

$$Y_{zs}(z)=\frac{\dfrac{z}{z-1}}{1+3z^{-1}+2z^{-2}}=\frac{z^3}{(z+1)(z+2)(z-1)}=\frac{-\dfrac{1}{2}z}{z+1}+\frac{\dfrac{4}{3}z}{z+2}+\frac{\dfrac{1}{6}z}{z-1}$$

则零输入响应为

$$y_{zi}(n)=[2(-1)^n+4(-2)^n]u(n)$$

零状态响应为

$$y_{zs}(n)=\left[-\frac{1}{2}(-1)^n+\frac{4}{3}(-2)^n+\frac{1}{6}\right]u(n)$$

完全响应为

$$y(n)=y_{zi}(n)+y_{zs}(n)=\left[\frac{3}{2}(-1)^n+\frac{16}{3}(-2)^n+\frac{1}{6}\right]u(n)$$

例 6.4-4 已知系统的传输算子 $H(E)=\dfrac{E}{2E^2+5E+2}$,激励 $x(n)=\left(\dfrac{1}{2}\right)^n u(n)$,$y(0)=0$,$y(1)=-\dfrac{1}{2}$,在 z 域求系统的零输入响应和零状态响应。

解 先由系统的传输算子得到系统的差分方程,再用 z 变换求得零状态响应。

$$H(E)=\frac{E}{2E^2+5E+2}=\frac{\dfrac{1}{E}}{2+\dfrac{5}{E}+\dfrac{2}{E^2}}=\frac{y(n)}{x(n)}$$

得到系统的差分方程为

$$2y(n)+5y(n-1)+2y(n-2)=x(n-1)$$

为在 z 域求解,需要 $y(-1)$ 和 $y(-2)$,在方程中将 $n=0$ 和 $n=1$ 代入,求得 $y(-1)=1$,$y(-2)=-\dfrac{5}{2}$。

方程两边进行 z 变换,有

$$2Y(z)+5z^{-1}Y(z)+2z^{-2}Y(z)=z^{-1}X(z)-2z^{-1}$$

$$x(n)=\left(\frac{1}{2}\right)^n u(n)\leftrightarrow X(z)=\frac{z}{z-\dfrac{1}{2}}=\frac{2z}{2z-1}$$

求得 $Y(z)=\dfrac{\dfrac{2}{2z-1}-2z^{-1}}{2+5z^{-1}+2z^{-2}}$,所以

$$Y_{zs}(z)=\frac{\dfrac{2}{2z-1}}{2+5z^{-1}+2z^{-2}}=\frac{-\dfrac{4}{15}z}{z+2}+\frac{\dfrac{1}{6}z}{z+\dfrac{1}{2}}+\frac{\dfrac{1}{10}z}{z-\dfrac{1}{2}}$$

$$Y_{zi}(z)=\frac{-2z^{-1}}{2+5z^{-1}+2z^{-2}}=\frac{\dfrac{2}{3}z}{z+2}+\frac{-\dfrac{2}{3}z}{z+\dfrac{1}{2}}$$

得到

$$y_{zs}(n)=\left[-\frac{4}{15}(-2)^n+\frac{1}{6}\left(-\frac{1}{2}\right)^n+\frac{1}{10}\left(\frac{1}{2}\right)^n\right]u(n)$$

$$y_{zi}(n)=\left[\frac{2}{3}(-2)^n-\frac{2}{3}\left(-\frac{1}{2}\right)^n\right]u(n)$$

$$y(n)=y_{zs}(n)+y_{zi}(n)=\left[\frac{6}{15}(-2)^n-\frac{1}{2}\left(-\frac{1}{2}\right)^n+\frac{1}{10}\left(\frac{1}{2}\right)^n\right]u(n)$$

6.5 系统函数

6.5.1 系统函数

1. 系统函数的定义

离散系统的系统函数定义为零状态响应的 z 变换与激励的 z 变换之比，即

$$H(z)=\frac{Y_{zs}(z)}{X(z)}$$

简写为

$$H(z)=\frac{Y(z)}{X(z)} \tag{6.5-1}$$

当 $X(z)=1$，即 $x(n)=\delta(n)$ 时

$$H(z)=\mathscr{Z}[h(n)] \tag{6.5-2}$$

即系统函数是冲激响应的 z 变换。

2. 系统函数的计算

系统函数根据不同的已知条件可由定义求得，常有以下四种情况：

(1)由系统的差分方程，两边同时求零状态下的 z 变换。

(2)由系统函数冲激响应，求冲激响应的 z 变换。

(3)给定系统的传输算子，对于稳定的系统 $H(z)=H(E)|_{E=z}$。

(4)由系统的模拟图或信号流图用梅森公式计算 $H(z)$。

例 6.5-1 已知系统的差分方程为 $y(n)+2y(n-1)=x(n-1)$，求系统函数。

解 在零状态下对差分方程两边取变换，有

$$Y(z)+2z^{-1}Y(z)=z^{-1}X(z)$$

求得系统函数

$$H(z)=\frac{Y(z)}{X(z)}=\frac{z^{-1}}{1+2z^{-1}}=\frac{1}{z+2}$$

例 6.5-2 已知系统的模拟图如图 6.5-1 所示，求系统函数和单位冲激响应。

解 模拟图有两个互相接触的环，增益为 $L_1=\frac{-2}{E}$ 和 $L_2=\frac{-2}{E^2}$，一个前向通道，增益为 $g_1=1$，由于两个环都与前向通道接触，所以 $\Delta_1=1$。

由梅森公式求得传输算子为

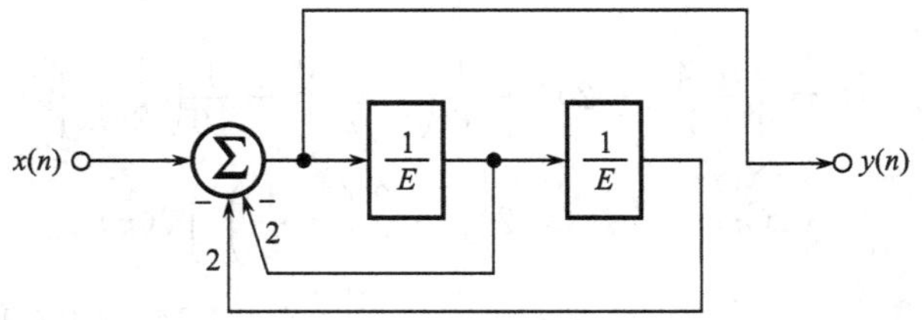

图 6.5-1　系统的模拟图

$$H(E)=\frac{g_1\Delta_1}{1-L_1-L_2}=\frac{1}{1+2\dfrac{1}{E}+2\dfrac{1}{E^2}}=\frac{E^2}{E^2+2E+2}$$

系统函数为

$$H(z)=\frac{1}{1+2z^{-1}+2z^{-2}}=\frac{z^2}{z^2+2z+2}$$

将 $H(z)$展开成

$$\frac{z^2}{z^2+2z+2}=\frac{z^2-z\sqrt{2}\left(-\dfrac{\sqrt{2}}{2}\right)-z\sqrt{2}\left(\dfrac{\sqrt{2}}{2}\right)}{z^2-2z\sqrt{2}\left(-\dfrac{\sqrt{2}}{2}\right)+(\sqrt{2})^2}$$

$$=\frac{z^2-z\sqrt{2}\left(-\dfrac{\sqrt{2}}{2}\right)}{z^2-2z\sqrt{2}\left(-\dfrac{\sqrt{2}}{2}\right)+(\sqrt{2})^2}-\frac{z\sqrt{2}\left(\dfrac{\sqrt{2}}{2}\right)}{z^2-2z\sqrt{2}\left(-\dfrac{\sqrt{2}}{2}\right)+(\sqrt{2})^2}$$

由于 $H(z)$的极点是共轭复数极点，查表 6-4，有

$$a^n\sin(\Omega n)u(n)\leftrightarrow\frac{za\sin\Omega}{z^2-2za\cos\Omega+a^2},\quad a^n\cos(\Omega n)u(n)\leftrightarrow\frac{z^2-za\cos\Omega}{z^2-2za\cos\Omega+a^2}$$

求得

$$h(n)=(\sqrt{2})^n\cos\left(\frac{3\pi}{4}n\right)u(n)-(\sqrt{2})^n\sin\left(\frac{3\pi}{4}n\right)u(n)$$

6.5.2　离散系统的稳定性

离散时间系统中，对于有界的输入产生的零状态响应也是有界的，称该系统是稳定的，表示为

$$|x(n)|\leqslant M_x,\quad |y_{zs}(n)|\leqslant M_y \tag{6.5-3}$$

离散系统稳定的充分必要条件是

$$\sum_{n=-\infty}^{\infty}|h(n)|\leqslant M \tag{6.5-4}$$

式中，M 是有界常数。

由于 $h(n)$是系统函数 $H(z)$的反变换，所以 $H(z)$决定了系统的稳定性。

1. $H(z)$的零极点分布对系统特性的影响

由式(6.4-1)，即 $\sum_{i=0}^{N} a_i y(n-i) = \sum_{j=0}^{M} b_j x(n-j)$ 求得的系统函数为

$$H(z) = \frac{B(z)}{A(z)} = \frac{\sum_{j=0}^{M} b_j z^{-j}}{\sum_{i=0}^{N} a_i z^{-i}} \tag{6.5-5}$$

对于具有单极点的 $p_1, p_2, \cdots, p_N$ 且 $N>M$ 的 $H(z)$，单位冲激响应为

$$h(n) = \mathscr{Z}^{-1}[H(z)] = \mathscr{Z}^{-1}\left[\sum_{i=0}^{N} \frac{A_i z}{z-p_i}\right]$$

式中 A_i 取决于 $H(z)$零极点及系数 a_i, b_j。

$$h(n) = A_0\delta(n) + \sum_{i=1}^{N} A_i (p_i)^n u(n) \tag{6.5-6}$$

这里 p_i 可以是实数，也可以是复数，极点 p_i 在 $h(n)$中的分量为 $A_i P_i^n u(n)$，形状如图6.5-2所示，图中×表示 $H(z)$的一阶单极点。

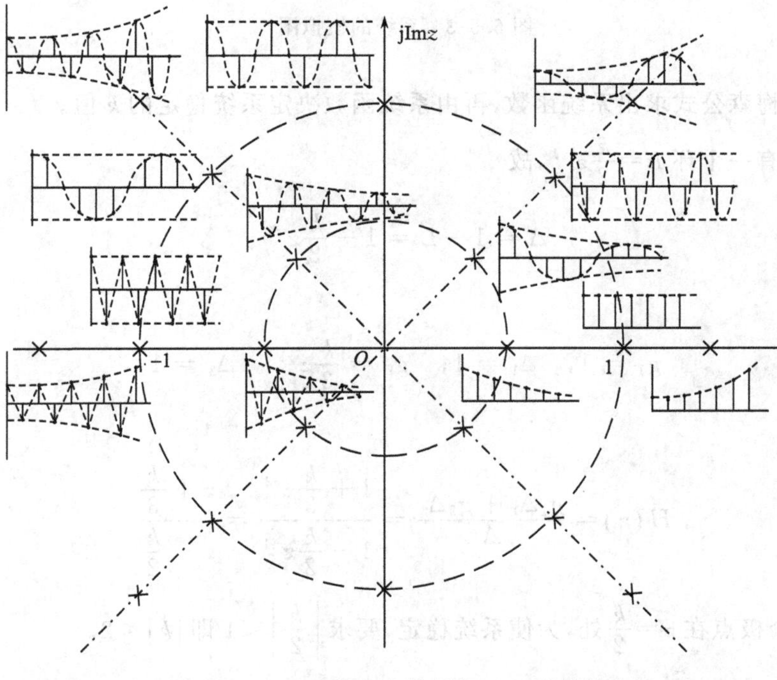

图 6.5-2　$H(z)$的极点位置与 $h(n)$形状的关系

2. 系统稳定性的判断

1) 因果系统

因果系统要求当 $n<0$ 时 $h(n)=0$，由 $H(z)$的定义即 $H(z)=\sum_{n=-\infty}^{\infty} h(n) z^{-n}$ 可知，$H(z)$中只有 z 的负幂次项，$H(z)$的收敛域为 $R_{x1}<|z|<\infty$，即因果系统的收敛域为半径为 R_{x1}

的圆外，并且必须包括 $z=\infty$。

2）稳定系统

稳定系统要满足式(6.5-4)即 $\sum_{n=-\infty}^{\infty}|h(n)|\leqslant M$，$H(z)$的收敛域包含单位圆。当 $H(z)$ 在单位圆上有一阶极点时，系统是临界稳定的。

3）因果稳定系统

既是因果系统又稳定系统，$H(z)$的收敛域为 $R_{x1}<|z|<\infty$，且 $R_{x1}<1$。这要求系统函数 $H(z)$的所有极点必须在单位圆内。

例 6.5-3 系统的模拟图如图 6.5-3 所示，求出系统函数并确定为使系统稳定，k 应满足的条件。

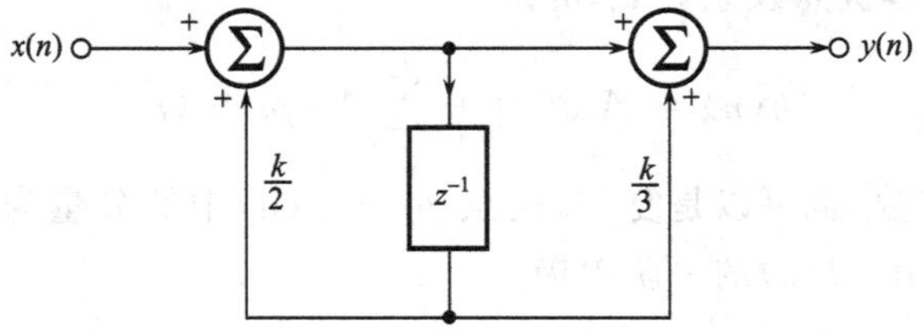

图 6.5-3 系统的模拟图

解 先由梅森公式求出系统函数，再由系统函数决定系统稳定的 k 值。

该系统只有一个环 $L=\frac{k}{2}z^{-1}$，故

$$\Delta=1-L=1-\frac{k}{2}z^{-1}$$

两个前向通路

$$g_1=1,\quad \Delta_1=1;\quad g_2=\frac{k}{3}z^{-1},\quad \Delta_2=1$$

求得

$$H(z)=\frac{g_1\Delta_1+g_2\Delta_2}{\Delta}=\frac{1+\frac{k}{3}z^{-1}}{1-\frac{k}{2}z^{-1}}=\frac{z+\frac{k}{3}}{z-\frac{k}{2}}$$

$H(z)$只有一个极点在 $z=\frac{k}{2}$处，为使系统稳定，要求 $\left|\frac{k}{2}\right|<1$ 即 $|k|<2$。

6.6 离散系统频率响应特性

6.6.1 频率响应特性

因果离散系统，当输入 $x(n)=z^n$ 时的零状态响应为

$$y(n)=z^n*h(n)=\sum_{m=0}^{\infty}h(m)z^{n-m}=z^n\sum_{m=0}^{\infty}h(m)z^{-m}=z^nH(z)$$

令 $z=e^{j\Omega}$，有

$$y(n)=e^{j\Omega n}H(e^{j\Omega})$$

即

$$x(n)=e^{j\Omega n}\rightarrow y(n)=e^{j\Omega n}H(e^{j\Omega}) \qquad (6.6\text{-}1)$$

式中

$$H(e^{j\Omega})=H(z)\big|_{z=e^{j\Omega}}$$

定义　$H(e^{j\Omega})$为离散系统的频率响应。$H(e^{j\Omega})$是复数，将其表示成极坐标形式

$$H(e^{j\Omega})=\left|H(e^{j\Omega})\right|e^{j\varphi(\Omega)} \qquad (6.6\text{-}2)$$

式中，$\left|H(e^{j\Omega})\right|$为幅频特性，是偶函数；$\varphi(\Omega)$为相频特性，是奇函数。

6.6.2　正弦序列的稳态响应

因果离散系统的输入为正弦序列，即 $x(n)=A\cos(\Omega n)$，利用欧拉公式有

$$x(n)=A\cos(\Omega n)=\frac{A}{2}(e^{j\Omega n}+e^{-j\Omega n})$$

稳态响应为

$$\begin{aligned}y_w(n)&=\frac{A}{2}[e^{j\Omega n}H(e^{j\Omega})+e^{-j\Omega n}H(e^{-j\Omega})]\\&=\frac{A}{2}[e^{j\Omega n}\left|H(e^{j\Omega})\right|e^{j\varphi(\Omega)}+e^{-j\Omega n}\left|H(e^{-j\Omega})\right|e^{j\varphi(-\Omega)}]\\&=\frac{A}{2}\left|H(e^{j\Omega})\right|\{e^{j[\Omega n+\varphi(\Omega)]}+e^{-j[\Omega n+\varphi(\Omega)]}\}\\&=A\left|H(e^{j\Omega})\right|\cos[\Omega n+\varphi(\Omega)]\end{aligned}$$

即

$$x(n)=A\cos(\Omega n)\rightarrow y_w(n)=A\left|H(e^{j\Omega})\right|\cos[\Omega n+\varphi(\Omega)] \qquad (6.6\text{-}3)$$

同理推得，当输入为 $x(n)=A\sin(\Omega n)$时的稳态响应为

$$y_w(n)=A\left|H(e^{j\Omega})\right|\sin[\Omega n+\varphi(\Omega)]$$

即

$$x(n)=A\sin(\Omega n)\rightarrow y_w(n)=A\left|H(e^{j\Omega})\right|\sin[\Omega n+\varphi(\Omega)] \qquad (6.6\text{-}4)$$

例 6.6-1　系统差分方程 $y(n)=x(n)+x(n-1)$，求频率特性。

解　系统函数为

$$H(z)=1+z^{-1}$$

频率响应为

$$H(e^{j\Omega})=1+e^{-j\Omega}=e^{-j\frac{\Omega}{2}}(e^{j\frac{\Omega}{2}}+e^{-j\frac{\Omega}{2}})=2\cos\left(\frac{\Omega}{2}\right)e^{-j\frac{\Omega}{2}}$$

幅频特性为

$$\left|H(e^{j\Omega})\right|=2\cos\left(\frac{\Omega}{2}\right),\qquad -\pi\leqslant\Omega\leqslant\pi$$

相频特性为

$$\varphi(\Omega)=-\frac{\Omega}{2},\qquad -\pi\leqslant\Omega\leqslant\pi$$

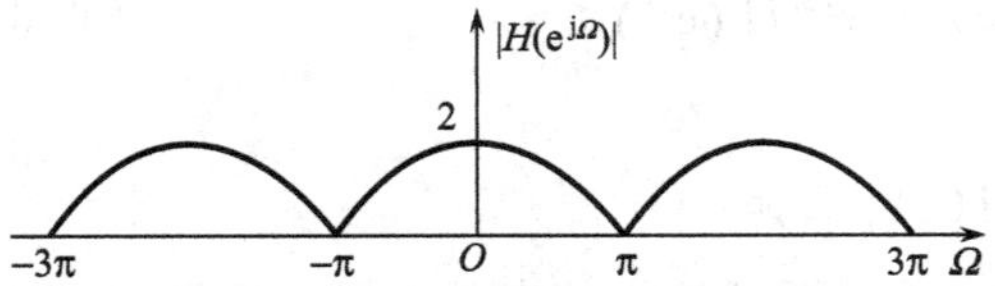

(a) 幅频特性

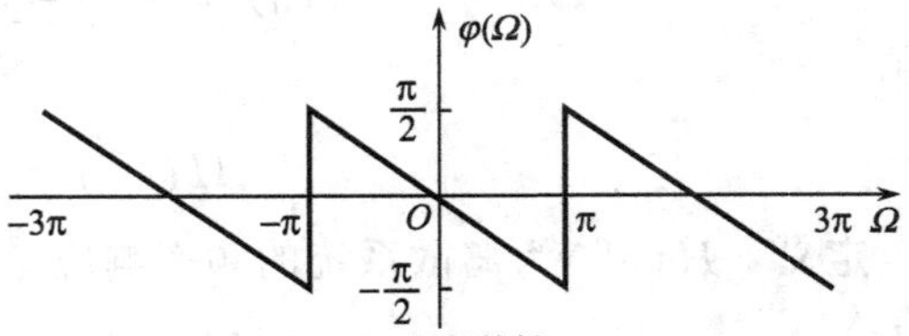

(b) 相频特性

图 6.6-1 系统的频率特性

从图 6.6-1 可见，频率特性呈周期性，周期为 2π。因此只要观察在一个周期内 $0\leqslant\Omega\leqslant2\pi$ 或 $-\pi\leqslant\Omega\leqslant\pi$ 的频率特性。

习 题 六

6-1 用定义计算下列序列的 z 变换并标明收敛域。

(1) $\left(\frac{1}{3}\right)^n u(n)$； (2) $\left(-\frac{1}{2}\right)^n u(n)$； (3) $\left[\left(\frac{1}{2}\right)^n+\left(\frac{1}{3}\right)^{-n}\right]u(n)$； (4) $\left(\frac{1}{2}\right)^n u(n-1)$；

(5) $\left(\frac{1}{2}\right)^n[u(n)-u(n-3)]$； (6) $\delta(n)+\delta(n-6)$； (7) $\{2\quad1\quad7\quad3\}_{-1}$；

(8) $\left(\frac{1}{2}\right)^n u(-n)$； (9) $\left(\frac{1}{2}\right)^n u(n)+\left(\frac{1}{3}\right)^n u(-n)$； (10) $\left(-\frac{1}{2}\right)^{-n}u(-n-1)$。

6-2 已知 $a^n u(n)\leftrightarrow\frac{z}{z-a}(|z|>|a|)$ 和 $\delta(n)\leftrightarrow1$（整个平面），用性质求下列序列的 z 变换并标注收敛域。

(1) $2^n u(n)+3u(n)$； (2) $2^{n-2}u(n-2)$； (3) $(-1)^n nu(n)$；

(4) $\frac{a^n}{n}u(n-1)$； (5) $\frac{a^n}{n+2}u(n)$； (6) $\frac{1}{n}u(n-2)$；

(7) $\sum_{i=0}^{n}a^i u(i)$； (8) $\sum_{i=0}^{n}(-1)^i$； (9) $a^n e^{-an}u(n)$；

(10) $(n-2)^2 u(n-1)$。

6-3 用 z 变换的时域卷积定理计算下列各题。

(1) $2^n u(n)*3^n u(n)$； (2) $2^n u(n)*2^n u(n)$； (3) $a^n u(n)*b^n u(-n)$；

(4) $a^n u(n)*\delta(n-1)$； (5) $a^n u(n)*nu(n-2)$；

(6) $a^n u(n)*[u(n+1)-u(n-2)]$。

6-4 已知 $a^n u(n)\leftrightarrow\frac{z}{z-a}(|z|>|a|)$，用 z 变换性质求以下序列的 z 变换。

(1) $\sin\left(\frac{\pi}{4}n\right)u(n)$； (2) $\cos\left(\frac{\pi}{3}n\right)u(n)$； (3) $n\sin\left(\frac{\pi}{4}n+\frac{\pi}{4}\right)u(n)$；

(4) $\cos\left(\frac{\pi}{3}n\right)u(-n)$； (5) $2^n\sin\left(\frac{\pi}{4}n\right)u(n)$； (6) $a^n\cos\left(\frac{\pi}{2}n+\frac{\pi}{4}\right)u(n)$。

6-5 求下列信号的 z 变换。

(1) $x_1(n)=a^n\sum_{i=0}^{n}b^i$； (2) $x_2(n)=na^n u(n-1)$； (3) $x_3(n)=\left(\frac{1}{2}\right)^{|n|}\cos\left(\frac{\pi}{4}n\right)$。

6-6 求下列 z 变换的原函数。

(1) $X_1(z)=\ln\left(1-\frac{1}{2z}\right)\left(|z|>\frac{1}{2}\right)$；　(2) $X_2(z)=\ln(1-2z)\left(|z|<\frac{1}{2}\right)$；

(3) $X_3(z)=\frac{z^2}{z^2-2.5z+1}$ 且 $\sum_{n=-\infty}^{\infty}|x(n)|<\infty$。

6-7　已知 $x(n)=a^n u(n)\leftrightarrow X(z)=\frac{z}{z-a}$，利用 z 变换的性质求下列各式的原函数。

(1) $X_1(z)=z^{-2}X(z)$；　(2) $X_2(z)=2zX'(z)$；

(3) $X_3(z)=\frac{X(z)}{1-z^{-1}}$；　(4) $X_4(z)=X(z^{-1})$。

6-8　已知因果序列 $x(n)$ 的 z 变换，求 $x(0)$，$x(1)$ 和 $x(\infty)$。

(1) $X(z)=\frac{z^2+1}{\left(z+\frac{1}{2}\right)\left(z-\frac{1}{3}\right)}$；　(2) $X(z)=\frac{2z^2-z}{(z-2)\left(z+\frac{1}{3}\right)}$。

6-9　利用幂级数展开法求 $X(z)=\frac{2z^2-5z+4}{z^2-3z+2}$ 的 z 反变换，收敛域分别为：

(1) $|z|>2$；　(2) $|z|<1$；　(3) $1<|z|<2$。

6-10　利用部分分式展开求下列 $X(z)$ 的反变换。

(1) $\frac{z}{(z-1)(z-2)}$，$|z|>2$；　(2) $\frac{z^2-3z+8}{(z-2)(z+2)(z+3)}$，$|z|>3$；

(3) $\frac{3z^2+2}{(z-1)(z-2)^3}$，$|z|>2$；　(4) $\frac{z}{(z-1)(z-2)}$，$|z|<1$；

(5) $\frac{3z^4+2}{(z-1)(z-2)^2}$，$|z|<1$；　(6) $\frac{3z^2+2}{(z-1)(z-2)}$，$1<|z|<2$；

(7) $\frac{z^2}{z^2+4}$，$|z|>2$；　(8) $\frac{z^2+2z}{z^2+9}$，$|z|>3$。

6-11　求下列 $X(z)$ 的反变换 $x(n)$。

(1) $\ln\left(\frac{z}{z-a}\right)$，$|z|>|a|$；　(2) $\ln\left(\frac{1}{1-a^{-1}z}\right)$，$|z|<a$；

(3) $\ln\left(\frac{z+a}{z}\right)$，$|z|>|a|$。

$\left[\text{提示：利用级数展开式 } \ln(1-r)=-\sum_{n=1}^{\infty}\frac{1}{n}r^n,\ |r|<1\right]$

6-12　用 z 变换求下列差分方程：

(1) $y(n)-y(n-1)=0$，　$y(-1)=1$；

(2) $y(n)-y(n-1)-6y(n-2)=0$，$y(0)=1$，$y(1)=2$；

(3) $y(n)-4y(n-1)+3y(n-2)=(-1)^n u(n)$，$y(-1)=1$，$y(-2)=0$；

(4) $y(n)+y(n-1)-12y(n-2)=u(n)$，$y(0)=1$，$y(1)=12$。

6-13　系统的差分方程为 $y(n)+5y(n-1)+4y(n-2)=2^n u(n)$，$y(-1)=0$，$y(-2)=1$。用 z 变换求零输入响应、零状态响应和完全响应。

6-14　已知系统的差分方程为 $y(n)-y(n-1)-2y(n-2)=\sin\left(\frac{\pi}{2}n\right)u(n)$，$y(-1)=1$，$y(-2)=1$。用 z 变换求解 $y(n)$，并指出自由响应和强迫响应。

6-15　系统的差分方程为 $y(n)-3y(n-1)+2y(n-2)=x(n)+x(n-1)$

(1) 求系统函数 $H(z)$；

(2) 求单位冲激响应 $h(n)$；

(3) 已知 $x(n)=nu(n)$，$y(0)=0$，$y(1)=3$，用 z 变换求完全响应 $y(n)$。

6-16　系统函数 $H(z)=\frac{z^2}{z^2+3z+2}$，(1) 求单位冲激响应 $h(n)$；(2) 写出系统的后向差分方程。

6-17 已知系统的单位冲激响应为 $h(n)=(-2)^n u(n)$，系统的后向差分方程唯一吗？若不是，写出其中二个后向差分方程。

6-18 因果 LTI 离散系统的冲激响应为 $h(n)=\left(\frac{1}{2}\right)^n u(n)$，求：

(1) 输入 $x_1(n)=(-1)^n\ (-\infty<n<\infty)$ 的输出 $y_1(n)$；

(2) 输入 $x_2(n)=1\ (-\infty<n<\infty)$ 的输出 $y_2(n)$。

6-19 因果 LTI 离散系统的差分方程为 $y(n)-\frac{1}{3}y(n-1)=x(n)$，求：

(1) 输入 $x_1(n)=(-1)^n u(n)$ 的输出 $y_1(n)$；

(2) 输入 $x_2(n)=u(-n)+2u(n)$ 的输出 $y_2(n)$。

6-20 已知系统的方程 $y(n)-1.5y(n-1)+0.5y(n-2)=x(n)-2x(n-1)$，起始条件 $y(-1)=0$，$y(-2)=-2$，当加入因果序列 $x(n)$ 时，系统的响应为 $y(n)=[4-2(0.5)^n]u(n)$，求 $x(n)$。

6-21 LTI 离散系统，当激励 $x(n)=u(n)$ 时的零状态响应为 $y_{zs}(n)=\left[\left(\frac{1}{2}\right)^n-\left(-\frac{1}{2}\right)^n\right]u(n)$，求当输入为 $x(n)=\left(\frac{1}{2}\right)^n u(n)$ 时系统的零状态响应。

6-22 判断下列离散 LTI 系统的因果性和稳定性。

(1) $h_1(n)=\delta(n+1)+2\delta(n)$； (2) $h_2(n)=a^n u(n)$； (3) $h_3(n)=\sin\left(\frac{\pi}{4}n\right)u(n)$。

6-23 LTI 离散系统的单位阶跃响应为 $g(n)$，已知激励是因果序列 $x(n)$ 时的零状态响应为 $y_{zs}(n)=\sum_{i=0}^{n}g(i)$，求 $x(n)$。

6-24 系统的模拟图如题 6-24 图所示。

(1) 求系统函数；

(2) 画出零极点图；

(3) 判断系统的稳定性。

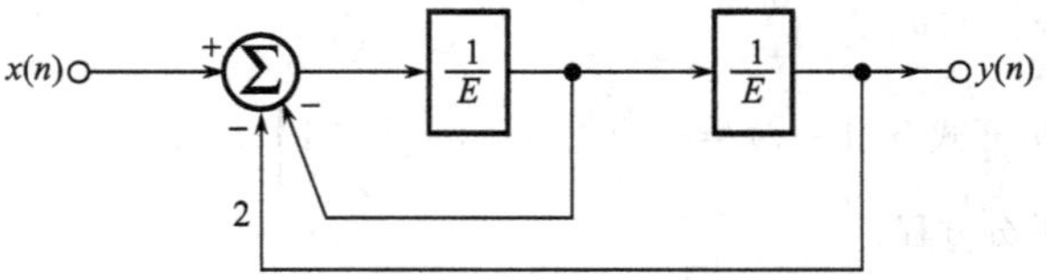

(a)

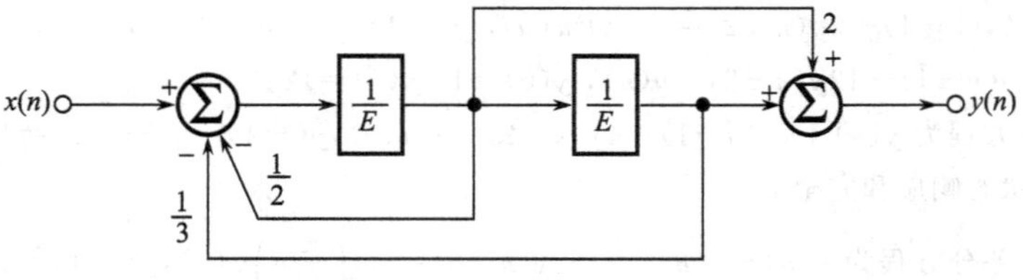

(b)

题 6-24 图

6-25 系统的模拟图如题 6-25 图所示，(1) 求出系统函数 $H(z)$；(2) 写出后向差分方程。

6-26 系统在因果序列 $x(n)$ 作用下产生的零状态响应为 $y(n)=\sum_{j=0}^{n}\sum_{i=0}^{j}x(i)$，求(1) 系统函数；(2) 单位冲激响应。

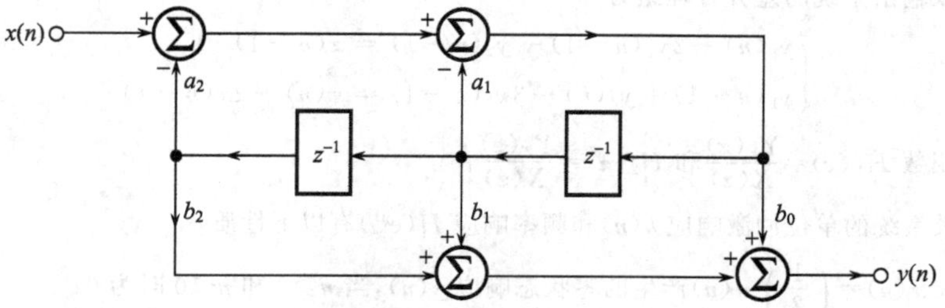

题 6-25 图

6-27　已知系统函数 $H(z)$，判断系统的稳定性。

(1) $H(z)=\dfrac{z^2+z-1}{z^2-z+\dfrac{1}{2}}$；　　(2) $H(z)=\dfrac{z^3}{4z^4-2z^2+2}$。

6-28　系统的模拟图如题 6-28 图所示，求出系统函数并确定为使系统稳定 k 应满足的条件。

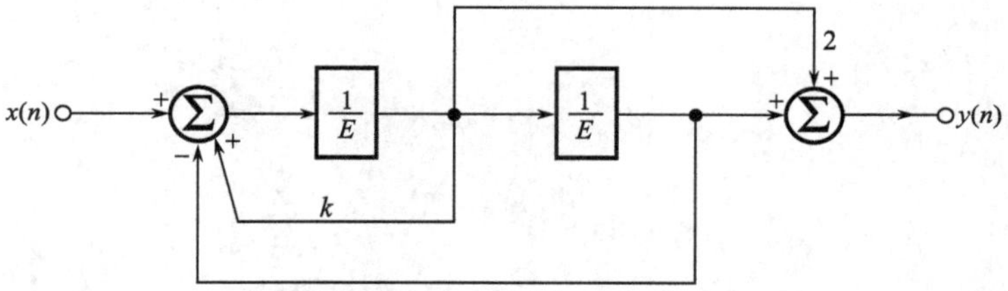

题 6-28 图

6-29　已知系统函数 $H(z)=\dfrac{z}{z-K}$，求 $K=0$ 和 1 时的频率响应，并画出幅频特性和相频特性。

6-30　已知因果 LTI 离散系统的单位冲激响应为 $h(n)=\{2\quad 2\quad -2\quad -2\}$。

(1) 求 $H(z)$；　(2) 求出频率响应函数；　(3) 画出幅频特性和相频特性。

6-31　已知系统差分方程为 $y(n)-0.5y(n-1)=x(n)$，求当输入 $x(n)=1+\cos\left(\dfrac{\pi}{4}n\right)+\cos(\pi n)$ 时的稳态响应 $y_W(n)$。

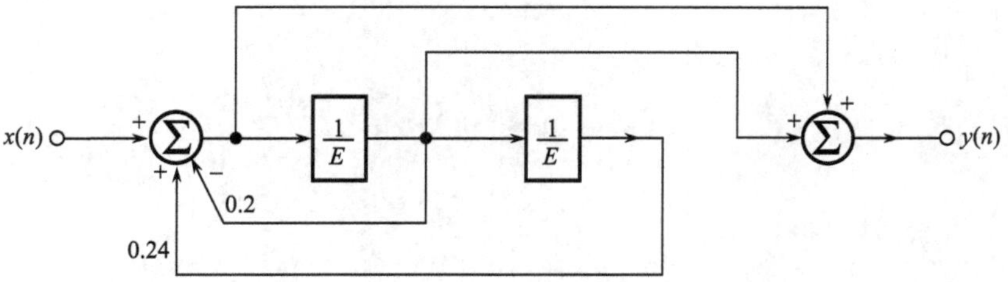

题 6-32 图

6-32　函数的模拟图如题 6-32 图所示。

(1) 求系统函数 $H(z)$ 和单位冲激响应 $h(n)$；

(2) 求 $H(z)$ 的收敛域并判断系统的稳定性；

(3) 求当输入 $x(n)=24\cos(2\pi n)$ 时的稳态响应 $y_W(n)$。

6-33 单输入双输出系统的差分方程组为

$$\begin{cases} y_1(n)-2y_1(n-1)-y_2(n-1)=x(n-1) \\ y_1(n-1)+y_2(n)+3y_2(n-1)=x(n)-2x(n-1) \end{cases}$$

求系统函数 $H_1(z)=\dfrac{Y_1(z)}{X(z)}$和 $H_2(z)=\dfrac{Y_2(z)}{X(z)}$。

6-34 LTI 离散系统的单位冲激响应 $h(n)$和频率响应 $H(e^{j\Omega})$有以下性质：

(1) 输入 $x(n)=\left(\dfrac{1}{2}\right)^n u(n)$产生的零状态响应 $y(n)$，当 $n\geqslant 2$ 和 $n<0$ 时为 0；

(2) $H(e^{j\frac{\pi}{2}})=1$。

求 $h(n)$及系统的差分方程。

第7章 状态变量分析法

系统分析就是建立描述系统特性的数学模型并求出其解，建立系统数学模型有两大类方法：输入输出法和状态变量法。

前几章所述的输入输出法（也称为端口法），主要是研究系统激励与响应之间的直接关系，并不涉及系统的内部变量情况。输入输出法对处理单输入单输出系统极为方便，但由于输入输出法只将系统的输入量和输出量联系起来，不便于研究与系统内部情况有关的各种问题（如系统的可观测性、可控制性等）。

状态变量分析法不仅关心输入和输出间的关系，而且还提供系统内部各变量的情况。在数学上它用两组方程来描述系统：①状态方程，它描述系统内部状态变量与激励之间的关系。对于LTI连续系统是一阶常系数微分方程组，LTI离散系统是一阶差分方程组。②输出方程，它描述系统的响应与状态变量和激励的关系，通常是代数方程。状态方程和输出方程合并简称为状态方程（state equation）。

状态变量法就是列写并求解状态方程和输出方程的方法。

状态变量分析法有以下优点：

(1) 它除了能给出系统的响应外，还提供了系统内部的情况，使我们能够同时观测并处理几个状态变量，以满足一定的设计要求。

(2) 由于状态方程是一阶微分方程或差分方程组，这种方程组可以采用解析法和数值法求解，为使用计算机分析系统提供了有效的途径。

(3) 状态变量分析法不仅适用于分析线性时不变系统，也便于推广应用于非线性时变系统，因为一阶微分方程或差分方程是研究非线性和时变系统的有效方法。

(4) 状态变量分析复杂系统和简单系统的数学模型形式相似，都表示为一些状态变量的线性组合，适用于多输入多输出系统的分析，便于应用计算机技术求解复杂系统的分析设计。

本章介绍状态变量分析法方程的建立、状态变量方程在时域和变换域的求解及系统的可观性和可控性。

7.1 状态变量分析法的有关概念

先从一个简单实例来初步认识状态变量分析法及有关概念。

图7.1-1所示电路，电压源$e(t)$为输入，以电容电压$u_C(t)$作为输出。希望不仅了解电容电压$u_C(t)$的变化，还要知道电感电流$i_L(t)$的变化情况。

KVL列得

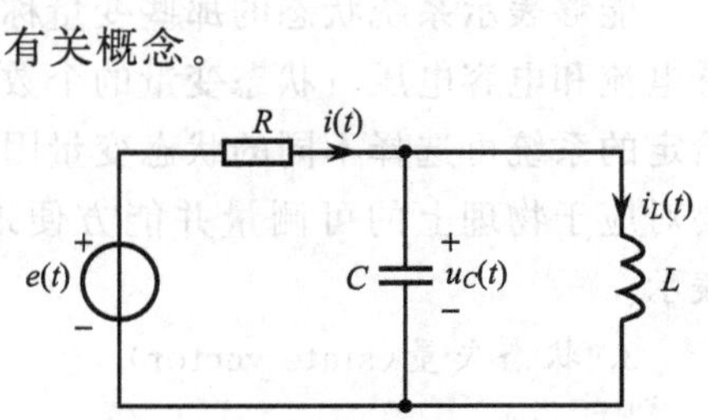

图7.1-1 二阶电路

$$\begin{cases} Ri(t)+u_C(t)=e(t) \\ u_C(t)=L\dfrac{\mathrm{d}}{\mathrm{d}t}i_L(t) \end{cases}$$

KCL 列得

$$i(t)=C\frac{\mathrm{d}}{\mathrm{d}t}u_C(t)+i_L(t)$$

整理后，得

$$\begin{cases} \dfrac{\mathrm{d}}{\mathrm{d}t}i_L(t)=\dfrac{1}{L}u_C(t) \\ \dfrac{\mathrm{d}}{\mathrm{d}t}u_C(t)=-\dfrac{1}{C}i_L(t)-\dfrac{1}{RC}u_C(t)+\dfrac{1}{RC}e(t) \end{cases} \tag{7.1-1}$$

这是以 $i_L(t)$和 $u_C(t)$为状态变量的一阶微分方程组，称为状态方程。

式(7.1-1)的矩阵形式表示为

$$\begin{bmatrix} \dfrac{\mathrm{d}}{\mathrm{d}t}i_L(t) \\ \dfrac{\mathrm{d}}{\mathrm{d}t}u_C(t) \end{bmatrix}=\begin{bmatrix} 0 & \dfrac{1}{L} \\ -\dfrac{1}{C} & -\dfrac{1}{RC} \end{bmatrix}\begin{bmatrix} i_L(t) \\ u_C(t) \end{bmatrix}+\begin{bmatrix} 0 \\ \dfrac{1}{RC} \end{bmatrix}e(t) \tag{7.1-2}$$

以 $r(t)$表示输出信号，则

$$r(t)=u_C(t) \tag{7.1-3}$$

矩阵形式可写作

$$r(t)=[0\quad 1]\begin{bmatrix} i_L(t) \\ u_C(t) \end{bmatrix} \tag{7.1-4}$$

式(7.1-1)和式(7.1-2)是状态方程，式(7.1-3)和式(7.1-4)是输出方程，状态变量分析法的方程是由状态方程和输出方程组成的。当系统的阶数较高时，状态变量数目较多，或系统具有多输入多输出信号时，描述系统的方程形式仍如式(7.1-2)和式(7.1-4)，只是矢量和矩阵的维数有所增加。

状态变量分析法中有以下几个基本概念

1. 状态(state)

状态是表示系统的一组最少变量，只要知道 $t=t_0$ 时的这组变量和给定的输入，就能确定系统在 $t\geqslant t_0$ 的行为。

2. 状态变量(state variable)

能够表示系统状态的那些变量称为状态变量。对于图 7.1-1 所示电路，状态变量为电感电流和电容电压。状态变量的个数等于系统的阶数，状态变量的选择并不是唯一的，对于给定的系统可选择不同的状态变量因而得到不同的状态方程。一般来说，状态变量的选取要对应于物理上的可测量并能方便地建立方程以使计算简单。在本书中，状态变量用 q 表示。

3. 状态矢量(state vector)

状态变量作分量构成的矢量称为状态矢量，上例中状态矢量为 $\boldsymbol{q}(t)=\begin{bmatrix} i_L(t) \\ u_C(t) \end{bmatrix}$。

4. 状态空间(state space)

状态空间指由状态变量 $q_1(t),q_2(t),\cdots,q_n(t)$ 构成的 n 维空间。系统在任意时刻的状态都可用状态空间的一点来表示。上例中有两个状态变量 $i_L(t)$ 和 $u_C(t)$，系统在任意时刻的状态 $i_L(t)$ 和 $u_C(t)$ 可表示为二维空间上的一点。

5. 状态轨迹(state trajectory)

在状态空间中状态矢量端点随时间变换而描出的路径称为状态轨迹。

如 $\boldsymbol{q}(t)=\begin{bmatrix}q_1(t)\\q_2(t)\end{bmatrix}=\begin{bmatrix}(1-\mathrm{e}^{-t})u(t)\\(1-2\mathrm{e}^{-t}+\mathrm{e}^{-2t})u(t)\end{bmatrix}$，状态轨迹如图 7.1-2所示，随 t 的增大，状态轨迹从 O 点开始移动到 A 点。

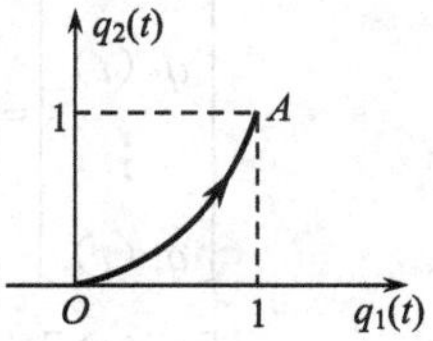

图 7.1-2　状态轨迹

7.2　LTI 连续时间系统状态方程的建立

7.2.1　状态方程和输出方程的标准形式

设一个 n 阶 LTI 连续时间系统有 m 个输入 $e_1(t),e_2(t),\cdots,e_m(t)$，$r$ 个输出 $r_1(t),r_2(t),\cdots,r_r(t)$，$n$ 个状态变量 $q_1(t),q_2(t),\cdots,q_n(t)$。状态方程和输出方程都是状态变量和输入信号的线性组合，其中状态方程由 n 个一阶微分方程组成，输出方程由 r 个代数方程组成。

状态变量方程的标准形式如下：

状态方程

$$\begin{cases}\dfrac{\mathrm{d}}{\mathrm{d}t}q_1(t)=a_{11}q_1(t)+a_{12}q_2(t)+\cdots+a_{1n}q_n(t)+b_{11}e_1(t)+b_{12}e_2(t)+\cdots+b_{1m}e_m(t)\\ \dfrac{\mathrm{d}}{\mathrm{d}t}q_2(t)=a_{21}q_1(t)+a_{22}q_2(t)+\cdots+a_{2n}q_n(t)+b_{21}e_1(t)+b_{22}e_2(t)+\cdots+b_{2m}e_m(t)\\ \quad\vdots\\ \dfrac{\mathrm{d}}{\mathrm{d}t}q_n(t)=a_{n1}q_1(t)+a_{n2}q_2(t)+\cdots+a_{nn}q_n(t)+b_{n1}e_1(t)+b_{n2}e_2(t)+\cdots+b_{nm}e_m(t)\end{cases}\tag{7.2-1}$$

输出方程

$$\begin{cases}r_1(t)=c_{11}q_1(t)+c_{12}q_2(t)+\cdots+c_{1n}q_n(t)+d_{11}e_1(t)+d_{12}e_2(t)+\cdots+d_{1m}e_m(t)\\ r_2(t)=c_{21}q_1(t)+c_{22}q_2(t)+\cdots+c_{2n}q_n(t)+d_{21}e_1(t)+d_{22}e_2(t)+\cdots+d_{2m}e_m(t)\\ \quad\vdots\\ r_r(t)=c_{r1}q_1(t)+c_{r2}q_2(t)+\cdots+c_{rn}q_n(t)+d_{r1}e_1(t)+d_{r2}e_2(t)+\cdots+d_{rm}e_m(t)\end{cases}\tag{7.2-2}$$

简写为

$$\frac{\mathrm{d}}{\mathrm{d}t}q_i(t)=\sum_{j=1}^{n}a_{ij}q_j(t)+\sum_{k=1}^{m}b_{ik}e_k(t),\qquad i=1,2,\cdots,n\tag{7.2-3}$$

$$r_i(t)=\sum_{j=1}^{n}c_{ij}q_j(t)+\sum_{k=1}^{m}d_{ik}e_k(t)\ ,\qquad i=1,2,\cdots,r \tag{7.2-4}$$

定义 $\dot{q}_i(t)=\dfrac{\mathrm{d}}{\mathrm{d}t}q_i(t)$，式(7.2-1)和式(7.2-2)用矩阵形式表示为

$$\begin{bmatrix}\dot{q}_1(t)\\ \dot{q}_2(t)\\ \vdots\\ \dot{q}_n(t)\end{bmatrix}=\begin{bmatrix}a_{11}&a_{12}&\cdots&a_{1n}\\ a_{21}&a_{22}&\cdots&a_{2n}\\ \vdots&\vdots&&\vdots\\ a_{n1}&a_{n2}&\cdots&a_{nn}\end{bmatrix}\begin{bmatrix}q_1(t)\\ q_2(t)\\ \vdots\\ q_n(t)\end{bmatrix}+\begin{bmatrix}b_{11}&b_{12}&\cdots&b_{1m}\\ b_{21}&b_{22}&\cdots&b_{2m}\\ \vdots&\vdots&&\vdots\\ b_{n1}&b_{n2}&\cdots&b_{nm}\end{bmatrix}\begin{bmatrix}e_1(t)\\ e_2(t)\\ \vdots\\ e_m(t)\end{bmatrix} \tag{7.2-5}$$

$$\begin{bmatrix}r_1(t)\\ r_2(t)\\ \vdots\\ r_r(t)\end{bmatrix}=\begin{bmatrix}c_{11}&c_{12}&\cdots&c_{1n}\\ c_{21}&c_{22}&\cdots&c_{2n}\\ \vdots&\vdots&&\vdots\\ c_{r1}&c_{r2}&\cdots&c_{rn}\end{bmatrix}\begin{bmatrix}q_1(t)\\ q_2(t)\\ \vdots\\ q_n(t)\end{bmatrix}+\begin{bmatrix}d_{11}&d_{12}&\cdots&d_{1m}\\ d_{21}&d_{22}&\cdots&d_{2m}\\ \vdots&\vdots&&\vdots\\ d_{r1}&d_{r2}&\cdots&d_{rm}\end{bmatrix}\begin{bmatrix}e_1(t)\\ e_2(t)\\ \vdots\\ e_m(t)\end{bmatrix} \tag{7.2-6}$$

简写为

$$\boldsymbol{q}(t)=\boldsymbol{Aq}(t)+\boldsymbol{Be}(t) \tag{7.2-7}$$

$$\boldsymbol{r}(t)=\boldsymbol{Cq}(t)+\boldsymbol{De}(t) \tag{7.2-8}$$

其中

$\boldsymbol{q}(t)=[q_1(t)\quad q_2(t)\quad\cdots\quad q_n(t)]^{\mathrm{T}}$ 是 $n\times1$ 维的状态变量矩阵；

$\boldsymbol{e}(t)=[e_1(t)\quad e_2(t)\quad\cdots\quad e_m(t)]^{\mathrm{T}}$ 是 $m\times1$ 维的输入矩阵；

$\boldsymbol{r}(t)=[r_1(t)\quad r_2(t)\quad\cdots\quad r_r(t)]^{\mathrm{T}}$ 是 $r\times1$ 维的输出矩阵；

$\boldsymbol{A}=\begin{bmatrix}a_{11}&a_{12}&\cdots&a_{1n}\\ a_{21}&a_{22}&\cdots&a_{2n}\\ \vdots&\vdots&&\vdots\\ a_{n1}&a_{n2}&\cdots&a_{nn}\end{bmatrix}$是 $n\times n$ 维的系统矩阵，又称特征矩阵；

$\boldsymbol{B}=\begin{bmatrix}b_{11}&b_{12}&\cdots&b_{1m}\\ b_{21}&b_{22}&\cdots&b_{2m}\\ \vdots&\vdots&&\vdots\\ b_{n1}&b_{n2}&\cdots&b_{nm}\end{bmatrix}$是 $n\times m$ 维的控制矩阵；

$\boldsymbol{C}=\begin{bmatrix}c_{11}&c_{12}&\cdots&c_{1n}\\ c_{21}&c_{22}&\cdots&c_{2n}\\ \vdots&\vdots&&\vdots\\ c_{r1}&c_{r2}&\cdots&c_{rn}\end{bmatrix}$是 $r\times n$ 维的输出矩阵；

$\boldsymbol{D}=\begin{bmatrix}d_{11}&d_{12}&\cdots&d_{1m}\\ d_{21}&d_{22}&\cdots&d_{2m}\\ \vdots&\vdots&&\vdots\\ d_{r1}&d_{r2}&\cdots&d_{rm}\end{bmatrix}$是 $r\times m$ 维的矩阵。

图 7.2-1 是式(7.2-7)和式(7.2-8)的框图表示，这个框图表明了系统的基本结构和信号流程。图中，双线表示相应维数的多变量信号的通路，方框表示相应的向量和矩阵的矩阵

乘积运算，积分器的框图包含了 n 个适当连接的积分器。

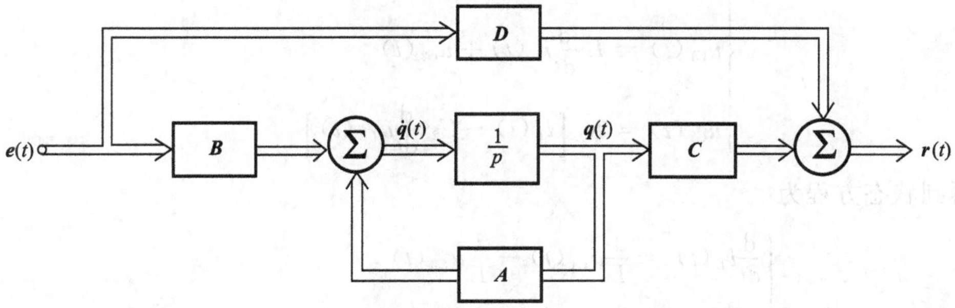

图 7.2-1　LTI 连续时间系统状态变量描述的结构图

只有知道了 $\boldsymbol{A}$、$\boldsymbol{B}$、$\boldsymbol{C}$、$\boldsymbol{D}$ 四个矩阵中的每一个元素，才能求得任意情况下的数值解。大多数情况是，先按照任意矩阵的形式进行讨论，最后代入具体的数值。如果只对系统的一般特性感兴趣，而不考虑具体数值，则矩阵形式提供了很方便的理论工具。

7.2.2　状态方程和输出方程的建立

首先要合理选择状态变量，其个数为动态系统的阶数；然后找出状态变量间及与输入和输出量的关系；最后建立的状态方程和输出方程必须符合标准形式。以下是几种常见的情况：

1. 由电路图建立状态方程

状态变量的个数为电路的阶数，即与独立动态元件的个数相等。由于电感的伏安特性 $u_L(t)=L\dfrac{\mathrm{d}}{\mathrm{d}t}i_L(t)$，为得到状态方程的标准形式，选择流过电感的电流为状态变量，同理，电容的伏安特性 $i_C(t)=C\dfrac{\mathrm{d}}{\mathrm{d}t}u_C(t)$，选择电容两端的电压为状态变量。使用 KCL、KVL 及元器件的伏安特性得到标准形式的状态方程和输出方程。

例 7.2-1　图 7.2-2 所示电路，电压源 $u_s(t)$ 为输入，$i_s(t)$ 和 $u_o(t)$ 为输出，建立状态方程和输出方程。

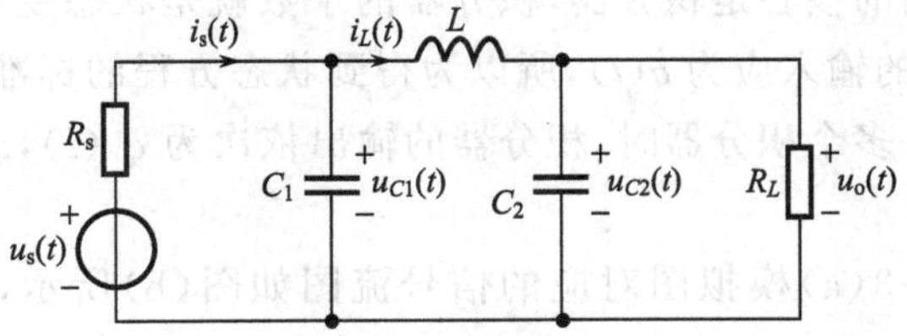

图 7.2-2　例 7.2-1 电路

解　该电路有三个动态元件，选 $i_L(t)$、$u_{C1}(t)$、$u_{C2}(t)$ 为状态变量。

列三个网孔的 KVL 方程，有

$$\begin{cases}R_s\left[C_1\dfrac{d}{dt}u_{C1}(t)+i_L(t)\right]+u_{C1}(t)=u_s(t)\\u_{C1}(t)=L\dfrac{d}{dt}i_L(t)+u_{C2}(t)\\u_{C2}(t)=R_L\left[i_L(t)-C_2\dfrac{d}{dt}u_{C2}(t)\right]\end{cases}$$

化简得到状态方程为

$$\begin{cases}\dfrac{d}{dt}i_L(t)=\dfrac{1}{L}u_{C1}(t)-\dfrac{1}{L}u_{C2}(t)\\\dfrac{d}{dt}u_{C1}(t)=-\dfrac{1}{C_1}i_L(t)-\dfrac{1}{R_sC_1}u_{C1}(t)+\dfrac{1}{R_sC_1}u_s(t)\\\dfrac{d}{dt}u_{C2}(t)=\dfrac{1}{C_2}i_L(t)-\dfrac{1}{R_LC_2}u_{C2}(t)\end{cases}$$

输出方程为

$$\begin{cases}i_s(t)=-\dfrac{1}{R_s}u_{C1}(t)+\dfrac{1}{R_s}u_s(t)\\u_o(t)=u_{C2}(t)\end{cases}$$

矩阵形式为

$$\begin{bmatrix}\dot{i}_L(t)\\\dot{u}_{C1}(t)\\\dot{u}_{C2}(t)\end{bmatrix}=\begin{bmatrix}0&\dfrac{1}{L}&-\dfrac{1}{L}\\-\dfrac{1}{C_1}&-\dfrac{1}{R_sC_1}&0\\\dfrac{1}{C_2}&0&-\dfrac{1}{R_LC_2}\end{bmatrix}\begin{bmatrix}i_L(t)\\u_{C1}(t)\\u_{C2}(t)\end{bmatrix}+\begin{bmatrix}0\\\dfrac{1}{R_sC_1}\\0\end{bmatrix}u_s(t)$$

$$\begin{bmatrix}i_s(t)\\u_o(t)\end{bmatrix}=\begin{bmatrix}0&-\dfrac{1}{R_s}&0\\0&0&1\end{bmatrix}\begin{bmatrix}i_L(t)\\u_{C1}(t)\\u_{C2}(t)\end{bmatrix}+\begin{bmatrix}\dfrac{1}{R_s}\\0\end{bmatrix}u_s(t)$$

2. 由模拟图和信号流图建立状态方程

模拟图和信号流图的核心是积分器，积分器的个数就是状态变量的个数。如积分器的输出为 $q(t)$，则积分器的输入应为 $\dot{q}(t)$，所以为得到状态方程的标准形式，选择积分器的输出为状态变量。当有 n 多个积分器时，积分器的输出依次为 $q_1(t),q_2(t),\cdots,q_n(t)$，在积分器的输入端列方程。

例 7.2-2 图 7.2-3(a)模拟图对应的信号流图如图(b)所示，写出状态方程和输出方程。

解 图 7.2-3 中有两个积分器，故选每个积分器的输出为状态变量 $q_1(t)$和 $q_2(t)$，标在图上，每个积分器的输入是加法器的输出，根据加法器的输入输出关系，列出状态方程为

$$\begin{cases}\dot{q}_1(t)=-2q_1(t)+q_2(t)\\\dot{q}_2(t)=-q_1(t)+e(t)\end{cases}$$

系统的输出是加法器的输出，列得输出方程为

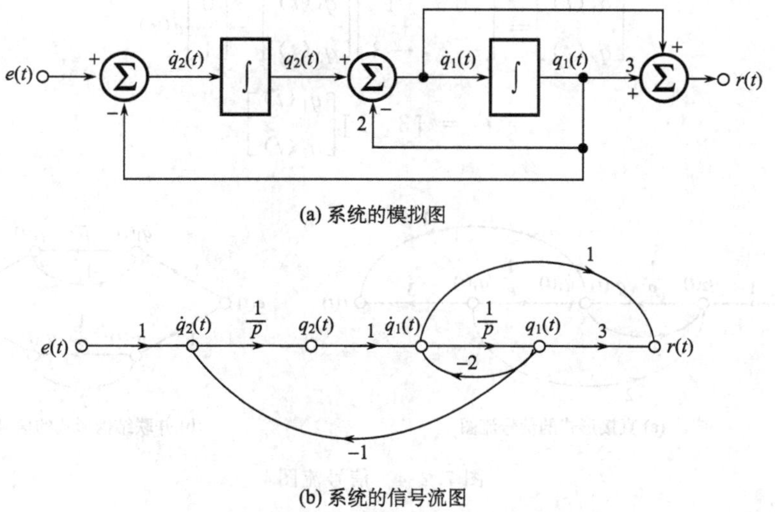

图 7.2-3　例 7.2-2 系统的模拟图和信号流图

$$r(t)=3q_1(t)+\dot{q}_1(t)=3q_1(t)-2q_1(t)+q_2(t)=q_1(t)+q_2(t)$$

矩阵形式为

$$\begin{bmatrix}\dot{q}_1(t)\\ \dot{q}_2(t)\end{bmatrix}=\begin{bmatrix}-2 & 1\\ -1 & 0\end{bmatrix}\begin{bmatrix}q_1(t)\\ q_2(t)\end{bmatrix}+\begin{bmatrix}0\\ 1\end{bmatrix}e(t)$$

$$r(t)=\begin{bmatrix}1 & 1\end{bmatrix}\begin{bmatrix}q_1(t)\\ q_2(t)\end{bmatrix}$$

3. 由 $H(p)$ 和 $H(s)$ 建立状态方程

首先用梅森公式画出信号流图，再按上面的方法建立方程。

例 7.2-3　已知系统的传输算子 $H(p)=\dfrac{p+3}{p^2+3p+2}$，用直接形式和并联结构形式实现，建立状态方程和输出方程。

解　(1) 直接形式。

将 $H(p)$ 变为

$$H(p)=\frac{p+3}{p^2+3p+2}=\frac{\dfrac{1}{p}+\dfrac{3}{p^2}}{1+\dfrac{3}{p}+\dfrac{2}{p^2}}$$

用梅森公式画出信号流图如图 7.2-4(a)所示，选积分器的输出为状态变量 $q_1(t)$ 和 $q_2(t)$，列得状态方程为

$$\begin{cases}\dot{q}_1(t)=q_2(t)\\ \dot{q}_2(t)=-2q_1(t)-3q_2(t)+e(t)\end{cases}$$

$$r(t)=3q_1(t)+q_2(t)$$

矩阵形式为

$$\begin{bmatrix}\dot{q}_1(t)\\ \dot{q}_2(t)\end{bmatrix}=\begin{bmatrix}0 & 1\\ -2 & -3\end{bmatrix}\begin{bmatrix}q_1(t)\\ q_2(t)\end{bmatrix}+\begin{bmatrix}0\\ 1\end{bmatrix}e(t)$$

$$r(t)=[3\quad 1]\begin{bmatrix}q_1(t)\\ q_2(t)\end{bmatrix}$$

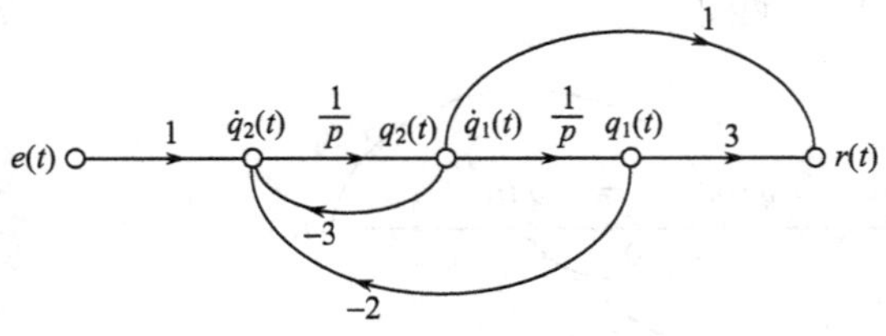

(a) 直接形式的信号流图

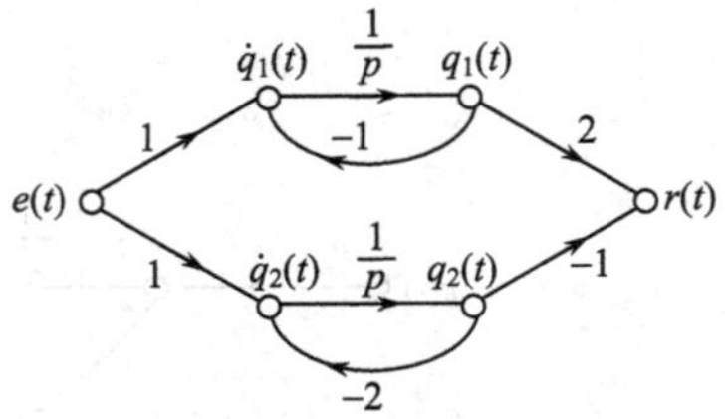

(b) 并联结构形式的信号流图

图 7.2-4 信号流图

(2) 并联结构形式。

将 $H(p)$部分分式展开成

$$H(p)=\frac{p+3}{p^2+3p+2}=\frac{2}{p+1}+\frac{-1}{p+2}$$

用梅森公式画出信号流图如图 7.2-4(b)所示,选上一个积分器的输出为状态变量 $q_1(t)$,下一个积分器的输出为状态变量 $q_2(t)$,列得

$$\begin{cases}\dot{q}_1(t)=-q_1(t)+e(t)\\ \dot{q}_2(t)=-2q_2(t)+e(t)\end{cases}$$

$$r(t)=2q_1(t)-q_2(t)$$

矩阵形式为

$$\begin{bmatrix}\dot{q}_1(t)\\ \dot{q}_2(t)\end{bmatrix}=\begin{bmatrix}-1 & 0\\ 0 & -2\end{bmatrix}\begin{bmatrix}q_1(t)\\ q_2(t)\end{bmatrix}+\begin{bmatrix}1\\ 1\end{bmatrix}e(t)$$

$$r(t)=[2\quad -1]\begin{bmatrix}q_1(t)\\ q_2(t)\end{bmatrix}$$

在此发现 **A** 矩阵是对角矩阵,即只有在对角线上有非零的元数,其余的元数是零。因此只有在并联结构时,**A** 矩阵是对角矩阵。

例 7.2-4 已知系统函数 $H(s)=\dfrac{s+3}{(s+1)^2(s+2)}$,写出级联结构形式的状态方程和输出方程。

解 将 $H(s)$变为 $H(s)=\dfrac{s+3}{(s+1)^2(s+2)}=\dfrac{1}{s+2}\cdot\dfrac{s+3}{s+1}\cdot\dfrac{1}{s+1}$,画出图 7.2-5 的信号流图。

选积分器的输出为状态变量 $q_1(t),q_2(t),q_3(t)$,列得方程为

$$\begin{cases}\dot{q}_1(t)=-q_1(t)+3q_2(t)+\dot{q}_2(t)\\ \dot{q}_2(t)=-q_2(t)+q_3(t)\\ \dot{q}_3(t)=-2q_3(t)+e(t)\end{cases}$$

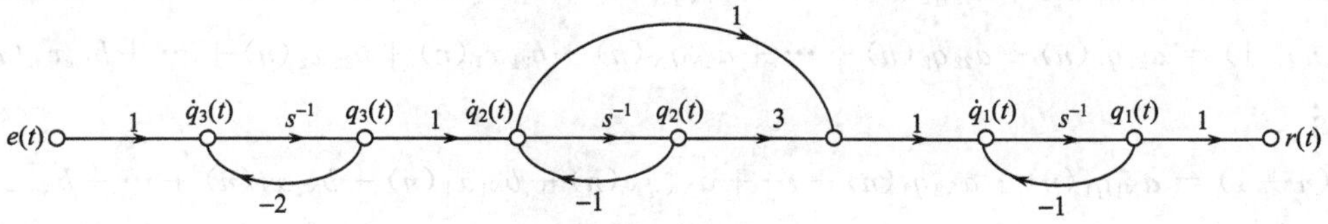

图 7.2-5　级联结构形式的信号流图

整理后，得

$$\begin{cases}\dot{q}_1(t)=-q_1(t)+2q_2(t)+q_3(t)\\ \dot{q}_2(t)=-q_2(t)+q_3(t)\\ \dot{q}_3(t)=-2q_3(t)+e(t)\end{cases}$$

$$r(t)=q_1(t)$$

矩阵形式为

$$\begin{bmatrix}\dot{q}_1(t)\\ \dot{q}_2(t)\\ \dot{q}_3(t)\end{bmatrix}=\begin{bmatrix}-1 & 2 & 1\\ 0 & -1 & 1\\ 0 & 0 & -2\end{bmatrix}\begin{bmatrix}q_1(t)\\ q_2(t)\\ q_3(t)\end{bmatrix}+\begin{bmatrix}0\\ 0\\ 1\end{bmatrix}e(t)$$

$$r(t)=\begin{bmatrix}1 & 0 & 0\end{bmatrix}\begin{bmatrix}q_1(t)\\ q_2(t)\\ q_3(t)\end{bmatrix}$$

4. 由微分方程建立状态方程

首先由微分方程求出系统的传输算子或系统函数，用梅森公式画出信号流图，再选状态变量并建立方程。

例 7.2-5　已知系统方程为$\frac{d^2}{dt^2}r(t)+3\frac{d}{dt}r(t)+2r(t)=\frac{d}{dt}e(t)+3e(t)$，建立状态方程和输出方程。

解　系统的传输算子 $H(p)=\frac{p+3}{p^2+3p+2}$，系统函数 $H(s)=\frac{s+3}{(s+1)(s+2)}$，用直接形式和并联结构形式实现的方程如例 7.2-3。

7.3　LTI 离散时间系统状态方程的建立

离散时间系统与连续时间系统有很多相似之处，本节采用与 7.2 节并行叙述。

7.3.1　离散时间系统状态方程的标准形式

设一个 N 阶 LTI 离散时间系统有 m 个输入 $x_1(n),x_2(n),\cdots,x_m(n)$，$r$ 个输出 $y_1(n)$，$y_2(n),\cdots,y_r(n)$，N 个状态变量 $q_1(n),q_2(n),\cdots,q_N(n)$。状态方程和输出方程标准形式如下：

状态方程

$$\begin{cases} q_1(n+1)=a_{11}q_1(n)+a_{12}q_2(n)+\cdots+a_{1N}q_N(n)+b_{11}x_1(n)+b_{12}x_2(n)+\cdots+b_{1m}x_m(n) \\ q_2(n+1)=a_{21}q_1(n)+a_{22}q_2(n)+\cdots+a_{2N}q_N(n)+b_{21}x_1(n)+b_{22}x_2(n)+\cdots+b_{2m}x_m(n) \\ \quad\vdots \\ q_N(n+1)=a_{N1}q_1(n)+a_{N2}q_2(n)+\cdots+a_{NN}q_N(n)+b_{N1}x_1(n)+b_{N2}x_2(n)+\cdots+b_{Nm}x_m(n) \end{cases} \tag{7.3-1}$$

输出方程

$$\begin{cases} y_1(n)=c_{11}q_1(n)+c_{12}q_2(n)+\cdots+c_{1N}q_N(n)+d_{11}x_1(n)+d_{12}x_2(n)+\cdots+d_{1m}x_m(n) \\ y_2(n)=c_{21}q_1(n)+c_{22}q_2(n)+\cdots+c_{2N}q_N(n)+d_{21}x_1(n)+d_{22}x_2(n)+\cdots+d_{2m}x_m(n) \\ \quad\vdots \\ y_r(n)=c_{r1}q_1(n)+c_{r2}q_2(n)+\cdots+c_{rN}q_N(n)+d_{r1}x_1(n)+d_{r2}x_2(n)+\cdots+d_{rm}x_m(n) \end{cases} \tag{7.3-2}$$

简写为

$$q_i(n+1)=\sum_{j=1}^{N}a_{ij}q_j(n)+\sum_{k=1}^{m}b_{ik}x_k(n),\qquad i=1,2,\cdots,N \tag{7.3-3}$$

$$y_i(n)=\sum_{j=1}^{N}c_{ij}q_j(n)+\sum_{k=1}^{m}d_{ik}x_k(n),\qquad i=1,2,\cdots,r \tag{7.3-4}$$

式(7.3-1)和式(7.3-2)用矩阵形式表示为

$$\begin{bmatrix} q_1(n+1) \\ q_2(n+1) \\ \vdots \\ q_N(n+1) \end{bmatrix}=\begin{bmatrix} a_{11} & a_{12} & \cdots & a_{1N} \\ a_{21} & a_{22} & \cdots & a_{2N} \\ \vdots & \vdots & & \vdots \\ a_{N1} & a_{N2} & \cdots & a_{NN} \end{bmatrix}\begin{bmatrix} q_1(n) \\ q_2(n) \\ \vdots \\ q_N(n) \end{bmatrix}+\begin{bmatrix} b_{11} & b_{12} & \cdots & b_{1m} \\ b_{21} & b_{22} & \cdots & b_{2m} \\ \vdots & \vdots & & \vdots \\ b_{N1} & b_{N2} & \cdots & b_{Nm} \end{bmatrix}\begin{bmatrix} x_1(n) \\ x_2(n) \\ \vdots \\ x_m(n) \end{bmatrix} \tag{7.3-5}$$

$$\begin{bmatrix} y_1(n) \\ y_2(n) \\ \vdots \\ y_r(n) \end{bmatrix}=\begin{bmatrix} c_{11} & c_{12} & \cdots & c_{1N} \\ c_{21} & c_{22} & \cdots & c_{2N} \\ \vdots & \vdots & & \vdots \\ c_{r1} & c_{r2} & \cdots & c_{rN} \end{bmatrix}\begin{bmatrix} q_1(n) \\ q_2(n) \\ \vdots \\ q_N(n) \end{bmatrix}+\begin{bmatrix} d_{11} & d_{12} & \cdots & d_{1m} \\ d_{21} & d_{22} & \cdots & d_{2m} \\ \vdots & \vdots & & \vdots \\ d_{r1} & d_{r2} & \cdots & d_{rm} \end{bmatrix}\begin{bmatrix} x_1(n) \\ x_2(n) \\ \vdots \\ x_m(n) \end{bmatrix} \tag{7.3-6}$$

简写为

$$\boldsymbol{q}(n+1)=\boldsymbol{A}\boldsymbol{q}(n)+\boldsymbol{B}\boldsymbol{x}(n) \tag{7.3-7}$$

$$\boldsymbol{y}(n)=\boldsymbol{C}\boldsymbol{q}(n)+\boldsymbol{D}\boldsymbol{x}(n) \tag{7.3-8}$$

其中

$\boldsymbol{q}(n)=[q_1(n)\quad q_2(n)\quad\cdots\quad q_N(n)]^{\mathrm{T}}$ 是 $N\times1$ 维的状态变量矩阵；

$\boldsymbol{x}(n)=[x_1(n)\quad x_2(n)\quad\cdots\quad x_m(n)]^{\mathrm{T}}$ 是 $m\times1$ 维的输入矩阵；

$\boldsymbol{y}(n)=[y_1(n)\quad y_2(n)\quad\cdots\quad y_r(n)]^{\mathrm{T}}$ 是 $r\times1$ 维的输出矩阵；

$\boldsymbol{A}$、$\boldsymbol{B}$、$\boldsymbol{C}$、$\boldsymbol{D}$ 四个矩阵的名称与连续时间系统一样。

7.3.2　状态方程的建立

状态变量个数与系统的阶数相等，建立的状态方程和输出方程必须符合标准形式。

1. 由模拟图和信号流图建立状态方程

在模拟图和信号流图中的核心是单位延时器，对于稳定的离散系统，系统的阶数就是单位延时器的个数。为使得单位延时器产生 $q(n)$ 的输出，输入应为 $q(n+1)$，所以为得到状态方程的标准形式，选择单位延时器的输出作为状态变量。

例 7.3-1　系统的模拟图如图 7.3-1 所示，写出状态方程和输出方程。

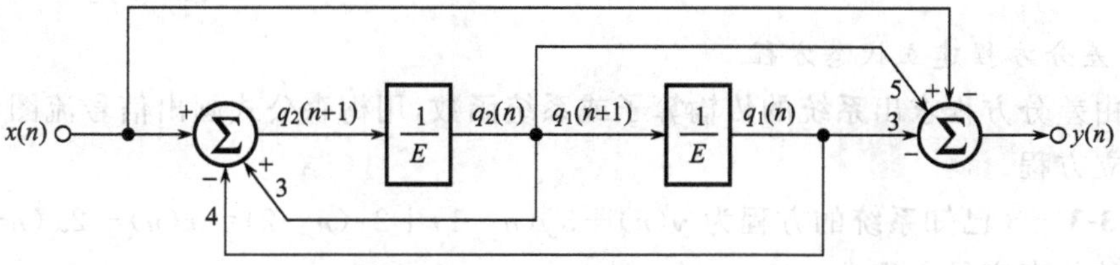

图 7.3-1　二阶离散系统的模拟图

解　选两个延时器的输出信号为状态变量，标于图上。以延时器的输入端来列写方程，第一个延时器的输入信号是第一个加法器的输出信号，第一个延时器的输出信号是第二个延时器的输入信号，第二个加法器的输出信号是系统的输出。列得

$$q_1(n+1)=q_2(n)$$

$$q_2(n+1)=-4q_1(n)+3q_2(n)+x(n)$$

$$y(n)=-3q_1(n)+5q_2(n)-x(n)$$

写成矩阵形式为

$$\begin{bmatrix} q_1(n+1) \\ q_2(n+1) \end{bmatrix}=\begin{bmatrix} 0 & 1 \\ -4 & 3 \end{bmatrix}\begin{bmatrix} q_1(n) \\ q_2(n) \end{bmatrix}+\begin{bmatrix} 0 \\ 1 \end{bmatrix}x(n)$$

$$y(n)=[-3\quad 5]\begin{bmatrix} q_1(n) \\ q_2(n) \end{bmatrix}-x(n)$$

2. 由 $H(E)$ 或 $H(z)$ 建立状态方程

与连续系统一样，先用梅森公式画出信号流图，再按上面的方法建立状态方程。

例 7.3-2　已知系统的传输算子为 $H(E)=\dfrac{E^2+3E}{E^2+3E+2}$，用并联结构实现，写出状态方程和输出方程。

解　将 $H(E)$ 用部分分式展开成

$$H(E)=\frac{E^2+3E}{E^2+3E+2}=\frac{2E}{E+1}+\frac{-E}{E+2}=\frac{2}{1+\frac{1}{E}}+\frac{-1}{1+\frac{2}{E}}$$

信号流图如图 7.3-2 所示，选两个延时器的输出信号为状态变量，列得

$$q_1(n+1)=-q_1(n)+x(n)$$

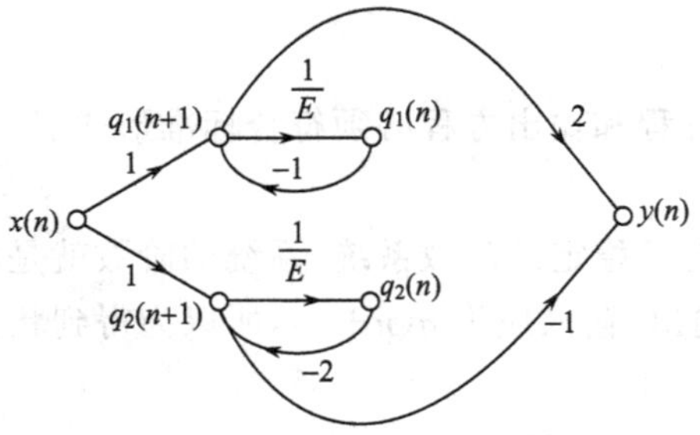

图 7.3-2 信号流图

$$q_2(n+1)=-2q_2(n)+x(n)$$

$$y(n)=2q_1(n+1)-q_2(n+1)$$

$$=-2q_1(n)+2q_2(n)+x(n)$$

矩阵形式为

$$\begin{bmatrix}q_1(n+1)\\q_2(n+1)\end{bmatrix}=\begin{bmatrix}-1&0\\0&-2\end{bmatrix}\begin{bmatrix}q_1(n)\\q_2(n)\end{bmatrix}+\begin{bmatrix}1\\1\end{bmatrix}x(n)$$

$$y(n)=[-2\quad 2]\begin{bmatrix}q_1(n)\\q_2(n)\end{bmatrix}+x(n)$$

3. *由差分方程建立状态方程*

首先由差分方程求出系统的传输算子或系统函数，用梅森公式画出信号流图，再选状态变量并建立方程。

例 7.3-3 已知系统的方程为 $y(n)+3y(n-1)+2y(n-2)=x(n)-2x(n-1)$，写出直接形式的状态变量方程。

解 差分方程两边在零状态下进行单边 z 变换，得

$$Y(z)+3z^{-1}Y(z)+2z^{-2}Y(z)=X(z)-2z^{-1}X(z)$$

求得系统函数为

$$H(z)=\frac{1-2z^{-1}}{1+3z^{-1}+2z^{-2}}$$

画出系统的信号流图如图 7.3-3 所示，选两个延时器的输出信号为状态变量，列得

$$q_1(n+1)=q_2(n)$$

$$q_2(n+1)=-2q_1(n)-3q_2(n)+x(n)$$

$$y(n)=q_2(n+1)-2q_2(n)$$

$$=-2q_1(n)-5q_2(n)+x(n)$$

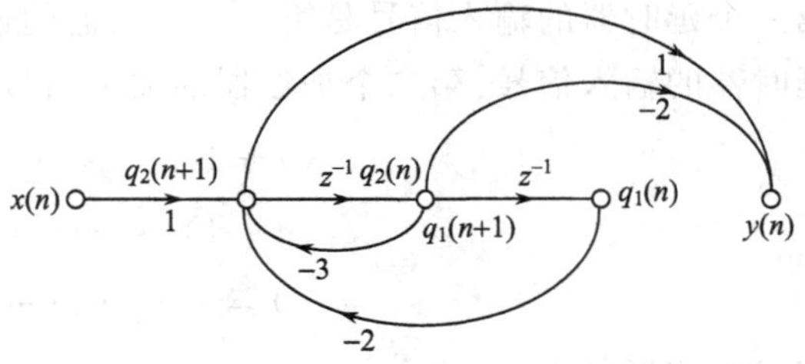

图 7.3-3 系统的信号流图

矩阵形式为

$$\begin{bmatrix}q_1(n+1)\\q_2(n+1)\end{bmatrix}=\begin{bmatrix}0&1\\-2&-3\end{bmatrix}\begin{bmatrix}q_1(n)\\q_2(n)\end{bmatrix}+\begin{bmatrix}0\\1\end{bmatrix}x(n)$$

$$y(n)=[-2\quad -5]\begin{bmatrix}q_1(n)\\q_2(n)\end{bmatrix}+x(n)$$

7.4 状态转移矩阵

为在时域求解状态方程，先要了解矩阵的特征根和状态转移矩阵（state transition matrix）。

7.4.1 矩阵的特征根

$\boldsymbol{A}$ 矩阵是 $k\times k$ 维的系统矩阵，又称特征矩阵。常数 α 与单位对角矩阵 $\boldsymbol{I}$ 相乘变成对角

线上元数为 α 的 $k\times k$ 维对角矩阵，则 $\alpha\boldsymbol{I}-\boldsymbol{A}$ 矩阵也是 $k\times k$ 维的矩阵，取其行列式，表示为 $\det(\alpha\boldsymbol{I}-\boldsymbol{A})$，是 α 的 k 次多项式，α 称为矩阵 $\boldsymbol{A}$ 的特征根。

定义 矩阵 $\boldsymbol{A}$ 的特征多项式为

$$p(\alpha)=\det(\alpha\boldsymbol{I}-\boldsymbol{A})=a_0+a_1\alpha+\cdots+a_{k-1}\alpha^{k-1}+a_k\alpha^k \tag{7.4-1}$$

矩阵 $\boldsymbol{A}$ 的特征方程为

$$p(\alpha)=\det(\alpha\boldsymbol{I}-\boldsymbol{A})=a_0+a_1\alpha+\cdots+a_{k-1}\alpha^{k-1}+a_k\alpha^k=0 \tag{7.4-2}$$

凯莱-哈密尔顿定理指出任何 $k\times k$ 维的系统矩阵 $\boldsymbol{A}$ 满足自己的特征方程，即

$$p(\boldsymbol{A})=a_0\boldsymbol{I}+a_1\boldsymbol{A}+\cdots+a_{k-1}\boldsymbol{A}^{k-1}+a_k\boldsymbol{A}^k=0 \tag{7.4-3}$$

变形为

$$\boldsymbol{A}^k=b_0\boldsymbol{I}+b_1\boldsymbol{A}+\cdots+b_{k-1}\boldsymbol{A}^{k-1}=\sum_{i=0}^{k-1}b_i\boldsymbol{A}^i \tag{7.4-4}$$

等式两边同乘 $\boldsymbol{A}$，等式右边代入式(7.4-4)，重新排列，有

$$\boldsymbol{A}^{k+1}=c_0\boldsymbol{I}+c_1\boldsymbol{A}+\cdots+c_{k-1}\boldsymbol{A}^{k-1}=\sum_{i=0}^{k-1}c_i\boldsymbol{A}^i \tag{7.4-5}$$

依次类推，有

$$\boldsymbol{A}^n=d_0\boldsymbol{I}+d_1\boldsymbol{A}+\cdots+d_{k-1}\boldsymbol{A}^{k-1}=\sum_{i=0}^{k-1}d_i\boldsymbol{A}^i,\qquad n\geqslant k \tag{7.4-6}$$

式中 a_i,b_i,c_i,d_i 为各项系数。式(7.4-6)表明，可利用 $\boldsymbol{A}^{k-1}$ 以下幂次的各项之和来表示 $\boldsymbol{A}^n$。

α 是矩阵 $\boldsymbol{A}$ 的特征根，同样满足式(7.4-6)，即

$$\alpha^n=d_0+d_1\alpha+\cdots+d_{k-1}\alpha^{k-1} \tag{7.4-7}$$

7.4.2 状态转移矩阵

定义 $\varphi(n)=\boldsymbol{A}^n$ 和 $\varphi(t)=\mathrm{e}^{\boldsymbol{A}t}$ 为状态转移矩阵，又称为矩阵指数函数。

$\varphi(n)=\boldsymbol{A}^n$ 由式(7.4-6)求得，$\varphi(t)=\mathrm{e}^{\boldsymbol{A}t}$ 用以下方法求得。

指数函数 e^x 可展开成收敛幂级数

$$\mathrm{e}^x=1+x+\frac{1}{2!}x^2+\cdots+\frac{1}{i!}x^i+\cdots=\sum_{i=0}^{\infty}\frac{1}{i!}x^i,\qquad i\text{ 为正整数}$$

同样 $\mathrm{e}^{\boldsymbol{A}}$ 也可展开成

$$\mathrm{e}^{\boldsymbol{A}}=\boldsymbol{I}+\boldsymbol{A}+\frac{1}{2!}\boldsymbol{A}^2+\cdots+\frac{1}{i!}\boldsymbol{A}^i+\cdots=\sum_{i=0}^{\infty}\frac{1}{i!}\boldsymbol{A}^i,\qquad i\text{ 为正整数}$$

所以

$$\mathrm{e}^{\boldsymbol{A}t}=\boldsymbol{I}+\boldsymbol{A}t+\frac{1}{2!}\boldsymbol{A}^2t^2+\cdots+\frac{1}{i!}\boldsymbol{A}^it^i+\cdots=\sum_{i=0}^{\infty}\frac{1}{i!}\boldsymbol{A}^it^i,\qquad i\text{ 为正整数} \tag{7.4-8}$$

由式(7.4-6)可见，将式(7.4-8)高于 k 次的各项全部化为 $\boldsymbol{A}^{k-1}$ 以下幂次的各项之和来表示，整理后，得

$$e^{At} = e_0 I + e_1 A + e_2 A^2 + \cdots + e_{k-1} A^{k-1} \tag{7.4-9}$$

式中 $e_0, e_1, e_2, \cdots, e_{k-1}$ 都是 t 的函数。

矩阵 A 的特征根 α 同样满足式(7.4-9)，即

$$e^{\alpha t} = e_0 + e_1\alpha + e_2\alpha^2 + \cdots + e_{k-1}\alpha^{k-1} \tag{7.4-10}$$

因此，$\varphi(t) = e^{At}$ 由式(7.4-9)求得。

状态转移矩阵有如下主要性质：

$$\begin{cases} (e^{At})^{-1} = e^{-At}, \quad \varphi^{-1}(t) = \varphi(-t) \\ e^{At}e^{-At} = I, \quad \varphi(t)\varphi(-t) = I \\ \varphi(0) = I \\ e^{A(t_1+t_2)} = e^{At_1}e^{At_2}, \quad \varphi(t_1+t_2) = \varphi(t_1)\varphi(t_2) \\ \dfrac{d}{dt}e^{At} = e^{At}A = Ae^{At}, \quad \varphi'(t) = \varphi(t)A = A\varphi(t) \end{cases} \tag{7.4-11}$$

$$\begin{cases} A^0 = I, \quad \varphi(0) = I \\ A^{n-n_0} = A^{n-n_1}A^{n_1-n_0}, \quad \varphi(n-n_0) = \varphi(n-n_1)\varphi(n_1-n_0) \\ [A^{n-n_0}]^{-1} = A^{n_0-n}, \quad \varphi^{-1}(n-n_0) = \varphi(n_0-n) \end{cases} \tag{7.4-12}$$

系数 d_i 和 e_j 分以下两种情况计算。

1. 特征根是单根

设 $\alpha_1, \alpha_2, \cdots, \alpha_k$ 是矩阵 A 的特征单根，代入式(7.4-7)和式(7.4-10)中，有

$$\begin{cases} \alpha_1^n = d_0 + d_1\alpha_1 + d_2\alpha_1^2 + \cdots + d_{k-1}\alpha_1^{k-1} \\ \alpha_2^n = d_0 + d_1\alpha_2 + d_2\alpha_2^2 + \cdots + d_{k-1}\alpha_2^{k-1} \\ \quad\vdots \\ \alpha_k^n = d_0 + d_1\alpha_k + d_2\alpha_k^2 + \cdots + d_{k-1}\alpha_k^{k-1} \end{cases} \tag{7.4-13}$$

$$\begin{cases} e^{\alpha_1 t} = e_0 + e_1\alpha_1 + e_2\alpha_1^2 + \cdots + e_{k-1}\alpha_1^{k-1} \\ e^{\alpha_2 t} = e_0 + e_1\alpha_2 + e_2\alpha_2^2 + \cdots + e_{k-1}\alpha_2^{k-1} \\ \quad\vdots \\ e^{\alpha_k t} = e_0 + e_1\alpha_k + e_2\alpha_k^2 + \cdots + e_{k-1}\alpha_k^{k-1} \end{cases} \tag{7.4-14}$$

由式(7.4-13)和式(7.4-14)求得 d_i 和 e_j，代入式(7.4-6)和式(7.4-9)中即得 A^n 和 e^{At}。

例 7.4-1 已知 $A = \begin{bmatrix} 0 & 1 & 0 \\ 0 & 0 & 1 \\ 0 & 1 & 0 \end{bmatrix}$，求状态转移矩阵 A^n 和 e^{At}。

解 矩阵 A 的特征方程为

$$\det(\alpha I - A) = |\alpha I - A| = \begin{vmatrix} \alpha & -1 & 0 \\ 0 & \alpha & -1 \\ 0 & -1 & \alpha \end{vmatrix} = \alpha(\alpha+1)(\alpha-1) = 0$$

特征根为 $\alpha_1 = 0, \alpha_2 = -1, \alpha_3 = 1$。

(1) A^k 的计算。

由式(7.4-13)得

$$\begin{cases}0 = d_0 \\ (-1)^n = d_0 - d_1 + d_2 \\ 1 = d_0 + d_1 + d_2\end{cases}$$

求得 $d_0=0, d_1=\dfrac{1-(-1)^k}{2}, d_2=\dfrac{1+(-1)^n}{2}$。

由式(7.4-6),求得

$$\boldsymbol{A}^n = d_0\boldsymbol{I} + d_1\boldsymbol{A} + d_2\boldsymbol{A}^2 = \begin{bmatrix} 0 & \dfrac{1-(-1)^n}{2} & \dfrac{1+(-1)^n}{2} \\ 0 & \dfrac{1+(-1)^n}{2} & \dfrac{1-(-1)^n}{2} \\ 0 & \dfrac{1-(-1)^n}{2} & \dfrac{1+(-1)^n}{2} \end{bmatrix}$$

(2) $e^{\boldsymbol{A}t}$ 的计算。

由式(7.4-14)得

$$\begin{cases}1 = e_0 \\ e^{-t} = e_0 - e_1 + e_2 \\ e^t = e_0 + e_1 + e_2\end{cases}$$

求得 $e_0=1, e_1=\dfrac{e^t-e^{-t}}{2}, e_2=\dfrac{e^t+e^{-t}-2}{2}$。

由式(7.4-9)得

$$e^{\boldsymbol{A}t} = e_0\boldsymbol{I} + e_1\boldsymbol{A} + e_2\boldsymbol{A}^2 = \begin{bmatrix} 1 & \dfrac{e^t-e^{-t}}{2} & \dfrac{e^t+e^{-t}-2}{2} \\ 0 & \dfrac{e^t+e^{-t}}{2} & \dfrac{e^t-e^{-t}}{2} \\ 0 & \dfrac{e^t-e^{-t}}{2} & \dfrac{e^t+e^{-t}}{2} \end{bmatrix}$$

2. 特征根有重根

设 α_1 是矩阵 $\boldsymbol{A}$ 的 m 重特征根,α_1 满足式(7.4-7)和式(7.4-10),即

$$\begin{cases}\alpha_1^n = d_0 + d_1\alpha_1 + \cdots + d_{k-1}\alpha_1^{k-1} \\ e^{\alpha_1 t} = e_0 + e_1\alpha_1 + \cdots + e_{k-1}\alpha_1^{k-1}\end{cases} \tag{7.4-15}$$

α_1 是 m 重根,式(7.4-15)对 α_1 求一次导数,二次导数,…,$m-1$ 次导数仍成立。有

$$
\begin{cases}
\alpha_1^n = d_0 + d_1\alpha_1 + \cdots + d_{k-1}\alpha_1^{k-1} \\
\dfrac{\mathrm{d}}{\mathrm{d}\alpha}\alpha^n\Big|_{\alpha=\alpha_1} = n\alpha_1^{n-1} = d_1 + 2d_2\alpha_1 + \cdots + (k-1)d_{k-1}\alpha_1^{k-2} \\
\dfrac{\mathrm{d}^2}{\mathrm{d}\alpha^2}\alpha^n\Big|_{\alpha=\alpha_1} = n(n-1)\alpha_1^{n-2} = 2d_2 + \cdots + (k-1)(k-2)d_{k-1}\alpha_1^{k-3} \\
\vdots
\end{cases}
\tag{7.4-16}
$$

$$
\begin{cases}
\mathrm{e}^{\alpha_1 t} = e_0 + e_1\alpha_1 + e_2\alpha_1^2 + \cdots + e_{k-1}\alpha_1^{k-1} \\
\dfrac{\mathrm{d}}{\mathrm{d}\alpha_1}\mathrm{e}^{\alpha_1 t} = t\mathrm{e}^{\alpha_1 t} = e_1 + 2e_2\alpha_1 + \cdots + (k-1)e_{k-1}\alpha_1^{k-2} \\
\dfrac{\mathrm{d}^2}{\mathrm{d}\alpha_1^2}\mathrm{e}^{\alpha_1 t} = t^2\mathrm{e}^{\alpha_1 t} = 2e_2 + \cdots + (k-1)(k-2)e_{k-1}\alpha_1^{k-3} \\
\vdots
\end{cases}
\tag{7.4-17}
$$

例 7.4-2 已知 $\boldsymbol{A}=\begin{bmatrix}1&0&0\\0&1&0\\0&1&2\end{bmatrix}$，求状态转移矩阵 $\boldsymbol{A}^n$ 和 $\mathrm{e}^{\boldsymbol{A}t}$。

解 特征方程为

$$
\det(\alpha\boldsymbol{I}-\boldsymbol{A}) = |\alpha\boldsymbol{I}-\boldsymbol{A}| = \begin{vmatrix}\alpha-1&0&0\\0&\alpha-1&0\\0&-1&\alpha-2\end{vmatrix} = (\alpha-1)^2(\alpha-2) = 0
$$

特征根为 $\alpha_{1,2}=1$（二重根），$\alpha_3=2$。

(1) $\boldsymbol{A}^n$ 的计算。

$$
\begin{cases}
\alpha_1^n = d_0 + d_1\alpha_1 + d_2\alpha_1^2 \\
n\alpha_1^{n-1} = d_1 + 2d_2\alpha_1 \\
\alpha_3^n = d_0 + d_1\alpha_3 + d_2\alpha_3^2
\end{cases}
$$

即

$$
\begin{cases}
1 = d_0 + d_1 + d_2 \\
n = d_1 + 2d_2 \\
2^n = d_0 + 2d_1 + 4d_2
\end{cases}
$$

求得 $d_0=-2n+2^n$，$d_1=2+3n-2^{n+1}$，$d_2=-1-n+2^n$。

求得

$$
\boldsymbol{A}^n = d_0\boldsymbol{I} + d_1\boldsymbol{A} + d_2\boldsymbol{A}^2 = \begin{bmatrix}1&0&0\\0&1&0\\0&2^n-1&2^n\end{bmatrix}
$$

(2) $\mathrm{e}^{\boldsymbol{A}t}$ 的计算。

由式(7.4-17)得

$$\begin{cases} e^{t} = e_0 + e_1 + e_2 \\ te^{t} = e_1 + 2e_2 \\ e^{2t} = e_0 + 2e_1 + 4e_2 \end{cases}$$

求得 $e_0=-2te^t+e^{2t}$，$e_1=2e^t+3te^t-2e^{2t}$，$e_2=-e^t-te^t+e^{2t}$。所以

$$e^{At} = e_0\boldsymbol{I} + e_1\boldsymbol{A} + e_2\boldsymbol{A}^2 = \begin{bmatrix} e^t & 0 & 0 \\ 0 & e^t & 0 \\ 0 & e^{2t}-e^t & e^{2t} \end{bmatrix}$$

例 7.4-3　已知 $e^{At}=\begin{bmatrix} e^{-t} & 0 \\ e^{-t}-e^{-3t} & e^{-3t} \end{bmatrix}$，求 $\boldsymbol{A}$ 矩阵。

解　由式(7.4-11)，得 $\frac{d}{dt}e^{At}=e^{At}A$，$e^{At}\big|_{t=0}=\boldsymbol{I}$，所以 $A=\frac{d}{dt}e^{At}\Big|_{t=0}$。求得

$$\frac{d}{dt}e^{At} = \begin{bmatrix} -e^{-t} & 0 \\ -e^{-t}+3e^{-3t} & -3e^{-3t} \end{bmatrix}$$

所以

$$A = \frac{d}{dt}e^{At}\Big|_{t=0} = \begin{bmatrix} -1 & 0 \\ 2 & -3 \end{bmatrix}$$

7.5　LTI 连续时间系统状态方程的求解

LTI 连续系统的状态方程的求解有时域直接求解和 s 域求解两种。

7.5.1　LTI 连续系统状态方程的时域求解

LTI 连续系统的状态方程为

$$\frac{d}{dt}\boldsymbol{q}(t) = \boldsymbol{A}\boldsymbol{q}(t) + \boldsymbol{B}\boldsymbol{e}(t) \tag{7.5-1}$$

$$\boldsymbol{r}(t) = \boldsymbol{C}\boldsymbol{q}(t) + \boldsymbol{D}\boldsymbol{e}(t) \tag{7.5-2}$$

系统的起始状态为 $\boldsymbol{q}(0_-)=[q_1(0_-)\quad q_2(0_-)\quad \cdots \quad q_n(0_-)]^{\mathrm{T}}$，在因果信号 $\boldsymbol{e}(t)$ 的作用下，求 $t>0$ 的响应。

式(7.5-1)两边左乘 e^{-At}，移项后有

$$e^{-At}\frac{d}{dt}\boldsymbol{q}(t) - e^{-At}\boldsymbol{A}\boldsymbol{q}(t) = e^{-At}\boldsymbol{B}\boldsymbol{e}(t)$$

化简得

$$\frac{d}{dt}[e^{-At}\boldsymbol{q}(t)] = e^{-At}\boldsymbol{B}\boldsymbol{e}(t)$$

两边取积分，有

$$e^{-At}\boldsymbol{q}(t) - \boldsymbol{q}(0_-) = \int_{0_-}^{t} e^{-A\tau}\boldsymbol{B}\boldsymbol{e}(\tau)d\tau$$

两边左乘 e^{At}，移项后求得状态变量(状态响应)为

$$\begin{aligned} \boldsymbol{q}(t) &= \mathrm{e}^{\boldsymbol{A}t}\boldsymbol{q}(0_-) + \int_{0_-}^{t} \mathrm{e}^{\boldsymbol{A}(t-\tau)}\boldsymbol{B}\boldsymbol{e}(\tau)\mathrm{d}\tau, \qquad t > 0 \\ &= \mathrm{e}^{\boldsymbol{A}t}\boldsymbol{q}(0_-)u(t) + \mathrm{e}^{\boldsymbol{A}t}\boldsymbol{B}u(t) * \boldsymbol{e}(t) \\ &= \boldsymbol{q}_{\mathrm{zi}}(t) + \boldsymbol{q}_{\mathrm{zs}}(t) \end{aligned} \tag{7.5-3}$$

代入式(7.5-2)中，求得系统的响应为

$$\begin{aligned} \boldsymbol{r}(t) &= \boldsymbol{C}\boldsymbol{q}(t) + \boldsymbol{D}\boldsymbol{e}(t) \\ &= \boldsymbol{C}\boldsymbol{q}_{\mathrm{zi}}(t) + \boldsymbol{C}\boldsymbol{q}_{\mathrm{zs}}(t) + \boldsymbol{D}\boldsymbol{e}(t) \\ &= \boldsymbol{C}\mathrm{e}^{\boldsymbol{A}t}\boldsymbol{q}(0_-)u(t) + [\boldsymbol{C}\mathrm{e}^{\boldsymbol{A}t}\boldsymbol{B}u(t) + \boldsymbol{D}\delta(t)] * \boldsymbol{e}(t) \\ &= \boldsymbol{r}_{\mathrm{zi}}(t) + \boldsymbol{r}_{\mathrm{zs}}(t) \end{aligned} \tag{7.5-4}$$

式(7.5-3)和式(7.5-4)中第一部分是由系统的起始状态引起的，是状态变量的零输入解和零输入响应，第二部分是由输入引起的，是状态变量的零状态解和零状态响应。即

$$\begin{cases} \boldsymbol{q}_{\mathrm{zi}}(t) = \mathrm{e}^{\boldsymbol{A}t}\boldsymbol{q}(0_-)u(t) = \varphi(t)\boldsymbol{q}(0_-)u(t) \\ \boldsymbol{r}_{\mathrm{zi}}(t) = \boldsymbol{C}\boldsymbol{q}_{\mathrm{zi}}(t) = \boldsymbol{C}\varphi(t)\boldsymbol{q}(0_-)u(t) \end{cases} \tag{7.5-5}$$

$$\begin{cases} \boldsymbol{q}_{\mathrm{zs}}(t) = \mathrm{e}^{\boldsymbol{A}t}\boldsymbol{B}u(t) * \boldsymbol{e}(t) = \varphi(t)\boldsymbol{B}u(t) * \boldsymbol{e}(t) \\ \boldsymbol{r}_{\mathrm{zs}}(t) = \boldsymbol{C}\boldsymbol{q}_{\mathrm{zs}}(t) + \boldsymbol{D}\boldsymbol{e}(t) = [\boldsymbol{C}\varphi(t)\boldsymbol{B}u(t) + \boldsymbol{D}\delta(t)] * \boldsymbol{e}(t) \end{cases} \tag{7.5-6}$$

从式(7.5-6)可见，系统的单位冲激响应为

$$\boldsymbol{h}(t) = \boldsymbol{C}\varphi(t)\boldsymbol{B}u(t) + \boldsymbol{D}\delta(t) \tag{7.5-7}$$

例 7.5-1 LTI 系统的状态方程为

$$\dot{\boldsymbol{q}}(t) = \begin{bmatrix} 1 & 0 \\ 0 & -1 \end{bmatrix}\boldsymbol{q}(t) + \begin{bmatrix} 0 & 1 \\ 1 & 0 \end{bmatrix}\boldsymbol{e}(t)$$

$$\boldsymbol{r}(t) = \begin{bmatrix} 1 & 0 \\ 0 & -1 \end{bmatrix}\boldsymbol{q}(t) + \begin{bmatrix} 1 & 0 \\ 1 & 1 \end{bmatrix}\boldsymbol{e}(t)$$

系统的起始状态和输入分别为 $\boldsymbol{q}(0_-)=\begin{bmatrix} 1 \\ -1 \end{bmatrix}$，$\boldsymbol{e}(t)=\begin{bmatrix} u(t) \\ \delta(t) \end{bmatrix}$。求系统的零输入响应、零状态响应、完全响应和单位冲激响应。

解 (1) 求状态转移矩阵 $\varphi(t)$。

系统的特征多项式

$$p(\alpha) = \det(\alpha\boldsymbol{I} - \boldsymbol{A}) = \begin{vmatrix} \alpha - 1 & 0 \\ 0 & \alpha + 1 \end{vmatrix} = (\alpha - 1)(\alpha + 1)$$

其特征根为 $\alpha_1=1$，$\alpha_2=-1$，它们都是单根。有

$$\begin{cases} \mathrm{e}^{t} = e_0 + e_1 \\ \mathrm{e}^{-t} = e_0 - e_1 \end{cases}$$

求得 $e_0=\dfrac{\mathrm{e}^{t}+\mathrm{e}^{-t}}{2}$，$e_1=\dfrac{\mathrm{e}^{t}-\mathrm{e}^{-t}}{2}$。

状态转移矩阵为

$$\varphi(t) = e_0\boldsymbol{I} + e_1\boldsymbol{A} = \begin{bmatrix} \mathrm{e}^{t} & 0 \\ 0 & \mathrm{e}^{-t} \end{bmatrix}$$

(2) 求状态响应。

$$\boldsymbol{q}(t)=\varphi(t)\boldsymbol{q}(0_-)u(t)+\varphi(t)\boldsymbol{B}u(t)*\boldsymbol{e}(t)$$

$$=\begin{bmatrix}\mathrm{e}^t & 0\\0 & \mathrm{e}^{-t}\end{bmatrix}\begin{bmatrix}1\\-1\end{bmatrix}u(t)+\begin{bmatrix}\mathrm{e}^t & 0\\0 & \mathrm{e}^{-t}\end{bmatrix}\begin{bmatrix}0 & 1\\1 & 0\end{bmatrix}u(t)*\begin{bmatrix}u(t)\\\delta(t)\end{bmatrix}$$

$$=\begin{bmatrix}\mathrm{e}^t\\-\mathrm{e}^{-t}\end{bmatrix}u(t)+\begin{bmatrix}\mathrm{e}^t u(t)*\delta(t)\\\mathrm{e}^{-t}u(t)*u(t)\end{bmatrix}$$

$$=\begin{bmatrix}\mathrm{e}^t\\-\mathrm{e}^{-t}\end{bmatrix}u(t)+\begin{bmatrix}\mathrm{e}^t\\1-\mathrm{e}^{-t}\end{bmatrix}u(t)$$

$$=\begin{bmatrix}2\mathrm{e}^t u(t)\\(1-2\mathrm{e}^{-t})u(t)\end{bmatrix}$$

其中零输入解为 $\boldsymbol{q}_{zi}(t)=\begin{bmatrix}\mathrm{e}^t\\-\mathrm{e}^{-t}\end{bmatrix}u(t)$,零状态解为 $\boldsymbol{q}_{zs}(t)=\begin{bmatrix}\mathrm{e}^t\\1-\mathrm{e}^{-t}\end{bmatrix}u(t)$ 。

(3) 求输出响应。

零输入响应

$$\boldsymbol{r}_{zi}(t)=\boldsymbol{C}\boldsymbol{q}_{zi}(t)=\begin{bmatrix}1 & 0\\0 & -1\end{bmatrix}\begin{bmatrix}\mathrm{e}^t u(t)\\-\mathrm{e}^{-t}u(t)\end{bmatrix}=\begin{bmatrix}\mathrm{e}^t u(t)\\\mathrm{e}^{-t}u(t)\end{bmatrix}$$

零输入响应

$$\boldsymbol{r}_{zs}(t)=\boldsymbol{C}\boldsymbol{q}_{zs}(t)+\boldsymbol{D}\boldsymbol{e}(t)$$

$$=\begin{bmatrix}1 & 0\\0 & -1\end{bmatrix}\begin{bmatrix}\mathrm{e}^t u(t)\\(1-\mathrm{e}^{-t})u(t)\end{bmatrix}+\begin{bmatrix}1 & 0\\1 & 1\end{bmatrix}\begin{bmatrix}u(t)\\\delta(t)\end{bmatrix}$$

$$=\begin{bmatrix}(\mathrm{e}^t+1)u(t)\\\mathrm{e}^{-t}u(t)+\delta(t)\end{bmatrix}$$

完全响应

$$\boldsymbol{r}(t)=\boldsymbol{C}\boldsymbol{q}(t)+\boldsymbol{D}\boldsymbol{e}(t)$$

$$=\begin{bmatrix}1 & 0\\0 & -1\end{bmatrix}\begin{bmatrix}2\mathrm{e}^t u(t)\\(1-2\mathrm{e}^{-t})u(t)\end{bmatrix}+\begin{bmatrix}1 & 0\\1 & 1\end{bmatrix}\begin{bmatrix}u(t)\\\delta(t)\end{bmatrix}$$

$$=\begin{bmatrix}(2\mathrm{e}^t+1)u(t)\\2\mathrm{e}^{-t}u(t)+\delta(t)\end{bmatrix}$$

或

$$\boldsymbol{r}(t)=\boldsymbol{r}_{zi}(t)+\boldsymbol{r}_{zs}(t)=\begin{bmatrix}(2\mathrm{e}^t+1)u(t)\\2\mathrm{e}^{-t}u(t)+\delta(t)\end{bmatrix}$$

(4) $h(t)$的计算。

$$\boldsymbol{h}(t)=\boldsymbol{C}\varphi(t)\boldsymbol{B}u(t)+\boldsymbol{D}\delta(t)$$

$$=\begin{bmatrix}1 & 0\\0 & -1\end{bmatrix}\begin{bmatrix}\mathrm{e}^t & 0\\0 & \mathrm{e}^{-t}\end{bmatrix}\begin{bmatrix}0 & 1\\1 & 0\end{bmatrix}u(t)+\begin{bmatrix}1 & 0\\1 & 1\end{bmatrix}\delta(t)$$

$$= \begin{bmatrix} \delta(t) & e^{t}u(t) \\ \delta(t)-e^{-t}u(t) & \delta(t) \end{bmatrix}$$

7.5.2 LTI 连续系统状态方程的 s 域求解

显然通过时域求解微分方程的计算工作量随着微分方程阶数的增加而增大，对于比较复杂的系统，这种方法就比较麻烦。另外，若系统的响应不能满足要求时，不容易确定应该如何调整来获得预期结果。从工程角度来看，希望找出一种方法，使之不必求解微分方程就可以预示出系统的性能，同时又能指出如何调整系统性能技术指标。s 域分析能解决上述缺点，这种分析法有利于系统设计，能够估计到影响系统性能的指标。特别地，当系统中存在难以用数学模型描述的某些元部件时，可用实验方法求出系统的频率特性，从而对元件和系统进行准确而又有效的描述和分析。

式(7.5-1)和式(7.5-2)的两边同时进行单边 s 变换，有

$$\begin{cases} s\boldsymbol{Q}(s)-\boldsymbol{q}(0_-)=\boldsymbol{AQ}(s)+\boldsymbol{BE}(s) \\ \boldsymbol{R}(s)=\boldsymbol{CQ}(s)+\boldsymbol{DE}(s) \end{cases}$$

求得

$$\begin{aligned} \boldsymbol{Q}(s) &= (s\boldsymbol{I}-\boldsymbol{A})^{-1}\boldsymbol{q}(0_-)+(s\boldsymbol{I}-\boldsymbol{A})^{-1}\boldsymbol{BE}(s) \\ &= \boldsymbol{\Phi}(s)\boldsymbol{q}(0_-)+\boldsymbol{\Phi}(s)\boldsymbol{BE}(s) \\ &= \boldsymbol{Q}_{zi}(s)+\boldsymbol{Q}_{zs}(s) \end{aligned} \tag{7.5-8}$$

$$\begin{aligned} \boldsymbol{R}(s) &= \boldsymbol{C}(s\boldsymbol{I}-\boldsymbol{A})^{-1}\boldsymbol{q}(0_-)+[\boldsymbol{C}(s\boldsymbol{I}-\boldsymbol{A})^{-1}\boldsymbol{B}+\boldsymbol{D}]\boldsymbol{E}(s) \\ &= \boldsymbol{C\Phi}(s)\boldsymbol{q}(0_-)+[\boldsymbol{C\Phi}(s)\boldsymbol{B}+\boldsymbol{D}]\boldsymbol{E}(s) \\ &= \boldsymbol{CQ}_{zi}(s)+\boldsymbol{CQ}_{zs}(s)+\boldsymbol{DE}(s) \\ &= \boldsymbol{R}_{zi}(s)+\boldsymbol{R}_{zs}(s) \end{aligned} \tag{7.5-9}$$

式中 $\boldsymbol{\Phi}(s)=(s\boldsymbol{I}-\boldsymbol{A})^{-1}$ 是状态转移矩阵 $\varphi(t)$ 的 s 变换。零输入解和零状态解的 s 变换为

$$\begin{cases} \boldsymbol{Q}_{zi}(s)=\boldsymbol{\Phi}(s)\boldsymbol{q}(0_-) \\ \boldsymbol{R}_{zi}(s)=\boldsymbol{CQ}_{zi}(s)=\boldsymbol{C\Phi}(s)\boldsymbol{q}(0_-) \end{cases} \tag{7.5-10}$$

$$\begin{cases} \boldsymbol{Q}_{zs}(s)=\boldsymbol{\Phi}(s)\boldsymbol{BE}(s) \\ \boldsymbol{R}_{zs}(s)=\boldsymbol{CQ}_{zs}(s)+\boldsymbol{DE}(s)=[\boldsymbol{C\Phi}(s)\boldsymbol{B}+\boldsymbol{D}]\boldsymbol{E}(s) \end{cases} \tag{7.5-11}$$

则

$$\boldsymbol{q}(t)=\mathscr{L}^{-1}[\boldsymbol{Q}(s)] \tag{7.5-12}$$

$$\boldsymbol{r}(t)=\mathscr{L}^{-1}[\boldsymbol{R}(s)] \tag{7.5-13}$$

$$\varphi(t)=\mathscr{L}^{-1}[(s\boldsymbol{I}-\boldsymbol{A})^{-1}] \tag{7.5-14}$$

单输入单输出系统中，在起始条件为零的情况下，传递函数定义为输出信号的拉氏变换与输入信号的拉氏变换之比。现在把它扩展到多变量的情况，在零状态下，式(7.5-9)变为

$$\boldsymbol{R}(s)=[\boldsymbol{C\Phi}(s)\boldsymbol{B}+\boldsymbol{D}]\boldsymbol{E}(s)$$

显然，方括号内的项起着传递函数的作用。定义传递函数矩阵为

$$\boldsymbol{H}(s)=\frac{\boldsymbol{R}(s)}{\boldsymbol{E}(s)}=\boldsymbol{C\Phi}(s)\boldsymbol{B}+\boldsymbol{D} \tag{7.5-15}$$

由于系统存在 m 个输入和 r 个输出，所以 $\boldsymbol{H}(s)$ 为 $r\times m$ 维矩阵，元素 $H_{ij}(s)$ $(i=1,2,\cdots,r,j=1,2,\cdots,m)$ 表示在第 j 个输入分量与第 i 个输出分量之间的传递函数。

冲激响应矩阵 $\boldsymbol{h}(t)$ 为

$$\boldsymbol{h}(t)=\mathscr{L}^{-1}[\boldsymbol{H}(s)] \tag{7.5-16}$$

例 7.5-2　对例 7.5-1 用 s 域求解。

解　s 域求解的关键之一是求

$$\boldsymbol{\Phi}(s)=(s\boldsymbol{I}-\boldsymbol{A})^{-1}$$

$$s\boldsymbol{I}-\boldsymbol{A}=s\begin{bmatrix}1 & 0\\0 & 1\end{bmatrix}-\begin{bmatrix}1 & 0\\0 & -1\end{bmatrix}=\begin{bmatrix}s-1 & 0\\0 & s+1\end{bmatrix}$$

$$\boldsymbol{\Phi}(s)=(s\boldsymbol{I}-\boldsymbol{A})^{-1}=\frac{\operatorname{adj}(s\boldsymbol{I}-\boldsymbol{A})}{|s\boldsymbol{I}-\boldsymbol{A}|}=\frac{1}{(s-1)(s+1)}\begin{bmatrix}s+1 & 0\\0 & s-1\end{bmatrix}=\begin{bmatrix}\dfrac{1}{s-1} & 0\\0 & \dfrac{1}{s+1}\end{bmatrix}$$

零输入响应矩阵为

$$\boldsymbol{R}_{zi}(s)=\boldsymbol{C}\boldsymbol{\Phi}(s)q(0_-)$$

$$=\begin{bmatrix}1 & 0\\0 & -1\end{bmatrix}\begin{bmatrix}\dfrac{1}{s-1} & 0\\0 & \dfrac{1}{s+1}\end{bmatrix}\begin{bmatrix}1\\-1\end{bmatrix}=\begin{bmatrix}\dfrac{1}{s-1}\\\dfrac{1}{s+1}\end{bmatrix}$$

$$\boldsymbol{r}_{zi}(t)=\begin{bmatrix}e^{t}u(t)\\e^{-t}u(t)\end{bmatrix}$$

零状态响应矩阵为

$$\boldsymbol{R}_{zs}(s)=[\boldsymbol{C}\boldsymbol{\Phi}(s)\boldsymbol{B}+\boldsymbol{D}]\boldsymbol{E}(s)$$

$$=\left\{\begin{bmatrix}1 & 0\\0 & -1\end{bmatrix}\begin{bmatrix}\dfrac{1}{s-1} & 0\\0 & \dfrac{1}{s+1}\end{bmatrix}\begin{bmatrix}0 & 1\\1 & 0\end{bmatrix}+\begin{bmatrix}1 & 0\\1 & 1\end{bmatrix}\right\}\begin{bmatrix}\dfrac{1}{s}\\1\end{bmatrix}$$

$$=\begin{bmatrix}\dfrac{1}{s}+\dfrac{1}{s-1}\\\dfrac{1}{s+1}+1\end{bmatrix}$$

$$\boldsymbol{r}_{zs}(t)=\begin{bmatrix}(1+e^{t})u(t)\\e^{-t}u(t)+\delta(t)\end{bmatrix}$$

完全响应矩阵为

$$\boldsymbol{R}(s)=\boldsymbol{R}_{zi}(s)+\boldsymbol{R}_{zs}(s)$$

$$=\begin{bmatrix}\dfrac{1}{s}+\dfrac{2}{s-1}\\\dfrac{2}{s+1}+1\end{bmatrix}$$

$$r(t)=\mathscr{L}^{-1}[\boldsymbol{R}(s)]=\begin{bmatrix}(2e^{t}+1)u(t)\\ 2e^{-t}u(t)+\delta(t)\end{bmatrix}$$

转移函数矩阵

$$\begin{aligned}\boldsymbol{H}(s)&=\boldsymbol{C\Phi}(s)\boldsymbol{B}+\boldsymbol{D}\\&=\begin{bmatrix}1&0\\0&-1\end{bmatrix}\begin{bmatrix}\dfrac{1}{s-1}&0\\0&\dfrac{1}{s+1}\end{bmatrix}\begin{bmatrix}0&1\\1&0\end{bmatrix}+\begin{bmatrix}1&0\\1&1\end{bmatrix}\\&=\begin{bmatrix}1&\dfrac{1}{s-1}\\\dfrac{s}{s+1}&1\end{bmatrix}\end{aligned}$$

冲激响应矩阵为

$$\boldsymbol{h}(t)=\mathscr{L}^{-1}[\boldsymbol{H}(s)]=\mathscr{L}^{-1}\begin{bmatrix}1&\dfrac{1}{s-1}\\\dfrac{s}{s+1}&1\end{bmatrix}=\begin{bmatrix}\delta(t)&e^{t}u(t)\\\delta(t)-e^{-t}u(t)&\delta(t)\end{bmatrix}$$

7.6 LTI 离散时间系统状态方程的求解

与连续系统一样，离散系统状态方程的求解可在时域中进行，也可在变换域即 z 域中求解。

7.6.1 离散时间系统状态方程的时域求解

离散时间系统状态变量方程的标准形式为

$$\boldsymbol{q}(n+1)=\boldsymbol{Aq}(n)+\boldsymbol{Bx}(n)\tag{7.6-1}$$

$$\boldsymbol{y}(n)=\boldsymbol{Cq}(n)+\boldsymbol{Dx}(n)\tag{7.6-2}$$

一般情况，已知系统的输入 $\boldsymbol{x}(n)$和起始状态 $\boldsymbol{q}(n_0)$，求输出 $\boldsymbol{y}(n)$。

可用迭代法求得式(7.6-1)的解 $\boldsymbol{q}(n)$为

$$\begin{aligned}\boldsymbol{q}(n)&=\boldsymbol{Aq}(n-1)+\boldsymbol{Bx}(n-1)=\boldsymbol{A}[\boldsymbol{Aq}(n-2)+\boldsymbol{Bx}(n-2)]+\boldsymbol{Bx}(n-1)=\cdots\\&=\boldsymbol{A}^{n-n_0}\boldsymbol{q}(n_0)+\boldsymbol{A}^{n-n_0-1}\boldsymbol{Bx}(n_0)+\boldsymbol{A}^{n-n_0-2}\boldsymbol{Bx}(n_0+1)+\cdots+\boldsymbol{Bx}(n-1)\\&=\boldsymbol{A}^{n-n_0}\boldsymbol{q}(n_0)+\sum_{i=n_0}^{n-1}A^{n-1-i}\boldsymbol{Bx}(i)\end{aligned}$$

如 $n_0=0$，$\boldsymbol{x}(n)$是因果信号，则状态变量为

$$\begin{aligned}\boldsymbol{q}(n)&=\boldsymbol{A}^{n}\boldsymbol{q}(0)+\sum_{i=0}^{n-1}\boldsymbol{A}^{n-1-i}\boldsymbol{Bx}(i),\qquad n\geqslant 0\\&=\boldsymbol{A}^{n}\boldsymbol{q}(0)u(n)+\boldsymbol{A}^{n-1}\boldsymbol{B}u(n-1)*\boldsymbol{x}(n)\\&=\varphi(n)\boldsymbol{q}(0)u(n)+\varphi(n-1)\boldsymbol{B}u(n-1)*\boldsymbol{x}(n)\end{aligned}\tag{7.6-3}$$

式中的第一部分是零输入解，第二部分是零状态解，即

$$\begin{cases}\boldsymbol{q}_{zi}(n)=\varphi(n)\boldsymbol{q}(0)u(n)\\ \boldsymbol{q}_{zs}(n)=\varphi(n-1)\boldsymbol{B}u(n-1)*\boldsymbol{x}(n)\end{cases}\tag{7.6-4}$$

由式(7.6-2)求得响应 $y(n)$ 为

$$\begin{aligned}\boldsymbol{y}(n)&=\boldsymbol{Cq}(n)+\boldsymbol{Dx}(n)\\&=\boldsymbol{Cq}_{zi}(n)+\boldsymbol{Cq}_{zs}(n)+\boldsymbol{Dx}(n)\\&=\boldsymbol{CA}^n\boldsymbol{q}(0)u(n)+\boldsymbol{CA}^{n-1}\boldsymbol{B}u(n-1)*\boldsymbol{x}(n)+\boldsymbol{Dx}(n)\\&=\boldsymbol{CA}^n\boldsymbol{q}(0)u(n)+[\boldsymbol{CA}^{n-1}\boldsymbol{B}u(n-1)+\boldsymbol{D}\delta(n)]*\boldsymbol{x}(n)\\&=\boldsymbol{C}\varphi(n)\boldsymbol{q}(0)u(n)+[\boldsymbol{C}\varphi(n-1)\boldsymbol{B}u(n-1)+\boldsymbol{D}\delta(n)]*\boldsymbol{x}(n)\end{aligned}\tag{7.6-5}$$

式中第一部分是零输入响应，第二部分是零状态响应，即

$$\begin{cases}\boldsymbol{y}_{zi}(n)=\boldsymbol{Cq}_{zi}(n)=\boldsymbol{C}\varphi(n)\boldsymbol{q}(0)u(n)\\ \boldsymbol{y}_{zs}(n)=\boldsymbol{Cq}_{zs}(n)+\boldsymbol{Dx}(n)=[\boldsymbol{C}\varphi(n-1)\boldsymbol{B}u(n-1)+\boldsymbol{D}\delta(n)]*\boldsymbol{x}(n)\end{cases}\tag{7.6-6}$$

由式(7.6-6)得到系统的冲激响应为

$$\begin{aligned}\boldsymbol{h}(n)&=\boldsymbol{CA}^{n-1}\boldsymbol{B}u(n-1)+\boldsymbol{D}\delta(n)\\&=\boldsymbol{C}\varphi(n-1)\boldsymbol{B}u(n-1)+\boldsymbol{D}\delta(n)\end{aligned}\tag{7.6-7}$$

例 7.6-1 在例 7.3-3 中，输入 $x(n)=u(n)$ 时 $y(0)=6$，$y(1)=-13$，求零输入响应、零状态响应和完全响应。

解 例 7.3-3 中已列得状态方程为

$$\begin{bmatrix}q_1(n+1)\\q_2(n+1)\end{bmatrix}=\begin{bmatrix}0&1\\-2&-3\end{bmatrix}\begin{bmatrix}q_1(n)\\q_2(n)\end{bmatrix}+\begin{bmatrix}0\\1\end{bmatrix}x(n)$$

$$y(n)=[-2\quad -5]\begin{bmatrix}q_1(n)\\q_2(n)\end{bmatrix}+x(n)$$

(1) 求状态转移矩阵 $\varphi(n)=A^n$。

特征方程为

$$\det(\alpha\boldsymbol{I}-\boldsymbol{A})=|\alpha\boldsymbol{I}-\boldsymbol{A}|=\begin{vmatrix}\alpha&-1\\2&\alpha+3\end{vmatrix}=(\alpha+1)(\alpha+2)$$

特征根为 $\alpha_1=-1,\alpha_2=-2$

$$\begin{cases}(-1)^n=d_0-d_1\\(-2)^n=d_0-2d_1\end{cases}$$

求得

$$d_0=2(-1)^n-(-2)^n,d_1=(-1)^n-(-2)^n$$

$$\varphi(n)=\boldsymbol{A}^n=d_0\boldsymbol{I}+d_1\boldsymbol{A}=\begin{bmatrix}2(-1)^n-(-2)^n&(-1)^n-(-2)^n\\-2(-1)^n+2(-2)^n&-(-1)^n+2(-2)^n\end{bmatrix}$$

(2) 确定 $\boldsymbol{q}(0)$。

为确定 $\boldsymbol{q}(0)$，令状态方程中 $n=0$，输出方程中 $n=0$ 和 1，得

$$\begin{cases}\begin{bmatrix}q_1(1)\\q_2(1)\end{bmatrix}=\begin{bmatrix}0 & 1\\-2 & -3\end{bmatrix}\begin{bmatrix}q_1(0)\\q_2(0)\end{bmatrix}+\begin{bmatrix}0\\1\end{bmatrix}x(0)\\ y(0)=[-2 \quad -5]\begin{bmatrix}q_1(0)\\q_2(0)\end{bmatrix}+x(0)\\ y(1)=[-2 \quad -5]\begin{bmatrix}q_1(1)\\q_2(1)\end{bmatrix}+x(1)\end{cases}$$

即

$$\begin{cases}q_1(1)=q_2(0)\\ q_2(1)=-2q_1(0)-3q_2(0)+1\\ 2q_1(0)+5q_2(0)=-5\\ 2q_1(1)+5q_2(1)=14\end{cases}$$

求得

$$\boldsymbol{q}(0)=\begin{bmatrix}q_1(0)\\q_2(0)\end{bmatrix}=\begin{bmatrix}\dfrac{5}{6}\\-\dfrac{4}{3}\end{bmatrix}$$

(3) 求状态变量矩阵 $\boldsymbol{q}(n)$。

$$\boldsymbol{q}(n)=\varphi(n)\boldsymbol{q}(0)u(n)+\varphi(n-1)\boldsymbol{B}u(n-1)*\boldsymbol{x}(n)$$

$$=\begin{bmatrix}2(-1)^n-(-2)^n & (-1)^n-(-2)^n\\-2(-1)^n+2(-2)^n & -(-1)^n+2(-2)^n\end{bmatrix}\begin{bmatrix}\dfrac{5}{6}\\-\dfrac{4}{3}\end{bmatrix}u(n)$$

$$+\begin{bmatrix}2(-1)^{n-1}-(-2)^{n-1} & (-1)^{n-1}-(-2)^{n-1}\\-2(-1)^{n-1}+2(-2)^{n-1} & -(-1)^{n-1}+2(-2)^{n-1}\end{bmatrix}\begin{bmatrix}0\\1\end{bmatrix}u(n-1)*u(n)$$

$$=\begin{bmatrix}\dfrac{1}{3}(-1)^n+\dfrac{1}{2}(-2)^n\\-\dfrac{1}{3}(-1)^n-(-2)^n\end{bmatrix}u(n)+\begin{bmatrix}\dfrac{1}{6}-\dfrac{1}{2}(-1)^n+\dfrac{1}{3}(-2)^n\\\dfrac{1}{6}+\dfrac{1}{2}(-1)^n-\dfrac{2}{3}(-2)^n\end{bmatrix}u(n-1)$$

$$=\boldsymbol{q}_{zi}(n)+\boldsymbol{q}_{zs}(n)$$

(4) 求零输入响应。

$$y_{zi}(n)=\boldsymbol{C}\boldsymbol{q}_{zi}(n)=[-2 \quad -5]\begin{bmatrix}\dfrac{1}{3}(-1)^n+\dfrac{1}{2}(-2)^n\\-\dfrac{1}{3}(-1)^n-(-2)^n\end{bmatrix}u(n)=[(-1)^n+4(-2)^n]u(n)$$

(5) 求零状态响应。

$$y_{zs}(n)=\boldsymbol{C}\boldsymbol{q}_{zs}(n)+\boldsymbol{D}\boldsymbol{x}(n)$$

$$= [-2 \quad -5]\begin{bmatrix} \frac{1}{6}-\frac{1}{2}(-1)^n+\frac{1}{3}(-2)^n \\ \frac{1}{6}+\frac{1}{2}(-1)^n-\frac{2}{3}(-2)^n \end{bmatrix}u(n-1)+u(n)$$

$$= \left[-\frac{7}{6}-\frac{3}{2}(-1)^n+\frac{8}{3}(-2)^n\right]u(n-1)+u(n)$$

$$= \left[-\frac{7}{6}-\frac{3}{2}(-1)^n+\frac{8}{3}(-2)^n\right][u(n)-\delta(n)]+u(n)$$

$$= \left[-\frac{1}{6}-\frac{3}{2}(-1)^n+\frac{8}{3}(-2)^n\right]u(n)$$

(6) 求完全响应。

$$\boldsymbol{y}(n)=\boldsymbol{C}\boldsymbol{q}(n)+\boldsymbol{D}\boldsymbol{x}(n)$$

$$= [-2 \quad -5]\left\{\begin{bmatrix} \frac{1}{3}(-1)^n+\frac{1}{2}(-2)^n \\ -\frac{1}{3}(-1)^n-(-2)^n \end{bmatrix}u(n)+\begin{bmatrix} \frac{1}{6}-\frac{1}{2}(-1)^n+\frac{1}{3}(-2)^n \\ \frac{1}{6}+\frac{1}{2}(-1)^n-\frac{2}{3}(-2)^n \end{bmatrix}u(n-1)\right\}+u(n)$$

$$= [-2 \quad -5]\left\{\begin{bmatrix} \frac{1}{3}(-1)^n+\frac{1}{2}(-2)^n \\ -\frac{1}{3}(-1)^n-(-2)^n \end{bmatrix}u(n)+\begin{bmatrix} \frac{1}{6}-\frac{1}{2}(-1)^n+\frac{1}{3}(-2)^n \\ \frac{1}{6}+\frac{1}{2}(-1)^n-\frac{2}{3}(-2)^n \end{bmatrix}[u(n)-\delta(n)]\right\}+u(n)$$

$$= \left[-\frac{1}{6}-\frac{1}{2}(-1)^n+\frac{20}{3}(-2)^n\right]u(n)$$

7.6.2　离散时间系统状态方程的 z 域求解

对式(7.6-1)和式(7.6-2)进行 z 变换，有

$$z\boldsymbol{Q}(z)-z\boldsymbol{q}(0)=\boldsymbol{A}\boldsymbol{Q}(z)+\boldsymbol{B}\boldsymbol{X}(z)$$
$$\boldsymbol{Y}(z)=\boldsymbol{C}\boldsymbol{Q}(z)+\boldsymbol{D}\boldsymbol{X}(z)$$

求得

$$\begin{aligned}\boldsymbol{Q}(z)&=(z\boldsymbol{I}-\boldsymbol{A})^{-1}z\boldsymbol{q}(0)+(z\boldsymbol{I}-\boldsymbol{A})^{-1}\boldsymbol{B}\boldsymbol{X}(z)\\&=\boldsymbol{Q}_{zi}(z)+\boldsymbol{Q}_{zs}(z)\end{aligned}\tag{7.6-8}$$

$$\begin{aligned}\boldsymbol{Y}(z)&=\boldsymbol{C}\boldsymbol{Q}(z)+\boldsymbol{D}\boldsymbol{X}(z)\\&=\boldsymbol{C}\boldsymbol{Q}_{zi}(z)+\boldsymbol{C}\boldsymbol{Q}_{zs}(z)+\boldsymbol{D}\boldsymbol{X}(z)\\&=\boldsymbol{C}(z\boldsymbol{I}-\boldsymbol{A})^{-1}z\boldsymbol{q}(0)+[\boldsymbol{C}(z\boldsymbol{I}-\boldsymbol{A})^{-1}\boldsymbol{B}+\boldsymbol{D}]\boldsymbol{X}(z)\\&=\boldsymbol{Y}_{zi}(z)+\boldsymbol{Y}_{zs}(z)\end{aligned}\tag{7.6-9}$$

式(7.6-9)中的第一部分是零输入响应的 z 变换，第二部分是零状态响应的 z 变换。即

$$\begin{cases}\boldsymbol{Q}_{zi}(z)=(z\boldsymbol{I}-\boldsymbol{A})^{-1}z\boldsymbol{q}(0)\\ \boldsymbol{Y}_{zi}(z)=\boldsymbol{C}\boldsymbol{Q}_{zi}(z)=\boldsymbol{C}(z\boldsymbol{I}-\boldsymbol{A})^{-1}z\boldsymbol{q}(0)\end{cases}\tag{7.6-10}$$

$$\begin{cases}\boldsymbol{Q}_{zs}(z)=(z\boldsymbol{I}-\boldsymbol{A})^{-1}\boldsymbol{B}\boldsymbol{X}(z)\\ \boldsymbol{Y}_{zs}(z)=\boldsymbol{C}\boldsymbol{Q}_{zs}(z)+\boldsymbol{D}\boldsymbol{X}(z)=[\boldsymbol{C}(z\boldsymbol{I}-\boldsymbol{A})^{-1}\boldsymbol{B}+\boldsymbol{D}]\boldsymbol{X}(z)\end{cases}\tag{7.6-11}$$

系统函数为

$$H(z) = C(zI - A)^{-1}B + D \tag{7.6-12}$$

状态转移矩阵的 z 变换为

$$\Phi(z) = \mathscr{Z}[A^n] = (zI - A)^{-1}z \tag{7.6-13}$$

例 7.6-2 用 z 变换求解例 7.6-1。

解 (1) 计算 $(zI-A)^{-1}$

$$(zI - A)^{-1} = \begin{bmatrix} z & -1 \\ 2 & z+3 \end{bmatrix}^{-1} = \frac{1}{(z+1)(z+2)}\begin{bmatrix} z+3 & 1 \\ -2 & z \end{bmatrix}$$

(2) 求 $Q(z)$

$$Q(z) = (zI - A)^{-1}zq(0) + (zI - A)^{-1}BX(z)$$

$$= \frac{z}{(z+1)(z+2)}\begin{bmatrix} z+3 & 1 \\ -2 & z \end{bmatrix}\begin{bmatrix} \frac{5}{6} \\ -\frac{4}{3} \end{bmatrix} + \frac{1}{(z+1)(z+2)}\begin{bmatrix} z+3 & 1 \\ -2 & z \end{bmatrix}\begin{bmatrix} 0 \\ 1 \end{bmatrix}\frac{z}{z-1}$$

$$= \frac{z}{(z+1)(z+2)}\begin{bmatrix} \frac{5}{6}z + \frac{7}{6} \\ -\frac{4}{3}z - \frac{5}{3} \end{bmatrix} + \frac{z}{(z+1)(z+2)(z-1)}\begin{bmatrix} 1 \\ z \end{bmatrix}$$

$$= Q_{zi}(z) + Q_{zs}(z)$$

$$= \frac{z}{(z+1)(z+2)}\begin{bmatrix} \frac{5}{6}z + \frac{7}{6} + \frac{1}{z-1} \\ -\frac{4}{3}z - \frac{5}{3} + \frac{z}{z-1} \end{bmatrix}$$

(3) 求零输入响应

$$Y_{zi}(z) = CQ_{zi}(z)$$

$$= [-2 \quad -5]\frac{z}{(z+1)(z+2)}\begin{bmatrix} \frac{5}{6}z + \frac{7}{6} \\ -\frac{4}{3}z - \frac{5}{3} \end{bmatrix}$$

$$= \frac{z(5z+6)}{(z+1)(z+2)} = \frac{z}{z+1} + \frac{4z}{z+2}$$

$$y_{zi}(n) = [(-1)^n + 4(-2)^n]u(n)$$

(4) 求零状态响应

$$Y_{zs}(z) = CQ_{zs}(z) + DX(z)$$

$$= [-2 \quad -5]\frac{z}{(z+1)(z+2)(z-1)}\begin{bmatrix} 1 \\ z \end{bmatrix} + \frac{z}{z-1}$$

$$= \frac{z^2(z-2)}{(z-1)(z+1)(z+2)} = -\frac{1}{6}\frac{z}{z-1} - \frac{3}{2}\frac{z}{z+1} + \frac{8}{3}\frac{z}{z+2}$$

$$y_{zs}(n) = \left[-\frac{1}{6} - \frac{3}{2}(-1)^n + \frac{8}{3}(-2)^n\right]u(n)$$

(5) 完全响应的计算

$$Y(z) = CQ(z) + DX(z)$$

$$= [-2 \quad -5]\frac{z}{(z+1)(z+2)}\begin{bmatrix} \frac{5}{6}z + \frac{7}{6} + \frac{1}{z-1} \\ -\frac{4}{3}z - \frac{5}{3} + \frac{z}{z-1} \end{bmatrix} + \frac{z}{z-1}$$

$$= \frac{z(5z^2 - 4z - 8)}{(z-1)(z+1)(z+2)} + \frac{z}{z-1}$$

$$= -\frac{1}{6}\frac{z}{z-1} - \frac{1}{2}\frac{z}{z+1} + \frac{20}{3}\frac{z}{z+2}$$

$$y(n) = \left[-\frac{1}{6} - \frac{1}{2}(-1)^n + \frac{20}{3}(-2)^n\right]u(n)$$

7.7　状态矢量的线性变换

系统状态变量的选取不是唯一的,因此一个系统可用不同的状态空间表达式来描述。

状态变量的不同选取,其实质是状态向量的一种线性变换。这可以理解为同一系统在状态空间中选取了不同的基底,因而有不同的表达形式。因此,对同一系统来说,各种状态向量之间存在线性变换关系,利用这些关系可以优化系统的设计和分析。当已知一组状态变量时,可以确定另一组状态变量。

7.7.1　系统状态的线性变换

系统状态的线性变换是为了便于揭示系统特性、优化系统设计和方便分析等,并不会改变系统的性质。

系统的一组状态变量 $\boldsymbol{q}=[q_1, q_2, \cdots, q_k]^{\mathrm{T}}$ 与另一组状态变量 $\boldsymbol{w}=[w_1, w_2, \cdots, w_k]^{\mathrm{T}}$ 存在如下的非奇异线性变换关系:

$$\begin{cases} \boldsymbol{w} = \boldsymbol{P}\boldsymbol{q} \\ \boldsymbol{q} = \boldsymbol{P}^{-1}\boldsymbol{w} \end{cases} \tag{7.7.1}$$

式中,$\boldsymbol{P}$ 是 $k \times k$ 的非奇异矩阵。

1. 连续系统的变换

连续系统在状态变量 $\boldsymbol{q}(t)$ 下的状态方程

$$\begin{cases} \dot{\boldsymbol{q}}(t) = \boldsymbol{A}\boldsymbol{q}(t) + \boldsymbol{B}\boldsymbol{e}(t) \\ \boldsymbol{r}(t) = \boldsymbol{C}\boldsymbol{q}(t) + \boldsymbol{D}\boldsymbol{e}(t) \end{cases} \tag{7.7-2}$$

将 $\boldsymbol{q}=\boldsymbol{P}^{-1}\boldsymbol{w}$ 代入,得到在新状态变量下的方程

$$\begin{cases} \frac{\mathrm{d}}{\mathrm{d}t}[\boldsymbol{P}^{-1}\boldsymbol{w}(t)] = \boldsymbol{A}\boldsymbol{P}^{-1}\boldsymbol{w}(t) + \boldsymbol{B}\boldsymbol{e}(t) \\ \boldsymbol{r}(t) = \boldsymbol{C}\boldsymbol{P}^{-1}\boldsymbol{w}(t) + \boldsymbol{D}\boldsymbol{e}(t) \end{cases} \tag{7.7-3}$$

由于 $\frac{\mathrm{d}}{\mathrm{d}t}[\boldsymbol{P}^{-1}\boldsymbol{w}(t)] = \boldsymbol{P}^{-1}\frac{\mathrm{d}}{\mathrm{d}t}[\boldsymbol{w}(t)]$,化简有

$$\begin{cases}\dfrac{\mathrm{d}}{\mathrm{d}t}[\boldsymbol{w}(t)]=\boldsymbol{PAP}^{-1}\boldsymbol{w}(t)+\boldsymbol{PBe}(t)\\ \boldsymbol{r}(t)=\boldsymbol{CP}^{-1}\boldsymbol{w}(t)+\boldsymbol{De}(t)\end{cases} \tag{7.7-4}$$

即

$$\begin{cases}\dot{\boldsymbol{w}}(t)=\hat{\boldsymbol{A}}\boldsymbol{w}(t)+\hat{\boldsymbol{B}}\boldsymbol{e}(t)\\ \boldsymbol{r}(t)=\hat{\boldsymbol{C}}\boldsymbol{w}(t)+\hat{\boldsymbol{D}}\boldsymbol{e}(t)\end{cases} \tag{7.7-5}$$

比较式(7.7-4)和式(7.7-5)很容易得到系数矩阵间的关系为

$$\begin{cases}\hat{\boldsymbol{A}}=\boldsymbol{PAP}^{-1}\\ \hat{\boldsymbol{B}}=\boldsymbol{PB}\\ \hat{\boldsymbol{C}}=\boldsymbol{CP}^{-1}\\ \hat{\boldsymbol{D}}=\boldsymbol{D}\end{cases} \tag{7.7-6}$$

2. 离散系统的变换

离散系统在状态变量 $\boldsymbol{q}(n)$ 下的状态方程

$$\begin{cases}\boldsymbol{q}(n+1)=\boldsymbol{Aq}(n)+\boldsymbol{Bx}(n)\\ \boldsymbol{y}(n)=\boldsymbol{Cq}(n)+\boldsymbol{Dx}(n)\end{cases} \tag{7.7-7}$$

将 $\boldsymbol{q}=\boldsymbol{P}^{-1}\boldsymbol{w}$ 代入，得到在新状态变量下的方程

$$\begin{cases}\boldsymbol{P}^{-1}\boldsymbol{w}(n+1)=\boldsymbol{AP}^{-1}\boldsymbol{w}(n)+\boldsymbol{Bx}(n)\\ \boldsymbol{y}(n)=\boldsymbol{CP}^{-1}\boldsymbol{w}(n)+\boldsymbol{Dx}(n)\end{cases} \tag{7.7-8}$$

化简得

$$\begin{cases}\boldsymbol{w}(n+1)=\boldsymbol{PAP}^{-1}\boldsymbol{w}(n)+\boldsymbol{PBx}(n)\\ \boldsymbol{y}(n)=\boldsymbol{CP}^{-1}\boldsymbol{w}(n)+\boldsymbol{Dx}(n)\end{cases} \tag{7.7-9}$$

即

$$\begin{cases}\boldsymbol{w}(n+1)=\hat{\boldsymbol{A}}\boldsymbol{w}(n)+\hat{\boldsymbol{B}}\boldsymbol{x}(n)\\ \boldsymbol{y}(n)=\hat{\boldsymbol{C}}\boldsymbol{w}(n)+\hat{\boldsymbol{D}}\boldsymbol{x}(n)\end{cases} \tag{7.7-10}$$

3. 系统函数矩阵在线性变换下是不变的

状态方程是描述系统的一种方法，系统函数也是描述系统的一种方法，它们都描述系统的物理本质。系统函数只描述了系统的外部特性，无论怎样选取内部的状态变量，系统函数都应该相同。以连续系统为例证明如下

用状态矢量 $\boldsymbol{w}(t)$ 描述系统时的系统函数矩阵为

$$\begin{aligned}\hat{\boldsymbol{H}}(s)&=\hat{\boldsymbol{C}}(s\boldsymbol{I}-\hat{\boldsymbol{A}})^{-1}\hat{\boldsymbol{B}}+\hat{\boldsymbol{D}}\\ &=\boldsymbol{CP}^{-1}(s\boldsymbol{I}-\boldsymbol{PAP}^{-1})^{-1}\boldsymbol{PB}+\boldsymbol{D}\\ &=\boldsymbol{C}[(s\boldsymbol{I}-\boldsymbol{PAP}^{-1})\boldsymbol{P}]^{-1}\boldsymbol{PB}+\boldsymbol{D}\\ &=\boldsymbol{C}[\boldsymbol{P}^{-1}(s\boldsymbol{I}-\boldsymbol{PAP}^{-1})\boldsymbol{P}]^{-1}\boldsymbol{B}+\boldsymbol{D}\\ &=\boldsymbol{C}[s\boldsymbol{P}^{-1}\boldsymbol{IP}-\boldsymbol{P}^{-1}\boldsymbol{PAP}^{-1}\boldsymbol{P}]^{-1}\boldsymbol{B}+\boldsymbol{D}\\ &=\boldsymbol{C}(s\boldsymbol{I}-\boldsymbol{A})^{-1}\boldsymbol{B}+\boldsymbol{D}\\ &=\boldsymbol{H}(s)\end{aligned}$$

离散系统同样可以证明。

7.7.2 A矩阵的对角化

从例7.2-3和例7.3-2可见，系统并联结构时，矩阵**A**是对角阵，系统结构显得特别简洁，状态变量相互独立，这种简洁的结构有利于进一步研究系统的特性、优化系统的设计；当矩阵**A**不是对角阵时，可利用线性变换将其对角化。在线性变换中，对**A**矩阵进行对角化变换是很实用的。

设**A**为n阶方阵，现在讨论把**A**矩阵化为对角线矩阵(diagonal matrix)的方法。**A**矩阵的对角化就是以**A**矩阵的特征矢量作为基底的变换。因此，需要寻找**A**矩阵的特征矢量。

设矩阵**A**有n个互不相同的特征根$\alpha_1,\alpha_2,\cdots,\alpha_n$。由特征根构成的对角阵$\hat{\boldsymbol{A}}$为

$$\hat{\boldsymbol{A}}=\begin{bmatrix}\alpha_1 & 0 & \cdots & 0\\ 0 & \alpha_2 & \cdots & 0\\ \vdots & \vdots & & \vdots\\ 0 & 0 & \cdots & \alpha_n\end{bmatrix}\tag{7.7-11}$$

现在需求出$\boldsymbol{P}$，使得$\hat{\boldsymbol{A}}=\boldsymbol{PAP}^{-1}$。

特征矢量$\boldsymbol{\xi}$定义为$\boldsymbol{A\xi}=\alpha\boldsymbol{\xi}$，设

$$\begin{cases}\boldsymbol{\xi}=[\boldsymbol{\xi}_1\quad \boldsymbol{\xi}_2\quad \cdots\quad \boldsymbol{\xi}_n]\\ \boldsymbol{\xi}_i=\begin{bmatrix}\xi_{1i}\\ \xi_{2i}\\ \vdots\\ \xi_{ni}\end{bmatrix},\qquad i=1,2,\cdots,n\end{cases}\tag{7.7-12}$$

$\boldsymbol{\xi}_i(i=1,2,\cdots,n)$是对应特征根$\alpha_i$的特征矢量，满足

$$[\alpha_i\boldsymbol{I}-\boldsymbol{A}]\begin{bmatrix}\xi_{1i}\\ \xi_{2i}\\ \vdots\\ \xi_{ni}\end{bmatrix}=0\tag{7.7-13}$$

并且有

$$\begin{cases}\boldsymbol{P}=\boldsymbol{\xi}^{-1}\\ \boldsymbol{P}^{-1}=\boldsymbol{\xi}\end{cases}\tag{7.7-14}$$

例7.7-1 系统的信号流图如图7.7-1所示。(1) 求系统函数矩阵；(2) 将系统矩阵对角化；(3) 画出对角化后的信号流图并写出状态方程；(4) 求出对角化后的系统函数矩阵。

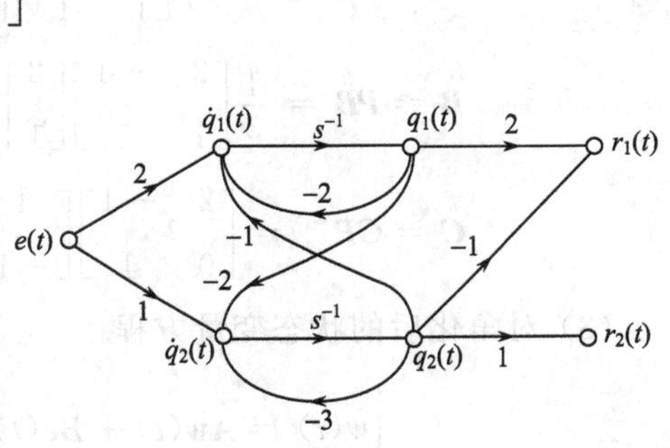

图7.7-1 例7.7-1系统的信号流图

解 系统的状态方程为

$$\begin{cases} \dot{\boldsymbol{q}}(t) = \begin{bmatrix} -2 & -1 \\ -2 & -3 \end{bmatrix} q(t) + \begin{bmatrix} 2 \\ 1 \end{bmatrix} e(t) \\ \boldsymbol{r}(t) = \begin{bmatrix} 2 & -1 \\ 0 & 1 \end{bmatrix} \boldsymbol{q}(t) \end{cases}$$

(1) 系统函数矩阵为

$$\boldsymbol{H}(s) = \boldsymbol{C}(s\boldsymbol{I} - \boldsymbol{A})^{-1}\boldsymbol{B} = \begin{bmatrix} 2 & -1 \\ 0 & 1 \end{bmatrix} \begin{bmatrix} s+2 & 1 \\ 2 & s+3 \end{bmatrix}^{-1} \begin{bmatrix} 2 \\ 1 \end{bmatrix}$$

$$= \frac{1}{(s+1)(s+4)} \begin{bmatrix} 2 & -1 \\ 0 & 1 \end{bmatrix} \begin{bmatrix} s+3 & -1 \\ -2 & s+2 \end{bmatrix} \begin{bmatrix} 2 \\ 1 \end{bmatrix} = \begin{bmatrix} \dfrac{3}{s+1} \\ \dfrac{s-2}{(s+1)(s+4)} \end{bmatrix}$$

(2) 特征方程为

$$|\alpha\boldsymbol{I} - \boldsymbol{A}| = \begin{vmatrix} \alpha+2 & 1 \\ 2 & \alpha+3 \end{vmatrix} = \alpha^2 + 5\alpha + 4 = (\alpha+1)(\alpha+4)$$

求得特征根为 $\alpha_1 = -1, \alpha_2 = -4$。

对应特征根 $\alpha_1 = -1$ 的特征矢量为 $[\alpha_1\boldsymbol{I} - \boldsymbol{A}]\begin{bmatrix} \xi_{11} \\ \xi_{21} \end{bmatrix} = 0$，即 $\begin{bmatrix} -1+2 & 1 \\ 2 & -1+3 \end{bmatrix}\begin{bmatrix} \xi_{11} \\ \xi_{21} \end{bmatrix} = 0$，得 $\xi_{11} = -\xi_{21}$，显然对应特征根 $\alpha_1 = -1$ 的特征矢量是多解的，选 $\xi_{11} = 1, \xi_{21} = -1$。

对应特征根 $\alpha_2 = -4$ 的特征矢量为 $[\alpha_2\boldsymbol{I} - \boldsymbol{A}]\begin{bmatrix} \xi_{12} \\ \xi_{22} \end{bmatrix} = 0$，即 $\begin{bmatrix} -4+2 & 1 \\ 2 & -4+3 \end{bmatrix}\begin{bmatrix} \xi_{12} \\ \xi_{22} \end{bmatrix} = 0$，得 $2\xi_{12} = \xi_{22}$，也是多解的，选 $\xi_{12} = 1, \xi_{22} = 2$。

所以特征矢量 $\boldsymbol{\xi} = \begin{bmatrix} 1 & 1 \\ -1 & 2 \end{bmatrix}$。得到

$$\boldsymbol{P} = \boldsymbol{\xi}^{-1} = \begin{bmatrix} 1 & 1 \\ -1 & 2 \end{bmatrix}^{-1} = \frac{1}{3}\begin{bmatrix} 2 & -1 \\ 1 & 1 \end{bmatrix}, \quad \boldsymbol{P}^{-1} = \boldsymbol{\xi} = \begin{bmatrix} 1 & 1 \\ -1 & 2 \end{bmatrix}$$

新的系数矩阵计算如下

$$\hat{\boldsymbol{A}} = \boldsymbol{PAP}^{-1} = \frac{1}{3}\begin{bmatrix} 2 & -1 \\ 1 & 1 \end{bmatrix}\begin{bmatrix} -2 & -1 \\ -2 & -3 \end{bmatrix}\begin{bmatrix} 1 & 1 \\ -1 & 2 \end{bmatrix} = \begin{bmatrix} -1 & 0 \\ 0 & -4 \end{bmatrix}$$

$$\hat{\boldsymbol{B}} = \boldsymbol{PB} = \frac{1}{3}\begin{bmatrix} 2 & -1 \\ 1 & 1 \end{bmatrix}\begin{bmatrix} 2 \\ 1 \end{bmatrix} = \begin{bmatrix} 1 \\ 1 \end{bmatrix}$$

$$\hat{\boldsymbol{C}} = \boldsymbol{CP}^{-1} = \begin{bmatrix} 2 & -1 \\ 0 & 1 \end{bmatrix}\begin{bmatrix} 1 & 1 \\ -1 & 2 \end{bmatrix} = \begin{bmatrix} 3 & 0 \\ -1 & 2 \end{bmatrix}$$

(3) 对角化后的状态变量方程

$$\begin{cases} \dot{\boldsymbol{w}}(t) = \hat{\boldsymbol{A}}\boldsymbol{w}(t) + \hat{\boldsymbol{B}}\boldsymbol{e}(t) = \begin{bmatrix} -1 & 0 \\ 0 & -4 \end{bmatrix}\boldsymbol{w}(t) + \begin{bmatrix} 1 \\ 1 \end{bmatrix}\boldsymbol{e}(t) \\ \boldsymbol{r}(t) = \hat{\boldsymbol{C}}\boldsymbol{w}(t) = \begin{bmatrix} 3 & 0 \\ -1 & 2 \end{bmatrix}\boldsymbol{w}(t) \end{cases}$$

信号流图如图 7.7-2 所示。

(4) 系统函数为

$$\hat{H}(s)=\hat{\boldsymbol{C}}(s\boldsymbol{I}-\hat{\boldsymbol{A}})^{-1}\hat{\boldsymbol{B}}$$

$$=\begin{bmatrix}3&0\\-1&2\end{bmatrix}\begin{bmatrix}s+1&0\\0&s+4\end{bmatrix}^{-1}\begin{bmatrix}1\\1\end{bmatrix}$$

$$=\frac{1}{(s+1)(s+4)}\begin{bmatrix}3&0\\-1&2\end{bmatrix}\begin{bmatrix}s+4&0\\0&s+1\end{bmatrix}\begin{bmatrix}1\\1\end{bmatrix}$$

$$=\begin{bmatrix}\dfrac{3}{s+1}\\\dfrac{s-2}{(s+1)(s+4)}\end{bmatrix}$$

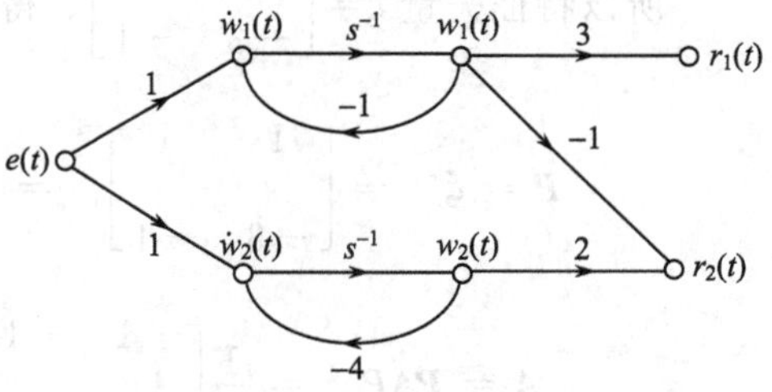

图 7.7-2　对角化后的信号流图

显然与 $\boldsymbol{H}(s)$ 相同。

例 7.7-2　单输入单输出系统的状态方程为

$$\boldsymbol{q}(n+1)=\begin{bmatrix}-5&-1\\3&-1\end{bmatrix}\boldsymbol{q}(n)+\begin{bmatrix}2\\5\end{bmatrix}x(n)$$

$$y(n)=[1\quad 2]\boldsymbol{q}(n)$$

(1) 求系统函数；(2) 求出对角化后的状态方程及信号流图。

解　(1) 求系统函数。

$$\boldsymbol{H}(z)=\boldsymbol{C}(z\boldsymbol{I}-\boldsymbol{A})^{-1}\boldsymbol{B}=[1\quad 2]\begin{bmatrix}z+5&1\\-3&z+1\end{bmatrix}^{-1}\begin{bmatrix}2\\5\end{bmatrix}$$

$$=\frac{1}{(z+2)(z+4)}[1\quad 2]\begin{bmatrix}z+1&-1\\3&z+5\end{bmatrix}\begin{bmatrix}2\\5\end{bmatrix}$$

$$=\frac{12z+59}{(z+2)(z+4)}$$

(2) 进行对角化。

令

$$|\alpha\boldsymbol{I}-\boldsymbol{A}|=\begin{vmatrix}\alpha+5&1\\-3&\alpha+1\end{vmatrix}=\alpha^2+6\alpha+8=(\alpha+2)(\alpha+4)=0$$

求得特征根 $\alpha_1=-2,\alpha_2=-4$。

对应特征根 $\alpha_1=-2$ 的特征矢量为 $\begin{bmatrix}-2+5&1\\-3&-2+1\end{bmatrix}\begin{bmatrix}\xi_{11}\\\xi_{21}\end{bmatrix}=0$，选 $\xi_{11}=1,\xi_{21}=-3$。

对应特征根 $\alpha_2=-4$ 的特征矢量为 $\begin{bmatrix}-4+5&1\\-3&-4+1\end{bmatrix}\begin{bmatrix}\xi_{12}\\\xi_{22}\end{bmatrix}=0$，选 $\xi_{12}=1,\xi_{22}=-1$。

所以特征矢量 $\boldsymbol{\xi}=\begin{bmatrix}1 & 1\\ -3 & -1\end{bmatrix}$。得到

$$\boldsymbol{P}=\boldsymbol{\xi}^{-1}=\begin{bmatrix}1 & 1\\ -3 & -1\end{bmatrix}^{-1}=\frac{1}{2}\begin{bmatrix}-1 & -1\\ 3 & 1\end{bmatrix},\quad \boldsymbol{P}^{-1}=\boldsymbol{\xi}=\begin{bmatrix}1 & 1\\ -3 & -1\end{bmatrix}$$

$$\hat{\boldsymbol{A}}=\boldsymbol{PAP}^{-1}=\frac{1}{2}\begin{bmatrix}-1 & -1\\ 3 & 1\end{bmatrix}\begin{bmatrix}-5 & -1\\ 3 & -1\end{bmatrix}\begin{bmatrix}1 & 1\\ -3 & -1\end{bmatrix}=\begin{bmatrix}-2 & 0\\ 0 & -4\end{bmatrix}$$

$$\hat{\boldsymbol{B}}=\boldsymbol{PB}=\frac{1}{2}\begin{bmatrix}-1 & -1\\ 3 & 1\end{bmatrix}\begin{bmatrix}2\\ 5\end{bmatrix}=\begin{bmatrix}-\dfrac{7}{2}\\ \dfrac{11}{2}\end{bmatrix}$$

$$\hat{\boldsymbol{C}}=\boldsymbol{CP}^{-1}=[1\quad 2]\begin{bmatrix}1 & 1\\ -3 & -1\end{bmatrix}=[-5\quad -1]$$

对角化后的状态方程为

$$\boldsymbol{w}(n+1)=\begin{bmatrix}-2 & 0\\ 0 & -4\end{bmatrix}\boldsymbol{w}(n)+\begin{bmatrix}-\dfrac{7}{2}\\ \dfrac{11}{2}\end{bmatrix}\boldsymbol{x}(n)$$

$$\boldsymbol{y}(n)=[-5\quad -1]\boldsymbol{w}(n)$$

对角化前后的信号流图如图 7.7-3(a)和(b)所示。

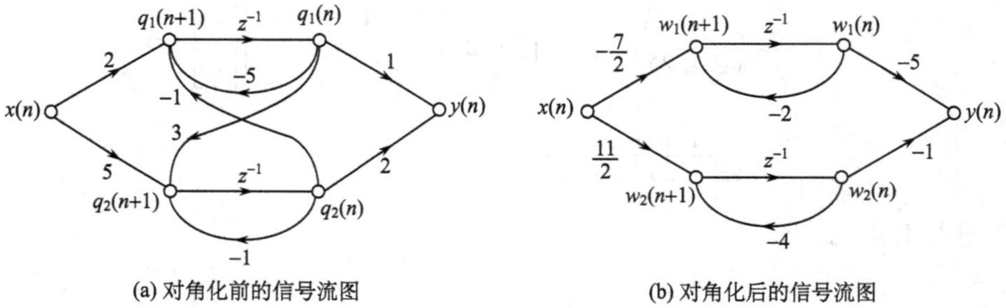

(a) 对角化前的信号流图　　(b) 对角化后的信号流图

图 7.7-3　信号流图

7.8　系统的可控性和可观性

状态方程和输出方程用来描述系统，输出和输入构成系统的外部变量，而状态为系统的内部变量。

存在系统内的所有状态是否都受输入控制和所有状态是否都可以从输出反映出来这一问题，这就是可控性(controllability)和可观测性(observability)问题。

可控性与可观测性的概念，是用状态空间描述系统引申出来的新概念，在现代控制理论中起着重要的作用。稳定性、可控性和可观测性是现代控制系统的三大基本特性。

7.8.1 系统的可控性

系统的可控制性简称为可控性或能控性。定义为：用状态方程和输出方程描述系统时，给定系统的初始条件，通过输入量的作用，能在有限的时间内将系统的所有状态变量的运动使其由任意的初态达到状态空间的原点(即零状态)，则称系统是可控的；否则，就称系统是不可控。

1. 可控性的充要条件

线性时不变系统具有可控性的充要条件是：由状态方程中矩阵 $\boldsymbol{A}(n\times n)$ 和 $\boldsymbol{B}$ 组成的矩阵可控性判别矩阵

$$\boldsymbol{M}=[\boldsymbol{B}\quad \boldsymbol{AB}\quad \boldsymbol{A}^2\boldsymbol{B}\quad \cdots\quad \boldsymbol{A}^{n-1}\boldsymbol{B}] \tag{7.8-1}$$

若 $\boldsymbol{M}$ 为满秩，即 $\mathrm{rank}\boldsymbol{M}=n$，则系统是可控的，否则系统是不可控。

例 7.8-1 判断下列系统的可控性

(1) $\begin{bmatrix}\dot{q}_1\\ \dot{q}_2\end{bmatrix}=\begin{bmatrix}1 & 3\\ 0 & 2\end{bmatrix}\begin{bmatrix}q_1\\ q_2\end{bmatrix}+\begin{bmatrix}-1\\ 0\end{bmatrix}e$;

(2) $\begin{bmatrix}q_1(n+1)\\ q_2(n+1)\\ q_3(n+1)\end{bmatrix}=\begin{bmatrix}1 & 0 & 0\\ 0 & 2 & -2\\ -1 & 1 & 0\end{bmatrix}\begin{bmatrix}q_1(n)\\ q_2(n)\\ q_3(n)\end{bmatrix}+\begin{bmatrix}1\\ 0\\ 1\end{bmatrix}x(n)$。

解 (1)
$$\boldsymbol{M}=[\boldsymbol{B}\quad \boldsymbol{AB}]=\begin{bmatrix}-1 & -1\\ 0 & 0\end{bmatrix}$$

$\boldsymbol{M}$ 矩阵的第二元素为 0，$\mathrm{rank}\boldsymbol{M}=1<2$，系统不可控。

(2)
$$\boldsymbol{M}=[\boldsymbol{B}\quad \boldsymbol{AB}\quad \boldsymbol{A}^2\boldsymbol{B}]=\begin{bmatrix}1 & 1 & 1\\ 0 & -2 & -2\\ 1 & -1 & -3\end{bmatrix}$$

$\mathrm{rank}\boldsymbol{M}=3=n$，故该系统可控。

2. $\boldsymbol{A}$ 为对角阵时的可控性判据

当系统矩阵 $\boldsymbol{A}$ 已化成对角阵时，由可控性矩阵能导出更简洁直观的可控性判据。

下面先来研究两个简单的引例。

设二阶系统 $\boldsymbol{A}$、$\boldsymbol{B}$ 矩阵为

$$\boldsymbol{A}=\begin{bmatrix}\alpha_1 & 0\\ 0 & \alpha_2\end{bmatrix},\qquad \boldsymbol{B}=\begin{bmatrix}b_1\\ b_2\end{bmatrix}$$

其可控性矩阵 $\boldsymbol{M}$ 的行列式为

$$\det\boldsymbol{M}=\det[\boldsymbol{B}\quad \boldsymbol{AB}]=\begin{vmatrix}b_1 & \alpha_1 b_1\\ b_2 & \alpha_2 b_2\end{vmatrix}=b_1 b_2(\alpha_2-\alpha_1)$$

由 $\det\boldsymbol{M}\neq 0$ 时系统可控，于是要求：当 $\boldsymbol{A}$ 有相异特征根($\alpha_1\neq\alpha_2$)时，应存在 $b_1\neq 0$ 及 $b_2\neq 0$，意为 $\boldsymbol{A}$ 阵对角化且有相异元素时，只需根据输入矩阵没有全零行即可判断系统可控。若($\alpha_1=\alpha_2$)时，则不能这样判断，这时 $\det\boldsymbol{M}=0$，系统总是不可控的。

系统 $\begin{bmatrix}\dot{q}_1\\\dot{q}_2\end{bmatrix}=\begin{bmatrix}-2&0\\0&-3\end{bmatrix}\begin{bmatrix}q_1\\q_2\end{bmatrix}+\begin{bmatrix}1\\2\end{bmatrix}e$ 是可控的，系统 $\begin{bmatrix}\dot{q}_1\\\dot{q}_2\end{bmatrix}=\begin{bmatrix}-2&0\\0&-1\end{bmatrix}\begin{bmatrix}q_1\\q_2\end{bmatrix}+\begin{bmatrix}1\\0\end{bmatrix}e$ 和系统 $\begin{bmatrix}\dot{q}_1\\\dot{q}_2\end{bmatrix}=\begin{bmatrix}1&0\\0&1\end{bmatrix}\begin{bmatrix}q_1\\q_2\end{bmatrix}+\begin{bmatrix}1\\2\end{bmatrix}e$ 是不可控的。

7.8.2 系统的可观测性

系统的可观测定义为：用状态方程和输出方程描述系统时，在给定输入后，在有限的时间内，能根据系统的输出唯一确定系统的所有初始状态，则称系统是可观测的。如果只能确定部分初始状态，则称系统是不完全可观测的，简称为系统不可观测。

系统是可观测表明系统所有的状态变量任意形式的运动均可由有限测量点的输出完全确定出来。

在多变量系统中，能直接测量的状态一般不多，大多数状态往往只能通过对输出量的测量间接得到，有些状态变量甚至根本就不可观测。需要注意的是，出现在输出方程中的状态变量不一定可观测，不出现在输出方程中的状态变量也不一定就不可观测。

1. 可观测性的充要条件

线性时不变系统具有可观测性的充要条件是：由状态方程中矩阵 $\boldsymbol{A}(n\times n)$ 和 $\boldsymbol{C}$ 组成的可观测性判别矩阵

$$\boldsymbol{N}=\begin{bmatrix}\boldsymbol{C}\\\boldsymbol{CA}\\\boldsymbol{CA}^2\\\vdots\\\boldsymbol{CA}^{n-1}\end{bmatrix}\tag{7.8-2}$$

若 $\boldsymbol{N}$ 为满秩，即 $\mathrm{rank}\boldsymbol{N}=n$，则系统是可观测的，否则系统不可观测。

例 7.8-2 判断下列系统的可观测性：

(1) $\boldsymbol{q}(n+1)=\begin{bmatrix}1&0&-1\\0&-2&1\\3&0&2\end{bmatrix}\boldsymbol{q}(n)+\begin{bmatrix}1\\2\\-1\end{bmatrix}\boldsymbol{x}(n)$，$\boldsymbol{y}(n)=[0\quad 1\quad 0]\boldsymbol{q}(n)$；

(2) $\dot{\boldsymbol{q}}(t)=\begin{bmatrix}2&1\\0&-1\end{bmatrix}\boldsymbol{q}(t)+\begin{bmatrix}0\\1\end{bmatrix}\boldsymbol{e}(t)$，$\boldsymbol{r}(t)=[0\quad 2]\boldsymbol{q}(t)$。

解 计算可观测性判别矩阵 $\boldsymbol{N}$

(1)
$$\boldsymbol{N}_1=\begin{bmatrix}\boldsymbol{C}\\\boldsymbol{CA}\\\boldsymbol{CA}^2\end{bmatrix}=\begin{bmatrix}0&1&0\\0&-2&1\\3&4&0\end{bmatrix}$$

由于 $\det\boldsymbol{N}_1=3\neq 0$，故 $\boldsymbol{N}_1$ 满秩，所以系统是可观测的。

(2)
$$\boldsymbol{N}_2=\begin{bmatrix}\boldsymbol{C}\\ \boldsymbol{CA}\end{bmatrix}=\begin{bmatrix}0 & 2\\ 0 & -2\end{bmatrix}$$

由于 $\mathrm{rank}\boldsymbol{N}_2=1\neq 2$，故系统不可观测。

2. ***A* 为对角阵时的可观测性判据**

当系统矩阵 $\boldsymbol{A}$ 已化成对角阵时，由可观测性矩阵能导出更简捷直观的可观测性判据。

设二阶系统动态方程中 $\boldsymbol{A}$、$\boldsymbol{C}$ 分别为

$$\boldsymbol{A}=\begin{bmatrix}\alpha_1 & 0\\ 0 & \alpha_2\end{bmatrix},\quad \boldsymbol{C}=[C_1\quad C_2]$$

可观测矩阵 $\boldsymbol{N}$ 的行列式为

$$\det\boldsymbol{N}=\det\begin{bmatrix}\boldsymbol{C}\\ \boldsymbol{CA}\end{bmatrix}=\begin{vmatrix}C_1 & C_2\\ \alpha_1 C_1 & \alpha_2 C_2\end{vmatrix}=C_1C_1(\alpha_2-\alpha_1)$$

$\det\boldsymbol{N}\neq 0$ 时系统状态可观测，于是要求：当对角阵 $\boldsymbol{A}$ 有相异特征值($\alpha_1\neq\alpha_2$)时，应存在 $C_1\neq 0$ 及 $C_2\neq 0$，即只需根据输出矩阵中没有全零列便可判断系统可观测。若 $\alpha_1=\alpha_2$ 时，则不能这样判断，这时 $\det\boldsymbol{N}=0$，系统总是不可观测的。

系统 $\dot{\boldsymbol{q}}=\begin{bmatrix}-2 & 0\\ 0 & -3\end{bmatrix}\boldsymbol{q}$，$\boldsymbol{r}=[1\quad -1]\boldsymbol{q}$ 是可观测的；系统 $\dot{\boldsymbol{q}}=\begin{bmatrix}1 & 0\\ 0 & 1\end{bmatrix}\boldsymbol{q}$，$\boldsymbol{r}=[1\quad 1]\boldsymbol{q}$ 是不可观测的。

7.8.3　可控性、可观测性与系统函数的关系

对于单输入单输出系统，设系统动态方程为

$$\dot{\boldsymbol{q}}=\boldsymbol{Aq}+\boldsymbol{Be}$$
$$\boldsymbol{r}=\boldsymbol{Cq}$$

系统函数

$$\boldsymbol{H}(s)=\boldsymbol{C}(s\boldsymbol{I}-\boldsymbol{A})^{-1}\boldsymbol{B}$$

当 $\boldsymbol{A}$ 矩阵具有相异特征值 $\alpha_1,\cdots,\alpha_n$ 时，通过线性变换可使 $\boldsymbol{A}$ 矩阵对角化为

$$\dot{\boldsymbol{w}}=\begin{bmatrix}\alpha_1 & & 0\\ & \ddots & \\ 0 & & \alpha_n\end{bmatrix}\boldsymbol{w}+\begin{bmatrix}b_1\\ \vdots\\ b_n\end{bmatrix}e$$
$$\boldsymbol{r}=[c_1\quad\cdots\quad c_n]\boldsymbol{w}$$

根据 $\boldsymbol{A}$ 矩阵对角化的可控、可观测性判据，可知：

若 $b_i=0$，即 w_i 不可控，则 $(s\boldsymbol{I}-\boldsymbol{A})^{-1}\boldsymbol{B}$ 矩阵一定会出现零、极点对消现象；

若 $c_i=0$，即 w_i 不可观测，则 $\boldsymbol{C}(s\boldsymbol{I}-\boldsymbol{A})^{-1}$ 也一定会出现零、极点对消现象；

当 $b_i=0$ 及 $c_i=0$ 时，系统既不可控，也不可观测；

当 $b_i\neq 0$ 及 $c_i\neq 0$ 时，系统可控、可观测。

以上判据仅适用于单输入单输出系统，对多输入多输出系统不适用。只有当系统是可控又可观测时，系统函数描述与状态空间描述才是等价的。

例 7.8-3　已知下列动态方程，试研究其可控性、可观测性与系统函数的关系。

(1) $\dot{\boldsymbol{q}}=\begin{bmatrix}0 & 1\\-2 & -3\end{bmatrix}\boldsymbol{q}+\begin{bmatrix}0\\1\end{bmatrix}\boldsymbol{e}$, $\boldsymbol{r}=[1\quad 1]\boldsymbol{q}$;

(2) $\dot{\boldsymbol{q}}=\begin{bmatrix}0 & -2\\1 & -3\end{bmatrix}\boldsymbol{q}+\begin{bmatrix}1\\1\end{bmatrix}\boldsymbol{e}$, $\boldsymbol{r}=[0\quad 1]\boldsymbol{q}$;

(3) $\dot{\boldsymbol{q}}=\begin{bmatrix}-1 & 0\\0 & -2\end{bmatrix}\boldsymbol{q}+\begin{bmatrix}0\\1\end{bmatrix}\boldsymbol{e}$, $\boldsymbol{r}=[0\quad 1]\boldsymbol{q}$。

解 三个系统的系统函数均为$H(s)=\dfrac{s+1}{(s+1)(s+2)}$,存在零、极点对消。

(1) $$\boldsymbol{C}(s\boldsymbol{I}-\boldsymbol{A})^{-1}=\frac{[s+1\quad s+1]}{(s+1)(s+2)},\quad (s\boldsymbol{I}-\boldsymbol{A})^{-1}\boldsymbol{B}=\frac{\begin{bmatrix}1\\s\end{bmatrix}}{(s+1)(s+2)}$$

由于$\boldsymbol{C}(s\boldsymbol{I}-\boldsymbol{A})^{-1}$出现零、极点对消现象,$(s\boldsymbol{I}-\boldsymbol{A})^{-1}\boldsymbol{B}$矩阵没有出现零、极点对消现象,故可控不可观测。

$$\text{rank}\boldsymbol{M}=\text{rank}[\boldsymbol{B}\quad \boldsymbol{AB}]=\text{rank}\begin{bmatrix}0 & -1\\1 & -3\end{bmatrix}=2$$

$$\text{rank}\boldsymbol{N}=\text{rank}\begin{bmatrix}\boldsymbol{C}\\\boldsymbol{CA}\end{bmatrix}=\text{rank}\begin{bmatrix}1 & 1\\-2 & -2\end{bmatrix}=1$$

(2) $$\boldsymbol{C}(s\boldsymbol{I}-\boldsymbol{A})^{-1}=\frac{[1\quad s]}{(s+1)(s+2)},\quad (s\boldsymbol{I}-\boldsymbol{A})^{-1}\boldsymbol{B}=\frac{\begin{bmatrix}s+1\\s+1\end{bmatrix}}{(s+1)(s+2)}$$

由于$(s\boldsymbol{I}-\boldsymbol{A})^{-1}\boldsymbol{B}$矩阵出现零、极点对消现象,$\boldsymbol{C}(s\boldsymbol{I}-\boldsymbol{A})^{-1}$没有出现零、极点对消现象,故可观测不可控。

$$\text{rank}\boldsymbol{M}=\text{rank}[\boldsymbol{B}\quad \boldsymbol{AB}]=\text{rank}\begin{bmatrix}1 & -2\\1 & -2\end{bmatrix}=1,\qquad \text{rank}\boldsymbol{N}=\text{rank}\begin{bmatrix}\boldsymbol{C}\\\boldsymbol{CA}\end{bmatrix}=\text{rank}\begin{bmatrix}0 & 1\\1 & -3\end{bmatrix}=2$$

(3) $$\boldsymbol{C}(s\boldsymbol{I}-\boldsymbol{A})^{-1}=\frac{[0\quad s+1]}{(s+1)(s+2)},\quad (s\boldsymbol{I}-\boldsymbol{A})^{-1}\boldsymbol{B}=\frac{\begin{bmatrix}0\\s+1\end{bmatrix}}{(s+1)(s+2)}$$

由于$(s\boldsymbol{I}-\boldsymbol{A})^{-1}\boldsymbol{B}$矩阵和$\boldsymbol{C}(s\boldsymbol{I}-\boldsymbol{A})^{-1}$出现零、极点对消现象,所以系统不可控、不可观测。

$$\text{rank}\boldsymbol{M}=\text{rank}[\boldsymbol{B}\quad \boldsymbol{AB}]=\text{rank}\begin{bmatrix}0 & 0\\1 & -2\end{bmatrix}=1,$$

$$\text{rank}\boldsymbol{N}=\text{rank}\begin{bmatrix}\boldsymbol{C}\\\boldsymbol{CA}\end{bmatrix}=\text{rank}\begin{bmatrix}0 & 1\\0 & -2\end{bmatrix}=1$$

习 题 七

7-1 已知二阶系统的状态矢量,画出状态变量的波形和状态轨迹。

(1) $\begin{bmatrix}q_1(t)\\q_2(t)\end{bmatrix}=\begin{bmatrix}\sin t u(t)\\(1-\cos t)u(t)\end{bmatrix}$;

(2) $\begin{bmatrix}q_1(t)\\q_2(t)\end{bmatrix}=\begin{bmatrix}-\sin t u(t)\\(1+\cos t)u(t)\end{bmatrix}$;

(3) $\begin{bmatrix} q_1(t) \\ q_2(t) \end{bmatrix} = \begin{bmatrix} 2e^{-t}u(t) \\ e^{-2t}u(t) \end{bmatrix}$。

7-2　题 7-2 图中，$u_o(t)$为输出，建立状态方程和输出方程。

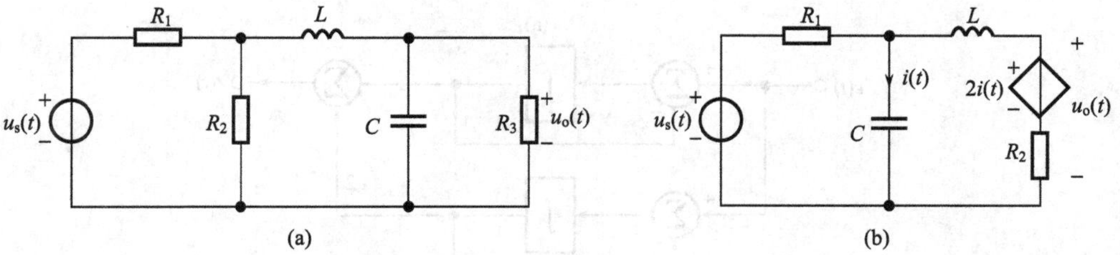

题 7-2 图

7-3　题 7-3 图中，$i(t)$为输出，建立状态方程和输出方程。

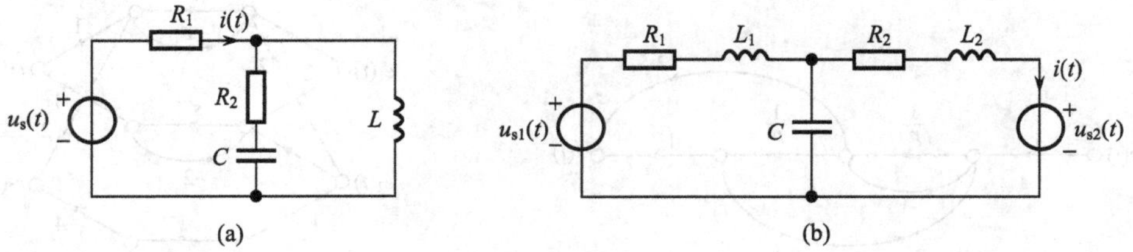

题 7-3 图

7-4　题 7-4 图中，$i(t)$和 $u_o(t)$为输出，建立状态方程和输出方程。

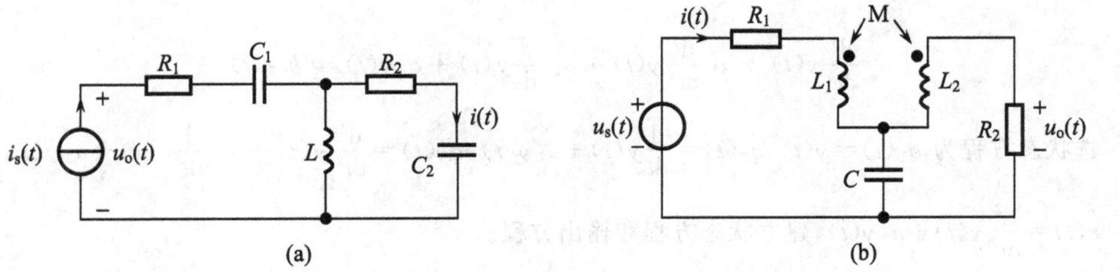

题 7-4 图

7-5　题 7-5 图中，以 $u_L(t)$和 $i_L(t)$为状态变量，$u_o(t)$为输出，建立状态方程和输出方程。

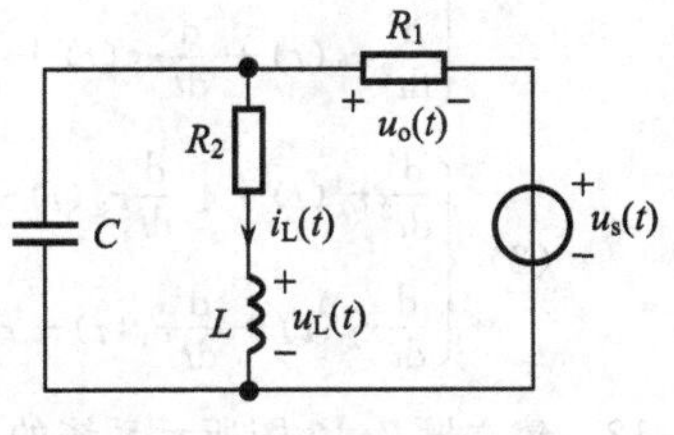

题 7-5 图

7-6　系统模拟图如题 7-6 图所示，建立状态方程和输出方程。

7-7　系统信号流图如题 7-7 图所示，建立状态方程和输出方程。

7-8　已知系统的微分方程为$\frac{d^2}{dt^2}r(t)+5\frac{d}{dt}r(t)+6r(t)=2e(t)$，写出直接形式和级联结构形式的状态方程和输出方程。

7-9　已知系统方程为

$$\frac{d^3}{dt^3}r(t)+6\frac{d^2}{dt^2}r(t)+11\frac{d}{dt}r(t)+6r(t)=\frac{d}{dt}e(t)+4e(t)$$

用并联结构实现，写出状态方程和输出方程。

7-10　微分方程为

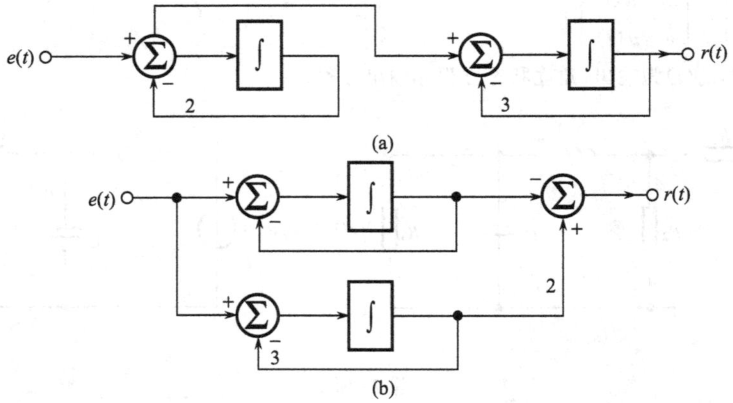

题 7-6 图

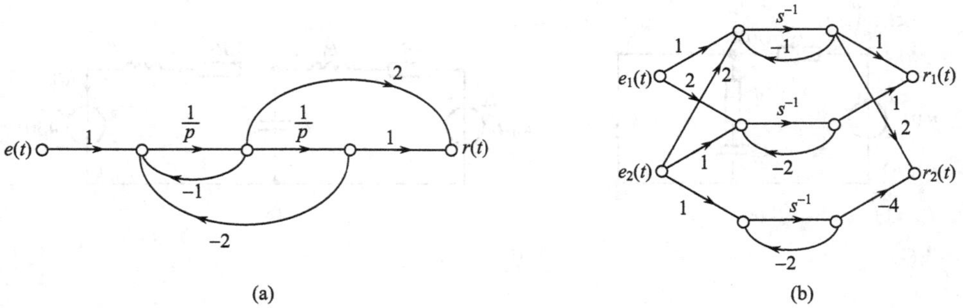

题 7-7 图

$$\frac{\mathrm{d}^3}{\mathrm{d}t^3}y(t)+a_1\frac{\mathrm{d}^2}{\mathrm{d}t^2}y(t)+a_2\frac{\mathrm{d}}{\mathrm{d}t}y(t)+a_3y(t)=b_0e(t)$$

选状态方程为 $q_1(t)=y(t)$，$q_2(t)=\frac{\mathrm{d}}{\mathrm{d}t}y(t)+a_1y(t)$，$q_3(t)=\frac{\mathrm{d}^2}{\mathrm{d}t^2}y(t)+a_1\frac{\mathrm{d}}{\mathrm{d}t}y(t)+a_2y(t)$，输出为 $r(t)=\frac{\mathrm{d}^2}{\mathrm{d}t^2}y(t)+a_2y(t)$，建立状态方程和输出方程。

7-11 将下列微分方程转化为状态方程和输出方程(输入为 $e_1(t)$ 和 $e_2(t)$，输出为 $r_1(t)$ 和 $r_2(t)$)。

(1) $\begin{cases}\frac{\mathrm{d}}{\mathrm{d}t}r_1(t)+r_2(t)=e_1(t)\\ \frac{\mathrm{d}^2}{\mathrm{d}t^2}r_2(t)+\frac{\mathrm{d}}{\mathrm{d}t}r_1(t)+\frac{\mathrm{d}}{\mathrm{d}t}r_2(t)+r_1(t)=2e_2(t)\end{cases}$

(2) $\begin{cases}\frac{\mathrm{d}^2}{\mathrm{d}t^2}r_1(t)+4\frac{\mathrm{d}}{\mathrm{d}t}r_2(t)-3r_2(t)=e_1(t)\\ \frac{\mathrm{d}}{\mathrm{d}t}r_2(t)+\frac{\mathrm{d}}{\mathrm{d}t}r_1(t)+r_1(t)+2r_2(t)=e_2(t)\end{cases}$

7-12 建立题 7-12 图所示系统的状态方程和输出方程。

7-13 系统的信号流图如题 7-13 图所示，建立状态方程和输出方程。

7-14 题 7-14 图中，以 $q_1(t)$、$q_2(t)$ 和 $q_3(t)$ 为状态变量，$r(t)$ 为输出，建立状态方程和输出方程。

7-15 题 7-15 图中，以 $q_1(n)$、$q_2(n)$ 和 $q_3(n)$ 为状态变量，$y(n)$ 为输出，建立状态方程和输出方程。

7-16 分别在时域和变换域求解下列状态转移矩阵 $\boldsymbol{A}^n$ 和 $\mathrm{e}^{\boldsymbol{A}t}$。

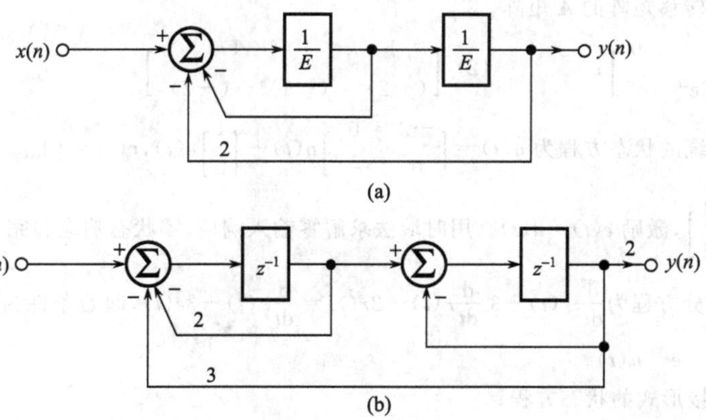

题 7-12 图

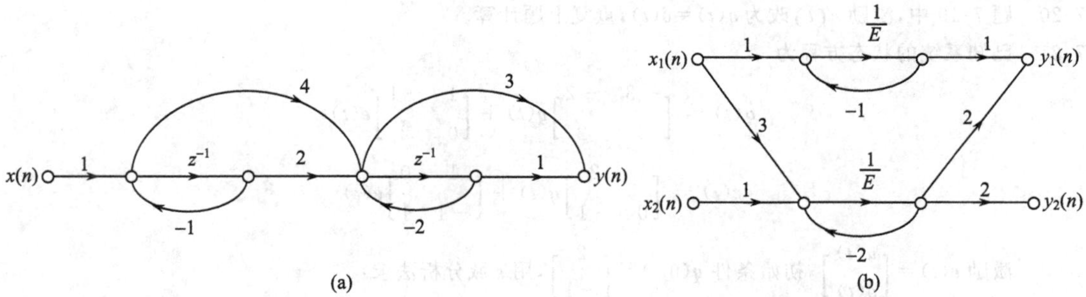

题 7-13 图

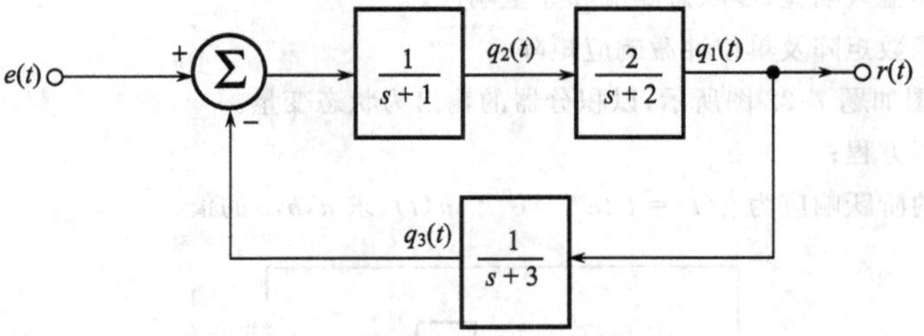

题 7-14 图

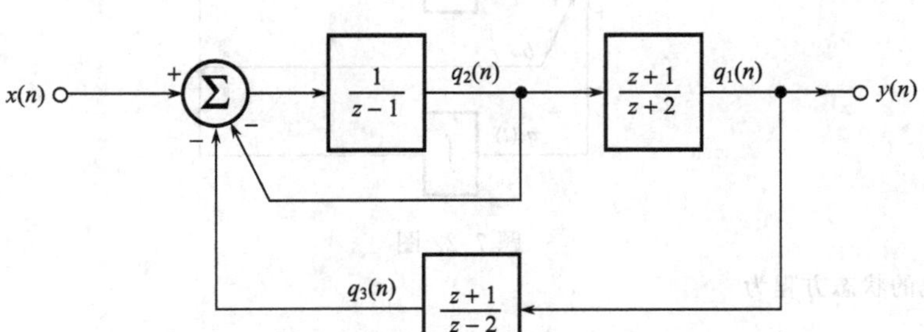

题 7-15 图

（1）$\mathbf{A}=\begin{bmatrix} -4 & -1 \\ 3 & 0 \end{bmatrix}$；　　（2）$\mathbf{A}=\begin{bmatrix} -4 & -2 \\ 2 & 0 \end{bmatrix}$。

7-17 求下列状态转移矩阵的 $\boldsymbol{A}$ 矩阵。

(1) $\begin{bmatrix} e^t & 0 \\ 2e^t-2e^{2t} & e^{2t} \end{bmatrix}$； (2) $\begin{bmatrix} 1 & (-1)^n \\ (-2)^n & (-1)^n-(-2)^n \end{bmatrix}$。

7-18 LTI 连续系统的状态方程为 $\dot{\boldsymbol{q}}(t)=\begin{bmatrix} -2 & 0 \\ 0 & -1 \end{bmatrix}\boldsymbol{q}(t)+\begin{bmatrix} 1 \\ 0 \end{bmatrix}e(t)$，$\boldsymbol{r}(t)=[1\quad -1]\boldsymbol{q}(t)+2e(t)$，已知 $\boldsymbol{q}(0_-)=\begin{bmatrix} 1 \\ 1 \end{bmatrix}$，激励 $e(t)=u(t)$。用时域法求解零输入响应、零状态响应和完全响应。

7-19 给定系统微分方程为 $\frac{d^2}{dt^2}r(t)+3\frac{d}{dt}r(t)+2r(t)=\frac{d}{dt}e(t)+3e(t)$，起始条件为 $r(0_-)=1$，$r'(0_-)=2$，激励 $e(t)=e^{-3t}u(t)$。

(1) 写出直接形式的状态方程；

(2) 状态方程中用时域法求解系统零输入响应、零状态响应和完全响应；

(3) 状态方程中用时域法求解系统的冲激响应。

7-20 题 7-19 中，激励 $e(t)$ 改为 $e(t)=\delta(t)$，重复上题计算。

7-21 已知系统的状态方程为

$$\dot{\boldsymbol{q}}(t)=\begin{bmatrix} -3 & -2 \\ 2 & 2 \end{bmatrix}\boldsymbol{q}(t)+\begin{bmatrix} 1 & -1 \\ 0 & 2 \end{bmatrix}\boldsymbol{e}(t)$$

$$\boldsymbol{r}(t)=\begin{bmatrix} 1 & 2 \\ 0 & -1 \end{bmatrix}\boldsymbol{q}(t)+\begin{bmatrix} 1 & 0 \\ -1 & 1 \end{bmatrix}\boldsymbol{e}(t)$$

激励 $\boldsymbol{e}(t)=\begin{bmatrix} u(t) \\ \delta(t) \end{bmatrix}$，初始条件 $\boldsymbol{q}(0_-)=\begin{bmatrix} 2 \\ -1 \end{bmatrix}$，用 s 域分析法求：

(1) 状态变量的零输入解、零状态解和完全解；

(2) 系统的零输入响应、零状态响应和完全响应；

(3) 求传递函数矩阵及单位冲激响应矩阵。

7-22 系统的模拟图如题 7-22 图所示，以积分器的输出为状态变量。

(1) 写出状态方程；

(2) 若系统的阶跃响应为 $g(t)=(2e^{-t}-e^{-2t})u(t)$，求 a,b,c 的值。

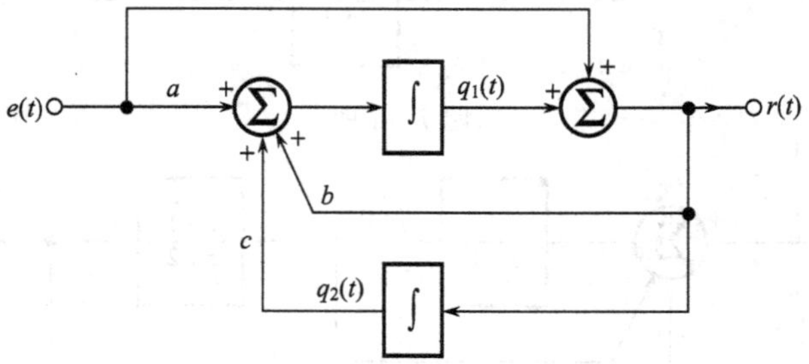

题 7-22 图

7-23 已知系统的状态方程为

$$\boldsymbol{q}(n+1)=\begin{bmatrix} -1 & 1 \\ 0 & -2 \end{bmatrix}\boldsymbol{q}(n)+\begin{bmatrix} 0 \\ 1 \end{bmatrix}x(n)$$

$$\boldsymbol{y}(n)=[1\quad -1]\boldsymbol{q}(n)+x(n)$$

给定 $\boldsymbol{q}(0)=\begin{bmatrix} 1 \\ 0 \end{bmatrix}$，$x(n)=u(n)$。用时域分析法计算：

(1) 状态变量的零输入解和零状态解；

(2) 零输入响应、零状态响应和完全响应；

(3) 系统的单位冲激响应。

7-24　系统的状态方程为

$$q(n+1)=\begin{bmatrix}1&1\\2&0\end{bmatrix}q(n)+\begin{bmatrix}1\\0\end{bmatrix}x(n)$$

$$y(n)=[1\quad 0]q(n)$$

给定 $q(0)=\begin{bmatrix}0\\1\end{bmatrix}$，$x(n)=u(n)$。$z$ 域分析法求：

(1) 零输入响应、零状态响应和完全响应；

(2) 系统函数和系统的单位冲激响应。

7-25　系统方程 $y(n)+5y(n-1)+4y(n-2)=x(n)$，起始条件为 $y(-1)=0$，$y(-2)=1$，激励 $x(n)=2^n u(n)$。

(1) 画出直接形式的信号流图并建立状态方程；

(2) 用状态方程在 z 域中求解系统的零输入响应、零状态响应和完全响应。

7-26　系统差分方程 $y(n)-3y(n-1)+2y(n-2)=x(n)+x(n-1)$，$x(n)=nu(n)$，$y(0)=0$，$y(1)=3$。

(1) 画出并联结构的信号流图并建立状态方程；

(2) 状态方程中用时域法求解零输入响应、零状态响应和完全响应。

7-27　LTI 离散系统如题 7-27 图所示。

(1) 建立状态方程和输出方程；

(2) 已知系统的零输入响应 $y_{zi}(n)=(2^n-3^n)u(n)$，求 a 和 b 及状态变量的零输入解。

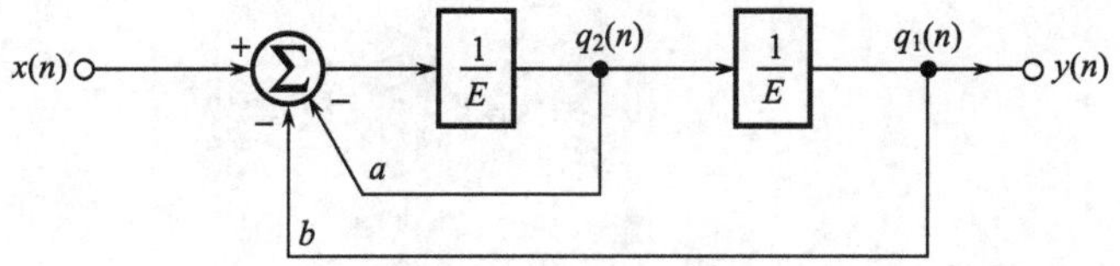

题 7-27 图

7-28　已知系统的状态方程为

$$\dot{q}(t)=\begin{bmatrix}-1&2\\1&-1\end{bmatrix}q(t)+\begin{bmatrix}1\\2\end{bmatrix}e(t)$$

$$r(t)=[1\quad -2]q(t)+e(t)$$

新的状态方程为 $w(t)=\begin{bmatrix}1&1\\-1&2\end{bmatrix}q(t)$，建立新状态变量的状态方程。

7-29　系统函数 $H(z)=\dfrac{z^2-2z+5}{z^3-6z^2+11z-6}$，建立对角化形式的状态方程。

7-30　已知系统的状态方程为

$$\dot{q}(t)=\begin{bmatrix}-4&-1\\2&-1\end{bmatrix}q(t)+\begin{bmatrix}2\\1\end{bmatrix}e(t)$$

$$r(t)=\begin{bmatrix}1&0\\0&2\end{bmatrix}q(t)$$

(1) 画出信号流图；

(2) 求出系统函数；

(3) 判断系统的可控性和可观测性；

(4) 求出对角化后的状态方程并画出信号流图。

7-31 判断下列系统可控性和可观测性。

(1) $\dot{\boldsymbol{q}}(t)=\begin{bmatrix}0 & 1\\ -2 & -3\end{bmatrix}\boldsymbol{q}(t)+\begin{bmatrix}0\\ 1\end{bmatrix}\boldsymbol{e}(t)$，$\boldsymbol{r}(t)=[1\quad 1]\boldsymbol{q}(t)$；

(2) $\dot{\boldsymbol{q}}(t)=\begin{bmatrix}-1 & 0\\ 0 & -3\end{bmatrix}\boldsymbol{q}(t)+\begin{bmatrix}0\\ 2\end{bmatrix}\boldsymbol{e}(t)$，$\boldsymbol{r}(t)=[1\quad 0]\boldsymbol{q}(t)$；

(3) $\dot{\boldsymbol{q}}(t)=\begin{bmatrix}1 & 0\\ 0 & 1\end{bmatrix}\boldsymbol{q}(t)+\begin{bmatrix}0\\ 2\end{bmatrix}\boldsymbol{e}(t)$，$\boldsymbol{r}(t)=[2\quad 2]\boldsymbol{q}(t)+3\boldsymbol{e}(t)$；

(4) $\boldsymbol{q}(n+1)=\begin{bmatrix}0 & 1\\ -2 & -3\end{bmatrix}\boldsymbol{q}(n)+\begin{bmatrix}0\\ 1\end{bmatrix}\boldsymbol{x}(n)$，$\boldsymbol{y}(n)=[-2\quad -2]\boldsymbol{q}(n)+\boldsymbol{x}(n)$；

(5) $\boldsymbol{q}(n+1)=\begin{bmatrix}1 & 0 & -1\\ 0 & -2 & 1\\ 3 & 0 & 2\end{bmatrix}\boldsymbol{q}(n)+\begin{bmatrix}1\\ 0\\ -1\end{bmatrix}\boldsymbol{x}(n)$，$\boldsymbol{y}(n)=[0\quad 1\quad 0]\boldsymbol{q}(n)+\boldsymbol{x}(n)$。

第 8 章 MATLAB 在信号与系统中的应用

MATLAB 是 MATrix 和 LABoratory 前三个字母的缩写，意思是“矩阵实验室”。MATLAB 是美国 MathWorks 公司出品的商业数学软件，是用于算法开发、数据可视化、数据分析以及数值计算的高级技术计算语言和交互式环境。主要应用于工程计算、控制设计、信号处理与通信、图像处理、信号检测、金融建模设计与分析等领域。

MATLAB 具有以下基本功能：数值计算功能、符号计算功能、图形处理及可视化功能、可视化建模集动态仿真功能。MATLAB 语言是以矩阵计算为基础的程序设计语言，语法规则简单易学，其指令格式与教科书中的数学表达式非常相近，用 MATLAB 编写程序犹如在书写公式和求解。另外，MATLAB 还具有功能丰富和完备的数学函数库及工具箱，大量繁杂的数学运算和分析可通过调用 MATLAB 函数直接求解。在图形处理方面，MATLAB 可以给数据以二维、三维乃至四维的直观表现，并在图形色彩、视角、品性等方面具有较强的渲染和控制能力。

MATLAB 在信号与系统中主要用于符号推导演算和数值计算仿真。借助于 MATLAB 的运算符号 SYMBOLIC 工具箱中的 conv 函数求解卷积，用 solve 函数求解信号流图的传输算子和传递函数，用 dsolve 函数解微分方程，用 fourier 和 ifourier 函数进行傅里叶正反变换，用 laplace 和 ilaplace 函数进行正反 s 变换，用 ztrans 函数和 iztrans 函数进行正反 z 变换等。通过数值计算仿真分析可以实现信号波形的绘制、信号的运算、连续时间系统的时域频域和 s 域分析、离散时间系统的时域和 z 域分析、状态方程的时域和变换域计算、系统稳定性的判断、频率特性的绘制、系统可控性和可观测性的判断等。

本章介绍 MATLAB 在信号与系统课程中的各种应用，使用的软件版本为 MATLAB7.5.0。

8.1 信号的时域分析

MATLAB 有两种方法来表示信号，即向量表示法和符号表示法。如 $f(t)=2te^{-0.4t}$ 和 $x(n)=2n(0.6)^n$ 的向量表示法为(在 $t=-3\sim3$ 和 $n=-2\sim8$ 范围内)：

```
t=-3:0.01:3;f=2*t.*exp(-0.4*t)
n=-2:8;x=2*n.*(0.6).^n
```

符号表示法为(要定义变量为 t 和 n)：

```
syms t;f=sym('2*t*exp(-0.4*t)')
syms n;x=sym('2*n*0.6^n')
```

本节中介绍信号的 MATLAB 绘图方法、信号的基本运算和信号的卷积运算。

8.1.1 连续信号的可视化

连续信号在 MATLAB 中是用等时间间隔点的信号样值来近似表示的，这就要求时间间隔足够小。向量表示法的绘图命令是 plot(t,f)(有时也用 stairs(t,f)命令),符号表示法的绘图命令是 ezplot(f,[t0,t1])。

1. 指数信号

MATLAB 中,实指数信号 $2e^{-0.4t}$表示为 2* exp(−0.4* t),复指数信号 $2e^{(-1+j2)t}$表示为 2* exp((−1+2* j)* t)。

1) 实指数信号

实指数信号可用一个图表示,如 $f_1(t)=2e^{-0.4t}$, $f_2(t)=2e^{0.4t}$, $f_3(t)=2$ 和 $f_4(t)=2e^{-0.4|t|}$ 的 MATLAB 程序为

```
t=-10:0.01:10;     %设定 t 的范围与步长
f1=2*exp(-0.4*t);     %f1(t)的表达式
f2=2*exp(0.4*t);     %f2(t)的表达式
f3=2;     %f3(t)的表达式
f4=2*exp(-0.4*abs(t));     %f4(t)的表达式
subplot(2,1,1),plot(t,f1,'b-',t,f2,'r-',t,f3,'g-');%在图 1 上画 f1(t)f2(t)f3(t)三个图形
axis([-3.5,3.5,0,8]);     %设定显示范围
text(-1.7,4.5,'2e^{-0.4t}'),     %标记函数公式
text(2.4,4.5,'2e^{0.4t}'),
text(2.3,2.5,'2');
grid     %显示格栅
subplot(2,1,2),plot(t,f4);     %图 2 上画 f4(t)
text(1,1.7,'2e^{-0.4|t|}');
axis([-10,10,-0.1,2.1]);
grid
```

程序运行结果如图 8.1-1 所示。

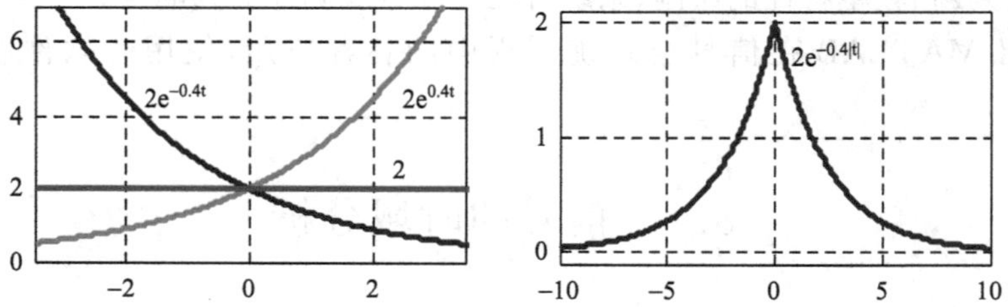

图 8.1-1 实指数信号

2) 复指数信号

复指数信号要用两个图即实部和虚部或模和相角表示。MATLAB 实现复指数信号 $f(t)=2e^{(-1+j2)t}$的实部、虚部、模和相角的程序如下,结果如图 8.1-2 所示。

```
t=0:0.01:6;
f=2*exp((-1+2*j)*t);
subplot(2,2,1),plot(t,real(f)),title('实部'),grid
subplot(2,2,2),plot(t,imag(f)),title('虚部'),grid
subplot(2,2,3),plot(t,abs(f)),title('模'),grid
subplot(2,2,4),plot(t,angle(f)*180/pi),title('相位(度)'),grid
```

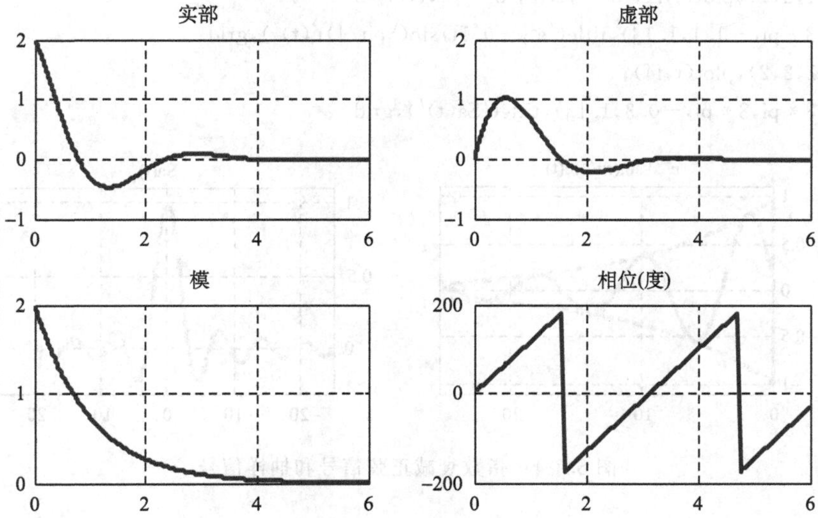

图 8.1-2　复指数信号

2. 阶跃信号 $u(t)$

在 MATLAB 的 SYMBOLIC 工具箱中有一个阶跃函数 Heaviside. m 文件，该函数定义在 $t>0$时其值为 1，$t<0$ 时其值为 0，$t=0$ 时其值不定义，如调用 Heaviside. m 画图，在 $t=0$ 点图形是断开的。为使绘制的图形连续，需要在自己的工作目录 work 下创建阶跃函数文件 u. m，考虑到离散序列在 $n=0$ 时其值为 1，规定阶跃信号在 $t=0$ 时的值也为 1。该文件为

```
function f=u(t),f=(t>=0);   %t 大于等于 0 时 f 为 1,t 小于 0 时 f 为 0
```

要特别注意的是：u. m 函数只能在本节中使用，在后面几节中阶跃函数要使用 MATLAB 自带的 Heaviside. m 函数文件，必要时要将 u. m 从工作目录 work 下删除。

显示阶跃信号的程序为

```
t=-1:0.01:3;
f=u(t);
plot(t,f);
title('u(t)');
axis([-1,3,-0.1,1.1]);
grid
```

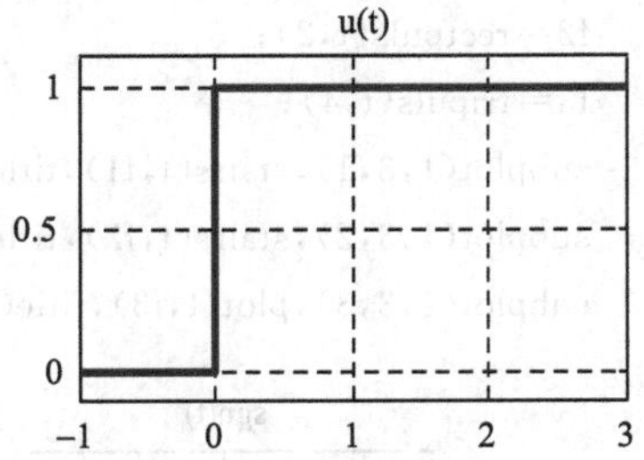

图 8.1-3　$u(t)$信号

程序结果如图 8.1-3 所示。

3. 正弦信号和抽样信号(图 8.1-4)

MATLAB 内部函数中有正弦函数和辛格函数 sinc(t)，而 $\mathrm{Sa}(t)=\dfrac{\sin t}{t}=\mathrm{sinc}\left(\dfrac{t}{\pi}\right)$。

$f(t)=\mathrm{e}^{-0.1t}\sin\left(\dfrac{\pi}{4}t\right)u(t)$和 $f(t)=\mathrm{Sa}(t)$的 MATLAB 程序为

```
t=-8*pi:0.01:8*pi;
f1=exp(-0.1*t).*sin(pi/4*t).*u(t);
f2=exp(-0.1*t).*u(t);f3=-exp(-0.1*t).*u(t);   %f2 和 f3 是包洛线
f4=sinc(t/pi);   %或用 f4=sin(t)./t
```

```
subplot(1,2,1),plot(t,f1,'b-',t,f2,'b--',t,f3,'b--');
axis([0,8*pi,-1.1,1.1]),title('e^{-0.1t}sin(\pit/4)u(t)'),grid
subplot(1,2,2),plot(t,f4);
axis([-8*pi,8*pi,-0.3,1.1]),title('Sa(t)'),grid
```

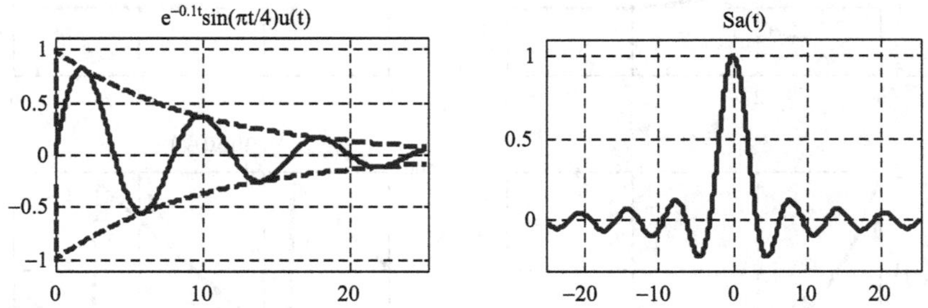

图 8.1-4 指数衰减正弦信号和抽样信号

4. 符号函数、门函数和三角脉冲信号(图 8.1-5)

符号函数的 MATLAB 内部函数是 sign.m，门函数的内部函数是 rectpuls.m，三角脉冲信号的内部函数是 tripuls.m，调用格式为

y=sign(t) 产生符号函数信号

y=rectpuls(t,w) 产生高度为1，宽度为 w 的门函数

y=tripuls(t,w) 产生高度为1，宽度为 w 的三角脉冲

y=tripuls(t,w,s) 产生高度为1，宽度为 w 的三角脉冲，$-1<s<1$。

s=0 为对称三角脉冲；s=−1 为三角形的顶点在左边的脉冲。

$f(t)=\text{sgn}(t)$、$f(t)=g_2(t)$和 $f(t)=\Delta_4(t)$的 MATLAB 程序为

```
t=-3:0.01:3;
f1=sign(t);
f2=rectpuls(t,2);
f3=tripuls(t,4);
subplot(1,3,1),stairs(t,f1),title('sgn(t)'),xlabel('t'),axis([-3,3,-1.2,1.2]),grid
subplot(1,3,2),stairs(t,f2),title('g2(t)'),xlabel('t'),axis([-3,3,-0.1,1.1]),grid
subplot(1,3,3),plot(t,f3),title('Δ4(t)');xlabel('t'),axis([-3,3,-0.1,1.1]),grid
```

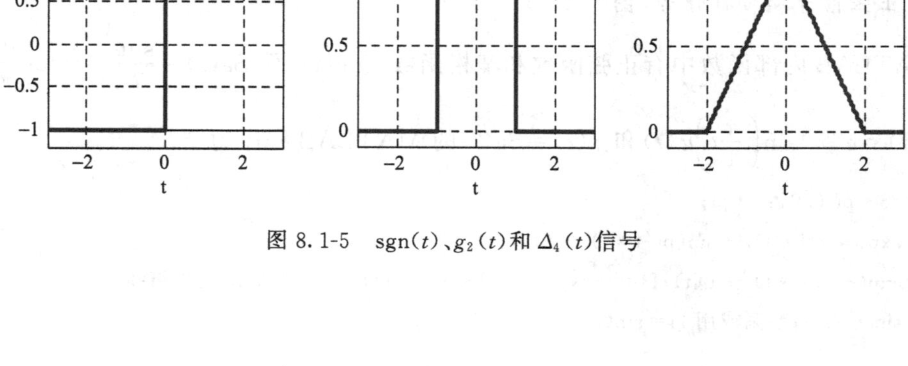

图 8.1-5 $\text{sgn}(t)$、$g_2(t)$和 $\Delta_4(t)$信号

5. 周期方波、周期锯齿波和周期三角波

MATLAB 内部函数中，square. m 用于产生周期方波，sawtooth. m 用于产生周期锯齿波和周期三角波。调用格式为

y=square(w1 * t)　产生频率为 w1(周期 T1=2π/w1)占空比 50％的周期方波

y=square(w1 * t,DUTY)　产生频率为 w1，占空比 DUTY=τ/T1 * 100

y=sawtooth(w1 * t)　产生频率为 w1 正斜率的周期锯齿波

y=sawtooth(w1 * t,WIDTH)　当 WIDTH=0.5 时产生周期三角波；当 WIDTH=0 时产生负斜率的周期锯齿波

以下 MATLAB 程序的结果如图 8.1-6 所示。

```
t=-4:0.01:4;
f1=square(2 * pi/2 * t);  %产生周期为 2 占空比 50％的周期方波
f2=square(2 * pi/2 * t,20);  %产生周期为 2 占空比 20％的周期方波
f3=sawtooth(2 * pi/2 * t);  %产生周期为 2 正斜率的周期锯齿波
f4=sawtooth(2 * pi/2 * t,0.5);  %产生周期为 2 的周期三角波
subplot(2,2,1),plot(t,f1),title('周期为 2 占空比 50％的周期方波'),axis([-4,4,-1.2,1.2]),grid
subplot(2,2,2),plot(t,f2),title('周期为 2 占空比 20％的周期方波'),axis([-4,4,-1.2,1.2]),grid
subplot(2,2,3),plot(t,f3),title('周期为 2 正斜率的周期锯齿波'),axis([-4,4,-1.2,1.2]),grid
subplot(2,2,4),plot(t,f4),title('周期为 2 的周期三角波'),axis([-4,4,-1.2,1.2]),grid
```

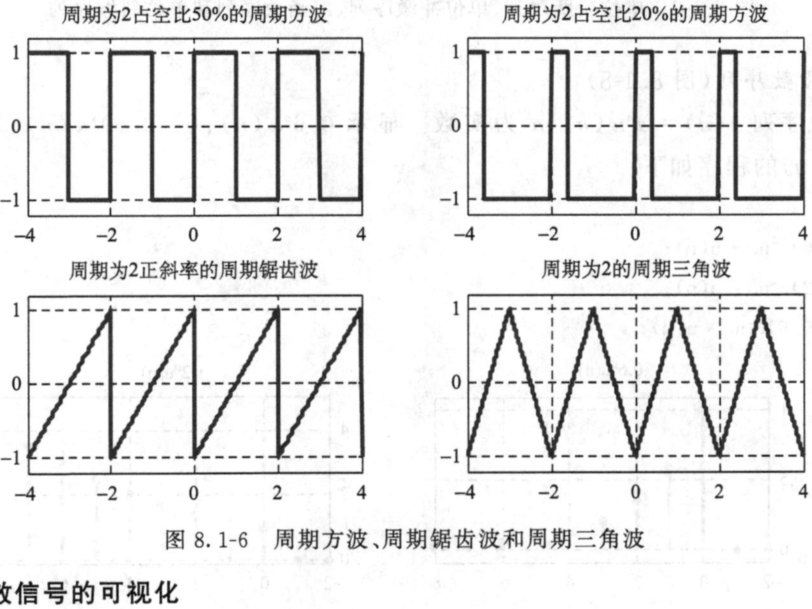

图 8.1-6　周期方波、周期锯齿波和周期三角波

8.1.2　离散信号的可视化

MATLAB 中离散信号是用 stem(n,x,'.')命令来绘图的。

1. 单位阶跃、单位冲激、门函数序列和单位斜坡序列(图 8.1-7)

MATLAB 显示单位阶跃、单位冲激、门函数序列 $R_4(n)$和单位斜坡序列的程序为

```
n=-4:6;
x1=u(n);  %单位阶跃序列
x2=[(n)==0];  %单位冲激序列或 x2=u(n)-u(n-1)
x3=u(n)-u(n-4);  %门函数序列,N=4
```

```
x4=n. * u(n);  %单位斜坡序列
subplot(2,2,1),stem(n,x1,'.'),axis([-2,6,-0.1,1.1]),title('u(n)'),grid
subplot(2,2,2),stem(n,x2,'.'),axis([-4,4,-0.1,1.1]),title('δ(n)'),grid
subplot(2,2,3),stem(n,x3,'.'),axis([-3,6,-0.1,1.1]),title('R4(n)'),grid
subplot(2,2,4),stem(n,x4,'.'),axis([-2,6,-0.3,6.3]),title('nu(n)'),grid
```

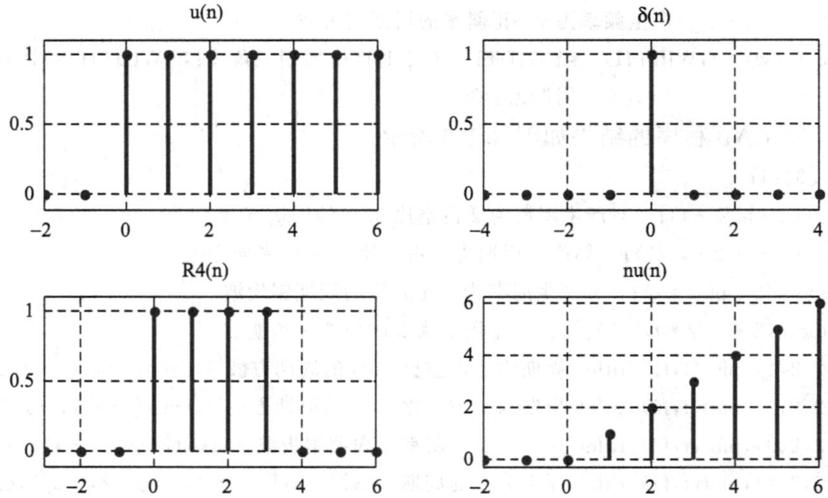

图 8.1-7 单位阶跃序列、单位冲激序列、门函数序列和单位斜坡序列

2. 实指数序列(图 8.1-8)

实指数序列 $x(n)=a^n u(n)$，a 为实数。显示 $0.6^n u(n)$、$(-0.6)^n u(n)$、$1.2^n u(n)$ 和 $(-1.2)^n u(n)$ 的程序如下

```
n=-2:8;
x1=(0.6).^n. * u(n);
x2=(1.2).^n. * u(n);
x3=(-0.6).^n. * u(n);
```

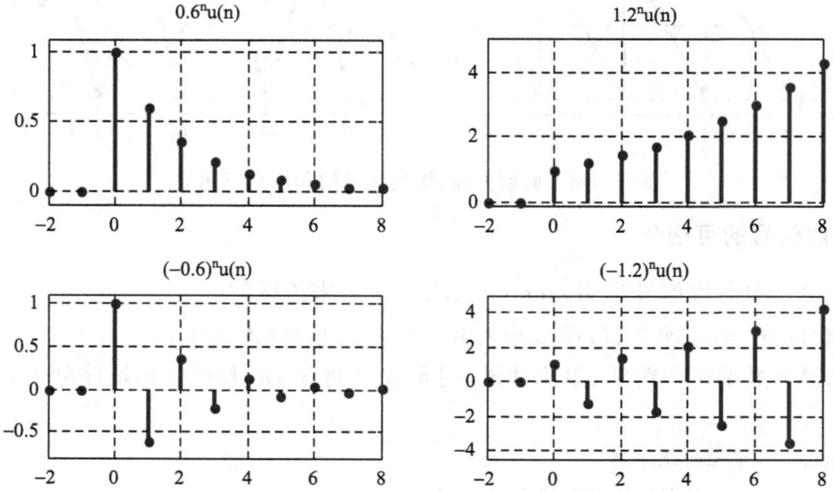

图 8.1-8 实指数序列

```
x4=(-1.2).^n. * u(n);
subplot(2,2,1),stem(n,x1,'.'),axis([-2,8,-0.1,1.1]),title('0.6^nu (n)'),grid
subplot(2,2,2),stem(n,x2,'.'),axis([-2,8,-0.1,5]),title('1.2^nu (n)'),grid
subplot(2,2,3),stem(n,x3,'.'),axis([-2,8,-0.8,1.1]),title('(-0.6)^nu (n)'),grid
subplot(2,2,4),stem(n,x4,'.'),axis([-2,8,-4.5,5]),title('(-1.2)^nu (n)'),grid
```

3. 正弦序列(图 8.1-9)

显示 $x(n)=\sin\left(\frac{\pi}{6}n\right), x(n)=\sin\left(\frac{\pi}{6}n-\frac{\pi}{3}\right)$ 的程序为

```
n=-12:12;
x1=sin(pi/6 * n);
x2=sin(pi/6 * n-pi/3);
subplot(1,2,1),stem(n,x1,'.'),axis([-12,12,-1.1,1.1]),title('sin(\pin /6)'),grid
subplot(1,2,2),stem(n,x2,'.'),axis([-12,12,-1.1,1.1]),title('sin(\pin/6-\pi/3)'),grid
```

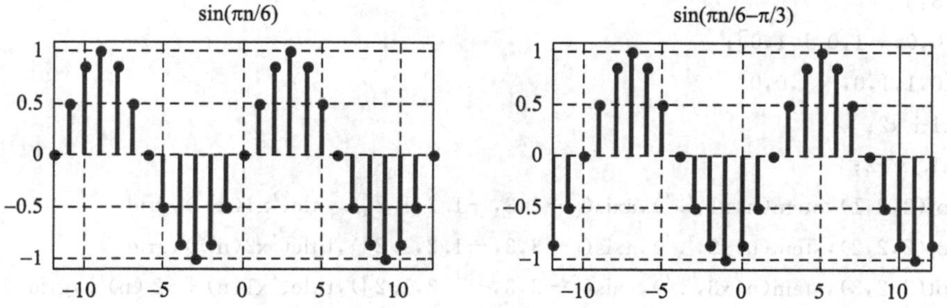

图 8.1-9 正弦序列

8.1.3 信号的基本运算

信号的基本运算包括信号的相加、相乘、反褶、尺度变换、时移,连续信号的微积分,离散信号的差分和累加。

1. 信号的相加和相乘

用向量表示法进行信号的相加运算和相乘运算比较方便。

MATLAB 的相加命令为

f=f1+f2,x=x1+x2

相乘命令为

f=f1. * f2,x=x1. * x2

例 8.1-1 用 MATLAB 实现图 1.4-1 的波形。

解 MATLAB 程序为

```
t=-1.2:0.01:1.2;
f1=pi * t;
f2=sign(t);
f3=f1. * f2;
subplot(1,3,1),plot(t,f1),axis([-1.2,1.2,-4,4]),title('\pit'),xlabel('t'),grid
subplot(1,3,2),stairs(t,f2),axis([-1.2,1.2,-1.2,1.2]),title('sgn(t)'),xlabel('t'),grid
subplot(1,3,3),plot(t,f3),axis([-1.2,1.2,-0.2,4]),title('\pitsgn(t))'),xlabel('t'),grid
```

程序结果如图 8.1-10 所示。

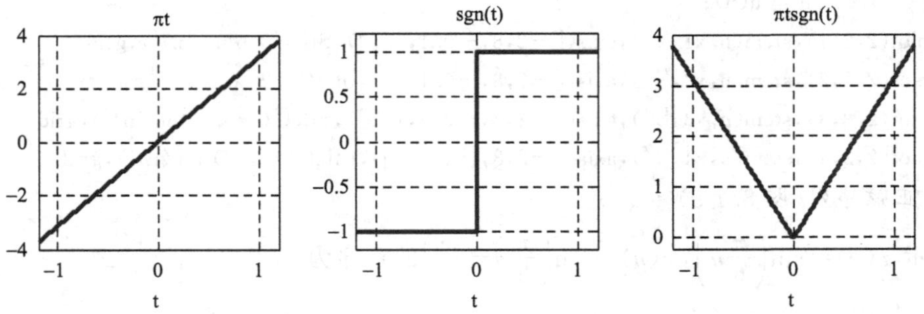

图 8.1-10 $f(t)=\pi t\mathrm{sgn}(t)$的产生过程

例 8.1-2 用 MATLAB 实现图 1.4-2 所示离散信号的相加和相乘运算。

解 MATLAB 程序为

```
n=-3:3;
x1=[0,0,-1,0,1,1,0];
x2=[0,1,1,0,-1,0,0];
x3=x1+x2;
x4=x1.*x2;
subplot(2,2,1),stem(n,x1,'.'),axis([-3,3,-1.2,1.2]),title('x1(n)'),grid
subplot(2,2,2),stem(n,x2,'.'),axis([-3,3,-1.2,1.2]),title('x2(n)'),grid
subplot(2,2,3),stem(n,x3,'.'),axis([-3,3,-1.2,1.2]),title('x1(n)+x2 (n)'),grid
subplot(2,2,4),stem(n,x4,'.'),axis([-3,3,-1.2,1.2]),title('x1(n)×x2 (n)'),grid
```

程序结果如图 8.1-11 所示。

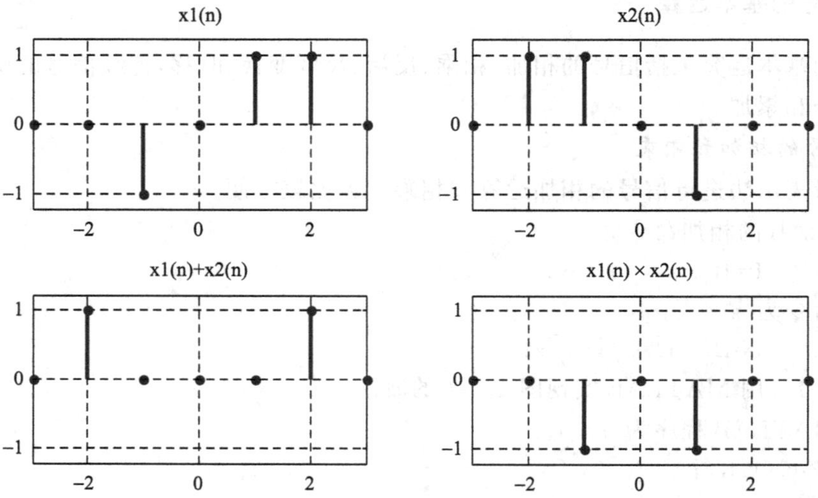

图 8.1-11 离散信号的相加和相乘运算

2. *信号的反褶*

信号用向量表示法表示,MATLAB 反褶命令为

```
y=fliplr(f)
y=fliplr(x)
```

要注意的是,横轴的正负数值要一样。

例 8.1-3　用 MATLAB 画出例 1.7-2 所示信号的偶分量和奇分量。

解　MATLAB 程序为

```
t=-3:0.016:3;
f=(1-t).*(u(t)-u(t-2));   %f(t)的向量表示
f1=fliplr(f);  %得到 f(-t)
fe=0.5*(f+f1);fo=0.5*(f-f1);   %求 f(t)的偶分量和奇分量
n=-4:4;
x=[0,0,0,0,0,1,1,-1,0];   %x(n)的向量表示
x1=fliplr(x);   %得到 x(-n)
xe=0.5*(x+x1);xo=0.5*(x-x1);   %求 x(n)的偶分量和奇分量
subplot(4,2,1),plot(t,f),axis([-3,3,-1.1,1.1]),title('f(t)'),grid
subplot(4,2,3),plot(t,f1),axis([-3,3,-1.1,1.1]),title('f(-t)'),grid
subplot(4,2,5),plot(t,fe),axis([-3,3,-0.7,0.7]),title('fe(t)'),grid
subplot(4,2,7),plot(t,fo),axis([-3,3,-0.7,0.7]),title('fo(t)'),grid
subplot(4,2,2),stem(n,x,'.'),axis([-4,4,-1.2,1.2]),title('x(n)'),grid
subplot(4,2,4),stem(n,x1,'.'),axis([-4,4,-1.2,1.2]),title('x(-n)'),grid
subplot(4,2,6),stem(n,xe,'.'),axis([-4,4,-0.7,0.7]),title('xe(n)'),grid
subplot(4,2,8),stem(n,xo,'.'),axis([-4,4,-0.7,0.7]),title('xo (n)'),grid
```

程序结果如图 8.1-12 所示。

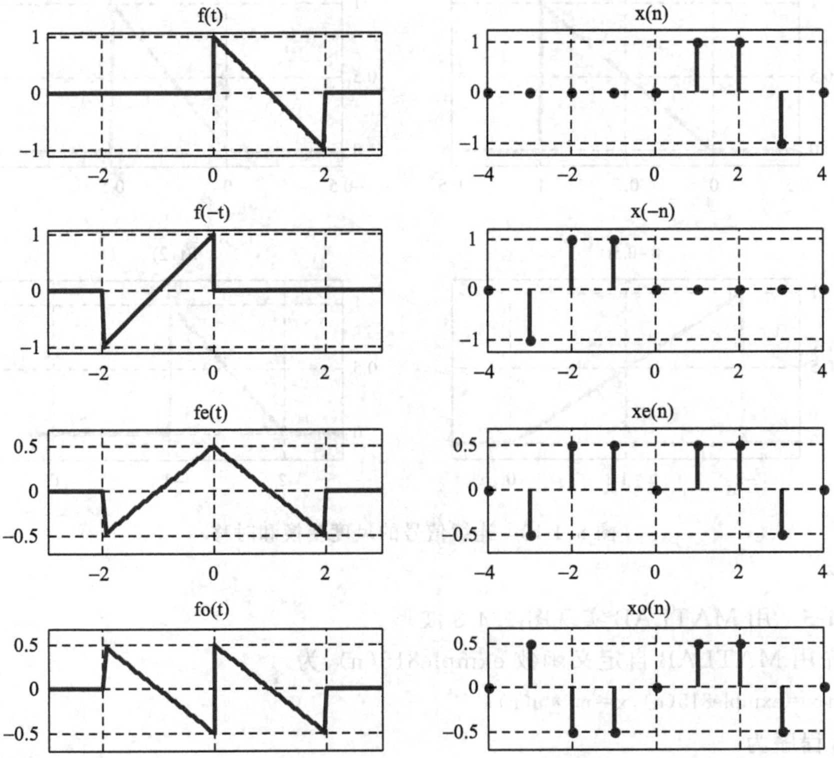

图 8.1-12　信号的反褶及信号的奇偶分量

3. 尺度变换和时移

连续信号用符号表示法表示，尺度变换和时移的命令为

```
y=subs(f,t,a*t)    %由 f(t)实现 f(at)
y=subs(f,t,t-t0)   %由 f(t)实现 f(t-t0)
```

对离散信号不适用。

例 8.1-4 如图 1.4-5 所示 $f(t)$波形，用 MATLAB 画出 $f(2t)$、$f(-0.5t)$及 $f(t+2)$的波形。

解 MATLAB 程序为

```
syms t;
f1=sym('(t*(u(t)-u(t-1)))');
f2=subs(f1,t,2*t);
f3=subs(f1,t,(-0.5)*t);
f4=subs(f1,t,t+2);
subplot(2,2,1),ezplot(f1,[-0.5,1.5]),axis([-0.5,1.5,-0.1,1.1]),title('f(t)'),grid
subplot(2,2,2),ezplot(f2,[-0.5,1]),axis([-0.5,1,-0.1,1.1]),title('f (2t)'),grid
subplot(2,2,3),ezplot(f3,[-2.5,0.5]),axis([-2.5,0.5,-0.1,1.1]),title('f(-0.5t)'),grid
subplot(2,2,4),ezplot(f4,[-2.5,0.5]),axis([-2.5,0.5,-0.2,1.2]),title('f(t+2)'),grid
```

结果如图 8.1-20 所示。

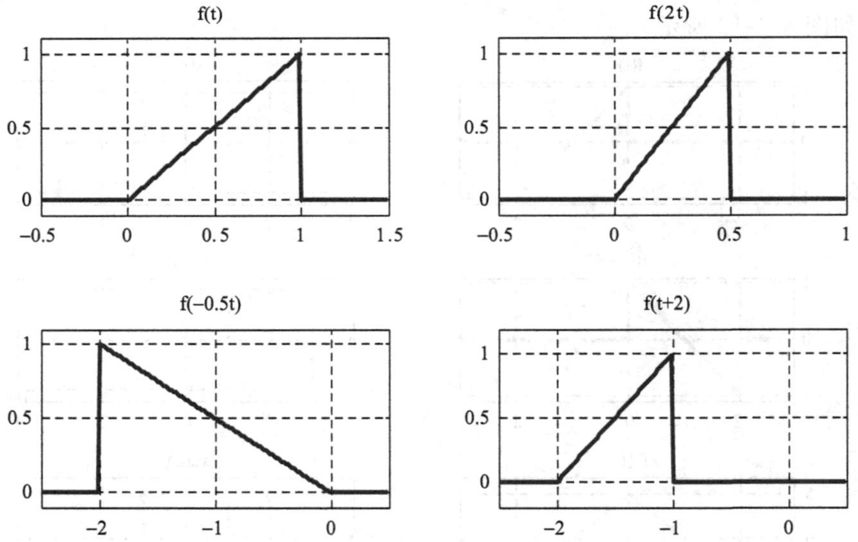

图 8.1-13 连续信号的尺度变换和时移

例 8.1-5 用 MATLAB 实现图 1.4-8 波形。

解 先用 MATLAB 自定义函数 exmple815(n)，为

```
function x=exmple815(n),x=n.*u(n);
```

MATLAB 程序为

```
n=-3:5;
x=exmple815(n);
```

```
subplot(1,3,1),stem(n,x,'.'),axis([-1,3,-0.1,3.2]),title('x(n)'),grid
x1=exmple815(n+2);
subplot(1,3,2),stem(n,x1,'.'),axis([-3,1,-0.1,3.2]),title('x(n+2)'),grid
x2=exmple815(n-2);
subplot(1,3,3),stem(n,x2,'.'),axis([1,5,-0.1,3.2]),title('x(n-2)'),grid
```

程序结果如图 8.1-14 所示。

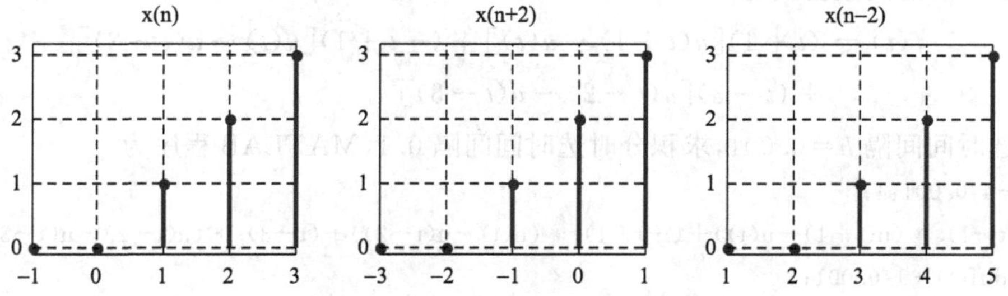

图 8.1-14 离散信号的时移

例 8.1-6 在例 1.4-1 中，已知 $f(t)$ 的波形，画出 $f(-2t+3)$ 的波形。

解 由波形可得到 $f(t)$ 的表达式为 $f(t)=u(t+1)-u(t)+(1-t)[u(t)-u(t-1)]$，为实现 $f(-2t+3)$，首先用 MATLAB 自定义函数 exmple816(t)，如下

```
function f=exmple816(t),f=u(t+1)-u(t)+(1-t).*(u(t)-u(t-1));
```

再编写 MATLAB 程序，绘制的波形如图 8.1-15 所示。

```
t=-2:0.001:3;
f1=exmple816(t);
f2=exmple816(-2*t+3);
subplot(1,2,1),plot(t,f1),axis([-2,2,-0.1,1.1]),title('f(t)'),grid
subplot(1,2,2),plot(t,f2),axis([0,3,-0.1,1.1]),title('f(-2t+3)'),grid
```

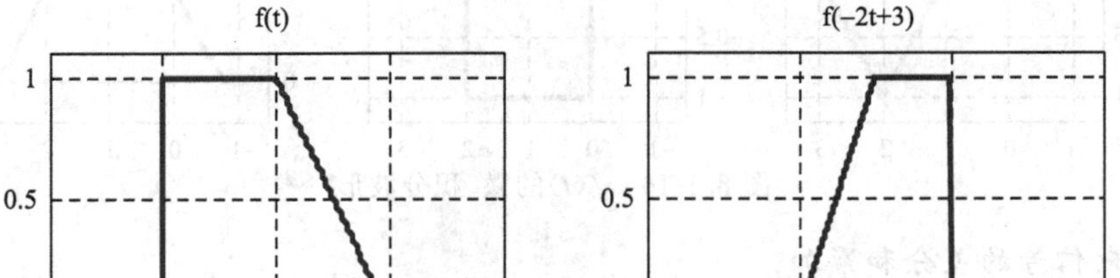

图 8.1-15 由 $f(t)$ 画出 $f(-2t+3)$

4. 连续信号的微、积分运算

连续信号的微分 $y(t)=f'(t)$，由于 $f'(t)\big|_{t=k}\approx\dfrac{f(k)-f(k-1)}{h}$，$f(k)$ 是第 k 点的函数值，$f(k-1)$ 是第 $k-1$ 点的函数值，第 k 点和第 $k-1$ 点的时间间隔为 h，当时间间隔 h 足够小时微分的精度就高，在 MATLAB 中，用函数 diff 来计算 $f(k)-f(k-1)$。MATLAB 的

微分命令为

y=diff(f)/h

连续信号的定积分 $y=\int_a^b f(t)\mathrm{d}t$，MATLAB 的命令为

y=quad('f',a,b)

例 8.1-7 画出图 8.1-16 所示 $f(t)$的微、积分波形。

解 $f(t)$的函数公式为

$$f(t)=(t+1)[u(t+1)-u(t)]+(-t+1)[u(t)-u(t-2)]+(t-3)[u(t-2)-u(t-3)]$$

求导时选时间间隔 $h=0.001$，求积分时选时间间隔 0.1，MATLAB 程序为

```
t=-4:0.001:4;
f=(t+1).*(u(t+1)-u(t))+(-t+1).*(u(t)-u(t-2))+(t-3).*(u(t-2)-u(t-3));
f1=diff(f)*1/0.001;
subplot(1,3,1),plot(t,f),axis([-1.5,3.5,-1.2,1.2]),title('f(t)'),grid
subplot(1,3,2),plot(t(1:length(t)-1),f1),axis([-1.5,3.5,-1.2,1.2]),title('f(t)的一次导
  数'),grid
t=-4:0.1:4;
F='(t+1).*(u(t+1)-u(t))+(-t+1).*(u(t)-u(t-2))+(t-3).*(u(t-2)-u(t-3))';
for x=1:length(t)
   f2(x)=quad(F,-4,t(x));
end
subplot(1,3,3),plot(t,f2),axis([-1.5,3.5,-0.2,1.2]),title('f(t)的一次积分'),grid
```

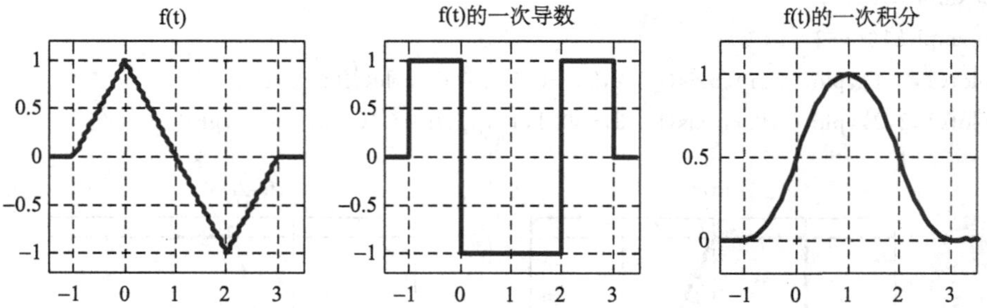

图 8.1-16 $f(t)$的微、积分波形

5. 离散信号的差分和累加

离散信号的后向差分，MATLAB 命令为

```
y=diff(x)    %x的一阶后向差分
y=diff(x,2)  %x的二阶后向差分
```

离散信号的累加的 MATLAB 命令为

```
y=cumsum(x)  %x的一次累加
```

注意，一阶差分中 y 的起点是 x 起点加 1，终点不变；累加中 y 的起点和终点与 x 相同。

例 8.1-8 画出图 1.4-13 所示 $x(n)$的一阶后向差分、二阶后向差分和一次累加的波形。

解 MATLAB程序为

```
n11=-4;n12=5;
n=n11:n12;
x=[0,0,0,-1,1,2,2,-1,0,0];
y1=diff(x);
n1=n11+1:n12;
subplot(2,2,1),stem(n,x,'.'),axis([-4,5,-1.2,2.2]),title('x(n)'),grid
subplot(2,2,2),stem(n1,y1,'.'),axis([-3,5,-3.2,2.2]),title('一阶后向差分'),grid
y2=diff(x,2);  %或 y2=diff(y1)
n2=n11+1+1:n12;
subplot(2,2,3),stem(n2,y2,'.'),axis([-2,5,-4.2,4.2]),title('二阶后向差分'),grid
y3=cumsum(x);
subplot(2,2,4),stem(n,y3,'.'),axis([-4,5,-4.2,4.2]),title('一次累加'),grid
```

程序结果如图 8.1-17 所示。

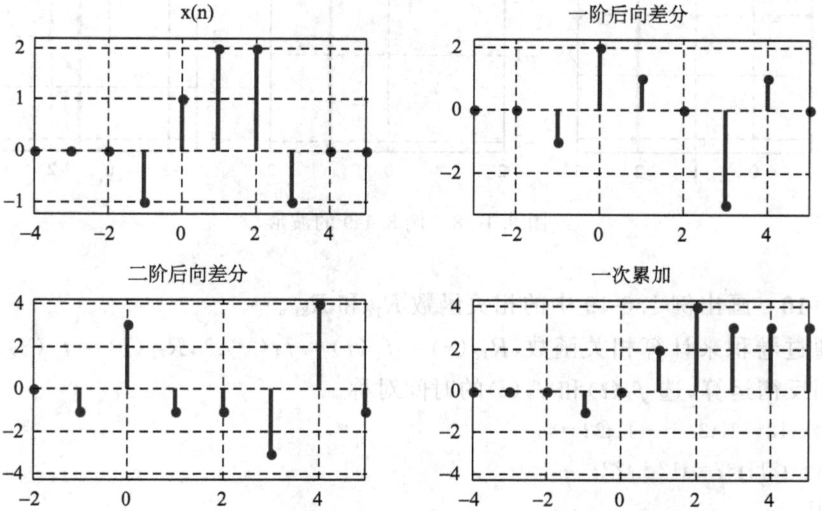

图 8.1-17 离散信号的差分和累加

8.1.4 信号的卷积运算

连续信号的卷积 $y(t)=f_1(t)*f_2(t)$,MATLAB 命令是

```
y=conv(f1,f2)*p  %p是时间间隔
```

离散信号的卷积为 $y(n)=x_1(n)*x_2(n)$,MATLAB 命令是

```
y=conv(x1,x2)
```

注意,在设定函数的起点和终点时,卷积后的函数的起点是两被卷积函数的起点之和,卷积后的函数的终点是两被卷积函数的终点之和,时间间隔一样。

例 8.1-9 画出$[\delta(n)-\delta(n-2)]*[\delta(n+1)+\delta(n)-2\delta(n-1)]$的波形。

解 $x_1(n)$的起点是 n11,终点是 n12;$x_2(n)$的起点是 n21,终点是 n22;卷积后的函数$x(n)$的起点是 n31=n11+n21,终点是 n32=n12+n22。程序如下,结果如图 8.1-18 所示。

```
n11=-1;n12=3;n21=-2;n22=2;n31=n11+n21;n32=n12+n22;
n1=n11:n12;
x1=[0,1,0,-1,0];
n2=n21:n22;
x2=[0,1,1,-2,0];
subplot(1,3,1),stem(n1,x1,'.'),title('x1(n)'),axis([-1,3,-1.1,1.1]),grid
subplot(1,3,2),stem(n2,x2,'.'),title('x2(n)'),axis([-2,2,-2.1,1.1]),grid
x=conv(x1,x2);
n3=n31:n32;
subplot(1,3,3),stem(n3,x,'.'),title('x1(n) * x2(n)'),axis([-3,5,-3.1,2.1]),grid
```

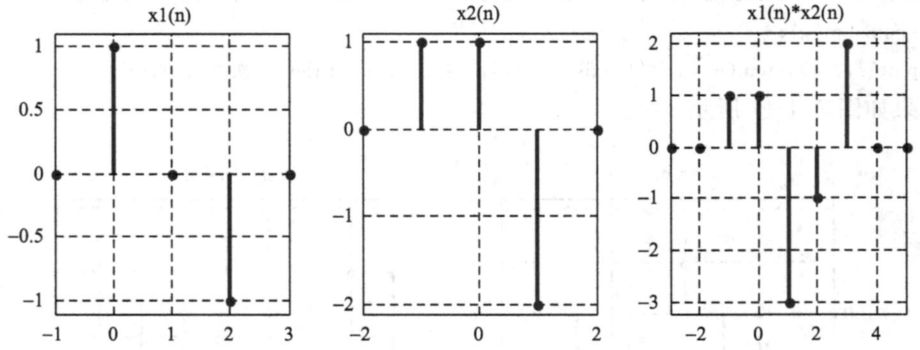

图 8.1-18　例 8.1-9 的波形

例 8.1-10　画出例 1.6-19 中的相关函数 R_{12} 和 R_{21}。

解　通过卷积来计算相关函数，$R_{12}(\tau)=f_1(\tau)*f_2(-\tau)$，$R_{21}(\tau)=f_2(\tau)*f_1(-\tau)$。由于要使用反褶运算，选 $f_1(t)$ 和 $f_2(t)$ 的时间对称。

```
t11=-2;t12=2;t21=-4;t22=4;
t31=t11+t21;t32=t12+t22;
p=0.001;
t1=t11:p:t12;
f1=u(t1)-u(t1-1);
t2=t21:p:t22;
f2=exp(-t2).*u(t2);
f3=fliplr(f1);
f4=fliplr(f2);
t3=t31:p:t32;
R12=conv(f1,f4)*p;
R21=conv(f2,f3)*p;
subplot(2,2,1),plot(t1,f1),title('f1(t)'),axis([-1,2,-0.1,1.2]),grid
subplot(2,2,2),plot(t2,f2),title('f2(t)'),axis([-1,4,-0.1,1.2]),grid
subplot(2,2,3),plot(t3,R12),title('R12'),axis([-5,2,-0.1,0.8]),grid
subplot(2,2,4),plot(t3,R21),title('R21'),axis([-2,5,-0.1,0.8]),grid
```

程序结果如图 8.1-19 所示。

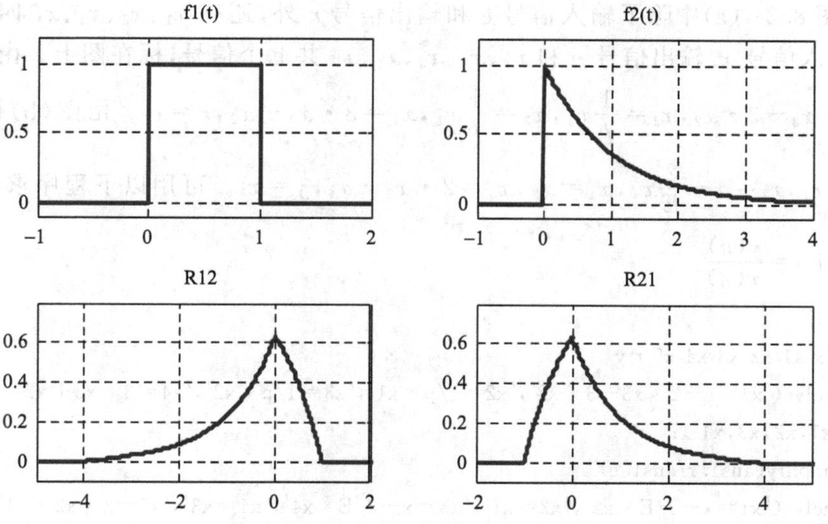

图 8.1-19　相关函数的计算

8.2　LTI 系统的时域分析

时域分析中，MATLAB 建立系统模型有两种方法：一是直接输入方程；二是由方程两边的系数建立系统模型(要使用 MATLAB 中的 tf 函数)。

如$\frac{d^2}{dt^2}r(t)+3\frac{d}{dt}r(t)+2r(t)=2\frac{d}{dt}e(t)+e(t)$，可输入

```
D2r+3 * Dr+2 * r=2 * De+e    %D2r 代表 r″,Dr 代表 r′,De 代表 e′
```

或

```
a=[1,3,2];b=[2,1];sys=tf(b,a)
```

8.2.1　信号流图求传输算子(传递函数)

信号流程图由节点和支路组成，节点代表各信号，反映了各节点信号的关系，而输出信号与输入信号之比就是传输算子(或传递函数)。我们可很方便地列得各节点信号的关系，用 solve 命令求解这些方程得到传输算子(或传递函数)。

有多个方程多个函数的情况，必须使用取结构元数的方法取出输出与输入，用 simplify 函数进行化简。

例 8.2-1　求图 8.2-1 所示系统的传输算子。

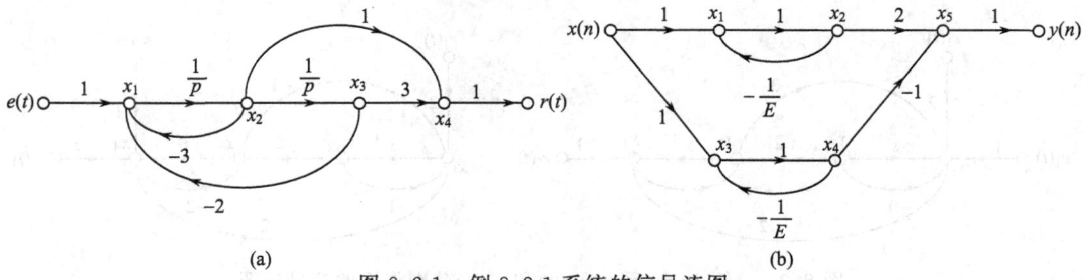

图 8.2-1　例 8.2-1 系统的信号流图

解 图 8.2-1(a)中除了输入信号 e 和输出信号 r 外，还有 x_1、x_2、x_3、x_4 四个信号，图(b)中有输入信号 x、输出信号 y 和 x_1、x_2、x_3、x_4、x_5 共七个信号，标在图上。由图(a)得到 $x_1=e-2\cdot x_3-3\cdot x_2$，$x_2=\frac{1}{p}x_1$，$x_3=\frac{1}{p}x_2$，$x_4=3\cdot x_3+x_2$，$r=x_4$。由图(b)得 $x_1=x-\frac{1}{E}x_2$，$x_2=x_1$，$x_3=x-\frac{2}{E}x_4$，$x_4=x_3$，$x_5=2\cdot x_2-x_4$，$y=x_5$。可用以下程序求得 $H(p)=\frac{r(t)}{e(t)}$和 $H(E)=\frac{y(n)}{x(n)}$。

```
syms p E
syms e x x1 x2 x3 x4 x5 r y
ans1=solve('x1=e-2*x3-3*x2','x2=1/p*x1','x3=1/p*x2','x4=3*x3+x2','r=x4','e,r,
    x1,x2,x3,x4');
H1=simplify(ans1.r/ans1.e)
ans2=solve('x1=x-1/E*x2','x2=x1','x3=x-2/E*x4','x4=x3','x5=2*x2-x4','y=x5','x,
    y,x1,x2,x3,x4,x5');
H2=simplify(ans2.y/ans2.x)
```

程序运行结果为

```
H1=(p+3)/(p^2+2+3*p)
H2=E/(E+1)/(E+2)*(E+3)
```

即 $H(p)=\frac{p+3}{p^2+3p+2}$，$H(E)=\frac{E(E+3)}{(E+1)(E+2)}$。

例 8.2-2 求图 8.2-2 所示系统的 $H_{11}(s)=\frac{R_1(s)}{E_1(s)}$，$H_{12}(s)=\frac{R_1(s)}{E_2(s)}$，$H_{21}(s)=\frac{R_2(s)}{E_1(s)}$，$H_{22}(s)=\frac{R_2(s)}{E_2(s)}$。

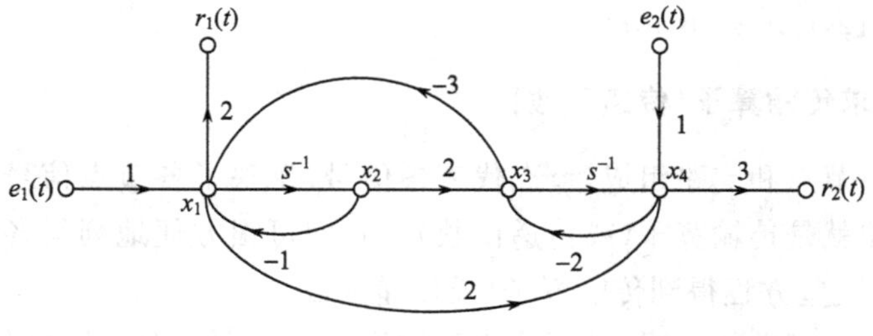

图 8.2-2 例 8.2-2 系统的信号流图

解 将 e_1 和 e_2 分别加入，把图 8.2-2 变成图 8.2-3。

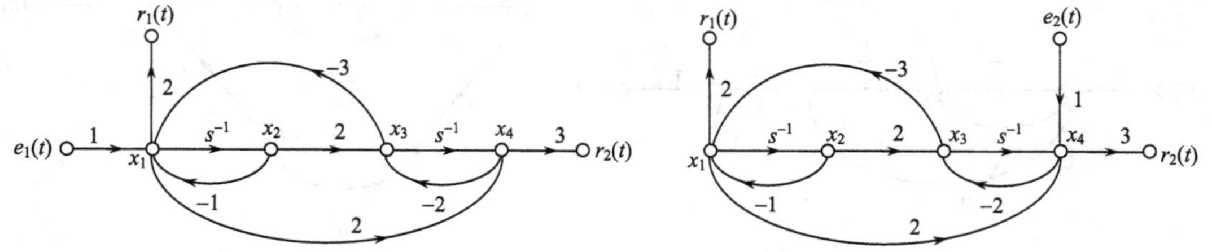

图 8.2-3 例 8.2-2 系统 $e_1(t)$和 $e_2(t)$分别作用的信号流图

MATLAB 程序为

```
syms s
syms e1 e2 r1 r2 x1 x2 x3 x4
ans1=solve('x1=e1-x2-3*x3','x2=1/s*x1','x3=2*x2-2*x4','x4=1/s*x3+2*x1','r1=
    2*x1','r2=3*x4','e1,r1,r2,x1,x2,x3,x4');
H11=simplify(ans1.r1/ans1.e1)
H21=simplify(ans1.r2/ans1.e1)
ans2=solve('x1=-x2-3*x3','x2=1/s*x1','x3=2*x2-2*x4','x4=1/s*x3+2*x1+e2',
    'r1=2*x1','r2=3*x4','e2,r1,r2,x1,x2,x3,x4');
H12=simplify(ans2.r1/ans2.e2)
H22=simplify(ans2.r2/ans2.e2)
```

结果为

```
H11=-2*s/(11*s^2-9*s-2)*(s+2)
H21=-6*(1+s^2)/(11*s^2-9*s-2)
H12=-12*s^2/(11*s^2-9*s-2)
H22=-3*(s+7)*s/(11*s^2-9*s-2)
```

即

$$H_{11}(s)=\frac{2s^2+4s}{-11s^2+9s+2},\quad H_{21}(s)=\frac{6s^2+6}{-11s^2+9s+2},$$

$$H_{12}(s)=\frac{12s^2}{-11s^2+9s+2},\quad H_{22}(s)=\frac{3s^2+21s}{-11s^2+9s+2}$$

8.2.2 连续时间系统响应的求解

连续系统的零输入响应、零状态响应和完全响应可使用 MATLAB 符号工具箱中的 dsolve 函数或 lsim 函数进行求解，前者可得到函数解，后者可得到数值解。

1. 函数解的计算

为得到函数解，要直接输入方程以建立系统模型，使用 dsolve 函数求解。dsolve 函数的调用格式为

```
ans=dsolve('eq1','eq2',…,'cond1','cond2',…')
ans=dsolve('eq1,eq2,…','cond1,cond2,…')
```

其中 eq1、eq2、…表示微分方程，cond1、cond2、…表示条件。

由于 MATLAB 无法定义 0_- 和 0_+ 时刻，意味着无法判断起始条件和初始条件，这要求使用者必须正确输入 cond1、cond2、…

(1) 求解零输入响应时，使用 0_+ 时刻条件。

(2) 求解零状态响应时，使用 r(−0.01)=0，Dr(−0.01)=0，…为条件。

(3) 求完全响应时，使用 r(−0.001)=$r(0_-)$，Dr(−0.001)=$r'(0_-)$，…为条件。

例 8.2-3 求例 3.6-2 的零输入响应、零状态响应和完全响应，并求冲激响应和阶跃响应[系统的方程为$\frac{\mathrm{d}^2}{\mathrm{d}t^2}r(t)+3\frac{\mathrm{d}}{\mathrm{d}t}r(t)+2r(t)=2\frac{\mathrm{d}}{\mathrm{d}t}e(t)+e(t)$，输入 $e(t)=\mathrm{e}^{-t}u(t)$，起始条件 $r(0_-)=1$、$r'(0_-)=0$，此题的输入是因果信号]。

解 (1) 求零输入响应方程为 $r''(t)+3r'(t)+2r(t)=0$，条件为 $r(0_+)=1$，$r'(0_+)=0$。

(2) 求零状态响应方程为 $r''(t)+3r'(t)+2r(t)=2e'(t)+e(t)$，输入 $e(t)=e^{-t}u(t)$，条件为 $r(-0.01)=0, r'(-0.01)=0$。

(3) 求完全响应方程为 $r''(t)+3r'(t)+2r(t)=2e'(t)+e(t)$，输入 $e(t)=e^{-t}u(t)$，条件为 $r(-0.001)=1, r'(-0.001)=0$。

(4) 冲激响应和阶跃响应都是零状态响应，MATLAB 中提供了冲激函数 Dirac(t)和阶跃函数 Heaviside(t)。

MATLAB 程序如下

```
ans=dsolve('D2r+3*Dr+2*r=0','r(0)=1,Dr(0)=0');
rzi=simplify(ans)
ans=dsolve('D2r+3*Dr+2*r=2*De+e','e=exp(-t)*Heaviside(t)','r(-0.01)=0,
    Dr(-0.01)=0');
rzs=simplify(ans.r)
ans=dsolve('D2r+3*Dr+2*r=2*De+e','e=exp(-t)*Heaviside(t)','r(-0.001)=1,
    Dr(-0.001)=0');
r=simplify(ans.r)
ans=dsolve('D2r+3*Dr+2*r=2*De+e','e=Dirac(t)','r(-0.01)=0,Dr(-0.01)=0');
h=simplify(ans.r)
ans=dsolve('D2r+3*Dr+2*r=2*De+e','e=Heaviside(t)','r(-0.01)=0,Dr(-0.01)=0');
g=simplify(ans.r)
```

结果为

```
rzi=2*exp(-t)-exp(-2*t)
rzs=-heaviside(t)*(exp(-t)*t+3*exp(-2*t)-3*exp(-t))
r=-exp(-t)*heaviside(t)*t-3*exp(-2*t)*heaviside(t)+3*exp(-t)*heaviside(t)-exp
   (-2*t-1/500)+2*exp(-t-1/1000)
h=-heaviside(t)*(exp(-t)-3*exp(-2*t))
g=1/2*heaviside(t)*(1+2*exp(-t)-3*exp(-2*t))
```

即

$$r_{zi}(t)=(2e^{-t}-e^{-2t})u(t),\quad r_{zs}(t)=(-te^{-t}-3e^{-2t}+3e^{-t})u(t)$$

$$r(t)=(-te^{-t}-3e^{-2t}+3e^{-t})u(t)+(-e^{-2t-\frac{1}{500}}+2e^{-t-\frac{1}{1000}})u(t)$$

$$\approx(-te^{-t}-4e^{-2t}+5e^{-t})u(t)$$

$$h(t)=(-e^{-t}+3e^{-2t})u(t),\quad g(t)=\left(\frac{1}{2}+e^{-t}-\frac{3}{2}e^{-2t}\right)u(t)$$

例 8.2-4 求例 3.4-2 系统的零输入响应、零状态响应和完全响应[系统方程为 $\frac{d^2}{dt^2}r(t)+7\frac{d}{dt}r(t)+10r(t)=\frac{d^2}{dt^2}e(t)+6\frac{d}{dt}e(t)+4e(t)$，起始状态 $r(0_-)=\frac{4}{5}$、$r'(0_-)=0$，激励 $e(t)=2u(-t)+4u(t)$，此题的输入是非因果信号]。

解 (1) 求零输入响应方程为 $r''(t)+7r'(t)+10r(t)=0$，条件为 $r(0_+)=-\frac{6}{5}$，$r'(0_+)=2$。

(2) 求零状态响应方程为 $r''(t)+7r'(t)+10r(t)=e''(t)+6e'(t)+4e(t)$、$e(t)=4u(t)$，条件为 $r(-0.01)=0, r'(-0.01)=0$。

(3) 求完全响应方程为 $r''(t)+7r'(t)+10r(t)=e''(t)+6e'(t)+4e(t)$、$e(t)=2u(-t)+4u(t)$，条件为 $r(-0.001)=\frac{4}{5}$，$r'(-0.001)=0$。

应用dsolve函数的MATLAB程序如下

```
ans=dsolve('D2r+7*Dr+10*r=0','r(0)=-6/5,Dr(0)=2');
rzi=simplify(ans)
ans=dsolve('D2r+7*Dr+10*r=D2e+6*De+4*e','e=4*Heaviside(t)','r(-0.01)=0,
     Dr(-0.01)=0');
rzs=simplify(ans.r)
ans=dsolve('D2r+7*Dr+10*r=D2e+6*De+4*e','e=2*Heaviside(-t)+4*Heaviside(t)',
'r(-0.001)=4/5,Dr(-0.001)=0');
r=simplify(ans.r)
```

返回结果为

```
rzi=2/15*exp(-5*t)-4/3*exp(-2*t)
rzs=4/15*heaviside(t)*(10*exp(-2*t)+6-exp(-5*t))
r=4/5-2/15*exp(-5*t)*heaviside(t)+4/3*exp(-2*t)*heaviside(t)+4/5*heaviside(t)
```

即

$$r_{zi}(t)=\left(-\frac{4}{3}e^{-2t}+\frac{2}{15}e^{-5t}\right)u(t),r_{zs}(t)=\left(\frac{8}{3}e^{-2t}-\frac{4}{15}e^{-5t}+\frac{8}{5}\right)u(t),$$

$$r(t)=\frac{4}{5}u(t)+\left(-\frac{2}{15}e^{-5t}+\frac{4}{5}+\frac{4}{3}e^{-2t}\right)u(t)=\left(\frac{4}{3}e^{-2t}-\frac{2}{15}e^{-5t}+\frac{8}{5}\right)u(t)$$

2. 数值解的计算

在MATLAB的控制系统工具箱中提供了一组用于求解LTI连续系统解的函数，主要有：

(1) 求零状态响应的lism函数，其调用格式为

```
lsim(sys,e,t)   %绘制激励信号及其响应的时域波形
rzs=lsim(sys,e,t)   %不绘制响应和激励的波形，是由参数r返回系统响应的数值解。
```

其中e是激励信号，t表示计算系统响应的时间抽样点的向量。

(2) 求冲激响应的impulse函数，调用格式为

```
impulse(sys,t)  %绘制冲激响应的时域波形
h=impulse(sys,t)   %不绘制冲激响应的时域波形
```

(3) 求阶跃响应的step函数。调用格式为

```
step(sys,t)   %绘制阶跃响应的时域波形
g=step(sys,t)   %不绘制阶跃响应的时域波形
```

例8.2-5 已知系统 $\frac{d^2}{dt^2}r(t)+3\frac{d}{dt}r(t)+2r(t)=\frac{d}{dt}e(t)+3e(t)$，激励信号 $e(t)=e^{-3t}u(t)$。用MATLAB绘出系统的冲激响应、阶跃响应、零状态响应及 $e(t)$ 的时域波形。

解 MATLAB程序如下，结果如图8.2-4所示。

```
a=[1,3,2];b=[1,3];   %输入系统
sys=tf(b,a);
t=0:0.01:5;
e=exp(-3*t);   %激励
h=impulse(sys,t);   %求冲激响应
```

```
g=step(sys,t);  %求阶跃响应
rzs=lsim(sys,e,t);  %求零状态响应
subplot(1,2,1),plot(t,h,'k-',t,g,'b-.'),axis([0,5,-0.1,1.6]),grid
legend('冲激响应','阶跃响应')
subplot(1,2,2),plot(t,e,'k-.',t,rzs,'b-'),axis([0,5,-0.1,1.2]),grid
legend('输入信号','零状态响应')
```

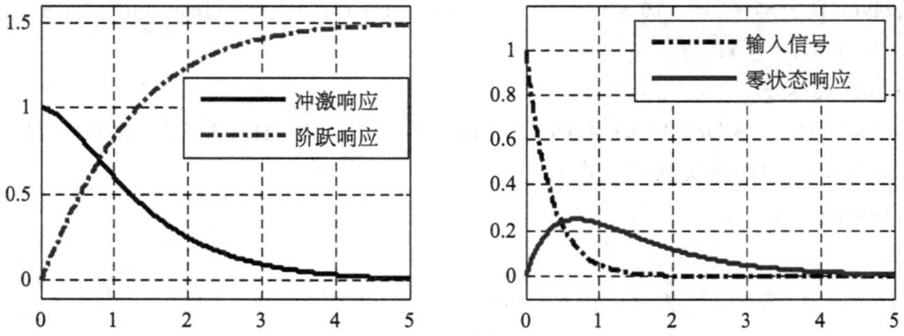

图 8.2-4　例 8.2-5 程序运行结果

8.2.3　离散时间系统响应的求解

离散系统通常采用迭代法进行求解,此外还利用 MATLAB 提供的 filter 函数和 impz 函数求解。

1. 迭代法求解

LTI 离散系统的输入输出方程表示为

$$y(n)+a_1y(n-1)+\cdots+a_{N-1}y(n-N+1)+a_Ny(n-N)$$
$$=b_0x(n)+b_1x(n-1)+\cdots+b_{M-1}x(n-M+1)+b_Mx(n-M)$$

上式变为

$$y(n)=[b_0x(n)+b_1x(n-1)+\cdots+b_{M-1}x(n-M+1)+b_Mx(n-M)]$$
$$-[a_1y(n-1)+\cdots+a_{N-1}y(n-N+1)+a_Ny(n-N)]$$

所谓迭代法求解是指:先令 $n=0$,由系统的起始条件 $y(-1),y(-2),\cdots,y(-N)$ 和 $x(0)$, $x(-1),\cdots,x(-M)$ 求出 $y(0)$;再令 $n=1$,求出 $y(1)$;令 $n=2$,求出 $y(2)$;…一直到底。采用矩阵运算,有

$$y(n)=[b_M,b_{M-1},\cdots,b_0]\begin{bmatrix}x(n-M)\\x(n-M+1)\\\vdots\\x(n)\end{bmatrix}-[a_N,a_{N-1},\cdots,a_1]\begin{bmatrix}y(n-N)\\y(n-N+1)\\\vdots\\y(n-1)\end{bmatrix}$$

令 $a=[a_1,a_2,\cdots,a_{N-1},a_N]$,$b=[b_0,b_1,\cdots,b_{M-1},b_M]$,$x0=[x(-M),x(-M+1),\cdots,x(-1)]$,$y0=[y(-N),y(-N+1),\cdots,y(-1)]$,由上式所编写的迭代法求差分方程的函数如下

```
function y =ddf(a,b,n,x,x0,y0);
          %ddf 是迭代法的简写
          %a 是差分方程左边除第一项外的系数,b 是差分方程右边的系数
          %n 是计算的起点
```

```
        %x 是输入信号，x0 是输入信号的初始值
        %y0 是系统的起始条件
N=length(a);y=[y0,zeros(1,length(n))];
M=length(b)-1;x=[x0,x];
a1=a(N:-1:1);  %构建[aN,aN-1,…a1]矩阵
b1=b(M+1:-1:1);    %构建[bM,bM-1,…,b0]矩阵
for i=N+1:N+length(n),
    y(i)=-a1*y(i-N:i-1)'+b1*x(i-N:i-N+M)';
end
y=y(N+1:N+length(n));
```

迭代法可求出系统的零输入响应、零状态响应和完全响应。

例 8.2-6　在例 3.6-4 中系统的差分方程为 $y(n)+0.7y(n-1)+0.1y(n-2)=x(n)-x(n-1)$，输入 $x(n)=0.5^n u(n)$，起始条件 $y(-1)=-8, y(-2)=46$。求系统的零输入响应、零状态响应和完全响应。

解　(1) 求零输入响应方程为 $y(n)+0.7y(n-1)+0.1y(n-2)=x(n)-x(n-1)$；输入 $x(n)=0$，初始值 x0=0；起始条件 y0=[46,-8]。

(2) 求零状态响应方程为 $y(n)+0.7y(n-1)+0.1y(n-2)=x(n)-x(n-1)$；输入 $x(n)=0.5^n u(n)$，初始值 x0=0；起始条件y0=[0,0]。

(3) 求完全响应方程为 $y(n)+0.7y(n-1)+0.1y(n-2)=x(n)-x(n-1)$；输入 $x(n)=0.5^n u(n)$，初始值 x0=0；起始条件 y0=[46,-8]。

利用迭代法求解的程序如下，结果如图 8.2-5 所示。

```
a=[0.7,0.1];b=[1,-1];
x0=[0];
n=0:10;
y0=[46,-8];
xzi=0*0.5.^n;  %求零输入响应时的输入
yzi=ddf(a,b,n,xzi,x0,y0);  %求零输入响应
subplot(1,3,1),stem(n,yzi,'.'),title('零输入响应'),axis([0,10,-0.2,1.1]),grid
yzs0=[0,0];  %求零状态响应时的起始条件
x=0.5.^n;
yzs=ddf(a,b,n,x,x0,yzs0);  %求零状态响应
subplot(1,3,2),stem(n,yzs,'.'),title('零状态响应'),axis([0,10,-1.3,1.2]),grid
y=ddf(a,b,n,x,x0,y0);  %求完全响应
subplot(1,3,3),stem(n,y,'.'),title('完全响应'),axis([0,10,-1.3,2.3]),grid
```

2. *用 filter 函数和 impz 函数求解*

LTI 离散系统的输入输出方程表示为

$$a_0 y(n)+a_1 y(n-1)+\cdots+a_{N-1}y(n-N+1)+a_N y(n-N)$$
$$=b_0 x(n)+b_1 x(n-1)+\cdots+b_{M-1}x(n-M+1)+b_M x(n-M)$$

用矩阵 a 和 b 表示系统为

$$a=[a_0,a_1,\cdots,a_{N-1},a_N],\quad b=[b_0,b_1,\cdots,b_{M-1},b_M]$$

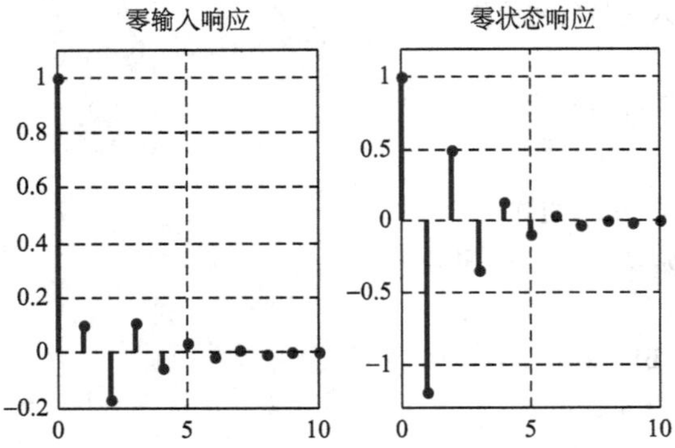

图 8.2-5　例 8.2-6 结果

计算系统响应的函数 filter，计算单位冲激响应 impz，调用方式为

```
y=filter(b,a,x,zi)      %求 x 及 zi 的完全响应
y=filter(b,a,x)         %求 x 的零状态响应
h=impz(b,a,n)           %求系统的单位冲激响应
```

式中 b 和 a 分别为对应差分方程右边和左边系数的行向量，x 是输入信号，zi 为系统的初始值，y 表示输出信号。

要注意的是 zi 并不是 $y(-1)$ 和 $y(-2)$ 等，由以下推导而来。

设二阶系统的输入 $x(n)=0$，其零输入响应方程为 $y(n)+a_1y(n-1)+a_2y(n-2)=0$，进行 z 变换，有 $a_0Y(z)+a_1[z^{-1}Y(z)+y(-1)]+a_2[z^{-2}Y(z)+z^{-1}y(-1)+y(-2)]=0$，求得 $Y(z)=\dfrac{-[a_1y(-1)+a_2y(-2)]-a_1y(-1)z^{-1}}{a_0+a_1z^{-1}+a_2z^{-2}}$。因此，zi $=\{-[a_1y(-1)+a_2y(-2)],-a_1y(-1)z^{-1}\}$，zi 可由 filtic 函数求得，调用方式为

```
zi=filtic(b,a,y0)
```

矩阵 y0 为：

$$y0=[y(-1),y(-2),\cdots,y(-N)]$$

例 8.2-7　求例 8.2-6 的响应。

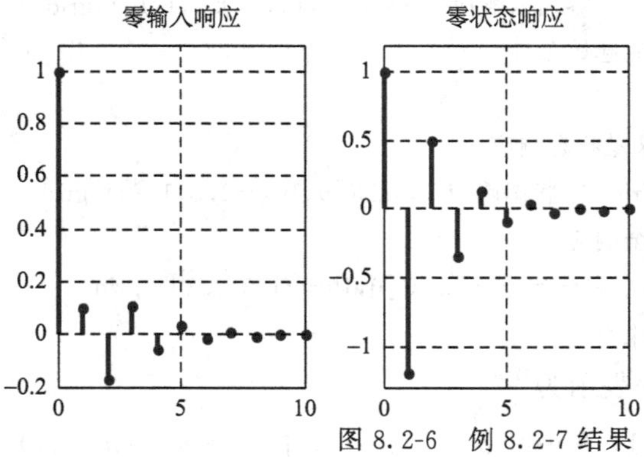

图 8.2-6　例 8.2-7 结果

解　程序如下

```
a=[1,0.7,0.1];b=[1,-1];
n=0:10;
```

```
x=0.5.^n;  %输入信号
y0=[-8,46];  %起始条件
zi=filtic(b,a,y0);  %求零输入响应和完全响应的初始值
xzi=0*x;  %零输入响应的输入
yzi=filter(b,a,xzi,zi);  %求零输入响应
yzs=filter(b,a,x);  %求零状态响应
y=filter(b,a,x,zi);  %求完全响应
subplot(1,3,1),stem(n,yzi,'.'),title('零输入响应'),axis([0,10,-0.2,1.1]),grid
subplot(1,3,2),stem(n,yzs,'.'),title('零状态响应'),axis([0,10,-1.3,1.2]),grid
subplot(1,3,3),stem(n,y,'.'),title('完全响应'),axis([0,10,-1.3,2.3]),grid
```

例 8.2-8　在例 3.6-5 中，系统方程为 $24y(n)+4y(n-1)-4y(n-2)=24x(n)-6x(n-1)$，输入 $x(n)=\left(\frac{1}{2}\right)^n u(n)$，画出系统的单位冲激响应 $h(n)$、单位阶跃响应 $g(n)$ 和 $x(n)$ 作用下的零状态响应的波形。

解　程序如下

```
a=[24,4,-4];b=[24,-6];
n=0:10;
h=impz(b,a,n);  %求单位冲激响应
x1=ones(1,length(n));  %求单位阶跃响应时的输入
g=filter(b,a,x1);  %求单位阶跃响应
x=(1/2).^n;  %输入信号
yzs=filter(b,a,x);  %求零状态响应
subplot(2,2,1),stem(n,h,'.'),title('单位冲激响应 h(n)'),grid
subplot(2,2,2),stem(n,g,'.'),title('单位阶跃响应 g(n)'),grid
subplot(2,2,3),stem(n,x,'.'),title('输入信号 x(n)'),grid
subplot(2,2,4),stem(n,yzs,'.'),title('零状态响应 yzs(n)'),grid
```

程序结果如图 8.2-8 所示。

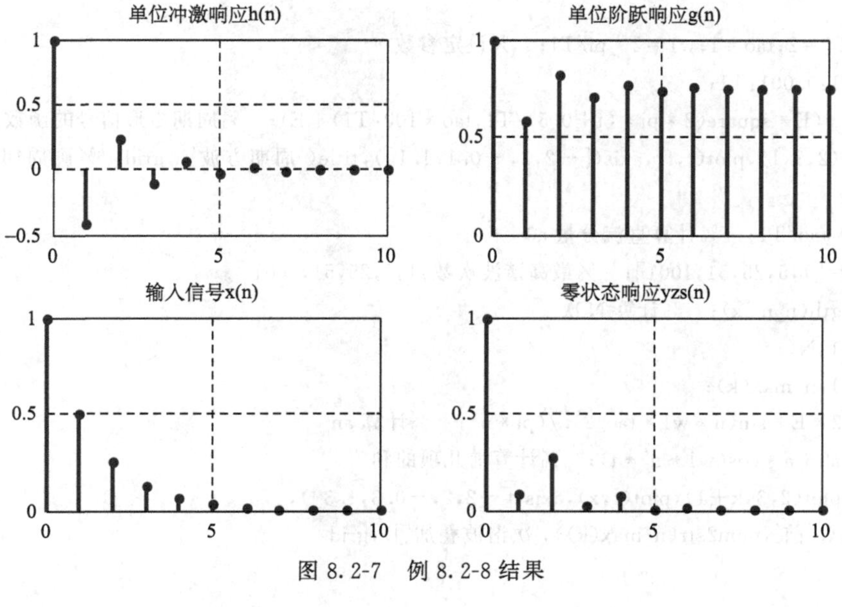

图 8.2-7　例 8.2-8 结果

8.3 连续信号及系统的频域分析

本节介绍周期信号的分解与合成,周期信号的双边频谱和单边频谱,非周期信号的傅里叶变换和频谱,用频域系统函数求系统的响应,频率特性及AM调制与解调中信号的变化等。

8.3.1 周期信号的分解与合成

周期信号 $f(t)$展开成

$$f(t)=\sum_{n=-\infty}^{\infty}F_n e^{jn\omega_1 t}=a_0+\sum_{n=1}^{\infty}[a_n\cos(n\omega_1 t)+b_n\sin(n\omega_1 t)]$$

表明周期信号可分解成直流分量和基频为 ω_1 的无穷多的正弦分量。但是当 n 大到一定值($n>N$)时,正弦分量的幅度已足够小,我们用直流分量和前 N 项的正弦分量来代表该周期信号,这就是信号的合成,即

$$f(t)\approx\sum_{n=-N}^{N}F_n e^{jn\omega_1 t}=a_0+\sum_{n=1}^{N}[a_n\cos(n\omega_1 t)+b_n\sin(n\omega_1 t)]$$

MATLAB可很方便形象地进行信号的分解与合成。

例 8.3-1 图 4.1-1 所示的周期矩形信号(给定 $E=1,T_1=2,\tau=1$),用前1次、5次、25次、51次和1001次谐波合成,画出波形。

解 MATLAB内部函数 y(t)=square(w1*t,duty)是周期方波函数,图 4.1-1 所示周期矩形信号的函数为 $f(t)=\dfrac{Ey\left(t+\dfrac{\tau}{2}\right)+E}{2}$。由式(4.1-12a),即

$$f(t)=a_0+\sum_{n=1}^{\infty}a_n\cos(n\omega_1 t)=\frac{E\tau}{T_1}+\sum_{n=1}^{\infty}\frac{2E}{n\pi}\sin\left(\frac{n\omega_1\tau}{2}\right)\cos(n\omega_1 t)$$

编制的 MATLAB 程序如下,运行结果如图 8.3-1 所示,要将 u.m 从工作目录 work 下删除。

```
E=1;T1=2;tao=1;w1=2*pi/T1;  %设定参数
t=-T1:0.001:T1;
f=0.5*(E*square(2*pi*(t+0.5)/T1,tao*100/T1)+E);  %周期矩形信号的函数公式
subplot(2,3,1),plot(t,f),axis([-2,2,-0.1,1.1]),title('周期方波'),grid  %画周期矩形信号的
  图形
a0=E*tao/T1;  %计算直流分量 a0
n_max=[1,5,25,51,1001];  %最高谐波次数:1,5,25,51,1001
N=length(n_max);  %计算 N 次
for k=1:N
   n=1:n_max(k);
   a=2*E*sin(n*w1*tao/2)./(pi*n);  %计算 an
   x=a0+a*cos(w1*n'*t);  %计算前几项的和
   subplot(2,3,k+1),plot(t,x),axis([-2,2,-0.3,1.3]),
   title(['前',num2str(n_max(k)),'次谐波叠加']),grid
end
```

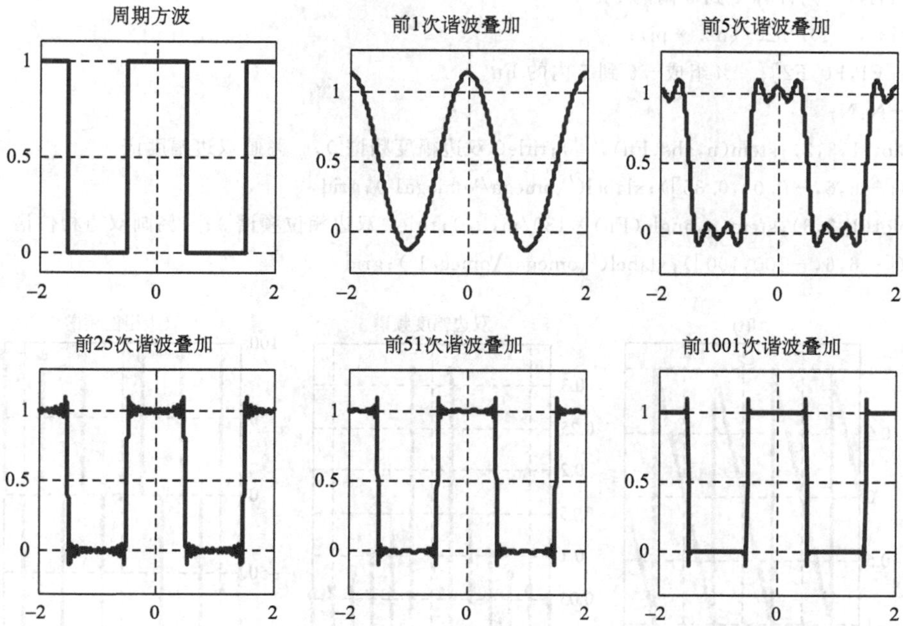

图 8.3-1 周期矩形信号的合成

由图 8.3-1 可见，随着 N 的增大，前 N 项叠加的波形与周期方波的波形相接近。但是在信号的间断点两侧总是存在着起伏的高频信号和上冲，随着 N 的增大，起伏的高频信号向间断点压缩但不会消失。这种现象称为吉布斯现象。

8.3.2 周期信号的频谱

周期信号的频谱分为双边频谱和单边频谱，根据 F_n 可画出其双边频谱，同样也可由 F_n 可画出单边频谱。

例 8.3-2 画出图 4.2-4 周期锯齿信号的双边频谱图。

解 MATLAB 内部函数 y＝sawtooth(w1＊t)是周期锯齿波函数，图 4.2-4 所示周期锯齿信号的函数为 $f=y(t+1)$。由式(4.1-14 b)得

$$F_0=0,\quad F_n=\mathrm{j}\,\frac{(-1)^n}{n\pi},\qquad n\neq 0$$

MATLAB 画双边频谱图的程序如下，运行结果如图 8.3-2 所示。

```
T1=2;w1=2*pi/T1;  %设定参数
t=-2*T1:0.001:2*T1;
f=sawtooth(w1*(t+1));  %函数公式
subplot(1,3,1);plot(t,f),axis([-2*T1,2*T1,-1.2,1.2]),title('f(t)'),xlabel('t'),grid
  %画周期信号图形
N=6;  %设定双边频谱的 n 范围-6 到 6
n1=-N:-1;  %计算-6～-1 内的 Fn
F1=j*(-1).^n1./(n1.*pi);
F0=0;  %计算 F0
```

```
n2=1:N;  %计算 1 到 6 内的 Fn
F2=j*(-1).^n2./(n2.*pi);
Fn=[F1,F0,F2];  %组成-6 到 6 内的 Fn
n=-N:N;
subplot(1,3,2);stem(n,abs(Fn),'.');title('双边幅度频谱');  %画双边幅度谱
axis([-6,6,-0.01,0.35]);xlabel('\omega/\omega1');grid
subplot(1,3,3);stem(n,angle(Fn)*180/pi,'.');title('双边相位频谱');  %画双边相位谱
axis([-6,6,-100,100]);xlabel('\omega/\omega1');grid
```

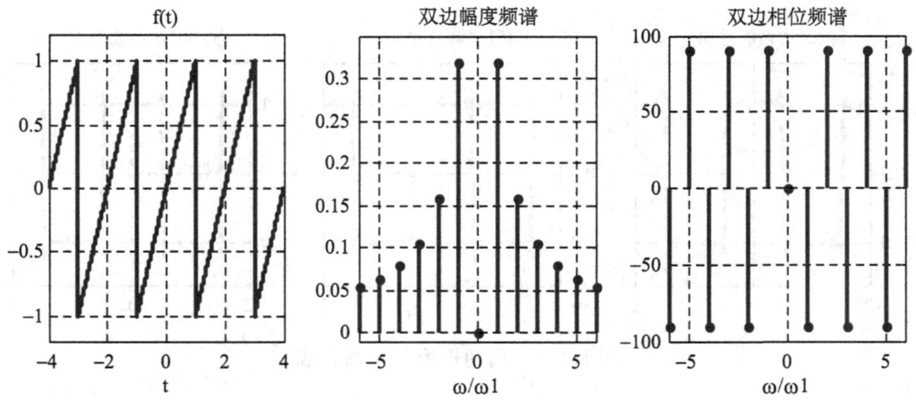

图 8.3-2　周期锯齿信号的双边频谱图

例 8.3-3　画出图 4.2-4 所示周期锯齿信号的单边频谱图。

解　周期信号的单边幅谱图中 F_0 与双边幅谱图中的 F_0 相等，单边幅谱图中 $|F_n|(n\geqslant 1)$ 是双边幅谱图中 $|F_n|(n\geqslant 1)$ 的 2 倍，单边相位谱与双边相位谱在 $(n=0)$ 是一样的。程序如下

```
N=6;
F0=0;  %计算 F0
n=1:N;  %计算 1 到 6 内的 Fn
F1=j*(-1).^n./(n.*pi);
Fn=[F0,2*F1];  %组成 0 到 6 内的 Fn
n=0:N;
subplot(1,2,1),stem(n,abs(Fn),'.'),title('单边幅度频谱'),
axis([0,6,-0.01,0.7]),xlabel('\omega/\omega1'),grid
subplot(1,2,2),stem(n,angle(Fn)*180/pi,'.'),title('单边相位频谱'),
axis([0,6,-100,100]),xlabel('\omega/\omega1'),grid
```

程序运行结果如图 8.3-3 所示。

8.3.3　非周期信号的频谱

1. 傅里叶变换的计算

非周期信号的频谱用傅里叶变换来计算，在 MATLAB 的符号运算工具箱中有傅里叶正反变换的函数，调用格式为

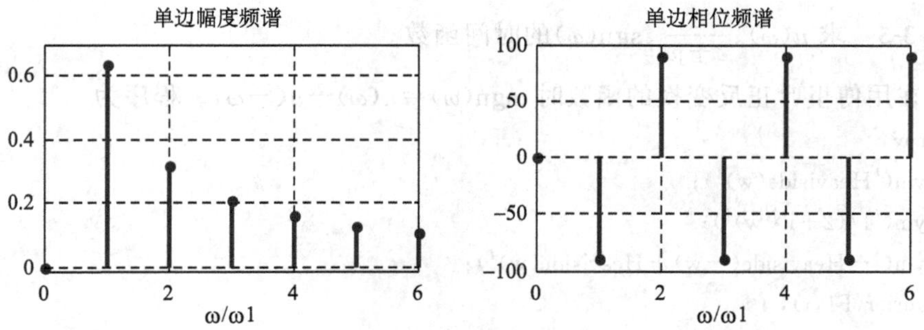

图 8.3-3 周期锯齿信号的单边频谱图

```
F=fourier(f)      %傅里叶正变换
f=ifourier(F,t)   %傅里叶反变换
```

其中 F 和 f 都是符号表达式。

例 8.3-4 求 $\delta(t)$、$u(t)$、$\mathrm{Sa}(at)$、$|t|$、$t^2 e^{-at}u(t)$、$\Delta_2(t)$的频谱函数。

解 为求出频谱函数公式，在调用傅里叶正反变换的函数前，要用 syms 命令对所用到的变量进行说明，此例中有 t 和 a。

MATLAB 的程序如下

```
syms t a w
f1=sym('Dirac(t)');
f2=sym('Heaviside(t)');
f3=sym('sin(a*t)/(a*t)');
f4=sym('abs(t)');
f5=sym('t^2*exp(-a*t)*Heaviside(t)');
f6=sym('(t+1)*(Heaviside(t+1)-Heaviside(t))+(-t+1)*(Heaviside(t)-Heaviside(t-
   1))');
F1=fourier(f1),
F2=fourier(f2),
F3=fourier(f3),
F4=fourier(f4),
F5=fourier(f5),
F6=fourier(f6)
```

程序运行结果为

```
F1=1
F2=pi*dirac(w)-i/w
F3=pi/a*(heaviside(w+a)-heaviside(w-a))
F4=-2/w^2
F5=2/(i*w+a)^3
F6=4/w^2*sin(1/2*w)^2
```

即

$$F_1(\mathrm{j}\omega)=1,\quad F_2(\mathrm{j}\omega)=\pi\delta(\omega)-\frac{\mathrm{j}}{\omega},\quad F_3(\mathrm{j}\omega)=\frac{\pi}{a}[u(\omega+a)-u(\omega-a)],$$

$$F_4(\mathrm{j}\omega)=-\frac{2}{\omega^2},\quad F_5(\mathrm{j}\omega)=\frac{2}{(a+\mathrm{j}\omega)^3},\quad F_6(\mathrm{j}\omega)=\frac{4\sin^2\left(\frac{\omega}{2}\right)}{\omega^2}=\mathrm{Sa}^2\left(\frac{\omega}{2}\right)$$

例 8.3-5 求 $u(\omega)$、$\frac{1}{2+j\omega}$、$\mathrm{sgn}(\omega)$的时间函数。

解 在用傅里叶正反变换的函数时，$\mathrm{sgn}(\omega)=u(\omega)-u(-\omega)$。程序为

```
syms t w
F1=sym('Heaviside(w)');
F2=sym('1/(2+i*w)');
F3=sym('-Heaviside(-w)+Heaviside(w)');
f1=ifourier(F1,t),
f2=ifourier(F2,t),
f3=ifourier(F3,t);f3=simplify(f3)
```

程序运行结果为

```
f1=1/2*dirac(t)+1/2*i/t/pi
f2=exp(-2*t)*heaviside(t)
f3=i/t/pi
```

即

$$f_1(t)=\frac{1}{2}\delta(t)+\frac{j}{2\pi t},\quad f_2(t)=e^{-2t}u(t),\quad f_3(t)=\frac{j}{\pi t}$$

2. 非周期信号的频谱图

画任意非周期信号频谱的通用程序 FZQXHFT()，只要输入信号的向量表达式和时间范围及频率范围，就可画出信号的波形及幅度频谱和相位频谱。

```
function y=FZQXHFT(f,tn,wn);
 %f 为信号的向量表达式,tn 为信号的起始时间和终止时间,wn 为显示频率的范围
t1=tn(1);t2=tn(2);w1=wn(1);w2=wn(2);
t=t1:0.01:t2;
N=1000;W=12*pi;
k=-N:N;w=k*W/N;
ft=eval([f]);
fmax=max(ft);fmin=min(ft);df=(fmax-fmin)*0.1;
F=ft*exp(-j*t'*w)*0.01;
F1=abs(F);
Fmax=max(F1);Fmin=min(F1);dF=(Fmax-Fmin)*0.1;
P1=angle(F)*180/pi;
Pmax=max(P1);Pmin=min(P1);dP=(Pmax-Pmin)*0.1;
subplot(3,1,1),plot(t,ft),title('信号的波形'),axis([t1,t2,fmin-df,fmax+df]),grid
subplot(3,1,2),plot(w,F1),title('幅度频谱'),axis([w1,w2,Fmin-dF,Fmax+dF]),grid
if Fmin>=0
       F0=(Fmax-Fmin)/2
else
    F0=0
end
subplot(3,1,3),plot(w,P1),title('相位频谱(度)'),axis([w1,w2,Pmin-dP,Pmax+dP]),grid
if  Pmin>=0
        P0=(Pmax-Pmin)/2
```

```
else
    P0=0
end
if  round(Pmin)~=round(Pmax)
end
```

例 8.3-6　画出 $f_1(t)=\mathrm{e}^{-2t}u(t)$ 和 $g_2(t)$ 的频谱图。

解　调用通用程序 FZQXHFT()画频谱图，程序为

```
f1='exp(-2*t).*[t>0]';t=[-3,3];w=[-15,15];
figure(1),
FZQXHFT(f1,t,w)
f2='[t>-1]-[t>1]';t=[-2,2];w=[-15,15];
figure(2),
FZQXHFT(f2,t,w)
```

结果如图 8.3-4 所示。

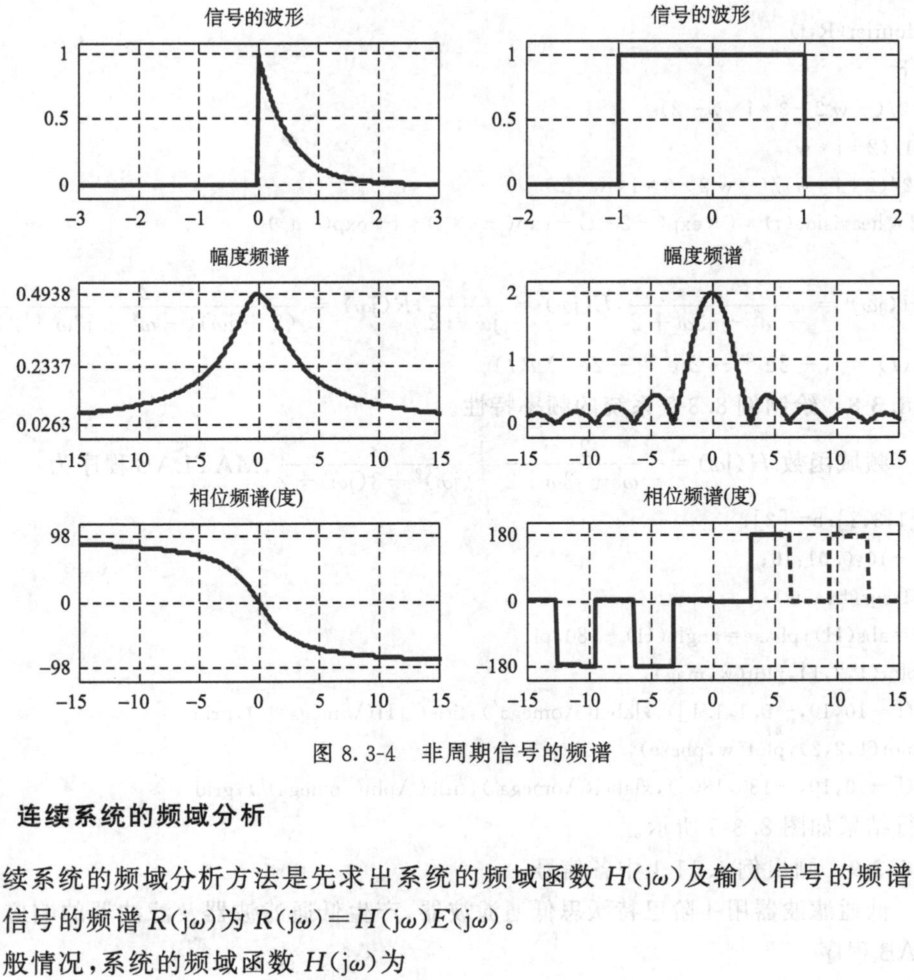

图 8.3-4　非周期信号的频谱

8.3.4　连续系统的频域分析

连续系统的频域分析方法是先求出系统的频域函数 $H(\mathrm{j}\omega)$ 及输入信号的频谱 $E(\mathrm{j}\omega)$，则输出信号的频谱 $R(\mathrm{j}\omega)$ 为 $R(\mathrm{j}\omega)=H(\mathrm{j}\omega)E(\mathrm{j}\omega)$。

一般情况，系统的频域函数 $H(\mathrm{j}\omega)$ 为

$$H(\mathrm{j}\omega)=\frac{b_m(\mathrm{j}\omega)^m+b_{m-1}(\mathrm{j}\omega)^{m-1}+\cdots b_1(\mathrm{j}\omega)+b_0}{a_n(\mathrm{j}\omega)^n+a_{n-1}(\mathrm{j}\omega)^{n-1}+\cdots a_1(\mathrm{j}\omega)+a_0},\qquad n>m$$

用向量 a 和 b 表示分母与分子多项式的系数向量，即

$$a=[a_n,a_{n-1},\cdots,a_1,a_0],\quad b=[b_m,b_{m-1},\cdots,b_1,b_0]$$

MATLAB 中提供绘制系统频率特性的函数，调用格式为

```
H=freqs(b,a,w)
```

幅频特性是 mag=abs(H)，相频特性是 phase=angle(H)*180/pi。

例 8.3-7 用频域法计算例 4.6-3。

解 在例 4.6-3 中，$e(t)=e^{-2t}u(t)$，求得 $H(j\omega)=\dfrac{2}{-\omega^2+j3\omega+2}$。

MATLAB 程序为

```
syms t w
H=2/(-w^2+3*j*w+2)
e=sym('exp(-2*t)*Heaviside(t)');
E=fourier(e)
R=E*H
r=ifourier(R,t)
```

结果如下

```
H=2/(-w^2+3*i*w+2)
E=1/(2+i*w)
R=2/(2+i*w)/(-w^2+3*i*w+2)
r=2*heaviside(t)*(-exp(-2*t)-exp(-2*t)*t+exp(-t))
```

即

$$H(j\omega)=\frac{2}{-\omega^2+j3\omega+2},E(j\omega)=\frac{1}{j\omega+2},R(j\omega)=\frac{2}{(2+j\omega)(-\omega^2+j3\omega+2)}$$

$$r(t)=(-2e^{-2t}-2te^{-2t}+2e^{-t})u(t)$$

例 8.3-8 绘制例 8.3-7 系统的频率特性。

解 频域函数 $H(j\omega)=\dfrac{2}{-\omega^2+j3\omega+2}=\dfrac{2}{(j\omega)^2+3(j\omega)+2}$，MATLAB 程序为

```
a=[1,3,2];b=[2];
w=-10:0.01:10;
H=freqs(b,a,w);
mag=abs(H);phase=angle(H)*180/pi;
subplot(1,2,1),plot(w,mag),
axis([-10,10,-0.1,1.1]),xlabel('\omega'),title('|H(\omega)|'),grid
subplot(1,2,2),plot(w,phase),
axis([-10,10,-180,180]),xlabel('\omega'),title('\phi(\omega)'),grid
```

程序运行结果如图 8.3-5 所示。

例 8.3-9 画出例 4.11-1 中各信号。

解 低通滤波器用 4 阶巴特沃思低通滤波器，产生低通滤波器及滤波器的响应用以下 MATLAB 程序

```
[b,a]=butter(4,wc,'s')   %产生4阶巴特沃思低通滤波器,截止频率wc
sys=tf(b,a);
r=lsim(sys,e,t);   %产生低通滤波器的输出r,滤波器的输入为e
```

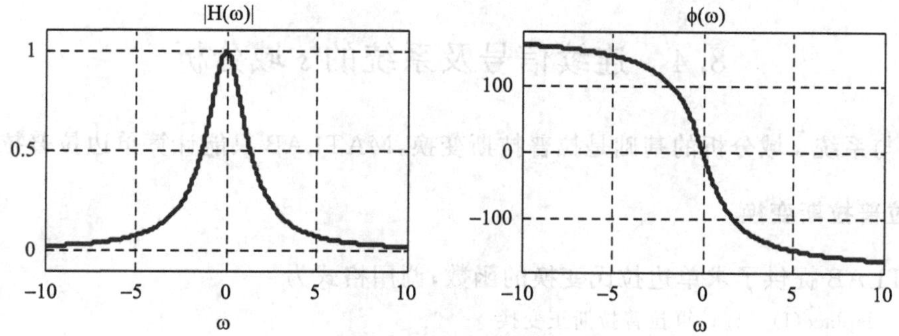

图 8.3-5　频率特性

该题的 MATLAB 程序为

```
t=-20:0.0001:20;
f=(sin(t)+eps)./(pi*(t+eps));   %f(t)信号
s=cos(50*t);   %s(t)信号
g=f.*s;   %g(t)信号
y=g.*s;   %y(t)信号
[b,a]=butter(4,2,'s');   %产生 4 阶巴特沃思低通滤波器,wc=2
sys=tf(b,a);
r=lsim(sys,y,t);   %产生低通滤波器的输出信号 r(t)
subplot(2,2,1),plot(t,f);title('f(t)'),axis([-20,20,-0.1,0.4]),grid
subplot(2,2,2),plot(t,g);title('g(t)'),axis([-20,20,-0.4,0.4]),grid
subplot(2,2,3),plot(t,y);title('y(t)'),axis([-20,20,-0.4,0.4]),grid
subplot(2,2,4),plot(t,r);title('r(t)'),axis([-20,20,-0.1,0.4]),grid
```

各信号的波形如图 8.3-6 所示。

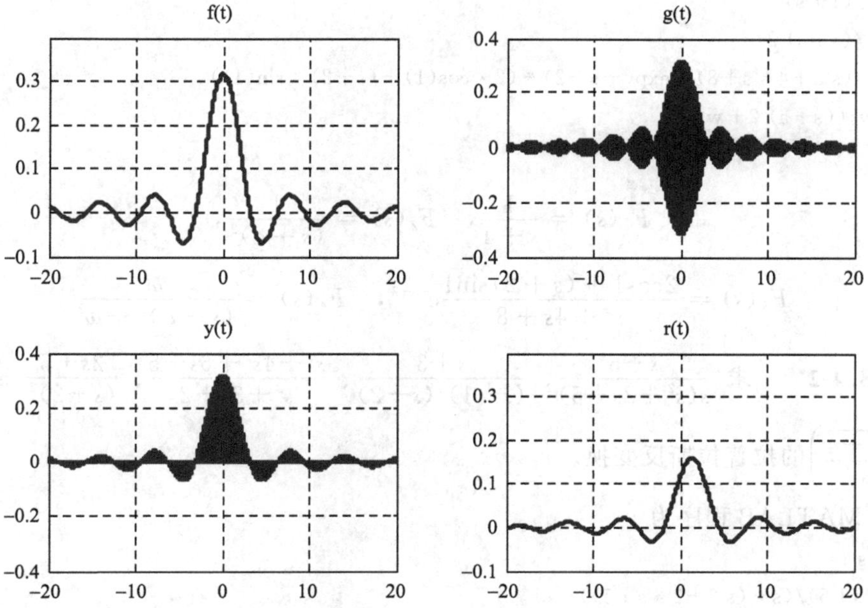

图 8.3-6　AM 调制解调中的信号波形

8.4 连续信号及系统的 s 域分析

信号与系统 s 域分析的基础是拉普拉斯变换，MATLAB 只能计算单边拉普拉斯变换。

8.4.1 拉普拉斯变换

MATLAB 提供了求单边拉氏变换的函数，调用格式为

```
F=laplace(f)   %计算拉普拉斯正变换
f=ilaplace(F)   %计算拉普拉斯反变换
```

其中 F 和 f 都是符号表达式。

例 8.4-1 求 $f_1(t)=e^{-t}u(t)$、$f_2(t)=te^{-at}u(t)$、$f_3(t)=e^{-2t}\sin(2t-1)u(t-1)$ 和 $f_4(t)=e^{-at}\sin(\omega t)u(t)$ 的拉普拉斯变换。

解 MATLAB 程序为

```
syms s t w a
f1=sym('exp(-t)*Heaviside(t)');
F1=laplace(f1)
f2=sym('t*exp(-a*t)*Heaviside(t)');
F2=laplace(f2)
f3=sym('exp(-2*t)*sin(2*t-1)*heaviside(t-1)');
F3=laplace(f3)
f4=sym('exp(-a*t)*sin(w*t)*Heaviside(t)');
F4=laplace(f4)
```

程序运行结果为

```
F1=1/(1+s)
F2=1/(s+a)^2
F3=1/(s^2+4*s+8)*exp(-s-2)*(2*cos(1)+(s+2)*sin(1))
F4=w/((s+a)^2+w^2)
```

即

$$F_1(s)=\frac{1}{s+1},\quad F_2(s)=\frac{1}{(s+a)^2},$$

$$F_3(s)=\frac{2\cos 1+(s+2)\sin 1}{s^2+4s+8}e^{-s-2},\quad F_4(s)=\frac{\omega}{(s+a)^2+\omega^2}$$

例 8.4-2 求 $\frac{s+5}{s(s^2+2s+5)}$、$\frac{s+3}{(s+1)^3(s+2)}$、$\frac{s^3+4s^2+6s+5}{s^2+3s+2}$、$\frac{2s+5}{(s+2)^2}e^{-2s-4}$ 和 $\frac{1}{2}\ln\left(\frac{\sqrt{s^2+4}}{s}\right)$ 的拉普拉斯反变换。

解 MATLAB 程序为

```
syms s t
F1=(s+5)/(s*(s^2+2*s+5));
f1=ilaplace(F1)
F2=(s+3)/((s+1)^3*(s+2));
```

```
f2=ilaplace(F2)
F3=(s^3+4*s^2+6*s+5)/(s^2+3*s+2);
f3=ilaplace(F3)
F4=(2*s+5)*exp(-2*s-4)/((s+2)^2);
f4=ilaplace(F4)
F5=log((s^2+4)^0.5/s)/2;
f5=ilaplace(F5)
```

程序运行结果为

```
f1=-exp(-t)*cos(2*t)+1
f2=-exp(-2*t)+(1+t^2-t)*exp(-t)
f3=dirac(t)+dirac(1,t)+2*exp(-t)-exp(-2*t)
f4=heaviside(t-2)*t*exp(-2*t)
f5=1/2/t*(1-cos(2*t))
```

需要说明的是,dirac(1,t)是 $\delta'(t)$、dirac(t)是 $\delta(t)$。即

$$f_1(t) = [1 - e^{-t}\cos(2t)]u(t),\ f_2(t) = [(t^2 - t + 1)e^{-t} - e^{-2t}]u(t)$$

$$f_3(t) = \delta'(t) + \delta(t) + (2e^{-t} - e^{-2t})u(t),\ f_4(t) = te^{-2t}u(t-2),\ f_5(t) = \frac{1-\cos(2t)}{2t}u(t)$$

8.4.2　系统响应的计算

我们以二阶微分方程为例来说明并编写 MATLAB 程序。

二阶微分方程为 $a_2r''(t)+a_1r'(t)+a_0r(t)=b_2e''(t)+b_1e'(t)+b_0e(t)$,输入为因果信号 $e(t)$,条件为 $r(0_-)$和 $r'(0_-)$。用单边拉普拉斯变换求得

$$R(s) = R_{zs}(s) + R_{zi}(s) = \frac{b_2s^2 + b_1s + b_0}{a_2s^2 + a_1s + a_0}E(s) + \frac{(a_2s + a_1)r(0_-) + a_2r'(0_-)}{a_2s^2 + a_1s + a_0}$$

$$= \frac{B}{A}E + \frac{C}{A}$$

在 MATLAB 编程中,设

$$\mathrm{a} = [a_2, a_1, a_0],\ \mathrm{b} = [b_2, b_1, b_0],\ \mathrm{r0} = [r(0_-), r'(0_-)],\ \mathrm{Sn} = [s^2, s, 1]$$

有

$$A = a_2s^2 + a_1s + a_0 = a^*\,\mathrm{Sn}^{\mathrm{T}},\quad B = b_2s^2 + b_1s + b_0 = b^*\,\mathrm{Sn}^{\mathrm{T}},$$

$$C = (a_2s + a_1)r(0_-) + a_2r'(0_-) = [a_2s + a_1, a_2]^*\,r0^{\mathrm{T}}$$

系统函数 $H=\frac{B}{A}, R_{zs}(s)=HE, R_{zi}(s)=\frac{C}{A}, G=\frac{H}{s}$。

例 8.4-3　例 5.4-2 中系统方程 $r''(t)+3r'(t)+2r(t)=2e'(t)+e(t), e(t)=e^{-t}u(t)$, $r(0_-)=1, r'(0_-)=0$,求系统的冲激响应、阶跃响应、零输入响应、零状态响应和完全响应的函数解。

解　根据以上思路,编制如下 MATLAB 程序

```
syms s real
a=[1,3,2];b=[0,2,1];r0=[1,0];
Sn=[s^2,s,1];
```

```
e=sym('exp(-t) * Heaviside(t)');E=laplace(e);
A=a * Sn';B=b * Sn';
C=[a(1) * s+a(2),a(1)] * r0';   %a(1)是 a 矩阵中的第一个元数,a(2)是 a 矩阵中的第二个元数
H=B/A;
disp('冲激响应')
h=ilaplace(H)
disp('阶跃响应')
g=ilaplace(H/s)
Rzi=C/A;
disp('零输入响应')
rzi=ilaplace(Rzi)
Rzs=H. * E;
disp('零状态响应')
rzs=ilaplace(Rzs)
disp('完全响应')
r=rzi+rzs;
r=simplify(r)
```

结果为

```
冲激响应
h=3 * exp(-2 * t)-exp(-t)
阶跃响应
g=1/2-3/2 * exp(-2 * t)+exp(-t)
零输入响应
rzi=-exp(-2 * t)+2 * exp(-t)
零状态响应
rzs=-3 * exp(-2 * t)-exp(-t) * (t-3)
完全响应
r=-4 * exp(-2 * t)+5 * exp(-t)-exp(-t) * t
```

即

$$h(t)=(-e^{-t}+3e^{-2t})u(t),g(t)=\left(e^{-t}-\frac{3}{2}e^{-2t}+\frac{1}{2}\right)u(t),r_{zi}(t)=(2e^{-t}-e^{-2t})u(t),$$

$$r_{zs}(t)=(-3e^{-2t}+3e^{-t}-te^{-t})u(t),r(t)=(-4e^{-2t}+5e^{-t}-te^{-t})u(t)$$

8.4.3 零极点图与频率响应

系统函数 $H(s)=\dfrac{b_m s^m+b_{m-1}s^{m-1}+\cdots+b_1 s+b_0}{a_n s^n+a_{n-1}s^{n-1}+\cdots+a_1 s+a_0}$,分子多项式在 MATLAB 中表示为 b=[$b_m, b_{m-1},\cdots,b_1,b_0$],分母多项式表示为 a=[$a_n,a_{n-1},\cdots,a_1,a_0$]。

MATLAB 提供了求零极点函数及画零极点图的函数,调用格式为

```
zs=roots(b)      %求零点
ps=roots(a)      %求极点
pzmap(b,a)       %画零极点图
```

MATLAB 还提供了求冲激响应、阶跃响应及画频率响应的函数,调用格式为

```
h=impulse(b,a,t)       %求冲激响应
g=step(b,a,t)          %求阶跃响应
H=freqs(b,a,w)         %求频率响应
mag=abs(H);phase=angle(H)*180/pi   %幅频特性和相频特性(度)
```

MATLAB 又提供了用于部分分式展开的函数，调用格式为

```
[r,p,k]=residue(b,a)
```

即

$$H(s)=\sum\frac{r}{s-p}+(\cdots+k_2s^2+k_1s+k_0)$$

需要说明的是，以上求得的都是数值解。

例 8.4-4　系统方程为 $r''(t)+2r'(t)+2r(t)=e'(t)$，

(1) 画出系统的冲激响应和阶跃响应图形；

(2) 求出零极点并画出零极点图；

(3) 画出频率响应。

解　MATLAB 程序为

```
a=[1,2,2];b=[1,0];
t=0:0.01:7;
h=impulse(b,a,t);
g=step(b,a,t);
figure(1),
subplot(1,2,1),plot(t,h),title('冲激响应'),axis([0,7,-0.3,1.1]),grid %画冲激响应
subplot(1,2,2),plot(t,g),title('阶跃响应'),axis([0,7,-0.1,0.35]),grid  %画阶跃响应
zs=roots(b)
ps=roots(a)
figure(2),
subplot(1,3,1),pzmap(b,a),title('零极点图')  %画零极点图
w=0:0.01:15;
H=freqs(b,a,w);mag=abs(H);phase=angle(H)*180/pi;
subplot(1,3,2),plot(w,mag),axis([0,15,-0.1,0.6]),  %画幅频特性
xlabel('\omega'),title('|H(\omega)|'),grid
subplot(1,3,3),plot(w,phase),axis([0,15,-100,100]),  %画相频特性
xlabel('\omega'),title('\phi(\omega)'),grid
```

程序运行如图 8.4-1 所示，结果如下

```
zs=0
ps =
  -1.0000+1.0000i
  -1.0000-1.0000i
```

例 8.4-5　将 $\frac{s+5}{s(s^2+2s+5)}$ 和 $\frac{s^3+5s^2+9s+7}{s^2+3s+2}$ 进行部分分式展开。

解　程序为

```
b1=[1,5];a1=[1,2,5,0];
b2=[1,5,9,7];a2=[1,3,2];
```

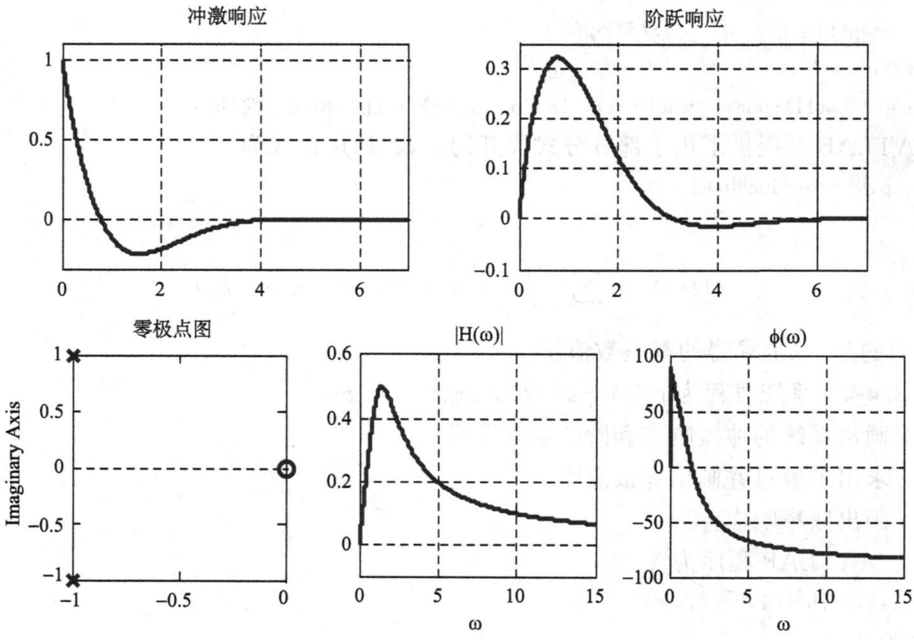

图 8.4-1　例 4.4-4 的结果

```
[r1,p1,k1]=residue(b1,a1)
[r2,p2,k2]=residue(b2,a2)
```

结果为

```
r1=
    -0.5000
    -0.5000
     1.0000
p1=
    -1.0000+2.0000i
    -1.0000-2.0000i
          0
k1=
    []
r2=
    -1
     2
p2=
    -2
    -1
k2=
    1    2
```

即为

$$\frac{s+5}{s(s^2+2s+5)}=\frac{-0.5}{s+1-\mathrm{j}2}+\frac{-0.5}{s+1+\mathrm{j}2}+\frac{1}{s}$$

$$\frac{s^3+5s^2+9s+7}{s^2+3s+2}=\frac{-1}{s+2}+\frac{2}{s+1}+s+2$$

8.5　离散信号及离散系统的 z 域分析

MATLAB 只能进行单边的 z 变换，而且无法进行有复数极点的 z 反变换。

8.5.1　信号的 z 变换

MATLAB 提供了 z 正反变换的函数，调用格式为

```
X=ztrans(x)      %z 正变换
x=iztrans(X)     %z 反变换
```

x 和 X 都是符号表达式，同样用 simplify 进行化简。

例 8.5-1　求解 $u(n)$、$a^n u(n)$、$\mathrm{e}^{\mathrm{j}\omega n}u(n)$、$a^n\cos(\omega n)u(n)$的 z 变换。

解　MATLAB 的 z 变换是以符号表达式进行的，其程序为

```
syms a w
x1=sym('Heaviside(n)');X1=ztrans(x1)
x2=sym('a^n*Heaviside(n)');X2=ztrans(x2);X2=simplify(X2)
x3=sym('exp(j*w*n)*Heaviside(n)');X3=ztrans(x3);X3=simplify(X3)
x4=sym('a^n*cos(w*n)*Heaviside(n)');X4=ztrans(x4);X4=simplify(X4)
```

结果为

```
X1=z/(z-1)
X2=-z/(-z+a)
X3=z*exp(-j*w)/(z*exp(-j*w)-1)
X4=-(-z+cos(w)*a)*z/(z^2-2*z*cos(w)*a+a^2)
```

即

$$X_1(z)=\frac{z}{z-1},\quad X_2(z)=\frac{z}{z-a}$$

$$X_3(z)=\frac{z\mathrm{e}^{-\mathrm{j}\omega}}{z\mathrm{e}^{-\mathrm{j}\omega}-1}=\frac{z}{z-\mathrm{e}^{\mathrm{j}\omega}},\quad X_4(z)=\frac{z(z-a\cos\omega)}{z^2-2az\cos\omega+a^2}$$

例 8.5-2　求$\dfrac{5z}{-3z^2+7z-2}$和$\dfrac{z^2+z}{(z-1)^3}$的因果信号。

解　程序为

```
X1=sym('5*z/(-3*z^2+7*z-2)');
X2=sym('(z^2+z)/(z-1)^3');
x1=iztrans(X1)
x2=iztrans(X2)
```

结果为

```
x1=(1/3)^n-2^n
x2=n^2
```

即

$$x_1(n)=\left[-2^n+\left(\frac{1}{3}\right)^n\right]u(n),x_2(n)=n^2u(n)$$

例 8.5-3 将 $X(z)=\dfrac{z(z^3+2z^2-4z+8)}{(z-2)^2(z^2+4)}$用部分分式展开并求出因果信号 $x(n)$。

解 因 MATLAB 无法对复数极点进行 z 反变换，先将$\dfrac{X(z)}{z}=\dfrac{z^3+2z^2-4z+8}{(z-2)^2(z^2+4)}$进行部分分式展开，再求出因果信号 $x(n)$。部分分式展开程序为

```
b=[1,2,-4,8];a=poly([2,2,-j*2,j*2]);
[r,p,k]=residue(b,a)
```

程序运行结果为

```
r=
   1.0000
   2.0000
   -0.0000-0.5000i
   -0.0000+0.5000i
p=
   2.0000
   2.0000
   0.0000+2.0000i
   0.0000-2.0000i
k=
   []
```

部分分式展开为

$$\frac{X(z)}{z}=\frac{z^3+2z^2-4z+8}{(z-2)^2(z^2+4)}=\frac{1}{z-2}+\frac{2}{(z-2)^2}+\frac{-\mathrm{j}0.5}{z-\mathrm{j}2}+\frac{\mathrm{j}0.5}{z+\mathrm{j}2}$$

得

$$X(z)=\frac{z}{z-2}+\frac{2z}{(z-2)^2}+\frac{-\mathrm{j}0.5z}{z-\mathrm{j}2}+\frac{\mathrm{j}0.5z}{z+\mathrm{j}2}$$

$$\begin{aligned}x(n)&=2^nu(n)+n2^nu(n)-\mathrm{j}0.5(\mathrm{j}2)^nu(n)+\mathrm{j}0.5(-\mathrm{j}2)^nu(n)\\&=(n+1)2^nu(n)+2^n\sin\left(\frac{\pi}{2}n\right)u(n)\end{aligned}$$

8.5.2 离散系统的 z 变换求解

以二阶差分方程为例来说明并编写 MATLAB 程序。

二阶差分方程为 $a_0y(n)+a_1y(n-1)+a_2y(n-2)=b_0x(n)+b_1x(n-1)+b_2x(n-2)$，输入为因果信号 $x(n)$，条件为 $y(-1)$和 $y(-2)$。用单边 z 变换求得

$$\begin{aligned}Y(z)&=Y_{zs}(z)+Y_{zi}(z)\\&=\frac{b_0z^2+b_1z+b_2}{a_0z^2+a_1z+a_2}X(z)-\frac{(a_2z+a_1z^2)y(-1)+a_2z^2y(-2)}{a_0z^2+a_1z+a_2}=\frac{B}{A}X+\frac{C}{A}\end{aligned}$$

在 MATLAB 编程中，设

$$\mathrm{a}=[a_0,a_1,a_2],\mathrm{b}=[b_0,b_1,b_2],\mathrm{y0}=[y(-1),y(-2)],\mathrm{Zn}=[z^2,z,1]$$

有

$$A=a_0z^2+a_1z+a_2=\mathrm{a}^*\,\mathrm{Zn}^{\mathrm{T}},\quad B=b_0z^2+b_1z+b_2=\mathrm{b}^*\,\mathrm{Zn}^{\mathrm{T}},$$

$$C=-(a_2z+a_1z^2)y(-1)-a_2z^2y(-2)=-[a_2z+a_1z^2,a_2z^2]^*\,\mathrm{y0}^{\mathrm{T}}$$

系统函数 $H=\dfrac{B}{A}$，$Y_{zs}(z)=\dfrac{B}{A}X$，$Y_{zi}(z)=\dfrac{C}{A}$。

例 8.5-4 求例 6.4-3 的零输入、零状态和完全响应，并求出冲激响应和阶跃响应[系统差分方程为 $y(n)+3y(n-1)+2y(n-2)=x(n)$，$x(n)=u(n)$，$y(-1)=-4$，$y(-2)=3$]。

解 根据以上思路，编制如下 MATLAB 程序

```
syms z real
a=[1,3,2];b=[1,0,0];  %输入系统
y0=[-4,3];      %起始条件
x=sym('Heaviside(n)');  %激励信号
X=ztrans(x);  %激励的 z 变换
Zn=[z^2,z,1];
A=a*Zn';B=b*Zn';  %构建 A 和 B
C=-[a(3)*z+a(2)*z^2,a(3)*z^2]*y0';  %构建 C
H=B/A;     %求系统函数
disp('冲激响应')
h=iztrans(H)    %计算冲激响应
disp('阶跃响应')
g=iztrans(H*z/(z-1))  %计算阶跃响应
Yzi=C/A;  %计算零输入响应
disp('零输入响应')
yzi=iztrans(Yzi)
Yzs=H.*X;     %计算零状态响应
disp('零状态响应')
yzs=iztrans(Yzs)
disp('完全响应')
y=yzi+yzs  %计算完全响应
```

程序运行结果是

```
冲激响应 h=2*(-2)^n-(-1)^n
阶跃响应 g=4/3*(-2)^n-1/2*(-1)^n+1/6
零输入响应 yzi=4*(-2)^n+2*(-1)^n
零状态响应 yzs=4/3*(-2)^n-1/2*(-1)^n+1/6
完全响应 y=16/3*(-2)^n+3/2*(-1)^n+1/6
```

即

$$h(n)=[2(-2)^n-(-1)^n]u(n),\quad g(n)=\left[\frac{4}{3}(-2)^n-\frac{1}{2}(-1)^n+\frac{1}{6}\right]u(n)$$

$$y_{zi}(n)=[4(-2)^n+2(-1)^n]u(n)$$

$$y_{zs}(n)=\left[\frac{4}{3}(-2)^n-\frac{1}{2}(-1)^n+\frac{1}{6}\right]u(n),y(n)=\left[\frac{16}{3}(-2)^n+\frac{3}{2}(-1)^n+\frac{1}{6}\right]u(n)$$

8.5.3 零极点图和频率特性

用 MATLAB 画 $H(z)$ 零极点图的函数是

```
zplan(b,a)  %画零极点图
```

求频率特性的函数是

```
[H,w]=freqz(b,a)  %求频率特性
```

例 8.5-5 系统函数为 $H(z)=\dfrac{z^2+2z}{z^2+0.4z-0.12}$，画出零极点图及频率特性。

解 MATLAB 程序为

```
b=[1,2,0];a=[1,0.4,-0.12];
subplot(1,3,1),zplane(b,a),grid
w=0:0.01:2*pi;
[H,w]=freqz(b,a);
mag=abs(H);phase=angle(H)*180/pi;
subplot(1,3,2),plot(w,mag),title('幅频特性'),grid
subplot(1,3,3),plot(w,unwrap(phase)),    %unwrap 去掉相角突变
title('相频特性'),grid
```

程序运行结果如图 8.5-1 所示。

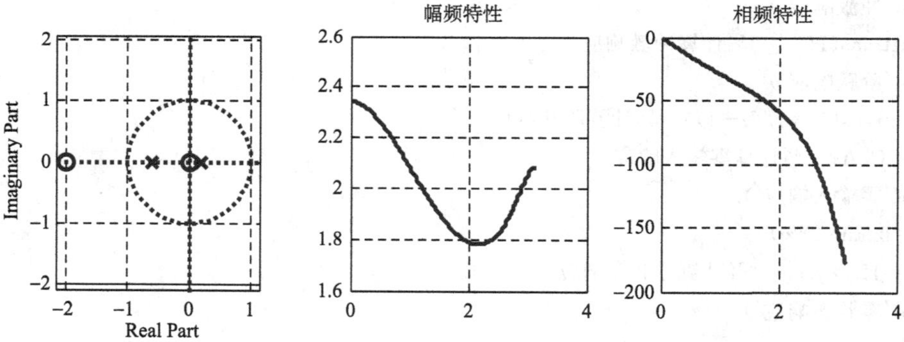

图 8.5-1 零极点图及频率特性

8.6 LTI 系统的状态变量分析

在 MATLAB 中分析状态方程，状态变量用 q 表示，状态变量的变换矩阵用 Q 表示，状态转移矩阵用 p 表示，状态转移矩阵的变换矩阵用 P 表示。

连续系统的状态方程表示为

$$\dot{\boldsymbol{q}}(t)=\boldsymbol{Aq}(t)+\boldsymbol{Be}(t)$$
$$\boldsymbol{r}(t)=\boldsymbol{Cq}(t)+\boldsymbol{De}(t)$$

离散系统的状态方程表示为

$$\boldsymbol{q}(n+1)=\boldsymbol{Aq}(n)+\boldsymbol{Bx}(n)$$

$$\boldsymbol{y}(n)=\boldsymbol{C}\boldsymbol{q}(n)+\boldsymbol{D}\boldsymbol{x}(n)$$

8.6.1 输入输出方程和状态方程间的转换

MATLAB 可将系统的输入输出方程(或系统函数)转化成状态变量方程,反之亦然,不过前者所转化的状态变量方程是直接形式的。调用的函数是

```
[A,B,C,D]=tf2ss(b,a)    %输入输出方程(或系统函数)转化成状态变量方程
[b,a]=ss2tf(A,B,C,D)    %状态变量方程转化成输入输出方程(或系统函数)
```

例 8.6-1 (1) 在例 7.2-3 中,系统的传输算子 $H(p)=\dfrac{p+3}{p^2+3P+2}$,对应微分方程为 $r''(t)+3r'(t)+2r(t)=e'(t)+3e(t)$,转化成状态变量方程。

(2) 在例 7.3-3 中,系统方程为 $y(n)+3y(n-1)+2y(n-2)=x(n)-2x(n-1)$,对应的系统函数 $H(z)=\dfrac{z^2-2z}{z^2+3z+2}$,转化成状态变量方程。

解 MATLAB 程序为

```
b1=[1,3];a1=[1,3,2];
[A1,B1,C1,D1]=tf2ss(b1,a1)
b2=[1,-2,0];a2=[1,3,2];
[A2,B2,C2,D2]=tf2ss(b2,a2)
```

结果为

```
A1=
    -3    -2
     1     0
B1=
     1
     0
C1=
     1     3
D1=
     0
A2=
    -3    -2
     1     0
B2=
     1
     0
C2=
    -5    -2
D2=
     1
```

即状态方程是

$$\dot{\boldsymbol{q}}(t)=\begin{bmatrix}-3 & -2\\ 1 & 0\end{bmatrix}\boldsymbol{q}(t)+\begin{bmatrix}1\\0\end{bmatrix}\boldsymbol{e}(t),\qquad \boldsymbol{r}(t)=[1\quad 3]\boldsymbol{q}(t)$$

$$\boldsymbol{q}(n+1)=\begin{bmatrix}-3 & -2\\ 1 & 0\end{bmatrix}\boldsymbol{q}(n)+\begin{bmatrix}1\\0\end{bmatrix}\boldsymbol{x}(n),\qquad \boldsymbol{y}(n)=[-5\quad -2]\boldsymbol{q}(n)+\boldsymbol{x}(n)$$

值得注意的是，MATLAB 软件默认状态变量 q_1、q_2、…由小到大依次在信号流图上是从左到右排序的，正好与第 7 章所说的相反，而且这是直接形式的。

例 8.6-2 将例 8.6-1 所得的状态变量方程转化为输入输出方程及系统函数。

解 由例 8.6-1 得到(1)和(2)的状态变量方程为

$$\begin{cases}\dot{\boldsymbol{q}}(t)=\begin{bmatrix}-3 & -2\\ 1 & 0\end{bmatrix}\boldsymbol{q}(t)+\begin{bmatrix}1\\0\end{bmatrix}\boldsymbol{e}(t)\\ \boldsymbol{r}(t)=[1\quad 3]\boldsymbol{q}(t)+[0]\boldsymbol{e}(t)\end{cases}$$

$$\begin{cases}\boldsymbol{q}(n+1)=\begin{bmatrix}-3 & -2\\ 1 & 0\end{bmatrix}\boldsymbol{q}(n)+\begin{bmatrix}1\\0\end{bmatrix}\boldsymbol{x}(n)\\ \boldsymbol{y}(n)=[-5\quad -2]\boldsymbol{q}(n)+[1]\boldsymbol{x}(n)\end{cases}$$

MATLAB 程序为

```
A1=[-3,-2;1,0];B1=[1;0];C1=[1,3];D1=[0];
A2=[-3,-2;1,0];B2=[1;0];C2=[-5,-2];D2=[1];
[b1,a1]=ss2tf(A1,B1,C1,D1)
[b2,a2]=ss2tf(A2,B2,C2,D2)
```

结果为

```
b1=0    1.0000    3.0000
a1=1    3         2
b2=1    -2        0
a2=1    3         2
```

表明：(1) 的方程为 $r''(t)+3r'(t)+2r(t)=e'(t)+3e(t)$，系统函数 $H(s)=\dfrac{s+3}{s^2+3s+2}$。

(2) 的方程为 $y(n)+3y(n-1)+2y(n-2)=x(n)-2x(n-1)$，系统函数 $H(z)=\dfrac{z^2-2z}{z^2+3z+2}$。

8.6.2 连续系统状态变量分析

1. 数值解的计算

如只求数值解，MATLAB 提供了以下函数

```
sys=ss(A,B,C,D)
[r,t,q]=lsim(sys,e,t,q0)   %求连续系统的响应
```

sys 是状态空间形式的系统函数，e 是输入信号，q0 为初始状态，r 为系统的响应，q 是状态变量。

例 8.6-3 系统的状态变量方程为

$$\begin{cases}\dot{q}(t)=\begin{bmatrix}0 & 1\\ -2 & -3\end{bmatrix}q(t)+\begin{bmatrix}0\\1\end{bmatrix}e(t)\\ r(t)=[3\quad 1]q(t)\end{cases}$$

初始状态$\begin{bmatrix} q_1(0_-) \\ q_2(0_-) \end{bmatrix}=\begin{bmatrix} -1 \\ 4 \end{bmatrix}$,输入 $e(t)=e^{-3t}u(t)$。画出状态变量及输出的零输入响应、零状态响应和完全响应。

解　在 MATLAB 程序中,初始状态 q0 要$[q_1(0_-)\quad q_2(0_-)]$输入,即 q0=[−1,4]。

零输入响应是 e=0、q0=[−1,4]作用下的响应,零状态响应是 e=exp(−3* t)、q0=[0,0]作用下的响应,完全响应是 e=exp(−3* t)、q0=[−1,4]作用下的响应。程序如下

```
t=0:0.01:4;
A=[0,1;-2,-3];B=[0;1];C=[3,1];D=[0];
sys=ss(A,B,C,D);
e=exp(-3*t);
q0=[-1,4];
[r,t,q]=lsim(sys,e,t,q0);  %计算完全响应及状态变量
subplot(1,3,1),plot(t,r,'k-',t,q(:,1),'b-.',t,q(:,2),'g--'),grid
   %画完全响应和状态变量曲线
legend('r','q1','q2')
e=zeros(1,length(t));  %令输入信号为零
[rzi,t,qzi]=lsim(sys,e,t,q0);  %计算零输入响应及状态变量的零解
subplot(1,3,2),plot(t,rzi,'k-',t,qzi(:,1),'b-.',t,qzi(:,2),'g--'),grid  %画零输入响应和状
  态变量曲线
legend('rzi','qzi1','qzi2')
e=exp(-3*t);
q0=[0,0];  %令初始条件为零
[rzs,t,qzs]=lsim(sys,e,t,q0);  %计算零状态响应及状态变量
subplot(1,3,3),plot(t,rzs,'k-',t,qzs(:,1),'b-.',t,qzs(:,2),'g--'),grid  %画零状态响应和
  状态变量曲线
legend('rzs','qzis','qzis')
```

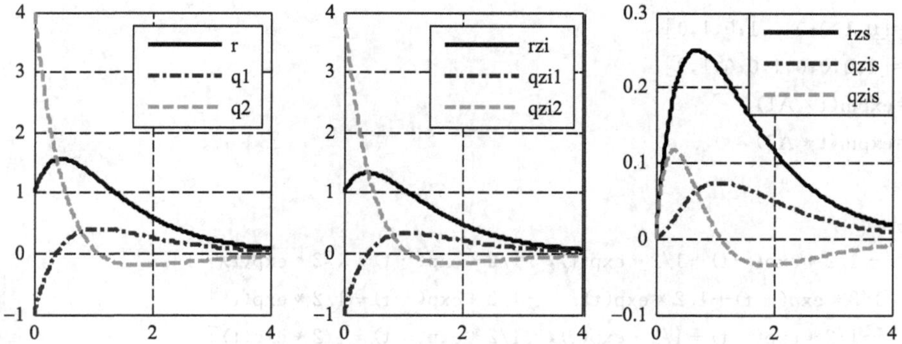

图 8.6-1　例 8.6-3 的状态变量及响应的波形

2. 函数解的计算

如要求函数解,可用 s 域求,也可用时域结合 s 域求解。

1）时域结合 s 域求解

状态变量的零输入解和零输入响应

$$\begin{cases} \boldsymbol{q}_{zi}(t) = e^{\boldsymbol{A}t}\boldsymbol{q}(0_-)u(t) \\ \boldsymbol{r}_{zi}(t) = \boldsymbol{C}\boldsymbol{q}_{zi}(t) = \boldsymbol{C}e^{\boldsymbol{A}t}\boldsymbol{q}(0_-)u(t) \end{cases}$$

状态变量的零状态解和零状态响应

$$\begin{cases} \boldsymbol{q}_{zs}(t) = e^{\boldsymbol{A}t}\boldsymbol{B}u(t) * \boldsymbol{e}(t) \\ \boldsymbol{r}_{zs}(t) = \boldsymbol{C}\boldsymbol{q}_{zs}(t) + \boldsymbol{D}\boldsymbol{e}(t) = [\boldsymbol{C}e^{\boldsymbol{A}t}\boldsymbol{B}u(t) + \boldsymbol{D}\delta(t)] * \boldsymbol{e}(t) \end{cases}$$

为求状态转移矩阵 $\varphi(t)=e^{At}$，MATLAB 提供了求 e^{At} 的函数，调用格式是

```
expm(t* A)   %e^At
```

麻烦的是矩阵的卷积很难求，我们用 s 域求解。用以下命令可求得状态变量的零状态解和零状态响应

```
qzs=ilaplace(laplace(expm(t * A) * B) * laplace(e))
rzs=ilaplace(laplace(C * expm(t * A) * B+D * sym('Dirac(t)')) * laplace(e))
```

状态变量的完全解和完全响应

$$\begin{cases} \boldsymbol{q}(t) = \boldsymbol{q}_{zi}(t) + \boldsymbol{q}_{zs}(t) \\ \boldsymbol{r}(t) = \boldsymbol{r}_{zi}(t) + \boldsymbol{r}_{zs}(t) \end{cases}$$

2）s 域求解

依据下式可编制 MATLAB 程序

$$\boldsymbol{Q}(s) = \boldsymbol{Q}_{zi}(s) + \boldsymbol{Q}_{zs}(s) = (s\boldsymbol{I} - \boldsymbol{A})^{-1}\boldsymbol{q}(0_-) + (s\boldsymbol{I} - \boldsymbol{A})^{-1}\boldsymbol{B}\boldsymbol{E}(s)$$

$$\boldsymbol{R}(s) = \boldsymbol{R}_{zi}(s) + \boldsymbol{R}_{zs}(s) = \boldsymbol{C}(s\boldsymbol{I} - \boldsymbol{A})^{-1}\boldsymbol{q}(0_-) + [\boldsymbol{C}(s\boldsymbol{I} - \boldsymbol{A})^{-1}\boldsymbol{B} + \boldsymbol{D}]\boldsymbol{E}(s)$$

例 8.6-4 求状态转移矩阵 e^{At}。

$$\boldsymbol{A}_1 = \begin{bmatrix} 0 & 1 & 0 \\ 0 & 0 & 1 \\ 0 & 1 & 0 \end{bmatrix}, \quad \boldsymbol{A}_2 = \begin{bmatrix} 1 & 0 & 0 \\ 0 & 1 & 0 \\ 0 & 1 & 2 \end{bmatrix}$$

解 程序为

```
syms t
A1=[0,1,0;0,0,1;0,1,0];
A2=[1,0,0;0,1,0;0,1,2];
P1=expm(t * A1)
P2=expm(t * A2)
```

结果为

```
P1=
[1,  -1/2 * exp(-t)+1/2 * exp(t),  1/2 * exp(-t)+1/2 * exp(t)-1]
[0,  1/2 * exp(-t)+1/2 * exp(t),  -1/2 * exp(-t)+1/2 * exp(t)]
[0,  -1/2 * exp(-t)+1/2 * exp(t),  1/2 * exp(-t)+1/2 * exp(t)]
P2=
[exp(t),          0,                  0]
[     0,     exp(t),                  0]
[     0,  exp(2 * t)-exp(t),  exp(2 * t)]
```

即

$$e^{A_1 t}=\begin{bmatrix}1 & \frac{1}{2}e^{t}-\frac{1}{2}e^{-t} & \frac{1}{2}e^{t}+\frac{1}{2}e^{-t}-1\\ 0 & \frac{1}{2}e^{t}+\frac{1}{2}e^{-t} & \frac{1}{2}e^{t}-\frac{1}{2}e^{-t}\\ 0 & \frac{1}{2}e^{t}-\frac{1}{2}e^{-t} & \frac{1}{2}e^{t}+\frac{1}{2}e^{-t}\end{bmatrix},\quad e^{A_2 t}=\begin{bmatrix}e^{t} & 0 & 0\\ 0 & e^{t} & 0\\ 0 & e^{2t}-e^{t} & e^{2t}\end{bmatrix}$$

例 8.6-5 例 7.5-1 中系统的状态方程为

$$\dot{\boldsymbol{q}}(t)=\begin{bmatrix}1 & 0\\ 0 & -1\end{bmatrix}\boldsymbol{q}(t)+\begin{bmatrix}0 & 1\\ 1 & 0\end{bmatrix}\boldsymbol{e}(t)$$

$$\boldsymbol{r}(t)=\begin{bmatrix}1 & 0\\ 0 & -1\end{bmatrix}\boldsymbol{q}(t)+\begin{bmatrix}1 & 0\\ 1 & 1\end{bmatrix}\boldsymbol{e}(t)$$

起始状态和输入分别为 $q(0_-)=\begin{bmatrix}1\\ -1\end{bmatrix}$，$e(t)=\begin{bmatrix}u(t)\\ \delta(t)\end{bmatrix}$。求系统单位冲激响应矩阵、零输入响应、零状态响应、完全响应。

解 求函数解时，初始状态 q0 要 $q(0_-)=\begin{bmatrix}1\\ -1\end{bmatrix}$ 输入，即 q0=[1;−1]。程序为

```
syms t;
A=[1,0;0,-1];B=[0,1;1,0];C=[1,0;0,-1];D=[1,0;1,1];q0=[1;-1];
e=[sym('Heaviside(t)');sym('Dirac(t)')];
P=expm(t*A);
disp('冲激响应矩阵表达式')
ht=C*P*B+D*sym('Dirac(t)')
disp('转移函数矩阵表达式')
Hs=laplace(ht)
disp('状态变量的零输入解表达式')
qzi=P*q0
disp('零输入响应表达式')
rzi=C*qzi
disp('状态变量的零状态解表达式')
qzs=ilaplace(laplace(P*B)*laplace(e))
disp('零状态响应表达式')
rzs=ilaplace(laplace(C*P*B+D*sym('Dirac(t)'))*laplace(e))
disp('状态变量的表达式')
q=qzi+qzs
disp('完全响应表达式')
r=rzi+rzs
```

结果为

```
冲激响应矩阵表达式
ht=
[         dirac(t),              exp(t)]
[-exp(-t)+dirac(t),   dirac(t)]
```

```
转移函数矩阵表达式
Hs=
[     1,      1/(s-1)]
[s/(1+s),          1]
状态变量的零输入解表达式
qzi=
 exp(t)
-exp(-t)
零输入响应表达式
rzi=
  exp(t)
  exp(-t)
状态变量的零状态解表达式
qzs=
  exp(t)
  1-exp(-t)
零状态响应表达式
rzs=
  1+exp(t)
exp(-t)+dirac(t)
状态变量的表达式
q =
  2*exp(t)
  -2*exp(-t)+1
完全响应表达式
r =
 2*exp(t)+1
 2*exp(-t)+dirac(t)
```

例 8.6-6 s 域求解例 8.6-5。

解 程序为

```
syms s t;
A=[1,0;0,-1];B=[0,1;1,0];C=[1,0;0,-1];D=[1,0;1,1];q0=[1;-1];
e=[sym('1');sym('Dirac(t)')];E=laplace(e);
P1=s*eye(2)-A;P=inv(P1);  %状态转移矩阵的 s 变换
Q=P*q0+P*B*E;  %状态变量矩阵
disp('状态变量表达式')
q=ilaplace(Q)
disp('零输入响应表达式')
Rzi=C*P*q0;rzi=ilaplace(Rzi)
disp('零状态响应表达式')
Rzs=(C*P*B+D)*E;rzs=ilaplace(Rzs)
disp('系统完全响应表达式')
r=C*q+D*e
```

```
disp('转移函数矩阵表达式')
H=C*P*B+D
disp('冲激响应矩阵表达式')
h=ilaplace(H)
```

结果为

```
状态变量表达式
q =
 2*exp(t)
 -2*exp(-t)+1
零输入响应表达式
rzi=
 exp(t)
 exp(-t)
零状态响应表达式
rzs=
 1+exp(t)
 exp(-t)+dirac(t)
系统完全响应表达式
r=
   2*exp(t)+1
   2*exp(-t)+dirac(t)
转移函数矩阵表达式
H=
[         1,          1/(s-1)]
[-1/(s+1)+1,                1]
冲激响应矩阵表达式
h=
[           dirac(t),          exp(t)]
[-exp(-t)+dirac(t),         dirac(t)]
```

8.6.3　离散系统状态变量分析

1. 时域迭代法求数值解

例 8.6-7　求例 7.6-1 的解

$$\begin{bmatrix} q_1(n+1) \\ q_2(n+1) \end{bmatrix} = \begin{bmatrix} 0 & 1 \\ -2 & -3 \end{bmatrix} \begin{bmatrix} q_1(n) \\ q_2(n) \end{bmatrix} + \begin{bmatrix} 0 \\ 1 \end{bmatrix} x(n)$$

$$y(n) = [-2 \quad -5] \begin{bmatrix} q_1(n) \\ q_2(n) \end{bmatrix} + x(n)$$

输入 $x(n)=u(n)$ 时 $q_1(0)=5/6, q_2(0)=-4/3$，画出零输入响应、零状态响应和完全响应。

解　MATLAB 程序如下，波形如图 8.6-2 所示。

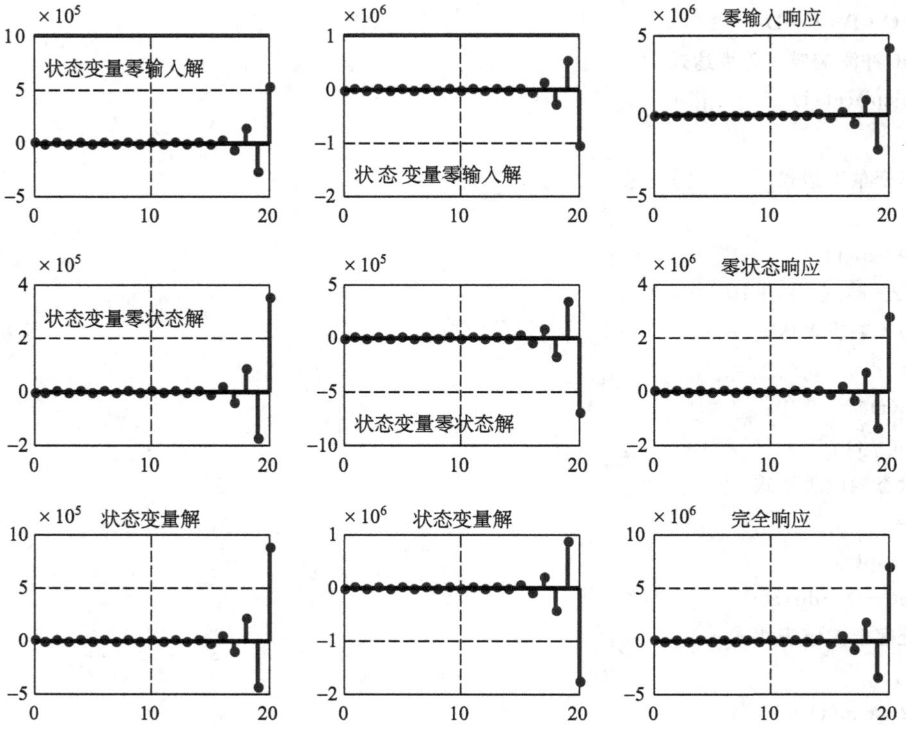

图 8.6-2 例 8.6-7 的状态变量及响应的波形

```
A=[0,1;-2,-3];B=[0;1];C=[-2,-5];D=[1];
q0=[5/6;-4/3];
n=20;k=1:n;  %用迭代法求状态变量的零输入解和零输入响应
xzi=0;qzi(:,1)=q0;
for i=1:n
    qzi(:,i+1)=A*qzi(:,i)+B*xzi;
end
subplot(3,3,1),stem([0:n],qzi(1,:),'.'),text(1,7*10^5,'状态变量零输入解'),grid
subplot(3,3,2),stem([0:n],qzi(2,:),'.'),text(1,-1.6*10^6,'状态变量零输入解'),grid
yzi=C*qzi+D*xzi;
subplot(3,3,3),stem([0:n],yzi,'.'),title('零输入响应'),grid
qzs0=[0;0];
n=20;k=1:n;  %用迭代法求状态变量的零状态解和零状态响应
xzs=1;qzs(:,1)=qzs0;
for i=1:n
    qzs(:,i+1)=A*qzs(:,i)+B*xzs;
end
subplot(3,3,4),stem([0:n],qzs(1,:),'.'),text(1,2.7*10^5,'状态变量零状态解'),grid
subplot(3,3,5),stem([0:n],qzs(2,:),'.'),text(1,-8*10^5,'状态变量零状态解'),grid
yzs=C*qzs+D*xzs;
```

```
subplot(3,3,6),stem([0:n],yzs,'.'),title('零状态响应'),grid
q0=[5/6;-4/3];
n=20;k=1:n;  %用迭代法求状态变量的完全解和完全响应
x=1;q(:,1)=q0;
for i=1:n
    q(:,i+1)=A*q(:,i)+B*x;
end
subplot(3,3,7),stem([0:n],q(1,:),'.'),title('状态变量解'),grid
subplot(3,3,8),stem([0:n],q(2,:),'.'),title('状态变量解'),grid
y=C*q+D*x;
subplot(3,3,9),stem([0:n],y,'.'),title('完全响应'),grid
```

2. 用 z 变换求函数解

用 z 变换求函数解依据以下方程

$$\boldsymbol{Q}(z)=\boldsymbol{Q}_{zi}(z)+\boldsymbol{Q}_{zs}(z)=(z\boldsymbol{I}-\boldsymbol{A})^{-1}z\boldsymbol{q}(0)+(z\boldsymbol{I}-\boldsymbol{A})^{-1}\boldsymbol{B}\boldsymbol{X}(z)$$

$$\boldsymbol{Y}(z)=\boldsymbol{Y}_{zi}(z)+\boldsymbol{Y}_{zs}(z)=\boldsymbol{C}(z\boldsymbol{I}-\boldsymbol{A})^{-1}z\boldsymbol{q}(0)+[\boldsymbol{C}(z\boldsymbol{I}-\boldsymbol{A})^{-1}\boldsymbol{B}+\boldsymbol{D}]\boldsymbol{X}(z)$$

例 8.6-8　用 z 变换求例 8.6-7。

解　MATLAB 的程序为

```
syms z n
A=[0,1;-2,-3];B=[0;1];C=[-2,-5];D=[1];
q0=[5/6;-4/3];  %起始条件
x=sym('Heaviside(n)');X=ztrans(x);  %输入信号 z 变换
P=inv(z*eye(2)-A)*z;  %状态转移矩阵
Qzi=P*q0;Qzs=1/z*P*B*X;Q=Qzi+Qzs;  %状态变量的 z 变换
disp('状态变量零输入解的表达式')
qzi=iztrans(Qzi)
disp('状态变量零状态解的表达式')
qzs=iztrans(Qzs)
disp('状态变量表达式')
q=iztrans(Q)
Yzi=C*Qzi;
Yzs=C*Qzs+D*X;
Y=Yzi+Yzs;
disp('零输入响应表达式')
yzi=iztrans(Yzi)
disp('零状态响应表达式')
yzs=iztrans(Yzs)
disp('完全响应表达式')
y=iztrans(Y)
n=0:20;
yzi=subs(yzi);yzs=subs(yzs);y=subs(y);  %将符号表达式中的 n 代换后得其数值
subplot(1,3,1),stem(n,yzi,'.'),title('零输入响应'),grid
subplot(1,3,2),stem(n,yzs,'.'),title('零状态响应'),grid
```

```
subplot(1,3,3),stem(n,y,'.'),title('完全响应'),grid
```

结果如图 8.6-3 所示，如下

```
状态变量零输入解的表达式
qzi=
    1/2*(-2)^n+1/3*(-1)^n
    -(-2)^n-1/3*(-1)^n
状态变量零状态解的表达式
qzs=
    1/3*(-2)^n-1/2*(-1)^n+1/6
    -2/3*(-2)^n+1/2*(-1)^n+1/6
状态变量表达式
q=
   5/6*(-2)^n-1/6*(-1)^n+1/6
   -5/3*(-2)^n+1/6*(-1)^n+1/6
零输入响应表达式
yzi=
4*(-2)^n+(-1)^n
零状态响应表达式
yzs=
8/3*(-2)^n-3/2*(-1)^n-1/6
完全响应表达式
y=
20/3*(-2)^n-1/2*(-1)^n-1/6
```

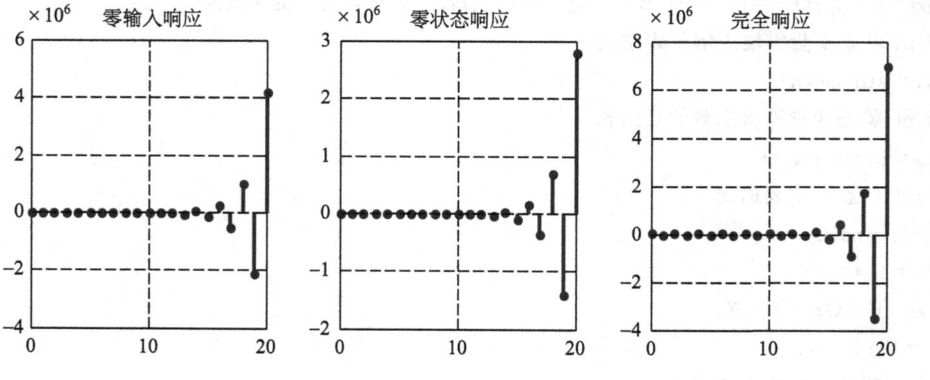

图 8.6-3 例 8.6-8 响应的波形

8.6.4 系统的可控性和可观性判断

线性时不变系统具有可控性的充要条件是可控性判别矩阵 $\boldsymbol{M}$ 满秩(即 rank$\boldsymbol{M}=n$)，具有可观测性的充要条件是可观测性判别矩阵 $\boldsymbol{N}$ 满秩(即 rank$\boldsymbol{N}=n$)。MATLAB 提供了建立 $\boldsymbol{M}$ 和 $\boldsymbol{N}$ 矩阵的函数，调用格式为

```
M=ctrb(A,B)
N=obsv(A,C)
```

MATLAB 还提供了求矩阵秩的函数，调用格式为

```
r=rank(M)
r=rank(N)
```

例 8.6-9 判断系统(1)和(2)的可控性，判断系统(3)和(4)的可观测性：

(1) $\dot{\boldsymbol{q}}(t)=\begin{bmatrix}1 & 3\\0 & 2\end{bmatrix}\boldsymbol{q}(t)+\begin{bmatrix}-1\\0\end{bmatrix}\boldsymbol{e}$；

(2) $\boldsymbol{q}(n+1)=\begin{bmatrix}1 & 0 & 0\\0 & 2 & -2\\-1 & 1 & 0\end{bmatrix}\boldsymbol{q}(n)+\begin{bmatrix}1\\0\\1\end{bmatrix}\boldsymbol{x}(n)$；

(3) $\boldsymbol{q}(n+1)=\begin{bmatrix}1 & 0 & -1\\0 & -2 & 1\\3 & 0 & 2\end{bmatrix}\boldsymbol{q}(n)+\begin{bmatrix}1\\2\\-1\end{bmatrix}x(n),\boldsymbol{y}(n)=[0\quad 1\quad 0]\boldsymbol{q}(n)$；

(4) $\dot{\boldsymbol{q}}(t)=\begin{bmatrix}2 & 1\\0 & -1\end{bmatrix}\boldsymbol{q}(t)+\begin{bmatrix}0\\1\end{bmatrix}\boldsymbol{e}(t),\boldsymbol{r}(t)=[0\quad 2]\boldsymbol{q}(t)$。

解 MATLAB的程序为

```
A1=[1,3;0,2];B1=[-1;0];
A2=[1,0,0;0,2,-2;-1,1,0];B2=[1;0;1];
A3=[1,0,-1;0,-2,1;3,0,2];C3=[0,1,0];
A4=[2,1;0,-1];C4=[0,2];
M1=ctrb(A1,B1);
M2=ctrb(A2,B2);
rc1=rank(M1)
rc2=rank(M2)
N1=obsv(A3,C3);
N2=obsv(A4,C4);
ro1=rank(N1)
ro2=rank(N2)
```

结果为

rc1=1,rc2=3,ro1=3,ro2=1

结论：系统1不满秩，为不可控；系统2满秩，为可控；系统3满秩，为可观测；系统4不满秩，为不可观测。

习 题 八

8-1 画出题8-1图所示信号，并画出其一次导数和一次积分的波形。

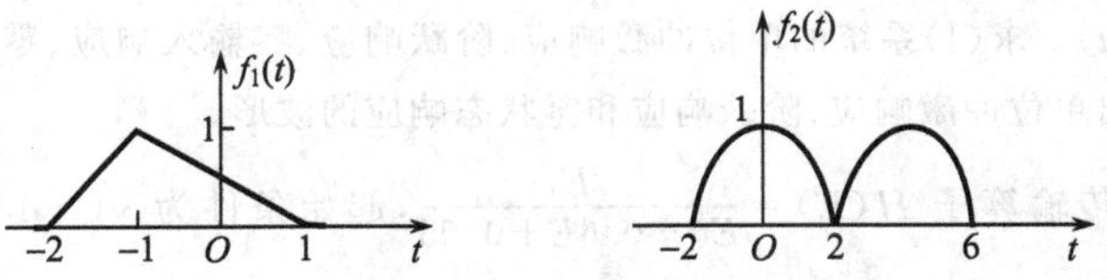

题8-1图

8-2 画出题8-2图所示信号，并画出其一阶后向差分、二阶后向差分和一次累加的波形。

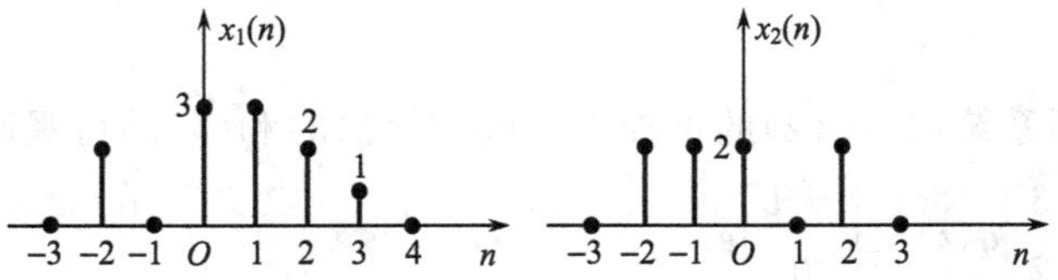

题 8-2 图

8-3 画出题 8-1 图中 $f_1(t)$的 $f_1(2t+4)$和 $f_1(-0.5t+4)$的波形。

8-4 画出题 8-4 图所示信号及奇、偶分量波形。

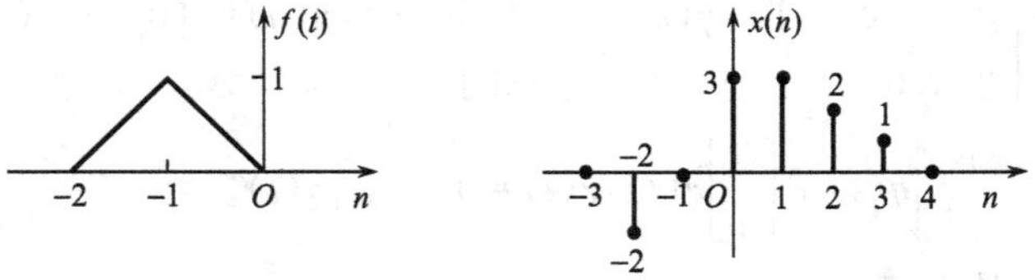

题 8-4 图

8-5 已知 $f_1(t)=e^{-2t}u(t)$，$f_2(t)=u(t+2)-u(t-1)$，画出 $f_1(t)$、$f_2(t)$、$R_{12}(\tau)$和 $R_{21}(\tau)$的波形。

8-6 已知 $x_1(n)=2^{-n}u(n)$，$x_2(n)=R_2(n)$，画出 $x_1(n)$、$x_2(n)$、$R_{12}(m)$和 $R_{21}(m)$的波形。

8-7 如题 8-7 图所示信号流图，求

(1) 图(a)的 $H(p)$；

(2) 图(b)的 $H_{11}(z)=\dfrac{Y_1(z)}{X_1(z)}$、$H_{12}(z)=\dfrac{Y_1(z)}{X_2(z)}$、$H_{21}(z)=\dfrac{Y_2(z)}{X_1(z)}$和 $H_{22}(z)=\dfrac{Y_2(z)}{X_2(z)}$。

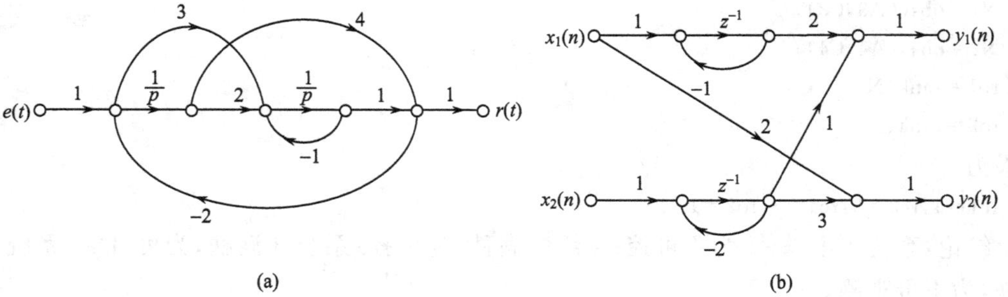

题 8-7 图

8-8 给定系统的微分方程$\dfrac{d^2}{dt^2}r(t)+6\dfrac{d}{dt}r(t)+5r(t)=2\dfrac{d}{dt}e(t)+e(t)$，起始状态为 $r(0_-)=1$，$r'(0_-)=2$，激励 $e(t)=e^{-2t}u(t)$。求(1)系统的单位冲激响应、阶跃响应、零输入响应、零状态响应和完全响应的函数公式；(2)画出单位冲激响应、阶跃响应和零状态响应的波形。

8-9 已知 LTI 系统的传输算子 $H(E)=\dfrac{E}{E^2+0.6E+0.05}$，起始条件为 $y(-1)=0$，$y(-2)=1$，激励 $x(n)=\sin\left(\dfrac{\pi}{5}n\right)u(n)$。

(1) 画出零输入响应、零状态响应和完全响应的波形；

(2) 画出冲激响应、阶跃响应、输入信号和零状态响应的波形。

8-10　如题 8-10 图所示周期信号，画出波形及前 1 次、5 次、10 次、40 次、200 次谐波合成的波形。

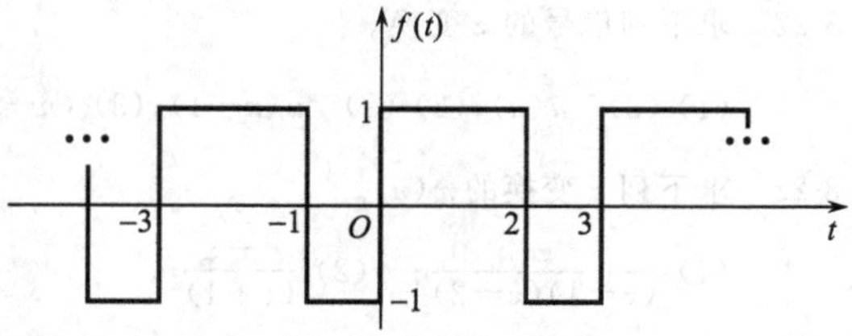

题 8-10 图

8-11　画出题 8-10 图所示信号的单边和双边频谱。

8-12　计算并画出下列信号的频谱。

(1) $f_1(t)=te^{-5t}u(t)$；(2) $f_2(t)=e^{-2t}\cos tu(t)$；

(3) $f_3(t)=e^{-|t|}\cos t$；(4) $f_4(t)=\frac{2}{1+t^2}$。

8-13　求题 8-13 图所示频谱函数的时间函数。

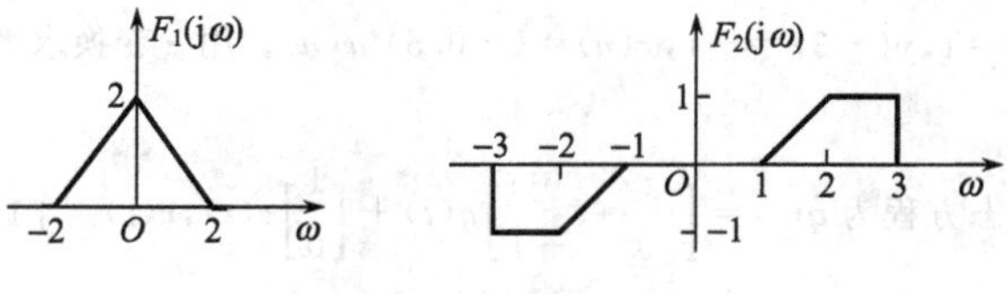

题 8-13 图

8-14　系统方程为$\frac{d^2r(t)}{dt^2}+3\frac{dr(t)}{dt}+2r(t)=\frac{de(t)}{dt}+3e(t)$，输入 $e(t)=e^{-t}u(t)$。

(1) 求系统的响应 $r(t)$；(2) 画出频谱特性和 $R(j\omega)$。

8-15　求下列信号的拉氏变换。

(1) $\sin t\cos(3t)u(t)$；(2) $te^{-2t}\sin tu(t)$；(3) $2\sqrt{t}u(t)$；

(4) $(t-2)u(t-2)$；(5) $\delta(2t-4)$；(6) $(t+2)\sin tu(t-1)$。

8-16　求题 8-16 图所示信号的拉氏变换。

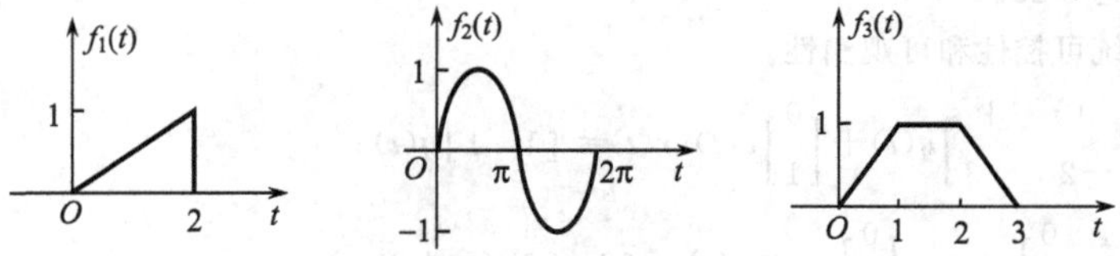

题 8-16 图

8-17　已知因果信号 $f(t)$ 的拉氏变换 $F(s)$ 如下，求 $f(t)$。

(1) $\frac{s^2+5s+3}{s^2+3s+2}$；(2) $\frac{4}{(s^2+1)^2}$；(3) $\frac{2s+5}{(s+2)^2}e^{-2s-4}$；(4) $\ln\left(\frac{s+1}{s}\right)$。

8-18　已知系统方程为$\frac{d^2r(t)}{dt^2}+2\frac{d}{dt}r(t)+r(t)=\frac{d}{dt}e(t)$，起始条件为 $r(0_-)=1$，$r'(0_-)=2$，输入 $e(t)=u(-t)+e^{-t}u(t)$。在 s 域求零输入响应、零状态响应和完全响应。

8-19　已知系统方程为$\frac{d^3r(t)}{dt^3}+6\frac{d^2r(t)}{dt^2}+11\frac{d}{dt}r(t)+6r(t)=\frac{d^2}{dt^2}e(t)+4e(t)$，起始条件为 $r(0_-)=1$，$r'(0_-)=0$，$r''(0_-)=-1$，输入 $e(t)=e^{-t}u(t)$。在 s 域求零输入响应、零状态响应和完全响应。

8-20　画出题 8-19 的零极点图及频率响应。

8-21　判断下列系统函数 $H(s)$ 所代表系统的稳定性。

(1) $\frac{s+2}{s^3+s^2+2s+6}$；(2) $\frac{2s^2+1}{3s^3+5s^2+4s+6}$；(3) $\frac{s^3+2s}{s^4+5s^3+9s^2+5s+2}$

(4) $\frac{s^2+1}{s^4+3s^3-2s^2+6s+4}$；(5) $\frac{s+2}{s^4+2s^2+3s+1}$。

8-22 求下列信号的 z 变换。

(1) $(3)^{-n}u(n)$；(2) $(2)^{-n}u(n-1)$；(3) $(n-2)^2u(n-1)$；(4) $a^n e^{-an}u(n)$；(5) $\sin\left(\frac{\pi}{4}n\right)u(n)$。

8-23 求下列 z 变换的 $x(n)$。

(1) $\frac{z}{(z-1)(z-2)}$； (2) $\frac{-z}{(z+1)^2}$。

8-24 系统的差分方程为 $y(n)-1.5y(n-1)+0.5y(n-2)=x(n)-2x(n-1)$，条件 $y(-1)=0$、$y(-2)=-2$，输入 $x(n)=2^n u(n)$。用 z 变换求零输入响应、零状态响应和完全响应。

8-25 系统的差分方程为 $y(n)-0.3y(n-1)-0.13y(n-2)+0.015y(n-3)=x(n)-0.2x(n-2)$，$y(-1)=0$，$y(-2)=1$，$y(-3)=-1$，$x(n)=(-0.5)^n u(n)$。用 z 变换求系统的零输入响应、零状态响应和完全响应。

8-26 LTI 连续系统的状态方程为 $\dot{\boldsymbol{q}}(t)=\begin{bmatrix}-2 & 0\\ 0 & -1\end{bmatrix}\boldsymbol{q}(t)+\begin{bmatrix}1\\0\end{bmatrix}\boldsymbol{e}(t)$，$\boldsymbol{r}(t)=[1\quad -1]\boldsymbol{q}(t)+2\boldsymbol{e}(t)$，已知 $\boldsymbol{q}(0_-)=\begin{bmatrix}1\\1\end{bmatrix}$，激励 $e(t)=u(t)$。画出零输入响应、零状态响应和完全响应的波形。

8-27 在 s 域求解题 8-26。

8-28 已知系统的状态方程为

$$\boldsymbol{q}(n+1)=\begin{bmatrix}-1 & 1\\ 0 & -2\end{bmatrix}\boldsymbol{q}(n)+\begin{bmatrix}0\\1\end{bmatrix}\boldsymbol{x}(n)$$

$$\boldsymbol{y}(n)=[1\quad -1]\boldsymbol{q}(n)+\boldsymbol{x}(n)$$

给定 $\boldsymbol{q}(0)=\begin{bmatrix}1\\0\end{bmatrix}$，$x(n)=u(n)$。用时域计算并画出系统的零输入响应、零状态响应和完全响应。

8-29 在 z 域求解题 8-28。

8-30 判断下列系统可控性和可观测性。

(1) $\dot{\boldsymbol{q}}(t)=\begin{bmatrix}0 & 1\\ -2 & -3\end{bmatrix}\boldsymbol{q}(t)+\begin{bmatrix}0\\1\end{bmatrix}\boldsymbol{e}(t)$，$\boldsymbol{r}(t)=[1\quad 1]\boldsymbol{q}(t)$；

(2) $\dot{\boldsymbol{q}}(t)=\begin{bmatrix}1 & 0\\ 0 & 1\end{bmatrix}\boldsymbol{q}(t)+\begin{bmatrix}0\\2\end{bmatrix}\boldsymbol{e}(t)$，$\boldsymbol{r}(t)=[2\quad 2]\boldsymbol{q}(t)+3e(t)$；

(3) $\boldsymbol{q}(n+1)=\begin{bmatrix}0 & 1\\ -2 & -3\end{bmatrix}\boldsymbol{q}(n)+\begin{bmatrix}0\\1\end{bmatrix}\boldsymbol{x}(n)$，$\boldsymbol{y}(n)=[-2\quad -2]\boldsymbol{q}(n)+\boldsymbol{x}(n)$；

(4) $\boldsymbol{q}(n+1)=\begin{bmatrix}1 & 0 & -1\\ 0 & -2 & 1\\ 3 & 0 & 2\end{bmatrix}\boldsymbol{q}(n)+\begin{bmatrix}1\\0\\-1\end{bmatrix}\boldsymbol{x}(n)$，$\boldsymbol{y}(n)=[0\quad 1\quad 0]\boldsymbol{q}(n)+\boldsymbol{x}(n)$。

习题答案

习　题　一

1-1　(1) π；(2) 12；(3) $\frac{\pi}{2}$；(4) T；(5) 非周期信号；

(6) 24；(7) 4；(8) 8；(9) 2。

1-2　(1) 能量信号；(2) 功率信号；(3) 非功非能；(4) 功率信号；(5) 能量信号；(6) 非功非能。

1-4　(1) $f_1(t)=2[u(t+1)-u(t-2)]$；

(2) $f_2(t)=|t|[u(t+1)-u(t-1)]$；

(3) $f_3(t)=(t+2)u(t+2)-1.5(t+1)u(t+1)+0.5(t-1)u(t-1)$；

(4) $f_4(t)=\left|\cos\left(\frac{\pi}{4}t\right)\right|[u(t+2)-u(t-6)]$；

(5) $x_1(n)=2\delta(n+2)+3\delta(n)+3\delta(n-1)+2\delta(n-2)+\delta(n-3)$；

(6) $x_2(n)=2R_5(n+2)$。

1-9　$f_1'(t)=\delta(t+1)-\delta(t-1)$，$f_1^{(-1)}(t)=(t+1)u(t+1)+(1-t)u(t-1)$，

$f_2'(t)=u(t)-u(t-2)-2\delta(t-2)$，$f_2^{(-1)}(t)=\frac{1}{2}t^2u(t)+\left(2-\frac{t^2}{2}\right)u(t-2)$，

$f_3'(t)=-\delta(t+2)+2\delta(t)-\delta(t-3)$，$f_3^{(-1)}(t)=-(t+2)u(t+2)+2tu(t)+(3-t)u(t-3)$，

$f_4'(t)=-2\delta(t+2)+\delta(t+1)+\delta(t-1)+u(t+2)-u(t+1)+u(t-1)$，

$f_4^{(-1)}(t)=(0.5t^2-2)u(t+2)-0.5(t^2-1)u(t+1)+0.5(t^2-1)u(t-1)$。

1-13　$E=20$，$P=0$。

1-14　(1) 2；(2) $2u(t)$；(3) $2u(-t)$；(4) 1；(5) 0；(6) $\cos(1)u(t-1)$；(7) $u(t+1)$；

(8) π；(9) 1；(10) $\delta(t)+u(t)$；(11) $-\delta(t)+u(-t)$；(12) $\frac{1}{4}e^{-2}$；

(13) $-\frac{1}{2}\delta(t-2)-\frac{1}{4}u(-t+2)$；(14) $\frac{1}{2}\delta(t-2)-\frac{1}{4}u(t-2)$。

1-16　(1) $\frac{p+1}{p}\delta(t)$；(2) $\frac{5p+2}{p(p+1)}\delta(t)$；(3) $\frac{p^3+9p+6}{p^2+9}\delta(t)$；(4) $\frac{p^2+3p+1}{p(p+1)^2}\delta(t)$；

(5) $\frac{4}{p^2+2p+5}\delta(t)$；(6) $\frac{5p+7}{p^2+3p+2}\delta(t)$；(7) $\frac{4p}{(p^2+4)^2}\delta(t)$；

(8) $\left[\frac{p+1}{p^2+2p+10}+\frac{p^2-9}{(p^2+9)^2}\right]\delta(t)$；(9) $\frac{2}{(p+2)^3}\delta(t)$；(10) $\frac{2E-1}{E-1}\delta(n)$；(11) $\frac{1}{E-1}\delta(n)$；

(12) $\frac{4E^2+5E}{(E-1)(E+2)}\delta(n)$；(13) $-\frac{1}{E+1}\delta(n)$；(14) $\frac{2E(1-E)}{(E-2)^2}\delta(n)$；

(15) $\frac{\sin\left(\frac{2}{7}\pi\right)E}{E^2-2\cos\left(\frac{2}{7}\pi\right)E+1}\delta(n)$；(16) $\frac{E(4E-7)}{3(E+2)(E-3)}\delta(n)$。

1-17　(1) $\delta'(t)+2u(t)$；(2) $(1+2e^{-t})u(t)$；(3) $\delta'(t)+2[\sin(2t)-\cos(2t)]u(t)$；

(4) $(4-te^{-t}-3e^{-t})u(t)$；(5) $\frac{1}{2}e^{-2t}\sin(2t)u(t)$；(6) $(3e^{-2t}-4e^{-3t})u(t)$；(7) $2t\sin(3t)u(t)$；

(8) $\frac{2}{3}t^3e^{-2t}u(t)$；(9) $2^nu(n-1)$；(10) $3\delta(n)+u(n-1)$；(11) $[3+(-2)^n]u(n)$；
(12) $2(-1)^nu(n-1)$；(13) $-2\delta(n)-n2^{n+2}u(n)+(n-1)2^{n+1}u(n-1)$；
(14) $(\sqrt{2})^n\sin\left(\frac{\pi}{4}n\right)u(n)$；(15) $\left[\frac{3}{5}(2)^n+\frac{7}{5}(-3)^n\right]u(n)$；(16) $\frac{1}{2}[1+(-1)^n]u(n-1)$。

1-19 (1) $te^{-t}u(t)$；(2) $u(t)+e^tu(-t)$；(3) $\frac{2}{5}\left(t+\frac{2}{5}\right)e^{-t}u(t)-\frac{1}{25}[3\sin(2t)+4\cos(2t)]u(t)$；
(4) $[3(2)^n-2(3)^n]u(-n)$；(5) 4；(6) $\frac{1}{3}(2)^nu(-n)+\frac{1}{3}(2)^{-n}u(n-1)$。

1-20 (1) $t^2u(t)$；(2) $(1-e^{-t})u(t)$；(3) $(1-e^{1-t})u(t-1)-(1-e^{4-t})u(t-4)$；(4) $(t-1+e^{-t})u(t)$；
(5) $\left(\frac{t^2}{2}+t\right)u(t)-\left(\frac{t^2}{2}+t-\frac{3}{2}\right)u(t-1)-\left(\frac{t^2}{2}-t\right)u(t-2)+\left(\frac{t^2}{2}-t-\frac{3}{2}\right)u(t-3)$；
(6) $2^{n-1}u(n-1)$；(7) $2^nu(n)+2^{n-1}u(n-1)$；(8) $3(3^n-2^n)u(n-1)$。

1-21 (1) $tu(t)$；(2) $(e^{-t}-e^{-2t})u(t)$；(3) $te^{-2t}u(t)$；(4) $(t-1+e^{-t})u(t)$；(5) $\frac{1}{20}t^5u(t)$；
(6) $(2te^{-t}-6e^{-t}+t^2e^{-2t}+4te^{-2t}+6e^{-2t})u(t)$；(7) $(1-e^{-t})u(t)+(e^{1-t}-1)u(t-1)$；
(8) $e^{-2}(t-3+e^{-t+2})u(t-2)$；(9) $\frac{1}{2}(\cos t+\sin t-e^{-t})u(t)$ (10) $\cos tu(t)$。
(11) $\frac{2}{5}\left[1-e^{-t}\cos(2t)-\frac{1}{2}e^{-t}\sin(2t)\right]u(t)$；(12) $\frac{1}{2}e^{-t}[1-\cos(2t)]u(t)$；(13) $e^{-2t}\sin tu(t)$；
(14) $\frac{\sqrt{2}}{2}e^{-2t}\sin tu(t)$；(15) $\frac{\sqrt{2}}{4}e^{-t}\sin(2t)u(t)$；
(16) $\left[\frac{2}{5}te^{-t}+\frac{4}{25}e^{-t}-\frac{4}{25}\cos(2t)-\frac{3}{25}\sin(2t)\right]u(t)$。

1-22 (1) $(n+1)2^nu(n)$；(2) $(2^{n+1}-1)u(n)$；(3) $(n+1)u(n)$；(4) $[-3(2)^n+(3)^{n+1}]u(n)$；
(5) $(-2+2^{n+1})u(n-1)$；(6) $(n-4)2^nu(n-4)$；(7) $\frac{n(n+1)}{2}u(n)$；(8) $(2^{n+1}-n-2)u(n)$；
(9) $(2^n-n-1)u(n-1)$；(10) $\frac{1}{6}n(n-1)(n+1)u(n)$；(11) $\frac{1}{6}n(n-1)(n-2)u(n-1)$；
(12) $-\frac{n}{2}\cos\left(\frac{\pi}{2}n\right)u(n)$；(13) $\frac{n+2}{2}\cos\left(\frac{\pi}{2}n\right)u(n)$；
(14) $\left[\frac{9}{13}(3)^n+\frac{4}{13}(2)^n\cos\left(\frac{\pi}{2}n\right)+\frac{6}{13}(2)^n\sin\left(\frac{\pi}{2}n\right)\right]u(n)$；
(15) $\left[\frac{(3)^{n+1}}{16}+\frac{4}{13}(2)^n\sin\left(\frac{\pi}{2}n\right)-\frac{6}{13}(2)^n\cos\left(\frac{\pi}{2}n\right)\right]u(n)$。

1-24 (1) $\pi\mathrm{Sa}(t)$；(2) $\frac{\pi}{2}\mathrm{Sa}(t)$；(3) $\pi e^{-t}\mathrm{Sa}(t)$。

1-25 $(1-\cos t)u(t)$，$(1-\cos t)u(t)-[1-\cos(t-1)]u(t-1)$。

1-28 (1) $e^{-t}u(t)$；(2) $\delta(t)+u(t)$；(3) $2u(t)$。

1-29 $\left[\left(\frac{1}{2}\right)^{n+1}-\left(-\frac{1}{2}\right)^{n+1}\right]u(n)$。

1-30 (1) $\{1\quad 1\quad 3\quad -18\}_0$；(2) $\{1\quad 2\quad 3\quad 3\quad 2\quad 1\}_0$；(3) $\{2\quad 10\quad 34\quad 58\quad 64\quad 24\}_2$；
(4) $\{4\quad 16\quad 13\quad 35\quad 49\}_1$。

1-31 (1) $y_1(n)=\left(\frac{1}{4}\right)^n$；(2) $y_2(n)=0$；(3) $y_3(n)$不存在。

1-33 $R_{12}(\tau)=\begin{cases}0, & \tau<-1\\ \frac{1}{2}(1-e^{-2\tau-2}), & -1<\tau<2\\ \frac{1}{2}(e^{-2\tau+4}-e^{-2\tau-2}), & \tau>2\end{cases}$，$R_{21}(\tau)=\begin{cases}\frac{1}{2}(e^{2\tau+4}-e^{2\tau-2}), & \tau<-2\\ \frac{1}{2}(1-e^{2\tau-2}), & -2<\tau<1\\ 0, & \tau>1\end{cases}$

1-34 $R_{12}(m)=2^m u(-m)+2^{m-1}u(-m+1)$，$R_{21}(m)=2^{-m}u(m)+2^{-m-1}u(m+1)$。

1-35 (1) $f_D=\frac{1}{2}$，$f_A(t)=-\frac{1}{2}\cos(4t)$；

(2) $f_D=\frac{2}{\pi}$，$f(t)=-\frac{4}{3\pi}\cos(2\omega t)-\frac{4}{15\pi}\cos(4\omega t)-\frac{4}{35\pi}\cos(6\omega t)-\cdots-\frac{4}{\pi(n^2-1)}\cos(n\omega t)-\cdots$。

1-36 (1) $f_e(t)=\frac{1}{2}$，$f_o(t)=\frac{1}{2}\mathrm{sgn}(t)$；(2) $f_e(t)=\frac{1}{2}e^{-|t|}$，$f_o(t)=\frac{1}{2}e^{-|t|}\mathrm{sgn}(t)$；

(3) $f_e(t)=0$，$f_o(t)=\sin(\omega t)$；(4) $x_e(n)=\frac{1}{2}+\frac{1}{2}\delta(n)$，$x_o(n)=\frac{1}{2}u(n-1)-\frac{1}{2}u(-n-1)$；

(5) $x_e(n)=\delta(n)$，$x_o(n)=0$；(6) $x_e(n)=\mathrm{j}\cos\left(\frac{\pi}{4}n\right)$，$x_o(n)=-\sin\left(\frac{\pi}{4}n\right)$。

习 题 二

2-1 (1) 线性、时不变、因果； (2) 线性、时不变、非因果； (3) 线性、时变、非因果；
(4) 非线性、时变、非因果； (5) 非线性、时不变、因果； (6) 线性、时不变、因果；
(7) 线性、时变、非因果； (8) 线性、时变、非因果； (9) 线性、时变、非因果。

2-2 (1) 线性、时不变、因果； (2) 线性、时变、非因果； (3) 非线性、时不变、非因果；
(4) 线性、时变、非因果； (5) 线性、时变、非因果； (6) 线性、时变、因果；
(7) 线性、时变、因果； (8) 非线性、时不变、因果； (9) 线性、时变、因果。

2-3 (1) 线性、时不变、因果； (2) 线性、时不变、非因果； (3) 线性、时变、非因果；
(4) 线性、时不变、非因果； (5) 线性、时不变、非因果； (6) 非线性、时不变、因果；
(7) 线性、时变、非因果。

2-4 (1) 线性、时不变； (2) 线性、时变； (3) 非线性、时不变； (4) 非线性、时不变；
(5) 线性、时不变； (6) 线性、时变； (7) 线性、时变。

2-5 非线性。

2-6 (1) 可逆，逆系统为 $r(t)=\frac{1}{2}e(t+3)$； (2) 不可逆； (3) 可逆，逆系统为 $r(t)=e'(t)$；

(4) 可逆，逆系统为 $y(n)=x\left(\frac{1}{2}n\right)$； (5) 可逆，逆系统为 $y(n)=x(n+2)$；

(6) 可逆，逆系统是 $y(n)=\nabla x(n)$。

2-7 (1) $\frac{1}{2}(1+t)u(t)$； (2) $2\delta(t)+2u(t)+\frac{1}{2}(1-t)u(t-2)$。

2-8 (1) $-7\left(\frac{1}{2}\right)^n u(n)+8\delta(n)+4\delta(n-1)+2\delta(n-2)$； (2) $-\left(\frac{1}{2}\right)^n u(n)+2\delta(n)$。

2-9 时变和非因果，$r_1(t)=[u(t-1)-u(t-3)]-2[u(t-2)-u(t-6)]$。

2-10 (1) 整个系统的输入输出关系 $r(t)=e(t+1)-e(-\infty)$；
(2) 当 $e(t)$ 是有始信号时，系统是线性的并且可逆，逆系统 $r(t)=e(t-1)$；否则系统是非线性的并且不可逆。

2-11 (1) $r_1(t)=r(t)$。

2-12 (1) $y(n)=\sum_{k=-\infty}^{n}|x(k-1)-x(k-2)|$； (2) 系统是非线性的而且不可逆。

2-13 $y_2(n)=\frac{1}{2}y_1(n)-y_1(n-1)$。

2-14 $\frac{d^3}{dt^3}v(t)+\frac{\rho(M_1+M_2)}{M_1M_2}\frac{d^2}{dt^2}v(t)+\frac{\rho^2+M_1k+M_2k}{M_1M_2}\frac{d}{dt}v(t)+\frac{2\rho k}{M_1M_2}v(t)=\frac{k}{M_1M_2}f(t)$。

2-15 (a) $\frac{d^2}{dt^2}u_o(t)+0.1\frac{d}{dt}u_o(t)+u_o(t)=\frac{d}{dt}i_s(t)+0.1i_s(t)$；

(b) $\frac{d}{dt}u_o(t)-8\times10^5u_o(t)=4\times10^5i_s(t)$；

(c) $\frac{d}{dt}u_o(t)+\frac{R}{(1+\mu)L}u_o(t)=\frac{R}{(1+\mu)L}u_s(t)$；

(d) $\frac{d^2}{dt^2}u_o(t)+\left(\frac{R_1+R_2}{L_2}+\frac{R_1}{L_1}\right)\frac{d}{dt}u_o(t)+\frac{R_1R_2}{L_1L_2}u_o(t)=\frac{R_1R_2}{L_1L_2}u_s(t)$。

2-16 $y(n)-1.005y(n-1)=-1000, n\geqslant1, y(0)=10^5$。

2-17 $y(n)-1.005y(n-1)=50[u(n)-u(n-60)], y(-1)=0$。

2-18 (1) $(p+2)r(t)=e(t), \frac{1}{p+2}$； (2) $(2p^2+3p+4)r(t)=(p+2)e(t), \frac{p+2}{2p^2+3p+4}$；

(3) $(p^2+3p+2)r(t)=(p+2)e(t), \frac{p+2}{p^2+3p+2}$； (4) $(E^2+2)y(n)=Ex(n), \frac{E}{E^2+2}$；

(5) $(E^2+3E+2)y(n)=(E^2+E)x(n), \frac{E^2+E}{E^2+3E+3}$；

(6) $(E^2-3)y(n)=(E^2-E)x(n), \frac{E^2-E}{E^2-3}$。

2-19 (1) $\frac{d}{dt}r(t)+r(t)=e(t)$； (2) $\frac{d}{dt}r(t)+2r(t)=\frac{d}{dt}e(t)$； (3) $\frac{d^2}{dt^2}r(t)+3\frac{d}{dt}r(t)+2r(t)=\frac{d}{dt}e(t)$；

(4) $\frac{d^2}{dt^2}r(t)+4\frac{d}{dt}r(t)+4r(t)=\frac{d}{dt}e(t)+2e(t)$； (5) $y(n)+y(n-1)=x(n)$；

(6) $y(n)-y(n-2)=x(n-1)$； (7) $y(n)-y(n-1)=x(n-2)$；

(8) $y(n)+2y(n-1)+2y(n-2)=x(n-2)$。

2-24 (a) $\frac{d^2}{dt^2}r(t)+\frac{d}{dt}r(t)-2r(t)=2e(t)$； (b) $\frac{d^2}{dt^2}r(t)+3\frac{d}{dt}r(t)=2\frac{d}{dt}e(t)+e(t)$；

(c) $\frac{d^2}{dt^2}r(t)+5\frac{d}{dt}r(t)+6r(t)=\frac{d}{dt}e(t)$； (d) 同(c)；

(e) $\frac{d^3}{dt^3}r(t)+6\frac{d^2}{dt^2}r(t)+11\frac{d}{dt}r(t)+6r(t)=\frac{d}{dt}e(t)$

2-25 (a) $y(n)+y(n-1)+2y(n-2)=x(n)$；

(b) $y(n)+y(n-1)+2y(n-2)+3y(n-3)=2x(n-1)+x(n-3)$；

2-26 (a) $y(n+2)+3y(n+1)+2y(n)=x(n), y(n)+3y(n-1)+2y(n-2)=x(n-2)$；

(b) $y(n+2)+3y(n+1)+2y(n)=x(n+1)+3x(n)$,

$y(n)+3y(n-1)+2y(n-2)=x(n-1)+3x(n-2)$。

2-27 (a) $H(p)=\frac{2p^2+2}{p^2+p+2}$； (b) $H(p)=\frac{2}{p^3+6p^2+5p+1}$；

(c) $H(p)=\frac{7p+6}{p^2+15p+12}$； (d) $H(E)=\frac{E+2}{E+1}$； (e) $H(E)=\frac{3E+4}{E^3+6E^2+11E+6}$。

2-28 $H_{11}(p)=\frac{2p^2+4p}{-11p^2+9p+2}, H_{12}(p)=\frac{12p^2}{-11p^2+9p+2}, H_{21}(p)=\frac{6p^2+6}{-11p^2+9p+2}$

$H_{22}(p)=\frac{3p^2+21p}{-11p^2+9p+2}$。

2-29 $H_{11}(E)=\frac{2}{E+1}, H_{12}(E)=\frac{1}{E+2}, H_{21}(E)=2, H_{22}(E)=\frac{3}{E+2}$。

习 题 三

3-1 (1) $Ce^{-3t}, te^{-t}+\frac{3}{81+\pi^2}\left[9\sin\left(\frac{\pi}{3}t\right)-\pi\cos\left(\frac{\pi}{3}t\right)\right]$； (2) $C_1+C_2e^{-3t}, t-\frac{1}{3}te^{-3t}$；

(3) Ce^{-t}, $\left[\frac{12\pi}{16+\pi^2}\sin\left(\frac{\pi}{4}t\right)-\frac{48}{16+\pi^2}\cos\left(\frac{\pi}{4}t\right)\right]e^{-2t}u(t)$；(4) $(C_1+C_2t)e^{-t}$, $(t^2-4t+7)u(t)$；

(5) $(C_1+C_2n)3^n$, $0.5n+2$；

(6) $(\sqrt{2})^n\left[C_1\cos\left(\frac{3\pi}{4}n\right)+C_2\sin\left(\frac{3\pi}{4}n\right)\right]$, $\left[-\frac{1}{5}\cos\left(\frac{\pi}{2}n\right)-\frac{2}{5}\sin\left(\frac{\pi}{2}n\right)\right]u(n)$。

3-2 $r_h(t)=C_1e^{-t}+C_2e^{-2t}$

(1) $te^{-t}u(t)$；(2) $-0.5e^{-3t}u(t)$；(3) $0.5t^2e^{-t}u(t)$；(4) $2u(t)$；

(5) $0.5(\sin t-\cos t)u(t)$；(6) $[(-0.16+0.4t)\sin(2t)+(0.12+0.2t)\cos(2t)]u(t)$。

3-3 (1) $y(n)=[1+(-2)^{n+1}]u(n)$；(2) $y(n)=\left[\frac{1}{10}(-1)^n-\frac{1}{10}(-3)^n+\frac{4}{15}(2)^n\right]u(n)$；

(3) $y(n)=\left[3^n\left(-\frac{1}{18}+\frac{11}{9}n\right)+0.5n+2\right]u(n-1)$；

(4) $y(n)=\left\{(\sqrt{2})^n\left[\frac{1}{5}\cos\left(\frac{3\pi}{4}n\right)+\frac{8}{5}\sin\left(\frac{3\pi}{4}n\right)\right]-\frac{1}{5}\cos\left(\frac{\pi}{2}n\right)-\frac{2}{5}\sin\left(\frac{\pi}{2}n\right)\right\}u(n-1)$。

3-4 (1) $r(0_+)=3$, $r'(0_+)=-3$；(2) $r(0_+)=1$, $r'(0_+)=2$。

3-5 $[(2\cos t+\sin t)e^{-t}+1]u(t)$。

3-6 (1) $h(t)=e^{-2t}u(t)$, $g(t)=\frac{1}{2}(1-e^{-2t})u(t)$；

(2) $h(t)=\delta(t)-4e^{-4t}u(t)$, $g(t)=e^{-4t}u(t)$；

(3) $h(t)=e^{-2t}u(t)$, $g(t)=\frac{1}{2}(1-e^{-2t})u(t)$；

(4) $h(t)=\delta(t)+2te^{-t}u(t)-e^{-t}u(t)$, $g(t)=(2-2te^{-t}-e^{-t})u(t)$。

3-7 (1) $h(t)=(e^{-t}+e^{-2t}-1)u(t)$, $g(t)=\left(-e^{-t}-\frac{1}{2}e^{-2t}-t+\frac{3}{2}\right)u(t)$；

(2) $h(t)=2\delta(t)+\left(\frac{3}{2}-e^{-t}-\frac{1}{2}e^{-2t}\right)u(t)$, $g(t)=\left(e^{-t}+\frac{1}{4}e^{-2t}+\frac{3}{2}t+\frac{3}{4}\right)u(t)$；

(3) $h(t)=\left(\frac{5}{2}-e^{-t}-\frac{1}{2}e^{-2t}\right)u(t)$, $g(t)=\left(\frac{5}{2}t-\frac{5}{4}+e^{-t}+\frac{1}{4}e^{-2t}\right)u(t)$。

3-8 $h(t)=(1-t)e^{-2t}u(t)$, $g(t)=\left(\frac{1}{2}te^{-2t}-\frac{1}{4}e^{-2t}+\frac{1}{4}\right)u(t)$。

3-9 $h_1(t)=r'(t)+2r(t)$, $h_2(t)=r''(t)+r(t)$。

3-10 $h(t)=\delta'(t)+\delta'(t-1)$, $g(t)=\delta(t)+\delta(t-1)$, $r_2(t)=-e^{-t}u(t)+\delta(t)-e^{-(t-1)}u(t-1)+\delta(t-1)$。

3-11 $\frac{d}{dt}r(t)+2r(t)=\frac{d}{dt}e(t)$, $e(t)=e^{-2t}u(t)$。

3-12 $\frac{d}{dt}r(t)+2r(t)=e(t)$, $r_{zi1}(t)=2e^{-2t}u(t)$, $r(0_-)=2$, $r_2(t)=(4+t)e^{-2t}u(t)$。

3-13 $\frac{d^2}{dt^2}r(t)+5\frac{d}{dt}r(t)+6r(t)=e(t)$, $g(t)=\left(\frac{1}{6}-\frac{1}{2}e^{-2t}+\frac{1}{3}e^{-3t}\right)u(t)$, $r(0_-)=-1$, $r'(0_-)=1$。

3-14 (1) $\delta(n)-2\delta(n-1)$；(2) $\delta(n)-(-2)^{n-1}u(n-1)$；(3) $2\delta(n)$；(4) $2^nu(n)$。

3-15 (1) $2^{n-1}u(n-1)$；(2) $\left[(-2)^n+\frac{1}{3}(2)^n-\frac{1}{3}(-1)^n\right]u(n)$。

3-16 $\left[\left(\frac{1}{2}\right)^{n+1}-\left(-\frac{1}{2}\right)^{n+1}\right]u(n)$。

3-17 $a=\frac{1}{2}$, $h_1(n)=\delta(n)-\frac{1}{2}\delta(n-1)$。

3-18 $r_{zi}(t)=4u(t)$, $r_3(t)=(-2+3e^{-t})u(t)$。

3-19 $r_{zi}(t)=(e^{-t}+1.6e^{-2t}-0.6e^{0.5t})u(t)$, $h(t)=(0.3e^{0.5t}-0.8e^{-2t})u(t)+\delta(t)$,

$r_3(t)=(e^{-t}+2.48e^{-2t}-0.48e^{0.5t}-0.8te^{-2t})u(t)$。

3-20 (1) $r_{zi}(t)=\left(\frac{7}{4}e^{-t}-\frac{3}{4}e^{-5t}\right)u(t)$，$r_{zs}(t)=\left(-\frac{1}{4}e^{-t}-\frac{3}{4}e^{-5t}+e^{-2t}\right)u(t)$；

(2) $r_{zi}(t)=\left(\frac{3}{4}e^{-t}+\frac{1}{4}e^{-5t}\right)u(t)$，$r_{zs}(t)=\left(-\frac{1}{4}e^{-t}-\frac{3}{4}e^{-5t}+e^{-2t}\right)u(t)$。

3-21 $h(t)=e^{-2t}u(t)$，$r_{zi}(t)=(2e^{-t}-e^{-2t})u(t)$，$r_{zs}(t)=(2e^{-t}-2e^{-2t})u(t)$，$r(0_-)=1$，$r'(0_-)=0$。

3-22 $e(t)=e^{-3t}u(t)$。

3-23 (1) $y_{zi}(n)=-(-4)^n u(n)$，$y_{zs}(n)=\left[\frac{2}{9}(2)^n-\frac{1}{9}(-1)^n+\frac{8}{9}(-4)^n\right]u(n)$，

$y(n)=\left[\frac{2}{9}(2)^n-\frac{1}{9}(-1)^n-\frac{1}{9}(-4)^n\right]u(n)$；

(2) $y_{zi}(n)=\left[\frac{4}{3}(-1)^n-\frac{16}{3}(-4)^n\right]u(n)$，$y_{zs}(n)$与(1)同，

$y(n)=\left[\frac{2}{9}(2)^n+\frac{11}{9}(-1)^n-\frac{40}{9}(-4)^n\right]u(n)$。

3-24 $\begin{cases}y(n)-1.005y(n-1)=-1000, & n\geqslant 1\\ y(0)=10^5\end{cases}$　　139 个月

3-25 $\begin{cases}y(n)-1.005y(n-1)=50[u(n)-u(n-60)]\\ y(-1)=0\end{cases}$　　3506 元

3-26 (1) $h(n)=2^n u(n)$；

(2) $y_{zi}(n)=(2-2^{n+2})u(n)$，$y_{zs}(n)=(n+1)2^n u(n)$，$y(n)=[2+(n-3)2^n]u(n)$；

(3) $y(-1)=5$，$y(-2)=3.5$。

3-27 (1) $\frac{111}{10}\delta(n)+2^{n-1}u(n)+12(5)^{n-1}u(n)$；　(2) $[3^{n+2}+9(5)^n+10]u(n)$。

3-28 (1) $h_1(n)=\{1\ \ 1\ \ 0\ \ 1\}_0$；　(2) $y_{zs}(n)=\{1\ \ 1\ \ -1\ \ 0\ \ 0\ \ -1\}_0$。

3-29 (1) $y_{zi}(n)=\left[\left(\frac{1}{2}\right)^{n+1}-\left(-\frac{1}{2}\right)^{n+1}\right]u(n)$；　(2) $y(n)=\left[2+3\left(\frac{1}{2}\right)^{n+1}+\left(-\frac{1}{2}\right)^{n+1}\right]u(n)$。

3-30 $x(n)=[1-(-2)^{n-1}]u(n-1)$。

3-31 (1) $y_{zi}(n)=[-12(2)^n+18(3)^n]u(n)$，$y_{zs}(n)=[1+13(2)^n-17(3)^n]u(n)$；

(2) $y(n)-5y(n-1)+6y(n-2)=-3x(n)-6x(n-1)+11x(n-2)$。

3-32 自由响应$\left(\frac{5}{2}e^{-t}-\frac{79}{54}e^{-3t}\right)u(t)$，强迫响应$\left(\frac{1}{3}t^2-\frac{8}{9}t+\frac{26}{27}\right)u(t)$。

3-33 (a) $r(t)=\left(\frac{7}{4}e^{t}+\frac{13}{12}e^{-3t}-\frac{4}{3}-\frac{1}{2}e^{-t}\right)u(t)$，自由响应$\left(\frac{7}{4}e^{t}+\frac{13}{12}e^{-3t}\right)u(t)$，强迫响应$\left(-\frac{4}{3}-\frac{1}{2}e^{-t}\right)u(t)$；

(b) $r(t)=\left(\frac{45}{24}-\frac{29}{24}e^{-4t}+\frac{1}{2}t+\frac{1}{3}e^{-t}\right)u(t)$，自由响应$\left(\frac{45}{24}-\frac{29}{24}e^{-4t}\right)u(t)$，强迫响应$\left(\frac{1}{2}t+\frac{1}{3}e^{-t}\right)u(t)$；

(c) $r(t)=(5e^{-t}-4e^{-2t}-te^{-t})u(t)$，自由响应$(5e^{-t}-4e^{-2t})u(t)$，强迫响应$-te^{-t}u(t)$；

(d) $r(t)=\left(\frac{3}{2}+\frac{4}{3}e^{-t}-\frac{1}{2}e^{-2t}-\frac{4}{3}e^{-4t}\right)u(t)$，自由响应$\left(-\frac{1}{2}e^{-2t}-\frac{4}{3}e^{-4t}\right)u(t)$，强迫响应$\left(\frac{3}{2}+\frac{4}{3}e^{-t}\right)u(t)$。

3-34 (a) $(e^{-3t}-e^{-5t})u(t)$；　(b) $\left(-\frac{4}{39}e^{-\frac{2}{3}t}+\frac{10}{13}e^{-5t}\right)u(t)$。

3-35 (1) $y_{zi}(n)=[4(-1)^n-3(-2)^n]u(n)$；

(2) $y_{zs}(n)=\left[\frac{2}{3}(-1)^n-\frac{4}{5}(-2)^n+\frac{2}{15}(2)^{-n}\right]u(n)$,

$y(n)=\left[\frac{14}{3}(-1)^n-\frac{19}{5}(-2)^n+\frac{2}{15}(2)^{-n}\right]u(n)$;

(3) 强迫响应$\frac{2}{15}\left(\frac{1}{2}\right)^n u(n)$,其余为自由响应。

3-36 (1) $y(n)-\frac{5}{2}y(n-1)+y(n-2)=\frac{1}{2}x(n-1)+\frac{1}{2}x(n-2)$;

(2) $y_{zi}(n)=\left[\frac{8}{3}(2)^n-\frac{1}{6}\left(\frac{1}{2}\right)^n\right]u(n)$;

(3) $y_{zs}(n)=\left[-n\left(\frac{1}{2}\right)^n-\frac{2}{3}\left(\frac{1}{2}\right)^n+\frac{2}{3}(2)^n\right]u(n)$,强迫响应为$-n\left(\frac{1}{2}\right)^n u(n)$,其余为自由响应。

3-37 (a) $i_{zi}(t)=\frac{2}{5}e^{-\frac{5}{3}t}u(t)$,$i_{zs}(t)=\left(\frac{2}{5}e^{-\frac{5}{3}t}-\frac{2}{5}\right)u(t)$,$i(t)=\left(\frac{4}{5}e^{-\frac{5}{3}t}-\frac{2}{5}\right)u(t)$,稳态响应$-\frac{2}{5}u(t)$;

(b) $i_{zi}(t)=-\frac{2}{5}e^{-\frac{3}{5}t}u(t)$,$i_{zs}(t)=-\frac{2}{5}e^{-\frac{3}{5}t}u(t)$,$i(t)=-\frac{4}{5}e^{-\frac{3}{5}t}u(t)$,全部是瞬态响应。

3-38 (1) $u_{ozi}(t)=\left(\frac{4}{3}e^{-3t}-e^{-4t}\right)u(t)$,$i_{zi}(t)=\left(-\frac{2}{3}e^{-3t}+e^{-4t}\right)u(t)$,

$u_{ozs}(t)=\left(-\frac{1}{3}+\frac{4}{3}e^{-3t}-e^{-4t}\right)u(t)$,$i_{zs}(t)=\left(-\frac{1}{3}-\frac{2}{3}e^{-3t}+e^{-4t}\right)u(t)$,

$u_o(t)=\left(-\frac{1}{3}+\frac{8}{3}e^{-3t}-2e^{-4t}\right)u(t)$,$i(t)=\left(-\frac{1}{3}-\frac{4}{3}e^{-3t}+2e^{-4t}\right)u(t)$;

(2) $u_{ozi}(t)=e^{-3t}\left(\frac{2}{5}\cos t+\frac{6}{5}\sin t\right)u(t)$,$i_{zi}(t)=e^{-3t}\left(\frac{2}{5}\cos t-\frac{4}{5}\sin t\right)u(t)$,

$u_{ozs}(t)=\left(-\frac{2}{5}+\frac{2}{5}e^{-3t}\cos t+\frac{6}{5}e^{-3t}\sin t\right)u(t)$,$i_{zs}(t)=\left(-\frac{2}{5}+\frac{2}{5}e^{-3t}\cos t-\frac{4}{5}e^{-3t}\sin t\right)u(t)$,

$u_o(t)=\left(-\frac{2}{5}+\frac{4}{5}e^{-3t}\cos t+\frac{12}{5}e^{-3t}\sin t\right)u(t)$,$i(t)=\left(-\frac{2}{5}+\frac{4}{5}e^{-3t}\cos t-\frac{8}{5}e^{-3t}\sin t\right)u(t)$。

3-39 $h(t)=2(e^{-t}-e^{-2t})u(t)$,$g(t)=(1-2e^{-t}+e^{-2t})u(t)$,

$u_{ow}(t)=\left(-\frac{6}{5}\cos t+\frac{2}{5}\sin t\right)u(t)$。

3-40 (1) $y(n)+y(n-1)-2y(n-2)=x(n)$; (2) $y_{zi}(n)=\left[\frac{4}{3}(-2)^n+\frac{2}{3}\right]u(n)$;

(3) $y_{zs}(n)=\frac{8}{15}(-2)^n u(n)+\frac{1}{6}u(n)+\frac{3}{10}\cos\left(\frac{\pi}{2}n\right)u(n)-\frac{1}{10}\sin\left(\frac{\pi}{2}n\right)u(n)$。

3-41 $h(n)=\left[1-\left(\frac{2}{3}\right)^{n+1}\right]u(n)$,$y_{zs}(n)=\left[2-\frac{8}{3}\left(\frac{2}{3}\right)^n+\left(\frac{1}{2}\right)^n\right]u(n)$,自由响应$\left[2-\frac{8}{3}\left(\frac{2}{3}\right)^n\right]u(n)$,强迫响应$\left(\frac{1}{2}\right)^n u(n)$,稳态响应$2u(n)$,瞬态响应$\left[-\frac{8}{3}\left(\frac{2}{3}\right)^n+\left(\frac{1}{2}\right)^n\right]u(n)$。

习　题　四

4-1 $f_1(t)=\frac{2\tau-T_1}{T_1}E+\frac{4E}{\pi}\sum_{n=1}^{\infty}\frac{1}{n}\sin\left(\frac{n\omega_1\tau}{2}\right)\cos(n\omega_1 t)$,

$f_2(t)=\frac{2\tau-T_1}{T_1}E+\frac{2E}{\pi}\sum_{n=1}^{\infty}\frac{1}{n}\sin(n\omega_1\tau)\cos(n\omega_1 t)+\frac{2E}{\pi}\sum_{n=1}^{\infty}\frac{1}{n}[1-\cos(n\omega_1\tau)]\sin(n\omega_1 t)$,

$f_3(t)=\frac{E\tau}{T_1}+\frac{E}{\pi}\sum_{n=1}^{\infty}\frac{1}{n}\sin(n\omega_1\tau)\cos(n\omega_1 t)-\frac{E}{\pi}\sum_{n=1}^{\infty}\frac{1}{n}[1-\cos(n\omega_1\tau)]\sin(n\omega_1 t)$,

$f_4(t)=\frac{E}{2}\sin(2\omega_1 t)+\frac{4E}{\pi}\left[\frac{1}{3}\cos(\omega_1 t)-\frac{1}{5}\cos(3\omega_1 t)-\frac{1}{21}\cos(5\omega_1 t)-\cdots\right]$。

4-2 (1) $f_1(t)=\frac{E}{4}-\frac{2E}{\pi^2}\left[\cos(\omega_1 t)+\frac{1}{9}\cos(3\omega_1 t)+\frac{1}{25}\cos(5\omega_1 t)+\cdots\right]$

$+\frac{E}{\pi}\left[\sin(\omega_1 t)-\frac{1}{2}\sin(2\omega_1 t)+\frac{1}{3}\sin(3\omega_1 t)-\frac{1}{4}\sin(4\omega_1 t)+\cdots\right]$,

$f_2(t)=\frac{E}{4}-\frac{2E}{\pi^2}\left[\cos(\omega_1 t)+\frac{1}{9}\cos(3\omega_1 t)+\frac{1}{25}\cos(5\omega_1 t)+\cdots\right]$

$-\frac{E}{\pi}\left[\sin(\omega_1 t)-\frac{1}{2}\sin(2\omega_1 t)+\frac{1}{3}\sin(3\omega_1 t)-\frac{1}{4}\sin(4\omega_1 t)+\cdots\right]$,

$f_3(t)=\frac{1}{T_1}+\frac{2}{T_1}\sum_{n=1}^{\infty}\cos(n\omega_1 t)$, $f_4(t)=\frac{E}{2}-\frac{E}{\pi}\sum_{n=1}^{\infty}\frac{1}{n}\sin(n\omega_1 t)$,

$f_5(t)=\frac{3E}{4}-\frac{4E}{\pi^2}\left[\cos(\omega_1 t)+\frac{1}{2}\cos(2\omega_1 t)+\frac{1}{9}\cos(3\omega_1 t)+\frac{1}{25}\cos(5\omega_1 t)+\frac{1}{18}\cos(6\omega_1 t)+\cdots\right]$;

(2) $f_1(t)=\frac{E}{4}+\frac{E}{2\pi^2}\sum_{\substack{n=-\infty\\ n\neq 0}}^{\infty}\left[\frac{\mathrm{j}n\pi(-1)^n+(-1)^n-1}{n^2}\right]\mathrm{e}^{\mathrm{j}n\omega_1 t}$,

$f_2(t)=\frac{E}{4}+\frac{E}{2\pi^2}\sum_{\substack{n=-\infty\\ n\neq 0}}^{\infty}\left[\frac{-\mathrm{j}n\pi(-1)^n+(-1)^n-1}{n^2}\right]\mathrm{e}^{\mathrm{j}n\omega_1 t}$,

$f_3(t)=\frac{1}{T_1}\sum_{n=-\infty}^{\infty}\mathrm{e}^{\mathrm{j}n\omega_1 t}$, $f_4(t)=\frac{E}{2}+\frac{\mathrm{j}E}{2\pi}\sum_{\substack{n=-\infty\\ n\neq 0}}^{\infty}\frac{1}{n}\mathrm{e}^{\mathrm{j}n\omega_1 t}$,

$f_5(t)=\frac{3E}{4}-\frac{2E}{\pi^2}\sum_{\substack{n=-\infty\\ n\neq 0}}^{\infty}\frac{1-\cos\left(\frac{\pi}{2}n\right)}{n^2}\mathrm{e}^{\mathrm{j}n\omega_1 t}$。

4-3 $f_1(t)=\frac{E}{\pi}+\frac{E}{2}\left[\cos(\omega_1 t)+\frac{4}{3\pi}\cos(2\omega_1 t)-\frac{4}{15\pi}\cos(4\omega_1 t)+\frac{4}{35\pi}\cos(6\omega_1 t)+\cdots\right]$,

$f_2(t)=\frac{E}{\pi}+\frac{E}{2}\left[-\cos(\omega_1 t)+\frac{4}{3\pi}\cos(2\omega_1 t)-\frac{4}{15\pi}\cos(4\omega_1 t)+\frac{4}{35\pi}\cos(6\omega_1 t)+\cdots\right]$,

$f_3(t)=\frac{2E}{\pi}+\frac{4E}{\pi}\left[\frac{1}{3}\cos(2\omega_1 t)-\frac{1}{15}\cos(4\omega_1 t)+\frac{1}{35}\cos(6\omega_1 t)+\cdots\right]$,

$f_4(t)=\frac{6}{\pi}\sum_{\substack{n=1\\ \text{奇数}}}^{\infty}\frac{1}{n}\cos\left(n\pi t-\frac{\pi}{2}\right)+\frac{2}{\pi}\sum_{\substack{n=1\\ \text{偶数}}}^{\infty}\frac{1}{n}\cos\left(n\pi t+\frac{\pi}{2}\right)$。

4-4 $f(t)=\frac{2E}{\pi}\sin(\omega_1 t)-\frac{4E}{3\pi}\sin(3\omega_1 t)+\frac{2E}{5\pi}\sin(5\omega_1 t)-\cdots$,

$f(t)=\cdots+\mathrm{j}\frac{E}{5\pi}\mathrm{e}^{-\mathrm{j}5\omega_1 t}-\mathrm{j}\frac{2E}{3\pi}\mathrm{e}^{-\mathrm{j}3\omega_1 t}+\mathrm{j}\frac{E}{\pi}\mathrm{e}^{-\mathrm{j}\omega_1 t}-\mathrm{j}\frac{E}{\pi}\mathrm{e}^{\mathrm{j}\omega_1 t}+\mathrm{j}\frac{2E}{3\pi}\mathrm{e}^{\mathrm{j}3\omega_1 t}-\mathrm{j}\frac{E}{5\pi}\mathrm{e}^{\mathrm{j}5\omega_1 t}+\cdots$。

4-5 $2+\frac{5}{2}\mathrm{e}^{\mathrm{j}53.1^\circ}\mathrm{e}^{-\mathrm{j}2\omega_1 t}+\frac{5}{2}\mathrm{e}^{-\mathrm{j}53.1^\circ}\mathrm{e}^{\mathrm{j}2\omega_1 t}+\mathrm{e}^{\mathrm{j}30^\circ}\mathrm{e}^{-\mathrm{j}3\omega_1 t}+\mathrm{e}^{-\mathrm{j}30^\circ}\mathrm{e}^{\mathrm{j}3\omega_1 t}+\frac{1}{2}\mathrm{e}^{\mathrm{j}30^\circ}\mathrm{e}^{-\mathrm{j}7\omega_1 t}+\frac{1}{2}\mathrm{e}^{-\mathrm{j}30^\circ}\mathrm{e}^{\mathrm{j}7\omega_1 t}$。

4-6 $2\cos t-\mathrm{j}2\sin(3t)$。

4-9 (1) $\frac{1}{2}\mathrm{e}^{-\mathrm{j}\omega_1 t}+\frac{1}{2}\mathrm{e}^{\mathrm{j}\omega_1 t}$; (2) $\frac{\mathrm{j}}{2}\mathrm{e}^{-\mathrm{j}\omega_1 t}-\frac{\mathrm{j}}{2}\mathrm{e}^{\mathrm{j}\omega_1 t}$; (3) $\frac{1}{2}\mathrm{e}^{-\mathrm{j}\frac{\pi}{4}}\mathrm{e}^{-\mathrm{j}\pi t}+\frac{1}{2}\mathrm{e}^{\mathrm{j}\frac{\pi}{4}}\mathrm{e}^{\mathrm{j}\pi t}$;

(4) $\frac{1}{2}\mathrm{e}^{\mathrm{j}4}\mathrm{e}^{\frac{\pi}{12}t}+\frac{1}{2}\mathrm{e}^{-\mathrm{j}4}\mathrm{e}^{\frac{\pi}{12}t}-\frac{\mathrm{j}}{2}\mathrm{e}^{\mathrm{j}3}\mathrm{e}^{\frac{\pi}{12}t}+\frac{\mathrm{j}}{2}\mathrm{e}^{-\mathrm{j}3}\mathrm{e}^{\frac{\pi}{12}t}$; (5) $\frac{1}{2}-\frac{1}{4}\mathrm{e}^{-\mathrm{j}4t}-\frac{1}{4}\mathrm{e}^{\mathrm{j}4t}$;

(6) $\frac{\mathrm{j}}{4}\mathrm{e}^{-\mathrm{j}5t}+\frac{\mathrm{j}}{4}\mathrm{e}^{-\mathrm{j}t}-\frac{\mathrm{j}}{4}\mathrm{e}^{\mathrm{j}t}-\frac{\mathrm{j}}{4}\mathrm{e}^{\mathrm{j}5t}$; (7) 不能表示。

4-10 (1) $F_1(\mathrm{j}\omega)=2E\tau\mathrm{Sa}(\omega\tau)$; (2) $F_2(\mathrm{j}\omega)=E\tau\mathrm{Sa}^2\left(\frac{\omega\tau}{2}\right)$; (3) $F_3(\mathrm{j}\omega)=\frac{4}{\mathrm{j}\omega^2}\sin\left(\frac{\omega}{2}\right)\mathrm{e}^{\mathrm{j}\frac{\omega}{2}}+2\pi\delta(\omega)$。

4-11 $F_1(\mathrm{j}\omega)=\frac{2}{\mathrm{j}\omega^2}\sin\omega+2\pi\delta(\omega)$, $F_2(\mathrm{j}\omega)=\frac{2}{\mathrm{j}\omega^2}\sin\omega\mathrm{e}^{-\mathrm{j}\omega}+2\pi\delta(\omega)$, $F_3(\mathrm{j}\omega)=\frac{4}{\mathrm{j}\omega^2}\mathrm{e}^{\mathrm{j}\frac{\omega}{2}}\sin\left(\frac{\omega}{2}\right)+2\pi\delta(\omega)$,

$F_4(\mathrm{j}\omega)=2\mathrm{Sa}^2(\omega)$, $F_5(\mathrm{j}\omega)=4\mathrm{Sa}^2(\omega)-8\omega^2\mathrm{Sa}^4(\omega)$, $F_6(\mathrm{j}\omega)=\mathrm{Sa}^2\left(\frac{\omega}{2}\right)\mathrm{e}^{-\mathrm{j}2\omega}$,

$F_7(j\omega)=Sa^2(\omega+10\pi)+Sa^2(\omega-10\pi)$,

$F_8(j\omega)=j2Sa^2(\omega+10\pi)-j4(\omega+10\pi)^2Sa^4(\omega+10\pi)-j2Sa^2(\omega-10\pi)+j4(\omega-10\pi)^2Sa^4(\omega-10\pi)$。

4-12 (1) $\pi\delta(\omega)+\frac{j}{\omega}$; (2) $\frac{e}{2+j\omega}$; (3) $\frac{e^{(5+j\omega)}}{3+j\omega}$; (4) $\frac{e^{5-j2\omega}}{1-j\omega}$; (5) $\frac{e^{(6+j2\omega)}-e^{-(9+j3\omega)}}{3+j\omega}$;

(6) $\frac{j}{\omega}$; (7) $\frac{1}{(5+j\omega)^2}$; (8) $\frac{\pi}{5}G_{10}(\omega)$; (9) $\pi\delta(\omega-2)+\frac{1}{j(\omega-2)}$; (10) $\frac{2+j\omega}{5-\omega^2+j4\omega}$;

(11) $\frac{2}{5-\omega^2+j2\omega}$; (12) $\frac{4+2\omega^2}{4+\omega^4}$; (13) $2\pi e^{-|\omega|}$; (14) $j\pi[-e^{-\omega}u(\omega)+e^{\omega}u(-\omega)]$。

4-13 (1) $\pi G_2(\omega)$; (2) $G_{4\pi}(\omega)$;

(3) $F_3(j\omega)=3\pi\Delta_{12\pi}(\omega)-\pi\Delta_{4\pi}(\omega)$;

(4) $\frac{1}{2}[G_{4\pi}(\omega-4\pi)+G_{4\pi}(\omega+4\pi)]$。

4-14 (1) $2F(j2\omega)$; (2) $\frac{j}{2}\frac{d}{d\omega}F\left(j\frac{\omega}{2}\right)$; (3) $e^{j3\omega}F(-j\omega)$; (4) $\frac{j}{2}\frac{d}{d\omega}F\left(j\frac{\omega}{2}\right)-F\left(j\frac{\omega}{2}\right)$;

(5) $-F(j\omega)-\omega\frac{d}{d\omega}F(j\omega)$; (6) $-je^{-j3\omega}\frac{d}{d\omega}F(-j\omega)-e^{-j3\omega}F(-j\omega)$;

(7) $j\pi f(0)-j\int_{-\infty}^{\omega}F(jx)dx$; (8) $F[j(\omega+1)]$。

4-15 $F(j\omega)=\frac{2E\pi(\cos\omega+1)}{\pi^2-\omega^2}$。

4-16 (1) $\frac{1}{2\pi}e^{j\omega_0 t}$; (2) $\frac{1}{\pi}\cos(\omega_0 t)$; (3) $\frac{1}{2}\delta(t)-\frac{1}{j2\pi t}e^{-j\omega_0 t}$; (4) $\frac{\omega_0}{\pi}Sa(\omega_0 t)$;

(5) $e^{-(1+12t)}u(t)$; (6) $\frac{1}{4}sgn(-t)$; (7) $te^{-2t}u(t)$; (8) $e^{-2(t+1)}u(t+1)$; (9) $-e^{2t}u(-t)$;

(10) $e^{-|t|}$; (11) $-e^{t}u(-t)-e^{-2t}u(t)$; (12) $2\delta(t)-e^{t}u(-t)-e^{-2t}u(t)$;

(13) $e^{-2t}\sin(4t)u(t)$。

4-17 $f_1(t)=\frac{1}{2}[\delta(t+2)+\delta(t-2)]$, $f_2(t)=\frac{j}{2}[\delta(t-3)-\delta(t+3)]$,

$f_3(t)=2e^{j\frac{\pi}{3}}\delta(t+2)+2e^{-j\frac{\pi}{3}}\delta(t-2)$,

$f_4(t)=\frac{j}{2}e^{j\frac{\pi}{3}}\delta(t-3)-\frac{j}{2}e^{-j\frac{\pi}{3}}\delta(t+3)$, $f_5(t)=\frac{1}{2}g_4(t)$, $f_6(t)=\frac{1}{4}g_4(t)e^{j2\pi t}$, $f_7(t)=g_6(t)-g_2(t)$,

$f_8(t)=2[1-2|t|]\left[u\left(t+\frac{1}{2}\right)-u\left(t-\frac{1}{2}\right)\right]$。

4-18 $F(j\omega)=\frac{2E}{\tau\omega^2}-\frac{2E}{\tau\omega^2}\cos(\omega\tau)+\frac{2E}{\omega}\sin(\omega\tau)$。

4-19 $f_1(t)=\frac{2}{\pi}Sa^2(t)$, $f_2(t)=\frac{\cos(3t)}{j\pi t}+\frac{\sin t-\sin(2t)}{j\pi t^2}$。

4-20 $f_1(t)=-\frac{2}{\pi t}+\frac{\sin(2t)}{\pi t^2}$, $f_2(t)=\frac{2}{\pi t}-\frac{\sin(2t)}{\pi t^2}$。

4-21 (1) $f_1(t)=\frac{A\omega_0}{\pi}Sa[\omega_0(t+t_0)]$; (2) $f_2(t)=\frac{A\omega_0}{\pi}Sa[\omega_0(t-t_0)]$;

(3) $f_3(t)=\frac{-2A}{\pi t}\sin^2\left(\frac{\omega_0 t}{2}\right)$; (4) $f_4(t)=\frac{2A}{\pi t}\sin^2\left(\frac{\omega_0 t}{2}\right)$。

4-22 (1) $\frac{\pi}{2}$; (2) $\frac{\pi}{16}$。

4-23 $\frac{\pi}{4}$。

4-24 $\hat{f}_1(t)=-je^{j\omega_0 t}$, $f_{1S}(t)=2e^{j\omega_0 t}$, $\hat{f}_2(t)=je^{-j\omega_0 t}$, $f_{2S}(t)=0$, $\hat{f}_3(t)=-\cos(\omega_0 t)$, $f_{3S}(t)=-je^{j\omega_0 t}$,

$\hat{f}_4(t)=-\cos(\omega_1 t)+\sin(\omega_2 t)$，$f_{4S}(t)=-\mathrm{j}e^{\mathrm{j}\omega_1 t}+e^{\mathrm{j}\omega_2 t}$，$\hat{f}_5(t)=\dfrac{1}{\pi t}$，$f_{5S}(t)=\delta(t)+\mathrm{j}\dfrac{1}{\pi t}$，

$\hat{f}_6(t)=-\pi\delta(t)$，

$f_{6S}(t)=\dfrac{1}{t}-\mathrm{j}\pi\delta(t)$，$\hat{f}_7(t)=\dfrac{2}{\omega_0 t}\sin^2\left(\dfrac{\omega_0 t}{2}\right)$，$f_{7S}(t)=\mathrm{Sa}(\omega_0 t)+\mathrm{j}\dfrac{2}{\omega_0 t}\sin^2\left(\dfrac{\omega_0 t}{2}\right)$。

4-25 $\dfrac{1}{5\pi}$。

4-28 (1) 7； (2) 4π； (3) $\dfrac{76}{3}\pi$。

4-29 (a) $\dfrac{\mathrm{j}\omega R_2 C}{\mathrm{j}\omega R_1 R_2 C+R_1+R_2}$； (b) $\dfrac{\mathrm{j}\omega(1-\mu)C}{\mathrm{j}\omega R(1-\mu)C+1}$；

(c) $\dfrac{\omega^2 MC}{\mathrm{j}[\omega^3 C(L_1L_2-M^2)-\omega(R_1R_2C+L_1)]+\omega^2 C(R_2L_1+R_1L_2)-R_1}$。

4-30 (1) $H(\mathrm{j}\omega)=\dfrac{\mathrm{j}\omega+3}{\mathrm{j}3\omega+2-\omega^2}$； (2) $h(t)=(2e^{-t}-e^{-2t})u(t)$； (3) $r(t)=(2te^{-t}-e^{-t}+e^{-2t})u(t)$。

4-31 (1) $\dfrac{1}{1+\mathrm{j}\omega}$，$e^{-t}u(t)$； (2) $\dfrac{1}{\mathrm{j}\omega}+\pi\delta(\omega)+1$，$u(t)+\delta(t)$；

(3) $\dfrac{1}{\mathrm{j}\omega}+\pi\delta(\omega)+\dfrac{4}{5-\omega^2+\mathrm{j}2\omega}$，$[1+2e^{-t}\sin(2t)]u(t)$；

(4) $\dfrac{5+\mathrm{j}2\omega}{5-\omega^2+\mathrm{j}2\omega}$，$2e^{-t}[\sin(2t)+\cos(2t)]u(t)$。

4-32 $\dfrac{5+\mathrm{j}2\omega}{(\mathrm{j}\omega+2)(\mathrm{j}\omega+3)}$，$(e^{-2t}+e^{-3t})u(t)$。

4-33 $H_1(\mathrm{j}\omega)=0.5G_{12}(\omega)$或$H_1(\mathrm{j}\omega)=0.5[G_4(\omega+4)+G_4(\omega-4)]$，$H_2(\mathrm{j}\omega)=G_2(\omega+7)+G_2(\omega-7)$。

4-34 $H_1(\mathrm{j}\omega)H_2(\mathrm{j}\omega)=1$，$\dfrac{\mathrm{d}}{\mathrm{d}}r(t)+2r(t)=\dfrac{\mathrm{d}}{\mathrm{d}}e(t)+3e(t)$。

4-35 $r_1(t)=\sin(\pi t)$，$r_2(t)=2\pi\sin(\pi t)+\pi\cos(4\pi t)$，$r_3(t)=\dfrac{1}{2}\cos(4\pi t)$。

4-36 $h(t)=\dfrac{9}{2\pi}\mathrm{Sa}^2\left(\dfrac{3}{2}t\right)-\dfrac{2}{\pi}\mathrm{Sa}^2(t)$，$r(t)=\mathrm{Sa}^2(t)$。

4-37 $h(t)=\mathrm{Sa}(\pi t)+\mathrm{Sa}[\pi(t-2)]$，$r(t)=\mathrm{Sa}(\pi t)+\mathrm{Sa}[\pi(t-2)]$。

4-38 (1) $u_o(t)=[1.79\sin(t+26.6°)+0.99\sin(3t+39.5°)]\mathrm{V}$，

$U_o(\mathrm{j}\omega)=1.8\pi[e^{-\mathrm{j}63.4°}\delta(\omega-1)+e^{\mathrm{j}63.4°}\delta(\omega+1)]+\pi[e^{-\mathrm{j}50.5°}\delta(\omega-3)+e^{\mathrm{j}50.5°}\delta(\omega+3)]$；

(2) $u_o(t)=\dfrac{32}{\pi}\sum\limits_{\substack{n=1\\ \text{奇数}}}^{\infty}\dfrac{1}{\sqrt{1+16n^2}}\sin[2nt+90°-\arctan(4n)]$，

$U_o(\mathrm{j}\omega)=32\sum\limits_{\substack{n=-\infty\\ \text{奇数}}}^{\infty}\dfrac{1}{\sqrt{1+(4n)^2}}e^{-\mathrm{j}\arctan(4n)}\delta(\omega-2n)$。

4-39 (1) $i(t)=\sqrt{2}\cos(2t)+\dfrac{2}{\sqrt{29}}\sin(5t-68°)$，

$I(\mathrm{j}\omega)=\sqrt{2}\pi\delta(\omega-2)+\sqrt{2}\pi\delta(\omega+2)+\dfrac{2\pi}{\sqrt{29}}e^{-\mathrm{j}158°}\delta(\omega-5)+\dfrac{2\pi}{\sqrt{29}}e^{\mathrm{j}158°}\delta(\omega+5)$；

(2) $i(t)=1+\sum\limits_{\substack{n=-\infty\\ \text{奇数}}}^{\infty}\dfrac{-8}{\pi^2 n^2(2+\mathrm{j}n)}e^{\mathrm{j}nt}$，

$I(\mathrm{j}\omega)=2\pi\delta(\omega)+\dfrac{16}{\pi}\sum\limits_{\substack{n=-\infty\\ \text{奇数}}}^{\infty}\dfrac{1}{n^2\sqrt{4+n^2}}e^{\mathrm{j}\left[180°-\arctan\left(\frac{n}{2}\right)\right]}\delta(\omega-n)$。

4-40 (1) $i_1(t)=e^{-t}u(t)$，$i_2(t)=(1-e^{-t})u(t)$；

(2) $i_1(t)=e^{-t}u(t)-e^{2-t}u(t-2), i_2(t)=(1-e^{-t})u(t)-(1-e^{2-t})u(t-2)$。

4-41 (a) $\left(\frac{3}{2}-\frac{1}{2}t-\frac{3}{2}e^{-t}\right)u(t)+\left(-\frac{3}{2}+\frac{1}{2}t+\frac{1}{2}e^{2-t}\right)u(t-2)$；

(b) $(-2+2t+2e^{-t})u(t)-2(t-1)u(t-1)$；

(c) $(-2+2t+2e^{-t})u(t)+(8-4t-4e^{1-t})u(t-1)+(-6+2t+2e^{2-t})u(t-2)$。

4-42 (1) $R_1=R_2, L_1=L_2$； (2) $R=1\Omega, L=1\text{H}$。

4-43 $r_1(t)=2\sin(t-1)u(t-1), r_2(t)=2[\sin(t-1)+\cos(2t-2)]u(t-1), r_3(t)=2e^{1-t}u(t-1)$。

4-44 $r_1(t)=2\sin(\pi t)+\sin\left(3\pi t+\frac{\pi}{4}\right), r_2(t)=2\cos(3\pi t), r_3(t)=3-\cos(2\pi t)$。

4-45 $r_1(t)=1+\frac{4}{\pi}\sin(4\pi t), r_2(t)=\frac{1}{2}-\frac{4}{\pi^2}\cos(4\pi t)+\frac{2}{\pi}\sin(4\pi t), r_3(t)=1-\frac{2}{\pi}\sin(2\pi t)-\frac{1}{\pi}\sin(4\pi t)$。

4-46 $r_1(t)=\text{Sa}(\pi t), r_2(t)=0$。

4-47 $r_1(t)=0, r_2(t)=\text{Sa}(\pi t)$。

4-48 $\text{Sa}^2(t-3)$。

4-49 $\frac{2}{\pi}\text{Sa}(2t)\cos(20t)$。

4-50 $r(t)=\frac{1}{4}e(t)$。

4-52 $R(j\omega)=\begin{cases}\frac{\omega}{\omega_m}+1-\frac{\omega_0}{\omega_m}, & \omega_0-\omega_m\leqslant\omega\leqslant\omega_0\\ -\frac{\omega}{\omega_m}+1-\frac{\omega_0}{\omega_m}, & -\omega_0\leqslant\omega\leqslant-\omega_0+\omega_m\\ 0, & \text{其余}\end{cases}$

4-53 $u(\omega+\omega_0+\omega_1)-u(\omega+\omega_0-\omega_1)+u(\omega-\omega_0+\omega_1)-u(\omega-\omega_0-\omega_1)$。

4-54 $h(t)=3\text{Sa}[3\pi(t-1)], r_1(t)=\frac{3}{4}\text{Sa}[3\pi(t-1)], r_2(t)=\frac{1}{2}\text{Sa}[0.5\pi(t-1)]\cos[2.5\pi(t-1)]$。

4-55 $h(t)=\delta(t-1)-3\text{Sa}[3\pi(t-1)], r_1(t)=\frac{1}{4}\text{Sa}[0.5\pi(t-1)]\cos[3.5\pi(t-1)]$,

$r_2(t)=\frac{1}{2}\text{Sa}[0.5\pi(t-1)]\cos[3.5\pi(t-1)]$。

4-56 $\omega_1=\omega_0\geqslant16\pi$。

4-57 (1) 45rad/s, 5rad/s； (2) 30rad/s, $\frac{\pi}{15}$s; 90rad/s, $\frac{\pi}{45}$s; 10rad/s, $\frac{\pi}{5}$s。

4-58 (1) $\frac{15}{\pi}\sum_{n=-\infty}^{\infty}F[j(\omega-30n)]$； (2) $\frac{30}{\pi}\sum_{n=-\infty}^{\infty}F[j(\omega-60n)]$； (3) $\frac{15}{2\pi}\sum_{n=-\infty}^{\infty}F[j(\omega-15n)]$。

4-59 (1) $2\omega_1$； (2) $4\omega_1$； (3) ω_1。

习 题 五

5-1 (1) $\frac{1}{s+4}(\sigma>-4)$； (2) $-\frac{1}{s+4}(\sigma<-4)$； (3) $\frac{4}{4-s^2}(-2<\sigma<2)$； (4) $\frac{e^{-(s+1)}}{s+1}+2e^{2s}(\sigma>-1)$。

5-2 (1) $\frac{2s+3}{s^2+3s+2}(\sigma>-1)$； (2) $\frac{2s+1}{s^2}(\sigma>0)$； (3) $\frac{2}{(s+2)^3}(\sigma>-2)$； (4) $\frac{2}{s^2+4}(\sigma>0)$；

(5) $\frac{s^2+8}{s(s^2+16)}(\sigma>0)$； (6) $\frac{2}{s^2+16}-\frac{1}{s^2+4}(\sigma>0)$； (7) $\frac{2(s+2)}{[(s+2)^2+1]^2}(\sigma>-2)$；

(8) $\frac{1}{\sqrt{2}}\cdot\frac{s+2}{s^2+4}(\sigma>0)$； (9) $\frac{1}{2}\cdot\frac{s+1+\sqrt{3}}{(s+1)^2+1}(\sigma>-1)$； (10) $\frac{\pi}{2}-\arctan(s)(\sigma>0)$；

(11) $\frac{\pi}{10}-\frac{1}{5}\arctan\left(\frac{s}{5}\right)(\sigma>0)$； (12) $\frac{2}{(s^2+1)^2}(\sigma>0)$； (13) $\frac{2s^2}{(s+1)^2+4}(\sigma>-1)$；

(14) $\frac{1}{s-\ln a}(\sigma>\ln a)$； (15) $\frac{s}{s^2-a^2}(\sigma>a)$； (16) $\ln\left(\frac{s+2}{s+1}\right)(\sigma>-1)$； (17) $\frac{s^2+4}{(s^2-4)^2}(\sigma>2)$；

(18) $\frac{4s^2}{(s^2-4)^2}(\sigma>2)$。

5-3 $F_1(s)=\frac{e^s-e^{-2s}}{s}, F_2(s)=\frac{1}{2s^2}(1-e^{-2s}-2se^{-2s}), F_3(s)=\frac{1}{s^2}(2se^s-e^s+e^{-s})$,

$F_4(s)=\frac{1}{s^2}(1-e^{-s})^2, F_5(s)=\frac{1-e^{-(4+2s)}}{s+2}, F_6(s)=\frac{1-e^{-2\pi s}}{s^2+1}, F_7(s)=\frac{1}{s^2}(1-e^{-s}-e^{-2s}+e^{-3s})$,

$F_8(s)=\frac{1}{1-e^{-s}}, F_9(s)=\frac{1-e^{-s}(1+s)}{s^2}\cdot\frac{1}{1-e^{-2s}}, F_{10}(s)=\frac{1}{s^2+1}\cdot\frac{1+e^{-\pi s}}{1-e^{-\pi s}}$。

5-4 (1) $\frac{1-s}{s^2}e^{-s}$； (2) $\frac{2s+5}{(s+2)^2}e^{-2(s+2)}$； (3) $\frac{3\cos 1+3s\sin 1-\sin 1}{s^2+1}\cdot e^{-s}+\frac{2s(\cos 1+s\sin 1)}{(s^2+1)^2}\cdot e^{-s}$；

(4) $\frac{\sin 1+s\cos 1}{s^2+1}e^{-s}$； (5) $\frac{2\cos 1+(s+2)\sin 1}{(s+2)^2+4}e^{-(s+2)}$； (6) $\frac{e^{2s+6}-e^{-3s-9}}{s+3}$； (7) $\frac{-(s+1)e^{-s}}{s^2}$；

(8) $\frac{e^{-2s-4}}{s+2}$。

5-5 $F_1(s)=\sqrt{\pi}s^{-\frac{3}{2}}(\sigma>0), F_2(s)=\frac{1}{s^2+1}(1-se^{-\frac{\pi}{2}s})$(整个平面),

$F_3(s)=\frac{1}{|a|}e^{-\frac{b}{a}s}$(整个平面), $F_4(s)=\frac{1}{s+a}\cdot\frac{s}{s^2+\omega_0^2}(\sigma>\min(-a,0))$。

5-7 (1) $\frac{1}{3-s}(\sigma<3)$； (2) $\frac{1}{s+1}-\frac{1}{s-2}(-1<\sigma<2)$； (3) $-\frac{2}{s^2+4}(\sigma<0)$； (4) $\frac{1}{1-s}-\frac{1}{s+2}(\sigma<-2)$。

5-8 (1) $\frac{1}{s(s+1)(s+2)}$； (2) $\frac{j}{2}\left[\frac{1}{(s+j2)^2+3(s+j2)+2}-\frac{1}{(s-j2)^2+3(s-j2)+2}\right]$；

(3) $\ln\left[\frac{s+2}{2(s+1)}\right]$； (4) $\frac{2e^{2s}}{s^2+6s+8}$。

5-9 (1) $\frac{2s-1+e^{-2s}}{s^2}$； (2) $\frac{2s+3+e^{-2(s+2)}}{(s+2)^2}$； (3) $\frac{-1+e^{-2s}}{s}$； (4) $\frac{2s^2+2s-1+e^{-2s}}{s^3}$；

(5) $\frac{2(s-1)+2(s+1)e^{-2s}}{s^3}$； (6) $\frac{2e^s-2}{s}$。

5-10 (1) $\frac{1}{2}(e^{-t}+\sin t-\cos t)u(t)$； (2) $\left[-\frac{1}{5}e^{-2t}+\frac{1}{5}e^{-t}\cos(2t)+\frac{2}{5}e^{-t}\sin(2t)\right]u(t)$；

(3) $\frac{1}{60}t^6u(t)$； (4) $(t-1)e^{-t}u(t-1)$； (5) $\pm e^{-t}u(t)$； (6) $\pm[\delta(t)-e^{-t}u(t)]$。

5-11 (1) $\frac{1}{2}e^{-\frac{3}{2}t}u(t)$； (2) $(3e^{-2t}-2e^{-7t})u(t)$； (3) $\delta(t)+(3e^{-2t}-e^{-t})u(t)$；

(4) $(-1+2te^{-t}+e^{-t})u(t)$； (5) $(t-1+te^{-2t}+e^{-2t})u(t)$；

(6) $\delta(t)-\left[2e^{-t}\cos(2t)-\frac{1}{2}e^{-t}\sin(2t)\right]u(t)$； (7) $(-2t\cos t+2\sin t)u(t)$；

(8) $[2t(\sin t-\cos t)+2\sin t]u(t)$。

5-12 (1) $(t-1)u(t-1)$； (2) $te^{-2t}u(t-2)$； (3) $e^{-2t}[u(t+2)-u(t-3)]$； (4) $\sum_{n=0}^{\infty}\delta'(t-n)$；

(5) $\frac{1}{t}(1-e^{-t})u(t)$； (6) $\frac{\sin^2 t}{t}u(t)$； (7) $\sum_{n=0}^{\infty}e^{-(t-2n)}u(t-2n)$；

(8) $\sum_{n=0}^{\infty}e^{-(t-3n)}[u(t-3n)-u(t-3n-1)]$。

5-13 (1) $-3e^{-2t}u(-t)+2e^{-3t}u(-t)$； (2) $(-1+te^{-t}+e^{-t})u(-t)$；

(3) $\delta(t)-3e^{-t}u(-t)+6e^{-2t}u(-t)$； (4) $-(t+2)u(t)-2e^tu(-t)$；

(5) $-\frac{2}{3}[e^{2t}u(-t)+e^{-t}u(t)]$； (6) $-u(-t)-e^{-t}(1+t)u(t)$。

5-14 $f_1(t)=e^{-(t-2)}u(t-2), f_2(t)=e^{-t}(t-1)u(t), f_3(t)=(te^{-t}+e^{-t}-1)u(t)$,
$f_4(t)=-4e^{-2(t-1)}u(t-1)+2\delta(t-1)$。

5-15 (1) 1,0； (2) 1,不存在； (3) −8,0； (4) 2,$\frac{3}{4}$； (5) 0,不存在。

5-16 $h(t)=u(t-1), r_2(t)=\frac{1}{2}[1-e^{-2(t-2)}]u(t-2)$。

5-17 $r_{zi}(t)=\frac{1}{2}(e^{-t}-e^{-3t})u(t), r_{zs}(t)=te^{-t}u(t), r(t)=\left(te^{-t}+\frac{1}{2}e^{-t}-\frac{1}{2}e^{-3t}\right)u(t)$。

5-18 $r_{zi}(t)=e^{-t}(\cos t+3\sin t)u(t), r_{zs}(t)=e^{-t}\sin tu(t), r(t)=e^{-t}(\cos t+4\sin t)u(t)$,全为瞬态响应。

5-19 $r_{zi}(t)=e^{-t}(1+2t)u(t), r_{zs}(t)=te^{-t}\left(1-\frac{1}{2}t\right)u(t), r(t)=e^{-t}\left(1+3t-\frac{1}{2}t^2\right)u(t)$。

5-20 (1) 自由响应$\left(e^{-t}+\frac{3}{4}e^{-2t}\right)u(t)$,强迫响应$\left(\frac{3}{2}t-\frac{7}{4}\right)u(t)$；
(2) $r_W(t)=0.57\cos(2t-29.7°)u(t)$。

5-21 (1) $h(t)=\delta(t)-e^{-3t}u(t), g(t)=\left(\frac{2}{3}+\frac{1}{3}e^{-3t}\right)u(t)$；
(2) $h(t)=e^{-8t}u(t), g(t)=\frac{1}{8}(1-e^{-8t})u(t)$；
(3) $h(t)=\delta'(t)-8\delta(t)+50e^{-4t}u(t)-71te^{-4t}u(t), g(t)=\delta(t)+\frac{1}{16}u(t)+\frac{71}{4}te^{-4t}u(t)-\frac{129}{16}e^{-4t}u(t)$。

5-22 (1) $3\delta(t)-e^{-t}u(t)-4e^{-2t}u(t)$； (2) $-\frac{1}{2}t^2e^{-t}u(t)-te^{-t}u(t)+4e^{-t}u(t)-4e^{-2t}u(t)$；
(3) $(3e^{-t}-2e^{-2t})u(t)$。

5-23 (1) $a=-4, b=-3$； (2) $H(s)=\frac{s+2}{(s+1)(s+3)}$； (3) $r_{zi}(t)=\left(e^{-t}-\frac{1}{2}e^{-3t}\right)u(t)$,
$r_{zs}(t)=\left(2-\frac{3}{2}e^{-t}-\frac{1}{2}e^{-3t}\right)u(t)$； (4) $\frac{1}{2},\frac{1}{2}$。

5-24 $r_{zi}(t)=2(e^{-t}-e^{-2t})u(t), r_{zs}(t)=(te^{-t}-e^{-t}+e^{-2t})u(t), r(0_-)=0, r'(0_-)=3$。

5-25 (a) $u_o(t)=(4-2e^{-t}\cos t)u(t)$； (b) $u_o(t)=-\sqrt{2}\sin\left(\frac{1}{\sqrt{2}}t\right)u(t)$； (c) $u_o(t)=4e^{-\frac{6}{5}t}u(t)$。

5-26 (a) $H(s)=\frac{s+1}{2s^2+6s+5}, i(t)=e^{-\frac{3}{2}t}\sin\left(\frac{1}{2}t\right)u(t)$；
(b) $H(s)=\frac{2s+1}{6s^2+7s+2}, i(t)=\left(\frac{1}{2}t-\frac{3}{4}+\frac{3}{4}e^{-\frac{2}{3}t}\right)u(t)$。

5-27 (a) $-\frac{1}{\sqrt{2}}e^{-t}\sin(\sqrt{2}t)u(t)$； (b) $i(t)=\left(1-\frac{1}{2}te^{-t}-e^{-t}\right)u(t)-\frac{1}{2}(1-e^{1-t})u(t-1)$。

5-28 $r(t)=4e^{-t}\cos tu(t)+4e^{-t}\sin tu(t)$。

5-29 $r_1(t)=\frac{1}{6}e^{-t}, r_2(t)=\frac{1}{3}$。

5-30 $r_1(t)=(2te^{-t}-e^{-t}+e^{-2t})u(t), r_2(t)=\frac{3}{2}+\left(\frac{3}{2}-2e^{-t}+\frac{1}{2}e^{-2t}\right)u(t)$。

5-31 $r(t)=\frac{1}{12}e^{t}u(-t)+\left(\frac{1}{2}e^{-t}-\frac{2}{3}e^{-2t}+\frac{1}{4}e^{-3t}\right)u(t)$。

5-32 $r_{zs}(t)=\left(\frac{1}{6}-\frac{1}{2}e^{-2t}+\frac{1}{3}e^{-3t}\right)u(t), r_{zi}(t)=\left(-\frac{1}{2}e^{-2t}+\frac{1}{3}e^{-3t}\right)u(t)$。

5-33 $a=2, h(t)=(1-e^{-3t})u(t)$。

5-34 $h(t)=(2e^{-2t}-e^{-t})u(t), g(t)=(e^{-t}-e^{-2t})u(t)$,

$r_3(t)=\frac{1}{2}(1+e^{-2t})u(t)+\frac{1}{2}[-1+e^{-2(t-1)}]u(t-1)$。

5-35 (1) $\frac{8(s+1)^2(s+3)}{(s+2)^2(s^2+2s+2)}$； (2) $\frac{2(s+1)^2(s+3)}{(s+2)^2(s^2+2s+2)}$。

5-36 (1) 不稳定； (2) 稳定； (3) 稳定； (4) 不稳定； (5) 不稳定。

5-37 (a) $K<5$； (b) $K<3$； (c) $K>\frac{1}{3}$； (d) $K<1+\frac{R_2}{R_1}+\frac{R_2C_1}{R_1C_2}$。

5-39 低通滤波，带通滤波，高通网络，带通滤波，带通滤波网络。

习 题 六

6-1 (1) $\frac{3z}{3z-1}\left(|z|>\frac{1}{3}\right)$； (2) $\frac{2z}{2z+1}\left(|z|>\frac{1}{2}\right)$； (3) $\frac{2z}{2z-1}+\frac{z}{z-3}(|z|>3)$；

(4) $\frac{1}{2z-1}\left(|z|>\frac{1}{2}\right)$； (5) $1+\frac{1}{2z}+\left(\frac{1}{2z}\right)^2(|z|>0)$； (6) $1+z^{-6}(|z|>0)$；

(7) $3z^{-2}+7z^{-1}+1+2z(\infty>|z|>0)$； (8) $\frac{1}{1-2z}\left(|z|<\frac{1}{2}\right)$； (9) 不存在；

(10) $\frac{-z}{2+z}(|z|<2)$。

6-2 (1) $\frac{z(4z-7)}{(z-1)(z-2)}(|z|>2)$； (2) $\frac{1}{z(z-2)}(|z|>2)$； (3) $-\frac{z}{(z+1)^2}(|z|>1)$；

(4) $\ln\left(\frac{z}{z-a}\right)(|z|>|a|)$； (5) $\left(\frac{z}{a}\right)^2\ln\left(\frac{z}{z-a}\right)-\frac{z}{a}(|z|>|a|)$；

(6) $\ln\left(\frac{z}{z-1}\right)-\frac{1}{z}(|z|>1)$； (7) $\frac{z^2}{(z-1)(z-a)}$(取$|z|>1$和$|z|>|a|$相交部分)；

(8) $\frac{z^2}{z^2-1}(|z|>1)$； (9) $\frac{z}{z-ae^{-a}}(|z|>|a|)$； (10) $\frac{z^2-3z+4}{(z-1)^3}(|z|>1)$。

6-3 (1) $(3^{n+1}-2^{n+1})u(n)$； (2) $(n+1)2^nu(n)$； (3) $\frac{b}{b-a}[a^nu(n)+b^nu(-n-1)]$；

(4) $a^{n-1}u(n-1)$； (5) $\frac{1}{a}\delta(n)-\frac{a}{(a-1)^2}u(n)+\frac{1}{1-a}nu(n)+\frac{2a-1}{a(a-1)^2}a^nu(n)$；

(6) $a^{n+1}u(n+1)+a^nu(n)+a^{n-1}u(n-1)$。

6-4 (1) $\frac{\frac{\sqrt{2}}{2}z}{z^2-\sqrt{2}z+1}$； (2) $\frac{z(z-0.5)}{z^2-z+1}$； (3) $\frac{z^3-\sqrt{2}z^2}{(z^2-\sqrt{2}z+1)^2}$； (4) $\frac{1-0.5z}{z^2-z+1}$；

(5) $\frac{\sqrt{2}z}{z^2-2\sqrt{2}z+4}$； (6) $\frac{\frac{\sqrt{2}}{2}z^2-\frac{\sqrt{2}}{2}az}{z^2+a^2}$。

6-5 $X_1(z)=\frac{z}{z-a}\cdot\frac{z}{z-ab}, X_2(z)=\frac{a^2}{(z-a)^2}+\frac{a}{z-a}$,

$X_3(z)=\frac{1}{2}\left[\frac{z^2}{z^2-\cos\left(\frac{\pi}{4}\right)z+0.25}-\frac{z^2}{z^2-4\cos\left(\frac{\pi}{4}\right)z+4}\right]$。

6-6 $x_1(n)=-\frac{(2)^{-n}}{n}u(n-1), x_2(n)=\frac{(2)^{-n}}{n}u(-n-1), x_3(n)=-\frac{1}{3}(0.5)^nu(n)-\frac{4}{3}(2)^nu(-n-1)$。

6-7 $x_1(n)=a^{n-2}u(n-2), x_2(n)=-2na^nu(n), x_3(n)=\sum_{i=0}^{n}a^i, x_4(n)=a^{-n}u(-n)$。

6-8 (1) $1,-\frac{1}{6},0$； (2) $2,\frac{7}{3}$,无终值。

6-9 (1) $x(n)=2\delta(n)+(2^n-1)u(n)$;

(2) $2\delta(n)+(1-2^n)u(-n-1)$; (3) $2\delta(n)-u(n)-2^n u(-n-1)$。

6-10 (1) $(2^n-1)u(n)$; (2) $-\frac{2}{3}\delta(n)+\frac{3}{20}(2)^n u(n)+\frac{9}{4}(-2)^n u(n)-\frac{26}{15}(-3)^n u(n)$;

(3) $\frac{1}{4}\delta(n)+\left[\frac{19}{8}(2)^n-\frac{9}{4}n(2)^n+\frac{7}{8}n(n-1)(2)^n-5\right]u(n)$;

(4) $(1-2^n)u(-n-1)$; (5) $3\delta(n+1)-\frac{1}{2}\delta(n)-[5+25n(2)^{n-1}+21(2)^{n-1}]u(-n-1)$;

(6) $\delta(n)-5u(n)-7(2)^n u(-n-1)$; (7) $(2)^n\cos\left(\frac{\pi}{2}n\right)u(n)$;

(8) $3^n\left[\cos\left(\frac{\pi}{2}n\right)+\frac{2}{3}\sin\left(\frac{\pi}{2}n\right)\right]u(n)$。

6-11 (1) $\frac{a^n}{n}u(n-1)$; (2) $-\frac{a^n}{n}u(-n-1)$; (3) $(-1)^{n+1}\frac{a^n}{n}u(n-1)$。

6-12 (1) 1; (2) $\frac{4}{5}(3)^n+\frac{1}{5}(-2)^n$; (3) $\left[\frac{1}{8}(-1)^n-\frac{3}{4}+\frac{45}{8}(3)^n\right]u(n)$;

(4) $\left[-\frac{1}{10}+\frac{33}{14}(3)^n-\frac{44}{35}(-4)^n\right]u(n)$。

6-13 $y_{zi}(n)=\frac{4}{3}(-1)^n u(n)-\frac{16}{3}(-4)^n u(n)$, $y_{zs}(n)=\frac{2}{9}(2)^n u(n)-\frac{1}{9}(-1)^n u(n)+\frac{8}{9}(-4)^n u(n)$,

$y(n)=\frac{2}{9}(2)^n u(n)+\frac{11}{9}(-1)^n u(n)-\frac{40}{9}(-4)^n u(n)$。

6-14 $y(n)=\frac{1}{6}(-1)^n u(n)+\frac{44}{15}(2)^n u(n)-\frac{1}{10}\cos\left(\frac{\pi}{2}n\right)u(n)+\frac{3}{10}\sin\left(\frac{\pi}{2}n\right)u(n)$,

自由响应$\frac{1}{6}(-1)^n u(n)+\frac{44}{15}(2)^n u(n)$,强迫响应$-\frac{1}{10}\cos\left(\frac{\pi}{2}n\right)u(n)+\frac{3}{10}\sin\left(\frac{\pi}{2}n\right)u(n)$。

6-15 (1) $H(z)=\frac{z^2+z}{z^2-3z+2}$; (2) $[3(2)^n-2]u(n)$; (3) $[8(2)^n-n^2-4n-8]u(n)$。

6-16 (1) $[(-1)^{n+1}-(-2)^{n+1}]u(n)$; (2) $y(n)+3y(n-1)+2y(n-2)=x(n)$。

6-18 $y_1(n)=\frac{2}{3}(-1)^n$, $y_2(n)=2$。

6-19 $y_1(n)=\frac{1}{4}\left(\frac{1}{3}\right)^n u(n)+\frac{3}{4}(-1)^n u(n)$, $y_2(n)=\frac{3}{2}+\frac{1}{2}\left(\frac{1}{3}\right)^n u(n)+\frac{3}{2}u(n)$。

6-20 $2^n u(n)$。

6-21 $\left[-n\left(\frac{1}{2}\right)^n+\frac{3}{2}\left(\frac{1}{2}\right)^n-\frac{3}{2}\left(-\frac{1}{2}\right)^n\right]u(n)$。

6-22 (1) 非因果,稳定; (2) 因果,当$|a|<1$是稳定的; (3) 因果,不稳定。

6-23 $(n+1)u(n)$。

6-24 (a) $H(z)=\frac{1}{z^2+z+2}$,不稳定; (b) $\frac{2z+1}{z^2+\frac{1}{2}z+\frac{1}{3}}$,稳定。

6-25 $H(z)=\frac{b_0z^2+b_1z+b_2}{z^2+a_1z+a_2}$, $y(n)+a_1y(n-1)+a_2y(n-2)=b_0x(n)+b_1x(n-1)+b_2x(n-2)$。

6-26 $H(z)=\frac{z^2}{(z-1)^2}$, $h(n)=(n+1)u(n)$。

6-27 (1) 稳定; (2) 稳定。

6-28 $|k|\leqslant 2$。

6-30 $H(z)=2+2z^{-1}-2z^{-2}-2z^{-3}$, $H(e^{j\Omega})=j4\left[\sin\left(\frac{\Omega}{2}\right)+\sin\left(\frac{3\Omega}{2}\right)\right]e^{-j\frac{3\Omega}{2}}$。

6-31 $y_W(n)=2+1.4\cos\left(\frac{\pi}{4}n-29°\right)+0.7\cos(\pi n)$。

6-32 $H(z)=\frac{z(z+1)}{(z-0.4)(z+0.6)}$，$h(n)=[1.4(0.4)^n-0.4(-0.6)^n]u(n)$，收敛域$|z|>0.6$，稳定的，$y_W(n)=50\cos(2\pi n)$。

6-33 $H_1(z)=\frac{2z+1}{z^2+z-5}$，$H_2(z)=\frac{z^2-4z+3}{z^2+z-5}$。

6-34 $h(n)=\frac{4}{5}\delta(n)-\frac{1}{5}\delta(n-2)$，$y(n)=\frac{4}{5}x(n)-\frac{1}{5}x(n-2)$。

习 题 七

7-2 (a)
$$\begin{bmatrix}\frac{d}{dt}u_C(t)\\ \frac{d}{dt}i_L(t)\end{bmatrix}=\begin{bmatrix}-\frac{1}{R_3C} & \frac{1}{C}\\ -\frac{1}{L} & -\frac{R_1R_2}{(R_1+R_2)L}\end{bmatrix}\begin{bmatrix}u_C(t)\\ i_L(t)\end{bmatrix}+\begin{bmatrix}0\\ \frac{R_2}{(R_1+R_2)L}\end{bmatrix}u_s(t),$$
$$u_o(t)=[1\quad 0]\begin{bmatrix}u_C(t)\\ i_L(t)\end{bmatrix};$$

(b)
$$\begin{bmatrix}\frac{d}{dt}u_C(t)\\ \frac{d}{dt}i_L(t)\end{bmatrix}=\begin{bmatrix}-\frac{1}{R_1C} & -\frac{1}{C}\\ \frac{2+R_1}{R_1L} & \frac{2-R_2}{L}\end{bmatrix}\begin{bmatrix}u_C(t)\\ i_L(t)\end{bmatrix}+\begin{bmatrix}\frac{1}{R_1C}\\ -\frac{2}{R_1L}\end{bmatrix}u_s(t),$$
$$u_o(t)=\begin{bmatrix}-\frac{2}{R_1} & R_2-2\end{bmatrix}\begin{bmatrix}u_C(t)\\ i_L(t)\end{bmatrix}+\frac{2}{R_1}u_s(t)。$$

7-3 (a)
$$\begin{bmatrix}\frac{d}{dt}i_L(t)\\ \frac{d}{dt}u_C(t)\end{bmatrix}=\begin{bmatrix}-\frac{R_1R_2}{(R_1+R_2)L} & \frac{R_1}{(R_1+R_2)L}\\ -\frac{R_1}{(R_1+R_2)C} & -\frac{1}{(R_1+R_2)C}\end{bmatrix}\begin{bmatrix}i_L(t)\\ u_C(t)\end{bmatrix}+\begin{bmatrix}\frac{R_2}{(R_1+R_2)L}\\ \frac{1}{(R_1+R_2)C}\end{bmatrix}u_s(t),$$
$$i(t)=\begin{bmatrix}\frac{R_2}{R_1+R_2} & -\frac{1}{R_1+R_2}\end{bmatrix}\begin{bmatrix}i_L(t)\\ u_C(t)\end{bmatrix}+\frac{1}{R_1+R_2}u_s(t);$$

(b)
$$\begin{bmatrix}\frac{d}{dt}i_{L1}(t)\\ \frac{d}{dt}i_{L2}(t)\\ \frac{d}{dt}u_C(t)\end{bmatrix}=\begin{bmatrix}-\frac{R_1}{L_1} & 0 & -\frac{1}{L_1}\\ 0 & -\frac{R_2}{L_2} & \frac{1}{L_2}\\ \frac{1}{C} & -\frac{1}{C} & 0\end{bmatrix}\begin{bmatrix}i_{L1}(t)\\ i_{L2}(t)\\ u_C(t)\end{bmatrix}+\begin{bmatrix}\frac{1}{L_1} & 0\\ 0 & -\frac{1}{L_2}\\ 0 & 0\end{bmatrix}\begin{bmatrix}u_{s1}(t)\\ u_{s2}(t)\end{bmatrix},$$
$$i(t)=[0\quad 1\quad 0]\begin{bmatrix}i_{L1}(t)\\ i_{L2}(t)\\ u_C(t)\end{bmatrix}。$$

7-4 (a)
$$\begin{bmatrix}\frac{d}{dt}u_{C1}(t)\\ \frac{d}{dt}u_{C2}(t)\\ \frac{d}{dt}i_L(t)\end{bmatrix}=\begin{bmatrix}0 & 0 & 0\\ 0 & 0 & -\frac{1}{C_2}\\ 0 & \frac{1}{L} & -\frac{R_2}{L}\end{bmatrix}\begin{bmatrix}u_{C1}(t)\\ u_{C2}(t)\\ i_L(t)\end{bmatrix}+\begin{bmatrix}\frac{1}{C_1}\\ \frac{1}{C_2}\\ \frac{R_2}{L}\end{bmatrix}i_s(t),$$
$$\begin{bmatrix}u_o(t)\\ i(t)\end{bmatrix}=\begin{bmatrix}1 & 1 & -R_2\\ 0 & 0 & -1\end{bmatrix}\begin{bmatrix}u_{C1}(t)\\ u_{C2}(t)\\ i_L(t)\end{bmatrix}+\begin{bmatrix}R_1+R_2\\ 1\end{bmatrix}i_s(t);$$

(b) $\begin{bmatrix} \frac{\mathrm{d}}{\mathrm{d}t}u_C(t) \\ \frac{\mathrm{d}}{\mathrm{d}t}i_{L1}(t) \\ \frac{\mathrm{d}}{\mathrm{d}t}i_{L2}(t) \end{bmatrix} = \begin{bmatrix} 0 & \frac{1}{C} & \frac{1}{C} \\ \frac{M-L_2}{L_1L_2-M^2} & -\frac{R_1L_2}{L_1L_2-M^2} & \frac{R_2M}{L_1L_2-M^2} \\ \frac{M-L_1}{L_1L_2-M^2} & \frac{R_1M}{L_1L_2-M^2} & -\frac{R_2L_1}{L_1L_2-M^2} \end{bmatrix} \begin{bmatrix} u_C(t) \\ i_{L1}(t) \\ i_{L2}(t) \end{bmatrix} + \begin{bmatrix} 0 \\ \frac{L_2}{L_1L_2-M^2} \\ \frac{-M}{L_1L_2-M^2} \end{bmatrix} u_s(t)$,

$\begin{bmatrix} i(t) \\ u_o(t) \end{bmatrix} = \begin{bmatrix} 0 & 1 & 0 \\ 0 & 0 & -R_2 \end{bmatrix} \begin{bmatrix} u_C(t) \\ i_{L1}(t) \\ i_{L2}(t) \end{bmatrix}$。

7-5 $\begin{bmatrix} \dot{i}_L(t) \\ \dot{u}_L(t) \end{bmatrix} = \begin{bmatrix} 0 & \frac{1}{L} \\ -\frac{R_1+R_2}{R_1C} & -\left(\frac{R_2}{L}+\frac{1}{R_1C}\right) \end{bmatrix} \begin{bmatrix} i_L(t) \\ u_L(t) \end{bmatrix} + \begin{bmatrix} 0 \\ \frac{1}{R_1C} \end{bmatrix} u_s(t)$,

$u_o(t) = [R_2 \quad 1] \begin{bmatrix} i_L(t) \\ u_L(t) \end{bmatrix} - u_s(t)$。

7-6 (a) $\dot{\boldsymbol{q}}(t) = \begin{bmatrix} -3 & -2 \\ 0 & -2 \end{bmatrix} \boldsymbol{q}(t) + \begin{bmatrix} 1 \\ 1 \end{bmatrix} e(t), r(t) = [1 \quad 0] \boldsymbol{q}(t)$;

(b) $\dot{\boldsymbol{q}}(t) = \begin{bmatrix} -1 & 0 \\ 0 & -3 \end{bmatrix} \boldsymbol{q}(t) + \begin{bmatrix} 1 \\ 1 \end{bmatrix} e(t), r(t) = [-1 \quad 2] \boldsymbol{q}(t)$;

7-7 (a) $\dot{\boldsymbol{q}}(t) = \begin{bmatrix} 0 & 1 \\ -2 & -1 \end{bmatrix} \boldsymbol{q}(t) + \begin{bmatrix} 0 \\ 1 \end{bmatrix} e(t), r(t) = [1 \quad 2] \boldsymbol{q}(t)$;

(b) $\dot{\boldsymbol{q}}(t) = \begin{bmatrix} -1 & 0 & 0 \\ 0 & -2 & 0 \\ 0 & 0 & -2 \end{bmatrix} \boldsymbol{q}(t) + \begin{bmatrix} 1 & 2 \\ 2 & 1 \\ 0 & 1 \end{bmatrix} e(t), r(t) = \begin{bmatrix} 1 & 1 & 0 \\ 2 & 0 & -4 \end{bmatrix} \boldsymbol{q}(t)$。

7-8 直接形式 $\dot{\boldsymbol{q}}(t) = \begin{bmatrix} 0 & 1 \\ -6 & -5 \end{bmatrix} \boldsymbol{q}(t) + \begin{bmatrix} 0 \\ 1 \end{bmatrix} e(t), r(t) = [2 \quad 0] \boldsymbol{q}(t)$;

级联形式 $\dot{\boldsymbol{q}}(t) = \begin{bmatrix} -3 & 1 \\ 0 & -2 \end{bmatrix} \boldsymbol{q}(t) + \begin{bmatrix} 0 \\ 1 \end{bmatrix} e(t), r(t) = [2 \quad 0] \boldsymbol{q}(t)$。

7-9 $\dot{\boldsymbol{q}}(t) = \begin{bmatrix} -1 & 0 & 0 \\ 0 & -2 & 0 \\ 0 & 0 & -3 \end{bmatrix} \boldsymbol{q}(t) + \begin{bmatrix} 1 \\ 1 \\ 1 \end{bmatrix} e(t), r(t) = \begin{bmatrix} \frac{3}{2} & -2 & \frac{1}{2} \end{bmatrix} \boldsymbol{q}(t)$。

7-10 $\dot{\boldsymbol{q}}(t) = \begin{bmatrix} -a_1 & 1 & 0 \\ -a_2 & 0 & 1 \\ -a_3 & 0 & 0 \end{bmatrix} \boldsymbol{q}(t) + \begin{bmatrix} 0 \\ 0 \\ b_0 \end{bmatrix} e(t), r(t) = [a_1^2 \quad -a_1 \quad 1] \boldsymbol{q}(t)$。

7-11 (1) $q_1(t) = r_1(t), q_2(t) = r_2(t), q_3(t) = \frac{\mathrm{d}}{\mathrm{d}t} r_2(t), \dot{\boldsymbol{q}}(t) = \begin{bmatrix} 0 & -1 & 0 \\ 0 & 0 & 1 \\ -1 & 1 & -1 \end{bmatrix} \boldsymbol{q}(t) + \begin{bmatrix} 1 & 0 \\ 0 & 0 \\ -1 & 2 \end{bmatrix} e(t)$,

$\boldsymbol{r}(t) = \begin{bmatrix} 1 & 0 & 0 \\ 0 & 1 & 0 \end{bmatrix} \boldsymbol{q}(t)$;

(2) $q_1(t) = r_1(t), q_2(t) = r_2(t), q_3(t) = \frac{\mathrm{d}}{\mathrm{d}t} r_1(t), \dot{\boldsymbol{q}}(t) = \begin{bmatrix} 0 & 0 & 1 \\ -1 & -2 & -1 \\ 4 & 11 & 4 \end{bmatrix} \boldsymbol{q}(t) + \begin{bmatrix} 0 & 0 \\ 0 & 1 \\ 1 & -4 \end{bmatrix} e(t)$,

$\boldsymbol{r}(t) = \begin{bmatrix} 1 & 0 & 0 \\ 0 & 1 & 0 \end{bmatrix} \boldsymbol{q}(t)$。

7-12 (a) $\boldsymbol{q}(n+1)=\begin{bmatrix}0 & 1\\ -2 & -1\end{bmatrix}\boldsymbol{q}(n)+\begin{bmatrix}0\\ 1\end{bmatrix}\boldsymbol{x}(n),\boldsymbol{y}(n)=[1\quad 0]\boldsymbol{q}(n)$;

(b) $\boldsymbol{q}(n+1)=\begin{bmatrix}-1 & 1\\ -3 & -2\end{bmatrix}\boldsymbol{q}(n)+\begin{bmatrix}0\\ 1\end{bmatrix}\boldsymbol{x}(n),\boldsymbol{y}(n)=[2\quad 0]\boldsymbol{q}(n)$。

7-13 (a) $\boldsymbol{q}(n+1)=\begin{bmatrix}-2 & -2\\ 0 & -1\end{bmatrix}\boldsymbol{q}(n)+\begin{bmatrix}4\\ 1\end{bmatrix}\boldsymbol{x}(n),\boldsymbol{y}(n)=[-5\quad -6]\boldsymbol{q}(n)+12x(n)$;

(b) $\boldsymbol{q}(n+1)=\begin{bmatrix}-1 & 0\\ 0 & -2\end{bmatrix}\boldsymbol{q}(n)+\begin{bmatrix}1 & 0\\ 3 & 1\end{bmatrix}\boldsymbol{x}(n),\boldsymbol{y}(n)=\begin{bmatrix}1 & 2\\ 0 & 2\end{bmatrix}\boldsymbol{q}(n)$。

7-14 $\dot{\boldsymbol{q}}(t)=\begin{bmatrix}-2 & 2 & 0\\ 0 & -1 & -1\\ 1 & 0 & -3\end{bmatrix}\boldsymbol{q}(t)+\begin{bmatrix}0\\ 1\\ 0\end{bmatrix}e(t),\boldsymbol{r}(t)=[1\quad 0\quad 0]\boldsymbol{q}(t)$。

7-15 $\boldsymbol{q}(n+1)=\begin{bmatrix}-2 & 1 & -1\\ 0 & 0 & -1\\ -1 & 1 & 1\end{bmatrix}\boldsymbol{q}(n)+\begin{bmatrix}1\\ 1\\ 1\end{bmatrix}x(n),y(n)=[1\quad 0\quad 0]\boldsymbol{q}(n)$。

7-16 (1) $\begin{bmatrix}\dfrac{3(-3)^n-(-1)^n}{2} & \dfrac{(-3)^n-(-1)^n}{2}\\ \dfrac{3(-1)^n-3(-3)^n}{2} & \dfrac{3(-1)^n-(-3)^n}{2}\end{bmatrix},\begin{bmatrix}\dfrac{3e^{-3t}-e^{-t}}{2} & \dfrac{e^{-3t}-e^{-t}}{2}\\ \dfrac{3e^{-t}-3e^{-3t}}{2} & \dfrac{3e^{-t}-e^{-3t}}{2}\end{bmatrix}$;

(2) $\begin{bmatrix}(1+n)(-2)^n & n(-2)^n\\ -n(-2)^n & (1-n)(-2)^n\end{bmatrix},\begin{bmatrix}(1-2t)e^{-2t} & -2te^{-2t}\\ 2te^{-2t} & (1+2t)e^{-2t}\end{bmatrix}$。

7-17 (1) $\begin{bmatrix}1 & 0\\ -2 & 2\end{bmatrix}$; (2) $\begin{bmatrix}1 & -1\\ -2 & 1\end{bmatrix}$。

7-18 $(e^{-2t}-e^{-t})u(t),\dfrac{1}{2}(5-e^{-2t})u(t),\left(\dfrac{1}{2}e^{-2t}-e^{-t}+\dfrac{5}{2}\right)u(t)$。

7-19 (1) $\dot{\boldsymbol{q}}(t)=\begin{bmatrix}0 & 1\\ -2 & -3\end{bmatrix}\boldsymbol{q}(t)+\begin{bmatrix}0\\ 1\end{bmatrix}e(t)$,

$r(t)=[3\quad 1]\boldsymbol{q}(t)$;

(2) $r_{zi}(t)=(4e^{-t}-3e^{-2t})u(t),r_{zs}(t)=(e^{-t}-e^{-2t})u(t),r(t)=(5e^{-t}-4e^{-2t})u(t)$;

(3) $h(t)=(2e^{-t}-e^{-2t})u(t)$。

7-20 (1)、(3) 同题 7-19。

(2) $r_{zi}(t)=(4e^{-t}-3e^{-2t})u(t),r_{zs}(t)=(2e^{-t}-e^{-2t})u(t),r(t)=(6e^{-t}-4e^{-2t})u(t)$。

7-21 (1) $\boldsymbol{q}_{zi}(t)=\begin{bmatrix}2e^{-2t}u(t)\\ -e^{-2t}u(t)\end{bmatrix},\boldsymbol{q}_{zs}(t)=\begin{bmatrix}\left(1-\dfrac{2}{3}e^{-2t}-\dfrac{4}{3}e^{t}\right)u(t)\\ \left(-1+\dfrac{1}{3}e^{-2t}+\dfrac{8}{3}e^{t}\right)u(t)\end{bmatrix}$,

$\boldsymbol{q}(t)=\begin{bmatrix}\left(1+\dfrac{4}{3}e^{-2t}-\dfrac{4}{3}e^{t}\right)u(t)\\ \left(-1-\dfrac{2}{3}e^{-2t}+\dfrac{8}{3}e^{t}\right)u(t)\end{bmatrix}$;

(2) $\boldsymbol{r}_{zi}(t)=\begin{bmatrix}0\\ e^{-2t}u(t)\end{bmatrix},\boldsymbol{r}_{zs}(t)=\begin{bmatrix}4e^{t}u(t)\\ \delta(t)-\dfrac{1}{3}e^{-2t}u(t)-\dfrac{8}{3}e^{t}u(t)\end{bmatrix}$,

$\boldsymbol{r}(t)=\begin{bmatrix}4e^{t}u(t)\\ \delta(t)+\dfrac{2}{3}e^{-2t}u(t)-\dfrac{8}{3}e^{t}u(t)\end{bmatrix}$;

(3) $\boldsymbol{H}(s)=\begin{bmatrix}\dfrac{s}{s-1} & \dfrac{3}{s-1}\\ \dfrac{-s(s+1)}{(s+2)(s-1)} & \dfrac{s-3}{s-1}\end{bmatrix}$，$\boldsymbol{h}(t)=\begin{bmatrix}\delta(t)+e^{t}u(t) & 3e^{t}u(t)\\ -\delta(t)+\dfrac{2}{3}e^{-2t}-\dfrac{2}{3}e^{t}u(t) & \delta(t)-2e^{t}u(t)\end{bmatrix}$。

7-22 (1) $\dot{\boldsymbol{q}}(t)=\begin{bmatrix}b & c\\ 1 & 0\end{bmatrix}\boldsymbol{q}(t)+\begin{bmatrix}a+b\\ 1\end{bmatrix}\boldsymbol{e}(t)$，$\boldsymbol{r}(t)=[1\quad 0]\boldsymbol{q}(t)+\boldsymbol{e}(t)$；

(2) $a=3, b=-3, c=-2$。

7-23 (1) $\boldsymbol{q}_{zi}(n)=\begin{bmatrix}(-1)^n u(n)\\ 0\end{bmatrix}$，$\boldsymbol{q}_{zs}(n)=\begin{bmatrix}\dfrac{1}{6}-\dfrac{1}{2}(-1)^n+\dfrac{1}{3}(-2)^n\\ \dfrac{1}{3}-\dfrac{1}{3}(-2)^n\end{bmatrix}u(n-1)$；

(2) $y_{zi}(n)=(-1)^n u(n)$，$y_{zs}(n)=\left[\dfrac{5}{6}-\dfrac{1}{2}(-1)^n+\dfrac{2}{3}(-2)^n\right]u(n)$，

$y(n)=\left[\dfrac{5}{6}+\dfrac{1}{2}(-1)^n+\dfrac{2}{3}(-2)^n\right]u(n)$；

(3) $h(n)=\delta(n)+[(-2)^n-(-1)^n]u(n)$。

7-24 (1) $y_{zi}(n)=-\dfrac{1}{3}(-1)^n u(n)+\dfrac{1}{3}(2)^n u(n)$，$y_{zs}(n)=\left[-\dfrac{1}{2}-\dfrac{1}{6}(-1)^n+\dfrac{2}{3}(2)^n\right]u(n)$；

(2) $H(z)=\dfrac{z}{z^2-z-2}$，$h(n)=\left[-\dfrac{1}{3}(-1)^n+\dfrac{1}{3}(2)^n\right]u(n)$。

7-25 (1) $\boldsymbol{q}(n+1)=\begin{bmatrix}0 & 1\\ -4 & -5\end{bmatrix}\boldsymbol{q}(n)+\begin{bmatrix}0\\ 1\end{bmatrix}\boldsymbol{x}(n)$，$\boldsymbol{y}(n)=[-4\quad -5]\boldsymbol{q}(n)+\boldsymbol{x}(n)$；

(2) $y_{zi}(n)=\left[\dfrac{4}{3}(-1)^n-\dfrac{16}{3}(-4)^n\right]u(n)$，$y_{zs}(n)=\left[\dfrac{2}{9}(2)^n-\dfrac{1}{9}(-1)^n+\dfrac{8}{9}(-4)^n\right]u(n)$，

$y(n)=\left[\dfrac{2}{9}(2)^n+\dfrac{11}{9}(-1)^n-\dfrac{40}{9}(-4)^n\right]u(n)$。

7-26 (1) $\boldsymbol{q}(n+1)=\begin{bmatrix}1 & 0\\ 0 & 2\end{bmatrix}\boldsymbol{q}(n)+\begin{bmatrix}1\\ 1\end{bmatrix}\boldsymbol{x}(n)$，$\boldsymbol{y}(n)=[-2\quad 6]\boldsymbol{q}(n)+\boldsymbol{x}(n)$；

(2) $y_{zi}(n)=[-2+(2)^{n+1}]u(n)$，$y_{zs}(n)=[6(2)^n-n^2-4n-6]u(n)$，

$y(n)=[8(2)^n-n^2-4n-8]u(n)$。

7-27 $\boldsymbol{q}(n+1)=\begin{bmatrix}0 & 1\\ -b & -a\end{bmatrix}\boldsymbol{q}(n)+\begin{bmatrix}0\\ 1\end{bmatrix}\boldsymbol{x}(n)$，$\boldsymbol{y}(n)=[1\quad 0]\boldsymbol{q}(n)$，

$a=-5, b=6, q_{1zi}(n)=(2^n-3^n)u(n), q_{2zi}(n)=(2^{n+1}-3^{n+1})u(n)$。

7-28 $\dot{\boldsymbol{w}}(t)=\begin{bmatrix}\dfrac{1}{3} & \dfrac{1}{3}\\ \dfrac{2}{3} & -\dfrac{7}{3}\end{bmatrix}\boldsymbol{w}(t)+\begin{bmatrix}3\\ 3\end{bmatrix}\boldsymbol{e}(t)$，$\boldsymbol{r}(t)=[0\quad -1]\boldsymbol{w}(t)+\boldsymbol{e}(t)$。

7-29 $\boldsymbol{q}(n+1)=\begin{bmatrix}1 & 0 & 0\\ 0 & 2 & 0\\ 0 & 0 & 3\end{bmatrix}\boldsymbol{q}(n)+\begin{bmatrix}1\\ 1\\ 1\end{bmatrix}\boldsymbol{x}(n)$，$\boldsymbol{y}(n)=[2\quad -5\quad 4]\boldsymbol{q}(n)$。

7-30 (2) $\boldsymbol{H}(s)=\dfrac{1}{s^2+5s+6}\begin{bmatrix}2s+1\\ 2s+16\end{bmatrix}$； (3) 可控、可观；

(4) $\dot{\boldsymbol{w}}(t)=\begin{bmatrix}-2 & 0\\ 0 & -3\end{bmatrix}\boldsymbol{w}(t)+\begin{bmatrix}-3\\ 5\end{bmatrix}\boldsymbol{e}(t)$，

$\boldsymbol{r}(t)=\begin{bmatrix}1 & 1\\ -4 & -2\end{bmatrix}\boldsymbol{w}(t)$。

7-31 (1) 可控、不可观； (2) 不可控、不可观； (3) 不可控、不可观；

(4) 可控、不可观； (5) 可控、可观。

习 题 八

8-1 参考程序

```
t=-3:0.001:7;
f1=(t+2).*([t>-2]-[t>-1])+(-0.5*t+0.5).*([t>-1]-[t>1]);
f2=abs(cos(pi*t/4)).*([t>-2]-[t>6]);
f11=diff(f1)*1/0.001;
f21=diff(f2)*1/0.001;
subplot(2,3,1),plot(t,f1),axis([-2.5,1.5,-0.2,1.2]),title('f1(t)'),grid
subplot(2,3,2),plot(t(1:length(t)-1),f11),axis([-2.5,1.5,-0.7,1.2]),title('f1(t)的一次导数'),grid
subplot(2,3,4),plot(t,f2),axis([-2.5,6.5,-0.2,1.2]),title('f2(t)'),grid
subplot(2,3,5),plot(t(1:length(t)-1),f21),axis([-2.5,6.5,-1.2,1.2]),title('f2(t)的一次导数'),grid
t=-8:0.1:8;
F1='(t+2).*([t>-2]-[t>-1])+(-0.5*t+0.5).*([t>-1]-[t>1])';
F2='abs(cos(pi*t/4)).*([t>-2]-[t>6])';
for x=1:length(t)
   f12(x)=quad(F1,-8,t(x));
   f22(x)=quad(F2,-8,t(x));
end
subplot(2,3,3),plot(t,f12),axis([-2.5,2,-0.2,1.7]),title('f1(t)的一次积分'),grid
subplot(2,3,6),plot(t,f22),axis([-3,7,-0.2,6]),title('f2(t)的一次积分'),grid
```

8-2 参考程序

```
n11=-5;n12=5;
n=n11:n12;
x1=[0,0,0,2,0,3,3,2,1,0,0];x2=[0,0,0,2,2,2,0,2,0,0,0];
y11=diff(x1);y21=diff(x2);
n1=n11+1:n12;
subplot(2,4,1),stem(n,x1,'.'),axis([-3,5,-0.2,3.2]),title('x1(n)'),grid
subplot(2,4,5),stem(n,x2,'.'),axis([-3,5,-0.2,2.2]),title('x2(n)'),grid
subplot(2,4,2),stem(n1,y11,'.'),axis([-3,5,-2.2,3.2]),title('x1 一阶后向差分'),grid
subplot(2,4,6),stem(n1,y21,'.'),axis([-3,5,-2.2,2.2]),title('x2 一阶后向差分'),grid
y12=diff(x1,2);y22=diff(x2,2);
n2=n11+1+1:n12;
subplot(2,4,3),stem(n2,y12,'.'),axis([-3,5,-4.2,5.3]),title('x1 二阶后向差分'),grid
subplot(2,4,7),stem(n2,y22,'.'),axis([-3,5,-4.2,4.2]),title('x2 二阶后向差分'),grid
y13=cumsum(x1);y23=cumsum(x2);
subplot(2,4,4),stem(n,y13,'.'),axis([-4,5,-0.2,12]),title('x1(n)一次累加'),grid
subplot(2,4,8),stem(n,y23,'.'),axis([-4,5,-0.2,9]),title('x2(n)一次累加'),grid
```

8-3 参考程序

```
function f=ex83(t),f=(t+2).*([t>-2]-[t>-1])+(-0.5*t+0.5).*([t>-1]-[t>1]);
  t=-12:0.001:2;
  f1=ex83(t);
  f2=ex83(2*t+4);
  f3=ex83(-0.5*t-4);
  subplot(1,3,1),plot(t,f1),axis([-2.5,1.5,-0.1,1.1]),title('f(t)'),grid
  subplot(1,3,2),plot(t,f2),axis([-3.5,0,-0.1,1.1]),title('f(2t+4)'),grid
  subplot(1,3,3),plot(t,f3),axis([-12,0,-0.1,1.1]),title('f(-0.5t-4)'),grid
```

8-4 参考程序

```
t=-3:0.01:3;
f=(t+2).*([t>-2]-[t>-1])-t.*([t>-1]-[t>0]);
f1=fliplr(f);
fe=0.5*(f+f1);fo=0.5*(f-f1);
n=-4:4;
x=[0,0,-2,0,3,3,2,1,0];
x1=fliplr(x);
xe=0.5*(x+x1);xo=0.5*(x-x1);
subplot(4,2,1),plot(t,f),axis([-3,3,-0.1,1.1]),title('f(t)'),grid
subplot(4,2,3),plot(t,f1),axis([-3,3,-0.1,1.1]),title('f(-t)'),grid
subplot(4,2,5),plot(t,fe),axis([-3,3,-0.1,0.7]),title('fe(t)'),grid
subplot(4,2,7),plot(t,fo),axis([-3,3,-0.7,0.7]),title('fo(t)'),grid
subplot(4,2,2),stem(n,x,'.'),axis([-4,4,-3.2,3.2]),title('x(n)'),grid
subplot(4,2,4),stem(n,x1,'.'),axis([-4,4,-3.2,3.2]),title('x(-n)'),grid
subplot(4,2,6),stem(n,xe,'.'),axis([-4,4,-2.2,2.2]),title('xe(n)'),grid
subplot(4,2,8),stem(n,xo,'.'),axis([-4,4,-2.2,2.2]),title('xo(n)'),grid
```

8-5 参考程序

```
t11=-3;t12=3;t21=-3;t22=3;
t31=t11+t21;t32=t12+t22;
p=0.001;
t1=t11:p:t12;
f1=exp(-2*t1).*[t1>0];
t2=t21:p:t22;
f2=[t2>-2]-[t2>1];
f3=fliplr(f1);
f4=fliplr(f2);
t3=t31:p:t32;
R12=conv(f1,f4)*p;
R21=conv(f2,f3)*p;
subplot(2,2,1),plot(t1,f1),title('f1(t)'),axis([-1,3,-0.1,1.2]),grid
subplot(2,2,2),plot(t2,f2),title('f2(t)'),axis([-3,2,-0.1,1.2]),grid
```

```
subplot(2,2,3),plot(t3,R12),title('R12'),axis([-2,5,-0.1,0.7]),grid
subplot(2,2,4),plot(t3,R21),title('R21'),axis([-5,2,-0.1,0.7]),grid
```

8-6 参考程序

```
n11=-8;n12=8;n21=-3;n22=3;n31=n11+n21;n32=n12+n22;
n1= n11:n12;
x1=0.5.^n1.*u(n1);
x3=fliplr(x1);
n2=n21:n22;
x2=[0,0,0,1,1,0,0];
x4=fliplr(x2);
subplot(2,2,1),stem(n1,x1,'.'),title('x1(n)'),axis([-1,8,-0.1,1.1]),grid
subplot(2,2,2),stem(n2,x2,'.'),title('x2(n)'),axis([-2,3,-0.1,1.1]),grid
R12=conv(x2,x3);
R21=conv(x1,x4);
n=n31:n32;
subplot(2,2,3),stem(n,R12,'.'),title('R12'),axis([-8,5,-0.1,1.7]),grid
subplot(2,2,4),stem(n,R21,'.'),title('R21'),axis([-5,8,-0.1,1.7]),grid
```

8-7 参考程序

```
syms p z
syms e r x1 x2 y1 y2 x3 x4 x5 x6 x7 x8
ans1=solve('x1=e-2*x5','x2=1/p*x1','x3=2*x2+3*x1-x4','x4=1/p*x3','x5=4*x2+x4',
    'r=x5','e,r,x1,x2,x3,x4,x5');
H=simplify(ans1.r/ans1.e)
ans2=solve('x3=x1-x4','x4=1/z*x3','x5=2*x4+x7','y1=x5','x6=-2*x7','x7=1/z*x6',
    'x8=2*x1+3*x7','y2=x8','x1,y1,y2,x3,x4,x5,x6,x7,x8');
H11=simplify(ans2.y1/ans2.x1)
H21=simplify(ans2.y2/ans2.x1)
ans3=solve('x3=-x4','x4=1/z*x3','x5=2*x4+x7','y1=x5','x6=x2-2*x7','x7=1/z*x6',
    'x8=3*x7','y2=x8','y1,y2,x2,x3,x4,x5,x6,x7,x8');
H12=simplify(ans3.y1/ans3.x2)
H22=simplify(ans3.y2/ans3.x2)
```

8-8 参考程序

```
ans=dsolve('D2r+6*Dr+5*r=2*De+e','e=Dirac(t)','r(-0.01)=0,Dr(-0.01)=0');
h=simplify(ans.r)
ans=dsolve('D2r+6*Dr+5*r=2*De+e','e=Heaviside(t)','r(-0.01)=0,Dr(-0.01)=0');
g=simplify(ans.r)
ans=dsolve('D2r+6*Dr+5*r=0','r(0)=1,Dr(0)=2');
rzi=simplify(ans)
ans=dsolve('D2r+6*Dr+5*r=2*De+e','e=exp(-2*t)*Heaviside(t)','r(-0.01)=0,
    Dr(-0.01)=0');
```

```
rzs=simplify(ans.r)
ans=dsolve('D2r+6*Dr+5*r=2*De+e','e=exp(-2*t)*Heaviside(t)','r(-0.001)=1,
    Dr(-0.001)=2');
r=simplify(ans.r)

a=[1,6,5];b=[2,1];
sys=tf(b,a);
t=0:0.01:4;
e=exp(-2*t);
h=impulse(sys,t);
g=step(sys,t);
rzs=lsim(sys,e,t);
subplot(1,2,1),plot(t,h,'k-',t,g,'b-.'),axis([0,4,-0.2,2]),grid
legend('冲激响应','阶跃响应')
subplot(1,2,2),plot(t,e,'k-.',t,rzs,'b-'),axis([0,4,-0.2,1.2]),grid
legend('输入信号','零状态响应')
```

8-9 参考程序

```
a=[1,0.6,0.05];b=[0,1];
n=0:20;
x=sin(pi/5*n);
y0=[0,1];
zi=filtic(b,a,y0);
xzi=0*x;
yzi=filter(b,a,xzi,zi);
yzs=filter(b,a,x);
y=filter(b,a,x,zi);
subplot(1,3,1),stem(n,yzi,'.'),title('零输入响应'),axis([0,20,-0.06,0.06]),grid
subplot(1,3,2),stem(n,yzs,'.'),title('零状态响应'),axis([0,20,-0.8,0.8]),grid
subplot(1,3,3),stem(n,y,'.'),title('完全响应'),axis([0,20,-0.8,0.8]),grid

a=[1,0.6,0.05];b=[0,1];
n=0:20;
h=impz(b,a,n);
x1=ones(1,length(n));
g=filter(b,a,x1);
x=sin(pi/5*n);
yzs=filter(b,a,x);
subplot(2,2,1),stem(n,h,'.'),title('单位冲激响应 h(n)'),grid
subplot(2,2,2),stem(n,g,'.'),title('单位阶跃响应 g(n)'),grid
subplot(2,2,3),stem(n,x,'.'),title('输入信号 x(n)'),grid
subplot(2,2,4),stem(n,yzs,'.'),title('零状态响应 yzs(n)'),grid
```

8-10 参考程序

```
E=1;T1=3;tao=2;w1=2*pi/T1;
t=-T1:0.001:T1;
f=square(w1*t,tao*100/T1);
subplot(2,3,1),plot(t,f),axis([-T1,T1,-1.1,1.1]),title('f(t)'),grid
a0=(2*tao-T1)/T1;
n_max=[1,5,10,40,200];
N=length(n_max);
for k=1:N
        n=1:n_max(k);
        a=2*E./(pi*n).*sin(n*w1*tao);
        b=2*E./(pi*n).*(1-cos(n*w1*tao));
        x=a0+a*cos(w1*n'*t)+b*sin(w1*n'*t);
        subplot(2,3,k+1),plot(t,x),axis([-T1,T1,-1.5,1.5]),
title(['前',num2str(n_max(k)),'次谐波叠加']),grid
end
```

8-11 参考程序

```
E=1;T1=3;tao=2;w1=2*pi/T1;
t=-T1:0.001:T1;
f=square(w1*t,tao*100/T1);
subplot(1,3,1),plot(t,f),axis([-T1,T1,-1.1,1.1]),title('f(t)'),grid
N=10;
n1=-N:-1;
a=2*E./(pi*n1).*sin(n1*w1*tao);
b=2*E./(pi*n1).*(1-cos(n1*w1*tao));
F1=(a-j*b)/2;
F0=(2*tao-T1)/T1;
n2=1:N;
a=2*E./(pi*n2).*sin(n2*w1*tao);
b=2*E./(pi*n2).*(1-cos(n2*w1*tao));
F2=(a-j*b)/2;
Fn=[F1,F0,F2];
n=-N:N;
subplot(1,3,2);stem(n,abs(Fn),'.');title('双边幅度频谱');
axis([-10,10,-0.01,0.6]);xlabel('\omega/\omega1');grid
subplot(1,3,3);stem(n,angle(Fn)*180/pi,'.');title('双边相位频谱');
axis([-10,10,-150,200]);xlabel('\omega/\omega1');grid
```

```
E=1;T1=3;tao=2;w1=2*pi/T1;
t=-T1:0.001:T1;
f=square(w1*t,tao*100/T1);
subplot(1,3,1),plot(t,f),axis([-T1,T1,-1.1,1.1]),title('f(t)'),grid
```

```
N=20;
F0=(2*tao-T1)/T1;
n=1:N;
a=2*E./(pi*n).*sin(n*w1*tao);
b=2*E./(pi*n).*(1-cos(n*w1*tao));
F1=(a-j*b)/2;
Fn=[F0,2*F1];
n=0:N;
subplot(1,3,2),stem(n,abs(Fn),'.'),title('单边幅度频谱'),
axis([0,20,-0.01,1.2]),xlabel('\omega/\omega1'),grid
subplot(1,3,3),stem(n,angle(Fn)*180/pi,'.'),title('单边相位频谱'),
axis([0,20,-150,180]),xlabel('\omega/\omega1'),grid
```

8-12 参考程序

```
syms t
f1=sym('t*exp(-5*t)*Heaviside(t)');
f2=sym('exp(-2*t)*cos(t)*Heaviside(t)');
f3=sym('exp(-abs(t))*cos(t)');
f4=sym('2/(1+t^2)');
F1=fourier(f1),
F2=fourier(f2);F2=simplify(F2),
F3=fourier(f3);F3=simplify(F3),
F4=fourier(f4)

f1='t.*exp(-5*t).*[t>0]';t=[-3,3];w=[-10,10];
figure(1),
FZQXHFT(f1,t,w)
f2='exp(-2*t).*cos(t).*[t>0]';t=[-3,3];w=[-10,10];
figure(2),
FZQXHFT(f2,t,w)
f3='exp(-abs(t)).*cos(t)';t=[-3,3];w=[-10,10];
figure(3),
FZQXHFT(f3,t,w)
f4='2./(1+t.^2)';t=[-3,3];w=[-10,10];
figure(4),
FZQXHFT(f4,t,w)
```

8-13 参考程序

```
syms t w
F1=sym('(w+2)*(Heaviside(w+2)-Heaviside(w))+(-w+2)*(Heaviside(w)-Heaviside(w-
    2))');
F2=sym('-(Heaviside(w+3)-Heaviside(w+2))+(w+1)*(Heaviside(w+2)-Heaviside(w+1))+
    (w-1)*(Heaviside(w-1)-Heaviside(w-2))+Heaviside(w-2)-Heaviside(w-3)');
```

```
f1=ifourier(F1,t);f1=simplify(f1)
f2=ifourier(F2,t);f2=simplify(f2)
```

8-14 参考程序

```
syms t w
H=(j*w+3)/(-w^2+3*j*w+2);
e=sym('exp(-t)*Heaviside(t)');
E=fourier(e);
R=E*H;
r=ifourier(R,t)
w=-10:0.01:10;
H=subs(H);R=subs(R);
mag1=abs(H);phase1=angle(H)*180/pi;
mag2=abs(R);phase2=angle(R)*180/pi;
subplot(2,2,1),plot(w,mag1),
axis([-10,10,-0.1,2.1]),xlabel('\omega'),title('|H(\omega)|'),grid
subplot(2,2,2),plot(w,phase1),
axis([-10,10,-100,100]),xlabel('\omega'),title('\phi(H)(\omega)'),grid
subplot(2,2,3),plot(w,mag2),
axis([-10,10,-0.1,2.1]),xlabel('\omega'),title('|R(\omega)|'),grid
subplot(2,2,4),plot(w,phase2),
axis([-10,10,-200,200]),xlabel('\omega'),title('\phi(R)(\omega)'),grid
```

8-15 参考程序

```
syms s t
f1=sym('sin(t)*cos(3*t)*Heaviside(t)');
F1=laplace(f1)
f2=sym('t*exp(-2*t)*sin(t)*Heaviside(t)');
F2=laplace(f2)
f3=sym('2*t^0.5*Heaviside(t)');
F3=laplace(f3)
f4=sym('(t-2)*Heaviside(t-1)');
F4=laplace(f4)
f5=sym('Dirac(2*t-4)');
F5=laplace(f5)
f6=sym('(t+2)*sin(t)*Heaviside(t-1)');
F6=laplace(f6)
```

8-16 参考程序

```
syms s t
f1=sym('0.5*t*(Heaviside(t)-Heaviside(t-2))');
F1=laplace(f1)
f2=sym('sin(t)*(Heaviside(t)-Heaviside(t-2*pi))');
```

```
F2=laplace(f2)
f3=sym('t*(Heaviside(t)-Heaviside(t-1))+Heaviside(t-1)-Heaviside(t-2)+(3-t)*(Heaviside
    (t-2)-Heaviside(t-3))');
F3=laplace(f3)
```

8-17 参考程序

```
syms s t
F1=(s^2+5*s+3)/(s^2+3*s+2);
f1=ilaplace(F1)
F2=4/((s^2+1)^2);
f2=ilaplace(F2)
F3=(2*s+5)/((s+2)^2)*exp(-2*s-4);
f3=ilaplace(F3)
F4=log((s+1)/s);
f4=ilaplace(F4)
```

8-18 参考程序

```
syms s real
a=[1,2,1];b=[0,1,0];r0=[1,2];e0=1;
Sn=[s^2,s,1];
e=sym('exp(-t)*Heaviside(t)');E=laplace(e);
A=a*Sn';B=b*Sn';
C=[a(1)*s+a(2),a(1)]*r0'-(b(1)*s+b(2))*e0;
H=B/A;
Rzi=C/A;
disp('零输入响应')
rzi=ilaplace(Rzi)
Rzs=H.*E;
disp('零状态响应')
rzs=ilaplace(Rzs)
disp('完全响应')
r=rzi+rzs;
r=simplify(r)
```

8-19 参考程序

```
syms s real
a=[1,6,11,6];b=[0,1,0,4];r0=[1,0,-1];
Sn=[s^3,s^2,s,1];
e=sym('exp(-t)*Heaviside(t)');E=laplace(e);
A=a*Sn';B=b*Sn';
C=[a(1)*s^2+a(2)*s+a(3),a(1)*s+a(2),a(1)]*r0';
H=B/A;
Rzi=C/A;
```

```
disp('零输入响应')
rzi=ilaplace(Rzi)
Rzs=H. * E;
disp('零状态响应')
rzs=ilaplace(Rzs)
disp('完全响应')
r=rzi+rzs;
r=simplify(r)
```

8-20 参考程序

```
a=[1,6,11,6];b=[1,0,4];
subplot(1,3,1),pzmap(b,a),title('零极点图')
w=0:0.01:30;
H=freqs(b,a,w);mag=abs(H);phase=angle(H) * 180/pi;
subplot(1,3,2),plot(w,mag),axis([0,30,-0.1,0.8]),
xlabel('\omega'),title('|H(\omega)|'),grid
subplot(1,3,3),plot(w,phase),axis([0,30,-150,100]),
xlabel('\omega'),title('\phi(\omega)'),grid
```

8-21 参考程序

```
a1=[1,1,2,6];
a2=[3,5,4,6];
a3=[1,5,9,5,2];
a4=[1,3,-2,6,4];
a5=[1,0,2,3,1];
p1=roots(a1)
p2=roots(a2)
p3=roots(a3)
p4=roots(a4)
p5=roots(a5)
```

8-22 参考程序

```
syms a w
x1=sym('(1/3)^n * Heaviside(n)');X1=ztrans(x1)
x2=sym('(1/2)^n * Heaviside(n-1)');X2=ztrans(x2);X2=simplify(X2)
x3=sym('(n-2)^2 * Heaviside(n-1)');X3=ztrans(x3);X3=simplify(X3)
x4=sym('a^n * exp(-a * n) * Heaviside(n)');X4=ztrans(x4);X4=simplify(X4)
x5=sym('sin(pi/4 * n) * Heaviside(n)');X5=ztrans(x5);X5=simplify(X5)
```

8-23 参考程序

```
syms real
X1=sym('z/(z-1)/(z-2)');
X2=sym('-z/(z+1)^2');
```

```
x1=iztrans(X1)
x2=iztrans(X2)
```

8-24 参考程序

```
syms z real
a=[1,-1.5,0.5];b=[1,-2,0];
y0=[0,-2];
x=sym('2^n * Heaviside(n)');X=ztrans(x);
Zn=[z^2,z,1];
A=a * Zn';B=b * Zn';
C=-[a(3) * z+a(2) * z^2,a(3) * z^2] * y0';
H=B/A;
Yzi=C/A;
disp('零输入响应')
yzi=iztrans(Yzi)
Yzs=H. * X;
disp('零状态响应')
yzs=iztrans(Yzs)
disp('完全响应')
y=yzi+yzs
```

8-25 参考程序

```
syms z real
a=[1,-0.3,-0.13,0.015];b=[1,0,-0.2,0];
y0=[0,1,-1];
X=z/(z+0.5);
Zn=[z^3,z^2,z,1];
A=a * Zn';B=b * Zn';
C=-[a(2) * z^3+a(3) * z^2+a(4) * z,a(3) * z^3+a(4) * z^2,a(4) * z^3] * y0';
H=B/A;
Yzi=C/A;
disp('零输入响应')
yzi=iztrans(Yzi)
Yzs=H. * X;
disp('零状态响应')
yzs=iztrans(Yzs)
disp('完全响应')
y=yzi+yzs
```

8-26 参考程序

```
t=0:0.01:10;
A=[-2,0;0,-1];B=[1;0];C=[1,-1];D=[2];
sys=ss(A,B,C,D);
```

```
e=ones(1,length(t));
q0=[1,1];
[r,t,q]=lsim(sys,e,t,q0);
subplot(1,3,1),plot(t,r),grid
title('完全响应')
e=zeros(1,length(t));
[rzi,t,qzi]=lsim(sys,e,t,q0);
subplot(1,3,2),plot(t,rzi),grid
title('零输入响应')
e=ones(1,length(t));
q0=[0,0];
[rzs,t,qzs]=lsim(sys,e,t,q0);
subplot(1,3,3),plot(t,rzs),grid
title('零状态响应')
```

8-27 参考程序

```
syms s t;
A=[-2,0;0,-1];B=[1;0];C=[1,-1];D=[2];q0=[1;1];
e=sym('1');E=laplace(e);
P1=s*eye(2)-A;P=inv(P1);
Q=P*q0+P*B*E;
q=ilaplace(Q);
disp('零输入响应')
Rzi=C*P*q0;rzi=ilaplace(Rzi)
disp('零状态响应')
Rzs=(C*P*B+D)*E;rzs=ilaplace(Rzs)
disp('完全响应')
r=C*q+D*e
```

8-28 参考程序

```
A=[-1,1;0,-2];B=[0;1];C=[1,-1];D=[1];
q0=[1;0];
n=20;k=1:n;
xzi=0;qzi(:,1)=q0;
for i=1:n
    qzi(:,i+1)=A*qzi(:,i)+B*xzi;
end
yzi=C*qzi+D*xzi;
subplot(1,3,1),stem([0:n],yzi,'.'),title('零输入响应'),grid
qzs0=[0;0];
n=20;k=1:n;
xzs=1;qzs(:,1)=qzs0;
for i=1:n
```

```
    qzs(:,i+1)=A*qzs(:,i)+B*xzs;
end
yzs=C*qzs+D*xzs;
subplot(1,3,2),stem([0:n],yzs,'.'),title('零状态响应'),grid
q0=[1;0];
n=20;k=1:n;
x=1;q(:,1)=q0;
for i =1:n
    q(:,i+1)=A*q(:,i)+B*x;
end
y=C*q+D*x;
subplot(1,3,3),stem([0:n],y,'.'),title('完全响应'),grid
```

8-29 参考程序

```
syms z n
A=[-1,1;0,-2];B=[0;1];C=[1,-1];D=[1];
q0=[1;0];
x=sym('Heaviside(n)');X=ztrans(x);
P=inv(z*eye(2)-A)*z;
Qzi=P*q0;Qzs=1/z*P*B*X;Q=Qzi+Qzs;
Yzi=C*Qzi;
Yzs=C*Qzs+D*X;
Y=Yzi+Yzs;
disp('零输入响应表达式')
yzi=iztrans(Yzi)
disp('零状态响应表达式')
yzs=iztrans(Yzs)
disp('完全响应表达式')
y=iztrans(Y)
```

8-30 参考程序

```
A1=[0,1;-2,-3];B1=[0;1];C1=[1,1];
A2=[1,0;0,1];B2=[0;2];C2=[2,2];
A3=[0,1;-2,-3];B3=[0;1];C3=[-2,-2];
A4=[1,0,-1;0,-2,1;3,0,2];B4=[1;0;-1];C4=[0,1,0];
M1=ctrb(A1,B1);N1=obsv(A1,C1);
M2=ctrb(A2,B2);N2=obsv(A2,C2);
M3=ctrb(A3,B3);N3=obsv(A3,C3);
M4=ctrb(A4,B4);N4=obsv(A4,C4);
rc1=rank(M1),ro1=rank(N1)
rc2=rank(M2),ro2=rank(N2)
rc3=rank(M3),ro3=rank(N3)
rc4=rank(M4),ro4=rank(N4)
```

附　录

附录 A　部分分式展开

我们知道$\frac{1}{x}+\frac{1}{x+1}=\frac{x+1+x}{x(x+1)}=\frac{2x+1}{x^2+x}$这就是通分运算，而部分分式展开则是通分运算的逆运算，如$\frac{2x+1}{x^2+x}=\frac{1}{x}+\frac{1}{x+1}$，其原理可用下式表示

$$F(x)=F_1(x)+F_2(x)+\cdots+F_n(x)=\sum_{i=1}^{n}F_i(x) \tag{A.1}$$

一般的 $F(x)$表示为

$$F(x)=\frac{N(x)}{D(x)}=\frac{b_mx^m+b_{m-1}x^{m-1}+\cdots+b_1x+b_0}{a_nx^n+a_{n-1}x^{n-1}+\cdots+a_1x+a_0} \tag{A.2}$$

a_i 和 b_j 均是实常数。

当 $m\geqslant n$ 时 $F(x)$为假分式，$m<n$ 时 $F(x)$为真分式。假分式可分解为整式和真分式之和，真分式用部分分式作进一步的展开。如

$$F(x)=\frac{x^3+4x^2+4x+2}{x^2+4x+3}=x+\frac{x+2}{x^2+4x+3}$$

为将 $F(x)$展开，先求 $F(x)$的极点，令 $D(x)=0$，即 $a_nx^n+a_{n-1}x^{n-1}+\cdots+a_1x+a_0=0$，显然有 n 个根(x_1、x_2、…、x_n)，这些根是以实数或共轭复数出现，分以下情况：

1. 实数单根

设 $x=x_1$ 为实数单根，则 $D(x)=(x-x_1)D_1(x)$，$D_1(x)$中无 x_1 的根，将 $F(x)$展开成

$$F(x)=\frac{N(x)}{D(x)}=\frac{N(x)}{(x-x_1)D_1(x)}=\frac{K_1}{x-x_1}+\frac{N_1(x)}{D_1(x)} \tag{A.3}$$

其中

$$K_1=(x-x_1)F(x)\big|_{x=x_1} \tag{A.4}$$

例 A.1　将 $F(x)=\frac{x^2+4x}{x^2+3x+2}$用部分分式展开。

解　由于 $F(x)$是假分式，将其化为整式和真分式之和，再将真分式用部分分式展开。

$$F(x)=\frac{x^2+4x}{x^2+3x+2}=1+\frac{x-2}{x^2+3x+2}=1+\frac{x-2}{(x+1)(x+2)}=1+\frac{K_1}{x+1}+\frac{K_2}{x+2}$$

$$K_1=(x+1)\cdot\frac{x-2}{(x+1)(x+2)}\Big|_{x=-1}=-3$$

$$K_2=(x+2)\cdot\frac{x-2}{(x+1)(x+2)}\Big|_{x=-2}=4$$

得到 $F(x)=1+\frac{-3}{x+1}+\frac{4}{x+2}$。

2. 共轭复数单根

设 $x_{1,2}=-\alpha\pm \mathrm{j}\omega$，则 $D(x)=[(x+\alpha)^2+\omega^2]D_1(x)$，将 $F(x)$ 展开成

$$F(x)=\frac{N(x)}{[(x+\alpha)^2+\omega^2]D_1(x)}=\frac{K_{11}}{x+\alpha+\mathrm{j}\omega}+\frac{K_{12}}{x+\alpha-\mathrm{j}\omega}+\frac{N_1(x)}{D_1(x)}$$

$$=\frac{K_1x+K_2}{(x+\alpha)^2+\omega^2}+\frac{N_1(x)}{D_1(x)} \tag{A.5}$$

其中

$$\left.\begin{aligned} K_{11}&=(x+\alpha+\mathrm{j}\omega)F(x)\big|_{x=-\alpha-\mathrm{j}\omega}\\ K_{12}&=(x+\alpha-\mathrm{j}\omega)F(x)\big|_{x=-\alpha+\mathrm{j}\omega}\\ K_1&=K_{11}+K_{12}\\ K_2&=(\alpha-\mathrm{j}\omega)K_{11}+(\alpha+\mathrm{j}\omega)K_{12}\end{aligned}\right\} \tag{A.6}$$

3. r 重根

设 x_1 为 r 重根，则 $D(x)=(x-x_1)^rD_1(x)$，将 $F(x)$ 展开成

$$F(x)=\frac{N(x)}{D(x)}=\frac{N(x)}{(x-x_1)^rD_1(x)}$$

$$=\frac{K_1}{(x-x_1)^r}+\frac{K_2}{(x-x_1)^{r-1}}+\cdots+\frac{K_{r-1}}{(x-x_1)^2}+\frac{K_r}{x-x_1}+\frac{N_1(x)}{D_1(x)}$$

$$=\sum_{i=0}^{r-1}\frac{K_{i+1}}{(x-x_1)^{r-i}}+\frac{N_1(x)}{D_1(x)} \tag{A.7}$$

其中

$$\left.\begin{aligned} K_1&=(x-x_1)^rF(x)\big|_{x=x_1}\\ K_2&=\frac{\mathrm{d}}{\mathrm{d}x}[(x-x_1)^rF(x)]\big|_{x=x_1}\\ &\vdots\\ K_i&=\frac{1}{(i-1)!}\frac{\mathrm{d}^{i-1}}{\mathrm{d}x^{i-1}}[(x-x_1)^rF(x)]\big|_{x=x_1}\end{aligned}\right\} \tag{A.8}$$

例 A.2 将 $F(x)=\frac{2x^3+14x^2+23x+16}{(x+2)^2(x^2+2x+5)}$ 用部分分式展开。

解 将 $F(x)$ 用部分分式展开成

$$F(x)=\frac{K_1}{(x+2)^2}+\frac{K_2}{x+2}+\frac{K_3}{x+1+\mathrm{j}2}+\frac{K_4}{x+1-\mathrm{j}2}$$

$$=\frac{K_1}{(x+2)^2}+\frac{K_2}{x+2}+\frac{K_5x+K_6}{x^2+2x+5}$$

系数计算如下

$$K_1=(x+2)^2F(x)\big|_{x=-2}=\frac{2x^3+14x^2+23x+16}{x^2+2x+5}\bigg|_{x=-2}=2$$

$$K_2=\frac{\mathrm{d}}{\mathrm{d}x}[(x+2)^2F(x)]\big|_{x=-2}=\frac{\mathrm{d}}{\mathrm{d}x}\left[\frac{2x^3+14x^2+23x+16}{x^2+2x+5}\right]_{x=-2}=-1$$

$$K_3=(x+1+\mathrm{j}2)F(x)\big|_{x=-1-\mathrm{j}2}=\frac{2x^3+14x^2+23x+16}{(x+2)^2(x+1-\mathrm{j}2)}\bigg|_{x=-1-\mathrm{j}2}=\frac{6+\mathrm{j}1}{4}$$

$$K_4=(x+1-\mathrm{j}2)F(x)\big|_{x=-1+\mathrm{j}2}=\frac{2x^3+14x^2+23x+16}{(x+2)^2(x+1+\mathrm{j}2)}\bigg|_{x=-1+\mathrm{j}2}=\frac{6-\mathrm{j}1}{4}$$

$$K_5=K_3+K_4=3$$

$$K_6=(1-\mathrm{j}2)K_3+(1+\mathrm{j}2)K_4=4$$

得到 $F(x)=\frac{2}{(x+2)^2}-\frac{1}{x+2}+\frac{3x+4}{(x+1)^2+2^2}$。

有一简单方法求 K_5 和 K_6，先求出 K_1 和 K_2，得到

$$\frac{2x^3+14x^2+23x+16}{(x+2)^2(x^2+2x+5)}=\frac{2}{(x+2)^2}+\frac{-1}{x+2}+\frac{K_5x+K_6}{x^2+2x+5}$$

上式中，令 $x=0$，得 $\frac{16}{20}=\frac{2}{4}+\frac{-1}{2}+\frac{K_6}{5}$，所以 $K_6=4$。

上式中，再令 $x=-1$，得 $\frac{5}{4}=\frac{2}{1}+\frac{-1}{1}+\frac{-K_5+4}{4}$，所以 $K_5=3$。

部分分式展开在信号与系统中有重要的应用，如在因果信号的算子表示中、在信号的频谱分析中、在傅里叶变换中、在拉普拉斯变换和 z 变换中。只要将变量 x 换成 p、E、$\mathrm{j}\omega$、s 和 z 即可。

附录 B　常用的数学公式

1. Euler 公式

$$\mathrm{e}^{\mathrm{j}\theta}=\cos\theta+\mathrm{j}\sin\theta,\mathrm{e}^{-\mathrm{j}\theta}=\cos\theta-\mathrm{j}\sin\theta$$

$$\cos\theta=\frac{1}{2}(\mathrm{e}^{\mathrm{j}\theta}+\mathrm{e}^{-\mathrm{j}\theta}),\sin\theta=\frac{1}{2\mathrm{j}}(\mathrm{e}^{\mathrm{j}\theta}-\mathrm{e}^{-\mathrm{j}\theta})$$

2. 三角恒等式

$$\sin^2\theta+\cos^2\theta=1$$

$$\sin^2\theta=\frac{1}{2}(1-\cos2\theta)$$

$$\cos^2\theta=\frac{1}{2}(1+\cos2\theta)$$

$$\sin2\theta=2\sin\theta\cos\theta$$

$$\cos2\theta=\cos^2\theta-\sin^2\theta=1-2\cos^2\theta=1-2\sin^2\theta$$

$$\sin(\alpha\pm\beta)=\sin\alpha\cos\beta\pm\cos\alpha\sin\beta$$

$$\cos(\alpha\pm\beta)=\cos\alpha\cos\beta\mp\sin\alpha\sin\beta$$

$$\sin\alpha\sin\beta=\frac{1}{2}[\cos(\alpha-\beta)-\cos(\alpha+\beta)]$$

$$\cos\alpha\cos\beta = \frac{1}{2}[\cos(\alpha-\beta)+\cos(\alpha+\beta)]$$

$$\sin\alpha\cos\beta = \frac{1}{2}[\sin(\alpha-\beta)+\sin(\alpha+\beta)]$$

$$\sin\alpha+\sin\beta = 2\sin\frac{\alpha+\beta}{2}\cos\frac{\alpha-\beta}{2}$$

$$\cos\alpha+\cos\beta = 2\cos\frac{\alpha+\beta}{2}\cos\frac{\alpha-\beta}{2}$$

$$a\cos\beta+b\sin\beta = \sqrt{a^2+b^2}\cos\left(\beta-\arctan\frac{b}{a}\right)$$

3. 指数和对数函数

$$e^{\alpha}e^{\beta} = e^{\alpha+\beta}, \quad \frac{e^{\alpha}}{e^{\beta}} = e^{\alpha-\beta}$$

$$\ln(\alpha\beta) = \ln\alpha+\ln\beta, \quad \ln\frac{\alpha}{\beta} = \ln\alpha-\ln\beta, \quad \ln\alpha^{\beta} = \beta\ln\alpha$$

4. 级数的求和公式

$$\sum_{n=n_1}^{n_2} a^n = \begin{cases} \dfrac{a^{n_1}-a^{n_2+1}}{1-a}, & a\neq 1 \\ n_2-n_1+1, & a=1 \end{cases}$$

$$\sum_{n=n_1}^{\infty} a^n = \frac{a^{n_1}}{1-a}, \quad |a|<1$$

$$\sum_{n=-\infty}^{n_2} a^n = \frac{a^{n_2}}{1-a^{-1}}, \quad |a|>1$$

$$\sum_{m=-\infty}^{n} u(m) = (n+1)u(n)$$

$$\sum_{m=-\infty}^{n} mu(m) = \frac{1}{2}n(n+1)u(n)$$

$$\sum_{m=-\infty}^{n} m^2u(m) = \frac{1}{6}n(n+1)(2n+1)u(n)$$

$$\sum_{n=0}^{\infty} na^n = \frac{a}{(1-a)^2}, \quad |a|<1$$

$$\sum_{n=0}^{\infty} n^2a^n = \frac{a^2+a}{(1-a)^3}, \quad |a|<1$$

附录C 劳斯判据

劳斯于1877年提出的稳定性判据能够判定一个多项式方程中是否存在位于复平面右半部的正根。劳斯判据(Routh criterion),这是一种代数稳定判据方法。

劳斯判据,它是根据系统特征方程式 $D(s)$ 来判断特征根在 s 平面的位置,从而决定系统的稳定性。由于不必求解方程，为系统的稳定性的判断带来了极大的便利。

系统特征方程式 $D(s)$ 为

$$D(s) = a_n s^n + a_{n-1} s^{n-1} + a_{n-2} s^{n-2} + a_{n-3} s^{n-3} + a_{n-4} s^{n-4} + \cdots + a_1 s + a_0$$

劳斯阵列表如下：

第一行 s^n	a_n	a_{n-2}	a_{n-4}	$\cdots$
第二行 s^{n-1}	a_{n-1}	a_{n-3}	a_{n-5}	$\cdots$
第三行 s^{n-2}	b_{n-1}	b_{n-3}	b_{n-5}	$\cdots$
第四行 s^{n-3}	c_{n-1}	c_{n-3}	c_{n-5}	$\cdots$
第五行 s^{n-4}	d_{n-1}	d_{n-3}	d_{n-5}	$\cdots$
$\vdots$	$\vdots$			
第 $n+1$ 行 s^0	x_{n-1}	0	0	

劳斯阵列表的前两行由 $D(s)$ 多项式的系数组成，第三行以后的系数按以下规律计算：

$$b_{n-1} = -\frac{1}{a_{n-1}}\begin{vmatrix} a_n & a_{n-2} \\ a_{n-1} & a_{n-3} \end{vmatrix}, \quad b_{n-3} = -\frac{1}{a_{n-1}}\begin{vmatrix} a_n & a_{n-4} \\ a_{n-1} & a_{n-5} \end{vmatrix}, \quad \cdots$$

$$c_{n-1} = -\frac{1}{b_{n-1}}\begin{vmatrix} a_{n-1} & a_{n-3} \\ b_{n-1} & b_{n-3} \end{vmatrix}, \quad c_{n-3} = -\frac{1}{b_{n-1}}\begin{vmatrix} a_{n-1} & a_{n-5} \\ b_{n-1} & b_{n-5} \end{vmatrix}, \quad \cdots$$

$$d_{n-1} = -\frac{1}{c_{n-1}}\begin{vmatrix} b_{n-1} & b_{n-3} \\ c_{n-1} & c_{n-3} \end{vmatrix}, \quad d_{n-3} = -\frac{1}{c_{n-1}}\begin{vmatrix} b_{n-1} & b_{n-5} \\ c_{n-1} & c_{n-5} \end{vmatrix}, \quad \cdots$$

$$\vdots$$

如果劳斯阵列表中第一列系数（$a_n, a_{n-1}, b_{n-1}, c_{n-1}, d_{n-1}, \cdots, x_{n-1}$）均为正数，则特征方程所有的根均位于 s 平面的左半平面，该系统是稳定的。假若第一列系数有负数，则第一列系数符号的改变次数等于在右半平面上根的个数。

如特征方程式 $D(s)$ 中缺项或系数有负的，第一列系数肯定有负数，则系统是不稳定的。如缺全部的偶次项或全部的奇次项，系统最多是临界稳定。

例 C.1 用劳斯判据判断下列方程是否有右半平面上的根。

(1) $D(s)=s^3+2s^2+4s+10$；

(2) $D(s)=s^4+5s^3+10s^2+10s+4$。

解 (1) 劳斯阵列表如下：

第一行 s^3	1	4	0
第二行 s^2	2	10	0
第三行 s^1	-1	0	
第四行 s^0	10		

劳斯阵列表第一列有负数，由于第一列系数的符号改变了两次（$2\to -1\to 10$），所以，系统特征方程有两个根的实部为正。

(2) 劳斯阵列表如下：

第一行 s^4	1	10	4	0
第二行 s^3	5	10	0	0
第三行 s^2	8	4	0	
第四行 s^1	7.5	0		
第五行 s^0	4			

第一列系数均为正实数，方程没有右半平面上的根。

在劳斯阵列表的计算过程中，如果出现下述两种特殊情况：

1. 第一种特殊情况

劳斯阵列表中某一行的第一个系数为零，其余各系数不为零(或没有其余项)，这时可用一个很小的正数 ε 来代替这个零，从而使劳斯阵列表可以继续运算下去(否则下一行将出现 ∞)。如果 ε 的上下两个系数均为正数，则说明系统特征方程有一对虚根，系统处于临界状态；如果 ε 的上下两个系数的符号不同，则说明这里有一个符号变化过程，则系统不稳定，不稳定根的个数由符号变化次数决定。

例 C.2 用劳斯判据判断下列方程是否有右半平面上的根。

(1) $D(s)=s^3+3s^2+s+3$；

(2) $D(s)=s^4+s^3+2s^2+2s+3$。

解 (1) 劳斯阵列表

第一行 s^3	1	1	0
第二行 s^2	3	3	0
第三行 s^1	ε	0	
第四行 s^0	3		

由于 ε 的上下两个系数(3 和 3)符号相同，则说明有一对虚根存在。上述特征方程可分解为

$$D(s)=s^3+3s^2+s+3=(s^2+1)(s+3)$$

(2)

第一行 s^4	1	2	3	0
第二行 s^3	1	2	0	0
第三行 s^2	ε	3	0	
第四行 s^1	$2-\dfrac{3}{\varepsilon}$	0		
第五行 s^0	3			

当 ε 从正向趋于零时，第四行的元素为负，表明有实部为正的根，且有两个。

2. 第二种特殊情况

若劳斯阵列表中某一行(设为第 K 行)的所有系数均为零，则说明特征方程存在共轭虚根。在这种情况下可做如下处理：利用第 $K-1$ 行的系数构成辅助多项式；求辅助多项式对 s 的导数，将其系数构成新行，代替第 K 行；继续计算劳斯阵列表；共轭虚根可通过令辅助多项式等于零求得。当劳斯阵列表中第一列元素不变号，系统临界稳定；如第一列元素变号，系统不稳定。

例 C.3 系统的特征方程为 $D(s)=s^5+3s^4+3s^3+9s^2+2s+6$，用劳斯判据判断系统的稳定性。

解 构成劳斯阵列表

第一行 s^5	1	3	2	
第二行 s^4	3	9	6	
第三行 s^3	(0	0)		构成辅助多项式 $3s^4+9s^2+6$，求导得 $12s^3+18s$
	12	18		以 12 和 18 代替第三行的系数
第四行 s^2	4.5	6		
第五行 s^1	2			
第六行 s^0	6			

从上表第一列可以看出，各系数均未变号，系统临界稳定。由辅助多项式 $3s^4+9s^2+6=0$，求得两对共轭虚根为 $s_{1,2}=\pm \mathrm{j}1$，$s_{3,4}=\pm \mathrm{j}\sqrt{2}$。

用 MATLAB 只要先求出系统特征方程的根，根据根的分布来判断系统的稳定性。求以上五个系统特征方程根的 MATLAB 程序如下

```
a1=[1,2,4,10];a2=[1,5,10,10,4];a3=[1,3,1,3];
a4=[1,1,2,2,3];a5=[1,3,3,9,2,6];
p1=roots(a1),p2=roots(a2),p3=roots(a3),
p4=roots(a4),p5=roots(a5)
```

程序运行结果为

```
p1=-2.2236,0.1118+2.1177i,0.1118-2.1177i
p2=-2.0000,-1.0000+1.0000i,-1.0000-1.0000i,-1.0000
p3=-3.0000,0.0000+1.0000i,0.0000-1.0000i
p4=0.4057+1.2928i,0.4057-1.2928i,-0.9057+0.9020i,-0.9057-0.9020i
p5=-3.000,0.0000 +1.4142i,0.0000-1.4142i,0.0000+1.0000i,
    0.0000-1.0000i
```

明显地，方程 1 有两个根在右半平面；方程 2 所有根在左半平面；方程 3 在虚轴上有共轭复根；方程 4 有右半平面的共轭复根；方程 5 在虚轴上有两对共轭复根。

附录 D 朱利判据

朱利(E. I. Jury)判据，也是一种代数稳定判据方法，用于判断离散系统的稳定性。

朱利判据，它是根据系统特征方程式 $D(z)$ 来判断特征根在 z 平面的位置，是否存在 z 平面的单位圆外(上)的极点，从而决定系统的稳定性。由于不必求解方程，为系统的稳定性判断带来了极大的便利。

系统特征方程式 $D(z)$ 为

$$D(z)=a_nz^n+a_{n-1}z^{n-1}+a_{n-2}z^{n-2}+\cdots a_2z^2+a_1z+a_0$$

朱利表如下：

第 1 行	a_n	a_{n-1}	a_{n-2}	…	a_2	a_1	a_0
第 2 行	a_0	a_1	a_2	…	a_{n-2}	a_{n-1}	a_n
第 3 行	b_{n-1}	b_{n-2}	b_{n-3}	…	b_1	b_0	
第 4 行	b_0	b_1	b_2	…	b_{n-2}	b_{n-1}	
第 5 行	c_{n-2}	c_{n-3}	c_{n-4}	…	c_0		
第 6 行	c_0	c_1	c_2	…	c_{n-2}		
⋮	⋮	⋮	⋮	⋮			
第 $2n-3$ 行	r_2	r_1	r_0				

表中的第 1 行和第 2 行由 $D(z)$ 的系数排列，第 3 行以后的元素由以下求得

$$b_{n-1}=\begin{vmatrix}a_n & a_0\\ a_0 & a_n\end{vmatrix},b_{n-2}=\begin{vmatrix}a_n & a_1\\ a_0 & a_{n-1}\end{vmatrix},b_{n-3}=\begin{vmatrix}a_n & a_2\\ a_0 & a_{n-2}\end{vmatrix},\cdots$$

$$c_{n-2}=\begin{vmatrix}b_{n-1} & b_0\\ b_0 & b_{n-1}\end{vmatrix},c_{n-3}=\begin{vmatrix}b_{n-1} & b_1\\ b_0 & b_{n-2}\end{vmatrix},c_{n-4}=\begin{vmatrix}b_{n-1} & b_2\\ b_0 & b_{n-3}\end{vmatrix},\cdots$$

以此类推，直至第 $2n-3$ 行。

朱利准则：系统函数 $H(z)$ 的所有极点都在单位圆内的充要条件是

(1) $D(1)>0$；

(2) $(-1)^n D(-1)>0$；

(3) $\begin{cases}a_n>|a_0|\\ b_{n-1}>|b_0|\\ c_{n-2}>|c_0|\\ \vdots\\ r_2>|r_0|\end{cases}$，

即朱利表中所有奇数行的第一个元素大于最后一个元素的绝对值

例 D.1　用朱利准则判断系统 $H(z)=\dfrac{z^3+z+3}{4z^4-4z^3+2z-1}$ 是否稳定。

解　(1) $D(1)=1>0$；

(2) $(-1)^4 D(-1)=5>0$；

(3) 朱利表为

第 1 行	4	−4	0	2	−1
第 2 行	−1	2	0	−4	4
第 3 行	15	−14	0	4	
第 4 行	4	0	−14	15	
第 5 行	209	−210	56		

可见，第一行、第三行和第五行的第一个元素大于最后一个元素的绝对值。所以系统是稳定的。

用 MATLAB 只要先求出特征方程的根的绝对值，根据其值是否大于 1 来判断稳定性。MATLAB 程序为

```
a=[4,-4,0,2,-1];
p=roots(a);
p=abs(p)
```

程序运行结果为

```
p=0.7071,0.7071,0.7071,0.7071
```

显然 4 个根均在单位园内，故系统是稳定的。

参考文献

管致中，夏恭恪．2000．信号与线性系统．第3版．北京：高等教育出版社

胡光锐，徐昌庆，谭政华等．2000．“信号与系统”解题指南．北京：科学出版社

胡建萍等．2006．电路分析．北京：科学出版社

李瀚荪．2002．简明电路分析基础．北京：高等教育出版社

李宁，于素芹．2003．信号与系统分析基础例题与习题解．北京：北京邮电大学出版社

刘泉，宋琦．2003．信号与系统题解．武汉：华中科技大学出版社

马金龙，胡建萍，吕幼华．2005．用冲激平衡法求系统的响应．电气电子教学学报，27：56～58

马金龙，王宛苹，胡建萍．2006．信号与系统学习与考研辅导．北京：科学出版社

孟桥，董志芳，王琼．2008．信号与系统 MATLAB 实践．北京：高等教育出版社

闵大镒，朱学勇．2000．信号与系统分析．成都：电子科技大学出版社

邱天爽．2003．信号与系统学习辅导及典型题解．北京：电子工业出版社

汤全武等．2008．信号与系统实验．北京：高等教育出版社

王明泉等．2008．信号与系统．北京：科学出版社

王宛苹等．2008．电路分析学习指导．北京：国防工业出版社

吴大正，杨林耀，张永瑞．1998．信号与线性系统分析．第3版．北京：高等教育出版社

燕庆明．2003．信号与系统教程教学指导书．北京：高等教育出版社

杨林耀．2000．信号与系统．北京：中国人民大学出版社

杨晓非，何丰．2008．信号与系统．北京：科学出版社

于慧敏等．2009．信号与系统．第2版．北京：化学工业出版社

曾黄麟．2002．信号与线性系统．重庆：重庆大学出版社

郑君里，应启珩，杨为理．2000．信号与系统．第2版．北京：高等教育出版社

Girod B，Rabenstein R，Stenger A. 2003. Signals and Systems. 北京：清华大学出版社

Kamen E W，Heck B S. 2002. Fundamentals of Signals and Systems Using the Web and MATLAB. Second Edition. 北京：科学出版社

Oppenheim A V，Willsky A S，Nawab H S. 2002. Signals and Systems. 2nd. ed. Second Edition. 北京：电子工业出版社